现代分析测试技术实训

马宏伟　彭绍春 ◎ 主编
许　冰　栗　兴 ◎ 副主编

PRACTICE OF MODERN INSTRUMENTAL ANALYSIS

北京理工大学出版社
BEIJING INSTITUTE OF TECHNOLOGY PRESS

图书在版编目(CIP)数据

现代分析测试技术实训 / 马宏伟,彭绍春主编. -- 北京 : 北京理工大学出版社, 2023.4
ISBN 978-7-5763-2244-6

Ⅰ. ①现… Ⅱ. ①马… ②彭… Ⅲ. ①测试技术 Ⅳ. ①TB4

中国版本图书馆 CIP 数据核字(2023)第 059047 号

责任编辑: 刘 派　　文案编辑: 辛丽莉
责任校对: 周瑞红　　责任印制: 李志强

出版发行 / 北京理工大学出版社有限责任公司
社　　址 / 北京市丰台区四合庄路 6 号
邮　　编 / 100070
电　　话 / (010) 68944439 (学术售后服务热线)
网　　址 / http://www.bitpress.com.cn

版 印 次 / 2023 年 4 月第 1 版第 1 次印刷
印　　刷 / 保定市中画美凯印刷有限公司
开　　本 / 787 mm × 1092 mm 1/16
印　　张 / 29.25
字　　数 / 684 千字
定　　价 / 98.00 元

《现代分析测试技术实训》编委会

主　编　马宏伟　彭绍春
副主编　许　冰　栗　兴
编　委　(按姓氏汉语拼音排序)
艾　惠　白鹏昊　暴丽霞　杜建新
高培峰　吕　波　毛鹏程　邵瑞文
王珊珊　熊　嫣　张　芳　张　妞
统　稿　李一岚　李世青

PREFACE 前言

纵观世界上分析测试技术领域的现状，现代分析测试技术已经从简单的成分分析和结构分析发展到了趋向于从微观和亚微观层次上去寻找物质的功能与物质结构和成分之间的内在关系，寻找物质分子间相互作用的微观反应规律；同时，要求进行快速、准确的定性和定量分析。因此，信息的获取就成了分析测试的重要基础。而分析仪器是人们获取物质成分、结构和状态信息以及认识和探索自然规律不可缺少的有力工具。现代仪器分析是以物质的物理和化学性质及其在分析过程中所产生的分析信号与物质的内在关系为基础，借助比较先进、复杂或特殊的现代仪器设备，对待测物质进行定量和定性及静态和动态分析的一类分析方法。

近年来，随着高校各类高精尖仪器设备的不断引进，高精密度、高灵敏度、高分辨率的仪器设备越来越多，新的分析技术也在不断涌现，其分析实验与测试技术对于多学科、多领域的科学研究、人才培养及高水平成果的产出至关重要。

研究生实践能力和创新能力的培养是高校教育教学改革的重要内容，北京理工大学化学与化工学院与北京理工大学分析测试中心打破壁垒、协同联动，针对目前课程体系中存在的一些问题，积极开展实践课程改革。现代分析测试技术实训课程充分利用北京理工大学分析测试中心及化学与化工学院的各类高精尖仪器设备，集中优质教育资源，创新人才培养模式，采取联合共建的方式开设研究生及高年级本科生实训课程。该课程由北京理工大学分析测试中心教师讲授，让相关学科专业的研究生和高年级本科生掌握好仪器分析这一重要工具，掌握相关仪器的实验技术及分析方法，学习如何使用分析仪器正确地获取精密实验数据，进而对实验数据进行科学的处理，增强独立进行科学研究的能力和水平。

本书是为化学化工等相关专业本科生、研究生学习和掌握现代仪器分析的基本原理与方法而编写的。全书共分8章，分别是绪论、材料宏观物性分析技术、材料显微分析技术、有机物体相成分分析技术、组分分离分析技术、物质结构分析技术、材料表界面分析技术、生化分析技术。全书系统地介绍了现代仪器分析学科的基本概念、基础理论和应用，涵盖了相关专业必须掌握的现代仪器分析知识。通过介绍分析测试方法，使学生全面了解化学化工等专业常用的现代仪器分析方法的理论基础、仪器使用基本原理和构成，能正确分析和解析实验数据和实验现象，学会分析多个因素对化学化工问题的影响等，获得较为综合的实践能力。本书对于化学化工等相关专业学生的在化工原料、产品、催化剂、新材料的改进和分析，综合运用专业知识和技能解决的复杂化学工程问题等能力方面的培养具有重要作用，为学生学习化学化工等相关专业课程、毕业设计、参与研究项目等实践环节打下坚实的基础。

该课程建设得到了学校本科生及研究生教改立项重点项目的部分资助，同时得到了学校教务部、研究生院、资产与实验室管理处等部门的大力支持。

参加本书编撰的成员分工如下：

高培峰：第一章，第一、二、三节；

暴丽霞：第二章，第一、二节；

邵瑞文：第二章，第三、四节；

张芳：第三章，第一、二、三节；第六章，第四节；第七章，第四节；

艾惠：第三章，第四、五节；

熊嫣：第四章，第一、四、五节；

王珊珊：第四章，第二、三、六节；第七章，第二节；

张妞：第五章，第一、二、三、四、五节；第六章，第五节；

马宏伟：第六章，第一、二、三节；

杜建新：第七章，第一、三节；

毛鹏程：第七章，第五节；

白鹏昊：第八章，第一节；

吕波：第八章，第二节；

李一岚、李世青负责统稿、排版和校对等工作。全书由马宏伟、彭绍春编审定稿。

本书初稿完成后，聘请北京理工大学化学与化工学院黎汉生教授、李晖教授和医工融合研究院邵瑞文特别研究员参与审定。在审定过程中，他们提出了许多宝贵意见，并进行了修改。由于我们的水平所限，加之时间仓促，本书肯定会有不足之处，敬请读者批评指正。

编　者

目 录
CONTENTS

第一章
绪　　论

第一节　现代仪器发展史概述

一、现代仪器分析的发展

分析化学是人类探索自然、认识世界的主要手段之一，包括化学分析和仪器分析两大类方法。20 世纪 40 年代以前，分析化学几乎等同于化学分析，主要依靠天平、玻璃器皿等简单设备，通过目视的方式获得数据，手动记录并分析数据，仪器分析种类少且精度低。20 世纪 40 年代至 80 年代，随着电子电路技术和传感器技术的发展，以及社会经济发展的迫切需求，仪器分析迎来了大发展时期。20 世纪 80 年代以后，计算机技术的发展和应用引发了仪器分析的又一次重大变革，一直持续至今。

仪器分析是以物质的物理化学性质（光、电、声、热、磁等）及其在分析过程中所产生的分析信号与物质的内在关系为基础，借助比较复杂或特殊的现代仪器，对待测物质进行分析的一类分析方法。物质的几乎所有物理性质，都可以用某一类仪器分析手段的基本原理测试。新的仪器分析方法不断出现，且其应用日益广泛，从而使仪器分析在分析化学中所占的比重不断增长，并成为现代实验科学的重要支柱。

据统计，在历年诺贝尔奖中，与现代仪器分析相关的奖项就有数十项。

1. 1901 年诺贝尔物理学奖

1895 年，伦琴（Rontgen）递交了一篇研究通讯《一种新射线——初步报告》。伦琴在他的通讯中把这一新射线称为 X 射线。1901 年，诺贝尔奖第一次颁发，伦琴就由于发现 X 射线而获得了物理学奖。X 射线的发现和研究对 20 世纪以来的物理学以至整个科学技术的发展产生了巨大而深远的影响。

2. 1915 年诺贝尔物理学奖

1912 年 11 月，W. L. 布拉格（W. L. Bragg）发布了《晶体对短波长电磁波衍射》研究成果；W. H. 布拉格（W. H. Bragg）于 1913 年 1 月设计出第一台 X 射线光谱仪，并利用这台仪器，发现了特征 X 射线。

3. 1922 年诺贝尔化学奖

F. W. 阿斯顿（F. W. Aston）研究质谱法，使用质谱仪发现了非放射性元素的同位素，并且阐明了整数法则。1925 年，F. W. 阿斯顿凭借自己发明的质谱仪，发现“质量亏损”现象。

4. 1926 年诺贝尔化学奖

T. 斯维德伯格（T. Svedberg）发明超离心机，用于分散体系的研究。

5. 1952 年诺贝尔化学奖

A. 马丁（A. Matin）和 R. 辛格（R. Synge）发明了分配色谱法，成为色谱法其中一大类别。

6. 1952 年诺贝尔物理学奖

1952 年诺贝尔物理学奖授予 F. 布洛赫（F. Block）和 E. 珀塞尔（E. Walton），以表彰他们发展了核磁精密测量的新方法。除了 1952 年的物理学奖外，与核磁相关的还包括 1943 年和 1944 年的物理学奖、1991 年和 2002 年的化学奖以及 2003 年的医学奖，开创了诺贝尔科学奖授奖史的纪录。

7. 1953 年诺贝尔物理学奖

F. 泽尔尼克（F. Zernike）发明相差显微镜，也称相衬显微镜，大大提高了透明物体的可辨性。

8. 1972 年诺贝尔化学奖

S. 穆尔（S. Moore）、W.H. 斯坦（W. H. Stein）和 C. B. 安芬林（C. B. Anfinsen）发明了氨基酸自动分析仪，利用该仪器解决了有关氨基酸、多肽、蛋白质等复杂的生物化学问题。

9. 1979 年诺贝尔生理学或医学奖

A. M. 科马克（A. M. Cormack）、G. N. 蒙斯菲尔德（G. N. Jownsfield）发明 X 射线断层扫描仪（CT 扫描）。

10. 1981 年诺贝尔物理学奖

K. M. 西格班（K. M. Siegbahn）发展了高分辨率电子能谱仪并用于研究光电子能谱和化学元素的定量分析；N. 布洛姆伯根（N. Bloembergen）和 A. L. 肖洛（A. L. Schawlow）发明了高分辨率激光光谱仪。

11. 1986 年诺贝尔物理学奖

E. 鲁斯卡（E. Ruska）设计第一台透射电子显微镜；G. 比尼格（G. Binnig）、H. 罗雷尔（H. RoherI）设计了第一台扫描隧道电子显微镜。

12. 2002 年诺贝尔化学奖

J. 芬恩（J. Fenn）、田中耕一发明了对生物大分子的质谱分析法，其中芬恩发明了电喷雾离子源（ESI）、田中耕一发明了基质辅助激光解析电离源（MALDI）。

13. 2013 年诺贝尔化学奖

E. 白兹格（E. Betzig）、W. E. 莫尔纳尔（W. E. Moerner）、赫尔（S. W. Hell）发明了超分辨率荧光显微镜。

14. 2017 年诺贝尔化学奖

J. 杜波切特（J. Dubochet）、J. 弗兰克（J. Frank）和 R. 亨德森（R. Henderson）发展了冷冻电子显微镜技术，以很高的分辨率确定了溶液里的生物分子的结构。

二、现代仪器分析的特点

与化学分析方法相比，现代仪器分析方法在检测灵敏度、分析速度、数据处理水平等方面具有压倒性的优势。

（一）灵敏度高、检出限低

现代仪器分析的检测灵敏度通常不低于百万分之一（10^{-6}）级，有些方法可达十亿分之一（10^{-9}）级，甚至还可达到万亿分之一（10^{-12}）级（如超高分辨率质谱仪）。因此，现代仪器分析特别适用于微量和痕量成分的测定。

（二）适应性强、应用广泛

现代分析仪器种类繁多，方法功能各不相同，通过合理的选择与搭配，可实现对样品进行定性定量分析、结构状态分析、空间分布与微观分布分析等各类相关特征分析，获得关于样品的更加丰富和全面的信息。

（三）选择性好

迄今为止，人类已知的化合物已有上千万种，而且这一数字仍在快速增大。无论是通过人工合成还是从自然界获取，大多都需要经历一个从复杂体系中分离和测定特定成分的过程。目标物质通常含量较少且与其他杂质性质相近，而某些仪器分析方法消除背景干扰能力强，只要进行简单的预处理或选择适当的条件，即可对混合物中的某一组分或多个组分进行分析测定。

（四）自动化程度高

由于自动化技术的发展与应用，现代仪器大多可以自动完成从进样到分析结果生成的完整过程。某些仪器还能够实现对样品的实时在线分析与远程遥控操作，可以大幅度减轻人力投入，提高工作效率。

（五）分析速度快

由于电子技术、计算机技术和激光技术的应用，现代分析仪器的分析结果可在很短的时间内得出。例如，核磁共振波谱仪可以在几分钟内完成一个标准氢谱的测定，红外光谱仪甚至能够在几秒钟内得到样品的谱图信息。

（六）相对误差大、绝对误差小

在定量分析方面，大多仪器分析方法获得的数据的相对误差都比较大（5%），远高于化学分析法（一般低于1%），故仪器分析并不适用于常量组分的分析。但对于微量、痕量组分的分析，因其绝对误差较小，仪器分析能够获得较为理想的结果。

（七）设备复杂昂贵

现代分析仪器的设计与制造难度大，内部构造极为精密，对操作者的要求很高。操作者既要有扎实的基础理论知识，还要通过大量的训练掌握操作和维护保养技术，还必须具备强烈的责任心，才能灵活运用各种大型精密分析仪器并充分发挥其功能。

现代分析仪器的市场售价少则数十万元，多则数千万元，无论是正常运行使用的成本，还是后期维修维护保养的费用，都极为昂贵。

但应注意的是，化学分析方法和仪器分析方法二者之间并不是孤立的，区别也不是绝对严格的，且分析原理是一致的。仪器分析方法是在化学分析方法的基础上发展起来的，许多仪器分析方法中的样品处理都需要使用化学分析方法。仪器分析方法大多是相对的分析方法，要用标准溶液来校对，而标准溶液大多需要用化学分析方法来标定。另外，随着科学技术的发展，化学分析方法也逐步实现了仪器化和自动化。

三、现代仪器分析的发展趋势

无论发展程度如何，仪器分析的目的都是为了获取和处理物质的信息。人们总是希望获得和处理信息的过程能够更快速、更精准、更便捷、更广泛、更全面、更智能。得益于微电子技术和计算机技术的飞速发展，以及其他先进技术在仪器开发方面的应用，现代分析仪器在追求更高灵敏度的同时，也在联用技术、小型化、高通量快速检测、物联化等方面不断取得进展。

（一）更高灵敏度/分辨率

不断挑战和刷新检测灵敏度或分辨率的极限，是现代分析仪器发展的主要追求目标之一。以显微镜为例，以可见光作为光源的光学显微镜，是人类认识微观世界的第一次飞跃，使得人类看到了肉眼不可见的细胞和细菌，认知水平进入细胞水平。而以电子束为光源的电子显微镜，则是人类认识微观世界的第二次飞跃，使得人类看清了细胞器、病毒、大分子直至单个原子，认知水平进入分子水平和原子水平。

（二）联用技术

联用技术即将多台不同类型的分析仪器通过适当的接口连接起来，把不同仪器的功能相结合，相互取长补短，从而扩大仪器应用范围，并获得更加丰富的信息。常见的联用技术包括气相色谱—质谱联用（GC—MS）、液相色谱—质谱联用（LC—MS）、热重—差热联用（TG—DTA）、热重—红外联用（TG—IR）等。

（三）小型化

近年来，仪器小型化的研究受到了越来越多的关注，无论是大型企业还是高校实验室，都在开发小型化分析仪器方面做了大量尝试，也诞生了许多高质量的产品。例如，日本岛津公司推出了由诺贝尔奖获得者田中耕一领衔研发的微型台式质谱仪，长宽高均为 30 cm 左右，质量仅为 25 kg，可用于糖类、蛋白质分子结构的解析。小型化仪器通常价格便宜，并可节省宝贵的实验室空间，还可以用于航天搭载、野外作业等特殊场合。但小型化仪器在发展中，需要平衡好仪器尺寸与功能、性能和可靠性之间的关系。

（四）高通量快速检测

高通量快速检测技术是指一次检测多个样品或对同一样品的多个指标进行检测的技术。高通量快速检测技术能够大大提高复杂体系的检测效率、降低检测成本，同时有助于科研工作者从全局角度发现和解决问题。生命科学和药物研究是高通量快速检测技术的最主要应用领域。例如，以基因检测技术为代表的高通量测序技术，被广泛应用于基因组学研究、遗传疾病筛查、肿瘤用药指导等领域；以高分辨质谱为基础的高通量检测技术，被广泛应用于蛋白质组学、代谢组学以及脂质组学等领域。

（五）物联化

云计算、大数据、智能终端和物联网是新经济时代下的科技发展热点，它们的不断创新和加速融合，使得原本分散和单一的仪器设备有可能成为工业互联网中的一个个重要的数字节点。2019 年 10 月颁布的《分析仪器物联规范》（GB/T38113－2019），其目标就是实现分析仪器物联化，更方便地实现不同分析仪器或系统之间的联动、数据交互和共享；提高分析仪器开发、生产、管理和使用活动中信息技术（IT）部分的复用度，提高产品的智能化水平；减少分析仪器相关的IT应用系统或平台的开发、运维和服务成本；提高分析仪器相关的大数据应用的建设效率、数据质量和大数据分析应用水平。

第二节 公共平台与人才培养

一、现状与存在的问题

仪器设备是高校办学的物质支撑条件之一，其中大型、精密、贵重仪器设备的作用尤为重要。近年来，随着高校“双一流”建设的不断推进，大型仪器设备的引进力度逐年加大，且大多安置在包括分析测试中心在内的各级各类公共平台上，使得公共平台的建设水平和整体实力飞速提升。除了不断提高仪器设备管理水平、加强技术队伍建设、提升服务水平外，建设高质量的人才培养体系，积极探索和发挥公共平台在人才培养中的作用，也是巩固和拓展公共平台发展前景的一项重要举措。

目前，公共平台在支撑人才培养方面，尤其是服务实验教学方面的应用还很少，分散，不成体系，主要存在以下问题：

（1）大型高端仪器设备构造精密、操作复杂、运行条件严苛，难以在实验教学场景中呈现。

（2）大型高端仪器设备科研使用需求量大，很难分配足够的机时用于实验教学。

（3）大型高端仪器设备多安置在相对独立的科研型公共实验平台上，教学使用时需要协调的事务和环节较多，影响教师开课的积极性。

（4）各专业学院涉及仪器分析类课程多通过理论讲解完成，教学效果差，学生缺乏对仪器设备使用的真实体验，对知识的理解浮于表面。

（5）公共平台现有的实验实践课程比较零散，且涵盖面较窄，未能形成完整的体系，不能充分满足不同层次、不同类型的学生对于实践能力和科研素质培养的需求。

二、解决方案

公共平台应以拔尖创新型人才培养为目标，充分发挥高端仪器资源与技术队伍优势，加强与学院和职能部门的沟通与合作，结合实验、实习、实训、课程设计、社会实践、毕业设计、科技竞赛和创新创业等，针对性地设计出一系列不同类型的实验教学课程；形成计划内课程教学、实验室开放课程教学、学生实践创新能力联合培养、大型仪器设备操作（技能）培训和新生入学教育与专业引导5条主线，构建一个打破学院、学科或专业限制的实验教学框架，形成一套多层次、多类型、跨学科和专业的实验教学培养体系，全面提升学生的科学素养、创新实践与应用能力。

第三节 内容安排

习近平总书记在中国科学院第十七次院士大会、中国工程院第十二次院士大会开幕式上的重要讲话中指出："我国要在科技创新方面走在世界前列，必须在创新实践中发现人才、在创新活动中培育人才、在创新事业中凝聚人才，必须大力培养造就规模宏大、结构合理、素质优良的创新型科技人才。"高校中各类高精尖的大型仪器设备，其本身从原理、设计、应用、开发及数据分析等方面就体现出诸多科技创新元素。因此，我们要结合高校的各类高精尖大型仪器设备，积极探索创新型人才培养的新模式，让学生在实践中尽早接触大型仪器设备，了解前沿科技发展动态，开拓学科专业视野，培养实践创新能力。

本书从方法学的角度出发，对在化学、化工、材料、生命、物理等领域研究过程中最常用的分析仪器和技术手段进行分类介绍，全面展示相关分析仪器的基本原理、应用领域和实验方法。全书共分为8章，每章都具有相对的独立性，每一类分析方法都有其独特的内在规律和应用范围，但彼此之间又有一定的关联。

第一章为"绪论"，主要介绍现代仪器的发展史，包括现代仪器分析的发展和特点、现代仪器分析的发展趋势。此外，还包括公共平台与人才培养的关系。

第二章为"材料宏观物性分析实训"，主要介绍激光粒度仪、比表面积与孔径分析仪、热重—差热分析仪、差式扫描量热仪4种仪器设备在粉体材料常见宏观物理性质（如粒径大小、粒径分布、比表面积、孔体积、孔径分布、热学性能等）分析方面的应用。

第三章为"材料显微分析技术实训"，主要介绍透射电子显微镜、扫描电子显微镜、原子力显微镜、扫描隧道显微镜4类电子显微镜在材料微观组织结构信息（包括微观形貌、尺寸及聚集状态、微区晶体结构与缺陷、界面与位相、夹杂物、内应力等）表征和成分分析方面的应用。

第四章为"有机物体相成分分析技术实训"，主要介绍紫外—可见分光光度计、红外光谱仪、核磁共振波谱仪、质谱仪、元素分析仪5种仪器设备在未知化合物的组成与结构、各组分定性定量分析、元素组成分析等方面的应用。

第五章为"组分分离分析技术实训"，主要介绍气相色谱—质谱联用技术、液相色谱—质谱联用技术、离子色谱、体积排阻色谱4种仪器分析技术在混合体系中各有机组分分离鉴定方面的应用。

第六章为"物质结构分析技术实训"，主要介绍X射线单晶/粉末衍射仪、透射电子显微镜、激光共聚焦拉曼光谱仪4种仪器设备在物质结构分析方面的应用。

第七章为"材料表界面分析技术实训"，主要介绍X射线光电子能谱仪、俄歇电子能谱仪、能量色散谱仪、X射线显微分析仪4种仪器设备在表面成分分析和内部三维结构无损分析方面的应用。

第八章为"生化分析技术实训"，主要介绍稳态瞬态荧光光谱、自动发酵装置在生物大分子分析和生物样品中小分子分析方面的应用。

本书可用作相关学科、专业开展实验教学的指导书，也可用作广大师生学习各类分析仪器的基本原理、了解常用实验方法的用书。

第二章
材料宏观物性分析技术

材料的物理性质包括电学性质、磁学性质、光学性质、力学性质和热学性质等。当材料成为粉体时，它仍具有固体的许多属性，与固体的不同点在于其在少许外力的作用下呈现出固体所不具备的流动性和变形。粉体是大量固体粒子的集合体，而且在集合体的粒子间存在着适当的作用力。组成粉体的固体颗粒的粒径大小对粉体系统的各种性质有很大影响，同时，固体颗粒的粒径大小也决定了粉体的应用范畴。

随着粉体粒径的逐渐减小，甚至到纳米级，其将有着不同于传统固体材料的显著的表面与界面效应、小尺寸效应、量子尺寸效应和宏观量子隧道效应，并且表现出奇异的力学、电学、磁学、光学、热学和化学等特性，在能源、环保、催化等方面具有广泛的应用。

因此，在粉体的制备过程中，需要将粉体的制备工艺、微观结构、宏观物性、工业化生产和应用技术等有机地结合起来，增强对微粒的形状、分布、粒度、性能等指标的控制技术。不断完善粉体的性能测试、表征手段，是获得性能优良的粉体材料的前提。

本章针对粉体材料常见宏观物理性质，包括粒径大小、粒径分布、比表面积、孔体积、孔径分布等，分别进行常用表征技术的基础知识、数据分析、仪器结构及工作原理等知识的介绍；同时，结合常用热力学分析技术，包括热重法、差热法以及差式扫描量热法等技术的原理、常用仪器的构造和工作原理等对材料的热学性能进行分析表征，期望能够对材料宏观物性的分析表征提供帮助。

第一节　激光粒径分析

粉体材料粒径大小、分布、在介质中的分散性以及二次粒子的聚集形态等，对纳米材料的性能具有重要影响，因此粒径表征是纳米材料研究的一个重要方面。

在现实生活中，有很多领域，如能源、材料、医药、化工、冶金、电子、机械、轻工、建筑以及环保等都与材料的粒度分布息息相关。在高分子材料方面，如聚乙烯树脂是一种多毛细孔的粉状物质，其性质和性能不仅受分子特征（分子量、分子量分布、链结构）影响，而且与分子形态学特征（如颗粒表面形貌、平均粒度、粒度分布）有密切的关系。聚乙烯树脂的分子和形态学又决定了聚合物成型加工时的特征和制品性能。研究表明，树脂的颗粒形态好、平均粒径适中、粒度分布均匀有利于聚合物成型加工，因此，需要对聚氯乙烯树脂进行粒度分析测试。

在纳米添加剂改性塑料方面，在塑料中添加纳米材料作为塑料的填充材料，不仅可以增加塑料的机械强度，还可以增加塑料对气体的密闭性能以及增加阻燃等性能。这些性能的体现直接和添加的纳米材料的形状、颗粒大小以及分布等因素有着密切关系，因此，必须对这些纳米添加剂进行颗粒度的表征和分析。

粒度测试的方法很多，由于测试原理不同，各种测量方法获得的粒径结果不尽相同。目前常用的粒度测试法有筛分法、沉降法、电阻法、图像法和激光法等。各种方法可测量粒径的范围如图 2 - 1 所示。

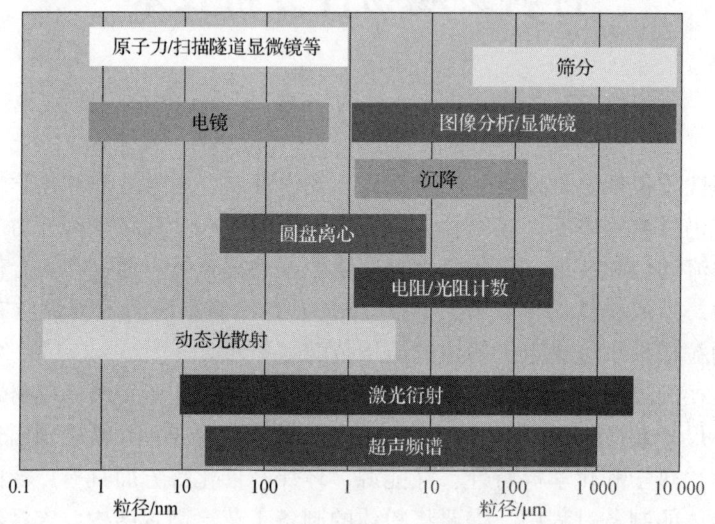

图 2 - 1　不同测量方法的粒径范围

北京理工大学分析测试中心购买了一台马尔文激光粒度仪，型号为 Zetasizer Nano ZS，通过测量动态光散射信号可同时获得颗粒尺寸及其统计分布。粒径测量范围为 0.6 nm ~ 6 μm，最小样品体积为 12 μL，最小测试浓度为 0.01 g/mL，最大测试浓度为 0.40 g/mL。粒度仪图片及粒径统计结果如图 2 - 2 所示。

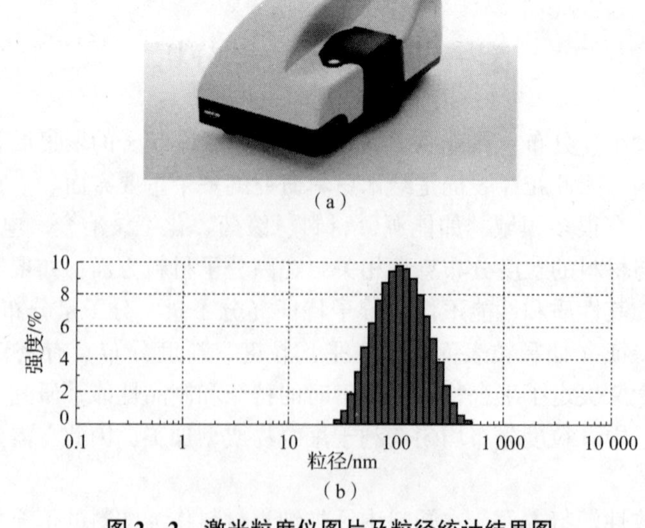

图 2 - 2　激光粒度仪图片及粒径统计结果图

(a) 粒度仪图片；(b) 粒径分布柱状图

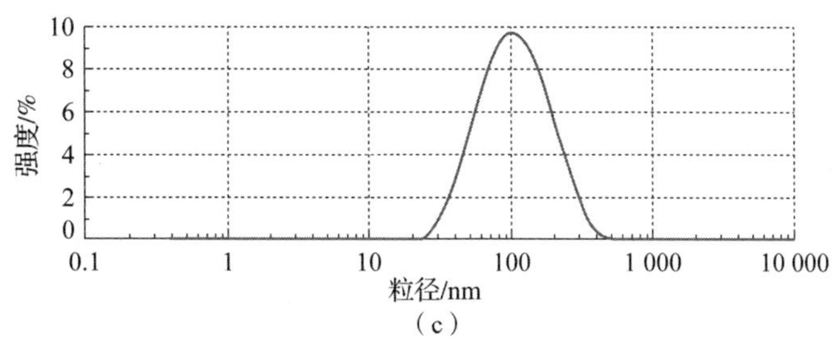

(c)

图 2-2 激光粒度仪图片及粒径统计结果图(续)

(c)粒径分布曲线图

一、实验原理

(一)粒径分析基本概念

1. 粒度与粒径

颗粒的大小称为粒度,一般颗粒的大小又以直径表示,故也称粒径。

2. 粒度分布

用一定方法反映一系列不同粒径区间颗粒分别占样品总量的百分比称为粒度分布。

3. 等效粒径

由于实际颗粒的形状通常为非球形,难以直接用直径表示其大小,因此在颗粒粒度测试领域,对非球形颗粒,通常以等效粒径(一般简称粒径)来表征颗粒的粒径。

等效粒径是指当一个颗粒的某一物理特性与同质球形颗粒相同或相近时,就用该球形颗粒的直径代表这个实际颗粒的直径。其中,根据不同的原理,等效粒径分为等效体积径、等效筛分径、等效沉速径、等效投影面积径。

需要注意的是,基于不同物理原理的各种测试方法,对等效粒径的定义不同,因此,各种测试方法得到的测试结果之间无直接的对比性。

4. 颗粒大小分级术语

纳米颗粒(1~100 nm),亚微米颗粒(0.1~1 μm),微粒、微粉(1~100 μm),细粒、细粉(100~1 000 μm),粗粒(大于1 mm)。

5. 平均径

平均径表示颗粒平均大小的数据。不同的仪器测量粒度分布、平均粒径分布、体积平均径、长度平均径、数量平均径等数据。

6. D50

D50 也称中位径或中值粒径,这是一个表示粒度大小的典型值,该值准确地将总体划分为两等份,也就是说有 50% 的颗粒超过此值,有 50% 的颗粒低于此值。如果一个样品的 D50 = 5 μm,说明在组成该样品的所有粒径中,大于 5 μm 的颗粒占 50%,小于 5 μm 的颗粒也占 50%。

7. 最频粒径

最频粒径是频率分布曲线的最高点对应的粒径值。

8. D97

D97 是指一个样品的累计粒度分布达到 97% 时所对应的粒径，其物理意义是粒径小于它的颗粒占 97%。这是一个被广泛应用的表示分体粗端粒度指标的数据。

（二）常用粒度测试方法

1. 筛分法

（1）筛分法原理。

筛分法是颗粒粒径测量中最为通用也最为直观的方法。根据不同的需要，选择一系列不同筛孔直径的标准筛，按照孔径从小到大依次摞起，然后固定在振筛机上，选择适当的模式及时长，自动振动即可实现筛分。筛分完成后，通过称重的方式记录每层标准筛中得到的颗粒质量，并由此求得以质量分数表示的颗粒粒度分布。筛分法常用仪器如图 2－3 所示。

图 2－3　筛分法仪器

（2）筛分法优缺点。

优点：原理简单、直观，操作方便、易于实现，这也是其获得广泛应用的重要原因。

缺点：①筛分法因为粒径段的划分受限于筛分层数，因此对粒径分布的测量略显粗糙，在一定程度上影响了结果的精度。

②筛分的过程中因为振动剧烈，一些颗粒种类可能极易破损，从而破坏了粒径分布，影响了测量结果。

③某些颗粒相互吸附的作用较强，在筛分中经常出现聚合成团的现象，这也影响了筛分结果的准确性。

2. 沉降法

（1）沉降法原理。

理论依据是斯托克斯（Stokes）定律，即球状的细颗粒在水中的下沉速度与颗粒直径的平方成正比。

沉降法基本过程如图 2－4 所示，即把样品放到某种液体中制成一定浓度的悬浮液，悬浮液中的颗粒在重力或离心力作用下发生沉降，大颗粒的沉降速度较快，小颗粒的沉降速度较慢。

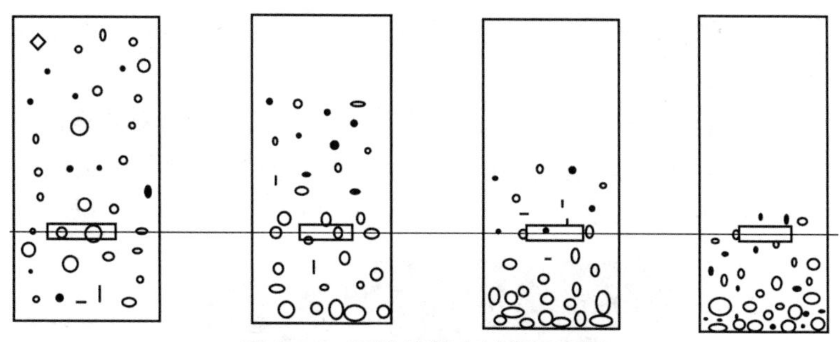

图 2－4　沉降法基本过程示意图

（2）沉降法优缺点。

优点：该法在涂料和陶瓷等工业中是一种传统的粉体粒径测试方法。

缺点：①测量速度慢，不能处理不同密度的混合物。

②结果受环境因素（比如温度）和人文因素影响较大。

3. 电阻法

（1）电阻法原理。

电阻法利用的是小孔电阻原理，如图 2－5 所示。小孔管浸泡在电解液中，小孔管内外各有一个电极，电流通过孔管壁上的小圆孔从阳极流到阴极。小孔管内部处于负压状态，因此管外的液体将流动到管内。测量时将颗粒分散到液体中，颗粒就跟着液体一起流动，当其经过小孔时，小孔的横截面积变小，两电极之间的电阻增大，电压升高，产生一个电压脉冲。当电流是恒流源时，可以证明在一定的范围内脉冲的峰值正比于颗粒体积。仪器只要测出每一个脉冲的峰值，即可得出各颗粒的大小，由各脉冲值即可统计出粒度的分布。

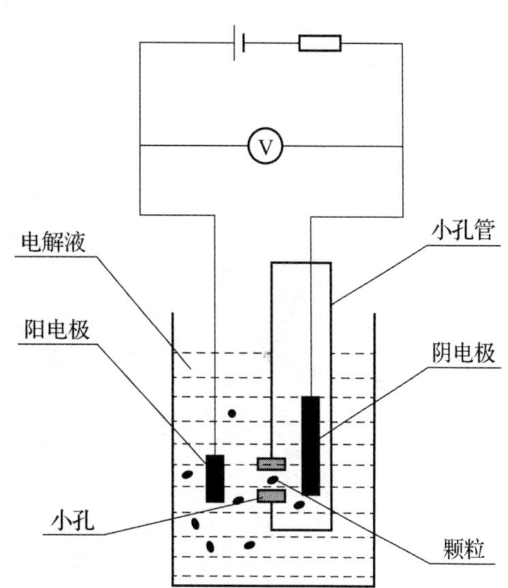

图 2－5　电阻法粒度测量原理图

（2）电阻法优缺点。

优点：①分辨率高。该方法是一个一个地分别测出各颗粒的粒度，然后再统计粒度分布，类似于图像分析仪，能分辨各颗粒粒径的微小差异，分辨率高。

②可测得的粒径为颗粒长轴方向投影面积等效圆面积粒径，测试结果物理意义明确。

③重复性较好。一次测量颗粒数量较多，代表性较好，测量重复性较好。

④测量速度快，操作简单。整个测量过程基本上自动完成，操作简单。

缺点：①对特定样品的分析范围小，单一样品粒度范围分布太大的样品，不能用该方法。

②小孔容易堵塞，导致检测失败。小孔堵塞时清洗比较麻烦。

③仪器容易受周围环境振动以及电磁辐射信号的干扰，带来检测偏差。

④小孔管和电解液需要经常进行校正。

4. 显微镜法

（1）显微镜法简介。

采用显微镜成像法直接观察和测量颗粒的平面投影图像，从而测得颗粒的粒度。能逐个测定颗粒的投影面积，以确定颗粒的粒度，测量范围为0.4～150 μm，电子显微镜的测定下限粒度可达0.001 μm或更小。

显微镜法是一种最基本也是最实际的测量方法，常被用来作为对其他测量方法的一种校验或标定。其中，较为常用的显微镜法有SEM、TEM和AFM 3种显微镜法。测试粒度的图像如图2－6～图2－8所示。

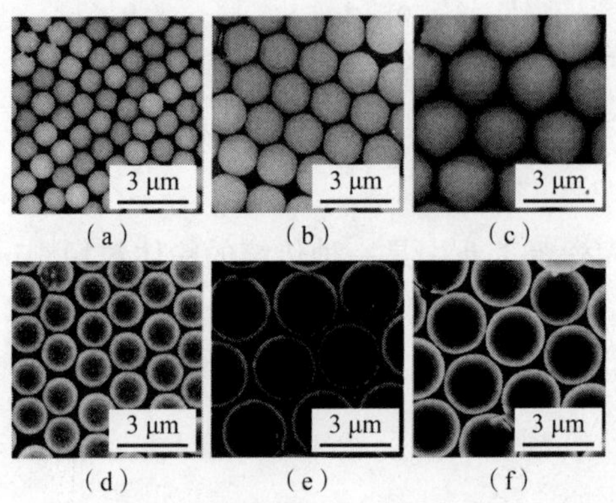

图2－6 颗粒的SEM图像

(a)～(c) 平均直径分别为1.04 μm、1.73 μm和2.53 μm的聚苯乙烯微球；
(d)～(f) 平均直径分别为1.22 μm、1.80 μm和2.72 μm的中空介孔二氧化硅微球

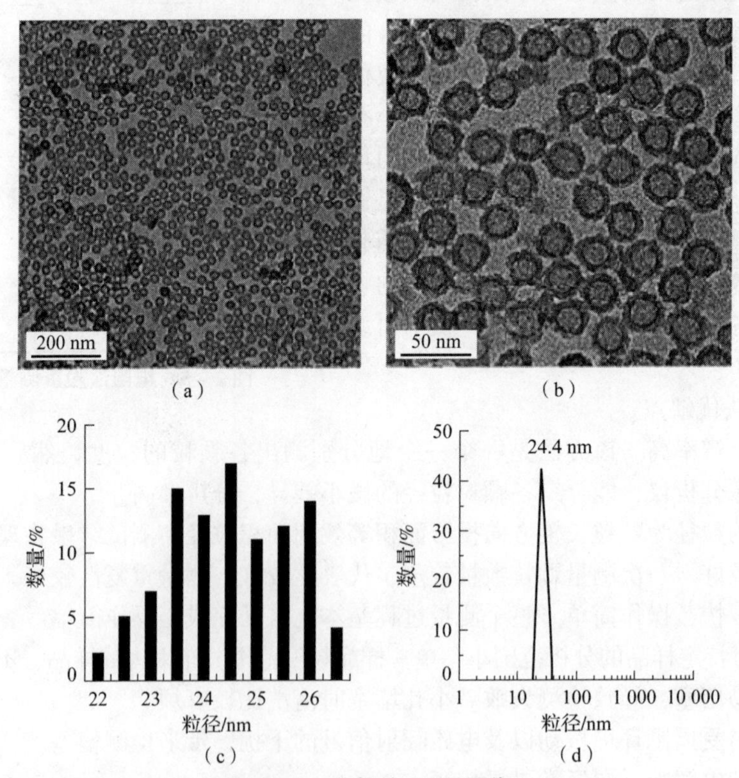

图2－7 颗粒的TEM图像

(a) 中空硅球的低倍TEM图像；(b) 中空硅球的高倍TEM图像；
(c) TEM测量的中空硅球尺寸分布直方图，共测100个，平均粒径为(24.7±0.6) nm；
(d) 利用Zetasizer Nano ZS粒度仪测量的中空硅球的粒度分布

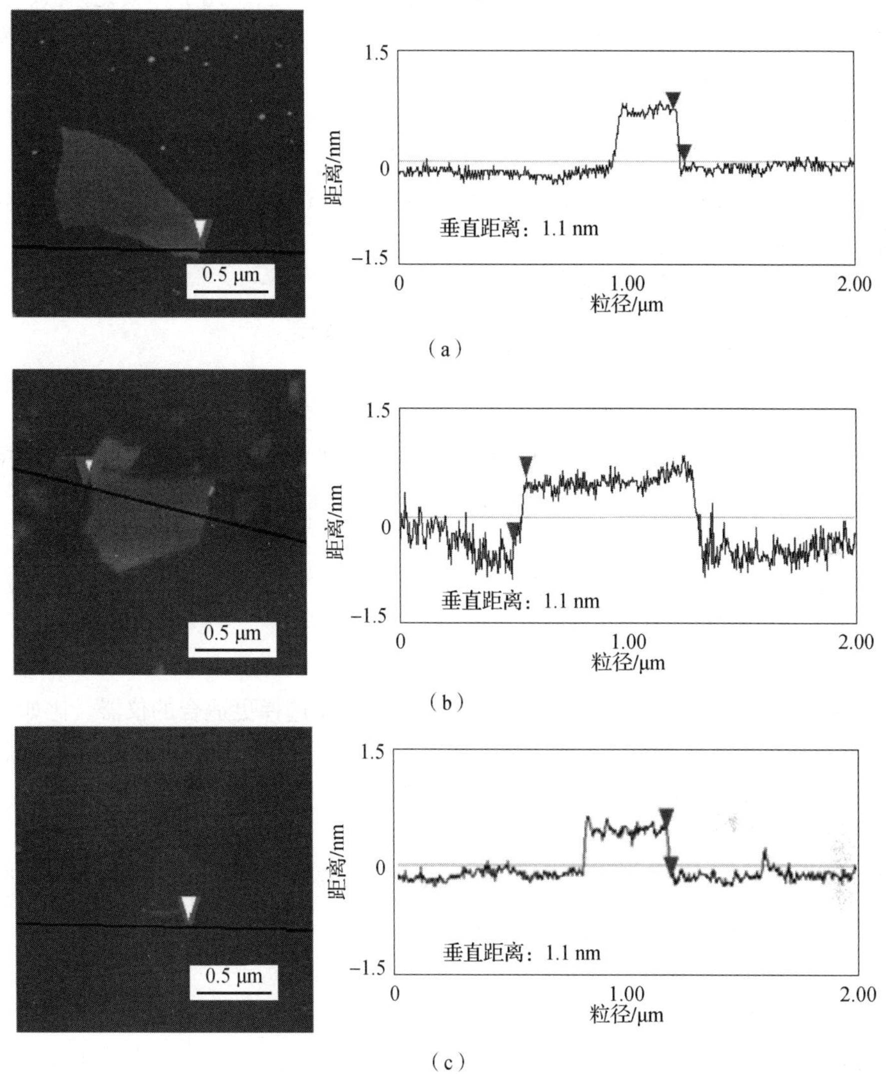

图 2－8　不同方法合成的氧化石墨单层的 AFM 图像和高度剖面

（a）添加高锰酸钾的 Hummers 法合成；（b）Hummers 法合成；（c）改进方法合成

（2）显微镜法的优缺点。

优点：可以直接观察颗粒的形貌，准确地得到球形度、长径比等特殊数据。

缺点：代表性差，操作复杂，速度慢，不宜分析粒度范围宽的样品。

5. 激光法

（1）激光法原理。

激光法分为静态光散射法和动态光散射法。

静态光散射法（即时间平均散射法）：采用米氏理论测量散射光的空间分布规律。测试的有效下限只能达到 50 nm，对于更小的颗粒则无能为力。

动态光散射法：该法用于研究散射光在某固定空间位置的强度随时间变化的规律，原理是利用运动着的颗粒所产生的动态的散射光，通过光子相关光谱分析法分析颗粒粒径。按仪器接收的散射信号可以分为衍射反射法、角散射法、全散射法、光子相关光谱法、光子交叉相关光谱法等。其中以激光为光源的激光衍射散射式粒度仪（简称激光粒度仪）发展最成熟，在颗粒测量技术中得到普遍应用。

（2）激光法的优缺点。

优点：①适用性广，既可测粉末状的颗粒，也可测悬浮液和乳浊液中的颗粒。

②测试范围宽，激光衍射反射法的应用范围为0.1~3 000 μm。

③准确性高、重复性好。

④测试速度快，可进行在线测量。

缺点：不宜测量粒度分布很窄的样品，分辨率相对较低。

6. 常用粒度测量方法的选择依据

（1）测量范围。

测试范围是指粒度仪的测试上限和下限之间所包含的区域。实际样品的粒度范围最好为仪器测量范围的中段。测量范围要留有一定的余量。

（2）重复性。

重复性是仪器好坏的主要指标。通过实际测量的方法来检验仪器的重复性是最真实的。比较重复性时一般用 D10、D50、D90 三个数值。

（3）用途。

由于不同粒度仪的性能各有所长，可根据不同的需要选择更适合的仪器。比如测试量多和样品种类多的采用激光粒度仪，测试量少和样品单一的可以选择沉降法粒度仪，需要了解颗粒形貌和其他特殊指标的选用显微镜法。

（4）行业习惯。

由于粒度仪的测试结果往往会有偏差。为减少不必要的麻烦，应选用与行业习惯和主要客户相同（原理相同甚至型号相同）的粒度仪。

（三）动态光散射法

1. 动态光散射法原理概述

动态光散射法（DLST）也称准弹性光散射法（QUELS）、光子相关光谱法（PCS）。

动态光散射技术是指通过测量样品散射光强度起伏的变化得出样品颗粒大小信息的一种技术，是研究纳米颗粒粒度（1~500 nm）分布的有力手段。之所以称为“动态”，是因为样品中的分子不停地做布朗运动，正是这种运动使散射光产生多普勒频移。

在流体中纳米颗粒布朗运动的速度与颗粒的大小有关，符合爱因斯坦—斯托克斯方程，扩散系数 D 为

$$D=\frac{kT}{6\pi\eta R} \tag{2-1}$$

式中，k 为玻尔兹曼常量；T 为热力学温度；η 为流体的动力学黏度系数；R 为颗粒粒径。

由于多普勒效应，散射光会产生微小的频率偏移（多普勒频移）而谱线增宽（多普勒谱线增宽）。散射光频率漂移 Γ 如式（2-2）所示。

$$\Gamma=\left(\frac{4\pi n}{\lambda}\sin\frac{\theta}{2}\right)^2 D \tag{2-2}$$

式中，n 为流体的折射率；λ 为入射波长；θ 为衍射角。

光散射技术就是根据这种微小的频率变化来测量溶液中分子的扩散速度。由式（2-1）可知，当扩散速度一定时，由于实验时溶剂一定，温度是确定的，因此扩散的快慢只与流体动力学半径有关系。通过相关技术精确测量颗粒散射光强与时间的函数关系，并进行相关运算，可以得出颗粒粒径及粒度分布。由于动态光散射是研究粒子的动态行为，因此其得到的是一种流体动力学等效粒径（EHD）。

2. 布朗运动与散射光

通过激光照射粒子悬浮液，粒子的散射光将在各个方向散射。在某一个角度设置一个光电检测器，就会接收到检测器检测到的散射体积内的所有颗粒在这个角度的散射光强。如果颗粒是纳米级别的，在通常的检测浓度范围内颗粒的数量将会是成千上万，甚至是10的N次方级别。由于颗粒在溶剂分子的撞击下做无规则的布朗运动，造成不同颗粒散射光到达检测点时可能会相干加强或者随着时间相干减弱，所以检测到的散射光光强随时间呈现出波动的现象，如图2-9所示。

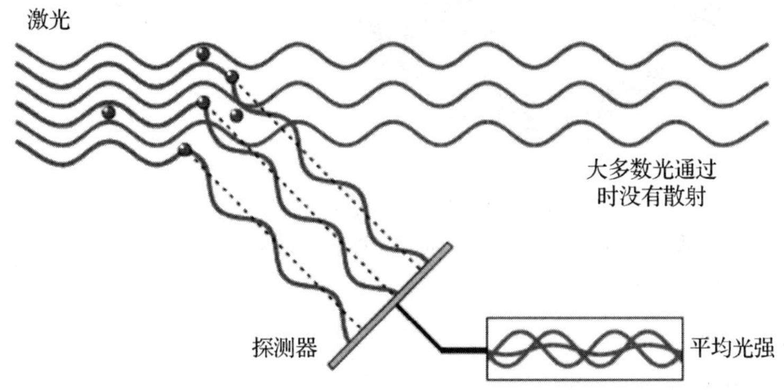

图2-9　检测点位置的散射光波动性

实际上，对于动态光散射技术来说，布朗运动的一个重要特点是小粒子运动快速、大颗粒运动缓慢。其造成的散射光波动也体现了这个特点，如图2-10所示。

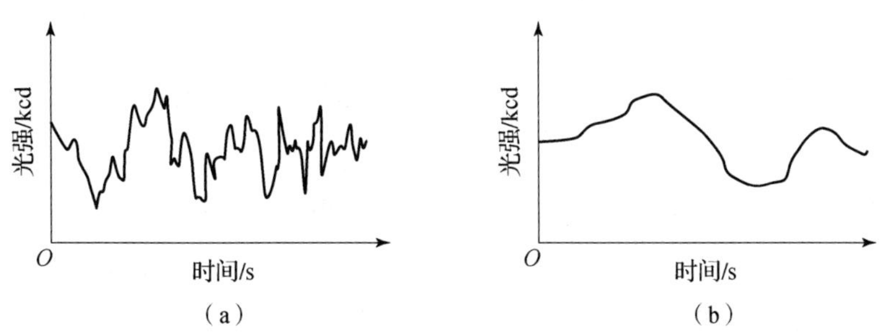

图2-10　不同粒径颗粒的散射光能量波动

（a）小颗粒的散射光波动；（b）大颗粒的散射光波动

动态光散射法不引入与颗粒性质有关的任何参数，适用于测定任何物质的纳米颗粒。该法不考虑散射光的复散射和纳米颗粒之间的相互作用，因此，也要求样品池中颗粒的浓度较低，并保持高分散。动态光散射技术要求入射光的单色性很高，因此以激光为光源。

动态光散射仪适用于所有能够稳定存在于溶液中做布朗运动的颗粒。典型体系包括乳液、有机/无机颗粒、自然/合成高分子溶液、表面活性剂、病毒、蛋白质样品等。应用于生物、医药、纳米技术、涂层、化妆品及化工领域等。

二、实验仪器

（一）Zetasizer Nano ZS 动态光散射仪的主要构造

Zetasizer Nano ZS 动态光散射仪的主要结构如图 2－11 所示。

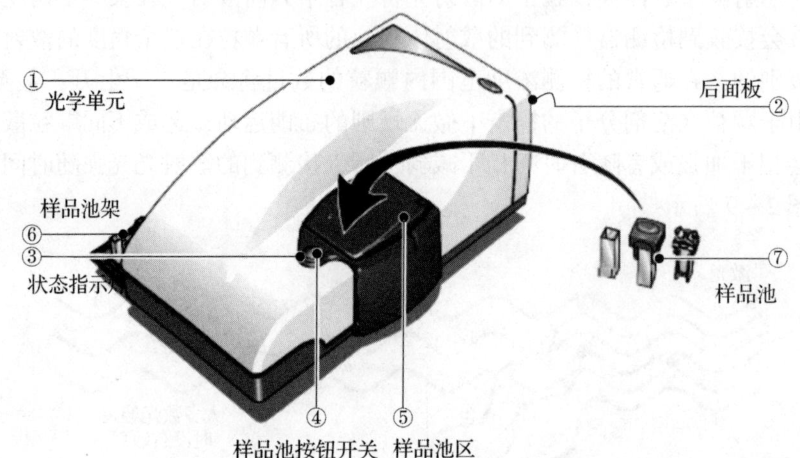

图 2－11　Zetasizer Nano ZS 动态光散射仪的主要结构

在图 2－11 中：

①为光学单元。

②为后面板，提供所有连接。

③为状态指示灯，是一个照明环（或玻璃框），位于④样品池按钮开关附近，用来显示仪器的操作状态，如表 2－1 所示。

表 2－1　状态指示灯的颜色、状态和功能

指示灯颜色、状态	功能
棕黄色，闪烁	显示启动，初始化常规程序正在运行
棕黄色	显示仪器正在待命 仪器正常运行，但没有连接至计算机或没有启动软件
绿色	指示仪器正在正常运行，可以开始测试
绿色，闪烁	指示仪器正在进行测量
红色	指示仪器是否已检测到一个错误，测量将被停止

注：棕黄色是红色和绿色灯的结合。

④为样品池按钮开关，位于状态指示灯的中部，按下按钮可以打开样品池区盖子。

⑤为样品池区。样品池区是插入所有样品池进行测量的地方。样品池区是封闭的，可以控制样品温度为 2 ~ 90 ℃（对于具有高温配置的仪器可以升温至 120 ℃）。如果在样品池区

温度高于 50 ℃时打开盖子，仪器则将每隔几秒发出蜂鸣声两次，警告温度较高。

在粒径测量过程中，当加热和冷却样品时，隔热帽的应用增加粒径测量的温度稳定性。这在温度范围两端测量时是重要的。为了达到需要的温度，应将隔热帽置于样品池上。

⑥为样品池架。样品池架是用来存放测试之前和之后的样品池。样品池架从仪器下伸出，可存放 12 个样品池。

⑦为样品池。

（二）动态光散射仪的光路图

北京理工大学测试分析中心的动态光散射仪型号为 Zetasizer Nano ZS，其光路图如图 2－12 所示。该仪器使用 173°动态光散射技术，利用光电检测器测量样品中粒子发生布朗运动所产生的散射光强波动信号，再通过数字相关器得到相关函数，最后使用爱因斯坦—斯托克斯方程计算出粒子的粒径与分布。通过本技术所测量的粒径，是和被测量粒子以相同速度扩散的硬球直径。

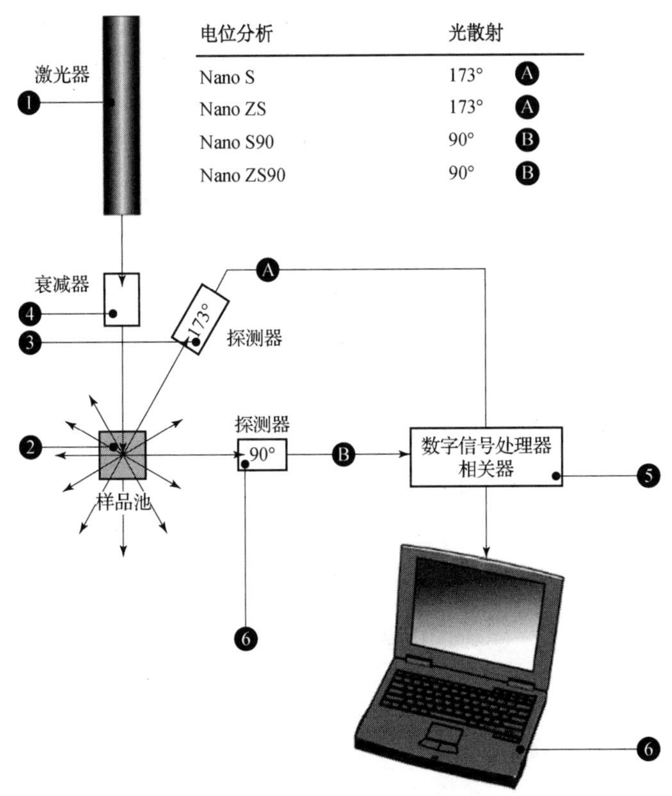

图 2－12　动态光散射仪的光路图

三、实验过程

（一）手动测量和 SOP 测量

动态光散射仪有两种测量模式：手动测量和 SOP 测量。在进行测试之前，需要充分理解这两种测试模式，才能保证后续测试结果的准确性、可靠性。

1. 手动测量

手动测量基本上是单次性测量，在测量之前设置所有参数。对于测量多种不同类型的样品，以实验参数进行测量比较理想。

2. SOP 测量

SOP 测量使用预设值参数（以前已经定义的），保证对同一类型样品所做的测量以一致方式进行，这在质量控制中非常有用。如果以稍有不同的方式测量相同的样品，SOP 测量也是理想的，因为进行测量时，每次输入大部分相同参数非常单调乏味，且在设置时可能出错。如果修改已有的 SOP 参数，只需改变所要求的参数。

注意：手动测量中所有的大多数设置和对话框与 SOP 测量中所用的设置是相同的。

（二）测试过程

1. 启动仪器

接通电源，启动仪器，等待 30 min 让激光稳定。

启动仪器时，首先进行初始化步骤，检查仪器功能是否正常。关闭盖子，接通电源插座的电源，将样品池后面板上的电源开关打开，将出现“嘟嘟”声，指示仪器已开启，开始初步化步骤。如果仪器完成例程，出现第二次“嘟嘟”声，说明仪器已达到 25 ℃的默认温度。

2. 启动 Zetasizer Nano 软件

双击图标启动 Zetasizer Nano 软件，如果没有桌面图标，选择 Start→Programs→Malvern Instruments→DTS→DTS。

3. 样品制备

测量之前的样品制备是极为重要的。

4. 选择样品池

（1）选择适合样品和测量类型的样品池，具体要求如表 2－2（一）~表 2－2（三）所示。

表 2－2　粒径测量样品池选择（一）

项目	“粒径和 Zeta 电位”弯曲毛细管样品池（DTS1060）	可抛弃型聚苯乙烯（DTS0012）
典型溶剂	水、水/乙醇	水、水/乙醇
光学性能	良好至很好	良好至很好
最低样品体积	0.75 mL	1 mL
优点	低成本 单次使用可抛弃（不用清洗） 与 MPT－2 自动滴定仪一起使用 没有样品交叉污染 快速更换样品	低成本 单次使用可抛弃（不用清洗）
缺点	不能耐有机溶剂 不适合较高温度的应用（70 ℃以上）	不能耐有机溶剂 不适合较高温度的应用（50 ℃以上）

表 2-2 粒径测量样品池选择（二）

项目	可抛弃型低容量 聚苯乙烯样品池（ZEN0112）	玻璃—圆孔样品池 （PSC8501）
典型溶剂	水、水/乙醇	水、大多数有机和无机溶剂
光学性能	良好至很好	极好
最低样品体积	375 μL	1 mL
优点	低成本 低样品量 单次使用可抛弃（不清洗）	最好光学性能 可使用几乎任何分散剂
缺点	填充时要求谨慎，避免气泡 不能耐有机溶剂 不适合在较高温度下运用（50 ℃以上）	测量后需要清洗

表 2-2 粒径测量样品池选择（三）

项目	玻璃—方孔样品池 （PCS1115）	低容量石英样品池 （ZEN2112）	低容量玻璃流动 样品池（ZEN0023）
典型溶剂	水、大多数有机和无机溶剂	水、大多数有机和无机溶剂	水、大多数有机和无机溶剂
光学性能	极好	极好	极好
最低样品体积	1 mL	12 μL	75 μL 加管路所需容积
优点	最高光学性能 可使用几乎任何分散剂 可重复使用	最高光学性能 可使用几乎任何分散剂 低样品量	最高光学性能 可使用几乎任何溶剂（依赖管材） 与自动滴定仪一起使用
缺点	测量后要求清洗	测量后要求清洗 填充时需要谨慎，避免气泡	测量后要求清洗 手工使用时，要求谨慎，避免气泡

（2）通常情况下，对“容易进行”的样品测量，如散射光比较强的样品（胶乳：0.01%的质量百分含量或更高浓度等），可使用可抛弃型聚乙烯样品池。但可抛弃型聚苯乙烯样品池容易被刮伤，最好不要使用多次；而且，其不耐有机溶剂，因此，非水样品通常在玻璃或石英型样品池中进行测量。

（3）当进行分子量和蛋白质测量时，样品池的光学性能至关重要，故应使用玻璃或石英样品池，保证得到最佳信号。

（4）所有样品池应与提供的样品池帽一起使用。使用样品池帽可保证样品较高的热稳定性，并防止灰尘进入和可能的溢出。

5. 将制备的样品注入样品池

（1）当填充样品池时，要考虑几种操作，一些操作适用于所有样品池，其他操作仅适用于所选的测量类型和样品池。

（2）应仅使用清洁的样品池。

（3）应缓慢填充样品池，避免生成空气气泡，可应用超声处理法除去空气气泡。

（4）如果使用注射管过滤器膜，不要使用过滤后的最初数滴液体，以防过滤器底部残余灰尘颗粒污染样品。

6. 进行 SOP 测量

（1）必要时，打开或创建新的测量文件。

（2）从 Zetasizer 软件中选择“Measure—Start SOP”。

（3）选择所需的 SOP，选择“Open”。

（4）遵循出现在屏幕上的步骤。

（5）显示测量窗口。

7. 将样品池插入仪器内

当被要求时，将样品池插入仪器中，等待温度平衡。

8. 测量

单击“Start”，即进行测量，显示结果保存至打开的测量文件中。

（三）样品制备

利用动态光散射仪测定颗粒的粒度分布，与样品的制备、样品粒径大小、悬浊液浓度以及样品制备的前处理条件有很大关系。

1. 样品制备要求

（1）样品应该较好地分散在液体媒体中。

（2）理想条件下，分散剂应具备以下条件。

①透明。

②和溶质粒子有不同的折光指数（RI）。

③应和溶质粒子相匹配（也就是不会导致溶胀、解析或者缔合）。

④掌握准确的折光指数和黏度，误差$<0.5\%$。

⑤干净且可以被过滤。

2. 样品制备注意事项

（1）使用干净的样品池。

（2）缓慢注入溶液，避免产生气泡。

（3）如果使用注射管滤膜过滤样品，请放弃开始的几滴溶液，以避免在滤膜下面的灰尘进入样品池。

（4）用盖子将样品池盖住。

（5）将样品池放入仪器时，▽标志面向自己。

3. 样品粒径要求

（1）样品粒径的下限依赖以下两点。

①粒子相对于溶剂产生的剩余光散射强度，包括溶质和溶剂折光指数差和样品浓度。

②仪器敏感度取决于激光强度和波长、检测器敏感度和仪器的光学构造。

（2）样品粒径的上限取决于样品，应该考虑粒子和分散剂的密度。这是因为动态光散射测量粒子进行无规则的热运动/布朗运动，若粒子不进行无规则运动，动态光散射无法提供准确的粒径信息，粒子尺寸的上限定义于沉淀行为的开始。

4. 样品浓度要求

从动态光散射得到的样品尺寸应该不依赖于浓度，每种样品都有其理想的测试浓度范围。如果浓度太低，可能散射光强不足以进行测试；如果样品浓度太高，测试结果可能会依赖于浓度。为了得到正确的尺寸信息，可能会需要在不同的浓度下检测样品尺寸。

样品浓度上限：对于高浓度样品，由动态光散射测得的表观尺寸可能会受到不同因素的影响，包括多重光散射、扩散受限、聚集效应以及应电力作用等。常见粒径大小与浓度的关系如表2-3所示。

表2-3　粒径大小与浓度关系

粒径大小	最小浓度（推荐）	最大浓度（推荐）
<10 nm	0.5 mg/mL	仅受样品材料相互作用、聚集、凝胶化等的限制
10~100 nm	0.1 mg/mL	0.05 g/mL（假设密度为1 g/cm^3）
100 nm~1 μm	0.01 mg/mL	0.01 g/mL（假设密度为1 g/cm^3）
>1 μm	0.1 mg/mL	0.01 g/mL（假设密度为1 g/cm^3）

5. 样品制备前处理

样品制备过程中需要进行前处理，主要包括稀释、超声和过滤等。

（1）稀释。如果样品浓度很高，则需要将溶液稀释。稀释样品时要注意保持样品原来的性质，稀释溶液应和原来的样品溶液保持相同的性质。如果样品很多，稀释液可以由过滤或者离心原来的样品溶液除去溶质而得到；如果样品太少，稀释液应尽量按原溶液性质制备。

（2）超声。对于不易分散的样品，超声是非常有用的技术。某些材料的粒度与超声的功率和时间密切相关。但是，要注意乳液不能用超声处理。

（3）过滤。灰尘是影响光散射实验最主要的问题之一，灰尘的存在可能导致测试失败。为了避免灰尘的影响，样品溶液在测试之前应该适当地过滤。

四、实验结果和数据处理

结果标签显示从测试进程中得到的测试结果，结果显示在每个子测试结束后都会自动更新。所显示的结果是所有可接受的结果的综合。

结果标签以所选择的显示结果的类型来命名。默认显示为光强分布（intensity PSD）。不同的显示内容可以通过在曲线/图标上单击鼠标右键，并从给出的列表中选择所需信息而改变。同一时刻只有一张图可以被显示。在作出选择之后，标签的名称也会相应地改变。

提供的显示有光强、相关函数、光强分布、体积分布（volume PSD）、数量分布（number PSD）。

（一）光强

光强显示每秒检测到的光子数，对检测样品质量是有用的。不同光强反映的样品粒度信息不同，如图 2－13 所示。正常光强随时间变化的曲线如图 2－13（a）所示；如果样品存在灰尘，将观察到尖峰，如图 2－13（b）所示。在后面的计算中，通过软件中的灰尘过滤器将灰尘影响的测量过滤掉。幅度较宽的光强波动，可能表明样品中存在温度梯度，如图 2－13（c）所示，应该进一步进行温度平衡。如果存在稳定增加的光强，表明样品在聚集，如图 2－13（d）所示；而稳定降低的光强，表明样品在沉淀，如图 2－13（d）所示。

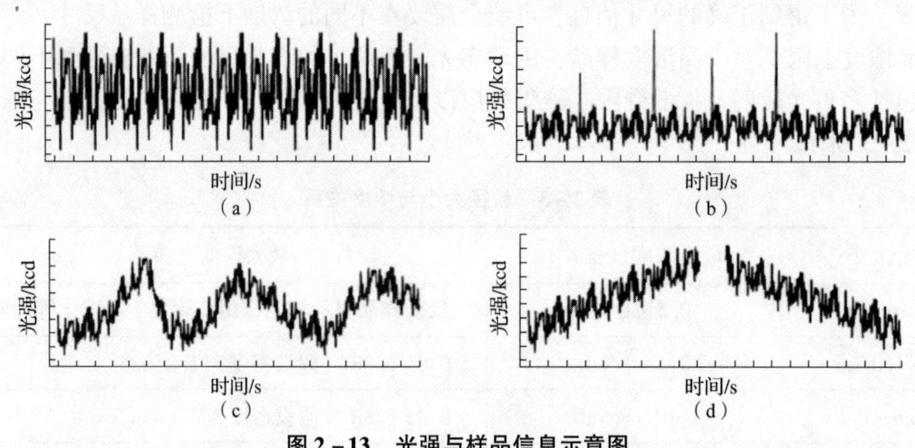

图 2－13　光强与样品信息示意图

（a）正常光强；（b）样品存在灰尘；（c）样品存在温度梯度；（d）样品存在聚集和沉淀

（二）相关函数

相关函数帮助有经验的用户解释样品的任何问题。从相关函数曲线上，可以得到一些信息，如图 2－14 所示，可以大致分析样品的粒径信息以及样品制备过程中是否有灰尘的存在等问题。

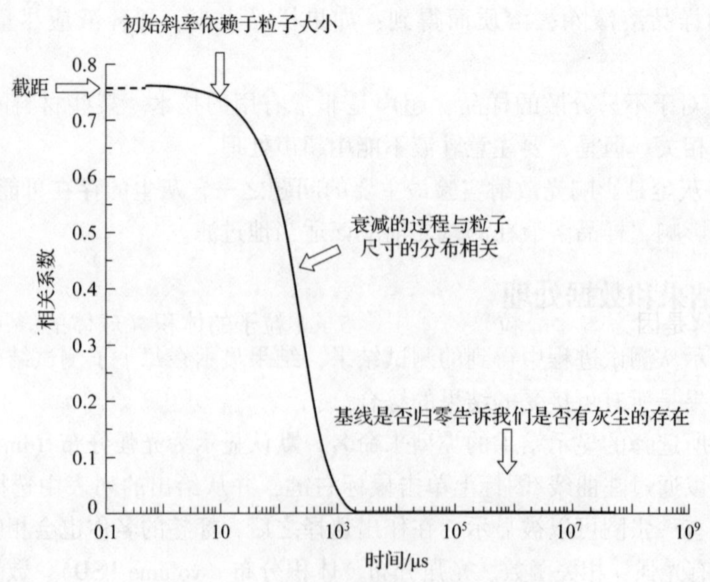

图 2－14　相关函数曲线中获得的信息

（三）光强分布

光强分布显示基于光强贡献比例的粒径分布。根据光强分布的相关函数曲线，可以得到样品的相关信息，具体实例如图 2－15 所示。

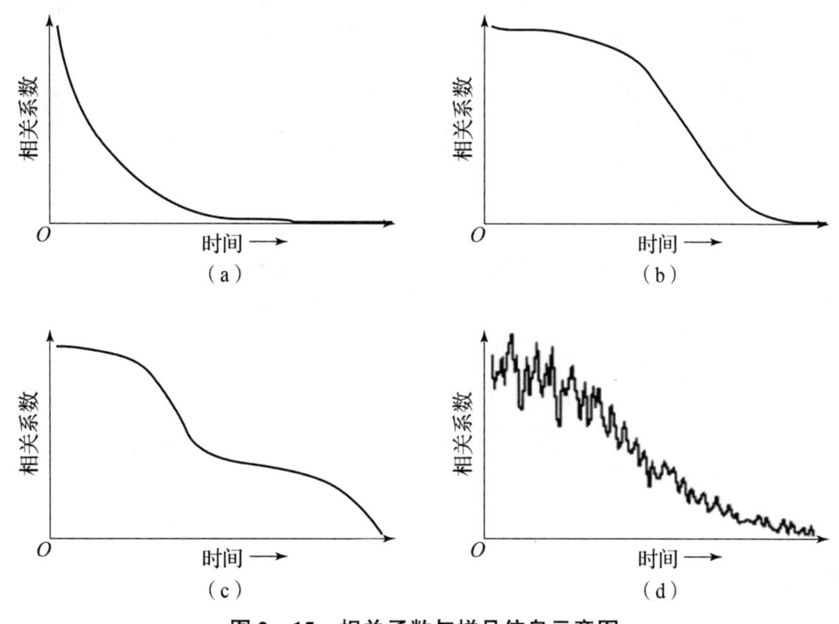

图 2－15　相关函数与样品信息示意图

（a）小粒度样品；（b）大粒度样品；（c）污染样品；（d）噪声数据

（四）体积分布

显示基于体积贡献比例的粒径分布。

（五）数量分布

显示基于数量贡献比例的粒径分布。

（六）光强、体积和数量分布的关系

说明光强、体积和数量分布之间差异的简单方式，是考虑只含两种颗粒（5 nm 和 10 nm），而且每种粒子数量相等的样品。三者之间的关系如图 2－16 所示。

图 2－16（a）显示了数量分布结果。可以预期有两个同样粒径（1∶1 比值）的峰，因为有相等数量的样品。

图 2－16（b）显示体积分布的结果。50 nm 粒子的峰区比 5 nm（1∶1 000 比值）的峰区大 1 000 倍。这是因为 50 nm 粒子的体积比 5 nm 粒子的体积（球体的体积等于 $3\pi r^3$）大 1 000 倍。

图 2－16（c）显示光强分布的结果。50 nm 粒子的峰区比 5 nm（1∶1 000 比值）的峰区大 1 000 000 倍（比值 1∶1 000 000）。这是因为大颗粒比小粒子散射更多的光（粒子散射光强与其直径的 6 次方成正比——得自瑞利近似）。

需要说明的是，从 DLS 测量得到的基本分布是光强分布，所有其他分布均由此通过米氏理论演化计算生成。

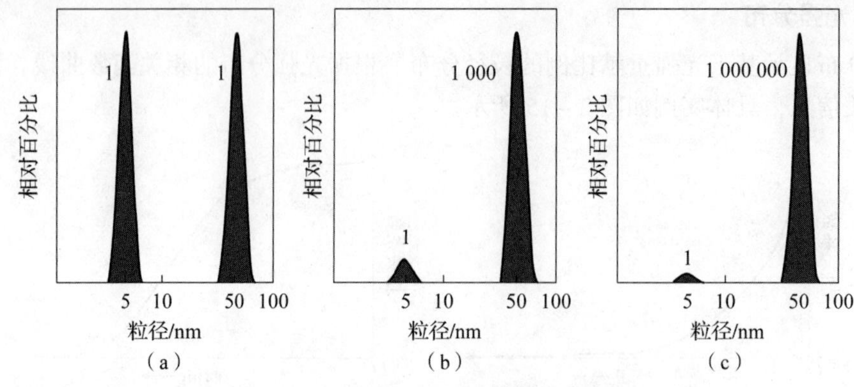

图 2 –16 光强、体积和数量分布结果

(a) 数量分布；(b) 体积分布；(c) 光强分布

光强分布、体积分布和数量分布之间的相互转换基于以下前提：①所有的粒子都是球形的；②所有的粒子都是均匀的，且密度相同；③光学性质已知（包括折光指数、吸收率）。

动态光散射技术往往高估分布峰的宽度，这个影响可以从体积分布和数量分布的相互转换过程中体现；体积和数量分布中，峰的平均值和分布宽度只能用来估计成分的相对量。三种表示粒径分布的方法有以下关系：$d_{光强} > d_{体积} > d_{数量}$。

五、典型应用

溶液中的颗粒物质（如生物分子、高分子聚合物、胶束等），其颗粒大小的变化往往可以反映出某些性质方面的变化。由于光散射实际上是先通过测量大分子物质的扩散系数进而推导出其他参数，所以，光散射不仅可以用来进行静态测量，还可以检测一些动态过程的变化。

动态光散射技术在生物学领域具有广泛应用，主要应用有以下几个方面。

（一）测定蛋白质分子的均一性

蛋白质样品的均一性是生长晶体的前提条件，在无法直接观察蛋白质在溶液中状态的情况下，生长晶体是一个需要经验的过程。但是，用光散射仪技术，只需要几分钟就可以确定这个样品是否有长出晶体的可能性；还可以测定蛋白在不同溶液中的状态，从而确定哪种溶液最适合生长晶体。

（二）测定蛋白质分子的 pH 稳定性

有些蛋白质分子在不同的 pH 值条件下，会有不同的构型，或者形成聚合态，或是变性。如胰岛素在 pH = 2.0 时以单体存在，而在 pH = 3.0 时则以二聚体形式存在，当 pH 升至 7.0 时则以六聚体形式存在。因为这种变化表现为大小的变化，所以光散射技术可以用来测定蛋白质分子的 pH 稳定性。

（三）测定蛋白质分子的热稳定性

对一些热不稳定的蛋白，温度改变会导致分子变性聚合，因此可以观察到分子半径明显增大，所以可以利用光散射技术来研究蛋白质分子的热稳定性。

（四）蛋白质变复性及折叠的研究

蛋白质变性时往往是以聚合形式或较松散的状态存在的，复性后，蛋白质折叠成天然状态会发生结构的变化，这一变化可以导致流体动力学半径的变化，所以光散射技术可以用来检测这一动态变化的过程。

（五）临界胶束浓度的测定

一定浓度的表面活性剂分子加到溶液中会形成微胶束，但浓度不同会影响胶束的大小以及是否能够形成胶束。如果浓度增加到一定程度，胶束就会形成。胶束的大小和单分子大小有明显区别，利用光散射就可以确定胶束形成的临界浓度。

实验项目 1　动态光散射仪测定胶体粒子粒径的实验

1. 实验目的

（1）了解动态光散射的工作原理。

（2）学习如何用动态光散射仪测量粒子的大小和分布。

2. 实验原理

动态光散射也称准弹性光散射、光子相关光谱。动态光散射技术是研究纳米颗粒粒度分布的有力手段（1～500 nm）。对于远小于光波波长的亚微米级颗粒（＜250 nm），由瑞利散射理论可知，散射光相对强度的角分布与粒子大小无关，不能通过对散射光强度的空间分布（Me 散射理论）来确定颗粒粒度。在流体中，纳米颗粒布朗运动的速度与颗粒的大小有关，符合爱因斯坦—斯托克斯方程（式（2－1））。

由于多普勒效应，散射光会产生微小的频率偏移而谱线增宽。散射光频率漂移 Γ 公式如式（2－2）所示。

而光谱强度涨落与频率漂移是相互关联的，研究这种由于颗粒运动而产生的散射光的强度涨落和精细结构，称为动态光散射。通过相关技术精确测量颗粒散射光强与时间的函数关系并进行相关运算，可以得出颗粒粒径及粒度分布。由于动态光散射是研究粒子的动态行为，因此其得到的也是一种流体动力学等效粒径（EHD）。

3. 实验基本要求

（1）了解光散射基本原理。

（2）掌握利用动态光散射仪测粒径的基本方法及数据分析。

4. 实验仪器

Zetasizer Nano ZS 激光粒度仪。

5. 实验材料

散射池、滤膜、胶体粒子溶液。

6. 实验步骤

（1）准备好样品放入样品池中，要求是半透明，加入的量控制为 10～15 cm。打开仪器的样品池盖，放入仪器。

（2）打开软件，单击菜单“Measure→Manual”，出现手动测量参数设置对话框。

（3）单击“Measurement type”，选择“Size”。

（4）单击“Sample”，输入样品登录信息以及操作者注解。

（5）单击“Material”，输入样品颗粒的折射率以及吸收率（如果关注体积分布），如果关注光强分布的话，不用考虑折射率以及吸收率。

（6）单击“Dispersant”，设置分散剂在某个温度下的折射率以及黏度。

（7）单击“General option”，保持默认设置。

（8）单击“Temperature”，设定温度以及平衡时间。

（9）单击 cell，选择合适的样品池。

（10）单击“Measurement”，选择“Angle of detection”，一般保持默认，Nano ZS 选择“173 ℃”，ZS90 选择“90 ℃”。

（11）单击“Measurement duration”，选择“Automatic”。

（12）单击“Measurement”，选择“Number of measurement”，选择测量次数，一般为 1~3。

（13）单击“Advanced”，保持沉默设置，不用更改。

（14）单击“Data processing”，选择“General purpose”。

（15）其他都可以缺省设置，然后单击确定完毕设置，出现测量对话框，单击“Start”。

7. 实验结果与数据处理

测试结果以粒径为横坐标、强度为纵坐标作图得到粒径分布，如图 2-17 所示。

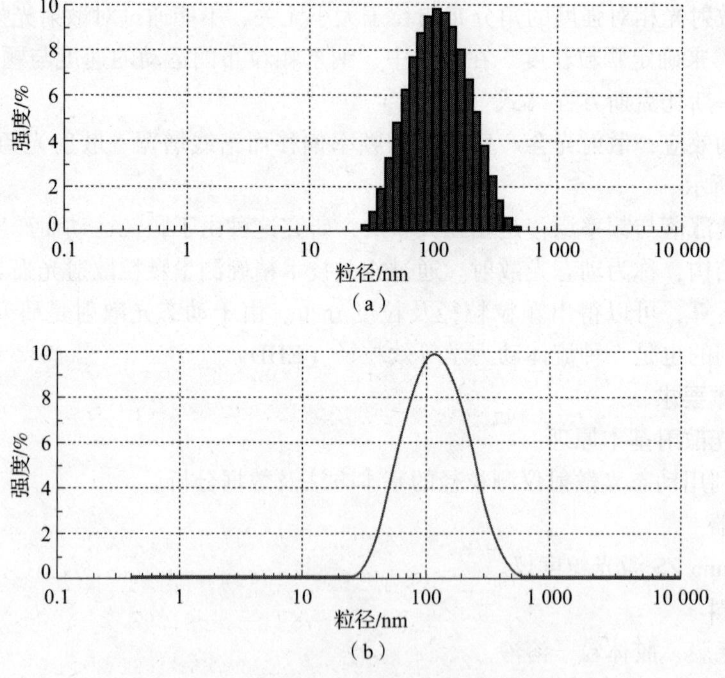

（a）

（b）

图 2-17　粒径分布柱状图和曲线图

（a）柱状图；（b）曲线图

从图 2-17 中可以看到粒径分布的结果，胶体的粒径分布为 100 nm。

8. 实验注意事项

（1）样品应该较好地分散在液体介质中。

（2）每种样品都有其理想的测试浓度范围，为了得到正确的尺寸信息，可能会需要在不同的浓度下检测样品尺寸。

第二节　比表面积、孔径分布和孔体积分析

比表面积、孔径分布和孔体积是多孔材料十分重要的物性常数，对掌握粉体材料和多孔材料的微观性能和孔结构极为重要。比表面积、孔径分布和孔体积分析在许多行业中都有着广泛的应用，尤其是在电池行业中的储能材料、化工行业中的催化剂材料、橡胶行业中的补强剂、建筑行业中的黏结剂水泥等。另外，陶瓷、化妆品、食品等行业对比表面积和孔径的要求也越来越严格。

比表面积和孔径分析方法包括气体吸附法、压汞法、电子显微镜法（SEM 或 TEM）和小角 X 光散射（SAXS）和小角中子散射（SANS）等。图 2－18 展示了不同方法可测量粒径的范围。从图 2－18 可知，气体吸附法测量孔径的范围为 0.35～100 nm，涵盖了全部微孔和介孔，甚至延伸到大孔，是最普遍的测量孔径的方法。另外，气体吸附技术相对于其他方法，容易操作，成本较低。如果气体吸附法结合压汞法，则孔径分析范围就可以覆盖 0.35 nm～1 mm 的范围。气体吸附法也是测量所有表面的最佳方法，包括不规则的表面和开孔内部的面积。许多国际标准组织都已将气体吸附法列为比表面积测试标准，如美国 ASTM 的 D3037、国际 ISO 标准组织的 ISO－9277。我国比表面积测试有许多行业标准，其中最具代表性的是《气体吸附 BET 法测定固态物质比表面积》（GB/T 19587—2017）。

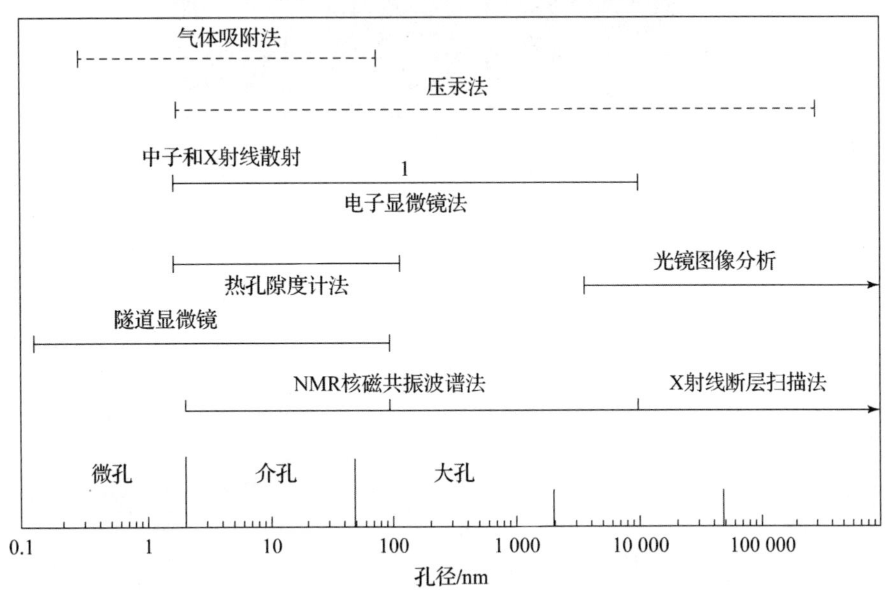

图 2－18　不同方法测试粒径的范围

气体吸附法（如用氮气（N_2）、二氧化碳（CO_2）、氩气（Ar））是依据气体在固体表面的吸附特性，在一定的压力下，被测样品颗粒（吸附剂）表面在超低温下对气体分子（吸附质）具有可逆物理吸附作用，并对应一定压力存在确定的平衡吸附量。通过测定出该平衡吸附量，利用理论模型来等效求出被测样品的比表面积。由于实际颗粒外表面的不规则性，该方法测定的是吸附质分子所能达到的颗粒外表面和内部通孔总表面积之和。氮气因其易获得性和良好的可逆吸附特性，成为最常用的吸附质。

随着社会对材料性能要求越来越高，高性能材料的研发和生产也变得越来越重要。选择一款适宜的比表面积分析仪器无论对研发机构、高校还是生产企业来说都具有重要意义。在进口仪器中，麦克默瑞提克和安东帕康塔在中国的销售额排名居前，另外还有贝尔索普（Belsorp）以及欧奇奥（Occhio）等品牌。随着科技的发展，国产吸附仪也得到了国内各高校和科研院所的认可，主要有精微高博、国仪精测、贝士德、彼奥德等品牌，以及最近刚创立的理化联科。纵观近两年发布的新品，可以发现比表面积和孔径分析类仪器主要的发展方向是更精准，同时朝着智能化、高通量、高稳定性、高重复性等方向发展。

北京理工大学分析测试中心有 Belsorp - Max 和 Autosorb IQ 两款高性能容量法比表面积和孔径分析仪，能够在极宽的压力范围内（$p/p_0 = 1\times10^{-9} \sim 0.997$，77K/$N_2$，87 K/Ar）测定多孔材料的吸附等温线，得到涵盖微孔、介孔孔径分布和比表面积信息。该仪器图片及典型数据分析结果如图 2 - 19 所示。

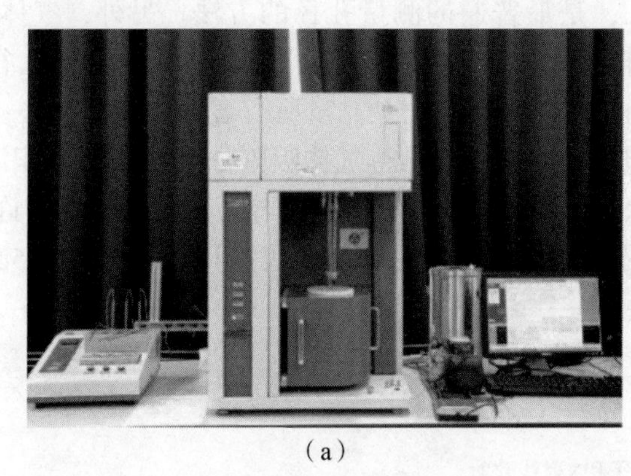

（a）

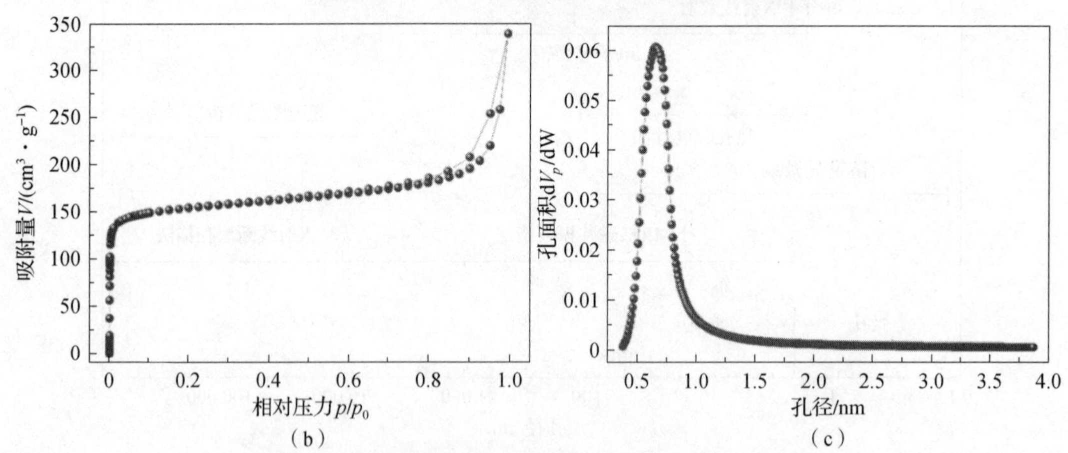

（b）　　（c）

图 2 - 19　比表面积和孔径分析仪图片及典型数据分析结果

（a）比表面积和孔径分析仪图片；（b）吸附等温线图；（c）孔径分布图

一、实验原理

（一）吸附现象以及有关的概念

（1）吸附：固体表面的气体与液体有在固体表面自动聚集以降低表面能的趋势，这种固体表面的气体或液体的浓度高于其本体浓度的现象称为固体的表面吸附。

（2）吸收：当物质分子穿透表面层进入松散固体的结构中，这个过程称为吸收。

（3）吸着：包含吸附和吸收两种现象。

（4）吸附剂：能有效地从气相吸附某些组分的固体物质称为吸附剂。

（5）吸附物、吸附质：在气相中可被吸附的物质称为吸附物，已被吸附的物质称为吸附质。有时吸附质和吸附物可能是不同的物种，如发生解离化学吸附时。图 2－20 形象地对吸附基本概念进行了解释。

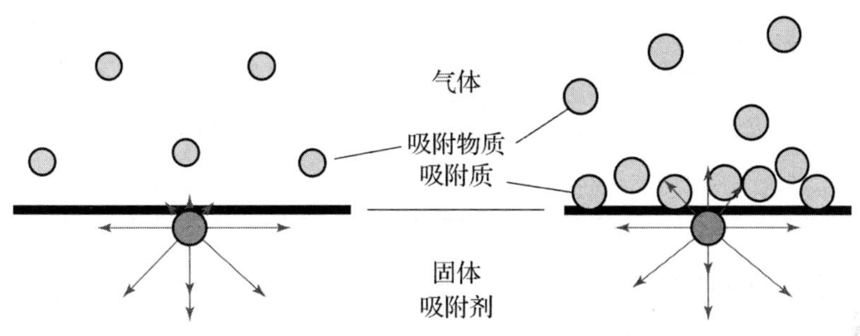

图 2－20　吸附的基本概念

（二）物理吸附和化学吸附

气体分子在固体表面的吸附机理极为复杂，其中包含物理吸附和化学吸附，二者之间的本质区别是气体分子与固体表面之间作用力的性质。

1. 物理吸附

物理吸附是由分子间作用力（范德华力）产生的吸附，是一个普遍的现象，它存在于并接触吸附气体（吸附物质）的固体（吸附剂）表面，所涉及的分子间作用力都是相同类型的。除了吸引色散力和近距离的排斥力外，由于吸附剂和吸附物质的特定几何形状和外层电子性质，通常还会发生特定分子间的相互作用（如极化、场—偶极、场梯度的四极矩）。

任何分子间都有作用力，所以物理吸附无选择性，活化能小，吸附容易，脱附也容易，它可以是单分子层吸附和多分子层吸附。

2. 化学吸附

化学吸附涉及化学成键，吸附质分子与吸附剂之间有电子的交换、转移或共有。化学吸附具有选择性，活化能大，吸附难，脱附也难，往往需要较高的温度，化学吸附一定是单分子层吸附。

物理吸附提供了测定比表面积、平均孔径及孔径分布的方法。而化学吸附是多相催化过程关键的中间步骤。化学吸附物种的鉴定及其性质的研究也是多相催化机理研究的主要内容。另外，化学吸附还能作为测定某一特定催化剂组分（如金属）比表面积的技术。

物理吸附和化学吸附由于吸附力性质的不同，在吸附热、吸附速率、吸附层数、吸附发生的温度、吸附的可逆性和选择性等方面都有显著的区别。一般情况下可以按照表 2－4 的特征区分物理吸附和化学吸附。

表 2-4　物理吸附与化学吸附的基本区别

性质	物理吸附	化学吸附
吸附力	范德华力	化学键力
吸附热	较小，与液化热相似	较大，与反应热相似
吸附速率	较快，不受温度影响，一般不需要活化	较慢，随温度升高速率加快，需要活化能
吸附层	单分子层或多分子层	单分子层
吸附温度	沸点以下或低于临界温度	无限制
吸附稳定性	不稳定，常可完全脱附	比较稳定，脱附时常伴有化学反应
选择性	无选择性	有选择性

（三）吸附量和吸附曲线

吸附量是一个热力学量，是表示吸附现象最重要的数据。吸附量常用单位质量吸附剂吸附的吸附质的量（质量、体积、物质的量等）表示。显然，气体在固体表面上的吸附量（V）是温度（T）、气体平衡压力（p）、吸附质（g）以及吸附剂（s）性质的函数。

$$V=f[p,T,u(g),w(s)] \tag{2-3}$$

当吸附剂和吸附质固定后，吸附量只与温度和气体平衡压力有关。出于不同的研究目的，常固定其中一个参数，研究其他两个参数之间的关系，它们的关系曲线称为吸附曲线。其中，

$$T=常数，V=f(p)\ 称为吸附等温线 \tag{2-4}$$

$$p=常数，V=f(T)\ 称为吸附等压线 \tag{2-5}$$

$$V=常数，p=f(V)\ 称为吸附等量线 \tag{2-6}$$

图 2-21 为三类吸附曲线的基本形式，实际体系的吸附曲线非常复杂。

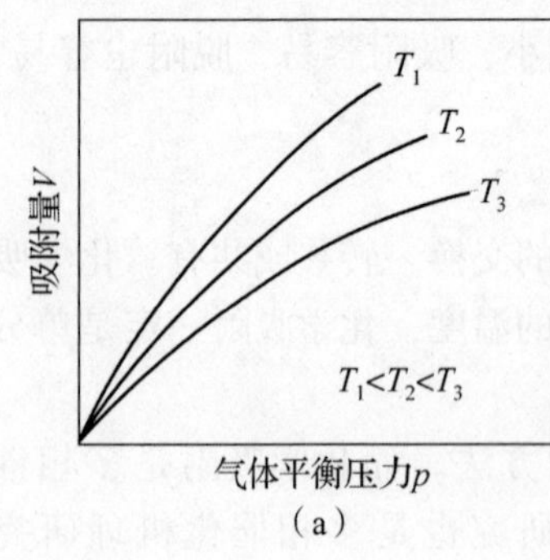

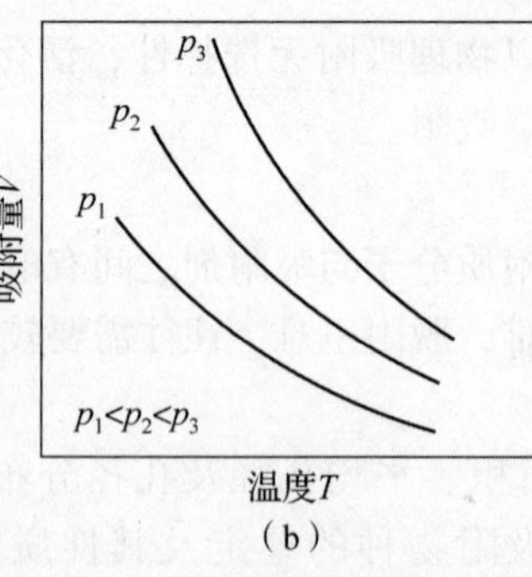

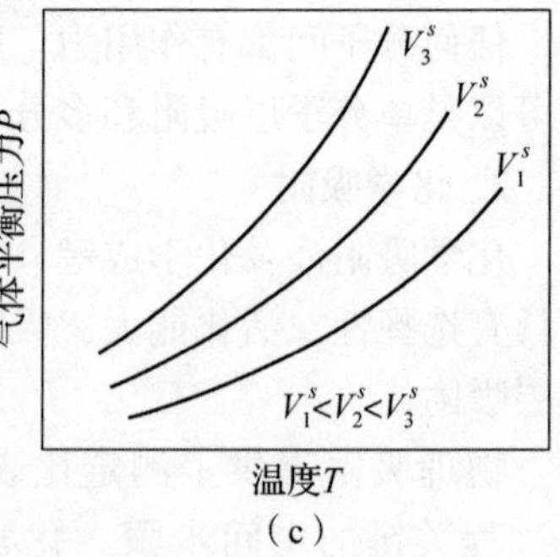

图 2-21　三类吸附曲线的基本形式

（a）吸附等温线；（b）吸附等压线；（c）吸附等量线

吸附现象的描述主要采用吸附等温线，各种吸附理论的成功与否也往往以其能够定量描述吸附等温线来评价。

吸附等温线往往采用吸附量 V 与气体相对压力 p/p_0 的关系表达，即

$$V=f(p/p_0) \tag{2-7}$$

式中，p 为气体吸附平衡压力；p_0 为气体在吸附温度下的饱和蒸气压。

实验测定吸附等温线的原则：在恒定温度下，将吸附剂置于吸附质气体中，待达到吸附平衡后测定或计算气体的平衡压力和吸附量。测定方法分为静态法和动态法。静态法有容量法、重量法等；动态法有常压流动法、色谱法等。本节主要介绍容量法测定吸附等温线的原理。

（四）物理吸附模型

1. 朗缪尔吸附等温式

1916 年，朗缪尔（Langmuir）提出单层吸附理论，基于一些明确的假设条件，得到简明的吸附等温式——朗缪尔吸附等温式。该式采用热力学、统计力学和动力学方法均可推导出来。朗缪尔吸附等温式既可应用于化学吸附，也可应用于物理吸附，在多相催化研究中得到最普遍的应用。

朗缪尔模型的基本假设如下。

（1）吸附剂表面存在吸附位，吸附质分子只能单层吸附于吸附位上。

（2）吸附位在热力学和动力学意义上是均一的（吸附剂表面性质均匀），吸附热与表面覆盖度无关。

（3）吸附分子间无相互作用，没有横向相互作用。

（4）吸附—脱附过程处于动力学平衡之中，即

$$\theta = \frac{V}{V_m} = \frac{ap}{1+ap} \tag{2-8}$$

式中，θ 为表面覆盖度；V 为吸附量；V_m 为单层吸附容量；p 为吸附质蒸气吸附平衡时的压力；a 为吸附系数，是吸附平衡常数。

图 2－22 为式（2－8）描述的朗缪尔吸附等温线，属于国际纯粹与应用化学联合会（IUPAC）分类的Ⅰ型等温线。在压力很低或者吸附很弱时，$\theta = ap$，吸附量与平衡压力成正比（亨利定律）；在压力很大或者吸附很强时，$\theta \approx 1$，吸附量为单层吸附量，与压力无关。

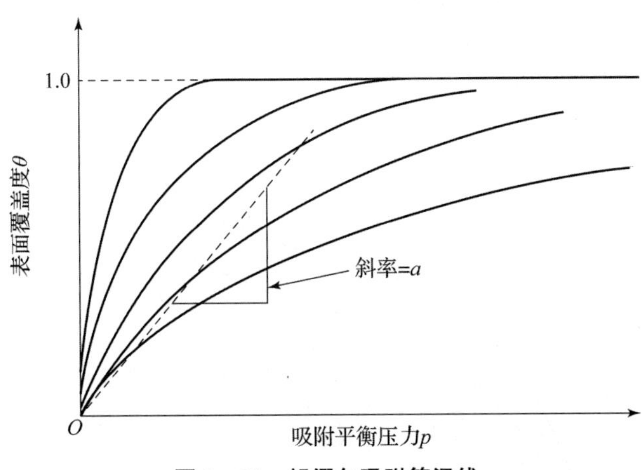

图 2－22　朗缪尔吸附等温线

朗缪尔吸附等温式可重排为直线形式：

$$\frac{p}{V} = \frac{p}{V_m} + \frac{1}{aV_m} \tag{2-9}$$

以 p/V 对 p 作图可得一直线，直线的斜率为 $1/V_m$，截距为 $1/aV_m$，因而可以方便地求出单层吸附容量和吸附平衡常数。a 是与吸附热 Q 有关的参数，反映固体表面吸附气体的强弱。

朗缪尔吸附等温式是一个理想的吸附公式，代表了在均匀表面上吸附分子彼此没有作用，而且吸附是单分子层情况下达到吸附平衡时的规律，但是朗缪尔吸附等温式的结果和理论值是有偏差的，造成偏差的原因可能是实际表面无法达到均匀，发生吸附位置的活性会随着吸附量的增加而降低，吸附热也随之降低，或者在低温时发生多层吸附。因此，只有大体符合朗缪尔吸附等温式的体系才适用这种等温式。如活性炭等微孔类吸附剂，可用朗缪尔吸附等温式处理吸附结果，但是，此吸附机制却不是单分子层吸附。

2. BET 吸附理论

1938 年，布鲁诺（Brunauer）、埃米特（Emmett）和特勒（Teller）将朗缪尔单分子层吸附理论扩展到多分子层吸附，从经典统计理论推导出了多分子层吸附公式。这个理论适合于化学性质均匀的表面，表面吸附相互作用比吸附质分子间的相互作用强。BET 模型在保留了朗缪尔模型中吸附热与表面无关及吸附分子间无相互作用的假设的基础上，又增加了 3 条假设内容：

（1）吸附可以是单分子层的，也可以是多分子层的。

（2）第一层吸附时气体分子与固体表面直接作用，其吸附热（E_1）与以后各层吸附热不同；而第二层以后各层则是相同气体分子间的相互作用，各层吸附热都相同，为吸附质的液化热（E_L）。

（3）吸附质分子的吸附和脱附发生且只发生在直接暴露在气相中的固体的表面上。

据此模型，采用与朗缪尔类似的动力学推导得到了一个无限多层吸附 BET 二常数公式：

$$\theta = \frac{V}{V_m} = \frac{C \times p}{(p_0 - p)\left[1 + (C-1)\dfrac{p}{p_0}\right]} \tag{2-10}$$

式中，V 为吸附量；p 为气体吸附平衡压力；p_0 为气体在吸附温度下的饱和蒸气压；V_m 为二常数为固体表面铺满单分子层时的吸附量；C 为与吸附热 E_1 和 E_L 及温度有关的常数。

图 2－23 为式（2－10）描述的吸附等温线。

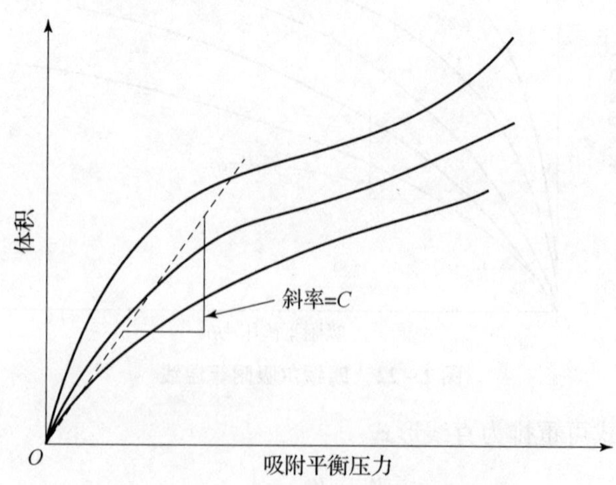

图 2－23　BET 二常数公式描述的吸附等温线

式（2－10）也可以整理成 BET 公式的直线形式，即

$$\frac{p}{V(p_0-p)}=\frac{C-1}{V_mC}\times\frac{p}{p_0}+\frac{1}{V_mC}\tag{2-11}$$

如以$\frac{p}{V(p_0-p)}$对$\frac{p}{p_0}$作图，则应得到一条直线，直线的斜率是$\frac{C-1}{V_mC}$，截距是$\frac{1}{V_mC}$，由此可以求得 V_m和 C。从 V_m 可以算出固体表面铺满单分子层时所需的分子数。若已知每个分子的截面积，就可以求出吸附剂的总表面积和比表面积。

$$S=\frac{V_m}{22\ 400}N_A\sigma_m\tag{2-12}$$

式中，S 为吸附剂的总表面积；σ_m 为吸附质分子的截面积；N_A 是阿伏伽德罗常数。

这就是经典的气体吸附 BET 法测表面积的原理。大量实验数据表明，二常数 BET 公式通常只适用于 $p/p_0=0.05\sim0.35$ 的吸附数据。p/p_0 低于这个范围时就偏离直线，一般认为这时表面的物理化学性质不均匀，存在活性吸附位；高于这个范围偏离直线是由于假设吸附层数为无限大引起的，因为多孔性固体在高压区毛细凝聚现象的出现导致吸附层数不可能无限大。此外，已吸附分子之间的横向作用也不能忽略。虽然 BET 公式存在许多争议，但是在至今提出的所有等温式中，BET 公式仍然是应用最多的。

式（2－11）中的常数 C 反映了吸附热。图 2－24 表示 C 值对吸附等温线形状的影响。C 大，吸附热就大，即吸附相互作用大，等温线在低压区就迅速上升；C 小，吸附热就小，低压时的吸附量就小。

BET 公式适用的相对压力为 0.05～0.35，C 值为 3～1 000。一般以氮气为吸附质，在金属、聚合物和有机物上，C 值为2～50；在氧化物和二氧化硅上，C 值为 50～200；在活性炭和分子筛等强吸附剂上，C 值＞200。

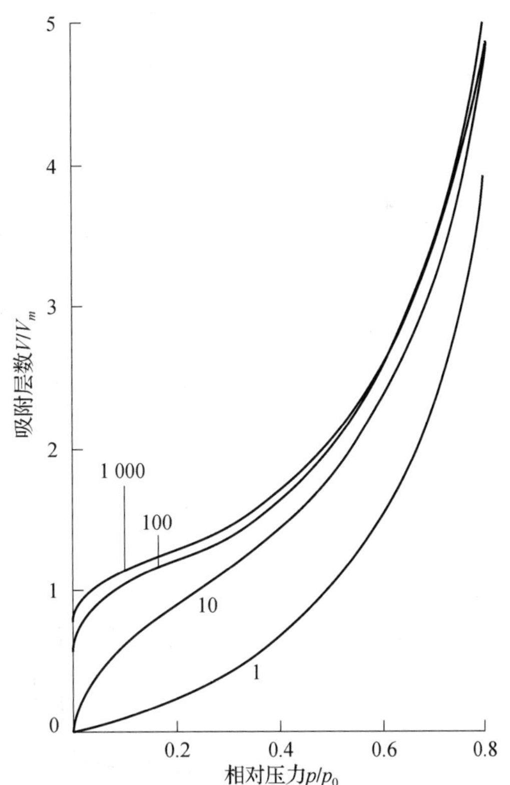

图 2－24　C 值对吸附等温线形状的影响

（五）吸附等温线的类型

由于吸附剂表面性质、孔分布及吸附质与吸附剂相互作用的不同，气体在固体表面的吸附状态多种多样，实际的吸附实验数据也是非常复杂的。布鲁诺、戴明和特勒等在总结大量实验结果的基础上，将复杂多样的实际等温线归纳为 6 种类型，如图 2－25 所示，这种分类方法称为 IUPAC 分类。后来，辛吉又增加一个阶梯型等温线，如图 2－25 的Ⅵ。因此，把等温线分为 6 类。实际的各种吸附等温线大多是这 6 类等温线的不同组合。然而，经过 30 年的发展，各种新的特征类型等温线已经出现，并证明了与其密切相关的特定孔结构。所以，2015 年，国际纯粹与应用化学联合会（IUPAC）更新了原有的分类。新规范的主要变化是Ⅰ类、Ⅳ类吸附等温线增加了亚分类，

用孔宽代替了孔径。最新物理吸附等温线分类如图 2－26 所示。

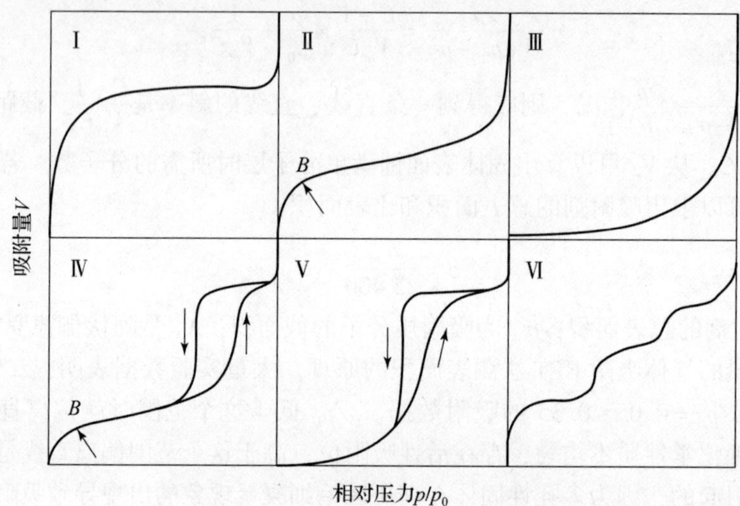

图 2－25　IUPAC 分类的 6 种吸附等温线

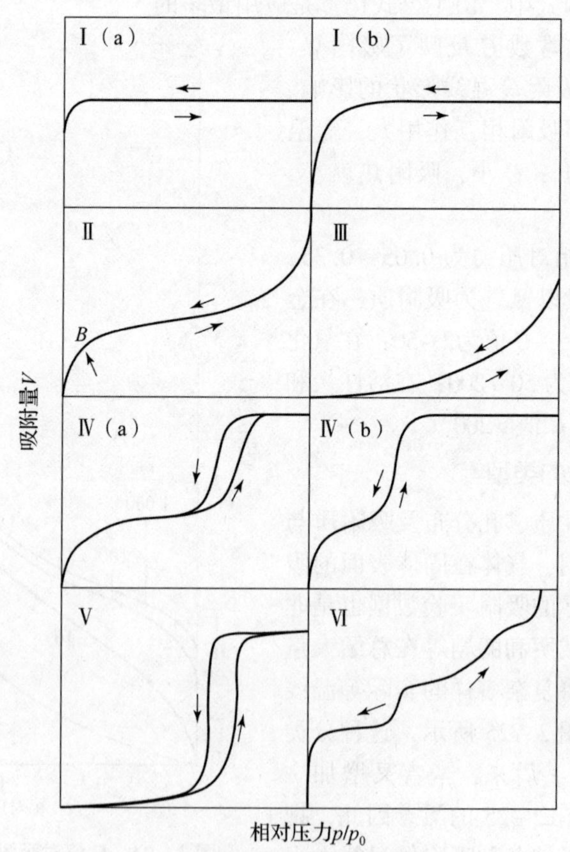

图 2－26　最新物理吸附等温线分类

1. Ⅰ型等温线

Ⅰ型等温线偏离 p/p_0 轴，其后的曲线呈水平或接近水平状态，吸附量接近一个极限值。

吸附量趋于饱和是由于受到吸附气体能进入的微孔体积的制约，而不是由于内部表面积。在 p/p_0 非常低时吸附量急剧上升，是因为在狭窄的微孔（分子尺寸的微孔）中，吸附剂—吸附物质相互作用增强，从而导致在极低相对压力下的微孔填充。但当达到饱和压力时（p/p_0 大于0.99），可能会出现吸附质凝聚，导致曲线上扬。

微孔材料表现为Ⅰ型等温线，对于在77 K的氮气和87 K的氩气吸附而言，Ⅰ（a）是只具有狭窄微孔材料的朗缪尔吸附等温线，一般孔宽小于1 nm，Ⅰ（b）微孔的孔径分布比较宽，可能具有较窄的介孔，这类材料一般孔宽小于2.5 nm。

2. Ⅱ型等温线

Ⅱ型等温线反映非孔性或者大孔吸附剂上典型物理吸附过程，其线型反映了不受限制的单层—多层吸附，这是BET公式最常说明的对象。如果膝形部分的曲线是尖锐的，应该能看到拐点，它是中间几乎线性部分的起点，该点通常对应于单层吸附完成并结束；如果这部分曲线是更渐进的弯曲（即缺少鲜明的拐点 B），表明单分子层的覆盖量和多层吸附的起始量叠加。当 $p/p_0=1$ 时，还没有形成平台，吸附还没有达到饱和，多层吸附的厚度似乎可以无限制增加。

3. Ⅲ型等温线

Ⅲ型等温线也属于无孔或大孔固体材料，它不存在拐点，因此没有可识别的单分子层形成。吸附材料—吸附气体之间的相互作用相对薄弱，吸附分子在表面上最有引力的部位周围聚集。对比Ⅱ型等温线，在饱和压力点（即 $p/p_0=1$ 处）吸附量有限。

4. Ⅳ型等温线

Ⅳ型等温线来自介孔类吸附剂材料。介孔的吸附特性是由吸附剂—吸附物质的相互作用以及在凝聚状态下分子之间的相互作用决定的。在介孔中，介孔壁上最初发生的单层—多层吸附与Ⅱ型等温线的相应部分路径相同，但是，随后在孔道中发生了凝聚。一个典型的Ⅳ型等温线特征是形成最终吸附饱和的平台，但其平台长度是可长可短（有时短到只有拐点）的。Ⅳ（a）型等温线的特点是在毛细管凝聚后伴随回滞环。当孔宽超过一定的临界宽度，开始发生回滞。孔宽取决于吸附系统和温度，如，在筒形孔中的氮气77 K和氩气87 K吸附，临界孔宽大于4 nm。具有较小宽度的介孔吸附材料符合Ⅳ（b）型等温线，脱附曲线完全可逆。

5. Ⅴ型等温线

在 p/p_0 较低时，Ⅴ型等温线与Ⅲ型等温线类似，这是由于吸附材料—吸附气体之间的相互作用相对较弱。在更高的相对压力下，存在一个拐点，这表明成簇的分子填充了孔道。如，具有疏水表面的微/介孔材料的水吸附行为呈Ⅴ型等温线。

6. Ⅵ型等温线

Ⅵ型等温线是一种特殊类型的等温线，反映的是无孔均匀固体表面多层吸附的结果（如洁净的金属或石墨表面）。实际固体表面大都是不均匀的，因此，很难遇到这种情况。

综上所述，由吸附等温线的类型反过来也可以定性地了解有关吸附剂表面性质、孔分布及吸附质与表面相互作用的基本信息。吸附等温线的低相对压力段的形状反映吸附质与表面相互作用的强弱；中、高相对压力段反映固体表面有孔或无孔，以及孔径分布和孔体积大小等。

（六）毛细凝聚现象和回滞环

Ⅳ型等温线上会出现吸附等温线的吸附分支和脱附分支，在一定的相对压力范围内不重合，分离形成环状，即回滞环，如图 2－27 所示。在相同的相对压力时，脱附分支的吸附量大于吸附分支的吸附量。这一现象发生在具有介孔的吸附剂上，BET 公式不能处理回滞环，需要毛细凝聚理论解释。

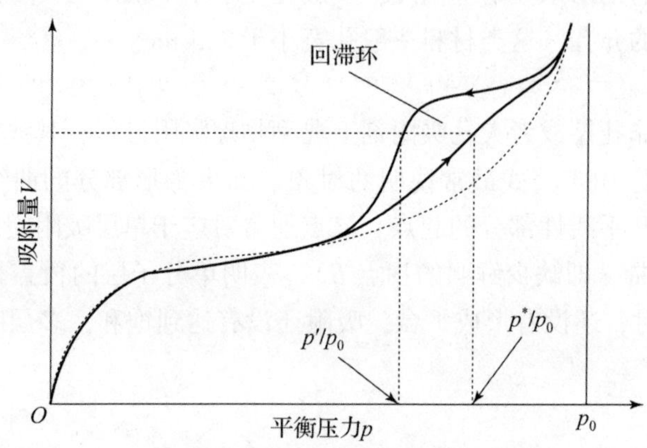

图 2－27　Ⅳ型等温线上的回滞环

1. 毛细凝聚理论

毛细凝聚理论认为，在一个毛细孔中，若能因吸附作用形成一个凹形的液面，与该液面成平衡的蒸气压 p 一定小于同一温度下平液面的饱和蒸气压 p_0。当毛细孔直径越小时，凹液面的曲率半径越小，可在较低的 p/p_0 压力下，在孔中形成凝聚液，但随着孔尺寸增加，需要在更高的 p/p_0 压力下形成凝聚液。也就是说，在多孔性吸附剂中，发生这种蒸气凝结作用的总是从小孔向大孔，随着气体压力的增加，发生气体凝结的毛细孔越来越大；而脱附时，由于发生毛细凝聚后的液面曲率半径总是小于毛细凝聚前，故在相同吸附量时脱附压力总小于吸附压力。

弯曲液面上的饱和蒸气压与液面曲率半径的关系符合开尔文公式（式（2－13）），假设液态吸附质与吸附剂完全浸润，液、固之间接触角为0°。

$$\gamma \tilde{V}\left(\frac{1}{r_1}+\frac{1}{r_2}\right)=-RT\ln\frac{p}{p_0},\ \tilde{V}=\frac{M}{\rho} \qquad (2-13)$$

式中，γ 为吸附质液体表面张力；M 为吸附质摩尔质量；ρ 为吸附质液体密度；r_1 和 r_2 为弯曲液面的两个主曲率半径。假设毛细管内凹液面为球面，即 $r_1=r_2$，则

$$\ln\frac{p}{p_0}=-\frac{2rM}{RT_\rho}\times\frac{1}{r} \qquad (2-14)$$

式中，r 是与 p/p_0 对应的毛细管孔隙半径。因此，由开尔文公式（式 2－13）可以计算发生毛细凝聚的孔径大小与相对压力的关系，孔径越小，毛细凝聚发生的 p/p_0 越小。

2. 回滞环形状与孔形

一般回滞环在低相对压力一侧的闭合点对应的 p/p_0 只与吸附质和吸附温度有关，而与吸附剂性质无关。氮吸附等温线回滞环的闭合点 $p/p_0=0.42\sim0.50$，对应的孔半径为 1.7～2 nm。在此尺寸之下，孔内毛细凝聚液膜所受的张力大于液膜的抗拉强度，毛细凝聚的液

体将不再存在，液体脱附。另外，当孔半径接近分子大小，其中液体的表面张力失去物理意义，开尔文公式也不再适用。

回滞环在高相对压力一侧的闭合点对应吸附剂的全部孔被液态吸附质完全充满，它反映了孔形吸附剂的孔分布特性，而往往与吸附质种类无关。虽然氮吸附要在 p/p_0 接近 1 时方可将大孔充满，但是由于实验测量精度的限制，在 $p/p_0>0.99$（$r>100$ nm）高相对压力范围的测量误差导致计算的开尔文半径误差很大。一般，吸附测量应用开尔文方程可靠地计算孔径的上限是 50 nm。IUPAC 将大于 50nm 的孔规定为大孔，需要用压汞法来测量。因此，吸附等温线回滞环反映的信息基本上与 IUPAC 定义的介孔结构有关。根据 2015 年 IUPAC 关于回滞环的重新分类，将原来的 4 类增加为 5 类，如图 2－28 所示。

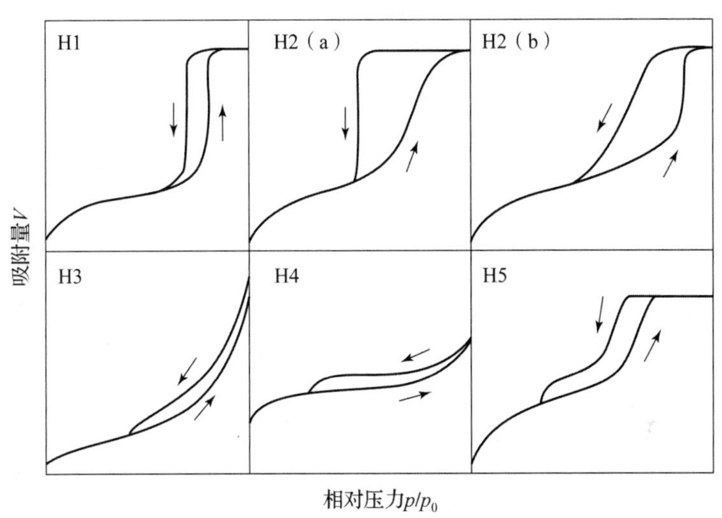

图 2－28　IUPAC 分类的 5 类回滞环

（1）H1 型回滞环。孔径分布较窄的圆柱形均匀介孔材料具有 H1 型回滞环，如图 2－29 所示。当吸附质气体在孔壁上形成吸附液膜后，气液界面是圆柱面；当气体压力大于此圆柱面，对应的饱和蒸气压时发生毛细凝聚。脱附时的平衡饱和蒸汽压小于吸附时的平衡饱和蒸汽压，脱附与吸附过程不可逆，故等温线上出现回滞环。例如，在模板化二氧化硅（MCM－41、MCM－48、SBA－15）、可控孔的玻璃和具有有序介孔的碳材料中都能看到 H1 型回滞环。H1 型回滞环也会出现在墨水瓶孔的网孔结构中，其中“孔颈”的尺寸分布宽度类似于孔道/空腔的尺寸分布的宽度（如 3DOM 碳材料）。

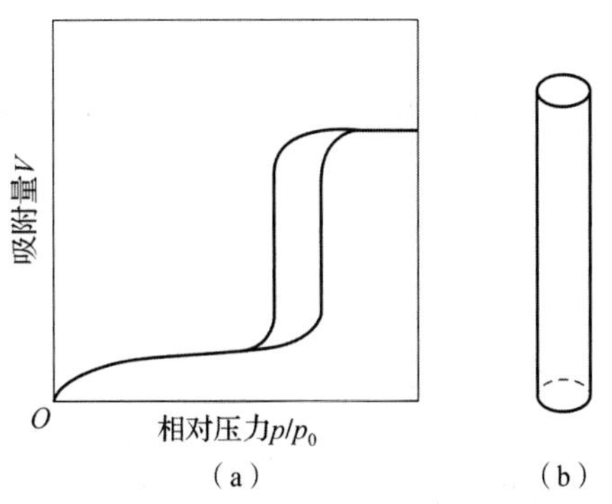

图 2－29　两端开口管状孔结构对应的 H1 型回滞环

（a）H1 型回滞环；（b）圆柱形孔模型

（2）H2 型回滞环。H2 型回滞环是由更复杂的孔隙结构产生的，H2（a）是孔颈相对较窄的墨水瓶形介孔模型。H2 型回滞环具有非常陡峭的脱附分支，这是由于孔颈在一个狭窄的范围内发生气穴控制的蒸发，也许还存在着孔道阻塞或渗流。许多硅胶、一些多孔玻璃（如耐热耐蚀玻璃）以及一些有序介孔材料（如 SBA－16 二氧化硅和 KIT－5 二氧化硅）都具有 H2（a）型回滞环。H2（b）是孔“颈”相对较宽的墨水瓶形介孔模型，如图 2－30 所示。H2（b）型回滞环也与孔道堵塞相关，但孔颈宽度的尺寸分布比 H2（a）型大得多。在介孔硅石泡沫材料和某些水热处理后的有序介孔二氧化硅中，可以看到这种类型的回滞环实例。

（3）H3 型回滞环。H3 型回滞环见于层状结构的聚集体，产生狭缝的介孔或大孔材料。H3 型回滞环有两个不同的特征：①吸附分支类似于Ⅱ型等温吸附线；②脱附分支的下限通常位于气穴引起的 p/p_0 压力点。这种类型的回滞环是片状颗粒的非刚性聚集体的典型特征（如某些黏土）。另外，这些孔网都是由大孔组成，并且它们没有被孔凝聚物完全填充。

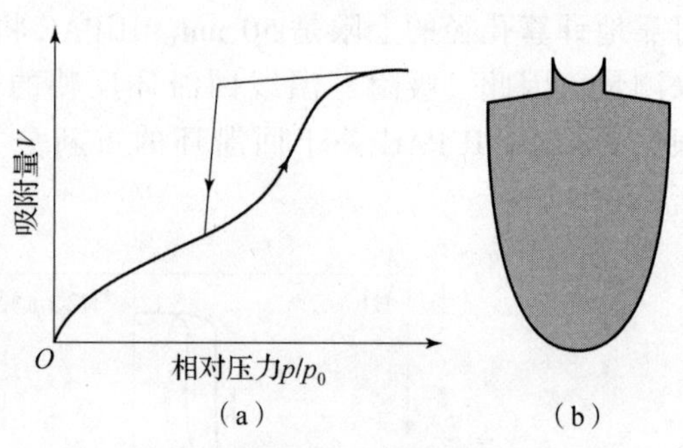

图 2－30　H2 型回滞环和墨水瓶形介孔模型

（a）H2 型回滞环；（b）墨水瓶形孔模型

（4）H4 型回滞环。H4 型回滞环与 H3 型回滞环有些类似，但是吸附分支是由Ⅰ型和Ⅱ型等温线复合组成，在 p/p_0 的低端有非常明显的吸附量，与微孔填充有关。H4 型回滞环通常发现于沸石分子筛的聚集晶体、一些介孔沸石分子筛和微—介孔碳材料，是活性炭类型含有狭窄裂隙孔的固体的典型曲线。

（5）H5 型回滞环。H5 型回滞环很少见，发现于部分孔道被堵塞的介孔材料。H5 型回滞环虽然很少见，但它有与一定孔隙结构相关的明确形式，即同时具有开放和阻塞的两种介孔结构（如插入六边形模板的二氧化硅）。

通常，对于特定的吸附气体和吸附温度，H3 型回滞环、H4 型回滞环和 H5 型回滞环的脱附分支在一个非常窄的 p/p_0 范围内急剧下降。如在液氮下的氮吸附中，这个范围的 $p/p_0 \approx 0.4 \sim 0.5$。这是 H3 型回滞环、H4 型回滞环和 H5 型回滞环的共同特征。

根据吸附等温线的形状，并配合对回滞环形状和宽度的分析，就可以获得吸附剂孔结构和织构特性的主要信息。但是由于实际吸附剂孔结构复杂，实验得到的等温线和回滞环有时并不能简单地归类于某一种分类，它们往往反映吸附剂“混合”的孔结构特征。

（七）微孔填充理论

微孔填充理论是描述物理吸附的一种理论，是以波拉尼（Polanyi）吸附势理论为基础，由杜宾（Dubinin）等进一步发展形成的。该理论又称为波拉尼—杜宾吸附理论。该理论认为具有相对较小尺度的微孔材料，由于尺度较小，孔壁之间的距离相对很近，因此两孔壁的吸附势场会相互叠加，导致在孔隙中的吸附形式及机理，与在孔隙尺度较大或开放表面上的吸附形式大不相同。固体材料中的微孔对气体的吸附是以微孔填充的形式进行，与朗缪尔等表面单分子或多分子吸附的形式不同。

基于波拉尼吸附势能理论，杜宾和拉杜什凯维奇导出了从吸附等温线的低、中压部分计算均匀微孔体系微孔体积的 D—R 方程：

$$\ln V = \ln V_0 - k\left(\ln \frac{p_0}{p}\right)^2 \tag{2-15}$$

式中，V 为吸附量；V_0 为微孔饱和吸附量，即微孔体积；k 为随吸附质、吸附剂和温度变化的常数。

据 D－R 方程，以 $\ln V$ 对 $\left(\ln \frac{p_0}{p}\right)^2$ 作图应得到一直线，由截距可计算得微孔体积。

D－R 方法只适用于低相对压力（$p/p_0 < 0.01$），吸附剂是均匀纯微孔系统（Ⅰ型等温线）。当吸附剂中除了微孔外，还有中孔和大孔且在 p/p_0 较大时，数据偏离直线，D－R 方法不再适用，主要是因为无法区分微孔填充和表面覆盖所致吸附量的相对范围。

许多多孔固体往往兼有微孔、中孔及相当比例的外表面，这时即使等温线表现为Ⅱ型或Ⅳ型，但这并不意味多孔固体中没有微孔。这种情况下求得吸附剂的微孔体积就需要将它与其他的孔体积分开。

为了描述非均匀微孔体系，杜宾和阿斯塔霍夫（Astakhov）后来将方程中指数中的二次方改为 m 次方，得到 D－A 方程：

$$\ln V = \ln V_0 - k\left(\ln \frac{p_0}{p}\right)^m \tag{2-16}$$

式中，m 为微孔分布的离散特性，显然 D－R 方程是 D－A 方程的一个特例。

（八）吸附质分子截面积和吸附层厚度

根据吸附等温线和回滞环数据，求算多孔固体表面积和孔分布时，吸附质分子截面积和吸附层厚度是两个非常重要的数据。

1. 吸附质分子截面积

吸附质分子截面积的计算方法有液体密度法、范德华常数法、吸附参比法和分子模拟法等。埃米特（Emmett）和布鲁诺尔（Brunauer）认为球形吸附质分子在表面以液态按单层六角密堆积，导出了计算分子截面积 σ_m 的公式：

$$\sigma_m = 1.091 \times \left(\frac{M}{N_A \rho}\right)^{2/3} \tag{2-17}$$

式中，M 为吸附质摩尔质量；N_A 为阿伏伽德罗常数；ρ 为液态吸附质密度。N_2 是测定吸附等温线时最常用的吸附质分子，在 77K 时，液氮密度为 0.808 g/cm^3，据式（2－17）计算可得，氮的分子截面积为 0.162 nm^2。

原则上吸附质分子的截面积可能受吸附剂表面化学组成、表面结构和孔尺寸的影响而变化，而采用范德华常数法、分子模拟法等其他方法也计算出了不同的单分子截面积。但是，在实际应用中，氮分子截面积 0.162 nm^2 已经成为计算表面积的标准参数。

2. 吸附层厚度

大量的实验结果表明，在非孔性吸附剂上氮的吸附等温线形状相似，而与吸附剂的化学性质无关。

将氮吸附量用吸附层数 n 表示，则

$$n = \theta = \frac{V}{V_m} = \frac{t}{t_m} \tag{2-18}$$

式中，t 为氮吸附层厚度，氮的单分子层平均厚度 $t_m = 0.354$ nm。显然，若将吸附等温线采

用吸附量 n（或 V/V_m，或者 t/t_m）与气体相对压力 p/p_0 的关系表达，则所有非孔性固体的氮吸附等温线应当重合，该等温线被称为标准吸附等温线。

$$\frac{V}{V_m}=\frac{t}{t_m}=f\left(\frac{p}{p_0}\right) \tag{2-19}$$

对于大多数体系，当表面吸附多于单层后，在同一相对压力 p/p_0 下，氮的吸附层厚度 t 值在不同的吸附剂上是相同的。因此，氮吸附层数 n 或者吸附层厚度 t 值与相对压力 p/p_0 的关系可用经验方程式表示：

$$n=\left[\frac{-5.00}{\ln(p/p_0)}\right]^{1/3}\text{（哈尔西经验方程式）} \tag{2-20}$$

$$\text{或者，}t=0.354\left[\frac{-5.00}{\ln(p/p_0)}\right]^{1/3}\text{（哈尔西经验方程式）} \tag{2-21}$$

$$\text{还有，}t=0.1\times\left[\frac{32.21}{0.078-\ln(p/p_0)}\right]^{1/2}\text{（哈金斯—朱拉经验方程式）} \tag{2-22}$$

图 2-31 是哈尔西（Halsey）经验方程式（2-21）和哈金斯（Harkins）—朱拉（Jura）经验方程式（2-22）比较图。

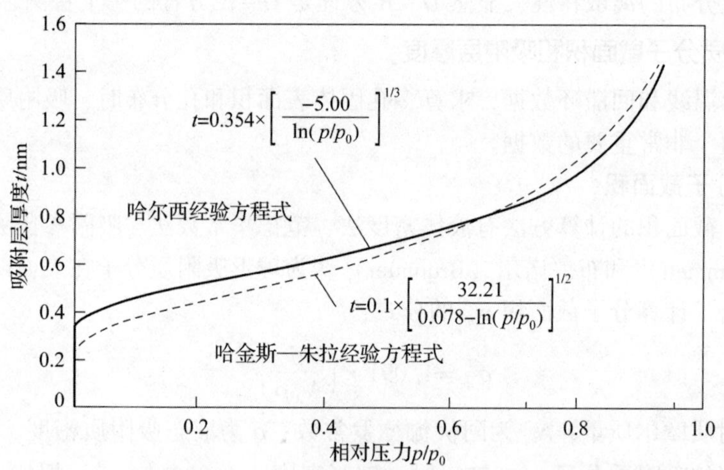

图 2-31　吸附层厚度经验方程式比较图

二、实验仪器

气体吸附法是测量孔材料比表面积和孔径分布的最常用方法，按照测试方法的不同，表面吸附可以分为体积法（容量法）和重量法。从 20 世纪 70 年代容量法问世以来，由于理论成熟、操作简单，目前已经是最常用的吸附分析方法。本章重点讲述体积法（容量法）常用吸附仪器的结构、工作原理以及数据分析的方法。

（一）比表面积和孔结构分析仪的构造

Belsorp-Max 吸附仪是一款以体积法为基本原理的吸附仪，主要由真空泵、压力传感器、气动阀（电磁阀）、样品管、杜瓦瓶几部分组成，其简单原理如图 2-32 所示。

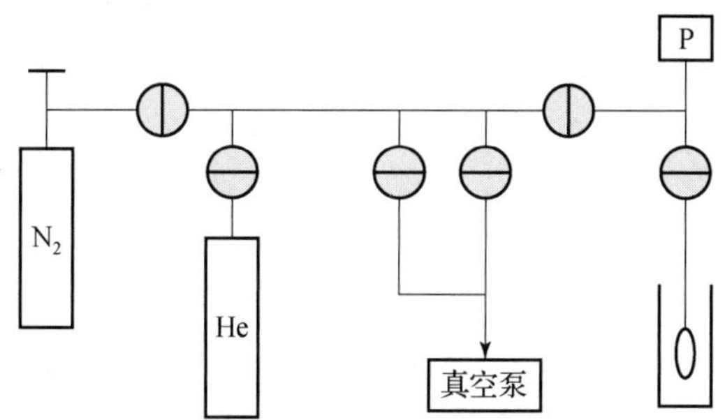

图 2－32　Belsorp－Max 吸附仪简单原理

仪器的真空系统及精密的压力传感器是体积法吸附仪的核心，该吸附仪采用多路并联真空系统，可以通过软件自动控制系统实现压力平稳下降或升高，还能有效防止超细粉体样品的飞溅。该仪器采用高精度的压力传感器，其精度可以达到 0.15%～0.25%，保证压力测定的准确度。测试的平衡压力点能够通过软件智能判断和控制，吸附高点能自动控制，最高相对压力控制在 $(p/p_0)>0.99\sim0.995$，配合软件的智能化控制技术，实现测试压力点的精密控制。

体积法吸附仪在一个真空系统中有两个真空室：样品室和外气室，中间有阀门隔开。样品管置于液氮温度环境中，开始先把两个室都抽真空，然后在外气室中充入一定压力的吸附气体，然后打开中间隔离阀，吸附气体进入样品室。由于样品在液氮温度下吸附气体，样品管中压力将下降至某个压力，达到吸附平衡，通过精密的压力传感器测出吸附前后的压力值，然后根据气体状态方程计算出样品表面的气体吸附量。每一个测量端口都装了一个压力传感器，将试管接到端口后，可以通过试管口的气动阀保持机器和试管内部的相通，进而控制试管内样品处于不同压力，进行吸附和脱附。仪器设计了 3 个这样的端口，可以同时测量 3 个平行样品，在测量环境相同的基础上，发挥仪器精确度高和重复性好以及操作简单等特点。

（二）体积法测定吸附等温线的原理

体积法气体吸附仪若要得到精准的等温吸脱附曲线，必须保证压力测试的准确性和相应压力下气体吸附量计算的准确性。体积法在进行测试过程中，是通过阶梯式加压吸附的，其测试过程如图 2－33 所示。

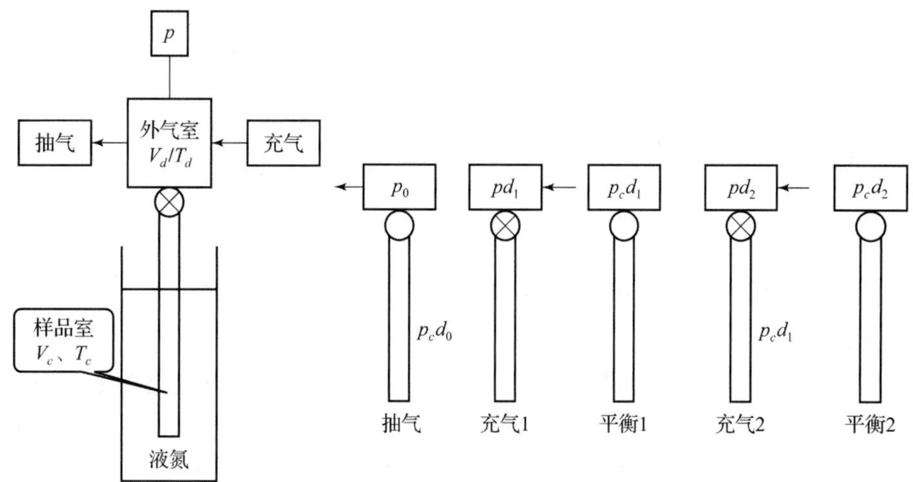

图 2－33　阶梯式加压吸附测试过程示意图

在图2-33中，外气室温度为T_d，体积为V_d，样品室中温度为T_c、体积为V_d。先将外气室和样品室都抽真空，让两个室几乎成为真空状态，再向外气室中通入一定量的气体。由压力传感器测得压力为p_{d1}，然后把外气室和样品管中的阀门打开，气体进入到样品管中，由于样品对气体有吸附，待吸附平衡后，由压力传感器测得，连通的两个气室中的压力为p_{cd1}。接着，关闭两个气室中的连通阀，向外气室中通入一定量气体，测得压力为p_{d2}，再打开连通阀门，待吸附平衡后，测得平衡压力为p_{cd2}。根据这样的方法，不断地向外气室中通入气体，记录压力p_d，待吸附平衡后再记录平衡压力p_{cd}，这样就可以测得压强的变化，进而再根据气体状态方程计算出不同压力下气体的吸附量。

体积法氮吸附量的计算原理也是仪器工作原理的重要部分。根据气体状态方程式

$$n = PV/RT \tag{2-23}$$

在标准状态（273.2K，101.3kP），则

$$V = nR\left(\frac{273.2}{101.3}\right) \tag{2-24}$$

根据阶梯式加压吸附法，当压力增加Δp时，气体吸附量Δn的计算式为

$$\Delta n = \frac{(p_d - p_{cd})V_d}{RT_d} - \Delta p_{cd}V_c/RT_c \tag{2-25}$$

用标准状态下的体积$V_{吸}$来表示：

$$\Delta V_{吸} = \Delta nR\left(\frac{273.2}{101.3}\right) \tag{2-26}$$

将式（2-24）代入式（2-25）中，得

$$\Delta V_{吸} = (p_d - p_{cd})V_d\left(\frac{273.2}{101.3\ T_d}\right) - \Delta p_{cd}V_c\left(\frac{273.2}{101.3\ T_c}\right) \tag{2-27}$$

令，$V_{td} = 273.2\ V_d/101.3\ T_d$，$V_{tc} = 273.2\ V_c/101.3\ T_c$，可以得到

$$\Delta V_{吸} = (p_d - p_{cd})V_{td} - \Delta p_{cd}V_{tc} \tag{2-28}$$

式中，V_{td}和V_{tc}为与仪器相关的参数；V_{td}为与外气室的温度和体积相关的数值；V_{tc}为与样品室温度和体积相关的参数。如果这两个参数能够测定，那么对应压力下气体的吸附量就可以计算出来，进而得到吸附量随压力变化的等温吸脱附曲线。

仪器参数V_{td}可以实际测量得到。V_{tc}由于样品管部分沉浸在液氮中，T_c是非均匀的，不能实际测量得到，但可以通过实验测得，方法是采用不被吸附的氦气进行吸附测试，得

$$\Delta V_{吸} = (p_d - p_{cd})V_{td} - \Delta p_{cd}V_{tc} = 0 \tag{2-29}$$

根据式（2-26），可以计算得到

$$V_{tc} = V_{td}(p_d - p_{cd})/\Delta p_{cd} \tag{2-30}$$

将实际测得的V_{tc}代入到式（2-27），即可计算出气体的吸附量。

（三）吸附量测试时注意的问题

1. 系统捡漏

气体吸附仪在工作过程中必须保持高真空度的状态，系统可能由于老化或密封不严等原因引起漏气，引起吸附等温线测试结果的不准确性，进而影响表面积和孔径的分析结果。自动仪器一般都设置了检漏功能，可以帮助验证存在的漏气源并加以隔离。若怀疑有漏气，则首先要检查样品管的密封情况。

2. 样品的预处理

在进行吸附实验之前，固体样品表面必须清除污染物，如水和其他污染物气体，否则样品在分析过程中会继续脱气，抵消或增加样品所吸附气体的真实吸附量，产生错误数据。

样品预处理时要根据样品具体情况选择合适的脱气温度和脱气时间，最重要的是不能引起样品性质和结构的改变。一般来说，系统温度越高，分子扩散运动越快，因此脱气效果越好，但是首要原则是不破坏样品结构。如果脱气温度设置过高，会导致样品结构不可逆变化：如烧结会降低样品的表面积；分解会提高样品的表面积；脱气温度设置过低，可能使样品表面处理不完全，导致分析结果偏小。脱气温度的选择不能高于固体的熔点或玻璃的相变点，建议不要超过熔点温度的一半。使用热分析仪能够最精确地得到适合的脱气温度，一般是热重曲线上平台段的温度。

脱气时间越长，样品预处理效果越好，一般与样品孔道的复杂程度有关。一般来说，孔道越复杂，微孔含量越高，脱气时间越长；选择的脱气温度越低，样品需要的脱气时间也就越长。

亲水微孔样品的脱气具有很大的挑战性，高温（350 ℃）和长的脱气时间（通常不低于8 h）是必需的。对于一些沸石分子筛样品，还需要特殊的加热程序，即在低于 100 ℃的温度下，可以缓慢除去大部分预吸附的水，其脱气温度是逐步增加的，直到最终脱气温度为止。这样可以避免由于表面张力的影响和蒸汽的水热蚀变作用造成样品的电位结构遭到破坏。

3. 液氮浴温度

如果用氮气作为被吸附气体，固体样品在分析时就需要被冷却到液氮的沸点温度（77. 35 K），液氮的温度决定了样品的温度和吸附质的饱和蒸汽压（p_0）。液氮是相对容易得到的价格低廉的实验材料。但是，需要注意的是，只有纯的液氮才能达到这个温度，而不纯的液氮因温度偏高会造成计算误差，不能使用。暴露于空气中的液氮会冷凝空气，造成液氮纯度下降，因此，测试过程中需在杜瓦瓶口盖上松紧合适的盖子，杜瓦瓶内向外蒸发的液氮就可有效阻止大气向杜瓦瓶内的渗入；同时，实验后剩余的液氮应弃之不用，不能倒回液氮储管而造成液氮纯度的下降。

可以根据以下情况判断液氮明显不纯：①环境大气压为 760 mmHg（1 mmHg = 133. 322 Pa），但测出的氮气饱和蒸汽压大于 790 mmHg；②液氮颜色发蓝，说明其中含有液氧；③测出的液氮饱和蒸汽压为750 mmHg，但环境大气压仅有 700 mmHg，与当时的大气压相比明显偏高；④分析过程中线性很好，但偏离常规值很多。

4. 样品量

比表面积是单位质量的表面积，所以必须在脱气后和分析前对样品管中的样品用减重法进行称重计量。对于氮气吸附测定，需要考虑样品在样品管中的总表面积，也就是比表面积乘以样品质量，样品量以总表面积达到 40 ~ 120 m^2 为好，小于这个范围，测试结果的相对误差较大；大于这个范围，会增加不必要的测试时间。当样品有很高的比表面积时，样品量较少，这时称量过程可能带来较大的误差。

对于氮气吸附，有关称重的经验为：①尽可能称重到 100 mg 以上，以减少称量误差；②如果比表面积 > 1 000 m^2/g，称重则为 0. 05 ~ 0. 08 g；③如果比表面积大于 10、小于 1 000，称重则为 0. 1 ~ 0. 5 g；④如果比表面积小于 1，称重需要在 1 g 以上，甚至 5 g 以上。为确保测量精度，分析后应重新称量样品的质量。如果分析后的质量不等于脱气后、分析前的初始质量，应采用分析后的质量进行重新计算。

5. 平衡时间

若平衡时间不够，则所测得的样品吸附量或脱附量小于达到平衡状态的量，而且前一点的不完全平衡还会影响到后面点的测定。例如，测定吸附值时，在较低相对压力时没有完成的吸附量将在较高的压力点被吸附，这导致吸附等温线向高压方向位移。由于同样的影响，脱附支则向低压方向位移，形成加宽的回滞环，或产生不存在的回滞环。

（四）常见吸附等温线异常原因分析

1. 曲线不光滑

在吸附等温线测试过程中会出现吸附等温线不光滑的情况，如图 2 – 34 所示。该情况常出现于吸附量小的时候。不光滑的吸附等温线会影响比表面积和 BJH 法孔径分析。在 BET 方程式应用时出现多点拟合线性很差，BJH 使用吸附质或脱附支计算出的孔径几乎都是毛刺，孔径分析重现性差，可能是因为样品量不足、平衡时间不足和未加填充棒等原因。出现这种情况，需要把样品量尽可能加大，延长平衡时间（建议至少 5 min），同时添加填充棒进行复测。

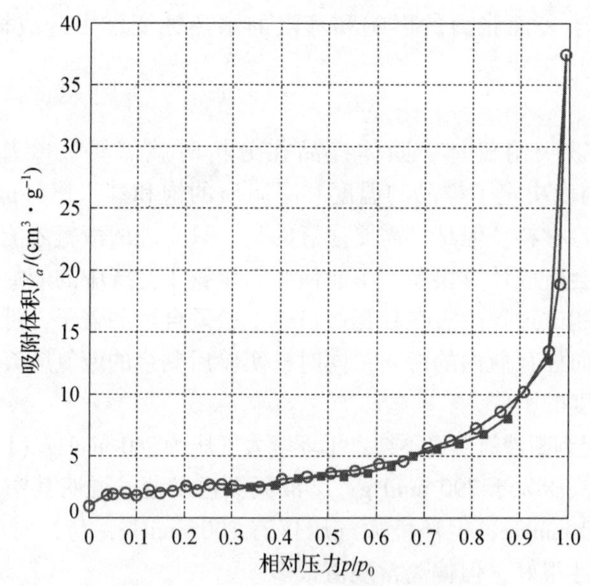

图 2 – 34 不光滑的吸附等温线

2. 曲线交叉

曲线交叉不会影响比表面积的计算，但是吸/脱附支交叉的吸附等温线（图 2 – 35）的数据是不能使用的。分析主要原因可能是以下几个。

①密封不佳而漏气；②样品量不足；③死体积校正不准确；④样品管存在肉眼不易觉察的裂痕，产生漏气。需要定期进行仪器检测，排除内部漏气问题；每次测试过程中检查密封圈、样品管是否有破损；定期做死体积校正，或者利用高精度模式，每次测试都同时校正死体积。

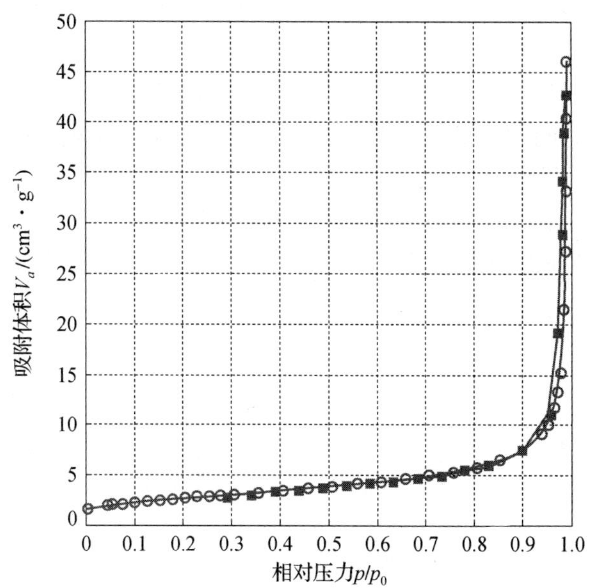

图 2-35 吸/脱附支交叉的吸附等温线

3. 曲线不闭合

吸附等温线吸脱附支不闭合，如图 2-36 所示。一般情况下是某些样品测试时发现不闭合，而其他样品并无这个问题。根据经验，大致分为以下 4 种情况。

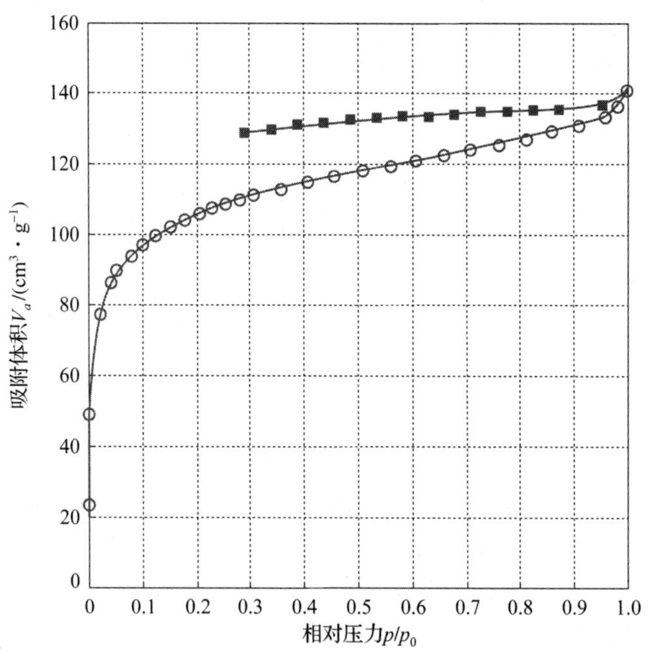

图 2-36 不闭合的吸附等温线

（1）因为材料表面存在特殊的基团和化学性能的影响，导致吸附的气体分子无法完全脱离，常见于煤类和以煤为原料开发的碳材料以及部分高分子物质高温碳化后得到的碳材料。

（2）材料与气体分子的强作用力。如一些吸水材料的水吸附等温线，因为材料和水蒸气作用力强，导致最后曲线无法闭合。

（3）预处理时间不足或者分析参数不佳。需要优化测试条件，包括加大样品量、延长脱气时间、延长平衡时间、降低脱附的相对压力至0.001。如果这些条件优化后还不能闭合，就是样品本身的特性了。

（4）压力传感器相关元件或电磁阀或者内部管路里进入了粉末样品的颗粒，造成传感器读数异常或者电磁阀关闭异常或者管路污染。这种现象很少见，一般需要有经验的工程师进行确认。

三、实验过程

（一）称量样品质量

由于分析结果表述为单位质量的表面积，因此需要知道样品的真实质量，要仔细称量样品管和样品。

（1）在记录本上记录样品管号和塞子号。

（2）将托放在天平上后称重去皮，使天平稳定在零。

（3）将样品管组件（样品管、密封塞或橡胶塞、填充棒）连同托放在天平上称量，并记录样品管的空管质量。

（4）把盛样品的容器放在天平上称量后去皮，使天平稳定在零。在之后的操作中不要用手触碰样品管和填充棒。

（5）慢慢将样品放入样品容器中，称量。

（6）取下塞子，从样品管内取出填充棒。

（7）使用漏斗，将样品倒入样品管内底部。

（8）重新放入填充棒并加上塞子。

（9）重新称量含样品的样品管组件，并记录脱气前样品管总质量。

（10）减去样品管的空管质量，便获得了样品质量，并记录样品脱气前的质量。

（二）样品脱气

绝大部分样品表面在室温环境下吸附了大量的水蒸气等杂质，在分析前一定要去除掉这些吸附物质，样品表面必须清洁。样品可以在惰性气体吹扫结合加热或真空下加热两种方式进行预处理，或者称为样品脱气。

（1）首先从脱气站口上拧下堵头。将样品管连接并用O圈和外螺母密封。

（2）将样品管放置加热装置中。设定合适的加热温度，并且打开流动惰性气体。

（3）达到设定的脱气时间后，将温度降到室温附近，取出样品管。

（4）把脱气后的样品管（包括样品、样品管、密封塞或橡胶塞、填充棒）称重。

（三）转移样品管

将脱气后的样品管转移到分析站。

（四）安装杜瓦瓶

在处理杜瓦瓶时一定要小心谨慎。在操作时需要注意以下问题。

（1）穿戴保护用品，戴上防护镜和保温手套。

（2）往杜瓦瓶里加液氮时要一点一点慢慢加，以减少杜瓦瓶的热冲击，同时防止液氮飞溅，出口一定要接通大气。

（3）不要移开杜瓦瓶的保护盖，以免坚硬物体落入瓶中击碎杜瓦瓶。

（4）不要在杜瓦瓶的上方操作或移动一些坚硬的零件，以防在没有保护盖时掉落到瓶中击碎杜瓦瓶。

（5）把加满液氮的杜瓦瓶放置在分析站的升降梯上。

（五）样品测定

（1）把脱好气的样品管安装在分析站后，把加满液氮的杜瓦瓶放到升降梯上，就可以进行样品分析。

（2）开始分析前确认钢瓶气体压力不低于 200 Pa，减压表压力设定为 15 ~ 20 Pa。

（3）确认分析站和饱和压力站的气体与样品信息文件的定义相一致。

（4）打开控制软件，设置好样品测试文件参数，输入样品脱气后的质量，单击分析开始测试。

四、实验结果和数据处理

（一）比表面积测定的原理

1. 比表面积

多孔固体表面积分析测试方法有多种，其中气体吸附法是最成熟和通用的方法。气体吸附法根据固体对气体的物理吸附特点，以已知分子截面积的气体分子作为探针，创造一定条件，使气体分子覆盖于被测样品的整个表面（吸附），通过被吸附的分子数目乘以分子截面积即是样品的比表面积。比表面积的测量包括能够到达表面的全部气体，无论是外部还是内部。物理吸附一般是弱的可逆吸附，因此固体必须被冷却到气体的沸点温度，并且选择一种理论方法从单分子覆盖中计算比表面积。

吸附法测得的比表面积只是吸附质分子可以直接“接触”到的比表面面积，这一数值会因吸附质分子大小不同而发生变化。为了尽可能真实反映材料的有效比表面积，吸附质分子应该尽量小、接近球形且对表面惰性。氮气、氪气和氩气等气体都是合适的选择，其中，氮气容易高纯度获得，价格便宜，并且分子截面积得到公认，是最常用的吸附气体。

2. 比表面积的求算

（1）BET 法。BET 法即采用二常数 BET 公式的直线形式，以$\frac{p}{V(p_0-p)}$对$\frac{p}{p_0}$作图，得到直线。直线的斜率是$\frac{C-1}{V_mC}$，截距是$\frac{1}{V_mC}$，则

$$V_m=\frac{1}{\text{斜率}+\text{截距}} \tag{2-31}$$

由 V_m 算出固体表面铺满单分子层时所需的分子数，进而求出吸附剂的总表面积和比表面积。

为保证数据的可靠性，BET 法作图应该至少使用 5 个数据点。二常数 BET 公式适用范围 p/p_0 为 0.05 ~ 0.35，不要使用过高或过低的 p/p_0，如图 2 – 37 所示。

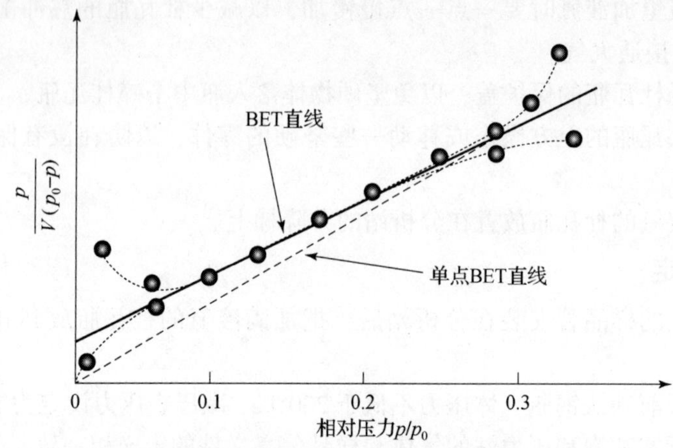

图 2-37　多点 BET 与单点 BET 直线

注：$\frac{p}{V_a(p_0-p)}$是根据 BET 理论整理成的 BET 公式的直线形式$\frac{p}{V_a(p_0-p)}=\frac{C-1}{V_mC}\cdot\frac{p}{p_0}+\frac{1}{V_m\cdot C}$之一，没有具体的物理意义。

（2）单点 BET 法。若二常数 BET 公式中 C 值较大时（C 大于50），BET 直线形式可简化为

$$\frac{p}{V(p_0-p)}=\frac{p}{p_0}\times\frac{1}{V_m} \tag{2-32}$$

以$\frac{p}{V(p_0-p)}$对$\frac{p}{p_0}$作图，得到通过原点的直线，直线的斜率为$\frac{1}{V_m}$。

式（2-31）也可改写为

$$V_m=V\left(1-\frac{p}{p_0}\right) \tag{2-33}$$

这样不必作图，利用一个点的 V 与 p 即可计算出 V_m，求出比表面积。

在大多数表面上，在 p/p_0 为 0.3 时测定吸附量，采用单点法求得的比表面积与 BET 法（也可称多点 BET 法）的误差小 5%。因此，单点 BET 法是一个快速准确的比表面积测定方法，特别是对于表面性质已知的样品。

（二）孔体积和孔径分布的测定原理

1. 中孔分布的 BJH 计算法

气体吸附法测定孔径分布基于毛细凝聚现象，因此，开尔文公式是中孔体积和分布的基本计算模型。

利用氮吸附法测定孔径分布，采用的是体积等效代换的原理，即以孔中充满的液氮量等效为孔的体积。由毛细凝聚现象可知，在不同的 p/p_0 下，能够发生毛细凝聚现象的孔径范围是不一样的。当 p/p_0 值增大时，能发生凝聚现象的孔半径也随之增大，对应于一定的 p/p_0值，存在一个临界孔半径 r_k，也称开尔文半径，所有比 r_k 值小的孔全部被毛细凝聚的吸附质充满，因此，吸附等温线上与此相对压力 p/p_0 对应的吸附体积 V_r，即为半径小于或等于此 r_k 的全部孔的总体积。同时，当压力低于这一值时，半径大于 r_k 的孔中的凝聚液将气化脱附出来。将各个常数代入开尔文公式可得到开尔文半径，如式（2-34）：

$$r_k=\frac{0.414}{\lg(p_0/p)} \tag{2-34}$$

但是，实际过程中，凝聚发生前在孔内表面已吸附上一定厚度的氮吸附层，该层厚也随

p/p_0 值而变化，因此由开尔文公式计算所得半径 r_k 并非真实孔半径 r_p（$r_k < r_p$）。维勒（Wheeler）考虑了包括吸附液膜的毛细凝聚过程，指出吸附过程当毛细凝聚现象在孔径为 r_p 的孔中发生时，孔壁上已经覆盖了厚度为 t 的吸附层，毛细凝聚实际是在吸附膜所围成的“孔心”发生，$r_p = r_k + t$。同理，在脱附过程中，毛细管中凝聚的吸附质液体蒸发后，孔壁上仍然覆盖着厚度为 t 的吸附层，如图 2－38 所示。

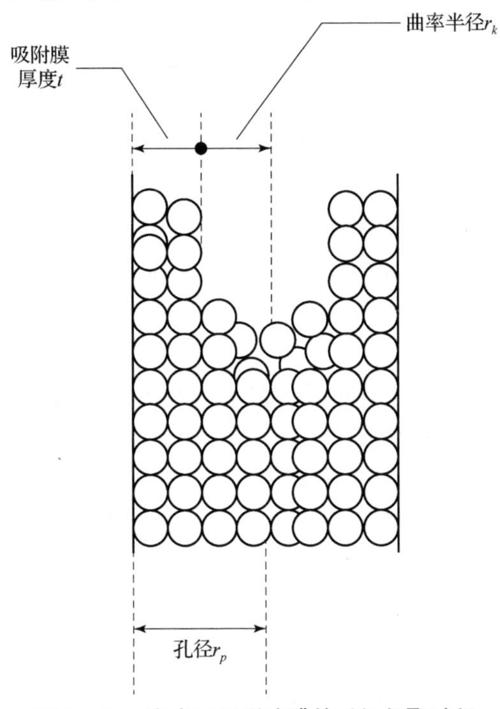

图 2－38　考虑了吸附液膜的毛细凝聚过程

巴雷特（Barett）、乔伊纳（Joyner）和哈伦达（Halenda）据此原理提出了计算中孔分布的最经典方法——BJH 法。BJH 法一直沿用至今，已经有 60 年以上的历史。BJH 法介孔与大孔的分析过程要点如下。

（1）理论依据是毛细凝聚现象。

（2）由毛细凝聚现象推导出开尔文方程式，产生毛细凝聚时孔径与压力的关系，如式（2－34）所示。

（3）BJH 法假定毛细管内吸附层的厚度 t 仅与相对压力 p/p_0 有关，而与吸附质性质和孔半径无关，开尔文方程式表达了孔内表面吸附层厚度与压力的关系，用于扣除大孔壁厚度增厚时的氮气吸附量，即

$$t = 0.354\left[-\frac{5}{\ln(p/p_0)}\right]^{1/3} \tag{2-35}$$

（4）孔体积—孔内表面—孔径的关系，已知孔容和孔径，可算出孔的内表面积，圆柱形孔 $D = 4V/S$，缝隙型孔 $D = 2V/S$。

（5）孔体积增量的计算，首先测出气体吸附量 $\Delta V_{气}$，这些气体均被一定尺寸的孔吸入，即

$$\Delta V_{液} = 0.001\ 547 \times \Delta V_{气} \tag{2-36}$$

$$\Delta V_{孔} = R\left[\Delta V_{液} - \Delta t \sum S_{大孔}\right] \tag{2-37}$$

（6）孔径分布的表征为积分分布，即累计分布，可得出任何孔径范围的孔体积及总孔体积。

（7）微分分布，孔容增量与孔径增量的比值，即孔容随孔径的变化率，微分分布曲线上的最高点对应的是最大孔径，是多孔材料重要的特征孔径。

（8）BJH 法对介孔和大孔的分析范围一般下限是 2 nm，上限取决于吸附试验的最高压力。当最高压力达到 0.997 时，对应孔径为 500 nm。

（9）只有当实验数据具有如下特定时，用 BJH 法计算孔径分布才是可靠的。

①孔隙是刚性的，且孔径分布窄，范围明确（即出现 H1 型回滞环）。

②没有微孔或很大的大孔（是明确的Ⅳ型等温线）。

BJH 法在吸附等温线上取点计算的传统范围为 0.05～1，但是由于发现该方法在 10 nm 以下会低估孔径，在 4 nm 以下会产生 20% 的误差，所以目前建议的取点范围为 0.35～1。

2. 微孔体积和孔分布的测定

对于微孔材料，微孔体积和孔分布是衡量微孔材料孔形状最重要的指标。微孔物质的吸附等温线通常呈Ⅰ型，在很低的相对压力下吸附饱和。因此，用吸附法测定微孔材料的孔体积，要保证准确获得样品在很低相对压力下的吸附等温线。这就要求仪器具有较高的真空度和高精度的压力传感器；同时，要选择合适的吸附质分子和恰当的样品处理和测定条件。

虽然氮气是测量 BET 表面积和介孔分布常用的吸附质，但是由于氮分子的四极矩性质导致其与各种表面官能团和暴露的离子发生特异性相互作用，不仅影响被吸附氮分子在吸附剂表面的取向，也强烈影响微孔的填充压力，如有许多沸石分子筛和 MOF 材料的物理吸附，其初始阶段被移到非常低的相对压力（约为 10^{-7}），在此超低压范围内，扩散速率相当慢，使吸附等温线难以达到平衡。

与氮气相比，氩气不存在与表面官能团的特异性相互作用，而且，在液氩温度下（87 K），氩气在明显较高的相对压力下填充窄微孔，加快了平衡速度，可以实现高分辨率吸附等温线的测量。因此，应该采用氩气作为吸附物质，在液氩温度（87.3 K）下进行沸石分子筛和 MOF 等微孔材料分析。

微孔体积的计算还需要选择合理的孔模型和相应的计算方法。

（1）D－R 方程。D－R 经验方法最早用于活性炭的微孔研究，目前这种方法也用于分析其他微孔材料。按照 D－R 方程，以 $\ln V$ 对 $\left(\ln \dfrac{p_0}{p}\right)^2$ 作图应得到一直线，由截距可计算得到微孔体积。

但按 D－R 方程作图，直线两端常常发生线性偏离。高相对压力下的偏离是受 D－R 方程的适用范围所限，低相对压力下的偏离是由于活性扩散作用。最好取相对压力 p/p_0 在 10^{-4}～0.1 范围内的数据进行计算，可以得到微孔体积、微孔面积和表面活化能。

D－R 方程后有多种的改进和修正，如 D－A 方程、D－R－S 方程，但它们目前应用都有限。

（2）H－K（Horvath－Kawazoe，H－K）法和 S－F（Saito－Foley，S－F）法。霍瓦特

(Horvath) 和卡瓦泽 (Kawazoe) 首先退出了一个由微孔样品上氮吸附等温线计算有效孔径分布的半经验分析方法。他们的模型是基于某些碳分子筛和活性炭内的狭缝孔内氮气吸附，因此，H－K 法只能用于碳材料的液氮温度下氮吸附等温线的分析。

斋藤 (Saito) 和弗利 (Foley) 将 H－K 法扩展到由氩 87 K 时在沸石分子筛上的吸附等温线计算有效孔径分布。S－F 法假设孔是圆柱形。按照 H－K 的对数运算式，他们导出类似于 H－K 方程的关系式。因此，S－F 法是用于沸石分子筛在液氩温度下氩吸附等温线的分析方法。欧洲标准物质委员会又建立了用于在液氮温度下沸石分子筛的氮吸附等温线的分析方法——S－F(N_2) 法。

3. 标准吸附等温线对比法

标准吸附等温线对比法不是在一定的理论模型的基础上推导获得的，而是通过对大量实验得到的吸附等温线进行对比分析得到的经验方法，包括 t 图法、α_s 方法、n 方法和 MP 法等。实践证明，这些对多层吸附现象的经验表达方式与 BET 多层吸附理论描述是一致的。本节主要介绍 t 图法。

若将非孔性固体的氮吸附等温线采用吸附层厚度 t 与气体相对压力 p/p_0 的关系表达，可得到一条相同的氮标准吸附等温线（通用 t 曲线）。这意味着，当表面吸附多于单层后，在相同的相对压力 p/p_0 下，如果不发生毛细凝聚，氮的吸附层厚度 t 值在不同的吸附剂上是相同的。

$$t=\frac{t_m V}{V_m}=f\left(\frac{p}{p_0}\right) \tag{2-38}$$

式中，V_m 为单层饱和吸附量（单位为 mL）；t_m 为氮的单分子层平均厚度（0.354 nm）。

在非孔性吸附剂上，当相对压力 p/p_0 增加时仅引起吸附层厚度（吸附层数）的增加，即吸附量 V 与吸附层厚度 t 成正比：

$$V=\frac{V_m}{t_m}t \tag{2-39}$$

所以，以非孔性吸附剂的吸附量 V 对吸附层厚度 t 作图（$V-t$ 曲线或 t－plot）会得到一条过原点的直线，斜率等于 V_m/t_m，如图 2－39 所示。显然，若吸附量以表面凝聚的液氮体积为单位（nm^3），则此斜率即为样品的比表面积。

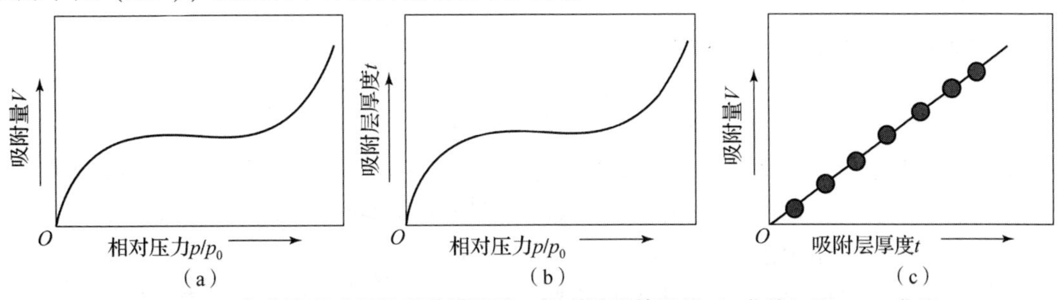

图 2－39　非孔性吸附剂的吸附等温线、标准吸附等温线（t 曲线）和 $V-t$ 曲线

(a) 吸附等温线；(b) t 曲线；(c) $V-t$ 曲线

非孔性吸附剂的 $V-t$ 图为一条直线，说明随着吸附量的增加，吸附剂留存的比表面积不变。

根据氮标准吸附等温线（t 曲线）可求得相对压力 p/p_0 对应的吸附层厚度 t 值，以孔性吸附剂的各个相对压力 p/p_0 下的吸附量数据 V 对 t 作图，则可得到孔性吸附剂的 $V-t$ 曲线。结果表明，随着相对压力 p/p_0 的增加，孔性吸附剂上由于微孔填充或者毛细凝聚现象的发生，样品留存的表面积会发生变化，$V-t$ 曲线则可能偏离直线发生弯曲，呈现多种形状，如图 2-40 所示。

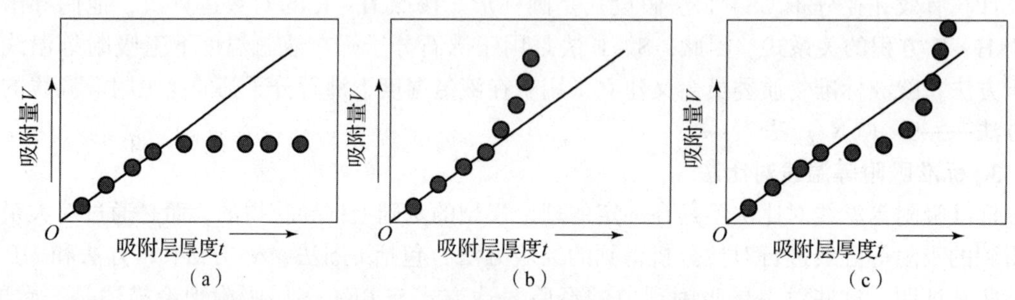

图 2-40　多孔性吸附剂的 $V-t$ 曲线

(a) 微孔吸附剂；(b) 中孔吸附剂；(c) 兼有微孔和介孔的吸附剂

吸附剂中存在微孔，相对压力增加时发生微孔填充，在很低的相对压力下 $V-t$ 曲线就上凸偏离直线；而若吸附剂中存在中孔，中等相对压力下发生毛细凝聚，$V-t$ 曲线可能向下或者向上偏离直线；若吸附剂中同时存在中孔和微孔，$V-t$ 曲线则可能呈 S 形。

研究 $V-t$ 曲线可以获得吸附剂表面积和孔结构的信息。一般的所谓的 t 方法主要根据 $V-t$ 曲线计算非孔性吸附剂的表面积（吸附层厚度法）和分析中孔吸附剂的总表面积、外表面积和中孔孔体积等信息，如图 2-41 所示。

在低的相对压力 p/p_0 下，中孔吸附剂表面（包括中孔孔壁）逐渐形成吸附层，在毛细凝聚现象出现之前，相对压力的增加仅引起吸附层厚度的增加，$V-t$ 曲线为一直线段，其斜率反映吸附剂的总表面积；当相对压力增加至中孔内毛细凝聚现象出现时，吸附量急剧增加，而根据标准吸附等温线（t 曲线）得到的吸附层厚度却增加很小，因此，$V-t$ 曲线迅速上升偏离直线；当毛细凝聚完成后，吸附质继续在吸附剂外表面（不包括中孔孔壁）累积吸附层，此时 $V-t$ 曲线再次呈一直线，直线斜率反映吸附剂的外表面积，而其截距等于吸附质的中孔孔体积。

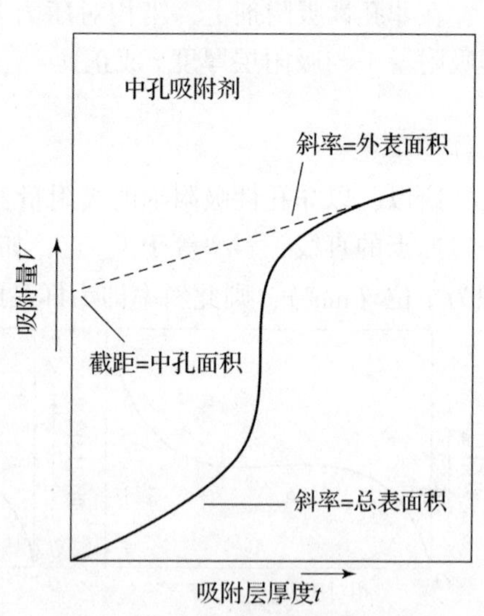

图 2-41　t 方法计算中孔吸附剂表面积和孔体积

t 方法的一个基本前提是认为氮的吸附层厚度（吸附等温线形状）与吸附剂的基本性质无关，即对一种吸附质（氮）只存在一条通用的标准吸附等温线。而实际使用中发现，$V-t$ 曲线并不是总能通过原点的，这可能是由于吸附质和吸附剂之间相互作用强度不同造成的。因此，人们对 t 方法提出了不同的改进方式，如针对化学性质不同的吸附剂建立不同的标准吸附等温线，或者根据吸附质和吸附剂之间相互作用强度分类建立一套标准吸附等温线等。

(三) 以炭黑为例进行测试

(1) 称量炭黑 100 mg。

(2) 称量后的样品进行前处理。前处理后记录样品的质量。

(3) 将脱气后的样品管转移到分析站上。

(4) 将杜瓦瓶装满液氮，放到升降梯上。

(5) 开始分析前确认钢瓶气体压力不低于 22 MPa，减压表压力设定为 15～20 MPa。

(6) 确认分析站和饱和压力站的气体与样品信息文件的定义相一致。

(7) 打开控制软件，设置好样品测试文件，输入样品脱气后的质量，单击分析开始测试。

(8) 测试结束后，可以得到样品的吸附等温线，如图 2－42 所示。材料的比表面积和孔径的分析都是基于吸附等温线代入不同的理论模型得出的结论。

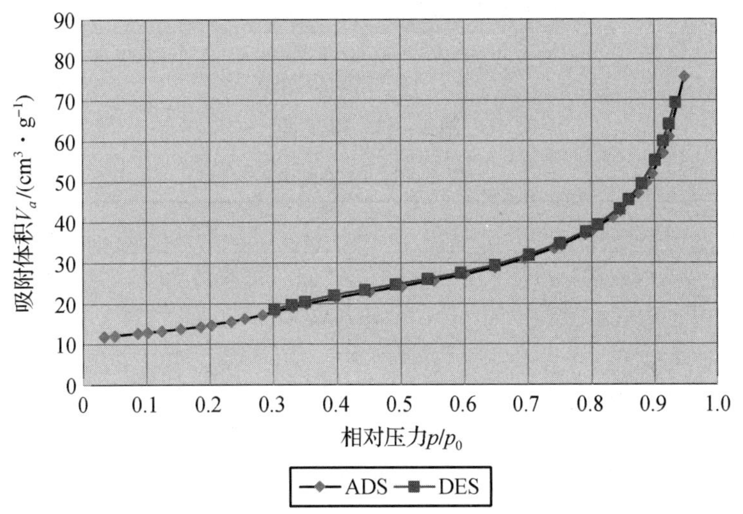

图 2－42 吸附等温线

从图 2－42 吸附附等温线可知，该等温线属于Ⅱ型等温线（IUPAC 分类标准），在相对压力为 0.3 时，等温线向上凸，第一层吸附大致完成；随着相对压力的增加，开始形成第二层，属于无孔材料。

图 2－43 为 BET 图，可以看出 $p/[V(p_0-p)]$ 对 p/p_0 作图所得的基本是一条直线，说明在此范围内，其符合 BET 理论模型。而 BET 公式只适用于相对压力为 0.05～0.35，这是因为在推导公式时，假定是多层的物理吸附，当相对压力 <0.05 时，压力太小，建立不起多层物理吸附，甚至连单分子层吸附也未形成，表面的不均匀性就显得突出；在相对压力 >0.35 时，由于毛细管凝聚变得显著起来，因而破坏了多层物理吸附平衡。

根据 BET－Plot 图可以获得材料比表面积和孔结构的具体数值，如表 2－5 所示，可以获得材料的比表面积为 51.865 m^2/g。

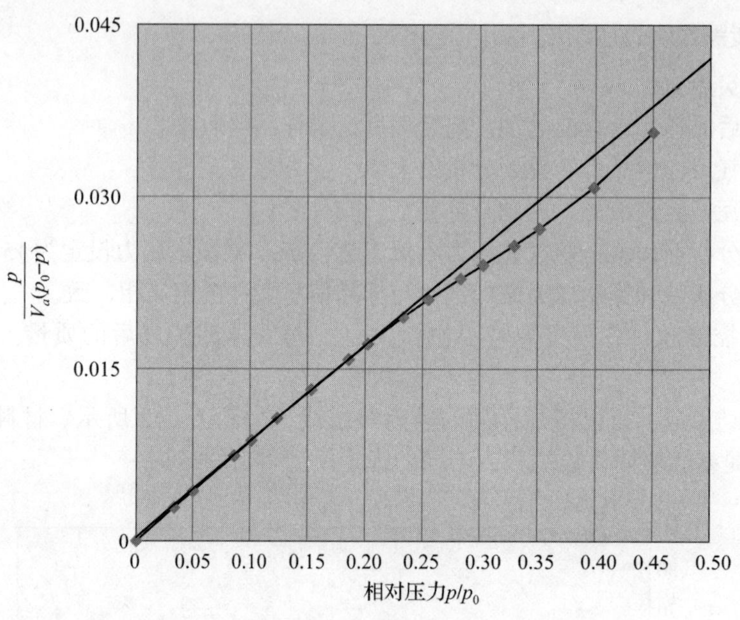

图 2-43　BET 图

表 2-5　BET 结果

项目	数值	单位
起始点	4	
终止点	8	
斜率	0.083 597	
截距	0.000 322 8	
相关系数	0.999 9	
孔体积/V_m	11.916	cm^3/g
比表面积（$\alpha_{s,BET}$）	51.865	m^2/g
吸附热 C 值	259.98	
总孔体积（$p/p_0=0.948$）	0.117 3	cm^3/g
平均孔径	9.044 7	nm

五、典型应用

比表面积、孔体积和孔径分布是材料重要的宏观物理性质，在很多领域都有广泛应用，主要包括以下几个方面。

（一）化工（吸附剂、黏合剂、油漆与涂料、石油化工）

比表面积、总孔体积和孔径分布对于工业吸附剂的质量控制和分离工艺的发展非常重要，它们影响吸附剂的选择性颜料或填料的比表面积，影响油漆和涂料的光泽度、纹理、颜色、颜色饱和度、亮度、固含量及成膜附着力。孔容积（孔隙度）能控制油漆和涂料的应用性能，如流动性、干燥性或凝固时间及膜厚。

（二）催化剂

随着材料技术的发展，催化剂的性能也越来越强大。材料的催化性能除其化学成分外，最主要的决定因素是其比表面积和孔容积的大小及其表面形貌结构。催化材料一般比表面积都很大，且为多孔物质，两者皆能增加催化剂与反应物质的接触面积，因此能大大提高催化效能。比表面积和孔容积的大小是衡量催化剂性能好坏的重要性能指标。

（三）药品

比表面积及孔隙度在药品的净化、加工、混合、制片和包装能力中扮演着重要角色。药品有效期、溶解速率与药效也依赖于材料的比表面积和孔隙度。

（四）电池行业

随着工业技术的发展，能源问题越来越成为社会关注的焦点，不可再生能源枯竭和造成的环境污染迫使人类寻找新的替代能源。储能型电池由于其低污染、可再生等特性被人们普遍看好，最有可能成为未来替代型能源，有着广阔的发展前景。储能型电池中的关键部分储能材料，由于其储能的特殊要求，对材料的比表面积性能要求非常严格，过大或过小都对电池的性能不利，因此比表面积成为电极材料最重要的物理性能指标。

随着材料技术的不断发展，比表面积及孔容积（孔隙度）的性能测定还在其他许许多多的行业中都有着广泛的应用，如电磁材料、荧光材料、陶瓷、粉末冶金、吸附剂、化妆品、食品等。对颗粒材料来讲，比表面积逐渐成为与粒径同等重要的物理性能。

实验项目 2 Belsorp – Max 比表面积和孔径分析仪测定活性炭比表面积和孔径分析实验

1. 实验目的

（1）学会用 Belsorp – Max 比表面积和孔径分析仪测定固体的比表面积和孔径分布。

（2）了解吸附理论的基本假设和测定固体比表面积和孔径分布的基本原理。

（3）掌握 BET 法测定固体比表面积的方法，掌握 Belsorp – Max 比表面积和孔径分析仪测定活性炭比表面积，了解孔隙分析仪的原理、特点及应用。

2. 实验原理

低温氮吸附法采用的气体是氦气和氮气，氮气是吸附质，氦气是背景气体，用来测量死体积。低温氮吸附法是测定已知量的气体在吸附前后的体积差，进而得到气体的吸附量。

测定前需预先将样品进行脱气处理。脱气可以用氮气等惰性气体流动置换结合加热以清除固体表面上原有的吸附物。脱气后，将样品管放入冷阱（吸附一般在吸附质沸点以下进行，如用氮气则冷阱温度需保持在 77.3 K，即液氮的沸点），并给定一个 p/p_0 值。达到吸附平衡后便可通过恒温的配气管，测出吸附体积 V。这样通过一系列 p/p_0 及 V 的测定值，得到许多个点，将这些数据点连接起来得到等温吸附线；反之，降低真空，脱出吸附气体得到脱附线，所有比表面积和孔径分布信息都是根据这些数据点带入不同的统计模型后计算得出。

（1）比表面积测试原理

BET 法的原理是物质表面（颗粒外部和内部通孔的表面）在低温下发生物理吸附，假设固体表面是均匀的，所有毛细管具有相同的直径；吸附质分子间无相互作用力；可以有多分子层吸附且气体在吸附剂的微孔和毛细管里会进行冷凝。多层吸附不是等第一层吸附满再吸附第二层，第二层上又可能产生第三层吸附，各层达到各层的吸附平衡时，测量平衡吸附压力和吸附气体量。所以吸附法测得的表面积实质上是吸附质分子所能达到的材料的外表面和内部通孔总表面之和。

吸附温度在氮气液化点附近。低温可以避免化学吸附。相对压力控制在0.05~0.35之间，低于0.05时，氮分子离多层吸附的要求太远，不易建立吸附平衡；高于0.35时，会发生毛细管凝聚现象，丧失内表面，妨碍多层物理吸附层数的增加。根据BET方程，以$p/[v(p_0-p)]$对p/p_0作图得到一条直线，如图2-44所示。而由直线得到斜率$(C-1)/V_mC$和直线在纵坐标上的截距$1/V_mC$，然后可以求得单分子层吸附量V_m，从而计算出样品的比表面积。

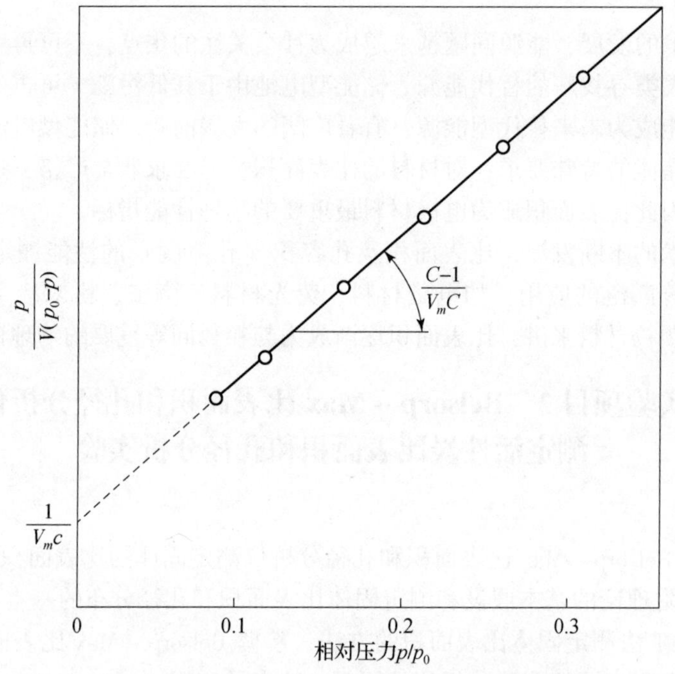

图2-44　BET图[$p/V(p_0-p)-p/p_0$的关系图]

根据前面求得的单分子层吸附量V_m，可以计算比表面积A_s。

$$A_s=(V_mN_Aa_m/M)\times10^{-18} \tag{2-40}$$

式中，V_m为单位吸附剂质量上的单分子层吸附质质量，单位为g/g；N_A为阿伏伽德罗常数，$N=6.022\times10^{23}$；a_m为一个吸附质分子在样品表面所占的面积，也就是分子占有面积，单位为nm^2；M为吸附质的相对分子质量。

如果采用体积法测量吸附量，V_m的单位为cm^3/g时，

$$A_s=(V_mN_Aa_m/22\,400)\times10^{-18} \tag{2-41}$$

式（2-41）中的分子占有面积a_m采用什么值是很重要的。埃米特和布鲁莫尔假设吸附层的结构与常温的液体相同，在吸附温度时，吸附层为六方密堆积结构，把吸附分子看作球形，那么1个分子占有的体积为

$$1.091(M/dN)^{2/3}$$

式中，d 为吸附温度吸附质为液态时的密度。在 77K 时液氮的密度 d 为 0.808 g/cm^3，则 $a_m = 0.162\ nm^2$。

那么，用氮气吸附法测量样品的比表面积时，

$$A_s = \frac{4.35V_m}{m}$$

式中，m 为样品的质量。

（2）孔径分布测定原理

气体吸附法孔径分布测量利用的是毛细管冷凝现象和体积等效交换原理，即将被测孔中充满的液氮量等效为孔的体积。毛细管冷凝指的是在一定温度下，对于水平液面尚未达到饱和的蒸汽，而对于毛细管内的凹液面可能已经达到饱和或过饱和状态，蒸汽将凝结成液体的现象。由毛细管冷凝理论可知，在不同的 p/p_0 下，能够发生毛细冷凝的孔径范围是不一样的，随着压力值的增大，能够发生毛细管冷凝的孔半径也随之增大。对应于一定的 p/p_0 值，存在一临界孔半径 R_k，半径 $<R_k$ 的所有孔皆能发生毛细管冷凝，液氮在其中填充。临界半径可以由开文尔方程式给出，$R_k = -0.414/\log(p/p_0)$，R_k 完全取决于相对压力 p/p_0。该公式也可理解为已发生冷凝的孔，当压力低于一定的 p/p_0 时，半径 $>R_k$ 的孔中的凝聚液汽化并脱附出来。实际过程中，凝聚发生前在孔内表面已吸附上一定厚度的氮吸附层，该层厚也随 p/p_0 值而变化，因此在计算孔径分布时需进行适当的修正。

吸附层与开文尔方程式结合，即

$$d_p = 2 \times R_p = 2 \times (R_k + t) \tag{2-42}$$

式中，t 为吸附层厚度，由赫尔赛方程式求得：

$$t = 0.354\left[-\frac{5}{\ln(p/p_0)}\right]^{1/3} \tag{2-43}$$

$$d_p = 2\left[\frac{0.414}{\lg(p_0/p)} + t\right] \tag{2-44}$$

从脱附等温线上找出相对压力 p/p_0 所对应的 $V_{脱}$（ml/g），$V_{脱}$换算为液体体积 V_L（ml/g）。

$$V_L = \frac{V_{脱}}{22\,400} \times 28 \times \frac{1}{0.808} = 1.55 \times 10^{-3} \times V_{脱} \tag{2-45}$$

$$V_{孔} = (V_L)_{P/P_0=0.95} \tag{2-46}$$

以 $V_L/V_{孔}$对 R_p 作图，得到孔径分布的图形。

3. 实验基本要求

（1）了解吸附的相关概念。

（2）掌握等温线的基本类型及体积法测定比表面积的原理。

（3）了解常用的吸附理论及相关理论的应用条件。

（4）实验过程中遇到问题，一定要及时告知指导老师，不能私自解决问题。

（5）实验结束后，要认真撰写实验报告。

4. 实验仪器和材料

实验仪器：Belsorp - Max 比表面积和孔径分析仪。

实验材料：液氮、高纯氮、氦气、活性炭、电子天平。

5. 实验步骤

(1) 称量样品质量

由于分析结果表述为单位质量的表面积，因此需要知道样品的真实质量。要仔细称量样品管和样品。

①在记录本上记录样品管号和塞子号。

②将托放在天平上后称量去皮，使天平稳定在零。

③将样品管组件（样品管、密封塞或橡胶塞、填充棒）连同托放在天平上称量，并记录样品管的空管质量。

④把盛样品的容器放在天平上称量后去皮，使天平稳定在零。在之后的操作中不要用手触碰样品管和填充棒。

⑤慢慢将样品放入样品容器中，称量。

⑥取下塞子，从样品管内取出填充棒。

⑦使用漏斗，将样品倒入样品管内底部。

⑧重新放入填充棒并加上塞子。

⑨重新称量含样品的样品管组件，并记录脱气前样品管总质量。

⑩减去样品管的空管质量，便获得了样品质量，并记录样品脱气前的质量。

(2) 样品脱气

绝大部分样品表面在室温环境下吸附了大量的水蒸气等杂质，在分析前一定要去除掉这些吸附物质，样品表面必须清洁。样品可以在惰性气体吹扫结合加热或真空下加热两种方式进行预处理，或者称为样品脱气。

①首先从脱气站口上拧下堵头，将样品管连接并用 O 圈和外螺母密封。

②将样品管放置加热装置中。设定合适的加热温度，并且打开流动惰性气体。

③达到设定的脱气时间后，将温度降到室温附近，取出样品管。

④把脱气后的样品管（包括样品、样品管、密封塞或橡胶塞、填充棒）称重。

(3) 样品管转移

将脱气后的样品管转移到分析站。

(4) 安装杜瓦瓶

在处理杜瓦瓶时一定要小心谨慎。在操作时需要注意以下问题。

①穿戴保护用品，戴上防护镜和保温手套。

②往杜瓦瓶里加液氮时要慢慢加入，以减少杜瓦瓶的热冲击，同时防止液氮飞溅，出口一定要接通大气。

③不要移开杜瓦瓶的保护盖，以免坚硬物体落入瓶中击碎杜瓦瓶。

④不要在杜瓦瓶的上方操作或移动一些坚硬的零件，以防在没有保护盖时落入瓶中击碎杜瓦瓶。

⑤将加满液氮的杜瓦瓶放置在分析站的升降梯上。

(5) 样品测定

①当把脱好气的样品管安装在分析站后，把加满液氮的杜瓦瓶放到升降梯上，就可以进行样品分析。

②开始分析前确认钢瓶气体压力不低于 200 Pa，减压表压力设定为 15 ~ 20 Pa。

③确认分析站和饱和压力站的气体与样品信息文件的定义相一致。

④打开控制软件，设定好样品测试文件，输入样品脱气后的质量，单击分析开始测试。

6. 实验结果与数据处理

根据仪器测试结果，可以得到如图 2－45 所示的活性炭吸脱附等温线。该等温线属于Ⅰ型等温线（IUPAC 分类标准），在相对压力小于 0.01 时，吸附基本完成，属于微孔材料。

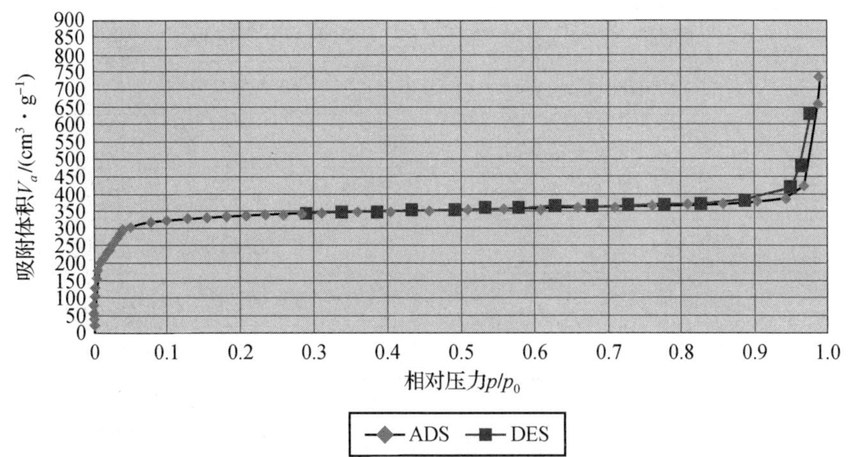

图 2－45　活性炭吸脱附等温线

根据实验获得的吸脱附等温线，利用 BET 理论，可以得到如图 2－46 所示的活性炭 BET－Plot 图以及表 2－6 所示的具体实验结果，得到微孔活性炭的比表面积为 1 113.8 m^2/g。

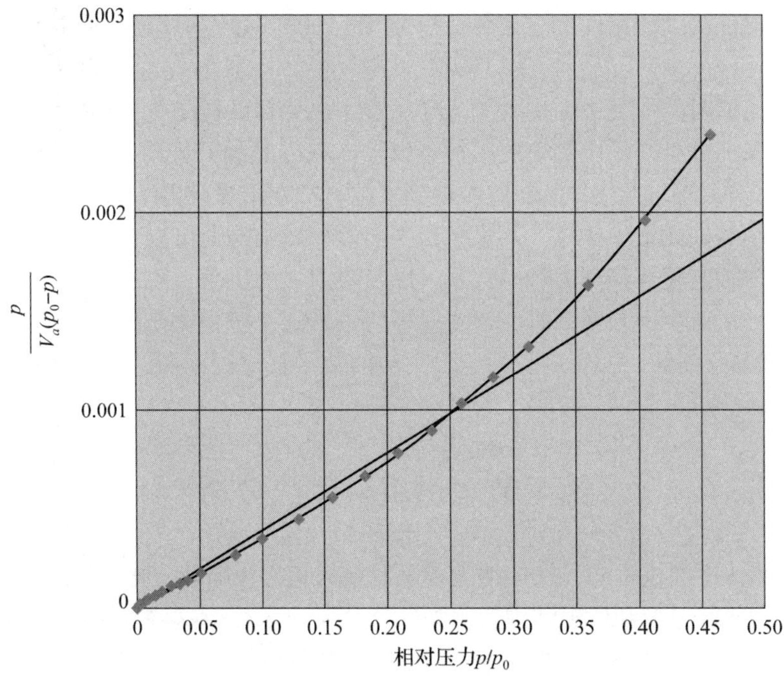

图 2－46　活性炭 BET－Plot 图

表2-6 活性炭 BET-Plot 实验结果

项目	数值	单位
起始点	8	
终止点	10	
斜率	0.003 897 5	
截距	0.000 010 267	
相关系数	0.999 9	
孔体积（V_m）	255.9	cm^3/g
比表面积（$\alpha_{s,BET}$）	1 113.8	m^2/g
吸附热 C 值	380.63	
总孔体积	1.089 1	cm^3/g
平均孔径	3.911 3	nm

7. 实验注意事项

（1）进行实验前，先对仪器进行量程调整。

（2）电子天平在称量时一定保持稳定，防止试验台的振动。

（3）实验前，一定要保证钢瓶中的吸附气（氮气）的压力不能低于 3 MPa，背景气（氦气）钢瓶的压力不能低于 3 MPa。

（4）为了保证测试的精度和重复性，一定要保证样品管和填充棒充分清洗，并干燥后方可使用。

（5）加填充棒时，一定不要垂直放入样品管中以免打破样品管底部。

（6）为了保证分析样品中的杂质不污染仪器，在样品预处理前，应放置在高温烘箱中，至少在 110 ℃下烘干 2 h，待样品自然冷却到室温，并在干燥容器中保存。

（7）密度小的轻质细粉样品，如果压片不会改变孔结构，可以考虑压片后测试。

（8）测试前一定要保证动力气、背景气以及吸附气的压力在规定的范围内。

（9）在往杜瓦瓶中倒入液氮时一定要做好防护措施，防止烫伤。

（10）在样品管安装的过程中，一定要用泡沫盖子盖好杜瓦瓶，防止硬物掉下后损坏杜瓦瓶。

第三节 热重-差热分析

物质在加热或冷却过程中，往往伴随着微观结构和宏观物理、化学等性质的变化，而这些变化通常与物质的组成和微观结构相关联。热分析技术可对这些变化进行动态跟踪测量，从而得到它们随温度或时间变化的曲线，以便分析判断该物质发生何种变化。

热分析技术中应用最广泛的方法是热重（TG）、差热分析（DTA）和差式扫描量热法（DSC），这三者构成了热分析的三大支柱，占到热分析总应用的 75% 以上。本节主要介绍北京理工大学测试分析中心的岛津 DTG－60AH 热重－差热（TG－DTA）综合分析仪，仪器图片及典型分析结果如图 2－47 所示。

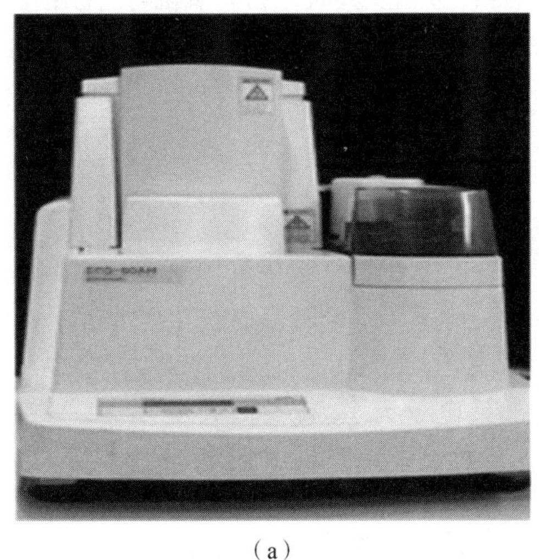

（a）

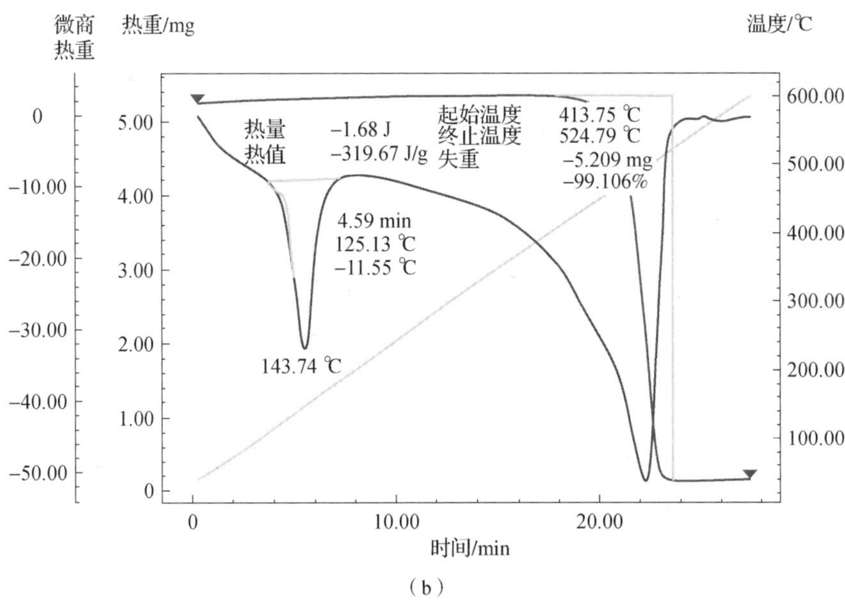

（b）

图 2－47　热重－差热综合分析仪图片及典型实验结果

（a）仪器图片；（b）典型实验结果

一、实验原理

（一）热重法

1. 概述

热重法在无机化学、分析化学、有机化学、高分子聚合物、石油化工、人工合成材料等学科上有着很重要的应用，同时在冶金、地质、矿物、油漆、涂料、陶瓷、建筑材料、防火材料等方面应用广泛，尤其是近年来在合成纤维、食品加工方面的应用。

热重法的典型应用包括以下方面：无机物及有机物的脱水和吸湿；无机物及有机物的聚合与分解；矿物的燃烧和冶炼；金属及其氧化物的氧化与还原；物质组成与化合物组分的测定；煤、石油、木材的热稳定性；金属的腐蚀；物料的干燥及残渣分析；升华过程；液体的蒸馏和汽化；吸附和解吸；催化活性研究；固态反应；爆炸材料（含能材料）研究；反应动力学及反应机理研究等。

2. 基本原理

热重法是测量样品的质量随温度或时间变化的一种技术，如分解、升华、氧化还原、吸附、解吸附、蒸发等伴有质量改变的热变化可用热重法来测量。这类仪器通称热天平。热失重曲线就是由热天平记录的样品质量随温度变化的曲线。热天平的主要结构如图 2－48 所示。

热天平的基本单元是微量电子天平/石英微天平、炉子、温度程序器、气氛控制器以及同时记录这些输出的仪器（如计算机）。热天平在程序控制温度下，连续记录质量与温度关系。样品质量变化所引起的天平位移量转化成电磁量。这个微小的电量经过放大器放大后，送入记录仪记录；而电量的大小正比于样品的重量变化量。通常是先由计算机存储一系列质量和温度与时间关系的数据，完成测试后，再由时间转换成温度。

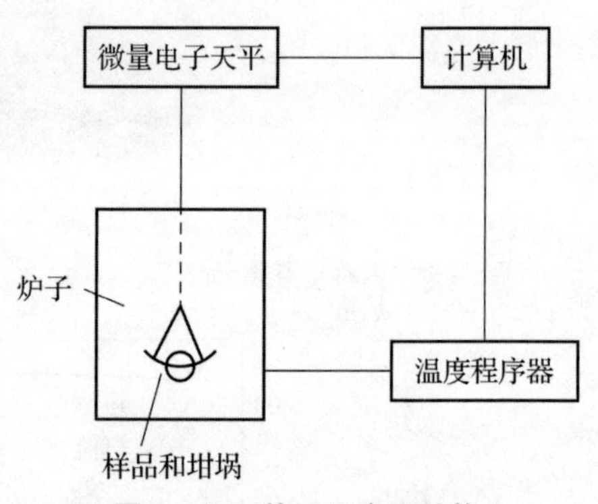

图 2－48　热天平主要结构

坩埚的种类很多，一般来说坩埚是由铂、铝、石英或刚玉制成的。

热重法可在静态、流动态等各种气氛条件下进行。在静态条件下，当反应有气体生成时，围绕样品的气体组成会有所变化。因而样品的反应速率会随气体的分压而变化。一般建议在动态气流下测量，热重法测量使用的气体有 Ar、Cl_2、CO_2、H_2、N_2、O_2、空气等。

3. 热重曲线

热重分析得到的是程序控制温度下物质质量与温度关系的曲线，即热重曲线（TG 曲线），如图 2－49 所示。横坐标用温度或时间表示，纵坐标用质量或失重百分数等其他形式表示。曲线的水平部分（即平台）表示质量是恒定的，曲线斜率发生变化的部分表示质量的变化。

（二）差热分析

1. 概述

差热分析是一种重要的热分析方法，是指在程序控温下测量物质和参比物的温度差随温度（或者时间）变化的一种热分析技术。当样品发生任何物理或化学变化时，所释放或吸收的热量使温度高于或低于参比物的温度，从而相应地在温度差随温度（或时间）变化的曲线（差热曲线）上得到放热或吸热峰。

差热分析广泛应用于测定物质在热反应时的特征温度及吸收或放出的热量，包括物质相变、分解、化合、凝固、脱水、蒸发等物理或化学反应。升温过程中发生的热效应大致可归为以下几类：①发生吸热反应，如结晶融化、蒸发、升华、化学吸附、脱结晶水、二次相变

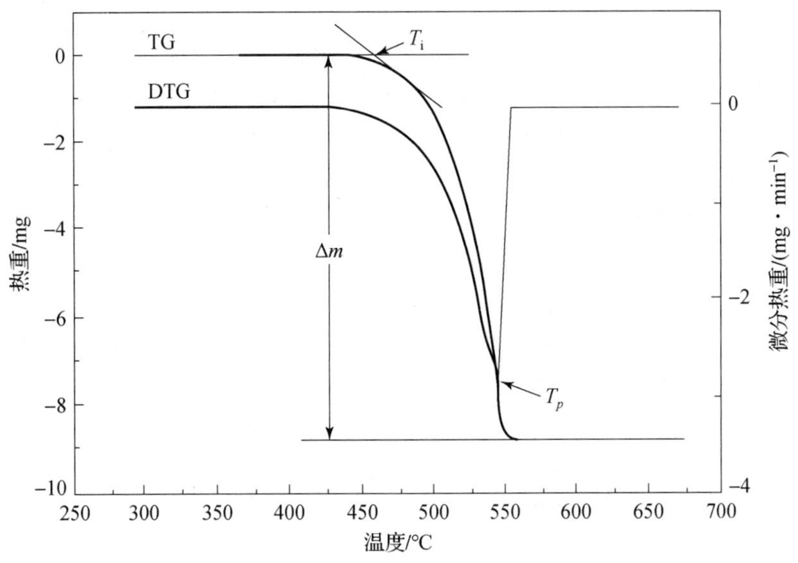

图 2－49　TG 与 DTG 曲线

(如高聚物的玻璃转变)、气态还原等；②发生放热反应，如气体吸附、氧化降解、气态氧化（燃烧)、爆炸、再结晶等；③发生放热或吸热反应，包括结晶形态转变、化学分解、氧化还原反应、固态反应等。用差热分析这些反应，不反映物质的重量是否变化，也不论是物理还是化学变化，只反映出在某个温度下物质发生了反应。

差热分析广泛应用于无机、硅酸盐、陶瓷、矿物金属、航天耐温材料等领域，是无机、有机，特别是高分子聚合物、玻璃钢等方面热分析的重要技术。

2. 基本原理

许多物质在加热或冷却过程中会发生熔化、凝固、晶型转变、分解、化合、吸附、脱附等物理变化、化学变化，这些变化必将伴随有体系焓变，因而产生热效应，其表现为该物质与外界环境之间有温度差。选择一种对热稳定的物质作为参比物（一定温度范围内，该物质在升温或降温过程中是没有吸热或放热效应的)，将其与样品一起置于可按设定速率升温的电炉中，记录参比物的温度以及样品与参比物间温度差，以温差对温度作图就可得到差热分析曲线。

在 DTA 实验中，样品温度变化是由于相转变或者分解反应产生吸热或者放热效应引起的。比如：相转变，熔化，结晶结构的转变，沸腾、升华、蒸发，脱氢反应，断裂或者分解反应，氧化或者还原反应，晶格结构的破坏及其他化学反应。一般来说，相转变、脱氢还原和一些分解反应产生吸热效应；而结晶、氧化和一些分解反应产生放热效应。这些化学或者物理变化过程引起的温度变化通过差式法来检测。

在加热或者冷却过程中，样品由于化学变化或者物理变化产生热效应，从而引起样品的温度变化，这个温度变化以差式法进行测定，这就是 DTA 的基本原理。如果以 T_s 和 T_r 分别代表样品和参比物的温度，温度差 $\Delta T = T_s - T_r$ 作为温度或者时间的函数记录下来，得到的曲线就是 DTA 曲线。由于检测的是温差，所用的热电偶彼此反向串接，T_s 和 T_r 之间的微小差值可以通过适当的电压放大装置检测出来。按以往已确定的习惯，向上表示放热效应，向下表示吸热效应。

图2-50为DTA基本装置图。从图2-50中可以看出，样品1和样品2同置于一个加热体系内。当样品产生热效应时，两个热电偶之间产生温差ΔT，ΔT随着温度变化而变化，并且记录下来。样品热电偶和参比物热电偶反相串联，组成差式热电偶。当样品不发生热效应时，样品温度和参比物温度相同，$\Delta T=T_s-T_r=0$，两支热电偶的热电势大小相等、方向相反，因此相互抵消，差式热电偶无信号输出，记录仪仅画一水平线。当样品发生热效应时，样品温度和参比物温度不相等，$\Delta T=T_s-T_r\neq0$，两支热电偶的热电势抵消不了，差式热电偶就有信号输出，经过适当放大，画出DTA峰。

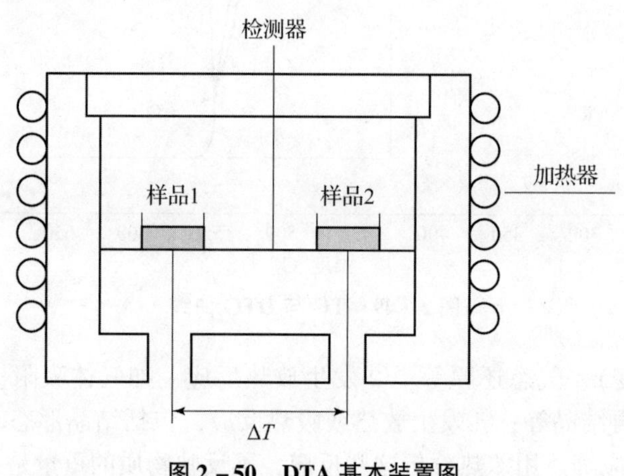

图2-50　DTA基本装置图

3. DTA曲线

DTA曲线的数学表达式为$\Delta T=f(T)$或$f(t)$，其记录的曲线如图2-51所示。

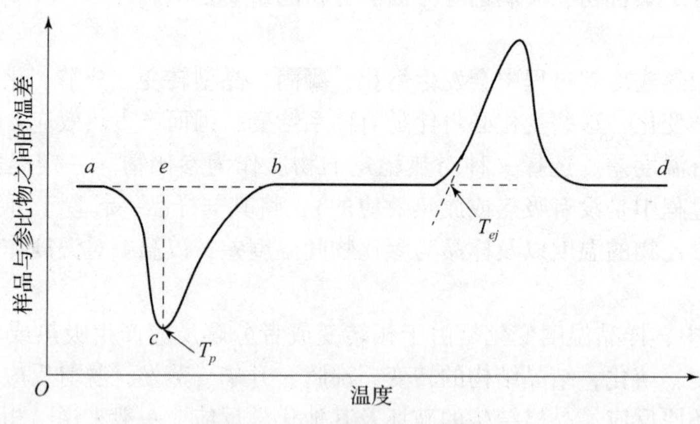

图2-51　典型DTA曲线

在图2-51中：

基线指DTA曲线上ΔT近似等于0的区段，如abd。

峰指DTA曲线离开基线又回到基线的部分。峰向下为吸热峰，如abc；向上则相反。

峰宽指DTA曲线偏离基线又返回基线两点间的距离或温度间距，如ab。

峰高表示样品和参比物之间的最大温度差，指峰顶至内插线间的垂直距离，如ce。

峰面积指峰和内插线之间所包围的面积，如abc。

外推起始点指峰的起始边陡峭部分的切线与外延基线的交点，如T_{ei}点。

峰温 T_p 无严格的物理意义，一般来说峰顶温度不代表反应的终止温度，仅表示样品和参比物温差最大的一点，而该点的位置受样品条件的影响较大，所以峰温一般不能作为鉴定物质的特征温度，仅在样品条件相同时可作相对比较。

国际热分析协会（ICTA）对大量的样品测定结果表明，外推起始温度与其他实验测得的反应起始温度最为接近，因此 ICTA 决定用外推起始温度来表示反应起始温度。

二、实验仪器

实验仪器为岛津 DTG－60AH 热重－差热分析仪。

岛津 DTG－60AH 热重－差热分析仪的结构由主机、气体控制器、软件控制器、显示器等组成，如图 2－52 所示。

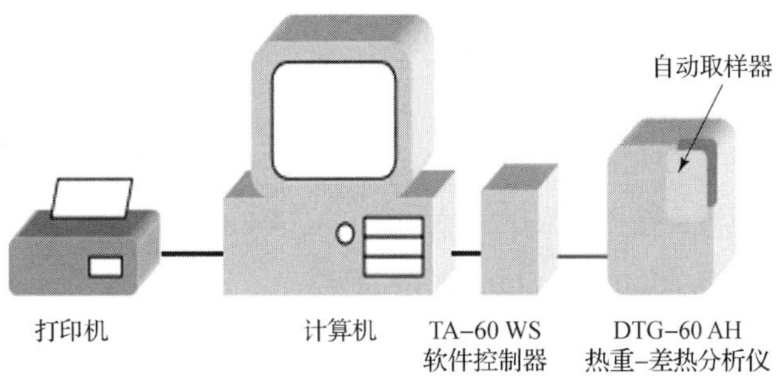

图 2－52　岛津 DTG－60AH 热重－差热分析仪组成简图

（一）主机

主机是进行热重分析和差热分析的主要结构单元，图 2－53 为岛津 DTG－60AH 热重－差热分析仪的主机，图 2－54 为主机的内部结构。

图 2－53　岛津 DTG－60AH 热重－差热分析仪主机

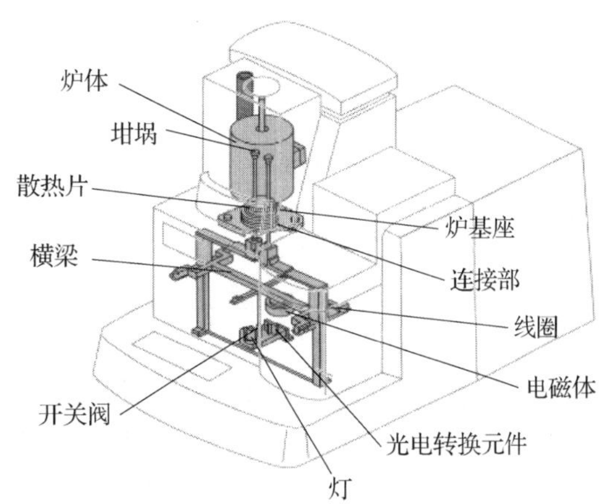

图 2－54　DTG－60AH 热重－差热分析仪主机的内部结构

（1）质量的测定。质量测定范围：0～1 g；灵敏度：0.1 μg。

（2）DTA 信号的测定。DTA 输出的信号可以用量纲“uV”来表示。热量测定范围：0～±1 000 uV。热量分辨率：0.01 uV。从 DTA 曲线上可以看到发生的吸热和放热反应，但并不能得到热量的定量数据。因为样品和参比物都与外界有热量交换。虽然已经有定量

DTA，但还不能令人十分满意，所以一般热流用差式扫描量热仪测定。

（3）温度的测定。热分析常借助物质的热电性质和电阻温度特性测量温度，一般的测温传感器有热电偶。

当两种不同的金属导体或半导体 A 和 B 相互接触时，由于其内部电子密度不同（单位体积中自由电子数），如 $N_A > N_B$，因此从导体 A 向导体 B 扩散的电子数，要比从导体 B 向导体 A 扩散的电子束要多，结果导体 A 失去电子带正电，导体 B 得到电子带负电。这样，在导体 A、B 的接触面上形成一个电位差。这一电位差一旦形成就对扩散起阻止作用，最后达到某种动态平衡状态。平衡后的这一电位差即成为接触电势，其数值决定两种不同导体的性质和接触电的温度。

（二）气体控制器

根据所需气体不同，气体钢瓶或者气体发生器连接气体控制器。气体流量范围为 0 ~ 300 mL/min。

（三）FC－GoA 软件控制器

FC－60A 软件控制器，控制 TA60 WS Collection Monitor 软件的启动和关闭。

（四）TA60 WS Collection Monitor 软件控制器

TA 60 WS Collection Monitor 软件控制器在原位、实时进行反应检测。

三、实验过程

（一）开机

依次打开稳压器、主机、软件控制器、计算机、软件程序（TA60 WS Collection Monitor 软件控制器）。

（二）上样

按 DTG－60AH 主机前面板的“Open/Close”键，炉盖缓缓升起。把装有 $\alpha-Al_2O_3$ 坩埚放置于左边参比样品盘，把空的样品坩埚放置于右边样品盘中，按“Open/Close”键降下炉盖。TG 基线（重量值）稳定后，按前面板的“Display”键，前面板屏幕显示重量值，按“Zero”键，重量值归 0，显示“0.000 mg”。如果归 0 后，读数跳动，可以多按几次“Zero”键，直到读数为 0，或者上下漂移很小。（注：通过面板上的“Display”键，可以使显示在温度、电压、质量之间切换。）按“Open/Close”键，升起炉盖，用镊子把右边样品盘上的坩埚取下，装上适量的样品，重新放到右边的样品盘上。样品质量一般为 3 ~ 5 mg，要保证样品平铺于坩埚底部，与坩埚接触良好。按“Open/Close”键，降下炉盖。当屏幕显示 TG（重量值）稳定后，仪器内置的天平自动精确称出样品的质量，并显示出来。

（三）设置参数

单击“Measure”菜单下的“Measuring Parameters”，弹出“Setting Parameters”窗口。在“Temperature Program”一项中编辑起始温度以及温度程序。如设定一个温度程序，起始温度 40 ℃，以 10 ℃/min 的速度升温到 450 ℃，保持 10 min。在“File Information”窗口中输入样品基本信息，包括样品名称、质量、坩埚材料以及使用气体种类、气体流速和操作者等信息。

（四）启动

等待仪器基线稳定后（大约 10 min），单击“Start”键，在弹出“Start”窗口中设定文件名称以及储存路径。单击“Read Weight”，仪器检测器把置于样品盘的样品质量显示在“Sample Weight”中。单击“Start”，运行一次分析测试，仪器会按照设定的参数进行运行，并按照设定的路径储存文件。

（五）下样

样品分析完成后，等待样品盘温度降到室温，取出样品和参比物坩埚。

（六）数据处理

（1）由所测得的 DTA 曲线，测量各峰的起始温度和峰温，并分析由热效应而产生的峰原因。

（2）依据所测得的 TG 曲线，解释各个台阶产生的原因，并根据样品的失重率推断热分解反应机理。

（七）注意事项

（1）电源要稳定接地。

（2）称量时坩埚一定要保持干净，否则会影响导热，而且坩埚残余物在受热过程中也会发生物理或化学变化，影响实验的准确性。

（3）坩埚要轻拿轻放，一定要小心。

（八）TG 曲线的影响因素

与其他分析方法一样，热重法的实验结果也受到一些因素的影响，加之温度的动态特性和天平的平衡特性，使影响热重曲线（TG 曲线）的因素更加复杂，归纳起来主要有以下 3 个方面：仪器因素、实验因素和样品因素。

1. 仪器因素

仪器因素主要包括浮力及对流的影响、挥发物冷凝的影响和温度测量的影响。

（1）浮力及对流的影响。

空气在室温下，每毫升重 1. 18 mg；在 1 000 ℃时，每毫克重只有 0. 28 mg。

热天平在热区中，其部件在升温过程中排开空气的重量在减少，即浮力在减少，也就是说样品质量在没有变化的情况下，只是由于升温，样品也在增重，这种增重称为表观增重。

对流是因为样品处于高温条件，而与之气流相通的天平却处在室温状态，必然产生对流的气动效应，使测定值出现起伏。热对流的结果相当于对样品产生一个向上或向下的力。从而测量时表现出比没有对流情况的同一温度下的同样样品有不同的质量。这些影响因素可通过改变仪器的结构设计途径来加以克服或减小。

（2）挥发物冷凝的影响。

样品受热分解或升华，逸出的挥发物往往在热重分析仪的低温区冷凝，这不仅污染仪器，而且使实验结果产生严重的偏差。

例如在分析砷黄铁矿时，三氧化二砷先凝聚在较冷的悬吊部件上，进一步升温时凝聚的三氧化二砷再蒸发，以致 TG 曲线十分混乱。尤其是挥发物在样品杆上的冷凝，会使测定结果毫无意义。对于冷凝问题，可从两方面来解决：①从仪器上采取措施，在样品盘的周围安装一个耐热的屏蔽套管，或者采用水平结构的热天平；②可从实验条件着手，尽量减少样品用量和选择合适的净化气体的流量。

应该指出，在热重分析时应对样品的热分解或升华情况有个初步估计，以免造成仪器污染。

（3）坩埚材质和形状。

①实验用的坩埚对样品、中间产物、最终产物和气氛都是惰性的，既不能有反应活性，也不能有催化活性。

②坩埚材料有玻璃、石英、氧化铝、铝土、石墨、铂、铝、不锈钢等。所盛样品可以从 1 mg 到几百 g，常用的是 5 ~ 100 mg。坩埚的材料、大小和几何形状对热重曲线有不同程度的影响。一般坩埚越轻、传热越好对热分析越有利。样品盘的加深或带盖给气体的扩散增加了阻力，最终导致了反应的延迟和反应速率的降低。除非为了防止样品飞溅，一般不采用加盖封闭坩埚，因为会造成反应体系气流状态和气体组成的改变。

2. 实验因素

影响 TG 曲线形状的实验因素包括升温速率和气氛。

（1）升温速率。

由于热重实验中样品和炉壁不接触，样品的升温是靠介质—坩埚—样品进行热传递，在炉子和样品之间形成温差。这受到样品性质、尺寸、样品本身物理（或化学）变化引起的热焓变化等因素的影响，并在样品内部也可形成温度梯度。

这个非平衡过程随升温速率升高而加剧，即温差随升温速率的提高而增加。一般升温速率并不影响失重。但是，中间产物的检测与升温速率密切相关，升温速率快不利于中间产物的检出，因为 TG 曲线上拐点变得不明显，而慢的升温速率可得到明确的实验结果。升温速率越大温度滞后越严重，开始分解温度 T_i 及终止分解温度 T_f 都越高，温度区间也越宽，如图 2 – 55 所示。

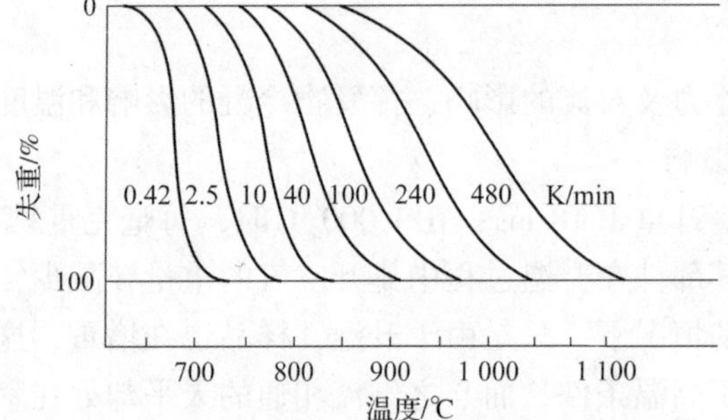

图 2 – 55　碳酸钙（$CaCO_3$）不同升温速率的 TG 曲线（样品 8 mg，采用静止空气）

（2）气氛。

热重法通常可在静态气氛或动态气氛下进行测定。在静态气氛下，如果测定的是一个可逆的分解反应，随着温度的升高，分解速率增大。但由于样品周围气体浓度增加会使分解速率下降，另外，炉内气体的对流可造成样品周围的气体浓度不断变化。这些因素会严重影响实验结果，所以通常不采用静态气氛。为了获得重复性好的实验结果，一般在严格控制的条件下采用动态气氛。

样品周围气氛对热分解过程有较大的影响，气氛对 TG 曲线的影响与反应类型、分解产物的性质和气氛的种类有关。图 2 – 56 为聚丙烯在空气与氮气中的 TG 曲线。在空气（氧气存在）中于 150 ~ 180 ℃有增重，这是氧化反应的结果，在氮气中就没有氧化增重现象。

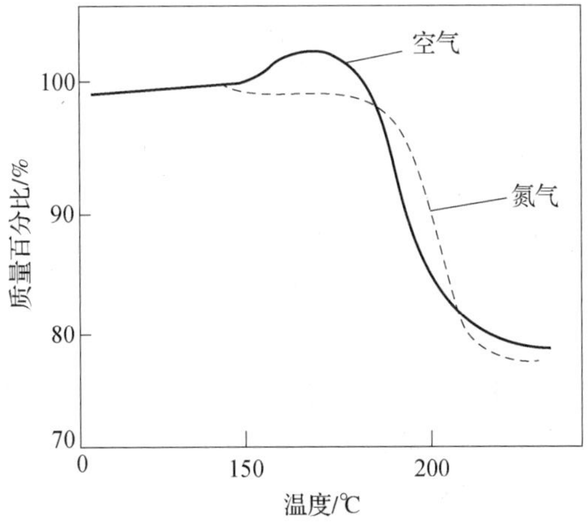

图 2-56　聚丙烯在空气和氮气中的 TG 曲线

(3) 样品因素。

样品因素包括样品用量和样品粒度。

①样品用量。样品用量应在仪器灵敏度范围内尽量少，因为样品的吸热或放热反应会引起样品温度发生偏差，样品用量越大，这种偏差越大；同时，样品用量大对于生成的气体扩散阻力也大。总之，样品用量大对热传导和气体扩散都不利。样品用量大也会使其内部温度梯度增大。样品用量对 TG 曲线的影响如图 2-57 所示。因此在热重法中样品用量应在热重分析仪灵敏度范围内尽量小。

②样品粒度。样品粒度同样对热传导、气体扩散有着较大的影响。例如，粒度的不同会引起气体产物的扩散作用发生较大的变化，而这种变化可导致反应速率和 TG 曲线形状的改变，粒度越小，反应的面就越大，反应速率越大，使 TG 曲线上的 T_i 和 T_f 温度降低，反应区间变窄；样品粒度大往往得不到较好的 TG 曲线，如图 2-58 所示。所以实验前要把样品尽量磨成小颗粒。

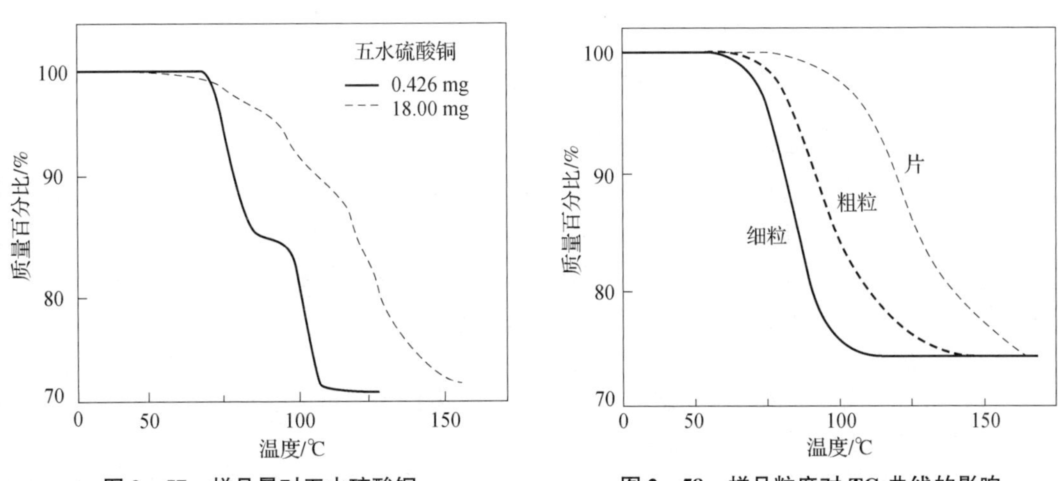

图 2-57　样品量对五水硫酸铜 ($CuSO_4 \cdot 5H_2O$) TG 曲线的影响

图 2-58　样品粒度对 TG 曲线的影响

另外，样品的热性质包括反应热、导热性和比热容对 TG 曲线有影响；样品的填装方式对 TG 曲线也有影响，填装紧密，样品间接触紧密，热传导性好，但气体扩散阻力大，不利于气氛向样品内部扩散和反应气体的逸出。一般样品采用薄而匀的方式，实验结果的重现性较好。

四、实验结果和数据处理

单击 TA60 图标，打开数据分析软件。单击“文件”菜单下的“打开”项，在分析软件中打开所需分析的测量文件。

（一）质量变化分析

如图 2 – 59 所示，鼠标选中 TG 曲线，单击“Analysis”菜单中“Weight Loss”项，弹出“Weight Loss”窗口。用鼠标规定峰的起始点和终止点，单击“Analyse”，样品质量的变化以及起始点时间、温度等都会显示出来。

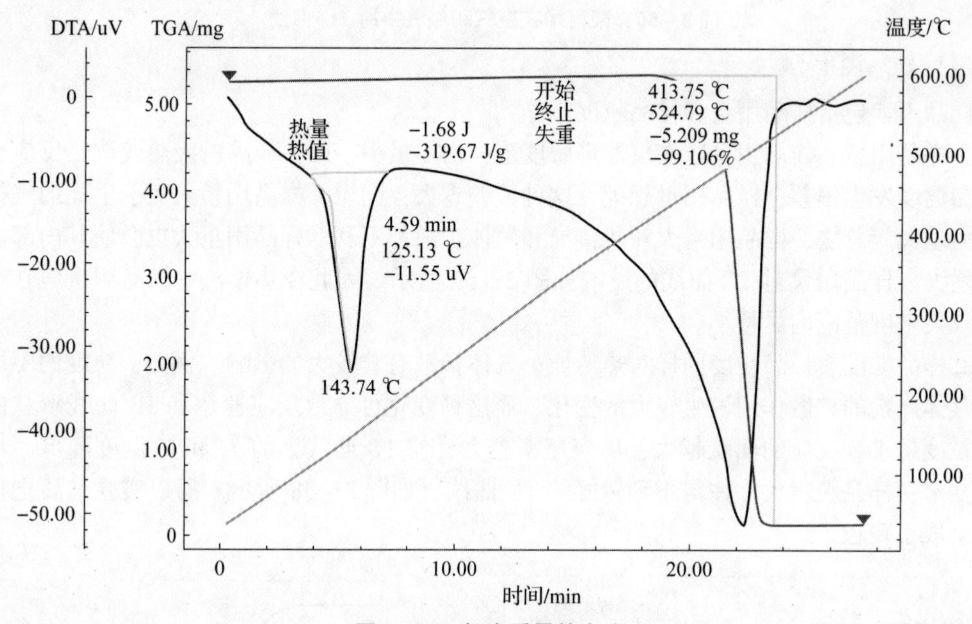

图 2 – 59　标定质量的方法

（二）DTA 曲线温度标定

如图 2 – 60 所示，鼠标选中 DTA 曲线，单击“Analysis”菜单中“Peak”项，或者单击“Peak”按钮，设定温度范围，即可给出峰值温度；也可选取起始点作为测定结果，单击“Analysis”中“Tangent”项，弹出“Tangent”窗口。用鼠标分别在曲线上峰的起始点和到达峰高之前斜率相对稳定的一个点上单击来选定起始点。

1. 熔点温度

（1）熔点温度：晶体将其物态由固态转变（熔化）为液态的过程中固液共存状态的温度。ICTAC 规定外推起始温度为熔点。

（2）外推起始温度（T_{eo}）：峰前沿最大斜率处的切线与前沿基线延长线的交点 A 处对应的温度即为外推起始温度 T_{eo}，如图 2 – 61 所示。

高分子聚合物熔融温度范围较为宽广，在整个熔融过程中可能伴有复杂的熔融/重结晶/晶型调整过程，高分子的熔点通常取峰值温度，即图 2 – 61 中 B 点对应的温度 T_p。

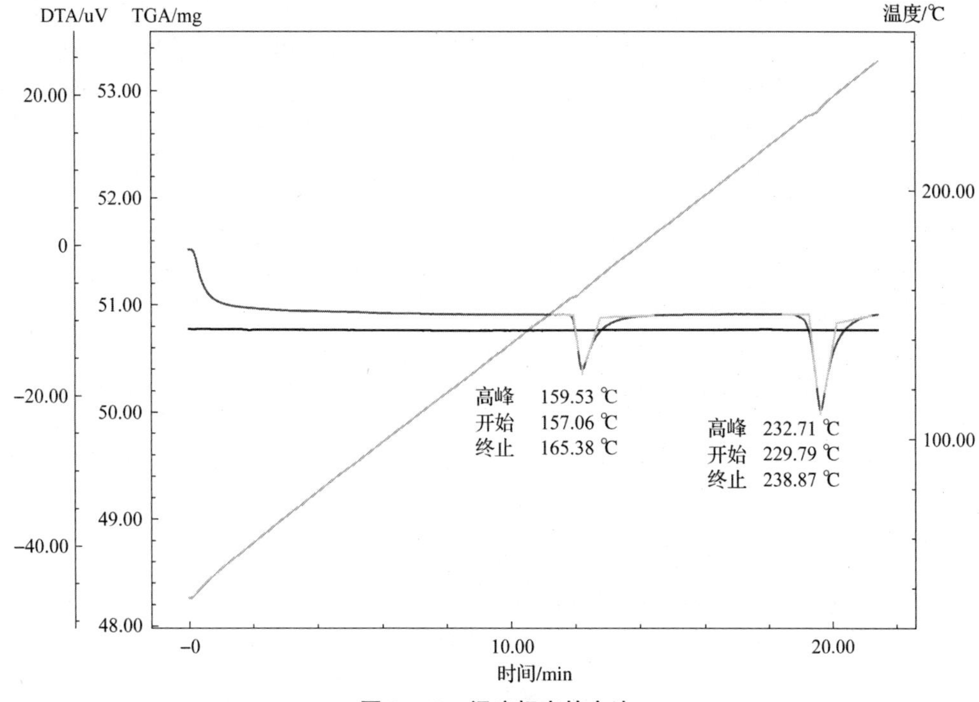

图 2-60　温度标定的方法

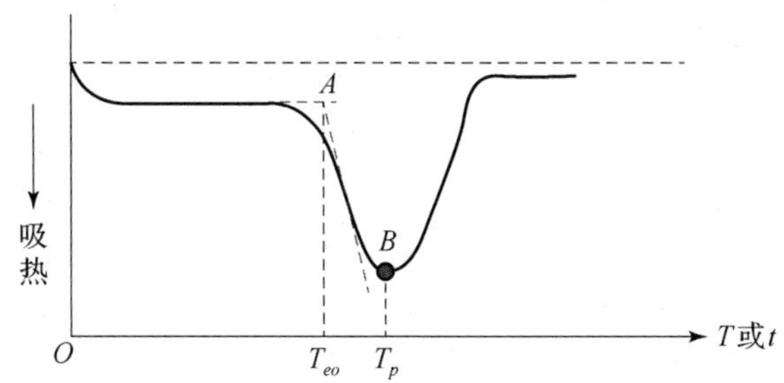

图 2-61　从 DTA 曲线中确定熔点温度图

2. 玻璃化转变温度

玻璃化转变温度是无定形或半结晶聚合物，从黏流态或高弹态向玻璃态的转变温度。

从分子结构分析，玻璃化转变是高聚物无定形部分从冻结状态到解冻状态的一种松弛现象，而不像相转变那样有相变热，所以是一种二级相变（高分子动态力学中称主转变）。无定形高聚物或结晶高聚物无定形部分在升温达到它们的玻璃化转变，被冻结的分子微布朗运动开始，因而热容变大，DTA/DSC 基线向吸热一侧偏移。

在热力学上，玻璃态物质被看作是冻结的过冷液体。在液相，除固体材料发生的分子振动和（原子团）转动外，还有持续进行的协同分子重排。当无法结晶的熔体经历过冷时，可观察到热力学玻璃化转变。

在玻璃化转变区，高聚物的一切性质都发生急剧的变化，如比热容、热膨胀系数、黏度、折光率、自由体积和弹性模量等发生突变。玻璃化转变永远是一个温度范围。在玻璃化温度下，高聚物处于玻璃态，分子链和链段都不能运动，只是构成分子的原子（或基团）在其平衡位置作振动，而在玻璃化温度时，分子链虽不能移动，但是链段开始运动，表现出高弹性质。温度再升高，就使整个分子链运动而表现出黏流性质。与玻璃化转变相关的分子运动是有温度依赖性的，因此，T_g 随着加热速率或者测试频率（MDSC、DMA 等）的增加而提高。当需要报道玻璃化温度时，一定要说明测试方法（DSC、DMA 等）、实验条件（加热速率、样品尺寸等）以及 T_g 是如何确定的（1/2 C_p 法的中点，或者是拐点法），如图 2－62 所示。

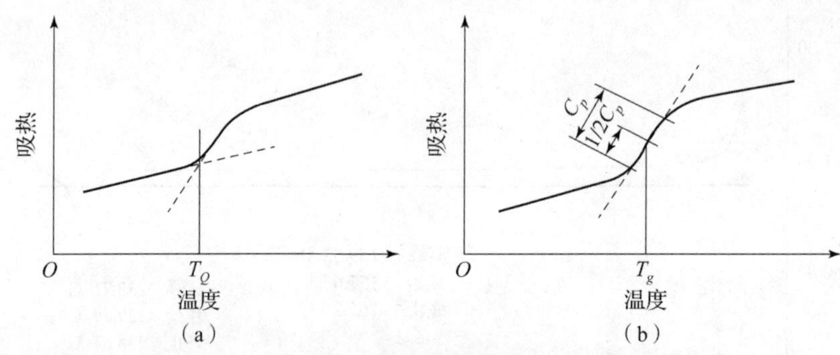

图 2－62　玻璃化转变温度的两种确定方法

（a）拐点法；（b）1/2 C_p 法

ICTAC 建议 T_g 的取法：在两基线延长线间一半处的点 A 做切线与前基线延长线的交点 B 为 T_g，如图 2－63 所示。T_g 随测定方法和条件而变（ΔC_p、β、灵敏度）

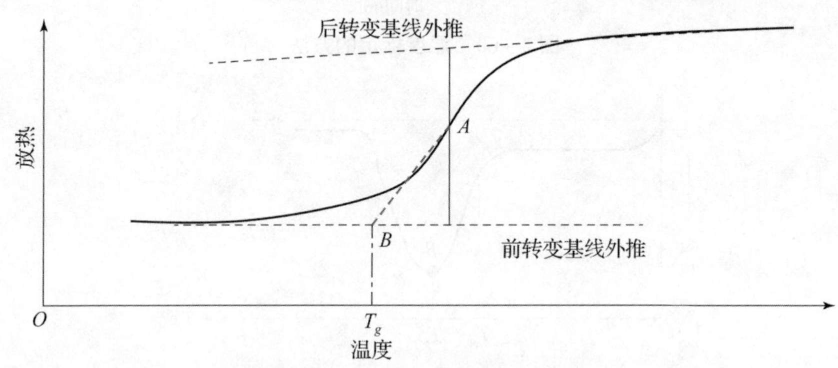

图 2－63　ICTAC 确定 T_g 的方法

五、典型应用

由热重和差热曲线可以分析材料的热性质，包括以下几点。

（1）质量变化。

可以根据热重曲线分析材料在加热过程中的失重情况。

（2）熔点温度。

①熔点：熔点是晶体将其物态由固态转变（熔化）为液态的过程中固液共存状态的温度。ICTAC 规定为外推起始温度为熔点。

②外推起始温度（T_{eo}）：峰前沿最大斜率处的切线与前沿基线延长线的交点处温度。

（3）玻璃化转变温度。

玻璃化转变：无定形或半结晶聚合物，从黏流态或高弹态向玻璃态的转变温度。

在热力学上，玻璃态物质被看作是冻结的过冷液体。在液相，除固体材料发生的分子振动和（原子团）转动外，还有持续进行的协同分子重排。当无法结晶的熔体经历过冷时，可观察到热力学玻璃化转变。

实验项目3　聚合物稳定性的热重分析实验

1. 实验目的

（1）掌握热重分析基本原理。

（2）了解热重分析仪器基本构造，学会热重分析操作技术。

（3）分析几种聚合物的热稳定性。

2. 实验原理

热重法是在程序控温下测量物质质量与温度或者时间关系的一种技术。在惰性气氛中加热聚合物，可以发生解聚（链断裂）或者因碳化生成碳残余物（链剥落）。链断裂的结果不可能使聚合物完全变为单体，特别是在中等温度下发生的链断裂更是如此。因此可以用热重法来研究聚合物的热稳定性。

3. 实验仪器与试剂

岛津 DTG－60AH 热重－差热分析仪，三氧化二铝坩埚，镊子，聚甲基丙烯基甲酯（A. R）、聚苯乙烯（A. R）、聚乙烯（A. R）。

4. 实验步骤

（1）开机。

依次打开稳压器、主机、软件控制器、计算机、软件程序（TA－60WS Collection Monitor 软件控制器）。

（2）上样。

按岛津 DTG－60AH 主机前面板的“Open/Close”键，炉盖缓缓升起。把空坩埚放置于左边参比样品盘，把空的样品坩埚放置于右边样品盘中，按“Open/Close”键降下炉盖。TG 基线（重量值）稳定后，按前面板的“Display”键，前面板屏幕显示重量值；按“Zero”键，重量值归 0，显示“0. 000 mg”。如果归 0 后，读数跳动，可以多按几次“Zero”键，直到读数为 0，或者上下漂移很小。（备注：通过面板上的“Display”键，可以使显示在温度、电压、质量之间切换。）按“Open/Close”键，升起炉盖，用镊子把右边样品盘上的坩埚取下，装上适量的样品，重新放到右边的样品盘上。样品质量一般为 3～5 mg，要保证样品平铺于坩埚底部，与坩埚接触良好。按“Open/Close”键，降下炉盖。当屏幕显示 TG 稳定后，仪器内置的天平自动精确称出样品的质量，并显示出来。

（3）设置参数。

单击“Measure”菜单下的“Measuring Parameters”，弹出“Setting Parameters”窗口。在“Temperature Program”项中编辑起始温度以及温度程序。起始温度为 30 ℃，以 10 ℃/min 的速度升温到 800 ℃，保持 10 min。在“File Information”窗口中输入样品基本信息，包括样品名称、坩埚材料（三氧化二铝）以及使用气体种类（N_2）、气体流速（50 mL/min）和操作者等信息。

（4）启动。

等待仪器基线稳定后（大约 10 min），单击“Start”键，在弹出“Start”窗口中设定文件名称以及储存路径。点击“Read Weight”键，仪器检测器把置于样品盘的样品质量显示在“Sample Weight”中。点击“Start”运行一次分析测试，仪器会按照设定的参数进行运行，并按照设定的路径储存文件。

5. 下样

样品分析完成后，等待样品腔温度降到室温左右，取出样品和参比坩埚。

6. 数据处理

（1）绘制 TG 曲线。

（2）分析热稳定性。

7. 注意事项

（1）实验时，避免仪器周围的东西剧烈震动影响实验曲线。

（2）要轻拿轻放，防止损坏天梁。

第四节　差式扫描量热法分析

差热分析存在以下两个缺点。

（1）样品在产生热效应时，升温速率是非线性的，从而使校正系数 K 值变化，难以进行定量。

（2）样品产生热效应时，由于与参比物、环境的温度有较大差异，三者之间会发生热交换，降低了对热效应测量的灵敏度和精确度。因此，差热技术难以进行定量分析，只能进行定性或半定量的分析工作。

差式扫描量热法就是为了克服差热分析在定量测量上存在的一些不足而发展起来的一种新的热分析技术。

差式扫描量热仪测量的是与材料内部热转变相关的温度、热流的关系，应用范围非常广，特别是材料的研发、性能检测与质量控制。材料的特性，如玻璃化转变温度、冷结晶、相转变、熔融、结晶、产品稳定性、固化/交联、氧化诱导期等，都是差式扫描量热仪的检测领域。差式扫描量热仪应用范围广泛，包括高分子材料的固化反应温度和热效应、物质相变温度及其热效应测定、高聚物材料的结晶、熔融温度及其热效应测定、高聚物材料的玻璃化转变温度。北京理工大学分析测试中心现有的差式扫描量热仪型号是岛津 DSC－60，典型数据分析结果如图 2－64 所示。

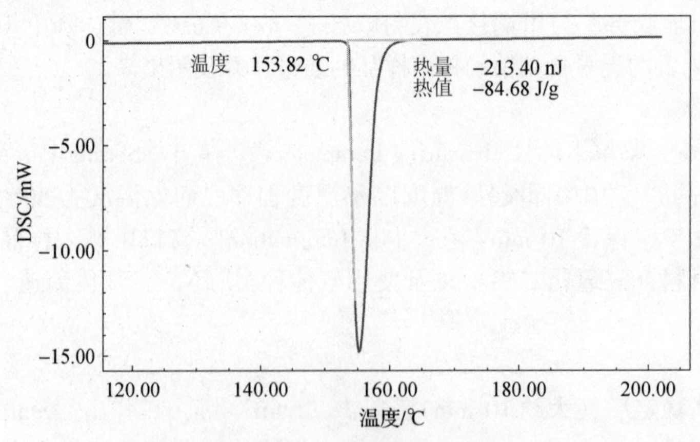

图 2－64　典型数据分析结果

一、实验原理

（一）基本原理

测量与样品热容成比例的单位时间功率输出与程序温度或时间的关系，通过对样品因发生热效应而产生的能量变化进行及时的应有的补偿，使样品与参比物之间温度始终保持相同，无温差、无热传递，使热损失减小，检测信号增大，因此在灵敏度和精度方面都大有提高，可进行热量的定量分析工作。

岛津 DSC－60 差式扫描量热仪分为功率补偿型和热流型两种，其结构如图 2－65、图 2－66 所示。

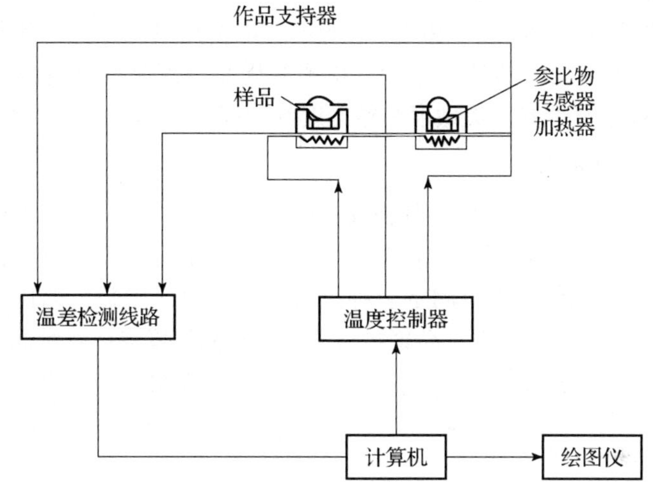

图 2－65　功率补偿型岛津 DSC－60 差式扫描量热仪结构示意图

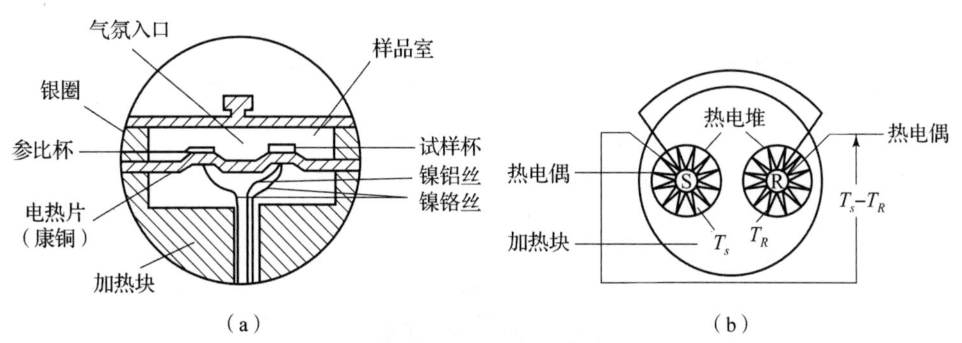

图 2－66　热流型岛津 DSC－60 差式扫描量热仪结构示意图

（a）热流式；（b）热通量式

功率补偿型差式扫描量热法是采用零点平衡原理，它包括外加热功率补偿差式扫描量热计和内加热功率补偿差式扫描量热计两种。

外加热功率补偿差式扫描量热计的主要特点是样品和参比物放在外加热炉内加热的同时，都附加具有独立的小加热器和传感器，即在样品和参比物容器下各装有一组补偿加热丝，其结构如图 2－65 所示。整个仪器由两个控制系统进行监控：其中一个控制温度，使样品和参比物在预定速率下升温或降温；另一个控制系统用于补偿样品和参比物之间所产生的温差，即当样品由于热反应而出现温差时，通过补偿控制系统使流入补偿加热丝的电流发生变化。

内加热功率补偿差式扫描量热计则无外加热炉，直接用两个小加热器进行加热，同时进行功率补偿。

热流型差式扫描量热法主要通过测量加热过程中样品吸收或放出热量的流量来达到 DSC 分析的目的，有热反应时样品和参比物仍存在温度差。该法包括热流式和热通量式，两者都是采用差热分析的原理来进行量热分析。

热流型差式扫描量热仪的构造与差热分析仪相近，如图 2－66（a）所示，热通量式差式扫描量热法的主要特点是检测器由许多热电偶串联成热电堆式的热流量计，两个热流量计反向连接并分别安装在样品容器和参比容器与炉体加热块之间，如同温差热电偶一样检测样品和参比物之间的温度差，如图 2－66（b）所示。由于热电堆中热电偶很多，热端均匀分布在样品与参比物容器壁上，检测信号大，检测的样品温度是样品各点温度的平均值，因此，测量的 DSC 曲线重复性好，灵敏度和精确度都很高，常用于精密的热量测定。

（二）差式扫描量热曲线

差式扫描量热曲线（DSC 曲线）如图 2－67 所示，其数学表达式为 $dH/dt = f(T)$ 或 $f(t)$，其记录的是以热流率 dH/dt（单位为 mJ/s）为纵坐标、以温度或时间为横坐标的关系曲线，与 DTA 曲线十分相似。可以测定多种热力学和动力学参数，如比热容、反应热、转变热、相图、反应速率、结晶速率、高聚物结晶度、样品纯度等。这种测定方法使用温度范围宽（－175～725 ℃），分辨率高，样品用量少，应用于无机物、有机物及药物分析。

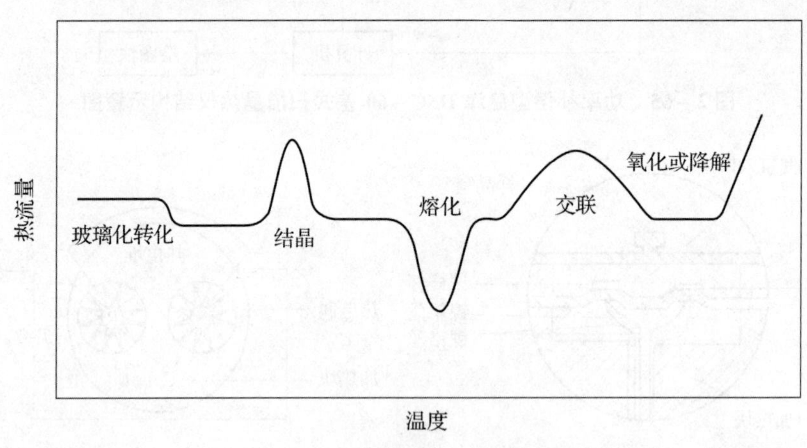

图 2－67　DSC 曲线

二、实验仪器

岛津 DSC－60 差式扫描量热仪由主机、气体控制器、软件控制器、显示器 4 部分组成。其内部结构如图 2－68 所示。

（一）主机

主机是进行温度和热量测定的主要结构单元。图 2－69 为岛津 DSC－60 差式扫描量热仪主机。

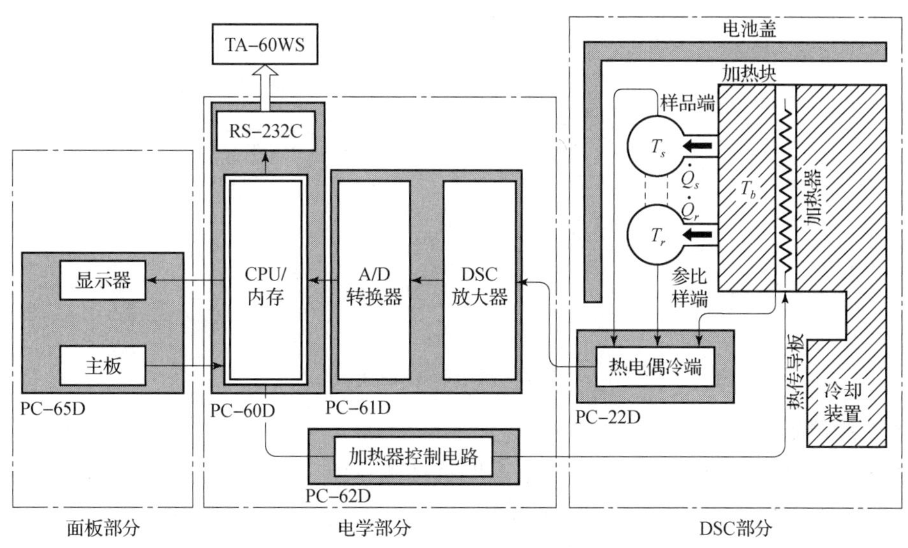

图 2-68　岛津 DSC-60 差式扫描量热仪内部结构简图

1. 热流的测定

样品和参比物分别装在两个坩埚内，如图 2-70 所示，放入样品台。两个热电偶分别放在样品和参比物坩埚下，两个热电偶反向串联（同极相连，产生的热电势正好相反）。样品和参比物在相同条件下加热或冷却，炉温由程序温控仪控制。当样品未发生物理或化学状态变化时，样品温度（T_s）和参比物温度（T_r）相同，温差 $\Delta T = T_s - T_r = 0$，相应的温差电势为 0。当样品发生物理变化或化学变化而发生放热或吸热时，样品温度（T_s）高于或低于参比物温度（T_r），产生温差 $\Delta T \neq 0$。相应的温差热电势信号经微伏放大器和量程控制器放大后送记录仪，与此同时，记录仪也记录下样品的温度 T（或时间 t）。温度为纵坐标、时间为横坐标的差式扫描量热曲线，如图 2-71 所示。其中基线相当于 $\Delta T = 0$，样品无热效应发生，向上或向下的峰反映了样品的放热或吸热过程。该机测量范围为 ±40 mW。

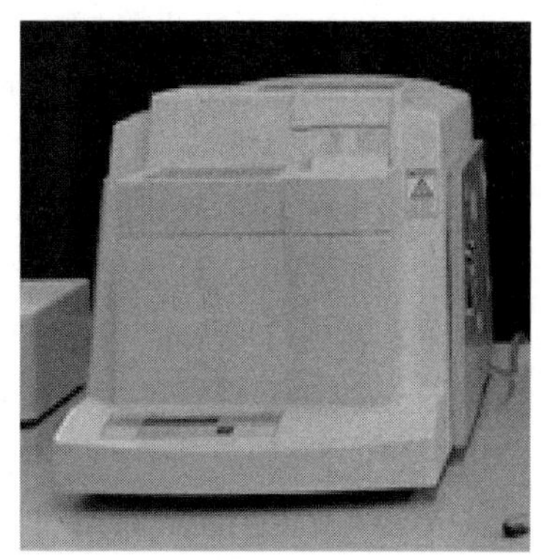

图 2-69　岛津 DSC-60 差式扫描量热仪主机

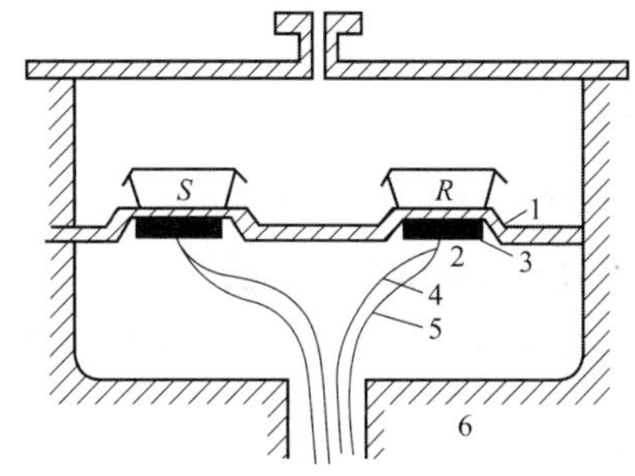

图 2-70　热流型差式扫描量热仪测定关键部分示意图

1—康铜盘；2—热电偶热点；3—镍铬板；4—镍铝丝；5—镍铬丝；6—加热块

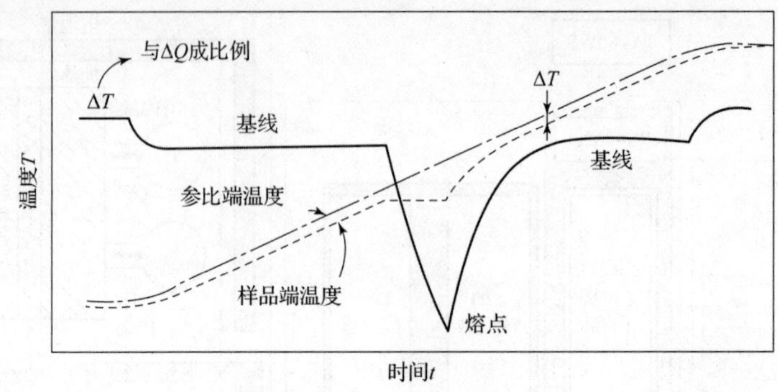

图 2－71　DSC 曲线

2. 温度的测定

热分析常借助物质的热电性质和电阻温度特性测量温度，一般的测温传感器有热电偶。

两种不同的金属导体或半导体 A 和 B 相互接触时，由于其内部电子密度不同（单位体积中自由电子数），例如 $N_A > N_B$，因此从导体 A 向导体 B 扩散的电子数，要比从导体 B 向导体 A 扩散的电子束要多，结果导体 A 失去电子带正电，导体 B 得到电子带负电。这样，在导体 A、B 的接触面上形成一电位差。这一电位差一旦形成就对扩散起阻止作用，最后达到某种动态平衡状态。平衡后的这一电位差即成为接触电势，其数值决定于两种不同导体的性质和接触点的温度。

热电偶是把两种不同的导体（或者半导体）接成如图 2－72 所示的闭合回路。如果把两个结点（两个结点中与被测介质接触的一端称为测量端或工作端、热端，另一个称为参考端或自由端、冷端）处分别置于温度各为 t 和 t_0（$t \neq t_0$，一般规定 $t > t_0$）热源中，则在该回路中会产生一个电动势（热电动势），并有电流流通，这种把热能转换成电能的现象称为热电效应。热流型差式扫描量热仪通常将镍铬－考铜制成热电偶。镍铬为负极，考铜为正极。长期使用温度不可超过 600 ℃。该仪器测量范围为 －140～600 ℃（使用液氮冷却，仪器带有冷却槽）。

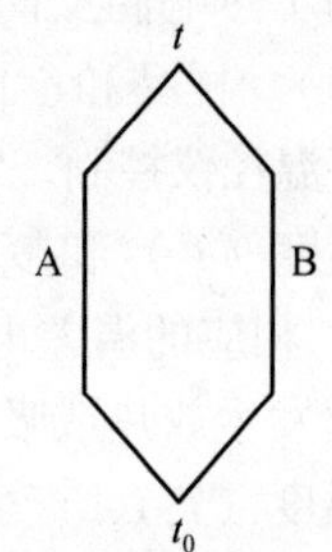

图 2－72　热电偶原理

（二）气体控制器

根据所需气体不同，气体钢瓶或者气体发生器连接气体控制器。气体流量范围为 0～300 mL/min。

（三）FC－60A 软件控制器

FC－60A 软件控制器控制 TA60 WS Collection Monitor 软件的启动和关闭。

（四）TA60 WS Collection Monitor 软件控制器

TA60 WS Collection Monitor 软件控制器在原位、实时进行监测。

三、实验过程

（一）认识仪器构造

认识岛津 DSC－60 差式扫描量热仪主机、软件控制器、气体控制器、空气压缩机、氮气瓶、计算机，并认识相关功能按钮。

（二）演示压片方法

演示压片方法，并让学生练习。

（三）样品测试分析操作

1. 开机和气体

打开岛津 DSC－60 差式扫描量热仪主机、计算机、TA－60WS 工作站以及 FC－60A 气体控制器。接好气体管路，接通气源，并在 FC－60A 气体控制器上调整气体流量。

岛津 DSC－60 差式扫描量热仪主机后面有 3 个气体入口。测定样品用“purge”入口，通常使用氢气、氦气或氩气等惰性气体，保护样品不被氧化，流量控制在 30～50 mL/min。分析样品中用到液氮冷却的情况，使用“dry”入口通入气体，通常使用氢气，流量控制在 200～500 mL/min；气体吹扫清理样品腔和检测器时使用“cleaning”入口，通常使用氢气或者压缩空气，流量控制在 200～300 mL/min。

注意：将所使用入口之外的其他气体入口堵住。

2. 样品制备

所用样品质量一般为 3～5 mg，可根据样品性质适当调整加样量。把样品压制得尽量延展平整，以保证压制样品时坩埚底的平整。把装样品的坩埚置于 SSC－30 压样机中，盖上坩埚盖，旋转压样机扳手，把坩埚样品封好。同时不放样品，压制一个空白坩埚作为参比样品。压完后检查坩埚是否封好，且要保证坩埚底部清洁无污染。

注意：炉盖、盖片、坩埚、样品均要用镊子拿取，不能用手拿取，以免造成污染。

3. 设定测试参数

单击桌面上 TA－60WS Collection Monitor 图标，打开 TA－60WS Acquisition 软件。在“detector”窗口中选择 DSC－60，这时图 2－73 所示的软件初始界面出现。

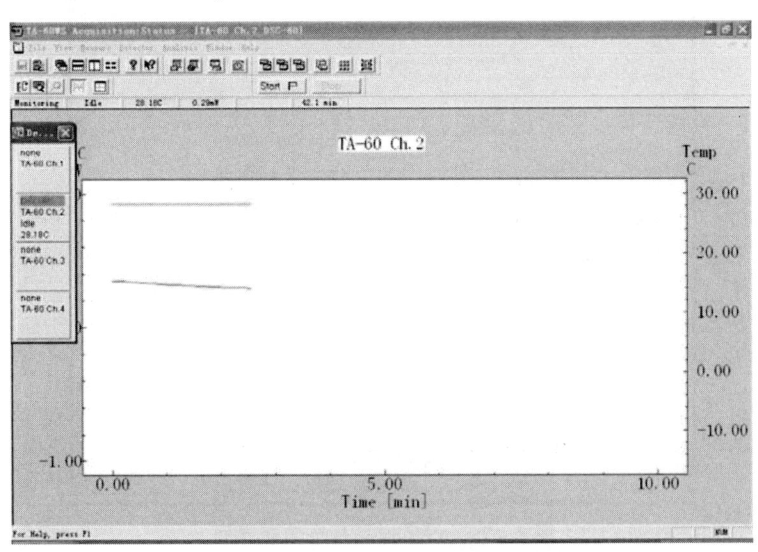

图 2－73　软件初始界面

单击“Measure”菜单下的“Measuring Parameters”，弹出“Setting Parameters”窗口。在“Temperature Program”一项中编辑起始温度、升温速率、结束温度以及保温时间等温度程序。如图 2－74 所示，设定一个温度程序，起始温度 40 ℃，以 10 ℃/min 的速度升温到 450 ℃，保持 10 min。

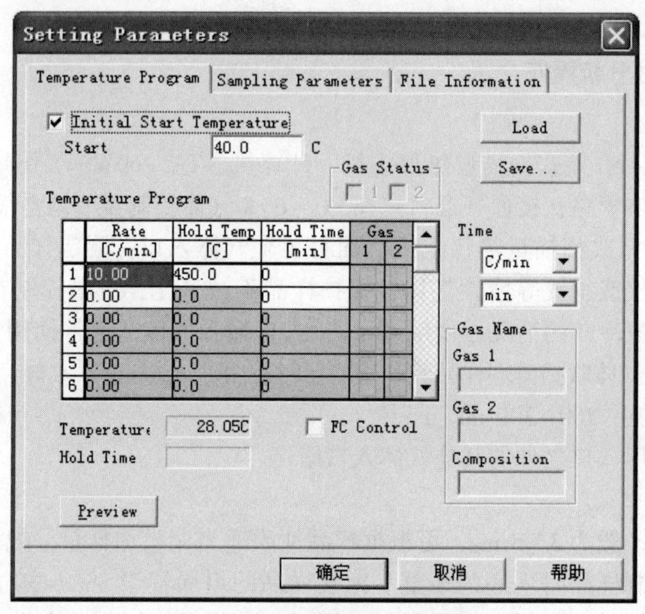

图 2－74　设定温度程序界面

在“File Information”窗口中输入样品基本信息，如图 2－75 所示，包括样品名称、质量、坩埚材料、使用气体种类、气体流速、操作者、备注等信息。

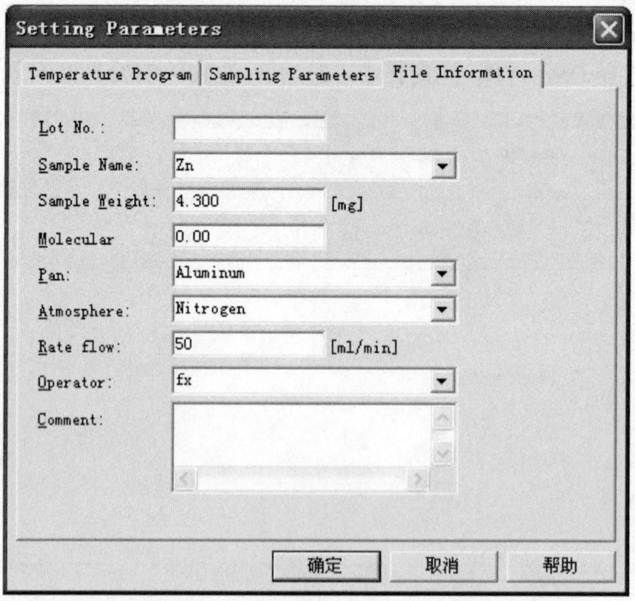

Setting Parameters

Temperature Program | Sampling Parameters | File Information

Lot No.:

Sample Name: Zn

Sample Weight: 4.300 [mg]

Molecular 0.00

Pan: Aluminum

Atmosphere: Nitrogen

Rate flow: 50 [ml/min]

Operator: fx

Comment:

确定　取消　帮助

图 2－75　设定样品基本信息界面

单击“确定”，关闭“Setting Parameters”窗口，完成参数设定操作。

4. 样品测试

等待仪器基线稳定后，单击“Start”，在弹出“Start”窗口中设定文件名称以及储存路径。单击“Start”运行一次分析测试，仪器会按照设定的参数进行运行，并按照设定的路径储存文件，如图 2－76 所示。

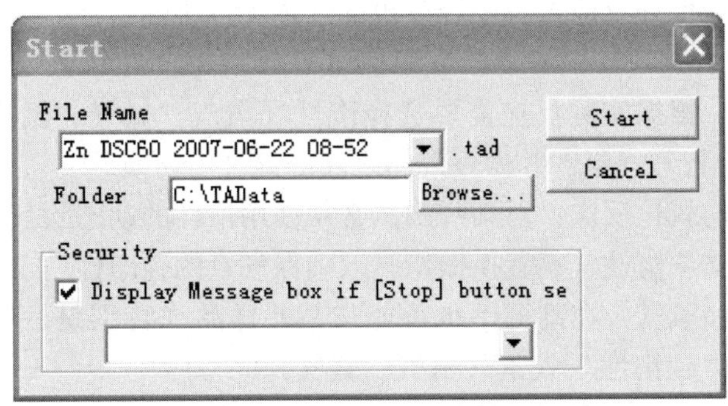

图 2－76　储存文件路径界面

5. 关机

样品分析完成后，等待样品室温度降到室温，取出样品，依次关机：DSC－60 主机→FC－60A 气体控制器→TA－60WS 系统控制器→计算机。

（四）热分析实验技巧

在进行热分析实验时，实验条件的选择对热分析结果有一定影响，下面简单介绍一些实验中常用的技巧。

1. 升温速率的影响

快速升温易产生反应滞后，样品内温度梯度增大，峰（平台）分离能力下降；DSC 基线漂移较大，但能提高灵敏度，峰形较大。

慢速升温有利于 DTA、DSC、DTG 相邻峰的分离及 TG 相邻失重平台的分离；DSC 基线漂移较小，但峰形也较小。

对于 TG 测试，过快的升温速率有时会导致丢失某些中间产物的信息，一般以较慢的升温速率为宜；对于 DSC 测试，在传感器灵敏度足够且不影响测样效率的情况下，一般也以较慢的升温速率为佳。

2. 样品用量的控制

样品量小可减小样品内的温度梯度，测得特征温度较低些也更“真实”一些；有利于气体产物扩散，使得化学平衡向正向进行，相邻峰（平台）分离能力增强，但 DSC 峰形也较小。

样品量大能提高 DSC 灵敏度，有利于检查微小的热量变化，但峰形加宽，峰值温度向高温漂移，相邻峰（平台）趋向于合并在一起，峰分离能力下降；且样品内温度梯度较大，气体产物扩散也稍差。

一般在 DSC 与热天平的灵敏度足够的情况下，以较小的样品量为宜。

3. 气氛的选择

（1）动态气氛、静态气氛与真空。

根据实际的反应模拟需要，结合考虑动力学因素，选择动态气氛、静态气氛或真空气氛。

静态气氛下气体产物不易扩散，分压升高，反应移向高温，且易污染传感器。真空气氛下加热源（炉体）与样品之间只能通过辐射进行传热，温度差较大，且在两种情况下天平室都缺乏干燥而持续的惰性气氛的保护。非特殊需要，推荐使用动态吹扫气氛。若需使用真空气氛或静态气氛，须保证反应过程中释放出的气体无危害性。

（2）气氛的类别。

①对于动态气氛，根据实际反应需要选择惰性（氢气、氩气、氦气）、氧化性（氧气、空气）、还原性与其他特殊气氛，并做好气体之间的混合与切换。

②为防止不期望的氧化反应，对某些测试必须使用惰性的动态吹扫气氛，且在通入惰性气氛前往往须做抽真空－惰性气氛置换操作，以确保气氛的纯净性。

③常用惰性气氛如氢气，在高温下也可能与某些样品（特别是一些金属材料）发生反应，此时应考虑使用“纯惰性”气氛（氩气、氦气）。

④气体密度的不同影响热重测试的基线漂移程度（浮力效应大小）。为确保基线扣除效果，使用不同的气氛须单独做热重基线测试。

（3）气体的导热性。

常用气氛的导热性顺序为氦气≫氢气≈空气＞氧气＞氩气。

选择导热性较好的气氛，有利于向反应体系提供更充分的热量，降低样品内部的温度梯度，降低反应温度，提高反应速率；能使峰形变尖变窄，提高峰分离能力，使峰温向低温方向漂移；在相同的冷却介质流量下能加快冷却速率。缺点是会降低 DSC 灵敏度。

若采用不同导热性能的气氛，需要做单独的温度与灵敏度标定。

（4）气体的流量。

提高惰性吹扫气体的流量，有利于气体产物的扩散，有利化学反应向正反应方向进行，减少逆反应发生；但带走较多的热量，降低灵敏度。

对于需要气体切换的反应（如反应中从惰性气氛切换为氧化性气氛），提高气体流量能缩短炉体内气体置换的过程。

不同的气体流量影响到热重测试的基线漂移程度（浮力效应），因此，对 TG 测试必须确保气体流量的稳定性，不同的气体流量须做单独的基线测试（浮力效应修正）。

4. 坩埚加盖与否的选择

（1）坩埚加盖的优点。

①改善坩埚内的温度分布，有利于反应体系内部温度均匀。

②能有效减小辐射效应与样品颜色的影响。

③防止极轻的微细样品粉末的飞扬，避免其随动态气氛飘散，或在抽取真空过程中被带走。

④在反应过程中能有效防止传感器受到污染（如样品的喷溅或泡沫的溢出）。

（2）坩埚加盖的缺点。

①减少了反应气氛与样品的接触，对气固反应有较大阻碍。

②对于有气相产物生成的化学反应，由于气体产物带走较慢，导致其在反应物周围分压较高，可能影响反应速率与化学平衡（DTG 峰向高温漂移），或对于某些竞争反应机理可能影响产物的组成（改变 TG 失重台阶的失重率）。

（3）坩埚盖扎孔的目的。

①使样品与气氛保持一定接触，允许一定程度的气－固反应（氧化、还原、吸附），允

许气体产物随动态气氛带走。

②使坩埚内外保持压力平衡。

(4) 具体实验时是否需要加盖的几种情况。

①对于物理效应（熔融、结晶、相变等）的测试或偏重于DSC的测试，通常选择加盖。

②对于未知样品，出于安全性考虑，通常选择加盖。

③对于气—固反应（如氧化诱导期测试或吸附反应），使用敞口坩埚，不加盖。

④对于有气体产物生成的反应（包括多数分解反应）或偏重于TG的测试，在不污染损害样品支架的前提下，根据反应情况与实际的反应器模拟，进行加盖与否的选择。

⑤对于液相反应或在挥发性溶剂中进行的反应，若反应物或溶剂在反应温度下易于挥发，则应使用压制的Al坩埚（温度与压力较低）或中压、高压坩埚（温度与压力较高）。对于需要维持产物气体分压的封闭反应系统中的反应同样如此。

(5) DSC基线。

DSC基线漂移程度的主要影响因素是参比端与样品端的热容差异（坩埚质量差、样品量大小）、升温速率、样品颜色及热辐射因素（使用氧化铝坩埚）等。

在实验中，参比坩埚一般为空坩埚。若样品量较大，也可考虑在参比坩埚中加适量的惰性参比物质（如蓝宝石比热标样）以进行热容补偿。

在比热测试时，对基线重复性的要求非常严格，一般使用铂（Pt）/铑（Rh）坩埚，参比坩埚与样品坩埚质量要求相近。基线测试、标样测试与样品测试尽量使用同一坩埚，坩埚的位置尽量保持前后一致。

四、实验结果和数据处理

（一）熔点的测定

(1) 熔点：晶体将其物态由固态转变（熔化）为液态的过程中固液共存状的温度。ICTAC规定外推起始温度为熔点。

(2) 外推起始温度（T_{eo}）：峰前沿最大斜率处的切线与前沿基线延长线的交点A处的温度即外推起始温度T_{eo}，如图2－77所示。

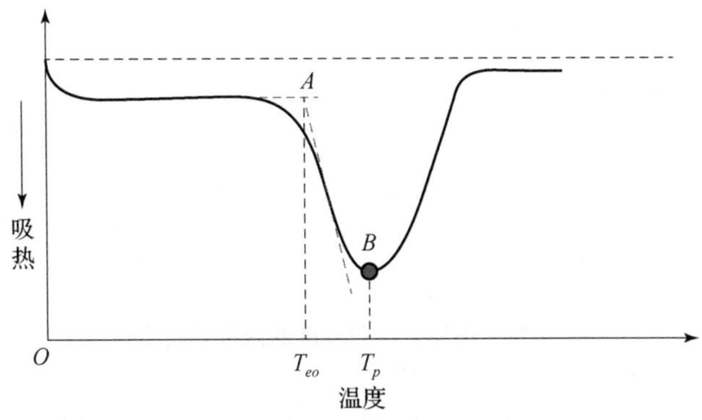

图2－77　从DSC曲线中确定外推起始温度T_{eo}的方法

高分子聚合物熔融温度范围较为宽广，在整个熔融过程中可能伴有复杂的熔融/重结晶/晶型调整过程，高分子的熔点通常取峰值温度，即图2－77中峰B点对应的温度T_p。

（二）DSC 熔点测定推荐程序

样品用量5～10 mg，以10 ℃/min（加热或冷却速率不要超过10 ℃/min，对精密的测量工作，速率低一点更好）加热至熔融外推终止温度 T_{efm} 以上30 ℃或50 ℃，以消除材料热历史；以10 ℃/min 将温度降到预期的结晶温度 T_{efc} 以下30 ℃或50 ℃，再以10 ℃/min 加热至熔融外推终止温度 T_{efm} 以上30 ℃或50℃测定 T_m。对比测定前后样品的质量，如发现有失质量则重复以上过程。常用测试标准：ISO 11357－3－2011、ASTM E794－06（2012）、ASTM D3418－121、GB 19466.3－2004。

（三）玻璃化转变

1. 定义及解释

玻璃化转变 T_g：无定形或半结晶聚合物，从黏流态或高弹态向玻璃态的转变温度。

从分子结构上，玻璃化转变是高聚物无定形部分从冻结状态到解冻状态的一种松弛现象，而不像相转变那样有相变热，所以其是一种二级相变（高分子动态力学中称主转变）。无定形高聚物或结晶高聚物无定形部分在升温达到它们的玻璃化转变，被冻结的分子微布朗运动开始，因而热容变大，DSC 基线向吸热一侧偏移。DSC/DTA 曲线表现为基线向吸热方向偏移，出现一个台阶。在玻璃化转变温度下，高聚物处于玻璃态，分子链和链段都不能运动，只是构成分子的原子（或基团）在其平衡位置作振动；而在玻璃化温度时，分子链虽不能移动，但是链段开始运动，表现出高弹性质。温度再升高，就使整个分子链运动而表现出黏流性质。在玻璃化转变区，高聚物的一切性质都发生急剧变化，如比热容、热膨胀系数、黏度、折光率、自由体积和弹性模量等发生突变。玻璃化转变永远是一个温度范围，与玻璃化转变相关的分子运动是有温度依赖性的。高聚物玻璃化转变前后的比热容之差，由DSC 曲线向吸热方向的较小转折来确定起始温度时，则必须快速升温（如20 ℃/min），以加速转变时的突变。当需要报道玻璃化转变温度时候，一定要说明测试方法（DSC、DMA等）、实验条件（加热速率、样品尺寸等）以及 T_g 是如何确定的（拐点法，或者是 $1/2C_p$ 的中点法等方法），如图2－78所示。

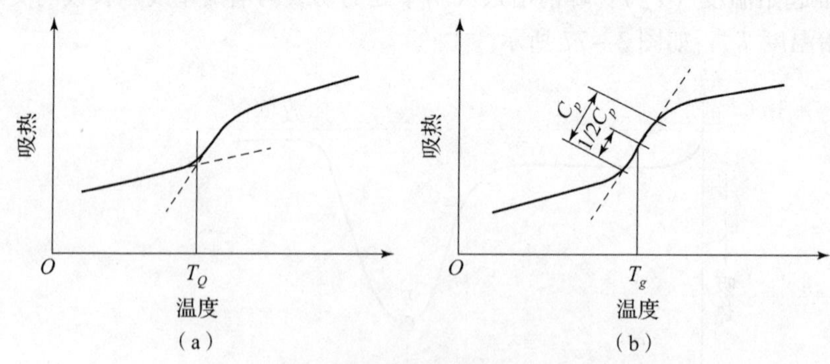

图2－78　玻璃化转变温度的两种确定方法

（a）拐点法；（b）1/2 C_p 法

ICTAC 建议 T_g 的取法：在两基线延长线间一半处的 A 点做切线与前基线延长线的交点 B 对应的温度为 T_g。T_g 随测定方法和条件（ΔC_p、β、灵敏度）而变，如图2－79所示。

2. 玻璃化转变温度测定的推荐程序

样品用量10～15 mg，以20 ℃/min 加热至 T_g 以上30 ℃或50 ℃；以最快速度或20 ℃/min

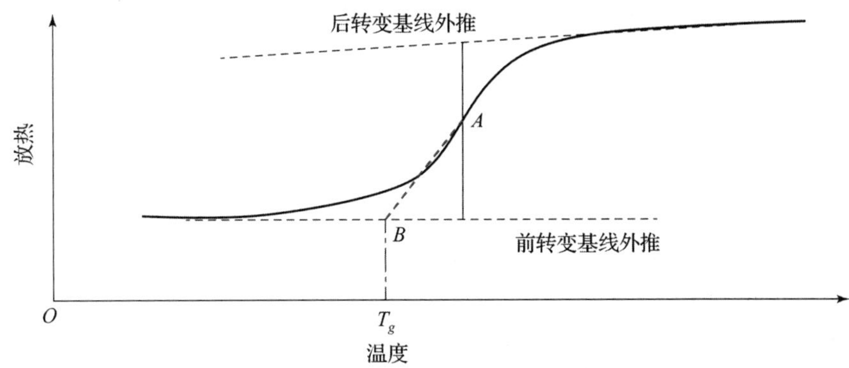

图 2-79 ICTAC 确定 T_g 的方法

将温度降到 T_g 以下 30 ℃或 50 ℃，再以 20 ℃/min 加热测定 T_g。对比测定前后样品的质量，如发现有失重则重复以上过程。常用测试标准：ISO 11357-3-2011、ASTM E794-06（2012）、ASTM D3418-121、GB 19466.3-2004。

（四）比热的测定

1. 测定原理

在 DSC 中，采用线性程序控温，升（降）温速率（$\mathrm{d}T/\mathrm{d}t$）为定值，而样品的热流率（$\mathrm{d}\Delta H/\mathrm{d}t$）是连续测定的，所测定的热流率与样品瞬间比热成正比：

$$\frac{\mathrm{d}\Delta H}{\mathrm{d}t}=mC_p\frac{\mathrm{d}T}{\mathrm{d}t} \tag{2-47}$$

式中，m 为样品的质量；C_p 为定压比热容。

由于 $\mathrm{d}T/\mathrm{d}t$ 相同，在任一温度 T 时，都有

$$\left(\frac{\mathrm{d}\Delta H}{\mathrm{d}t}\right)_\mathrm{S}\bigg/\left(\frac{\mathrm{d}\Delta H}{\mathrm{d}t}\right)_\mathrm{R}=\frac{m_\mathrm{S}(C_p)_\mathrm{S}}{m_\mathrm{R}(C_p)_\mathrm{R}} \tag{2-48}$$

式中，下标 S 和 R 分别为样品和蓝宝石。

由图 2-80 测得 $\left(\frac{\mathrm{d}\Delta H}{\mathrm{d}t}\right)_\mathrm{S}$ 和 $\left(\frac{\mathrm{d}\Delta H}{\mathrm{d}t}\right)_\mathrm{R}$，可通过式（2-48）求出样品在任一温度 T 下的比热。

在比热的测定中通常是以蓝宝石作为标准物质，其数据已精确测定，可从手册查到不同温度下比热值。

2. 比热推荐测定程序

首先测定空白基线，即空样品盘的扫描曲线；然后在相同条件下使用同一个样品盘依次测定蓝宝石和样品的 DSC 曲线，所得结果如图 2-80 所示。

（五）结晶度的测定

1. 高聚物结晶度的测定

高聚物的许多重要物理性能是与其结晶度密切相关的，所以百分结晶度成为高聚物的特征参数之一。由于结晶度与熔融热焓值成正比，因此可利用 DSC 测定高聚物的百分结晶度。先根据高聚物的 DSC 熔融峰面积计算熔融热焓 ΔH_m，再按下列公式求出高聚物百分结晶度：

$$X_C=\frac{\Delta H_m}{\Delta H_m^0}\times 100\% \tag{2-49}$$

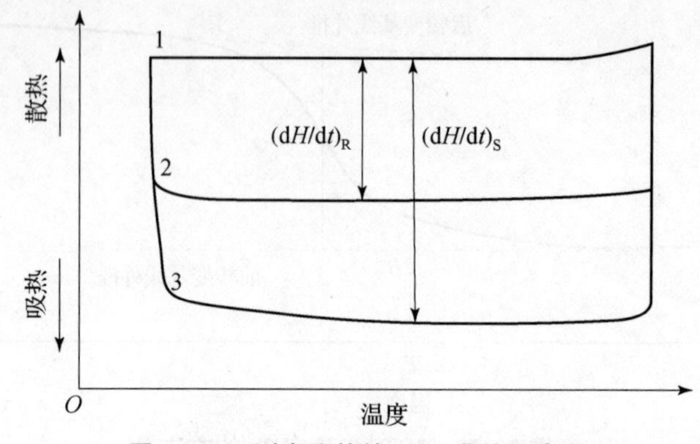

图 2-80　测定比热的 DSC 曲线示意图

1—空白；2—蓝宝石；3—样品

式中，X_C 为结晶度；ΔH_m 为熔融热焓。ΔH_m^0 为 100% 结晶度的熔融热焓。

2. 添加纳米填料的聚合物结晶度

添加纳米填料的聚合物结晶度的计算方法为

$$X_C = \frac{1}{1-\mathrm{wt}\%}\frac{\Delta H_m}{\Delta H_m^0}\times 100\% \tag{2-50}$$

式中，wt% 为填料的质量分数；ΔH_m 为熔融热焓；ΔH_m^0 为 100% 结晶度的熔融热焓。

（六）纯度的测定

DSC 纯度测定适用于共熔体系，因此首先需要检查杂质是否与主要组分是共熔行为。

范德霍夫（Van't Hoff）方程式为

$$T_0 - T_m = \frac{X_2 R T_0^2}{\Delta H} \tag{2-51}$$

式中，R 为气体常数；T_0 为纯物质熔点；X_2 为杂质摩尔分数；ΔH 为纯物质的摩尔熔融热焓；T_m 为被测样品的熔点。

（七）氧化诱导时间的测定

1. 定义及解释

氧化诱导时间（OLT）：指常压、氧气或空气气氛及在规定温度下，通过量热法测定材料出现氧化放热的时间，是表征稳定化材料耐氧化分解的一种相对度量。

绝大多数的有机化合物不耐氧，甚至在低温下发生氧化反应。在等温条件下，某些类型的物质呈现看上去不与氧发生反应的诱导期，不过实际上是在持续地消耗着"氧化稳定剂"；之后，出现速率不断增大的氧化反应（自然氧化）。所涉及的此类型物质包括聚烯烃、润滑剂、润滑油、食用脂肪和食用油。

2. 氧化诱导时间的测定程序

（1）快速方法：将样品放入氧气气氛下并升温至期望等温温度的测量池。测量立即开始。

（2）一般方法：将样品在室温时放入测量池，然后在氮气气氛中升温至期望温度。待温度稳定后，将气体切换为氧气，从此时开始测量氧化诱导期。

为了获得可以重复的测量，氧化诱导时间至少应该为 5 min，如果少于 5 min，则温度应该下降 10 K。如果氧化诱导时间大于 1 h，则测量温度应该升高 10 K。为了获得可以重复的结果，样品量应该保持相同。

（八）固化度的测定

1. 定义

树脂基体固化程度：用 DSC 的实验结果表示为样品在某个条件下测出的固化反应热与未固化样品完全固化的总反应热之比的百分数。

热固树脂固化过程的化学交联反应是最基本的反应。在固化过程中相继发生链的生长和线性增长、支化，而后发生交联。在此过程中分子量迅速增长，最后几个链链接在一起。分子量为无限大，呈三维网络的弹性凝胶。这种从黏滞液体突然变成弹性凝胶的不可逆转化（凝胶化）是最初呈现无线网络的标志，即达到所谓的凝胶点。一般凝胶化是出现在固化度 $\alpha=0.5\sim0.8$。这种弹性凝胶分子的网络化进一步发生玻璃化作用，从而使玻璃化转变温度达到与固化温度一致。

2. 固化反应测试程序

在基本不发生反应（固化）的温度时把样品放入仪器中，然后以一定的速率（2～20 ℃/min）升温到预设温度。

t 时刻的固化度为

$$\alpha_t=\frac{\Delta H_t}{\Delta H_0}\times100\% \tag{2-52}$$

式中，ΔH_0 为完全未固化体系进行完全固化时放出的总热量；ΔH_t 为进行到 t 时刻的反应热。

（九）典型数据分析

1. 温度标定

鼠标选中 DSC 曲线，单击“Analysis”菜单中“Peak”项，或者单击“Peak”，设定温度范围，即可给出峰值温度；也可选取起始点作为测定结果，单击“Analysis”中“Tangent”一项，弹出“Tangent”窗口。用鼠标分别在曲线上峰的起始点和到达峰高之前斜率相对稳定的一个点上单击，来选定起始点。单击“Analyse”，熔点确定的 Tangent 点确定出来。再次单击“Analyse”，分析物的熔点就会计算出来并在峰旁边显示，结果如图 2－81 所示。

2. 热量标定

鼠标选中 DSC 曲线，单击“Analysis”菜单中“Heat”一项，弹出“Heat”窗口。用鼠标规定峰的起始点和终止点，单击“Analyse”，即可得到积分结果，其数值表示样品吸收或释放出多大的热量，在屏幕上显示出来。热量的显示可以以多种单位给出，在单击“Heat”后弹出的对话框中，有“Option”选项，可以根据需要进行选择，并添加文字注释，中英文均可，结果如图 2－82 所示。

五、典型应用

鉴于 DSC 能定量的量热、灵敏度高，应用领域很宽，涉及热效应的物理变化或化学变化过程均可采用 DSC 来进行测定。峰的位置、形状以及峰的数目与物质的性质有关，故可用来定性的表征和鉴定物质；而峰的面积与反应热焓有关，故可以用来定量计算参与反应的物质的量或者测定热化学参数。

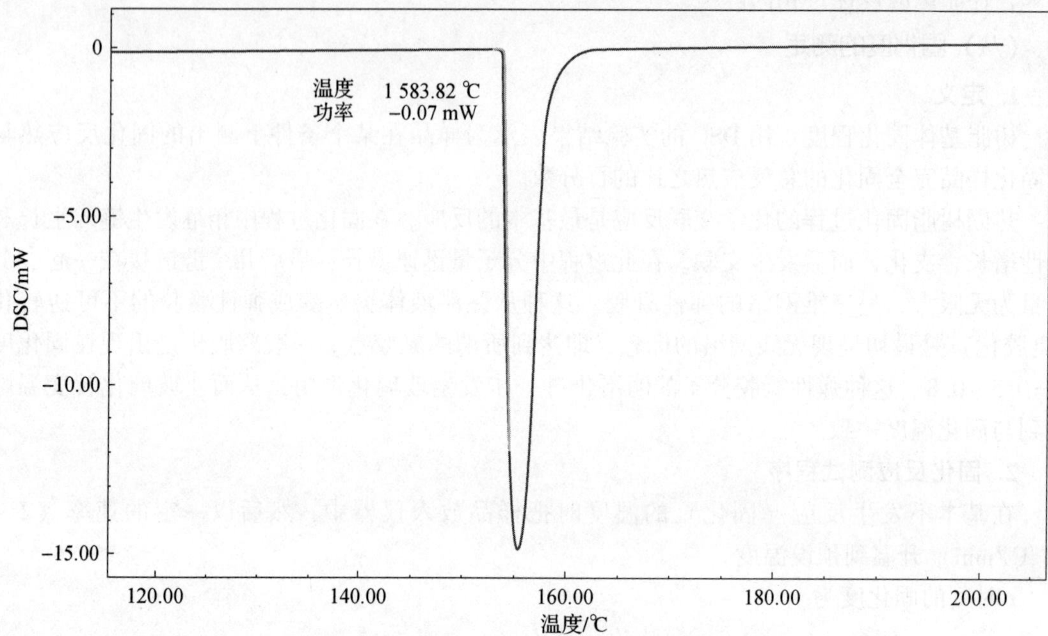

图 2－81　DSC 曲线温度标定图

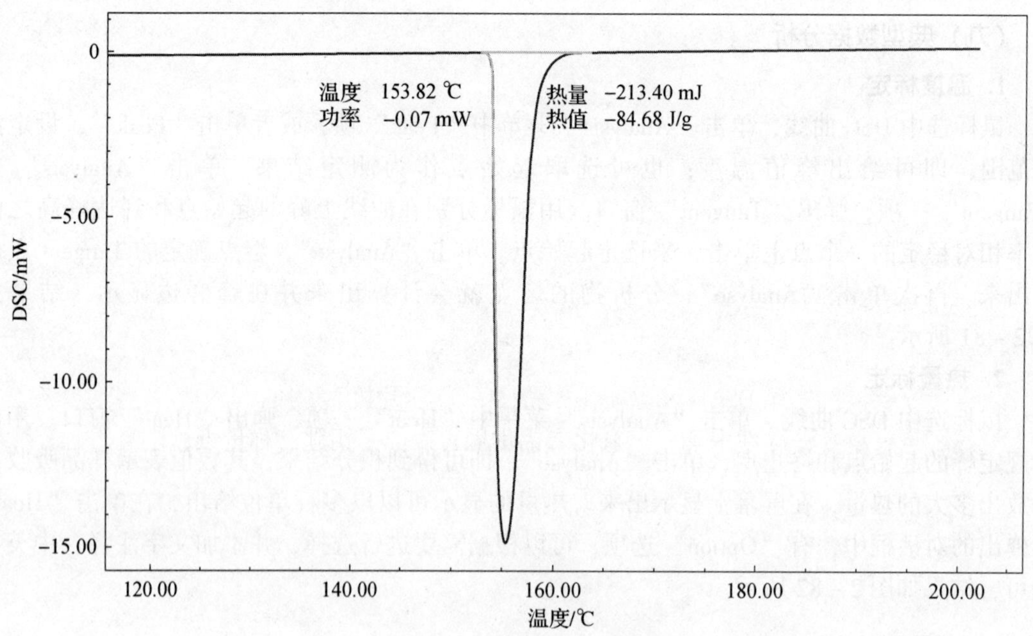

图 2－82　DSC 曲线热量标定图

DSC 的主要应用包括以下几个方面。

（1）比热测定。

（2）热力学参数、热焓和熵的测定。

（3）结晶度、结晶热、等温和非等温结晶速率的测定。

（4）熔融、熔融热：结晶稳定性研究。

（5）添加剂和加工条件对稳定性影响的研究。

（6）聚合动力学的研究。

（7）吸附和解吸：水合物结构等的研究。

（8）反应动力学研究。

实验项目4　利用差式扫描量热法测定聚苯乙烯的玻璃化转变温度

1. 实验目的

（1）了解 DSC－60 差式扫描量热仪的构造和组成。

（2）掌握样品预处理方法和压片方法。

（3）掌握 DSC－60 差式扫描量热仪的使用方法和参数设置。

（4）掌握数据的处理方法。

2. 实验原理

差式扫描量热法是在程序控制温度下测量物质和参比物的功率差与温度关系的一种技术。DSC 仪器和 DTA 仪器装置相似，所不同的是在样品和参比物容器下装有两组补偿加热丝。当样品在加热过程中由于热效应与参比物之间出现温差 ΔT 时，通过差热放大电路和差动热量补偿放大器，使流入补偿电热丝的电流发生变化。当样品吸热时，补偿放大器使样品一边的电流立即增大；反之，当样品放热时则使参比物一边的电流增大，直到两边热量平衡，温差 ΔT 消失为止。换言之，样品在热反应时发生的热量变化，由于及时输入电功率而得到补偿，所以实际记录的是样品和参比物下面两个电热补偿的热功率之差随时间 t 的变化关系。如果升温速率恒定，记录的就是热功率之差随温度 T 的变化关系。

3. 实验基本要求

了解差式扫描量热分析的仪器结构和分析原理。要求学生熟悉实验方案，掌握样品处理方法；掌握整个实验的正确操作规程和数据处理方式，并掌握一定的仪器维护方式；了解热分析相关仪器性能参数、适应范围及注意事项等。

4. 实验仪器和材料

（1）实验仪器：岛津 DSC－60 差式扫描量热仪、压片机、电子天平。

（2）实验材料：一次性手套、三氧化二铝坩埚、镊子、钥匙、称量纸、乙醇。

5. 实验步骤

（1）了解岛津 DSC－60 差式扫描量热仪主机、计算机、TA－60WS 软件控制器、FC－60A 气体控制器、空气压缩机、氮气瓶，并掌握相关功能按钮。

（2）演示压片方法并让学生练习。

（3）样品测试分析操作。

①开机和气体。打开岛津 DSC－60 差式扫描量热仪主机、计算机、TA－60WS 软件控制器以及 FC－60A 气体控制器。接好气体管路。接好气体管路，接通气源，并在 FC－60A 气体控制器上调整气体流量。

岛津 DSC－60 差式扫描量热仪主机后面有 3 个气体入口。测定样品用“purge”入口，通常使用 N_2、He 或 Ar 等惰性气体，保护样品不被氧化，流量控制为 30～50 mL/min；分析样品中用到液氮冷却的情况，使用“dry”入口通入气体，通常使用氢气，流量控制为200～500 mL/min；气体吹扫清理样品腔和检测器时使用“cleaning”入口，通常使用氢气或者压缩空气，流量控制为200～300 mL/min。

注意：将所使用入口之外的其他气体入口堵住。

②样品制备。所用样品质量一般为3～5 mg，可根据样品性质适当调整样品量。把样品压制得尽量延展平整，以保证压制样品时埚底的平整。把装样品的坩埚置于SSC－30压样机中，盖上坩埚盖，旋转压样机扳手，把坩埚样品封好。同时不放样品，压制一个空白坩埚作为参比样品，压完后检查坩埚是否封好，且要保证坩埚底部清洁无污染。

注意：炉盖、盖片、坩埚、样品均要用镊子拿取，不能用手拿取，以免造成污染。

③设定测试参数。单击桌面的TA－60WS Collection Monitor图标，打开TA－60WS Acquisition软件。在“detector”窗口中选择DSC－60。

单击“Measure”菜单下的“Measuring Parameters”，弹出“Setting Parameters”窗口。在“Temperature Program”一项中编辑起始温度、升温速率、结束温度以及保温时间等温度程序。例如，设定一个温度程序，起始温度40 ℃，以10 ℃/min的速度升温到450 ℃，保持10 min。

在“File Information”窗口中输入样品基本信息，包括样品名称、质量以及坩埚材料和使用气体种类、气体流速和操作者等信息。

单击“确定”，关闭“Setting Parameters”窗口，完成参数设定操作。

④样品测试。等待仪器基线稳定后，单击“Start”，在弹出“Start”窗口中设定文件名称以及储存路径，单击“Start”，运行一次分析测试，仪器会按照设定的参数进行运行，并按照设定的路径储存文件。

⑤关机。样品分析完成后，等待样品室温度降到室温，取出样品，依次关机：岛津DSC－60差式扫描量热仪主机→FC－60A气体控制器→TA－60WS系统控制器→计算机。

6. 数据分析

（1）打开测量文件。单击TA60图标，打开数据分析软件。单击“文件”菜单下的“打开”项，根据文件名以及预览图形，选择所需的文件在分析软件中打开，如图2－83所示。

载入数据后的分析界面，如图2－84所示。

（2）峰值分析。鼠标选中DSC曲线，单击“Analysis”菜单中“Peak”项，设定温度范围，即可给出峰值温度；也可选取起始点作为测定结果，单击“Analysis”中“Tangent”项，弹出“Tangent”窗口。用鼠标分别在曲线上峰的起始点和到达峰高之前斜率相对稳定的一个点上单击来选定起始点。单击“Analyse”，熔点确定的Tangent点出来；再次单击“Analyse”，分析物的熔点就会计算出来并在峰旁边显示，如图2－85所示。

除了可以给出峰值温度外，还可以提供有关峰值的其他信息，可在“Option”选项中进行，如图2－86所示。

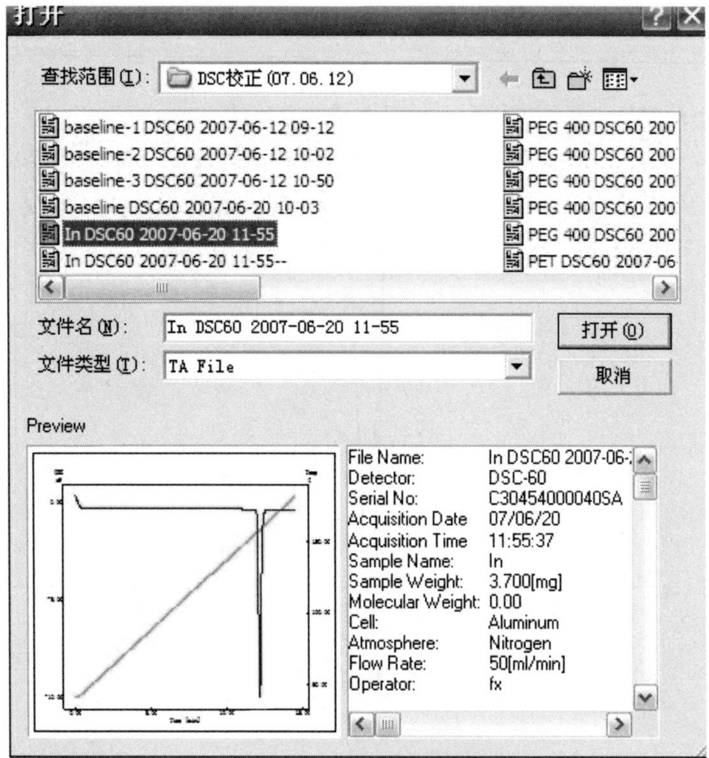

图 2-83　数据导入界面

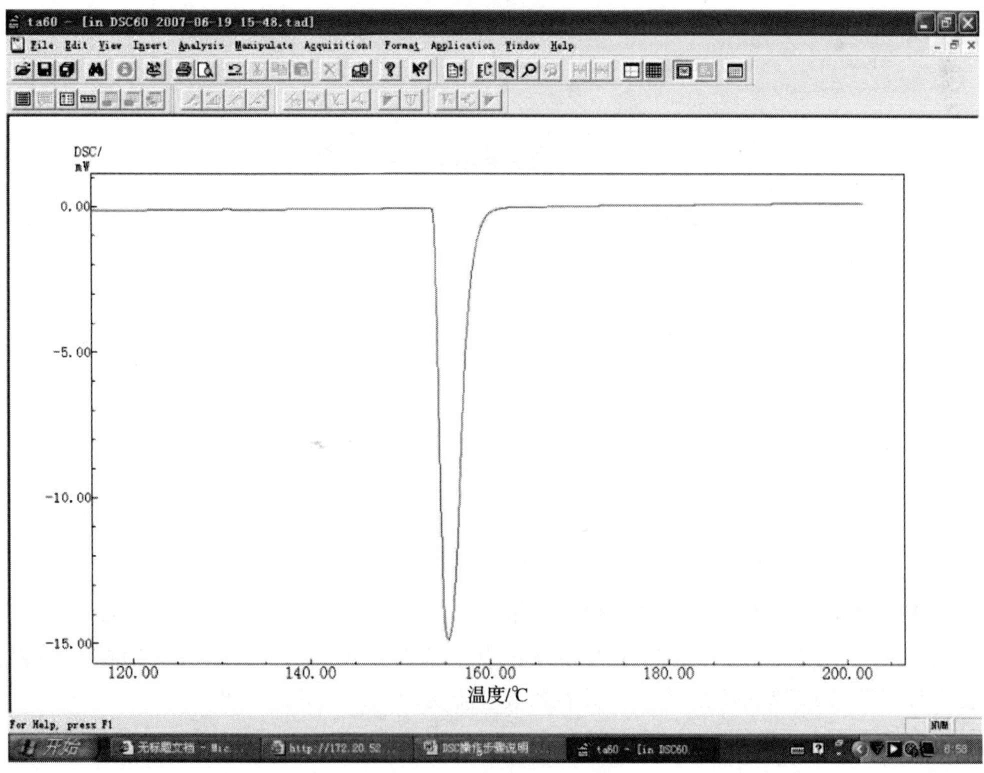

图 2-84　数据分析界面

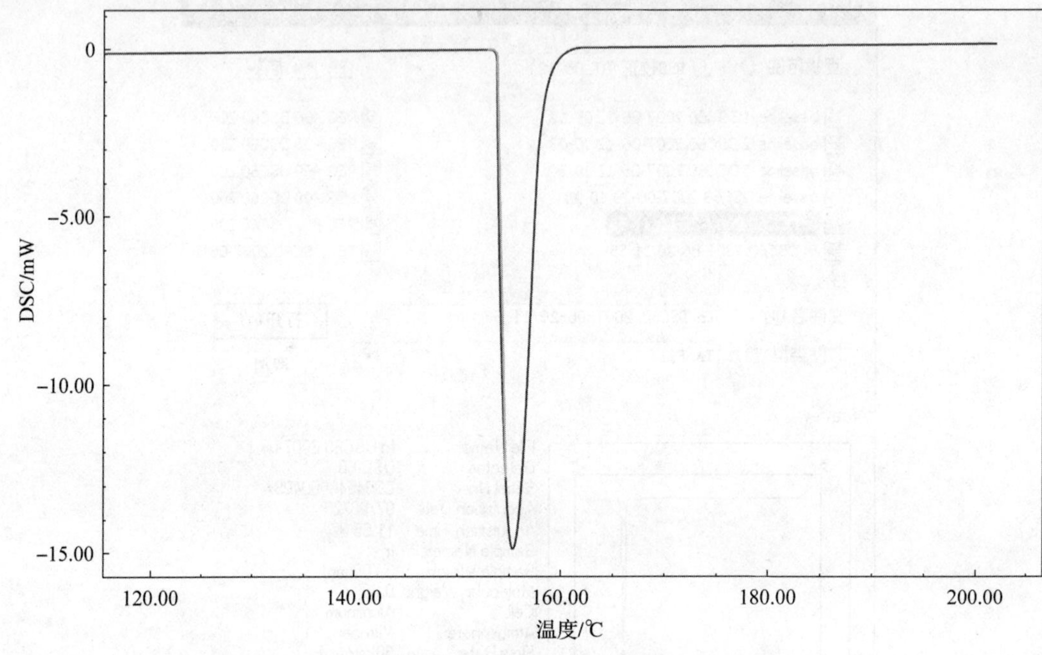

图 2-85　峰值分析曲线图

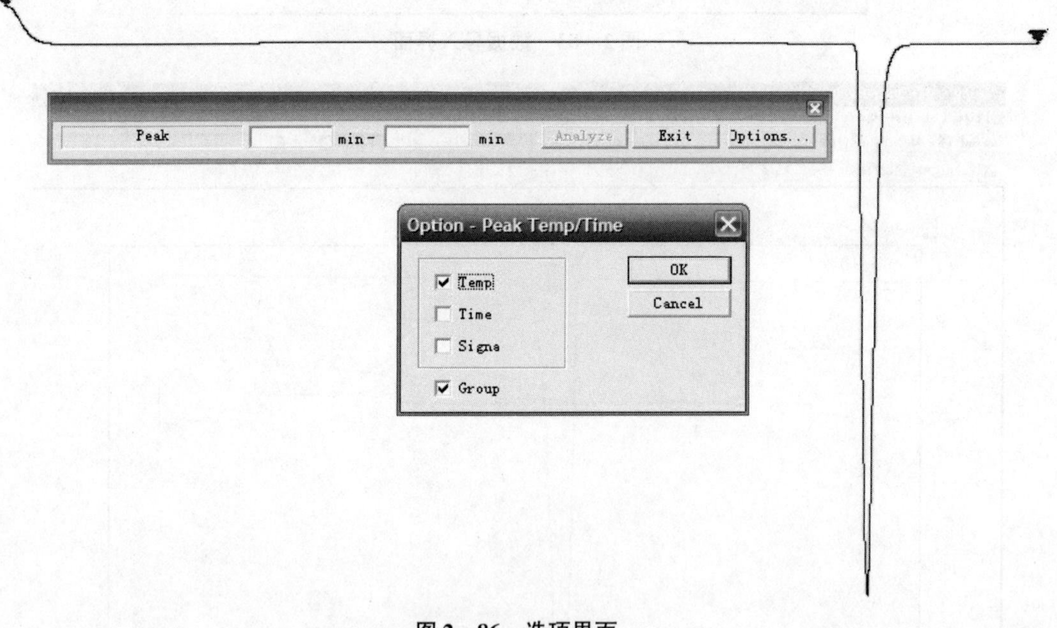

图 2-86　选项界面

（3）热量变化的分析。鼠标选中 DSC 曲线，单击“Analysis”菜单中“Heat”项，弹出“Heat”窗口。用鼠标规定峰的起始点和终止点，单击“Analyse”，即可得到积分结果，其数值表示样品吸收或释放出的热量，并在屏幕上显示出来，如图 2-87 所示。

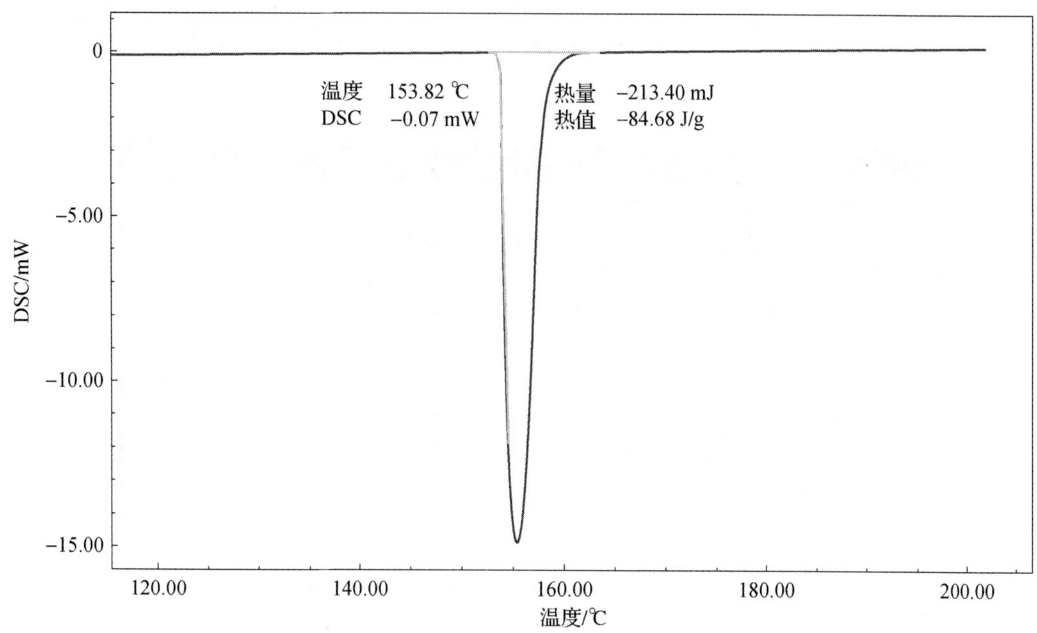

图 2-87　热量分析曲线图

热量的显示可以以多种单位给出，在单击“Heat”后弹出的对话框中，有“Option”选项，如图 2-88 所示。可以根据需要进行选择，并添加文字注释，中英文均可。

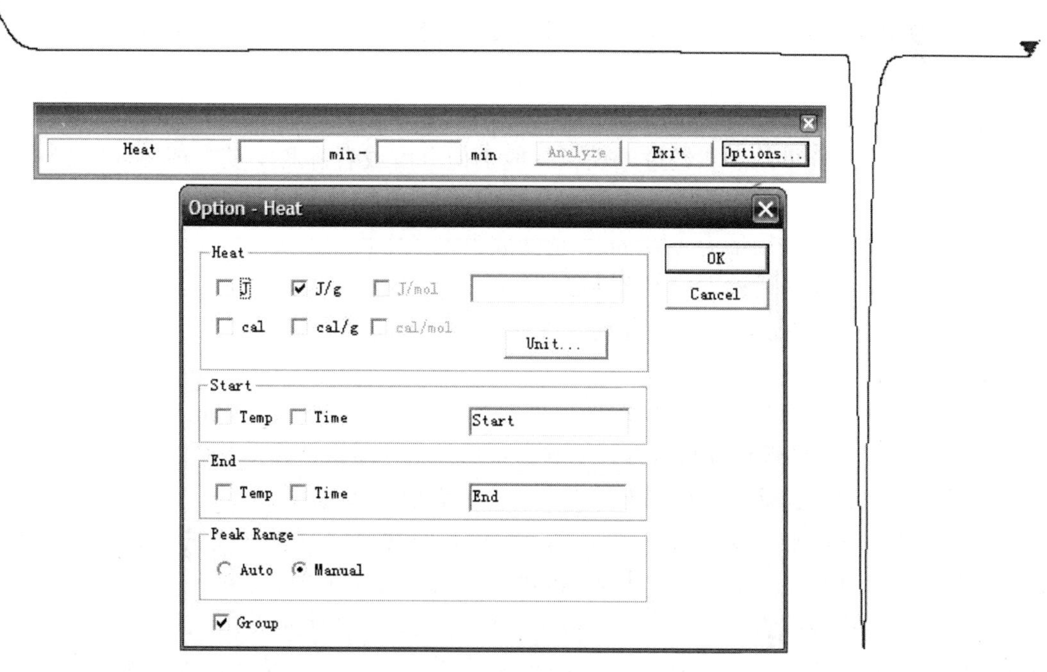

图 2-88　温度选项界面

（4）出具报告。单击菜单“File”中“Print”，弹出“打印”窗口。选择路径，可以把DSC图和分析数据打印到文件、Microsoft Office Document Image Writer或者Adobe Reader上，如图2－89所示。

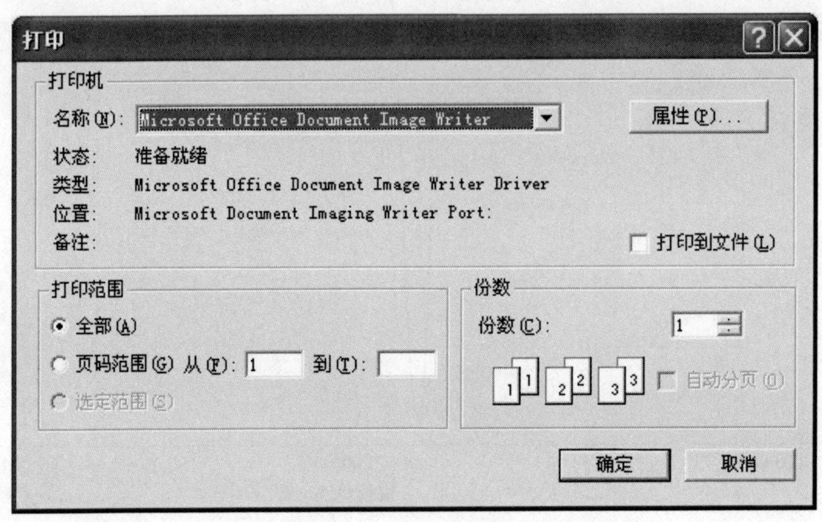

图2－89　出具报告界面

也可以选择菜单“Edit”中“Copy All”，将结果图形及数据拷到Word文档上，再进行打印。

（5）数据格式转换。可以通过“File”中“ASCII conversion”项，将图形转换成ASCII，将数据导出成txt文本的形式，然后通过其他数据编辑软件，诸如Excel、Origin等进行分析。

7. 注意事项

（1）DSC样品测量前必须经过干燥，一般不做分解或者沸腾实验。挥发性样品使用密封坩埚。

（2）DSC实验样品用量为3～5 mg，请勿放入太多样品。

（3）样品制备完毕后放入仪器之前必须仔细检查，以防在实验中样品漏出污染检测器。

（4）DSC使用过程中，需要通氮气保护样品。测定普通样品时，氮气流量为30～50 mL/min。

（5）DSC使用液氮进行低温实验时，液氮流量为300～500 mL/min，要防止水蒸气凝结。仪器中盛放液氮的部位保持敞开。实验结束后须将仪器保持在100 ℃以上空烧30 min。

（6）样品取放时，须保证检测器温度在室温或者以上。

（7）如果检测器被污染，要升温至600 ℃进行空烧，同时通氧气或者空气进行吹扫，如果没有也可以通氮气；然后进行基线、温度以及焓值的校正。

（8）校正常用标准物质为铟（In）和锌（Zn），标准熔点取起始点，而不是峰值。铟标准样品可以重复使用；锌标准样品最好不重复使用，因为在高温下很容易被氧化生成氧化物。

（9）岛津DSC－60差式扫描量热仪的最高测定温度为600 ℃。

（10）DSC 的升温速率范围为 0.01～99.9 ℃/min，常规升降温速率为 10 ℃/min。

8. 其他说明

（1）热分析室工作环境：温度为 10～35 ℃，湿度为 20%～80%。

（2）实验开始后打开通风机，保持空气流动。

（3）在将样品放到样品槽的时候注意避免镊子触及炉子的底部，因为底部有很多精密的加热装置和温度传感装置。

（4）不要在实验室内喝水、吸烟、吃东西，离开实验室需要净手。

（5）遵守《实验室安全条例》。

第三章
材料显微分析技术

第一节　材料显微分析技术概述

本章主要介绍应用电子显微镜和扫描探针显微镜来表征分析材料显微组织结构和成分的方法。材料的性能包括物理性能和化学性能，是由内部的微观组织结构决定的。不同种类的材料固然具有不同的性能，而同一种材料经过不同的工艺处理具备不同的组织结构特征时也可能会具有不同性能。材料显微分析就是采用特殊的技术认识材料微观组织结构，并研究这些特殊组织结构与材料性能之间关系的过程。通过显微分析可以了解材料显微组织结构特征、形成条件、过程机理等，以便通过方法调控制备过程从而得到所期待性能特征的材料。

显微分析对材料组织结构进行研究的主要内容包括材料微观形貌、尺寸及聚集状态，如球、棒、片、线等；微区晶体结构与缺陷，如面心立方、体心立方、位错、层错等；显微化学成分分析，如复合材料负载物的成分、基体与析出相的成分、偏析等；界面研究，如表面形貌、相界与晶界等；位向关系，如惯习面、孪生面、新相与母相；夹杂物，如形貌尺寸、成分及分布等；内应力，如喷丸表面、焊缝热影响区等。

一、显微分析技术的发展

传统的材料显微形貌、结构与成分研究分别通过光学显微镜、X 射线衍射和化学分析方法来实现。其中，光学显微镜是最简单和常用的材料显微形貌及组织形态的观察工具，但是由于其分辨率（~200 nm）和放大倍数（~1 000 倍）都比较低，只能观察到尺寸比较大的微观形貌，对于更小的组织结构如位错与原子排列等都无能为力。此外，光学显微镜只能观察样品表面形态，不能观察材料内部结构，也不能对特定的显微结构进行微区成分分析，因而已远远不能满足当前材料显微结构研究的需求。

X 射线衍射（XRD）是利用 X 射线在晶体中的衍射来分析材料晶体结构、晶格参数、晶体缺陷、相含量及内应力的技术。XRD 根据晶体衍射的 X 射线信号的特征计算样品的晶体结构和晶格参数，是一种建立在晶体结构模型基础上的间接分析方法。由于 X 射线很难聚焦，其分析最小区域在微米至毫米量级，无法对纳米级的微观区域进行选择性分析。此外，XRD 不能对样品进行显微成像，因此也无法将形貌与晶体结构进行同位分析。

常用的成分分析方法包含化学法和光谱法，这两种分析方法通常只能给出样品的平均成分含量（即每种元素的平均含量），虽然可以达到很高的精度，但是并不能给出元素在微区中的分布情况，如同一元素在样品中的偏聚等。然而往往样品微区中成分分布的不均匀性会导致结构的不同甚至性能的差别，因此化学法和光谱法不能将成分含量与微区形貌以及结构相结合，也难以对样品进行与微区成分相关联的性能研究。

自 20 世纪 30—80 年代，电子显微镜、电子探针、扫描探针显微镜的相继问世，成为显微分析技术的重要组成部分，经过了 90 多年的发展，以能够实现样品显微形貌、结构与成分的同位分析为特点，在世界上得到了广泛的应用，成为许多领域如材料科学、固体物理、固体化学、地质、矿物、石油化工、考古、生命科学、医学、刑侦、失效分析等不可缺少的研究和分析手段。

二、电子显微镜简介

电子显微镜（electron microscope，EM）是以高能电子束作为光源，以能产生磁场的电磁线圈作为透镜。具有高分辨率和放大倍数的电子显微镜主要包括透射电子显微镜和扫描电子显微镜。

（一）透射电子显微镜简介

如图 3－1 所示，透射电子显微镜（transmission electron microscope，TEM）是通过高能电子束透过薄样品后形成的透射束和衍射束进行成像来获取样品形貌和内部结构信息的，因此透射电子显微镜可在观察样品微观形态的同时对特定区域进行晶体结构同位分析。图 3－2 显示了透射电子显微镜透射束成像表征纳米材料的微观形貌、尺寸、孔分布以及分散状态等信息。图 3－3 显示了透射电子显微镜高角环形暗场成像表征铝合金析出相中铝原子和锆原子的排列情况，其分辨率可达 1 Å 左右，放大倍数可达 10^6 倍。

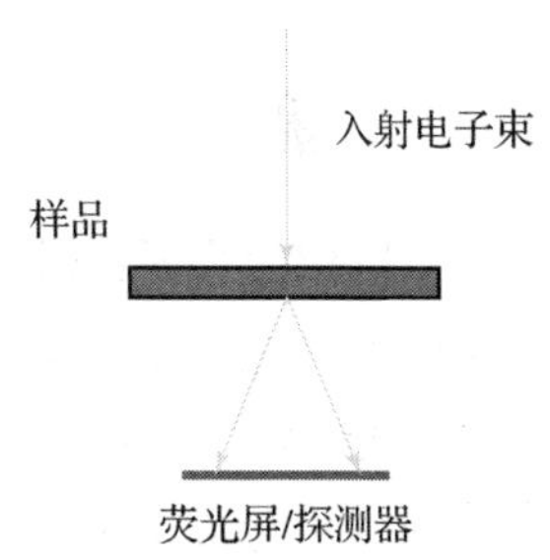

图 3－1　透射电子显微镜原理示意图

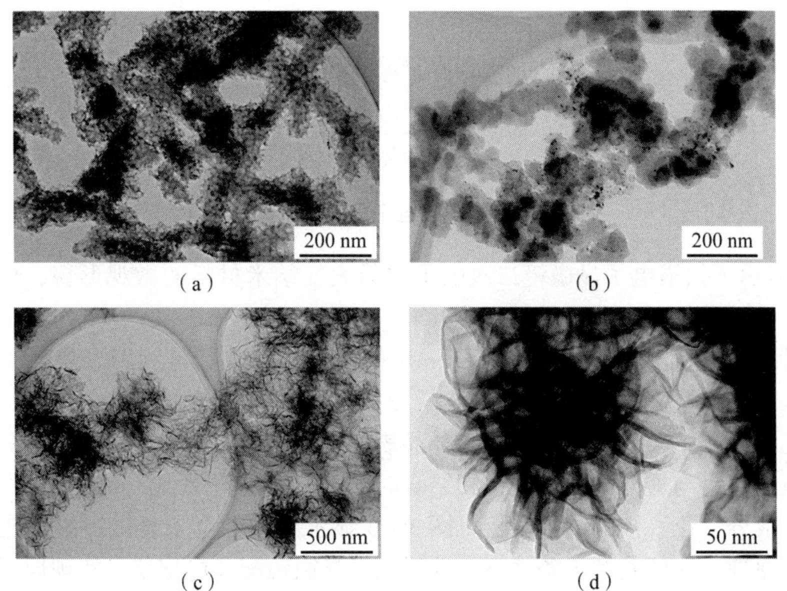

图 3－2　透射电子显微镜研究纳米材料形貌

（a）多孔碳材料；（b）金属纳米颗粒负载碳材料；（c）石墨烯纳米片；（d）二硫化钼纳米花

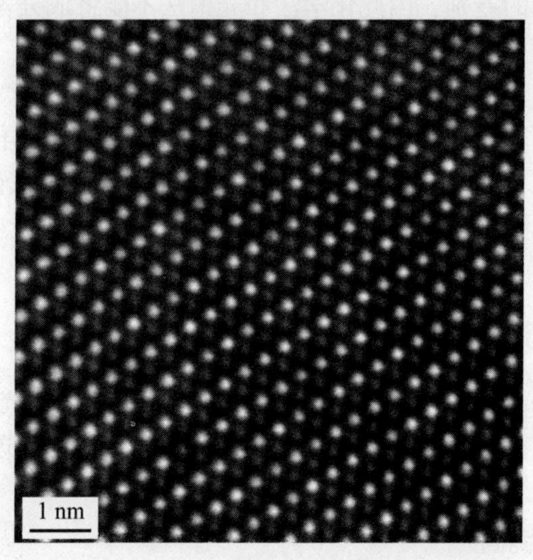

图 3 -3 透射电子显微原子像研究铝合金形貌

(二) 扫描电子显微镜简介

扫描电子显微镜（scanning electron microscope，SEM）是利用加速电子束在样品表面扫描激发出能够反映样品表面特征的信号（主要包括二次电子和背散射电子）进行成像的，其原理如图 3 -4 所示。SEM 常用来观察样品表面形貌，其分辨率可达 1 nm，放大倍数可达 2×10^5 倍，景深大，视野大，成像具有立体感。

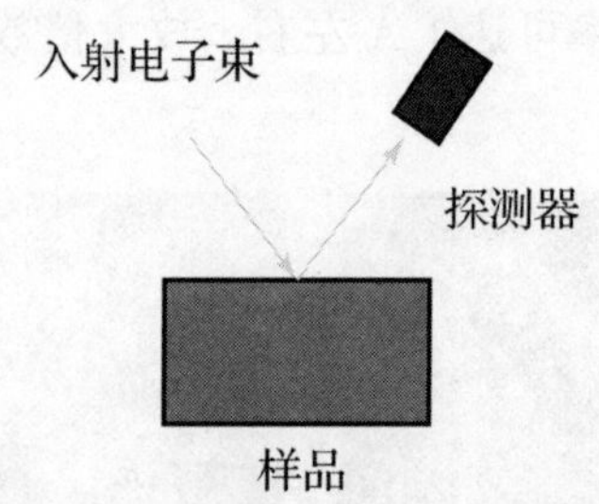

图 3 -4 扫描电子显微镜原理图

图 3 -5 显示了扫描电子显微镜二次电子成像表征纳米材料的微观形貌、尺寸及分散状态等信息。

电子探针显微分析（electron probe micro analysis，EPMA）是利用聚焦电子束激发样品微区并产生 X 射线，通过分析 X 射线的波长或能量来确定样品微区化学成分。将电子探针与扫描电子显微镜相结合时，可以在观察样品表面形貌的同时对微区表面进行化学成分的同位分析。将电子探针与透射电子显微镜相结合时，则可实现对微观区域内部的组织形貌、晶体结构、化学成分三位一体的同位分析。图 3 -6 显示了透射电子显微镜配备能谱仪实现微区成分分析的原理，在球差校正条件下，透射电子显微镜配备能谱仪可实现原子级成分表征与分析。图 3 -7 显示了透射电子显微镜配备能谱仪表征高熵合金材料中不同元素原子分布及含量等信息。

图 3-5 扫描电子显微镜研究纳米材料形貌

(a) 二氧化硅纳米球；(b) 碳纳米管；(c) 氧化物纳米花；(d) 碳纳米管

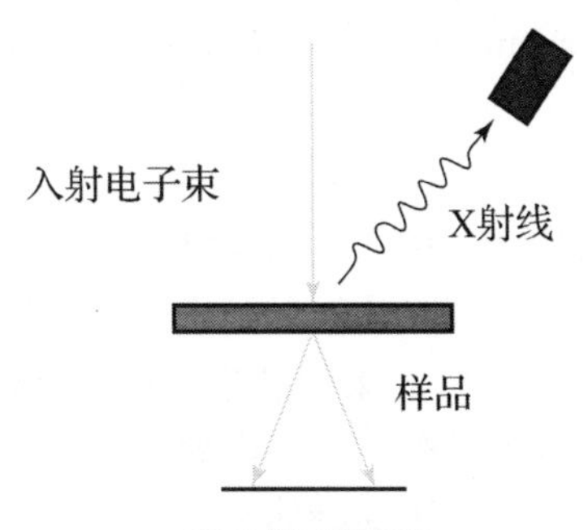

图 3-6 透射电子显微镜 X 射线成分分析原理图

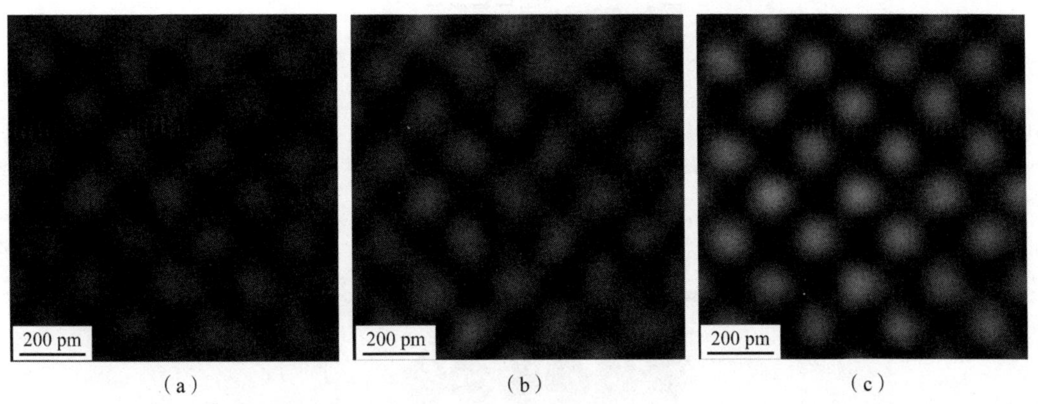

图 3-7 透射电子显微镜配备能谱仪表征高熵材料原子分布及含量等信息

(a) 钛 (Ti) 元素分布图；(b) 钒 (V) 元素分布图；(c) 钼 (Mo) 元素分布图

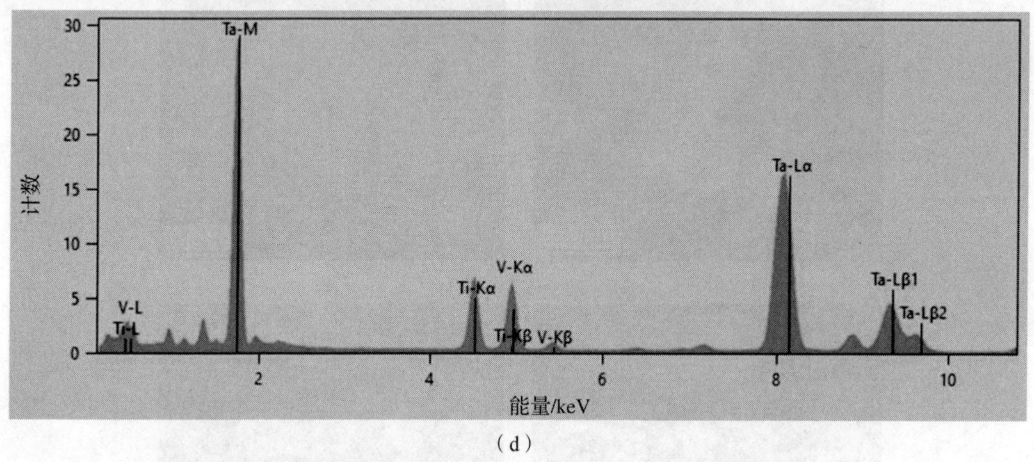

（d）

图 3－7 透射电子显微镜配备能谱仪表征高熵材料原子级分布及含量等信息（续）

（d）合金中元素组成自量分析谱图

（三）扫描探针显微镜

扫描探针显微镜（scanning probe microscope，SPM）主要组成部分包括纳米尺度尖端探针和纳米级精度压电驱动装置，是一大类仪器的总称，包含许多设备，其中最常用的是扫描隧道显微镜（scanning tunneling microscope，STM）和原子力显微镜（atomic force microscopy，AFM）。

1. 扫描隧道显微镜

扫描隧道显微镜是利用具有原子尺度尖端的探针在样品表面进行扫描，在针尖与样品间加一定电压时会产生隧穿电流。该隧穿电流对样品表面的起伏非常敏感（图 3－8），因而能够用于表征样品表面原子级的起伏。扫描探针显微镜横向分辨率可达 0.1 nm，纵向分辨率可达 0.01 nm，可在实空间原位动态观察样品表面原子组态、表面物理/化学反应动态过程及反应中原子的迁移过程等，但不能用于绝缘体分析。图 3－9 为扫描隧道显微镜对石墨表面进行的原子级形貌表征。

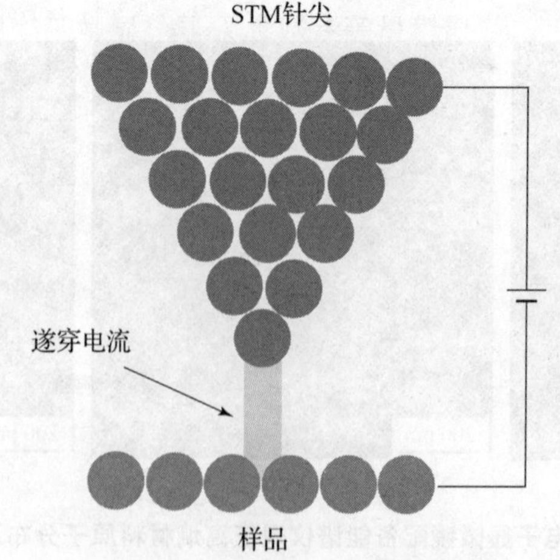

图 3－8 扫描隧道显微镜原理图

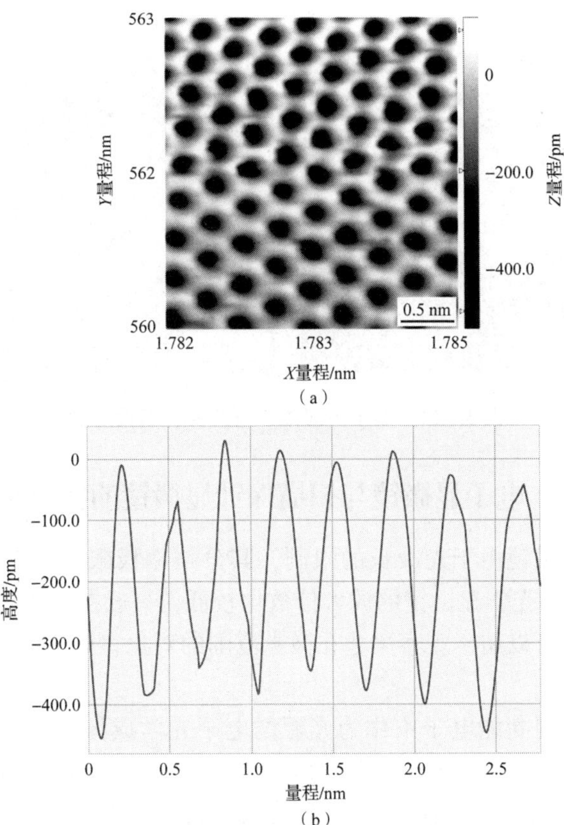

图 3－9　扫描隧道显微镜对石墨表面进行原子级形貌表征

（a）石墨表面原子像；（b）石墨表面高度分析

2. 原子力显微镜

原子力显微镜是利用具有原子尺度的针尖在样品表面扫描，根据针尖顶端原子与样品表面原子之间作用力的强弱对样品表面形貌进行成像，如图 3－10 所示。其横向分辨率可达 0.15 nm，纵向分辨率可达 0.05 nm，可用于表征原子和分子的形状。另外，原子力显微镜还可以测量表面原子之间的力（最小量级为 $10^{-16} \sim 10^{-14}$ N）、样品表面的导电性、静电电荷分布、局部摩擦力、磁场强度和杨氏模量等参数。原子力显微镜克服了扫描隧道显微镜的不足，样品可以是导体、半导体，也可以是绝缘体，也可以在真空、大气或溶液环境工作。图 3－11 显示了原子力显微镜样品表面形貌。

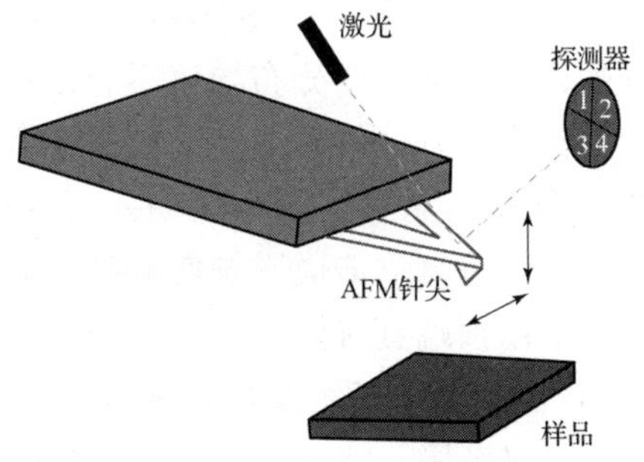

图 3－10　原子力显微镜原理图

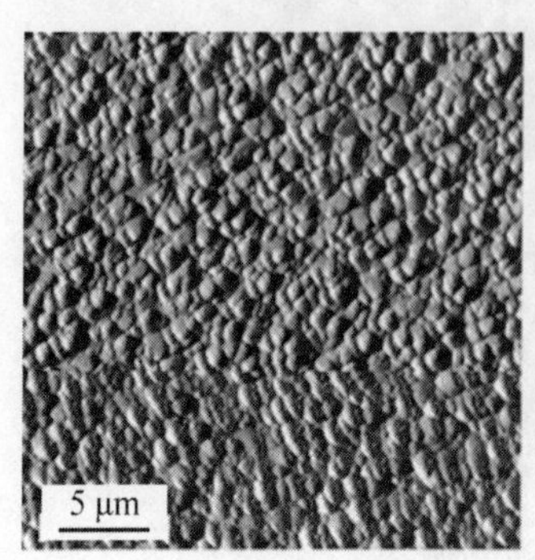

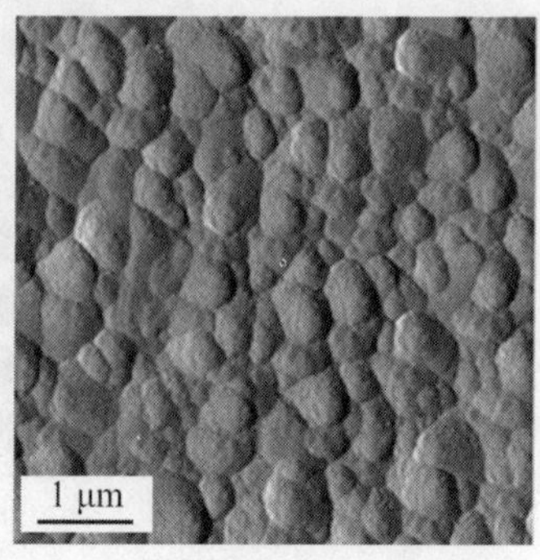

图 3-11 原子力显微镜研究材料表面形貌

三、光学显微镜、电子显微镜与扫描探针显微镜的特点及研究对象

综上所述，光学显微镜由于光波长的限制，其分辨率极限为 200 nm，近场光学显微镜的分辨率极限为 10 nm。光学显微镜的放大倍数比较低，一般在 100~1 000 倍范围内，但不存在辐照损伤的问题，可以用于观察尺寸在微米范围的对象，如生物组织切面、细胞、大尺寸晶粒及晶界分布等。

电子显微镜由于采用高能电子束作为光源的电子光学成像系统，其分辨率得到大大提高。普通高分辨透射电子显微镜的分辨率一般为 0.12 nm，目前经过球差矫正器校正的电子光路系统分辨率可达 0.05 nm。扫描电子显微镜由于其加速电压较低（一般不超过30 kV），分辨率一般为 0.6~1.3 nm。电子显微镜的放大成像倍数的范围比较大，可以观察尺寸在微米至埃级的形貌和组织结构。在电子光学系统的不断完善下，未来还有可能通过缩短电子波长、减小衍射差和球差、优化数据处理与分析理论等方法进一步提高电子显微镜的分辨率，使亚原子结构成像成为可能。

电子显微镜的分辨率高，放大倍数的范围大，但是也存在一些问题。

(1) 由于电子光路系统中电子需要通过高压加速，因此在与样品发生相互作用时有可能因电离作用或将原子核撞击至偏离原来位置而产生辐照损伤，因此要求被测样品能够在某些程度上耐电子束辐照。

(2) 对于不导电或导电性差的样品还可能因为荷电效应导致图像扭曲变形，因此要求被测样品具备较好的导电性，不导电的样品要经过额外的处理来增加其导电性。

(3) 由于电子光路系统中采用电磁线圈作为透镜对电子束进行聚焦实现成像，所以具有磁性的样品在电镜中会影响透镜正常的磁场分布导致不能正常成像，甚至会因磁力作用吸附到光路元器件上造成永久性的污染，降低电子光路的成像性能。

(4) 由于电子显微镜中电子是在高真空环境中运动并对样品进行扫描成像的，所以要求样品干燥、无油、无水，避免对光路真空造成影响使电镜不能正常工作。

相对而言，扫描探针显微镜采用顶端具有原子级尺寸的探针对样品进行扫描成像，其分辨率可达到1Å 左右，能够得到样品表面原子级结构特征以及某些物理化学性质参数。扫描探针显微镜放大倍数可覆盖到微米级范围，能在原子水平、分子水平、亚细胞水平和细胞水平等不同层次上全面观察和研究样品表面的结构。与电子显微镜不同之处是，扫描探针显微镜不使用自由粒子，无辐射损伤和污染，因而能在大气、水溶液等条件下对样品进行观察，但要求样品表面洁净并达到一定平坦程度，否则容易污染和损坏针尖。光学显微镜、电子显微镜与扫描探针显微镜研究对象及尺寸范围如图 3－12 所示。

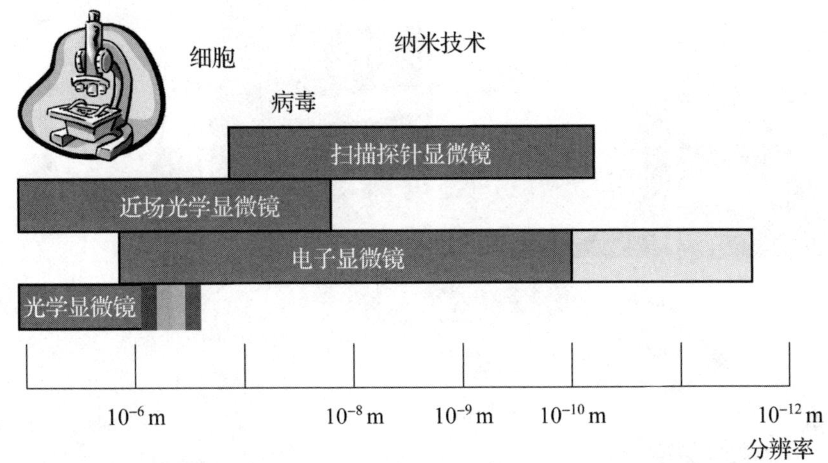

图 3－12　光学显微镜、电子显微镜与扫描探针显微镜研究对象及尺寸范围

四、北京理工大学分析测试中心电子显微镜平台简介

2016 年以来，北京理工大学分析测试中心紧密围绕学校总体建设规划、多学科发展及高端人才需求，主持该校电镜平台的前期规划、调研和论证，推进大型仪器设备的引进、安装调试及运行，联合高精尖中心共商、共建学校高水平的电镜大平台。北京理工大学分析测试中心引进球差电镜、场发射电镜、双束电镜、原子力显微镜等中高端大型仪器设备 11 台（套）（图 3－13），资产总额达 9 000 余万元，其中单价超过 2 000 万元以上的大型设备有 2 台，打造了设备种类多样、功能全面、指标优良的开放共享电镜平台。北京理工大学分析测试中心通过优化资源配置、推进团队入驻、促进交叉融合，加强材料制备、微纳加工及测试表征全流程能力建设，具备了支撑全校多学科发展、解决前沿科学、重大项目及重大工程的能力，有效地促进了重大科研成果的产出。另外，北京理工大学分析测试中心电镜平台服务全校 8 个专业学院、3 个研究院、40 余位“四青”以上人才、230 名教师、2 000 余名学生，支持 210 余项科研项目、32 门次教学计划内课程、操作培训课程、本科生开放课程，在人才培养中发挥了重要的支撑作用。

透射电子显微镜 TEM、扫描电子显微镜 SEM、原子力显微镜 AFM 和扫描隧道显微镜 STM 是材料显微分析领域应用的最为广泛和重要工具，涉及的知识面很宽广，且每个实验技术都建立在深厚的理论基础上。本章分别介绍了透射电子显微镜、扫描电子显微镜、原子力显微镜和扫描隧道显微镜的基础理论知识、结构及工作原理、样品要求及制备方法、测试技术及实验结果分析方法等，希望学生能够根据实际科研课题需求正确选用本章中介绍的实验设备及测试技术来设计实验方案，并得到所期待的分析结果。

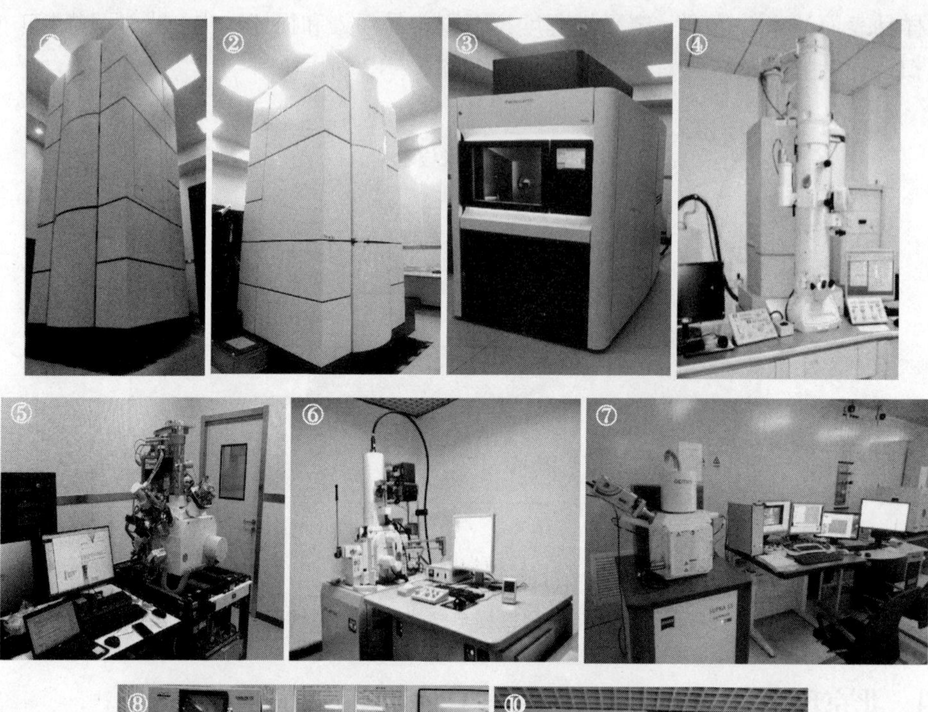

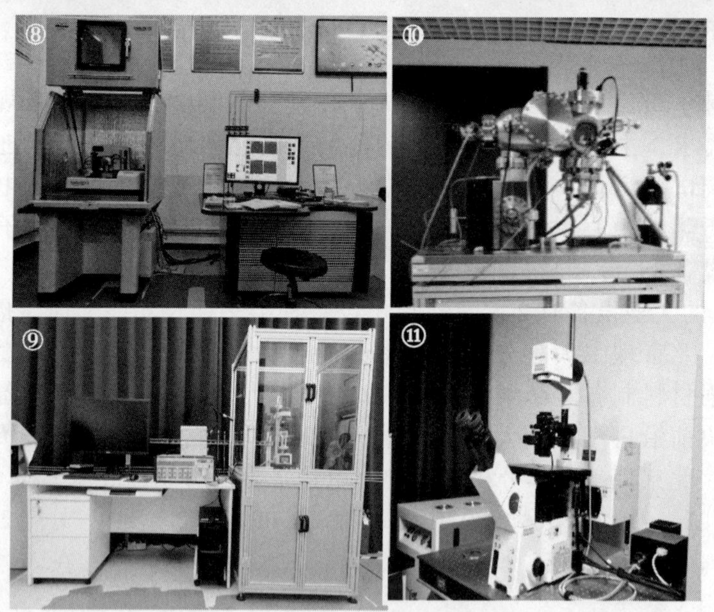

图 3-13　北京理工大学分析测试中心电镜平台主要设备配置情况

①Themis Z 双球差校正场发射透射电子显微镜；②Themis Z 聚光镜球差校正场发射透射电子显微镜；③Talos 场发射透射电子显微镜；④JEM-2100 透射电子显微镜；⑤Helios G4 UC FIB 双束系统；⑥Zeiss Quotation-Sigma300 扫描电子显微镜；⑦JSM-7500F 场发射扫描电子显微镜；⑧Dimension XR 原子力显微镜；⑨Multimode 8 原子力显微镜；⑩UHV SPM 超高真空扫描探针显微镜；⑪FV1000 激光共聚焦显微镜

第二节　透射电子显微镜

一、透射电子显微镜概述

眼睛是人类认识客观世界的第一架“光学仪器”，但它的能力是有限的。在正常明视距离（约 25 cm）内，能够被观察的物体尺寸不小于 0. 075 mm。如果两个物体之间的距离小于 0. 1 mm 时，眼睛就无法把它们分开，因此通常把 0. 1 mm 作为眼睛的最佳分辨本领。随着人类对客观世界认识的深入，迫切需要找到一种新的手段以弥补人眼视力的不足，进一步探索微观世界的奥秘。17 世纪初，光学显微镜的出现，可以把细小物体放大 1 000 倍以上，分辨本领比人眼提高 500 倍以上。过去许多不能被人们观察的物质结构的细节在光学显微镜的帮助下清晰地展现在人们的眼前，这无疑是一次巨大的突破。然而，人类认识和改造世界的任务是无穷无尽的。这促使人们进一步向认识世界的深度和广度进军，如揭示构成物质的单元，即原子及其更深层更微观的结构，是人们多年以来的夙愿，而这是光学显微镜所不能胜任的。1932—1933 年，在德国物理学家 E. 鲁斯卡（E. Ruska）等的努力下，终于制成了以电子束为照明源的电子显微镜，在短短几十年的时间里，电子显微镜的性能已发展到今天这样的水平：放大率近百万倍，分辨率也达到了原子甚至亚原子水平，如图 3 – 14 所示。电子显微镜技术已能深入揭示材料的内部组织结构，并把材料形貌、内部结构以及性能有机结合起来，形成了一门具有强大生命力、应用十分广泛的科学技术。其中以透射电子显微镜为主要工具，对材料的宏观形貌和微观结构进行研究的科学称为透射电子显微学。

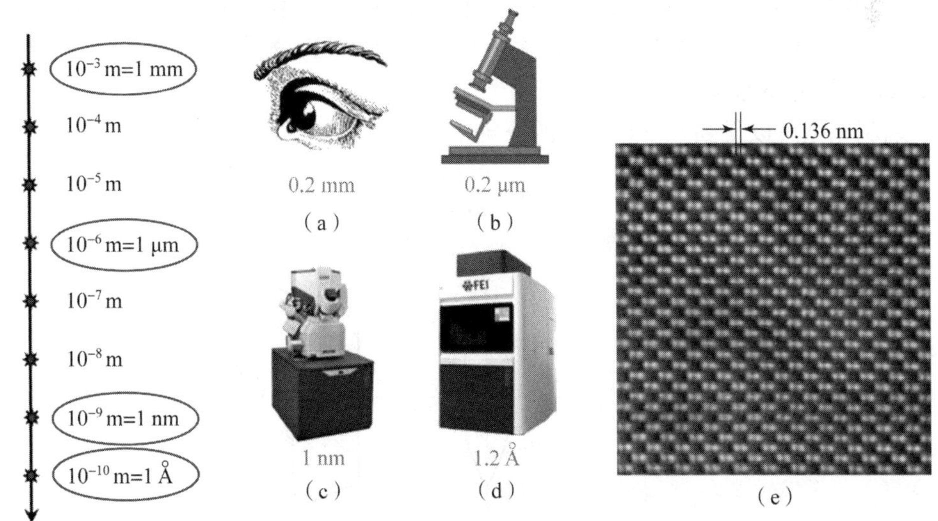

图 3 – 14　人眼及电子显微镜与分辨率

(a) 人眼分辨率；(b) 光学显微镜分辨率；(c) 扫描电镜分辨率；(d) 透射电子显微镜分辨率；(e) 单晶硅 (Si) 原子像

二、实验原理

（一）分辨率

正常情况下，人眼能够看清最小的细节尺寸大概为0.1 mm，这个数值称为人眼的分辨率，表示人眼的分辨本领。如果想要观察尺寸更加微小的细节，裸眼是无法实现的，必须借助显微镜将物体放大到大于人眼分辨率的尺寸才可以。显微镜是能够将物体成像并放大的设备，但是这种放大并不是无限的，光源的波动性决定了显微镜系统分辨最小细节的极限，即显微镜的分辨率。在显微镜系统中，分辨率和放大倍数是两个不同的概念，在超越显微镜系统分辨能力情况下的放大是无效的，并不能从中得到更多的信息。

首先介绍简单光学显微系统分辨率的准确定义以及影响分辨率的因素。如图3－15（a）所示，当一个无限小的理想点光源 O 经过透镜 L 在位于像平面 S 的屏幕上成像为 O' 时，由于光阑 AB 的限制，光束产生衍射并在屏幕上投影出一系列干涉，这使得 O' 不再是一个点像，而是一个由明暗相间衍射环包围的亮斑，称为艾里盘（Airy disk）。艾里盘的强度分布如图3－15（b）所示，其中光能量的84%都集中在中央峰，其余能量依次递减地分布在一级、二级……衍射环中。假设在点光源 O 之上还有一个光源 r，它在像平面 S 上成像为 r'。当将 r 向 O 靠近时，艾里盘 r' 也会向 O' 靠近，当 r 向 O 靠近到一定距离时，艾里盘 r' 与 O' 相互重叠。如图3－15（c）所示，如果两个点光源接近到使两个艾里盘中心距离等于第一级暗环的半径时，即其中一个艾里盘的中心正处于另外一个艾里盘第一级暗环上时，两个艾里盘的光强度与峰值差大于19%，两个艾里盘尚能分开，这就是由英国物理学家瑞利（Rayleigh）提出的瑞利判据。这说明当两个点之间的距离小于这个值时，人们就不能分辨它们对应的艾里斑是两个点光源的像了。这个特定的值称为该光学系统的分辨率，表示着光学系统的分辨物体最小尺寸的能力。

基于瑞利判据可以得到光学显微镜的分辨率 d 为

$$d = \frac{0.61\lambda}{n\sin\alpha}$$

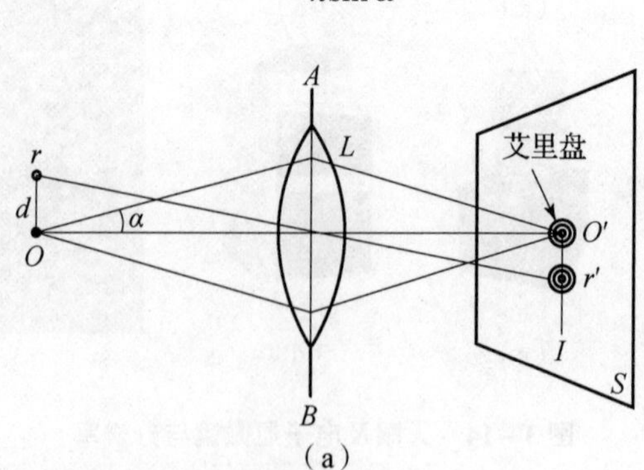

（a）

图3－15　两个点光源成像示意图

（a）两个点光源成像后形成的艾里盘

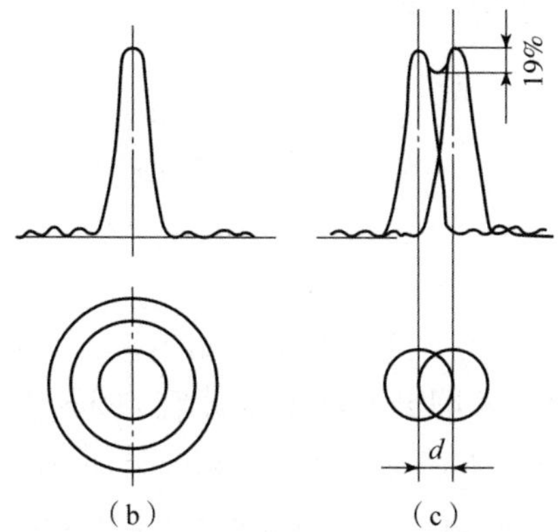

（b）　（c）

图 3-15　两个点光源成像示意图（续）

（b）艾里盘的强度分布；（c）瑞利判据

式中，λ 为光波在真空中的波长；α 为孔径角的一半；n 为透镜和物体之间介质的折射率。令 $NA = n\sin\alpha$ 时，上式可写为

$$d = \frac{0.61\lambda}{NA}$$

式中，NA 为透镜的数值孔径。由此可见当光源波长越短、数值孔径 NA 越大时，光学系统的分辨率就越高。

对于光学显微镜，一个好的物镜的数值孔径可达 0.95，孔径角接近于 90°，可见光波长为 400～800 nm。当取光源波长为 400 nm 时，对一个“干”系统（$n=1$），显微镜的分辨率为

$$d \approx \frac{\lambda}{2} = 200\ (\text{nm})$$

若使用 $n=1.66$ 的溴苯作为介质时，

$$d \approx \frac{\lambda}{3} = 130\ (\text{nm})$$

当使用波长为 200～250 nm 紫外光源时，显微镜的分辨率可以提高一倍。但是，百纳米级的分辨率对于观察许多微观组织结构仍然是不够的。

X 射线也是一种波，其波长为 0.1 nm，可以作为光源进行成像。基于瑞利判据的理论，以 X 射线作为光源的成像系统其分辨率应该能够比光学系统提高 3 个数量级，但是遗憾的是目前还没有比 X 射线更好聚焦的技术，这使得以 X 射线为光源的显微分析体统的分辨率还处于百纳米甚至微米级别。

高压加速电子也具有波粒二象性，其波长可根据德布罗意公式表示为

$$\lambda = \frac{h}{mv}$$

式中，h 为普朗克常数，$h=6.626\times10^{-34}$ J·s；m 为运动电子的质量；v 为电子的速度，与电子的加速电压相关。当加速电压大于 100 kV 时，电子的运动速度可与光速相比，必须考虑相对论修正，此时电子的动能和质量为

$$\begin{cases} eV = mc^2 - m_0c^2 \\ m = \dfrac{m_0}{\sqrt{1-\dfrac{v^2}{c^2}}} \end{cases}$$

由此，考虑相对论修正后电子的波长可表示为

$$\lambda = \frac{h}{\sqrt{2m_0eV\left(1+\frac{eV}{2m_0c^2}\right)}}$$

其简化公式为

$$\lambda = \frac{12.25}{\sqrt{V(1+10^{-6}V)}}$$

式中，电压 V 的单位为 V；波长 λ 的单位为 nm；光速为 3×10^8 m/s。表 3－1 列出了常用加速电压下电子的波长。

表 3－1　常用加速电压下电子的波长

电压/kV	100	200	300	1 000
波长/nm	0.003 70	0.002 51	0.001 97	0.000 87

可见当加速电压为 100 kV 时，电子波长为 0.003 70 nm，比光波长小 10 万倍，此时理论分辨率为 0.002 nm。但是，目前 100kV 电子显微镜的实际分辨率为 0.2 nm，比理论分辨率差 100 倍。这个巨大的差异是因为聚焦电子束的电磁透镜还不完善，存在比较大的像差，如球差、色差、像散、畸变等。

（二）电子光学原理

如图 3－16 所示，从功能和工作原理上讲，电子显微镜与光学显微镜是相同的，都是将细小的物体放大至肉眼可见可以分辨的程度，工作原理也都遵从射线的阿贝成像原理，它们主要的不同点如下。

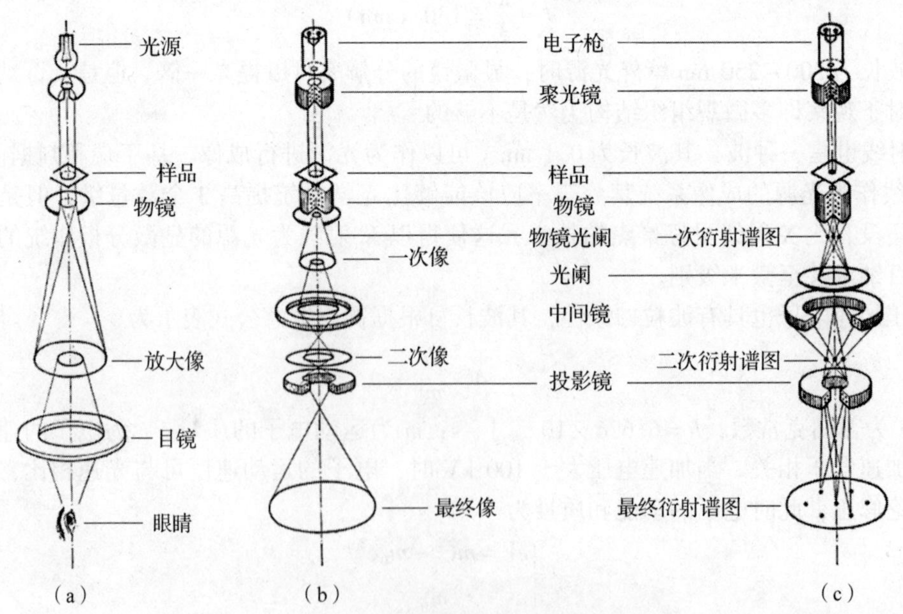

图 3－16　电子显微镜与光学显微镜的比较

（a）光学显微镜成像原理；（b）电子显微镜形貌成像原理；（c）电子显微镜电子衍射成像原理

（1）光学显微镜采用普通可见光作为光源，电子显微镜则以电子束作为光源，因而构成了电子显微镜的一系列特点。

（2）由于电子波长短，电子显微镜分辨本领高得多。

（3）采用电磁透镜对电子进行聚焦，对样品进行成像和放大。

（4）电子波通过物质，遵从布拉格定律，产生衍射，可以对晶体物质进行结构分析。

（5）为减少电子能量损失，电子显微镜整个系统必须在真空下工作。

另外，电子束与物质相互作用时提供的信息要丰富得多，利用这些信息对物质进行研究，电子显微镜已发展成为一个完整的分析系统。

（三）电磁透镜

电子聚焦是由布什（Bush）于1927年首先完成的。布什使用了一种电磁铁实现了电子束的聚焦，说明采用静电场聚焦电子束是可能的。1931年，布什在制造世界第一台透射电子显微镜时采用的也是同一类透镜。而在实际应用中，磁透镜比静电透镜在很多方面具有更大的优越性，尤其是不容易受到高压的影响。最早的电磁透镜设计简单，如图3－17（a）所示，它实际上只是一个多层绕线空心线包，显然无法获得均匀的磁场分布。图3.17（b）是对图3.17（a）的改进，它将线包封闭在一个内侧开有空隙的铁壳中，以屏蔽磁力线，减少磁漏，而空隙的作用是使磁感线尽可能集中。图3.17（c）是近代电子显微镜普遍采用的比较理想的电磁透镜，它除了铁壳内侧同样有空隙外，还在空隙处加一个由被磁化到接近饱和的高导磁材料制备成的极靴，上下极靴间留有更窄的空隙，使磁力线进一步会聚，获得近似均匀的磁场，从而形成了近似理想的“薄透镜”。总之，有了极靴以后，极大地提高了电子显微镜的分辨本领，因此人们常把极靴称作电子显微镜的“心脏”。

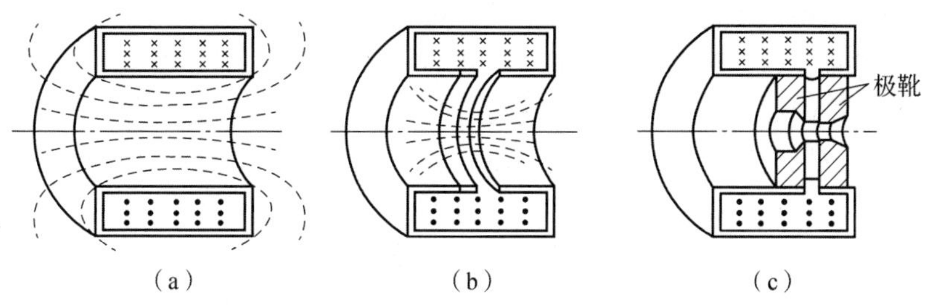

图3－17　电磁透镜的改进

（a）早期电磁透镜结构；（b）带铁壳的电磁透镜；（c）带极靴的电磁透镜

现代电磁透镜的结构一般由两部分组成（图3－18）。电磁透镜第一部分是由软磁（如软铁）材料制成的圆柱形对称磁芯，设置一个小孔穿过它，软铁称为极靴，孔称为极靴孔。大多数透镜具有两个极靴孔，可以设置在同一块软铁上，也可以分别在两个独立的软铁上。两极靴正对的距离称为极靴间距，极靴孔/极靴间距的比值是透镜的一个重要特征，其影响着磁透镜的聚焦行为。通常极靴被加工成圆锥形，该锥形角也是电磁透镜的一个重要参量。

电磁透镜的第二部分是环绕在极靴上的铜线圈，当给线圈通电流时，极靴孔中产生磁场，该磁场沿磁透镜纵向并不是严格均匀的，但是近乎完全轴对称的。电磁透镜中的磁场分布及强度控制着电子的运动轨迹——电子光路。线圈通电过程中，由于焦耳效应会发热，这意味着电磁透镜在工作中必须随时冷却，因而冷却循环水也是电磁透镜重要的组成部分。

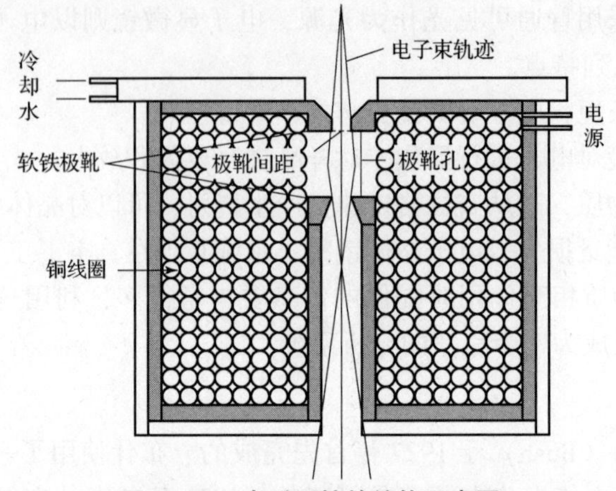

图 3－18　电磁透镜的结构示意图

在透射电镜中采用的大多数透镜是具有大极靴间距的弱磁透镜，它们的主要作用是将光源逐级缩小并投射到样品上（如聚光镜），或者是将来自样品的像及电子衍射花样放大并投影到屏幕上（如中间镜和投影镜），典型电磁透镜的结构都类似于图 3－18，光阑可以放到透镜的极靴孔中。

与透射电镜中大多数电磁透镜不同，物镜比较特殊，常采用短焦距强电磁透镜。根据不同透射电镜的需求，物镜可以采用不同的结构设计，最灵活的是上下极靴分开的物镜，两个极靴各自带有线圈，如图 3－19 所示。首先，分离式极靴使上下极靴具有不同的作用，上极靴常采用强激发型，这对于扫描透射电子显微镜 STEM 来说是一个理想的选择，因为它既能产生 TEM 平行束模式需要的大束斑，又能提供 STEM 聚束模式需要的小束斑。其次，分离式极靴的结构为样品和物镜光阑的插入提供了空间，而且也方便其他探头更方便地贴近样品采集信号，如 X 射线能谱仪。最后，分离式极靴更容易兼容不同功能的样品台设计，如倾斜、旋转、加热、冷却、拉伸等，这些优点促使现代透射电子显微镜中普遍采用分离式极靴。

除了单极靴和双极靴结构之外，电磁透镜还设计成四极、六极或八极透镜。这些透镜的聚焦行为分别通过 4 个、6 个或 8 个极靴实现，邻近的极靴具有相反的极性，如图 3－20 所示。这些透镜在电镜中不作为放大透镜，而是用来校正透镜缺陷（如像散），也可以作为球差校正器中的透镜，或作为电子能量损失谱仪中的透镜。这种透镜的功率较低，不会引入图像旋转。

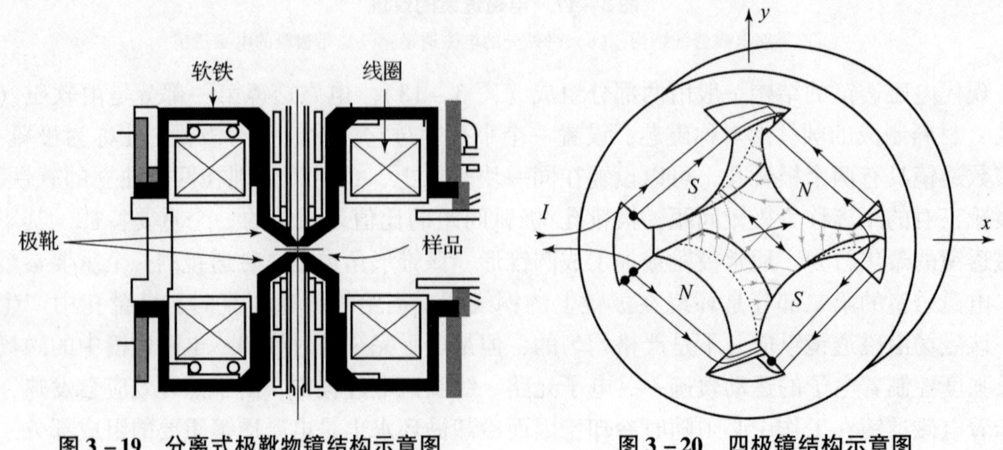

图 3－19　分离式极靴物镜结构示意图

图 3－20　四极镜结构示意图

（四）电子在磁场中的运动

为了了解电磁透镜的聚焦成像原理，就要考察运动电子在磁场中的受力情况和运动轨迹。在一个任意磁场中，电子运动轨迹是十分复杂的，但经特殊设计的电磁透镜中心被利用的狭小区域，可以视为均匀磁场。电子通过均匀磁场时，一般有 3 种情况：①电子沿磁场方向入射，并沿这个方向做匀速直线运动；②电子沿垂直于磁场方向入射，则电子在一个平面内做圆周运动，此平面垂直于包含入射方向磁力线方向的平面；③当电子以任意方向入射时，速度可以分解为沿磁场方向速度和垂直磁场方向的两个速度，其中沿磁场方向的速度不受洛伦兹力的作用，保持匀速直线运动，而垂直磁场方向的运动受到洛伦兹力的影响而做匀速圆周运动，因而电子最终运动轨迹为沿磁场方向匀速直线运动和垂直于磁场方向圆周运动的合运动。最终轨迹是一个螺旋线，如图 3－21 所示。

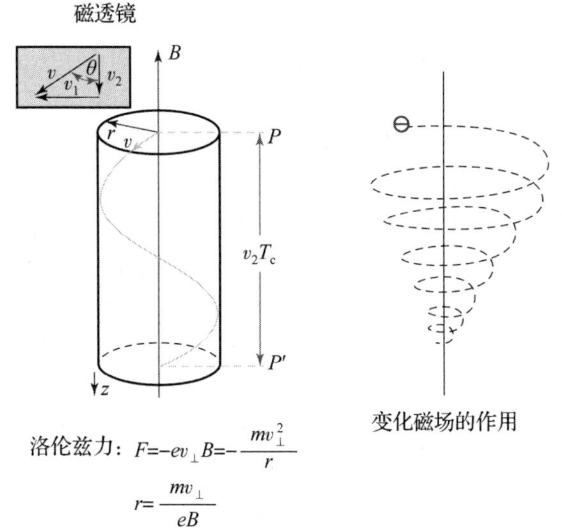

图 3－21　电子相对于磁场方向以任一角度入射时的运动轨迹

透射电子显微镜中，采用旋转轴对称短焦距电磁透镜（即短电磁透镜）使电子束改变运动方向起到聚焦和放大作用。短电磁透镜的焦距可表示为

$$\frac{1}{f}=\frac{e}{8mV}\int_{-\infty}^{+\infty}H_z^2\mathrm{d}z$$

式中，m 和 e 分别为电子的质量和电荷；V 为加速电压；H_z 为电磁透镜磁场的轴向分量。对于半径为 R、励磁电流为 I 的 N 匝线圈，H_z 可表示为

$$H_z\propto\frac{2\pi R^2NI}{(z^2+R^2)^{3/2}}$$

可见短磁透镜的焦距是通过励磁电流进行调整的。运动电子在电磁透镜的磁场中运动时，由于受到洛伦兹力的作用，不仅受到向轴靠拢力即聚焦力的作用，还受到绕轴旋转力的作用，图 3－22 是电子在短电磁透镜中的运动轨迹示意图，由 S 点发出的电子经过透镜作用发生旋转并聚焦在 P 点，这是短电磁透镜磁场能使运动电子束聚焦成像的基础，且需在透镜旋转轴对称磁场和旁轴电子参与成像条件下成立，因此透射电子显微镜需要进行严格合轴即满足旁轴条件和配备使用消像散器调节透镜磁场的轴对称性来实现高质量成像。

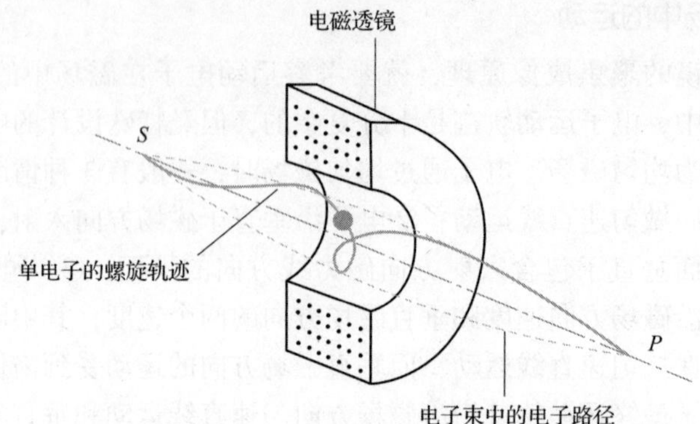

图 3 – 22　电子在短磁透镜中的运动轨迹示意图

（五）电子光学作图成像法

若不考虑电子的旋转运动，则电子在电磁透镜中的折射与光在玻璃透镜中的折射很相似，因此可以用几何光学作图法来描述电子在磁透镜中的折射。在电子显微镜的实用光路图中，短电磁透镜相当于光学中的薄透镜。由于电磁透镜的作用场很窄，物和像均在场外，因此电子射线可以认为是在场作用区发生折射，而在场外电子沿直线运动。当确定好电磁透镜的焦点和主平面后便可根据几何光学作图法画出电子显微镜的光路图。

对于短电磁透镜，可认为物方和像方的主平面与透镜中央平面重合，可得到薄透镜公式，即

$$\frac{1}{P}+\frac{1}{B}=\frac{1}{f}$$

式中，P 为物距；B 为像距；f 为焦距。像的径向放大率 M 的表达式为

$$M=\frac{B}{P}=\frac{f}{P-f}=\frac{B}{f}-1$$

由上式可以得到以下结论：

（1）当透镜像距 B 一定时，放大率反比于焦距，即 $M\propto\frac{1}{f}$。

（2）调节物距 P 或像距 B，放大倍率 M 将随之变化。

（3）当物距 P 大于焦距但小于 2 倍焦距时（$f<P<2f$），放大倍率 M 大于 1。

（4）当物距 P 大于等于 2 倍焦距时（$P\geqslant 2f$），放大倍率 M 小于等于 1，此时透镜不起放大作用。

对于多级电磁透镜组成的电子显微镜来说，其最终像的放大倍数为各级放大透镜放大倍数之积。而有效放大倍数是指在保证物镜分辨率被充分利用时所对应的显微镜的放大倍数。若人眼在明视距离（250 mm）的分辨本领为 0.2 mm，因此需要将物经过透镜放大到 0.2 mm以上的像才能被人眼分辨。由此电子显微镜的有效放大倍数为

$$M_{有效}=\frac{人眼的分辨率}{电镜的分辨率}=\frac{0.2\ (\text{mm})}{0.2\ (\text{nm})}=10^{6}\ (倍)$$

相比较而言，光学显微镜的有效放大倍数为

$$M_{有效}=\frac{人眼的分辨率}{光镜的分辨率}=\frac{0.2\ (\text{mm})}{200\ (\text{nm})}=10^{3}\ (倍)$$

（六）电磁透镜的像差

我们在讨论电磁透镜轴对称场的性质时研究的是旁轴电子的运动轨迹，其中所谓旁轴电子是与轴距离 r 和轨迹对轴的斜率 $\mathrm{d}r/\mathrm{d}E$ 很小的电子。在旁轴电子成像条件下，物平面上的点可以单值、无形变地成像在像平面上。而在电磁透镜实际成像的过程中，并不是所有电子都满足旁轴条件，非旁轴电子也会参与成像，此时，即使电磁透镜的磁场满足完全旋转对称，在成像过程中也会产生像差。采用光阑在一定程度上可以限制非旁轴电子参与成像，但同时也减少了成像信息。

在光学透镜中已经可以将透镜像差引入的像缺陷减小到小于衍射引起的像缺陷，而在电磁透镜中，由于只有正透镜，消除像差要比在光学系统中难很多。目前，电子显微镜电磁透镜产生的像差严重影响了其分辨率的提高，这使得电镜的分辨率一般在 1 Å 左右，比理论分辨率要差 100 倍。

总体来讲，电子显微镜的像差分为几何像差和色差两类。

（1）几何像差：几何像差是由于旁轴条件不满足引起的，是折射介质几何形状的函数，主要包括球差、畸变和像散。

（2）色差：色差是由于电子光学折射介质折射率随电子速度不同而造成的。

1. 球差

球差即球面像差，是由于透镜对边缘部分射线的折射比对旁轴部分射线的折射要强而引起的。如图 3－23 所示，离透镜光轴最近的旁轴射线聚焦在主光轴的点 A，过该点作垂直于光轴的平面 N 为高斯像平面。而离透镜光轴最远的非旁轴电子由于透镜边缘的折射更强而聚焦在高斯像平面 N 的左侧点 B，其他电子则被聚焦在透镜主轴的点 A 至点 B 之间。当我们用一个垂直于透镜主轴的平面在点 A 至点 B 之间移动时始终不能得到一个与物点对应的像点，而是一个漫散的圆，但在聚焦区域内总能够找到一个位置可以得到具有最小半径的漫散圆，该位置为图像的最佳聚焦点，最小漫散圆的半径为 R_s。将 R_s 除以透镜放大倍数 M 就可以将它折算到物平面上去，即

$$\Delta r_s = \frac{1}{4}C_s\alpha^3$$

式中，C_s 为球差系数；α 为透镜的孔径半角。当物平面上两点间距离小于 Δr_s 时，则该透镜不能分辨。对于大多数透射电镜的 C_s 为 3 mm，对于高分辨透射电镜 C_s 小于 1 mm。由于 $\Delta r_s \propto \alpha^3$，可以用小孔光阑挡住离轴较远的电子使球差减小，但也会使分辨率降低 $\left(d = \dfrac{0.61\lambda}{n\sin\alpha}\right)$，因此需要采用使两者合成效应最小的 α 值。

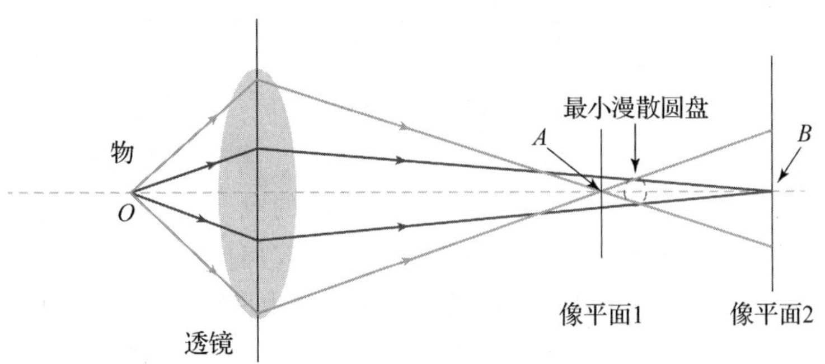

图 3－23 磁透镜中球差形成的示意图

2. 畸变

透镜的畸变是由球差引起的。球差的存在使电磁透镜对经过边缘区域电子的聚焦能力比对经过透镜中心区域电子的聚焦能力强，因而成像的放大倍数将随离轴径向距离的增大而发生变化。此时，虽然整个图像是清晰的，但是随着离轴径向尺寸的不同，图像发生不同程度的位移，即畸变。在图 3－24 中，原本是正方形的图形，如图（a）所示，在经过透镜放大过程中，若径向放大倍数随着离轴距离的增加而增大时，位于正方形 4 个顶点的离轴径向距离最大，位于中心位置的离轴径向距离最小，因此正方形 4 个角区域的放大倍数会比中心部分的放大倍数要大，最终图像呈现枕形，称为枕形畸变，如图（b）所示。相反情况，若径向放大倍数随着离轴距离的增加而减小，此时成像如图（c）所示，正方形 4 个角区域的放大倍数会比中心部分的放大倍数小，呈现桶形畸变。除了上述的径向畸变，还存在各向异性畸变，如图（d）所示，这是由透镜的磁转角误差造成的。当用电子显微镜进行电子衍射分析时，径向畸变会影响衍射斑点的准确位置，可通过产生相反畸变的两个投影镜进行畸变抵消和放大。

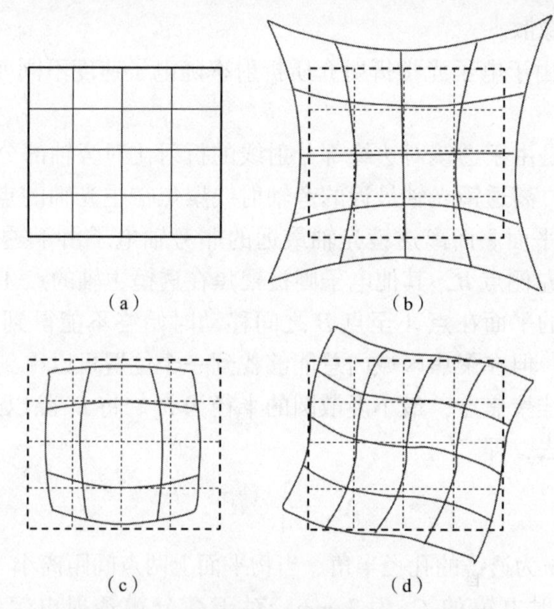

图 3－24　电磁透镜中畸变形成的示意图

（a）正方形图形；（b）枕形畸变；（c）桶形畸变；（d）各向异性畸变

3. 像散

当电磁透镜磁场的旋对称性被破坏时，其在不同方向的聚焦能力便会不同，这使从经过物点的电子经过透镜后不能在像平面上聚焦为一点，从而形成像散。如图 3－25 所示，当透镜在 y 方向聚焦能力强时，焦距较短，从物点 O 发出的电子束在此方向聚焦于 x_1x_2 线段上。相对而言，透镜在正交的 x 方向聚焦能力弱，焦距较长，从物点 O 发出的电子束在此方向聚焦于 y_1y_2 线段上。此时从 O 点发出的两个不同方向的电子分别聚焦于两个不同的位置（x_1x_2，y_1y_2）：当在 y 方向是正焦时，在 x 方向上便是欠焦；若在 x 方向是正焦时，在 y 方向上便是欠焦。无论怎样改变焦距，总不能在两个方向上同时获得清晰的图像，x_0 和 y_0 分别为 x_1x_2 和 y_1y_2 与透镜主光轴的交点，则在 x_0 和 y_0 之间存在像散焦距差 Δf_A。但在 x_0 和 y_0 之间总能找到一个位置得到半径最小的漫散圆，而在其他位置均为椭圆。用最小漫散圆的半

径除以透镜的放大倍数可以得到像散大小，透镜像散表示为

$$\Delta r_A = \Delta f_A \alpha$$

式中，Δr_A 为像散大小；Δf_A 为透镜在正交方向的像散焦距差；α 为孔径半角。

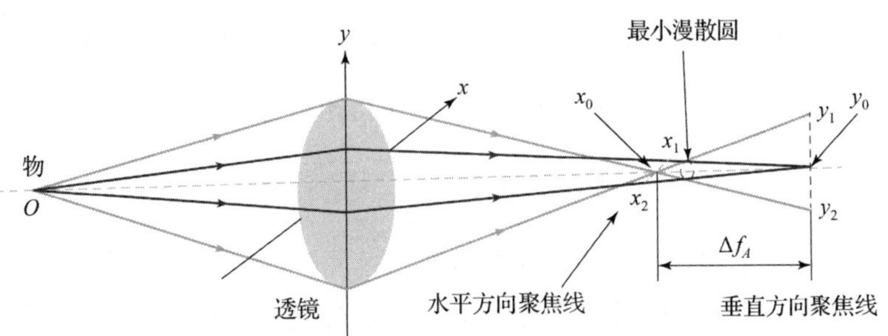

图 3-25　电磁透镜中像散形成示意图

造成透镜像散的原因有很多，例如透镜极靴内孔不圆、上下极靴的轴线错位、制作极靴的材料材质不均匀、极靴孔周围局部污染等，都会破坏透镜磁场的旋转轴对称性造成像散。像散对分辨率的影响远远超过球差和衍射差，对于透镜中存在的固有像散可以通过引入一个强度和方向都可以调节的磁场来进行补偿，这个提供校正磁场的装置就是消像散器。

4. 色差

色差是由于入射电子波长（或能量）的非单一性造成的。图 3-26 为色差形成示意图。

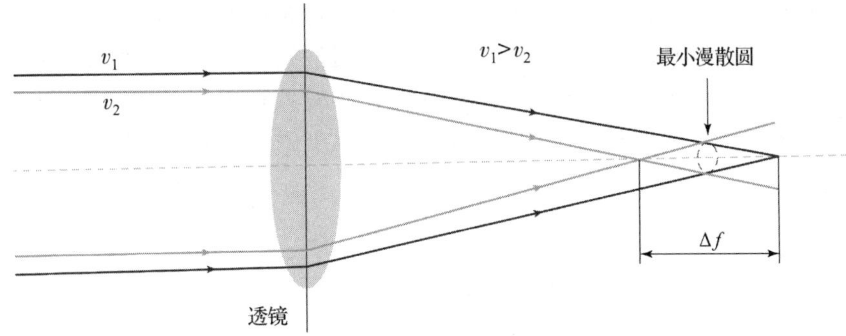

图 3-26　电磁透镜中色差形成示意图

当入射电子存在一定差别时，能量大的电子在距离透镜光心较远的位置聚焦，而能量小的电子会在距离透镜光心较近的位置聚焦，因此产生焦距差。当像平面在近焦点与远焦点之间移动时，可在某个位置得到一个最小漫散圆，其半径为 R_C。将 R_C 除以透镜的放大倍数 M 便可以得到物平面上漫散圆的半径，即

$$\Delta r_C = C_C \alpha \left| \frac{\Delta E}{E} \right|$$

式中，C_C 为色差系数；α 为孔径半角；$\frac{\Delta E}{E}$为电子能量的变化率。

当 C_C 和 α 一定时，$\frac{\Delta E}{E}$的数值取决于加速电压的稳定性、透镜激励电流的稳定性以及电子穿过样品时发生弹性散射的程度等因素。当样品很薄时，可采取稳定加速电压和电磁透镜激励电流的方法减小色差。在现代透射电镜中，要求电压和电流的稳定度达到 2×10^{-6}，且通过适当调节透镜极性可以将分辨率调整到允许的范围内。

5. 像差对分辨率的影响

在以上几种像差中，除球差之外的几种像差都可以采用各种措施进行有效的消除。因此目前对现代透射电镜分辨率影响最大的主要还是衍射差和球差。为了使球差减小，可以通过减小孔径半角 α 来实现$\left(\Delta r_s = \frac{1}{4}C_s\alpha^3\right)$，但从衍射效应来讲，$\alpha$ 减小将使分辨率下降$\left(d = \frac{0.61\lambda}{n\sin\alpha}\right)$，因此兼顾球差和衍射效应必须选择最佳孔径半角使得衍射艾里斑和球差漫散圆大小相等，表明这两种效应对透镜分辨率的影响效果是相等的。若 $d = \Delta r_s$，可求出 $\alpha_0 = 12.5\left(\frac{\lambda}{C_s}\right)^{\frac{1}{4}}$，此时透镜的分辨率为 $\Delta r_0 = A\lambda^{\frac{3}{4}}C_s^{\frac{1}{4}}$，其中 A 为常数，且 $A\approx0.4\sim0.55$。普通高分辨透射电子显微镜的分辨率在 10^{-10} m 的数量级，直到20世纪末，球差校正器技术迅速发展，大大减小了球差，提高了透射电镜的分辨率，目前配备球差矫正器的商业化透射电子显微镜的分辨率可达到 $\sim0.5\times10^{-10}$ m。

（七）电磁透镜的景深和焦深

电磁透镜的另一个特点是景深大、焦深长，这均是小孔径角成像的结果。

1. 景深

景深是以物来衡量的，它是物平面两边的轴向距离，在这个距离内移动物体成像系统可以保持图像的清晰。一般来讲，当透镜焦距和像距一定时，只有一层样品平面与透镜的理想物平面重合，在像平面可获得该层样品的图像。而偏离理想物平面的物点因为存在一定程度的矢焦，它们在像平面会相应地产生具有一定尺寸的漫散圆，如果其尺寸没有超过由衍射效应和像差引起的漫散圆半径，对透镜的分辨率不会产生较大影响。由此，可以将透镜物平面允许的轴向偏差定义为透镜的景深，如图 3－27 所示。电磁透镜的景深与分辨率和孔径半角之间的关系式为

$$D_f = \frac{\Delta r_0}{\tan\alpha} \approx \frac{\Delta r_0}{\alpha}$$

式中，D_f 为电磁透镜的景深；Δr_0 为透镜分辨率；α 为孔径半角。可见，若透镜分辨率一定，孔径半角越小时景深越大。一般电磁透镜 $\alpha = 10^{-2}\sim10^{-3}$ rad，$D_f = (100\sim1\ 000)\Delta r_0$。如果透镜分辨率 $\Delta r_0 = 1$ nm，则 $D_f = 100\sim1\ 000$ nm。所以对于加速电压 100 kV 的透射电镜，样品厚度一般控制在 100 nm 以内。而当孔径半角 $\alpha = 10$ mrad 以及分辨率 $\Delta r_0 = 0.1$ nm 的透镜，其景深为 10 nm，即这个厚度范围内的样品可以被同时聚焦。

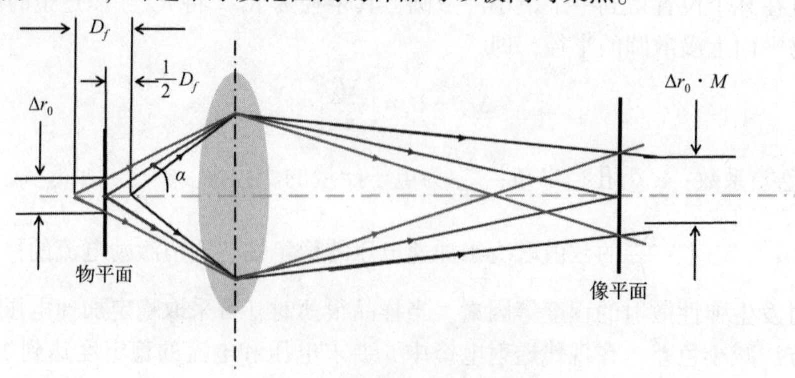

图 3－27　电磁透镜景深示意图

2. 焦深

焦深与电磁透镜的像平面有关，它是像平面两边的轴向距离，在这个距离范围内像是正焦的。从原理上讲，当透镜物距和焦距一定时，像平面在一定轴向距离内移动也会引起失焦，但如果失焦引起的漫散圆半径不超过衍射和像差引起的漫散圆半径，那么像平面在此轴向距离内的移动对透镜的分辨率并不会产生较大影响。由此，我们将透镜像平面允许的轴向偏差定义为焦深，如图 3－28 所示。

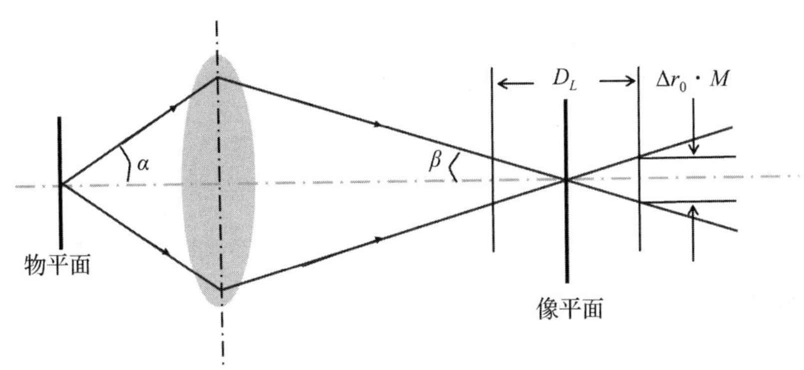

图 3－28　电磁透镜焦深示意图

电磁透镜的焦深与分辨率和像点所张的孔径半角之间的关系式为

$$D_L = \frac{\Delta r_0 M}{\tan\beta} \approx \frac{\Delta r_0 M}{\beta}$$

式中，D_L 为电磁透镜的焦深；Δr_0 为透镜分辨率；M 为放大倍数；$\beta = \frac{\alpha}{M}$ 为像点所张的孔径半角。由此，焦深也可表示为

$$D_L = \frac{\Delta r_0 M^2}{\alpha}$$

可见，当电磁透镜的放大倍数和分辨率一定时，透镜的焦深随孔径半角的减小而增大。

对于电磁透镜分辨率 $\Delta r_0 = 1$ nm，孔径半角 $\alpha = 10^{-2}$ rad，放大倍数 $M = 200$ 倍时，可计算焦深 $D_L = 4$ mm。说明该透镜实际像平面在理想像平面上下 2 mm 范围内移动时，不改变透镜状态仍然可保持图像清晰。对于由多级透镜组成的电子显微镜，其放大倍数等于各级透镜放大倍数之积，其终像的焦深是很长的。如分辨率 $\Delta r_0 = 0.2$ nm，放大倍数为 500 000 倍，孔径半角为 $\alpha = 10^{-2}$ rad，则可得到电子显微镜的焦深为 5 km。电子显微镜的这一特点使得可以有很大的自由度去放置照相底片、CCD 相机或其他记录介质，因为只要在荧光屏上的图像是聚焦清晰的，那么在荧光屏的另一边很大范围内都可以记录到同样聚焦清晰的图像。

（八）电子与物质的相互作用

当加速电子照射到物质上与物质发生各种交互作用，可能产生各种反应物质形貌、结构、成分的信息，如图 3－29 所示，包括二次电子、背散射电子、吸收电子、X 射线、韧致辐射、阴极荧光、俄歇电子、可见光、弹性散射透射电子、非弹性散射透射电子、衍射电子等。

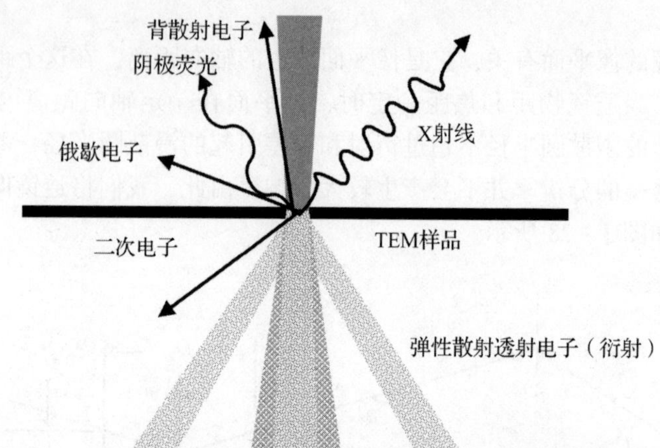

图 3-29　入射电子与物质的相互作用示意图

在透射电子显微镜中，以电子束作为照明源，是利用运动电子与物质的交互作用所产生的各种信息来探索物质内部结构的。当加速电子以足够大的速度轰击物质（样品）的时候，一部分电子进入样品中，当样品厚度小于或等于加速电压下允许的穿透深度时，一部分入射电子将穿过样品，称为透射电子。透射电子显微镜利用透射电子成明场像。当入射电子照射到晶体表面后，当入射角与反射面间距满足布拉格关系时，在特定方向产生的衍射波得到加强，沿这个方向的电子射线称为衍射电子束，电子显微镜用它来成暗场像并进行结构分析。

三、实验仪器

（一）仪器结构

观察透射电子显微图像和电子衍射花样以及进行各种分析时调节电子显微镜的最佳观察条件是非常重要的，因此需要对透射电子显微镜的结构和原理进行了解和学习。

透射电子显微镜主要由 3 个部分组成。

（1）电子光学部分：包括照明系统、成像系统和观察记录系统。

（2）真空部分：包括机械泵、扩散泵及离子泵等。

（3）电子学部分：包括高压电源、透镜电源、真空系统电源及电路控制系统电源。

其中，电子光学部分是透射电子显微镜的核心部分，真空与电子学部分属于辅助系统。透射电子显微镜电子光学部分如图 3-30 所示。

图 3-31 显示了透射电子显微镜电子光学部分的结构，主要由 3 部分组成。

（1）照明系统：包括电子枪和聚光镜。

（2）成像系统：包括物镜、中间镜、投影镜。

（3）观察记录系统：包括常规照相、快速摄影和其他显示装置。

透射电子显微镜是在真空条件下工作的，电子从电子枪发射出来，经过加速管内高压加速，被透镜照明系统投射到样品上。电子与样品发生相互作用后透射过样品被成像系统的电子透镜成像、放大并投影到荧光屏上。所得的电子显微图像可通过窗口观察，也可采用记录系统通过照片或其他形式记录下来。

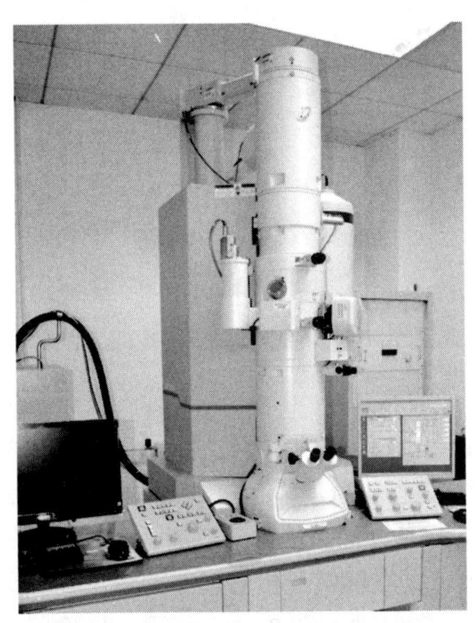

图 3－30　透射电子显微镜电子光学部分

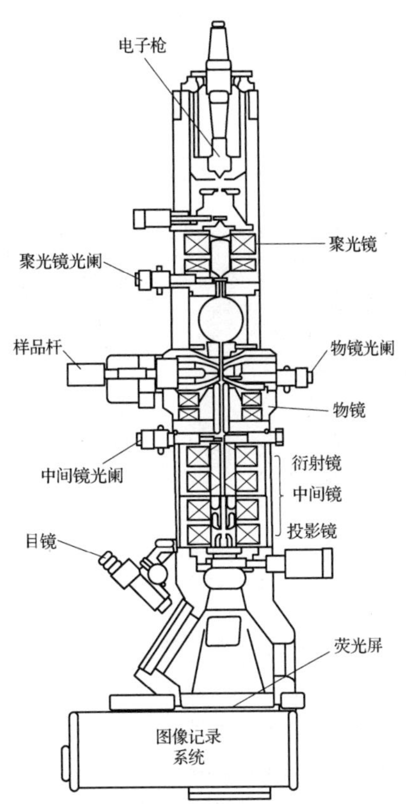

图 3－31　透射电子显微镜光学部分结构

1. 照明系统

照明系统一般包括电子枪和两个以上的聚光镜，主要功能是为成像系统提供一个亮度大、尺寸小且具备一定孔径角的电子束。其中，电子枪是发射电子束的照明源，主要有两种：①热电子发射电子枪；②场发射电子枪，场发射电子枪又分为冷场发射电子枪和热场发射电子枪（又称肖特基枪）。

当将材料加热到足够高的温度时，电子可以获得足够的能量克服表面势能，即功函数（约几个电子伏特）的束缚而从材料表面逸出形成电子束，这就是热发射电子源的原理。热发射电子源常用的有钨（W）灯丝枪和沿 <110> 方向生长的六硼化镧（LaB_6）单晶，实物如图 3－32 所示。

（1）热场发射电子枪工作原理。热场发射电子枪的工作原理如图 3－33 所示，第一个电极采用三极管系统，电子源作为阴极；第二个电极是控制电子束发射强度和形状的控制极，也称为韦氏圆筒、栅极或负偏压栅极等；第三个电极是阳极，使从阴极发出的电子获得较高动能并形成定向高速电子流，因而也称为加速极。为安全通常将阳极接地，使阴极处于负的加速电位。热场发射电子枪使用自偏压系统，即把负电压接到控制极上，再经过一个可变电阻接到阴极灯丝上，在控制极和阴极之间产生一个负的电压降，称为负偏压或自偏压。自偏压是由束电流本身产生的，正比于束电流，在偏压电阻负反馈的作用下，电子枪的束流在阴极温度达到一定数值后就不再变化，该值称为束流饱和值。因此，当偏压电阻与阴极温度合理匹配时可以使灯丝电流达到饱和，在优化灯丝使用寿命的同时得到较高亮度的电子束。

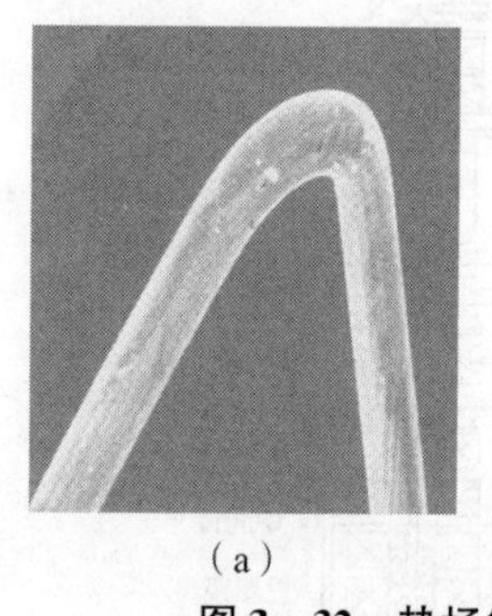
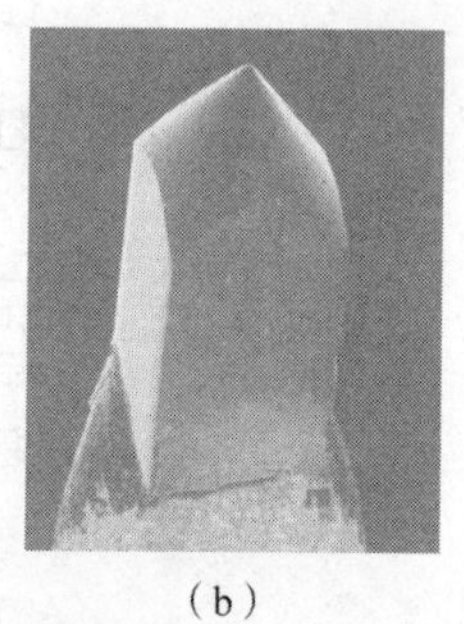
(a)　　　　　(b)

图 3-32　热场发射电子枪灯丝

(a) W 灯丝；(b) LaB_6 灯丝

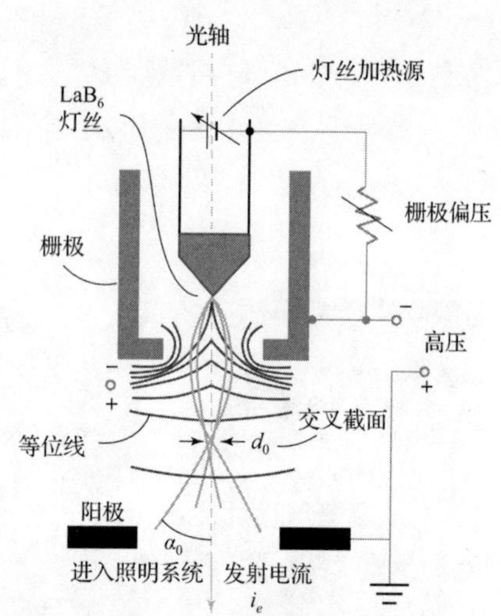

图 3-33　热场发射电子枪的工作原理

当在金属表面加一个电场，金属表面势垒就会下降。由于隧道效应，电子就会穿过势垒从金属表面发射出来，即场发射。场发射电子源常采用沿 <310> 方向生长的单晶钨针尖，当在场发射电子源与阳极之间加一个大电势时，电场强度 E 在钨针尖端急剧增加，当其达到一定值时，电子获得足够的能量后遂穿出钨表面形成电子束。场发射电子枪灯丝如图 3-34 所示。

(2) 场发射电子枪工作原理。场发射电子枪的工作原理如图 3-35 所示。场发射电子枪将钨针尖做成相对于两个阳极的阴极，第一个阳极相对于阴极具备几千伏的正电势，产生拔出电压，使电子从针尖中遂穿出来。第二个阳极以适合的电压将电子加速并使电子束产生交叉点。场发射电子枪要求针尖表面清洁，没有氧化和污染，需要在超高真空环境（小于 10^{-9} Pa）中工作，在此条件下，钨的工作温度为外界环境温度，为冷场发射。在相对较低的高真空也可以通过加热针尖使其保持表面清洁，在电子发射过程中热能起到很大作用，称为热场发射。热场发射电子源表面用二氧化锆处理以改善电子源的稳定性，这种肖特基发射源目前应用最为广泛。

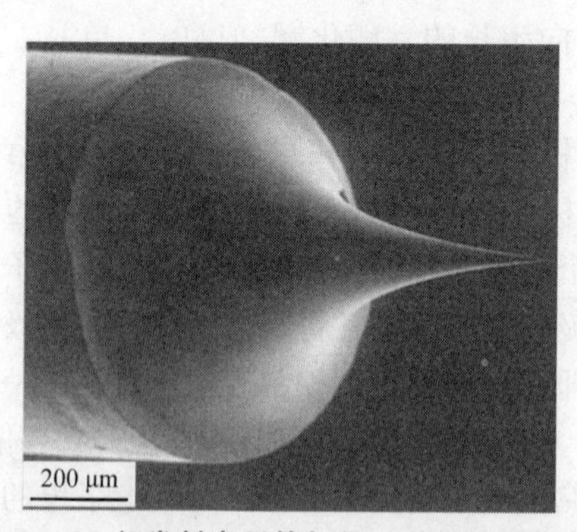

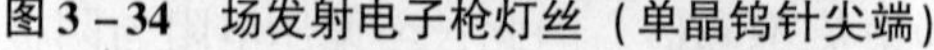

图 3-34　场发射电子枪灯丝（单晶钨针尖端）

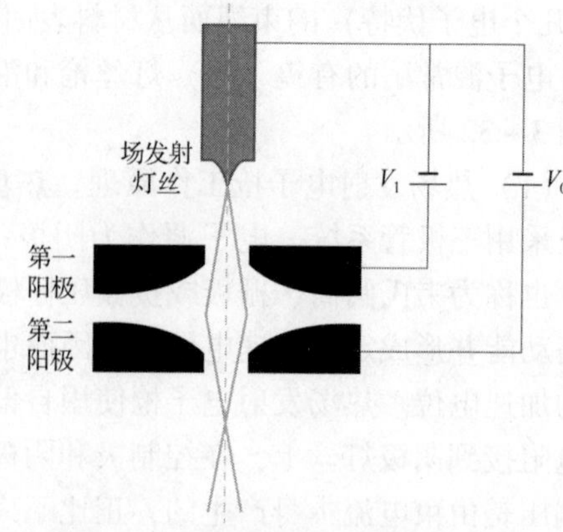

图 3-35　场发射电子枪的工作原理

综上所述，利用热发射、冷场发射和肖特基发射 3 种发射方式的电子源制成的电子枪被广泛应用于不同性能、类型的电子显微镜中。这 3 种电子发射方式的电子源在亮度、时间相干性、能量发散度、空间相干性及稳定性等方面都存在较大差异，这些差异也使得相应的电子枪具有不同的性能，表3－2给出了不同电子枪的一些性能参数。

表3－2 透射电子显微镜不同电子枪的性能参数

项目	W	LaB_6	FEG
工作温度/K	2 700	1 700	300
电流密度/($A \cdot m^{-2}$)	5×10^4	10^6	10^{10}
交叉截面/μm	50	10	<0.01
能散度/eV	3	1.5	0.3
发射电流稳定性/(% · hr^{-1})	<1	<1	5
真空/Pa	10^{-2}	10^{-4}	10^{-8}
寿命/h	100	500	>1 000
价格	低	高	非常高

聚光镜系统是将从电子枪中发出的电子束会聚并照射到样品上的一组透镜系统，也称照明透镜系统，其作用是将有效光源会聚到样品上的同时控制照明孔径角、电流密度（照明亮度）及光斑尺寸。现代透射电子显微镜多采用双会聚镜系统，如图3－36所示。系统中第

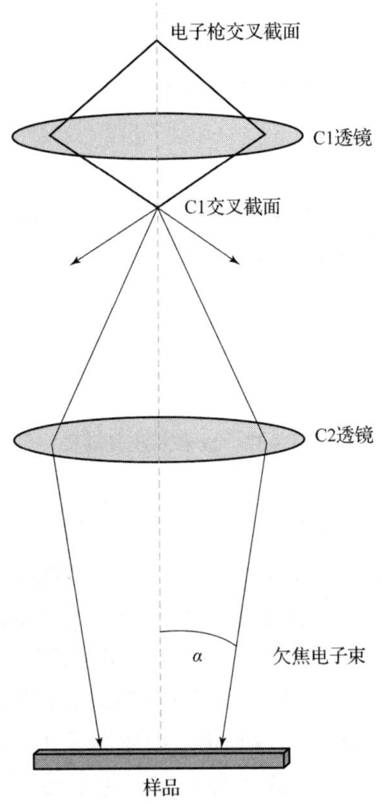

图3－36 聚光镜系统的光路图

一个会聚镜是一个短焦距的强透镜，称为 C1，其作用是将电子束的最小交叉截面缩小并成像在 C2 的共轭面上；第二个会聚镜是长焦距的弱透镜，其作用是将最小交叉截面的像进一步缩小并投影到样品上，控制照明孔径角和照射面积。

2. 成像系统

透射电子显微镜成像系统一般由物镜、中间镜、投影镜、物镜光阑和选区电子衍射光阑等组成，如图 3－37 所示。在电子显微镜中物镜在像平面上形成一次放大像，由中间镜与投影镜再逐级放大，最后投影到荧光屏上，称为样品的三级放大像。改变中间镜的电流可以使中间镜的物平面从物镜的像平面移动到物镜的后焦面，从而得到衍射谱；若让中间镜的物平面下移到物镜的像平面，则可得到图像，这就是为什么透射电子显微镜既能得到电子衍射谱又能观察图像的原因。

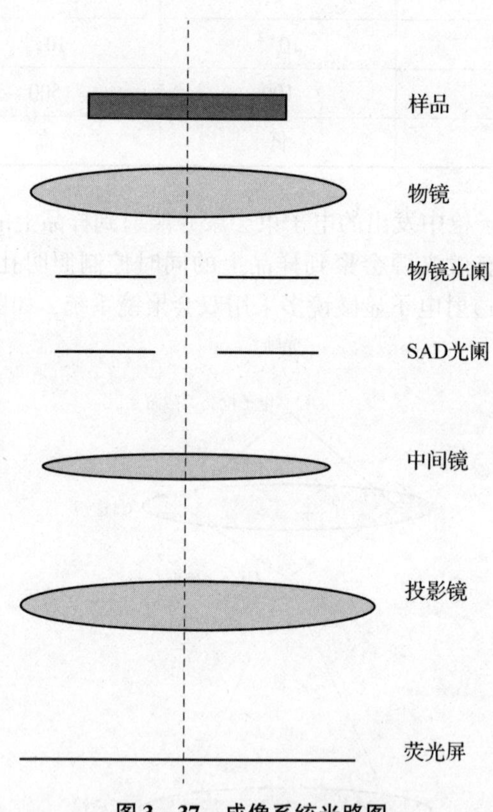

图 3－37　成像系统光路图

3. 观察记录系统

透射电子显微镜操作者可通过观察窗在荧光屏上观察图像和聚焦样品。荧光屏是在铝板上涂一层硫化锌（ZnS）荧光粉，能发出 450 nm 的光，通常尺寸为 10～50 μm，因此荧光屏的分辨率为 10～50 μm。除此之外，观察室还配有用于单独聚焦的小荧光屏和 5～10 倍的双目镜光学显微镜。为了屏蔽电镜内产生的 X 射线，采用铅玻璃制作观察窗，一般来讲，加速电压越高，铅玻璃越厚，从观察窗观察图像衬度的细节就越困难，因此一般在观察室下方的照相室安装电视摄像机或数码相机。数码相机内置图像传感器，采用芯片阵列图像传感器探测图像，如用电荷耦合器件（CCD）或互补金属氧化半导体（CMOS），可将可见图像转换为电信号并输入相连的计算机，并将数字化的图像显示在计算机显示器上且保存在计算机中。

（二）仪器功能

1. 透射显微 TEM 模式

透射显微模式是将电子束以很小孔径角近似于平行地照射在样品上，样品经过“光学式”成像并由电子透镜逐级放大，最后在屏幕上形成放大像，如图 3－38 所示。

（1）低倍/放大成像 Low mag/mag。透射电子显微镜可实现从几十倍到一百万倍以上放大倍率的变化。该功能可实现大范围样品检查、定位及微区放大表征。

（2）选区电子衍射（SAED）。在物镜作用下，衍射电子束在物镜后焦面上形成电子衍射花样，常用来研究金属、合金、陶瓷晶体等样品的结构和缺陷。

（3）明场/暗场成像（BF/DF）。明场像是只允许中心透射束通过物镜光阑所形成的衍衬像。只允许一束衍射束通过物镜光阑形成的衍衬像称为暗场像。明场像/暗场像成像常用来研究金属、合金、陶瓷晶体等样品的显微组织和晶体缺陷的形貌及分布。

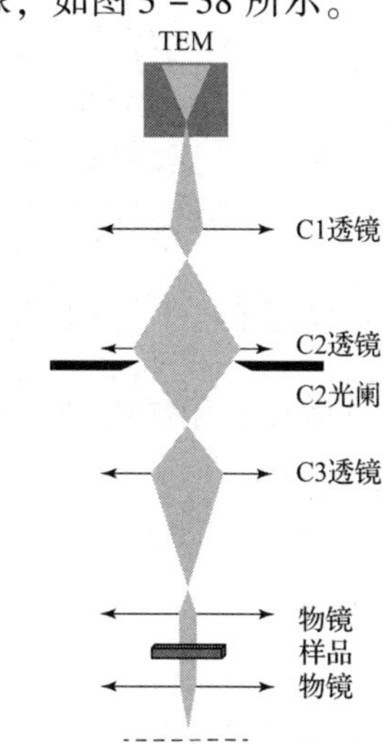

图 3－38　透射电子显微镜 TEM 模式光路图

（4）高分辨成像（HRTEM）。入射电子在样品内发生散射后，通过物镜在后焦面上形成衍射花样，相关的电子束发生干涉，在物镜的像平面上形成放大的显微像称为高分辨图像，也称晶格像。高分辨成像常用来研究金属、合金、陶瓷晶体等样品的结构和缺陷。

2. 扫描透射显微 STEM 模式

扫描透射显微模式是将电子束被汇聚成很小的束斑并在原子面上进行逐点逐行扫描，加速电子与原子相互作用发生散射后被探头中心和环形固体探测器接收并成像，如图 3－39 所示。

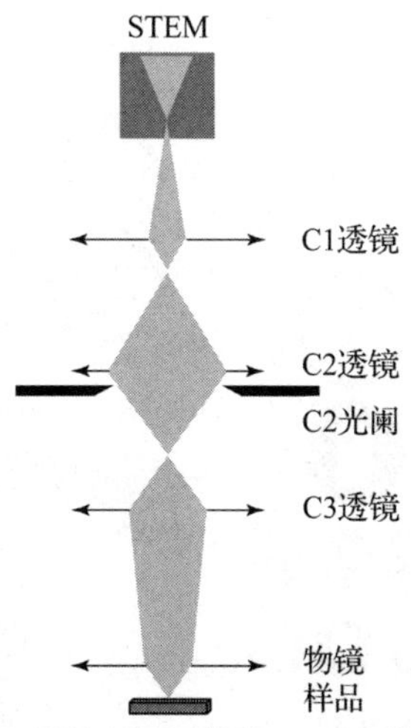

图 3－39　透射电子显微镜 STEM 模式光路图

（1）STEM 成像。中心探测器称为明场 BF 探测器，主要用于接收直射电子束成明场像。环形电子探测器用来接收衍射束或散射电子形成环形暗场像，称为环形暗场 ADF 探测器。高角环形（HAADF）探测器可接收高角度散射电子，减少衍射电子的干扰，在高分辨条件下可获得 Z－衬度像。

（2）X 射线能量色散谱仪 EDS。X 射线能量色散谱仪探头能够接收样品的特征 X 射线信号，并把特征 X 射线光信号转变成具有不同高度的电脉冲信号，经过放大器放大信号，通过多道脉冲分析器把代表不同能量（波长）X 射线的脉冲信号按高度编入不同频道，最终在荧光屏上显示谱线并利用计算机进行样品元素组成及分布分析。

（3）电子能量损失谱仪（EELS）。电子能量损失谱仪可以接收透射电子信号，通过电磁棱镜进行分光，按照能量损失的大小曝光到 CCD 上并进行统计，得到样品的电子能量损失谱。该仪器可用于分析样品中元素的组成、价态及分布。

四、实验过程

（一）实验仪器和材料

1. 实验仪器

聚光镜球差校正透射电子显微镜、单倾样品杆、双倾样品杆等。

2. 实验材料

已制备好的电镜样品。

（二）样品要求及制备

1. 样品要求

（1）普通透射电子显微镜分析要求样品厚度为 50～100 nm，高分辨透射电子显微分析要求样品厚度最佳为 <15 nm，确保对电子的透过性好。

（2）样品要求固体、干燥、无油、无磁性，在高真空中能保持稳定。

2. 样品制备

（1）粉末样品的制备：将样品研磨至足够小，加入乙醇或超纯水超声分散 5 min，取上层液体滴于碳支撑膜载网（图 3－40）正面并置红外灯下烤干。重复以上滴加、干燥步骤 2～3 次，将支撑膜放入样品盒中保存待测试。注意粉末分散均匀、浓度适中。

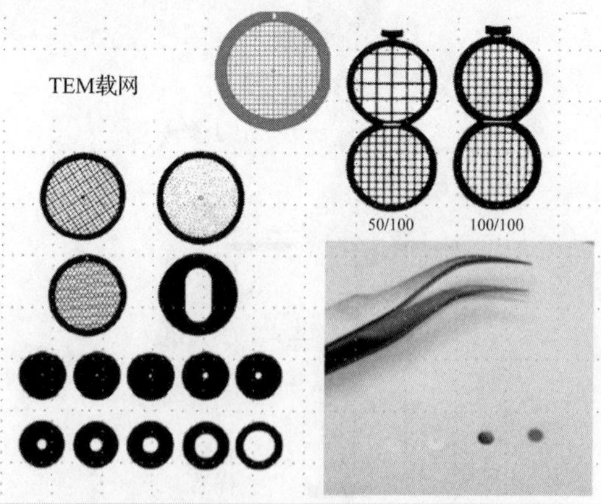

图 3－40　透射电子显微镜碳支撑膜载网

（2）高分子样品的制备：将高分子薄膜修剪后放入模具中灌满包埋剂，放入恒温箱内加温固化；将固化样品去除修块并用超薄切片机切片，采用支撑膜载网捞取后干燥。

（3）块状样品的制备：金属、陶瓷、半导体、复合材料、超导材料等块体材料需采用一定方法减薄成薄膜。一般先剪切成薄片，研磨抛光成 0.05 mm 的薄片，再用冲片器充成直径为 3 mm 的小圆并进行钉薄，最后通过电解双喷、离子减薄仪或 FIB 聚焦离子束法进行最终减薄。其中电解双喷仪适用于导电材料，FIB 聚集离子束法适用于半导体材料切割，离子减薄仪易于控制但速度较慢。

注意：制备过程不破坏样品表面，尽可能获得大的薄区。

（三）实验步骤

一般来说，透射电镜的操作可以分为以下 12 个步骤。

（1）在样品杆上安装样品。

（2）将样品杆送入电镜抽真空。

（3）确认电镜真空、高压、灯丝发射状态，打开 V1 阀门找到光。

（4）选择透镜显微模式，调入合轴数据。

（5）定位样品并设置适合放大倍数，调节像散获取形貌像信息。

（6）选择感兴趣区域，切换至衍射模式，根据需要倾转样品，采集电子衍射图谱获取结构信息。

（7）选择扫描透射显微模式，调入合轴数据。

（8）定位样品感兴趣区域，调节束流、亮度、对比度及像散，设置 EDS 参数，获取样品元素种类、含量及分布信息。

（9）定位样品感兴趣区域，调节束流、亮度、对比度及像散，设置 EELS 参数，获取样品元素种类、含量、价态、分布及其他信息。

（10）测试结束，调节光路至起始参数，关闭阀门，样品杆归 0。

（11）从电镜真空中取出样品杆。

（12）从样品杆上取出样品。

五、实验结果和数据处理

（一）透射显微（TEM）模式

1. 形貌测试

运用分析软件对样品的形貌进行定量测量分析，可得到样品的形貌、尺寸、颗粒度、孔结构、孔径分布、厚度变化等信息。

2. 选区电子衍射 SAED 测试

选区电子衍射图谱可以提供有关感兴趣区域样品晶体结构、缺陷、第二相等其他结构变化的信息。

3. 明场/暗场 BF/DF 测试

晶体样品明场/暗场图像体现样品不同区域，满足布拉格条件不同而产生的衍射衬度，其强度由晶体取向和结构振幅决定，用于表征晶体内部各种缺陷，如位错、层错、细小沉淀相粒子、界面等信息。

4. 高分辨成像 HRTEM 测试

高分辨成像模式下，通过透射束与多个衍射束干涉成相位衬度像，即晶格像。通过软件测量分析获得晶体在当前晶带轴下的晶面间距，可配合 XRD 数据及 SAED 数据确定样品晶体结构。

（二）扫描透射显微 STEM 模式

1. 扫描透射显微成像测试

明场（BF）探测器主要接收直射电子束成明场像，其衬度与透射显微明场像类似，通过定量测量分析可得到样品的形貌、尺寸、颗粒度、孔结构、孔径分布、厚度变化等信息。环形暗场（ADF）探测器用来接收衍射束或散射电子形成的暗场像，高分辨条件下利于对轻元素信号采集成像，如碳（C）、氮（N）、氧（O）等元素。高角环形（HAADF）探测器接收高角度散射电子，减少衍射电子的干扰，在高分辨条件下可获得 Z－衬度像，以及厚度一定的样品中 Z 原子序数变化的信息。通过球差校正条件下获得的原子像可分析样品中原子种类的变化。

2. X 射线能量色散谱 EDS 测试

在扫描透射显微模式下，EDS 测试可以对材料感兴趣区域进行纳米尺度的成分分析，包括元素种类、含量及分布等，超薄窗能谱仪元素分析范围为$_{4}Be \sim _{92}U$。在球差校正条件下，可对晶体材料进行原子级 EDS 表征与分析，如不同元素在结构中占位的表征与偏聚统计。

3. 电子能量损失谱 EELS 测试

在扫描透射显微模式下，EELS 测试可以对材料感兴趣区域进行厚度测量，纳米尺度的成分分析包括元素种类、价态、含量及分布等，元素分析范围为$_{1}H \sim _{92}U$。在球差校正条件下，可对材料中微量元素进行表征与分析，如单原子材料中贵金属元素含量及分布的表征与分析；也可对晶体材料进行原子级 EELS 表征与分析，如不同元素及价态在结构中占位的表征与分析。

六、典型应用

实验项目 1　透射电子显微镜 TEM 放大成像分析实验

1. 实验目的

（1）了解透射电子显微镜 TEM 模式放大成像的原理及相应操作流程。

（2）掌握使用软件进行数据分析处理的方法。

2. 实验原理

透射电子显微镜 TEM 模式是通过电子枪和聚光镜系统将电子束汇聚成很小的平行束斑投影到样品表面，加速电子与原子相互作用发生散射后被磁透镜系统聚焦并成像。TEM 模式放大成像是电子束照明的薄样品被物镜放大成像后依次被中间镜和投影镜相继放大并投影到荧光屏上，放大倍数主要由中间镜调节；低倍工作模式下，只用中间镜和投影镜成像，即采用减少透镜数目，改变物镜激励强度等方法获得图像。透射电子显微镜 TEM 模式放大成像系统光路如图 3－41 所示。

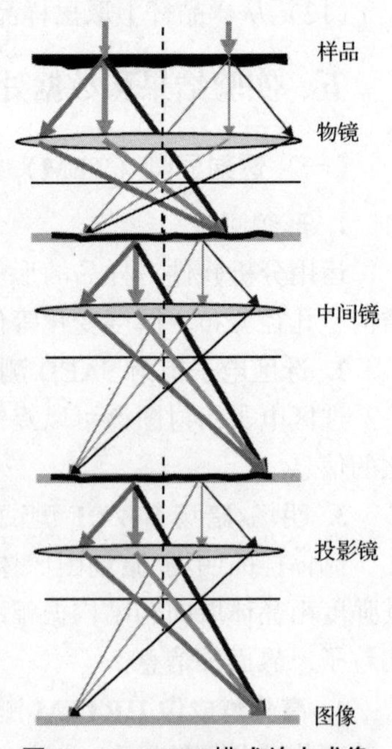

图 3－41　TEM 模式放大成像系统光路图

电子束透过样品得到的透射电子束，其强度及方向均发生了变化，由于样品各部位的组织结构不同，因而透射到荧光屏上的各点强度是不均匀的，这种强度的不均匀分布现象称为衬度，所获得的电子像称为透射电子衬度像。振幅衬度是由于入射电子通过样品时与样品内原子发生相互作用而发生振幅的变化，引起反差。振幅衬度主要有质厚衬度和衍射衬度两种，其中质厚衬度主要反映样品质量和厚度的变化，能够提供非晶样品形貌、尺寸、分布及质量或厚度变化的信息；衍射衬度反映晶体内部各部分满足布拉格衍射条件程度的变化，能够给出晶体样品中缺陷、第二相粒子等的形貌、尺寸及分布等信息，图 3 –42 为透射电子显微镜铬钼合金中析出相粒子的质厚衬度图像。

3. 实验仪器和材料

（1）实验仪器：高分辨透射电子显微镜、单倾样品杆、双倾样品杆等。

（2）实验材料：已制备好的电镜样品（多晶金）。

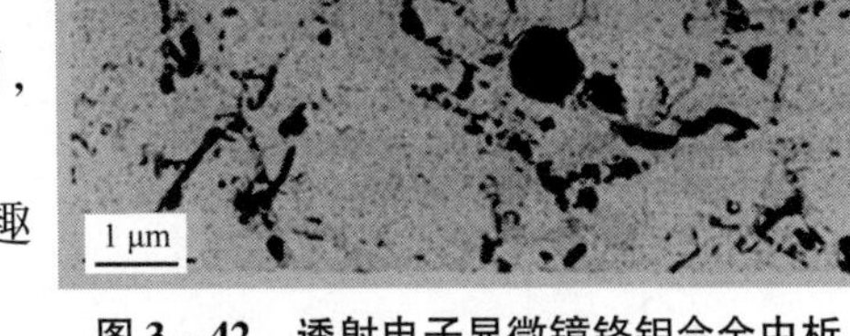

图 3 –42　透射电子显微镜铬钼合金中析出相粒子的质厚衬度图像

4. 实验步骤

（1）安装样品，将样品杆送入电镜抽真空。

（2）调入 TEM 模式合轴数据，打开 V1 阀门，将电子束置于荧光屏中心。

（3）在低放大倍数下移动样品台，定位感兴趣的样品。

（4）调节放大倍数、样品高度、像散及束流，采集多晶金样品形貌图像。

注意：合理设置曝光时间，否则会损坏 CCD。

（5）恢复光路参数至初始值，关闭 V1 阀门，样品杆归 0。

（6）从电镜中取出样品杆，卸下样品。

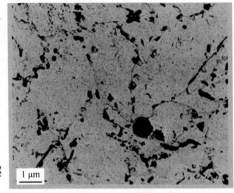

5. 实验结果与数据处理

（1）运用测试软件对多晶金样品图像进行测试并记录。

（2）拷贝测试结果并保存。

（3）对图像进行分析、标定及后处理。

①多晶金样品 TEM 形貌图像如图 3 –43 所示。

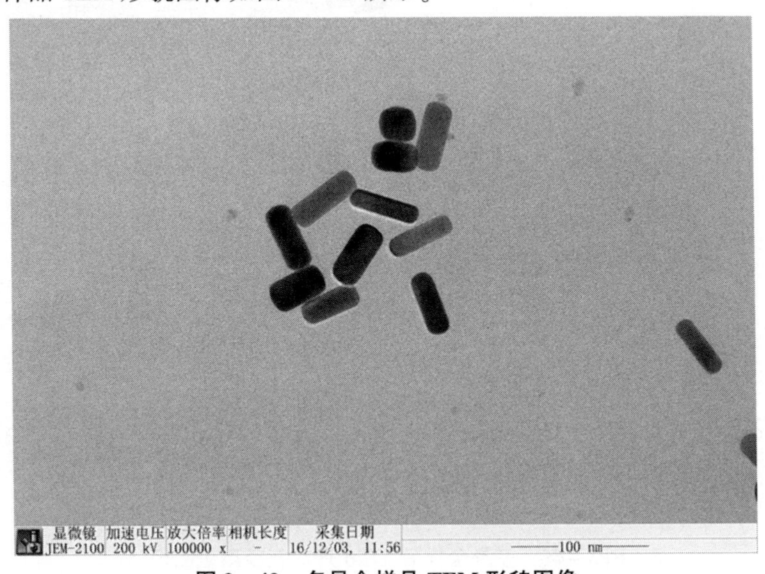

图 3 –43　多晶金样品 TEM 形貌图像

②多晶金 TEM 形貌长度、直径测量图像如图 3－44、图 3－45 所示。

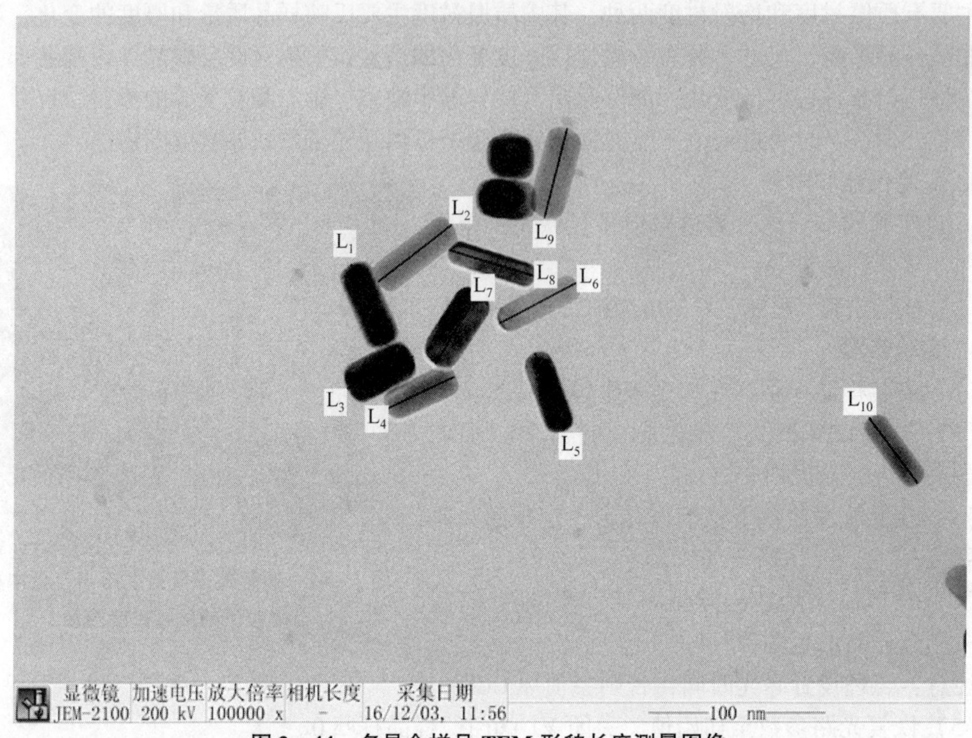

图 3－44　多晶金样品 TEM 形貌长度测量图像

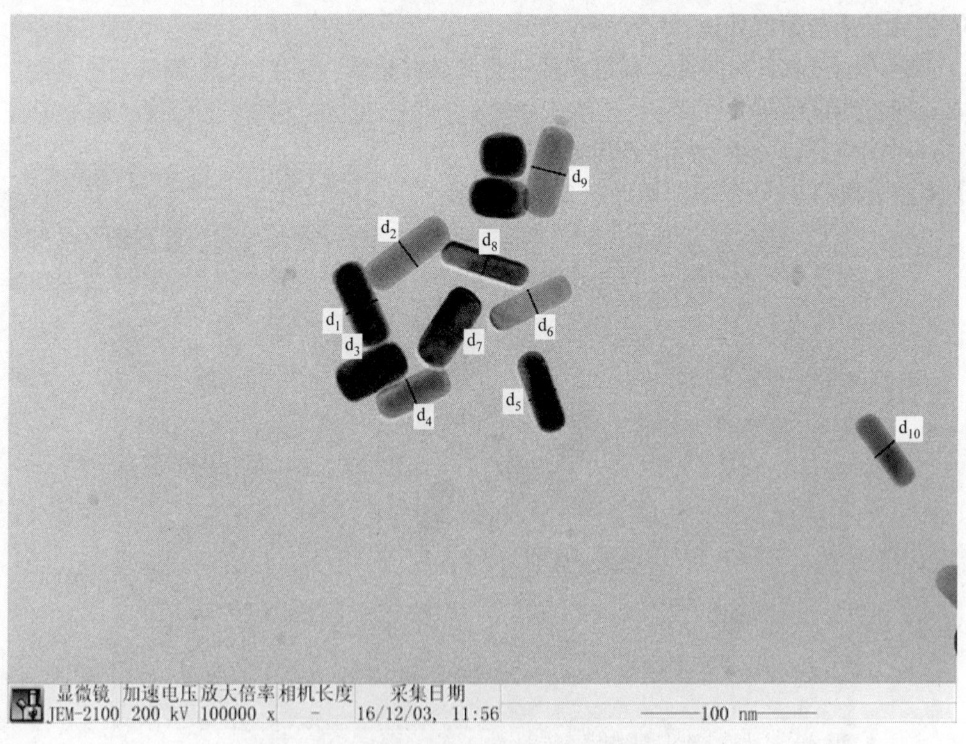

图 3－45　多晶金样品 TEM 形貌直径测量图像

③多晶金样品 TEM 形貌长度、直径、长径比测量分析如表 3－3 所示。

表 3－3　多晶金样品 TEM 形貌长度、直径、长径比图像测量分析

序号	长 L/nm	直径 d/nm	长径比 L/d
1			
2			
3			
4			
5			
6			
7			
8			
9			
10			
平均值			

实验项目 2　透射电子显微镜选区电子衍射分析实验

1. 实验目的

（1）了解透射电子显微镜 TEM 模式选区电子衍射的原理及相应操作流程。

（2）掌握多晶电子衍射谱分析与标定方法。

2. 实验原理

电子束照射到样品上，按照晶体结构特征而发生衍射，衍射角 2θ 满足布拉格定律：

$$2d_{hkl}\sin\theta = \lambda$$

式中，d_{hkl}为样品晶面（hkl）的面间距；λ 为入射电子波长。同方向衍射束经物镜作用在物镜后焦面会聚成衍射斑，直射束会聚成中心斑或称透射斑。选区电子衍射是通过物像平面上插入选区光阑限制参加成像和衍射的区域来实现的。透射电子显微镜 TEM 模式成像与电子衍射光路如图3－46 所示。

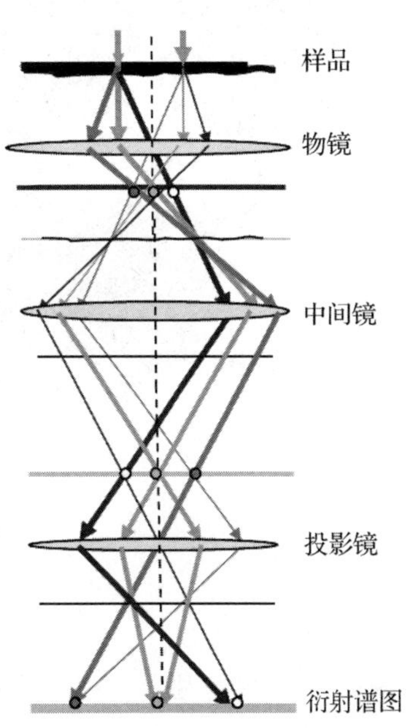

图 3－46　透射电子显微镜 TEM 模式成像与电子衍射光路示意图

完全无序的多晶体可以看作是一个单晶围绕一点在三维空间做 4π 球面角旋转，因此多晶体的 hkl 倒易点是以倒易原点为中心，晶面间距的倒数为半径的倒易球面。此球面与埃瓦尔德（Ewald）球相截于一个圆，所有能产生衍射的斑点扩展为圆环，因此多晶体的电子衍射图谱是同心圆环。

3. 实验仪器和材料

（1）实验仪器：高分辨透射电子显微镜、单倾样品杆、双倾样品杆等。

（2）实验材料：已制备好的电镜样品（多晶金）。

4. 实验步骤

（1）安装样品，将样品杆送入电镜抽真空。

（2）调入 TEM 模式合轴数据，打开 V1 阀门，将电子束置于荧光屏中心。

（3）在低放大倍数下移动样品台，定位感兴趣的样品。

（4）调节放大倍数、样品高度、像散，散开光斑至平行束，插入选区光阑。

（5）切换至衍射模式，为调节聚焦，插入挡针，设置曝光时间，采集多晶金样品电子衍射图谱。

注意合理设置曝光时间，否则会损坏 CCD。

（6）撤出挡针及选区光阑，恢复光路参数至初始值，关闭 V1 阀门，样品杆归 0。

（7）从电镜中取出样品杆，卸下样品。

5. 实验结果与数据处理

（1）获取多晶金样品 TEM 形貌图像，如图 3 – 47 所示。

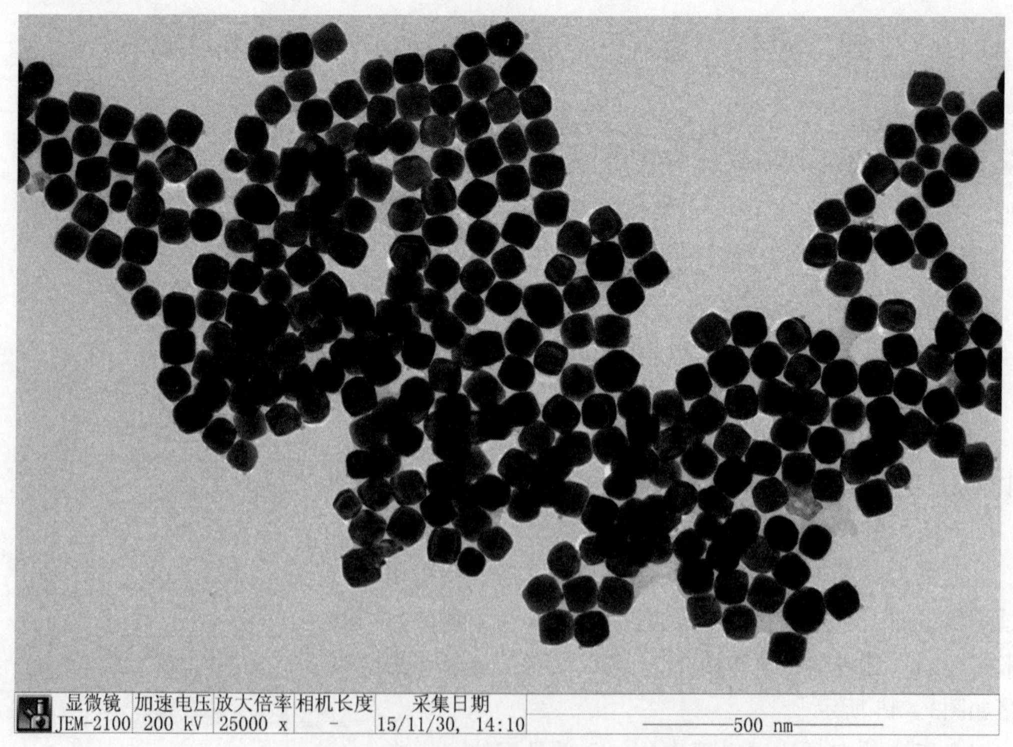

图 3 – 47　多晶金样品 TEM 形貌图像

（2）在衍射模式下获取与多晶金 TEM 选区电子衍射谱图，如图 3－48 所示。

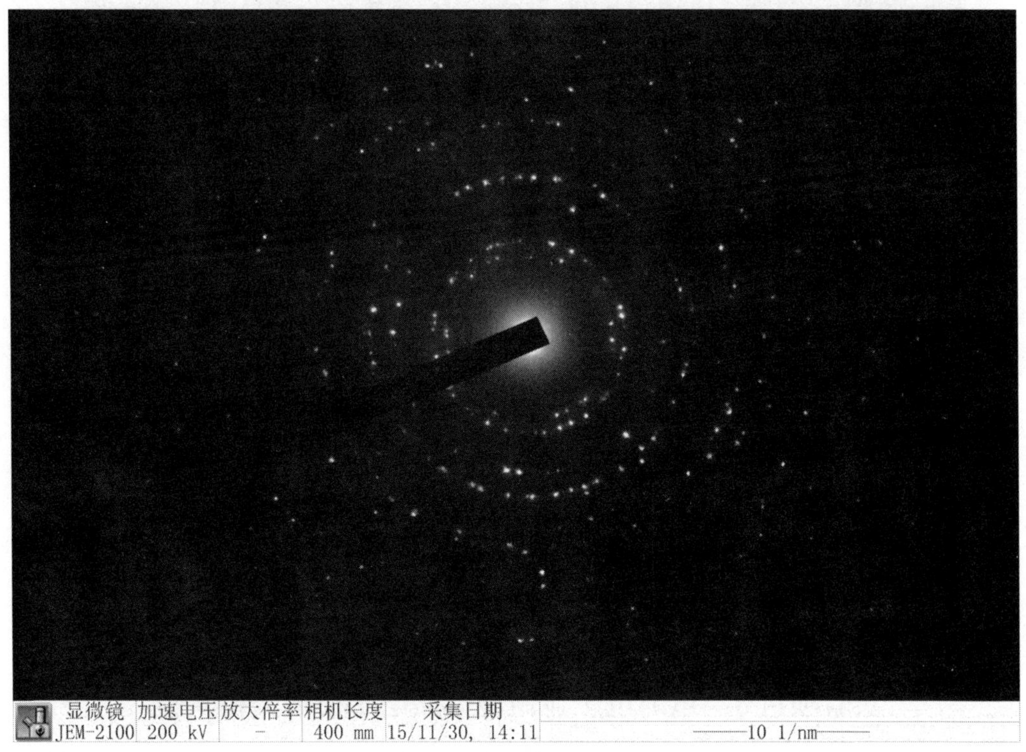

图 3－48　多晶金样品 TEM 选区电子衍射谱图

（3）多晶金样品 TEM 电子衍射花样的测量与分析，如表 3－4 所示。

表 3－4　多晶金样品 TEM 电子衍射花样的测量与分析

序号	半径 r_i/nm	面间距 d_i/nm	晶面指数（hkl）
1			
2			
3			
4			
5			
6			

①运用软件对图谱中前 6 个衍射环半径 r_i 进行测量并记录。

②根据已知 $L\lambda$ 值及 $r_i d_i = L\lambda$ 关系计算前 6 个衍射环对应的晶面间距 d_i。

③根据 d 值查阅 ASTM 卡片确定前 6 个衍射环的晶面指数。

（4）多晶金 TEM 电子衍射谱的标定谱图如图 3－49 所示。

图 3-49　多晶金 TEM 电子衍射谱的标定谱图

实验项目 3　透射电子显微镜单晶电子衍射分析实验

1. 实验目的

(1) 了解透射电子显微镜 TEM 模式单晶选区电子衍射的原理及相应操作流程。

(2) 掌握单晶电子衍射谱的分析与标定方法。

2. 实验原理

平行入射束与样品作用产生衍射束，同方向衍射束经物镜作用于物镜后焦面会聚成衍射斑，透射束会聚成中心斑或称透射斑。单晶电子衍射花样是靠近 Ewald 球面的倒易面上规则排列的阵点。

如图 3-50 所示，晶体内同时平行于某一方向 $r=[UVW]=Ua+Vb+Wc$ 的所有晶面族构成一个晶带，在倒易点阵内，这一晶带所有晶面的倒易阵点都在垂直于 [UVW] 且过倒易原点 O^* 的倒易面内，这个倒易面用 $(UVW)_0^*$ 表示，其法线方向即为 [UVW]。$(UVW)_0^*$ 上所有倒易点的集合就代表正空间 [UVW] 晶带，满足晶带定律：

$$hU+kV+lW=0$$

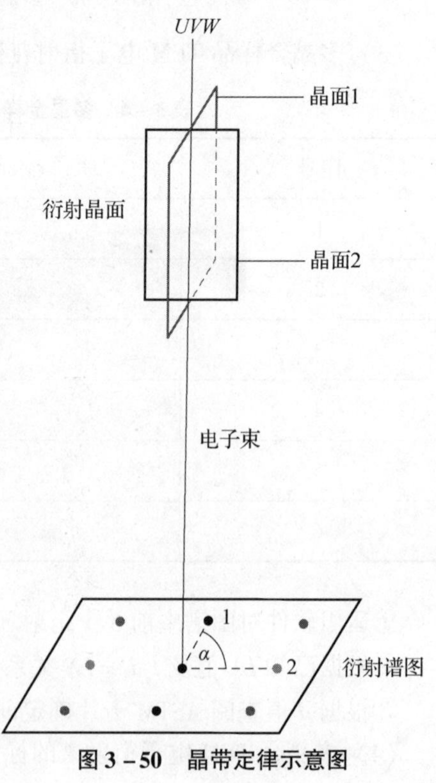

图 3-50　晶带定律示意图

布拉格定律是产生衍射的必要条件，但不充分。设单胞中有 n 个原子，电子束受单胞散射的

合成振幅为

$$F_g = \sum_{j=1}^{n} f_j \mathrm{e}^{-2\pi i(gr_j)}$$

式中，$g = ha^* + kb^* + lc^*$，$r = xa + yb + zc$；F_g 为结构因子，表示晶胞内所有原子的散射波在衍射方向上的合成振幅。因此衍射强度可表示为

$$I \propto |F_g|^2$$

当 $F_g = 0$ 时，即使满足布拉格定律，但每个晶胞内原子散射波合振幅为 0，衍射强度也为 0，这称为结构消光。可见单晶电子衍射的产生还受消光条件的制约。

3. 实验仪器和材料

（1）实验仪器：高分辨透射电子显微镜、双倾样品杆等。

（2）实验材料：已制备好的电镜样品（氧化锌单晶）。

4. 实验步骤

（1）安装样品，将样品杆送入电镜抽真空。

（2）调入 TEM 模式合轴数据，打开 V1 阀门，将电子束置于荧光屏中心。

（3）在低放大倍数下移动样品台，定位感兴趣的样品，调整样品转正晶带轴。

（4）调节放大倍数、样品高度、像散，散开光斑至平行束，插入选区光阑。

（5）切换至衍射模式，为调节聚焦，插入挡针，设置曝光时间，采集单晶样品电子衍射图谱。

注意：合理设置曝光时间，否则会损坏 CCD。

（6）撤出挡针及选区光阑，恢复光路参数至初始值，关闭 V1 阀门，样品杆归 0。

（7）从电镜中取出样品杆，卸下样品。

5. 实验结果与数据处理

（1）获取氧化锌（ZnO）单晶选区电子衍射图谱原始数据并进行磁旋角补偿，如图 3－51 所示。

图 3－51　氧化锌单晶选区电子衍射谱图

（2）运用软件对图谱中最近和次近中心斑的两个衍射斑到中心斑的距离进行测量得 R_1、R_2 和 R_3，并测量 R_1、R_2 与 R_3 的夹角 φ_1 和 φ_2 并记录，确定特征平行四边形，如图 3－52 所示。

图 3－52　氧化锌单晶选区电子衍射花样标定过程

（3）计算 R_2、R_1 比值，根据 R_1、R_2 比值和夹角，查阅标准谱，做密排六方结构电子衍射标准谱图，如图 3－53 所示。

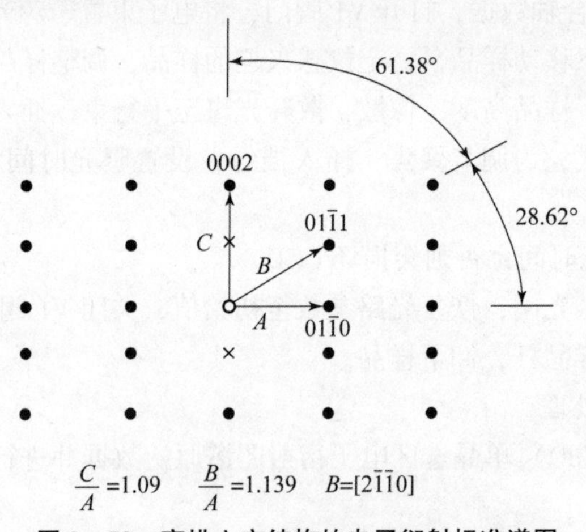

图 3－53　密排六方结构的电子衍射标准谱图

（4）根据标准谱图标定各衍射斑点指数 *hkl*，确定单晶氧化锌电子衍射标定谱图（图 3－54）。

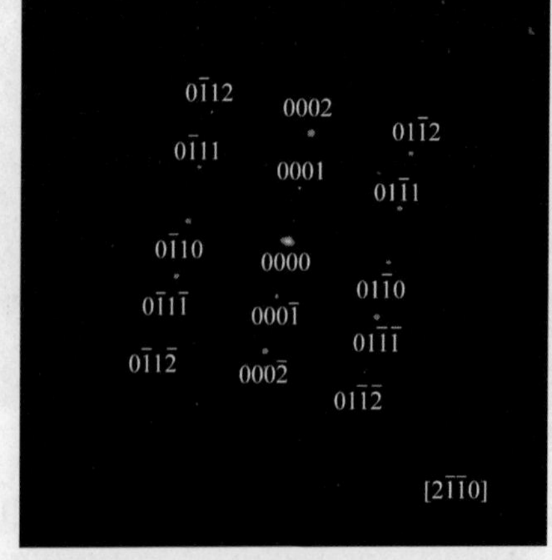

图 3－54　单晶氧化锌电子衍射标定谱图

实验项目 4　透射电子显微镜 TEM 模式暗场成像分析实验

1. 实验目的

（1）了解透射电子显微镜 TEM 模式暗场成像的原理及相应操作流程。

（2）掌握使用软件进行数据分析处理的方法。

2. 实验原理

在接近理想双束条件下，即除直射束外仅有一束强衍射束时，则此衍射束强度与直射束强度之和近似等于入射束强度。此时用物镜光阑在物镜后焦面上分别选择直射束和衍射束进行成像可获得明场像和暗场像。明场像与暗场像的强度近似为互补关系。观察暗场像的方法有以下两种。

（1）在衍射模式下直接把物镜光阑移动到选定的衍射束上形成放大成像，由于成像电子束与光轴偏离一定角度 2θ（θ 是该衍射束的布拉格角），受透镜像差影响比较大。

（2）通过电子束偏转功能将选定的衍射束 hkl 偏转到中心并通过物镜光阑在像平面成像，这种方法使衍射束沿透镜光轴近轴成像，获得的暗场像受透镜像差影响小，成像品质高，称为中心暗场像。透射电子显微镜 TEM 模式明场/暗场成像光路如图 3－55 所示。

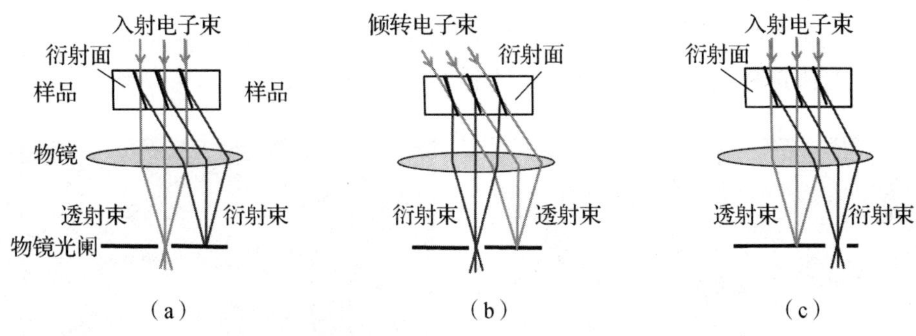

图 3－55　透射电子显微镜 TEM 明场/暗场成像光路图

(a) 明场像；(b) 中心暗场像；(c) 暗场像

电子束透过样品得到的透射电子束，其强度及方向均发生了变化，由于样品各部位的组织结构不同，因而透射到荧光屏上的各点强度是不均匀的，这种强度的不均匀分布现象称为衬度，所获得的电子像称为透射电子衬度像。晶体暗场像提供的衍射衬度反映了晶体内部各部分满足布拉格衍射条件程度的变化，能够给出晶体样品中缺陷、第二相粒子等的形貌、尺寸及分布的信息。

3. 实验仪器和材料

（1）实验仪器：高分辨透射电子显微镜、双倾样品杆等。

（2）实验材料：已制备好的电镜样品（多晶金）。

4. 实验步骤

（1）安装样品，将样品杆送入电镜抽真空。

（2）调入 TEM 模式合轴数据，打开 V1 阀门，将电子束置于荧光屏中心。

（3）在低放大倍数下移动样品台，定位感兴趣的样品。

（4）调节放大倍数、样品高度、像散，散开光斑至平行束，插入选区光阑。

（5）切换至衍射模式，倾转样品使所需的衍射晶面满足布拉格条件，并使晶体处于双束条件。

（6）抽出选区光阑，插入物镜光阑套住直射斑，切换至明场像模式并聚焦，采集双束条件下的明场像。

注意：合理设置曝光时间，否则会损坏 CCD。

（7）在衍射模式下，通过偏转电子束使衍射斑移动到荧光屏中心；倾转样品使衍射斑变亮与直射斑成双束条件；插入物镜光阑套住衍射斑，切换至成像模式，聚焦并采集双束条件下 g_{hkl} 的中心暗场像。

注意：合理设置曝光时间，否则会损坏 CCD。

（8）撤出物镜光阑，恢复光路参数至初始值，关闭 V1 阀门，样品杆归 0。

（9）从电镜中取出样品杆，卸下样品。

5. 实验结果与数据处理

（1）运用测试软件对晶体样品形貌和尺寸进行测定并记录。

（2）拷贝测试结果并保存。

（3）对图像进行分析、标定及后处理。

①用物镜光阑选择某直射束时获得多晶金样品明场图像，如图 3－56 所示。

②用物镜光阑选择某衍射束时获得多晶金样品暗场图像，如图 3－57 所示。

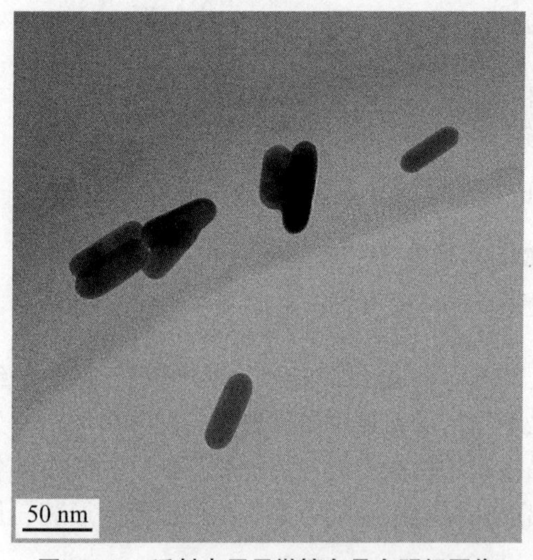

图 3－56　透射电子显微镜多晶金明场图像

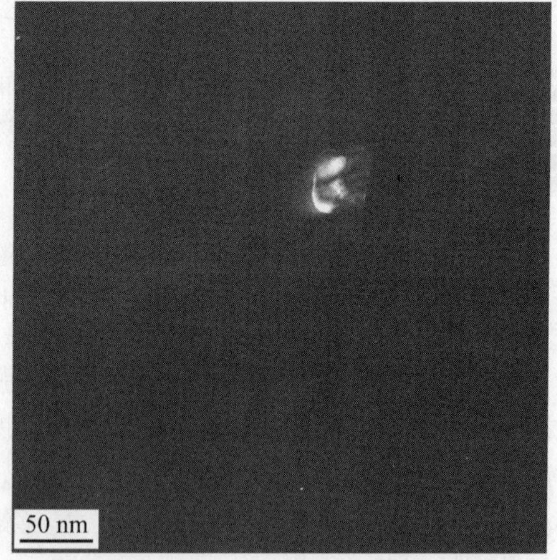

图 3－57　透射电子显微镜多晶金暗场图像

实验项目 5　透射电子显微镜高分辨成像与分析实验

1. 实验目的

（1）了解透射电子显微镜 TEM 模式高分辨成像的原理及相应操作流程。

（2）掌握高分辨图像分析与处理方法。

2. 实验原理

当透射束与衍射束重新组合并保持它们各自的振幅和位相时，则可获得衍射晶面的晶格像，或者一个个原子的晶体结构像（仅适于很薄的晶体样品≈100Å），即相位衬度像，包括高分辨像和原子序数衬度像，其中相位衬度像基于相位体近似（phase object approximation，POA）理论，如图 3－58 所示。

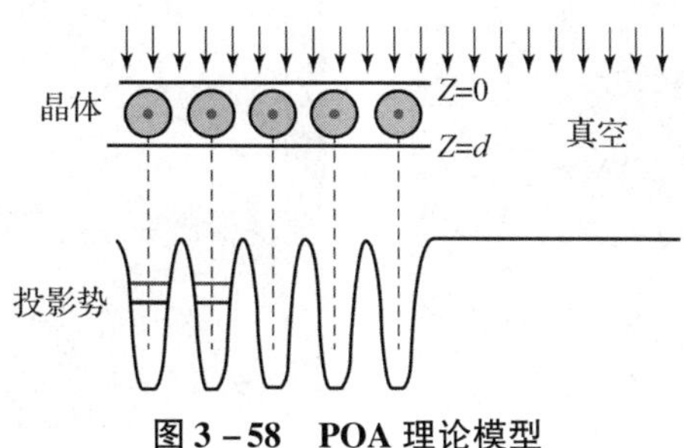

图 3－58　POA 理论模型

当样品足够薄时，可忽略样品内电子的吸收，入射电子经过与样品相互作用后可以看作是一个相位栅，透射函数可表示为

$$\psi = e^{i\sigma \cdot V(x,y)}$$

式中，$V(x,y)$为沿电子束入射方向样品的二维投影势函数；σ 为电子与样品的相互作用常数。高分辨成像遵从阿贝成像原理，在不考虑放大倍数和舍尔策（Scherzer）欠焦的前提下，像平面上像的强度可以表示为

$$I(x,y) = 1 - 2\sigma V \otimes S = 1 + 2\sigma V$$

即透射电子显微镜 TEM 高分辨像直接反映了晶体样品的投影势，因此呈现的是样品的晶格像。

3. 实验仪器和材料

（1）实验仪器：高分辨透射电子显微镜、单倾样品杆等。

（2）实验材料：已制备好的电镜样品（多晶金）。

4. 实验步骤

（1）安装样品，将样品杆送入电镜抽真空。

（2）调入 TEM 模式合轴数据，打开 V1 阀门，将电子束置于荧光屏中心。

（3）在低放大倍数下移动样品台，定位感兴趣的样品。

（4）调节放大倍数、样品高度、像散。

（5）切换至衍射模式，倾转样品至所需的晶带轴，插入适当孔径物镜光阑选取参与成像的电子束。

（6）切换至明场像模式，调整至合适的放大倍数并聚焦，采集高分辨图像。

注意：合理设置曝光时间，否则会损坏 CCD。

（7）撤出物镜光阑，恢复光路参数至初始值，关闭 V1 阀门，样品杆归 0。

（8）从电镜中取出样品杆，卸下样品。

5. 实验结果与数据处理

（1）获取多晶金样品 TEM 模式高分辨图像，如图 3－59 所示。

（2）在测试软件中对样品 TEM 模式高分辨图像的晶面间距进行测定，记录与分析，如图 3－60、表 3－5 所示。

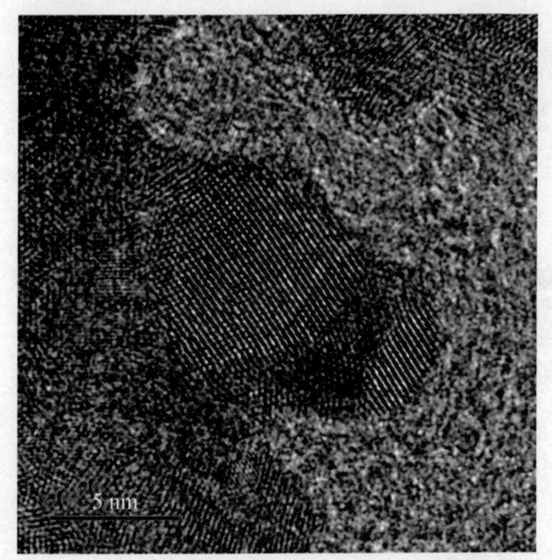

图 3-59　多晶金纳米颗粒的 TEM 模式高分辨图像

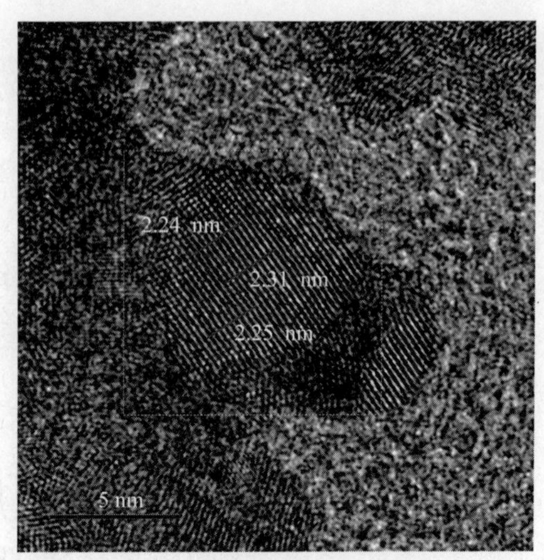

图 3-60　金纳米颗粒的 TEM 高分辨图像晶面间距测量

表 3-5　多晶金纳米颗粒的 TEM 模式高分辨图像晶面间距测量分析

<table>
<tr><th rowspan="2">标号</th><th colspan="2">晶面间距数值</th></tr>
<tr><th>测量数值/nm</th><th>晶面间距/nm</th></tr>
<tr><td>1</td><td></td><td></td></tr>
<tr><td>2</td><td></td><td></td></tr>
<tr><td>3</td><td></td><td></td></tr>
<tr><td>平均值</td><td></td><td></td></tr>
<tr><td colspan="2">晶面指数</td><td></td></tr>
</table>

注：为减小测量误差，所取晶面间距为 10 个一组，取平均值。

（3）对图像进行标注、编辑，如图 3-61 所示。

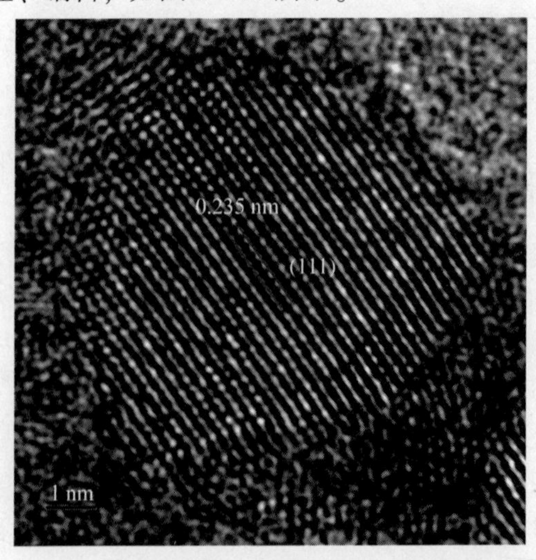

图 3-61　多晶金纳米颗粒的 TEM 模式高分辨图像的标注与编辑

实验项目 6　透射电子显微镜 STEM 成像分析实验

1. 实验目的

（1）了解透射电子显微镜 STEM 模式成像的原理及相应操作流程。

（2）掌握使用软件进行数据分析处理的方法。

2. 实验原理

扫描透射电子显微术（STEM）是当电子束被会聚成直径很小的“探针束”并借助镜筒内电子束扫描系统通过双偏转线圈使入射电子束在样品表面做光栅式扫描，并确保在扫描的同时始终与光轴平行。镜筒内安装了中心探测器和环形电子探测器，分别可以接收信号并形成扫描透射明场像和暗场像。由中心探测器接收直射电子束时调制 CRT 可形成扫描透射明场（BF）像；由环形探测器接收散射角大于一定值的散射电子或布拉格衍射束时可形成环形暗场（ADF）像；用高角环形探测器接收高角度散射电子时可形成高角环形暗场（HAADF）像。当样品厚度为 t、单位体积的原子数为 N、散射角在 θ_1 和 θ_2 之间环状区域的散射截面 $\sigma_{\theta_1,\theta_2}$ 可以用卢瑟福散射强度积分表示

$$\sigma_{\theta_1,\theta_2}=\left(\frac{m}{m_0}\frac{Z^2\lambda^4}{4\pi^3\alpha_0^2}\left(\frac{1}{\theta_1^2+\theta_0^2}-\frac{1}{\theta_2^2+\theta_0^2}\right)\right)$$

式中，m 为电子静止质量；Z 为样品原子序数；α_0 为波尔半径；θ_0 为玻恩特征散射角，则散射强度表示为

$$I_s=\sigma_{\theta_1,\theta_2}\cdot NtI$$

式中，I 为入射电子束强度。可见，散射强度正比于原子序数 Z 的平方。因此，高角环形暗场像为原子序数衬度像。在样品厚度一定时，高角环形暗场像亮度的明暗分布反映了该区域不同原子序数原子种类的分布。球差校正条件下，STEM 模式高角环形暗场的分辨率可以达到亚埃级，实现原子成像。原子分辨水平的高角环形暗场像又称为 Z - 衬度像。STEM 模式高角环形暗场成像原理如图 3 - 62 所示。

3. 实验仪器和材料

（1）实验仪器：高分辨透射电子显微镜、单倾样品杆、双倾样品杆等。

（2）实验材料：已制备好的电镜样品（多晶金）。

4. 实验步骤

（1）安装样品，将样品杆送入电镜抽真空。

（2）调入 STEM 模式合轴数据，打开 V1 阀门，将电子束置于荧光屏中心。

（3）在低放大倍数下移动样品台，定位感兴趣的样品。

（4）调节放大倍数、样品高度、像散及束流，采集样品 STEM 模式高角环形暗场形貌图像。

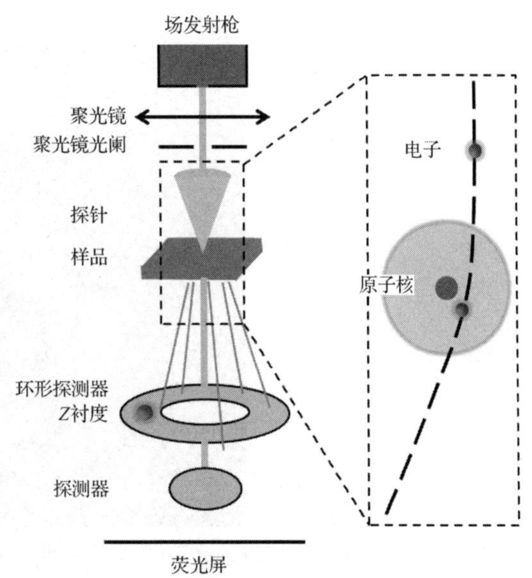

图 3 - 62　STEM 模式高角环形暗场成像原理

（5）倾转样品至指定晶带轴，调节放大倍数至 3.6MX 以上，调节像散并聚焦，采集样品 STEM 模式高角环形暗场高分辨图像。

（6）恢复光路参数至初始值，关闭 V1 阀门，样品杆归 0。

（7）从电镜中取出样品杆，卸下样品。

5. 实验结果与数据处理

（1）获取多晶金纳米颗粒 STEM 模式高角环形暗场形貌图像，如图 3－63 所示。

（2）获取多晶金纳米颗粒 STEM 模式高角环形暗场高分辨图像，如图 3－64 所示。

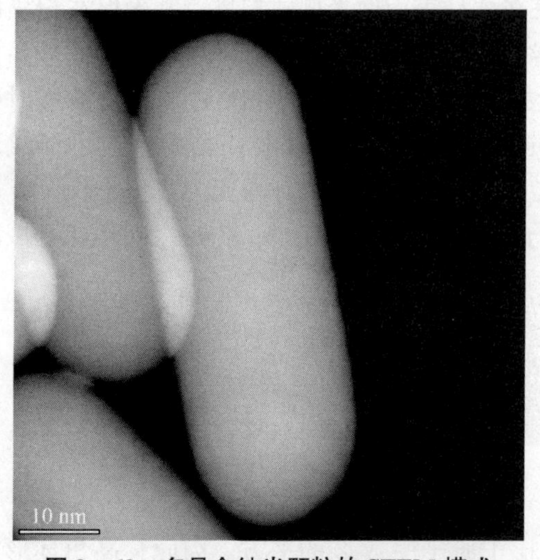

图 3－63　多晶金纳米颗粒的 STEM 模式高角环形暗场形貌图像

图 3－64　多晶金纳米颗粒的 STEM 模式高角环形暗场高分辨图像

（3）运用测试软件对样品的 STEM 模式高角环形暗场高分辨图像晶面间距进行测量与记录，如图 3－65、图 3－66 和表 3－6 所示。

图 3－65　多晶金纳米颗粒的 STEM 模式高角环形暗场高分辨图像晶面间距测量图像

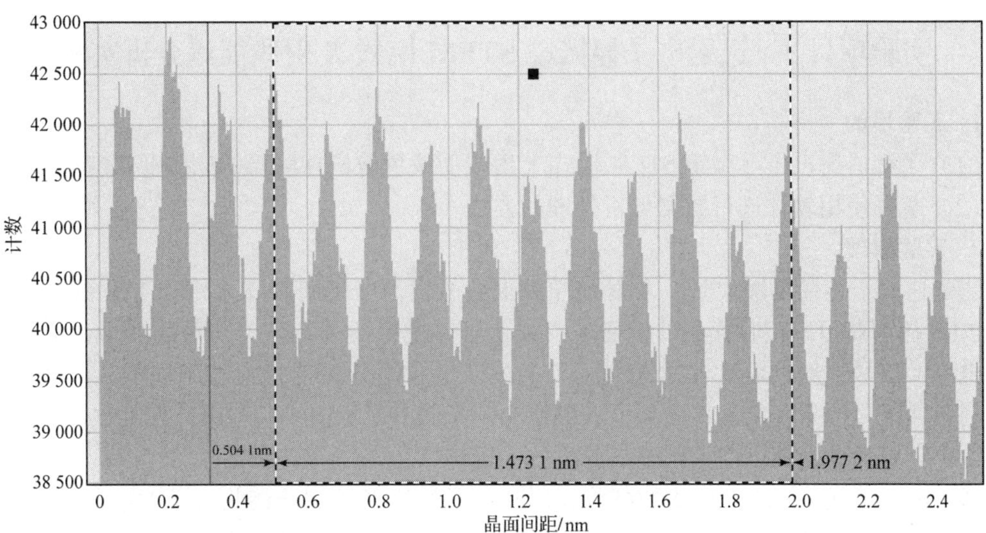

图 3－66 软件测量多晶金纳米颗粒的 STEM 模式高角环形暗场高分辨图像晶面间距分析

表 3－6 多晶金纳米颗粒的 STEM 模式高角环形暗场高分辨图像晶面间距测量分析

标号	晶面间距数值分析	
	测量数值/nm	晶面间距/nm
1		
2		
3		
平均值		
晶面指数		

注：为减小测量误差，所取晶面间距为 10 个一组，取平均值。

（4）对图像进行标注、编辑，如图 3－67 所示。

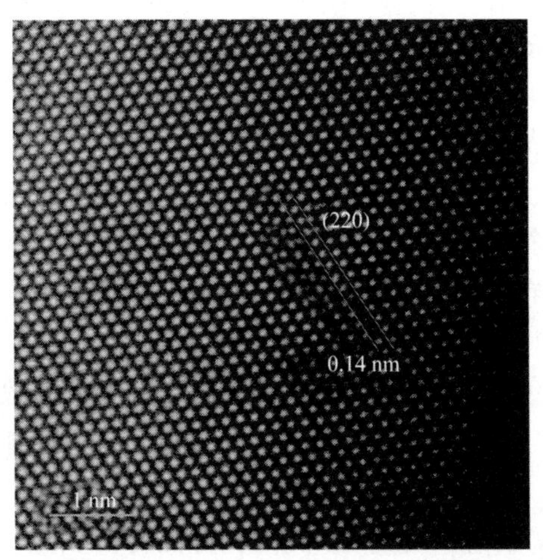

图 3－67 多晶金纳米颗粒的 STEM 模式高角环形暗场高分辨图像标注、编辑

实验项目7　透射电子显微镜STEM模式X射线能谱分析实验

1. 实验目的

（1）了解透射电子显微镜STEM模式X射线能量色散谱探测器的原理及相应操作流程。

（2）掌握使用软件进行数据分析处理的方法。

2. 实验原理

当加速电子能量足够大时，入射到样品上会激发原子的特征X射线。X射线能量色散谱仪EDS探测器可以接收样品的特征X射线信号并把特征X射线光信号转变成具有不同高度的电脉冲信号，经过放大器放大信号和通过多道脉冲分析器把代表不同能量（波长）X射线的脉冲信号按高度编入不同频道，最终在荧光屏上显示谱线。利用计算机软件对结果进行定性和定量计算，就可以得到样品的成分分析结果。

透射电子显微镜STEM模式的高角环形暗场通过环形探测器接收大角度散射电子成像，当电镜安装了高角环形暗场探测器及X射线能量色散谱探测器时就可以在观察高角环形暗场像的同时进行成分分析。在球差校正条件下，STEM模式的X射线能量色散谱探测器可用于样品中原子级元素组成及分布表征以及单原子样品中微量元素含量及分布分析。X射线能量色散谱探测器结构与工作原理如图3－68所示。

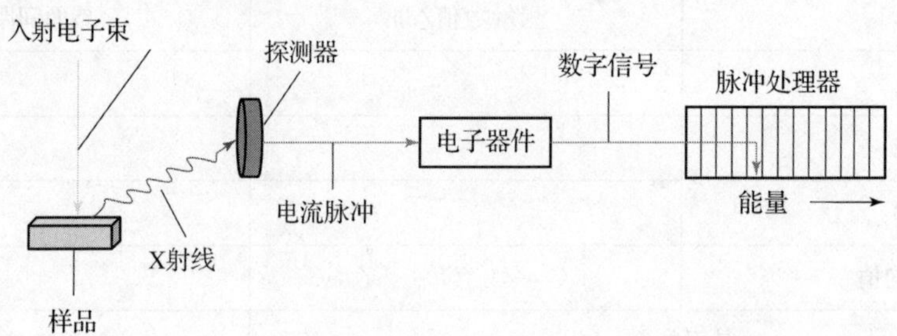

图3－68　X射线能量色散谱探测器结构与工作原理图

3. 实验仪器和材料

（1）实验仪器：高分辨透射电子显微镜、单倾样品杆、双倾样品杆等。

（2）实验材料：已制备好的电镜样品（金，Au/钯，Pd）。

4. 实验步骤

（1）安装样品，将样品杆送入电镜抽真空。

（2）调入STEM模式合轴数据，打开V1阀门，将电子束置于荧光屏中心。

（3）在低放大倍数下移动样品台，定位感兴趣的样品。

（4）调节放大倍数、样品高度、像散及束流，采集样品STEM模式高角环形暗场形貌图像。

（5）设置X射线能量色散谱探测器采集参数，能量范围一般为20 eV，CPS以1 000～3 000为宜，时间保持20%～40%；调节扫描像素及扫描速率，开启漂移校正，采集样品X射线能量色散谱数据。

（6）恢复光路参数至初始值，关闭V1阀门，样品杆归0。

（7）从电镜中取出样品杆，卸下样品。

5. 实验结果与数据处理

（1）获取样品 STEM 模式高角环形暗场形貌图像，如图 3－69 所示。

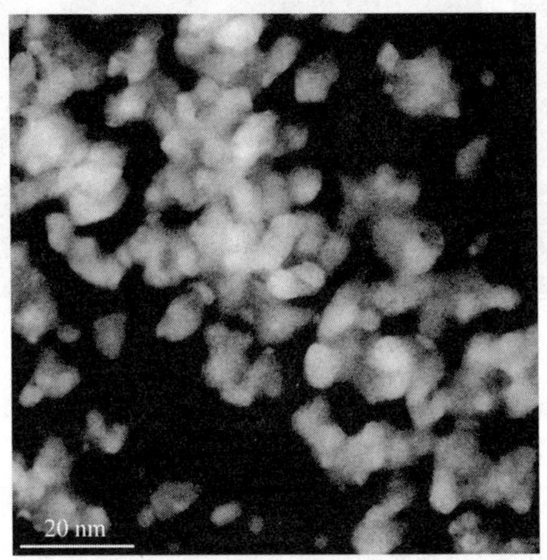

图 3－69　碳膜上金/钯纳米颗粒的 STEM 模式高角环形暗场形貌图像

（2）获取 X 射线能量色散谱 SI 数据，根据 X 射线特征峰位确定所含元素种类，抠除背底后进行定量计算及元素分布分析，如图 3－70 所示。

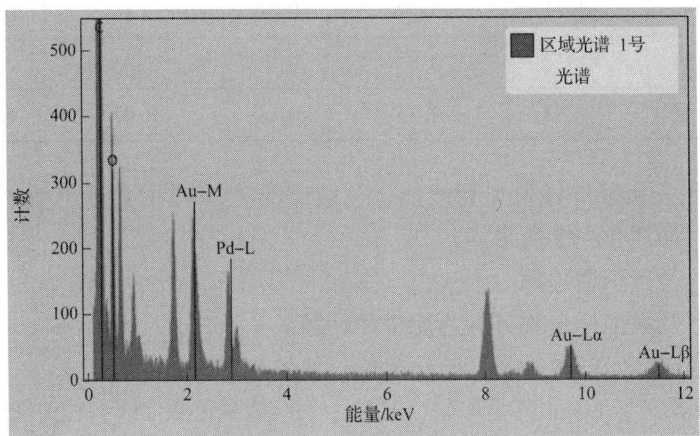

图 3－70　碳膜上金/钯纳米颗粒的 X 射线能量色散谱 SI 数据分析

（3）获取样品各元素分布图，如图 3－71 所示。

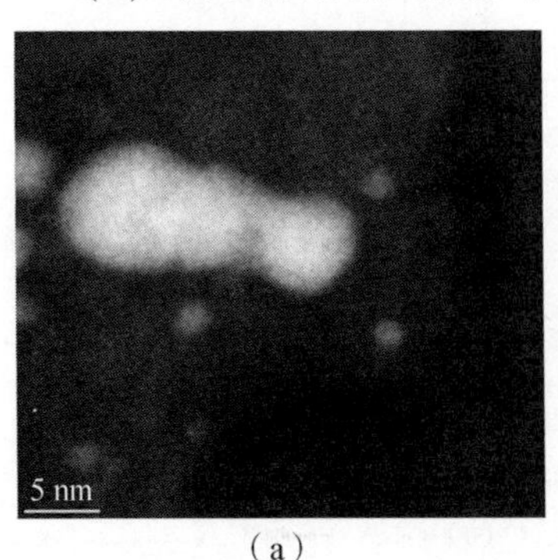

（a）

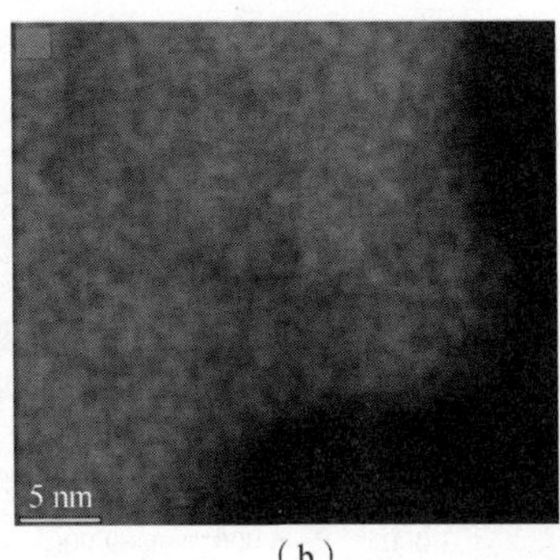

（b）

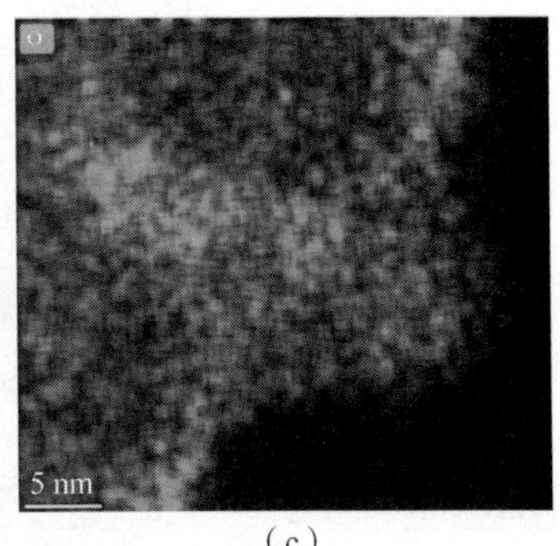

（c）

图 3－71　碳膜上金/钯纳米颗粒的元素分布图

（a）高角环形暗场 HAADF 图像；（b）碳元素分布图；（c）氧元素分布图

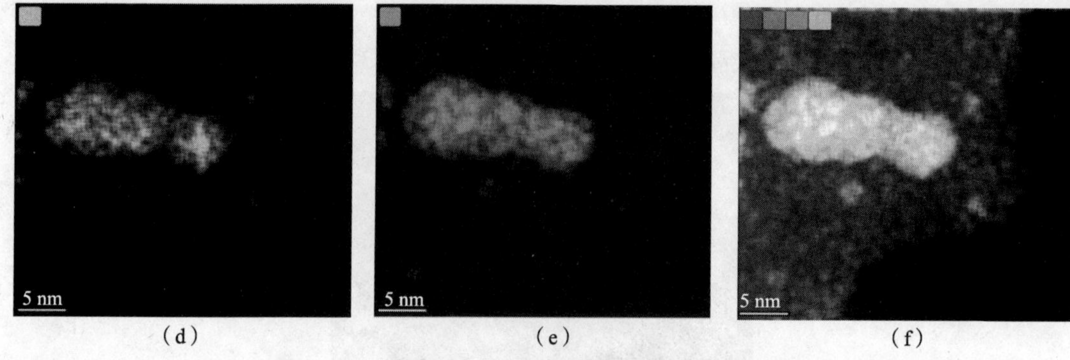

图 3-71 碳膜上金/钯纳米颗粒的元素分布图（续）

（d）金元素分布图；钯元素分布图；（f）碳、氧、金、钯元素分布图

（4）X 射线能量色散谱测定样品成分及含量，如表 3-7 所示。

表 3-7 碳膜上金/钯纳米颗粒的 X 射线能量色散谱元素含量分析数据

原子序数	元素名称（符号）	线系	原子百分比/%	误差/%	质量百分比/%	误差/%	拟合误差/%
6	碳	K	95.75	2.44	85.74	1.51	1.01
8	氧	K	3.23	0.66	3.86	0.78	3.44
46	钯	L	0.67	0.08	5.33	0.63	0.34
79	金	L	0.35	0.04	5.07	0.57	0.42

（5）运用画图分析软件导入 X 射线能量色散谱的 TXT 数据并画出图谱，编辑并标出相关元素所在峰位，如图 3-72 所示。

①添加边框，设置图谱边框。

②设置横坐标及纵坐标名称分别为能量和计数。

③调整并选择适合的横坐标及纵坐标单位，使谱线覆盖整个窗口。

④使用 Add text 文本工具，参考原始数据对 X 射线能量色散谱线各相关峰位进行元素标注。

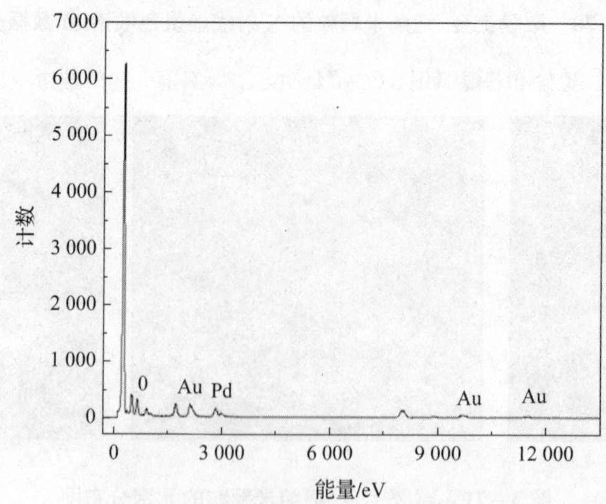

图 3-72 碳膜上金/钯纳米颗粒的 X 射线能量色散谱线分析

实验项目8　透射电子显微镜STEM模式电子能量损失谱仪分析实验

1. 实验目的

（1）了解透射电子显微镜STEM模式电子能量损失谱仪的原理及相应操作流程。

（2）掌握使用软件进行数据分析处理的方法。

2. 实验原理

电子能量损失谱仪electron energy loss spectrometry，EELS的原理是基于原子中处于不同能级的电子的激发过程，当加速电子入射到样品后，入射电子与原子中处于某一能级的电子发生相互作用，该电子会被激发到导带或其他未填满的能级上，而入射电子则损失相应的能量，这种现象称为非弹性散射。入射电子穿过样品的过程中发生非弹性散射，损失与原子中电子能级相对应的能量。通过电子能量损失谱仪接收透射电子信号，通过电磁棱镜进行分光，按照能量损失的大小曝光到CCD上并进行统计，可以得到样品的电子能量损失谱。在STEM模式，电子束被汇聚成很小的束斑并在样品面上进行逐点逐行扫描时，电子能量损失谱仪就可以得到一个二维分布的图谱，即三维数据块，称为STEM模式电子能量损失谱仪图谱。在球差校正条件下，STEM模式电子能量损失谱仪可用于分析样品中原子级元素组成和分布，以及单原子样品中微量元素组分和分布。STEM模式电子能量损失谱仪结构与工作原理如图3－73所示。

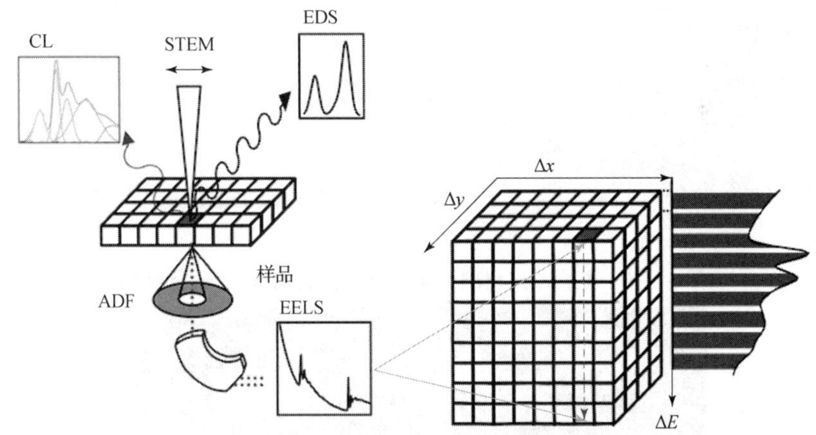

图3－73　透射电子显微镜STEM模式电子能量损失谱仪结构与工作原理

3. 实验仪器和材料

（1）实验仪器：高分辨透射电子显微镜、单倾样品杆、双倾样品杆等。

（2）实验材料：已制备好的电镜样品（复合纳米材料）。

4. 实验步骤

（1）安装样品，将样品杆送入电镜抽真空。

（2）调入STEM—电子能量损失谱仪模式合轴数据，打开V1阀门，将Ronchigram置于EELS CCD中心。

（3）在低放大倍数下移动样品台，定位感兴趣的样品。

（4）调节放大倍数、样品高度、像散及束流，采集样品STEM模式ADF形貌图像。

（5）设置电子能量损失谱仪SI采集参数，根据元素的电子损失能量值确定能量采集窗口，调节曝光时间使0峰强度在10^4为宜；设置扫描范围，调节扫描像素及扫描速率，采集样品电子能量损失谱仪SI图谱。

（6）恢复光路参数至初始值，关闭V1阀门，样品杆归零。

（7）从电镜中取出样品杆，卸下样品。

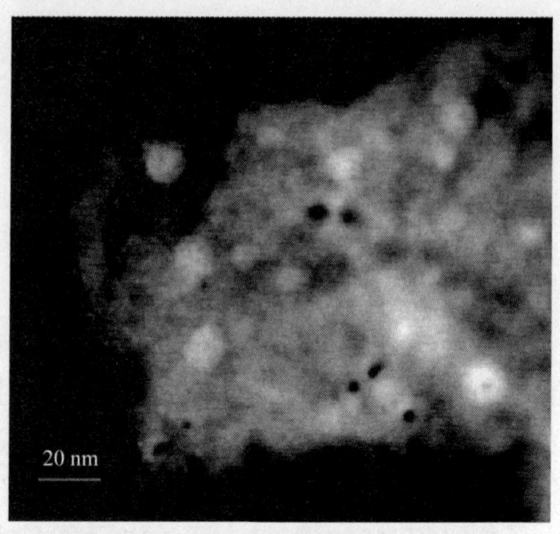

图3－74　复合纳米材料STEM模式高角环形暗场形貌图像

5. 实验结果与数据处理

（1）获取样品STEM模式高角环形暗场形貌图像，如图3－74所示。

（2）获取电子能量损失谱仪SI数据，根据能量损失峰位确定所含元素种类，抠除背底后进行定量计算及元素分布分析，如图3－75所示。

（3）获取样品元素面分布图，如图3－76所示。

（4）获取样品元素面分布叠加图，如图3－77所示。

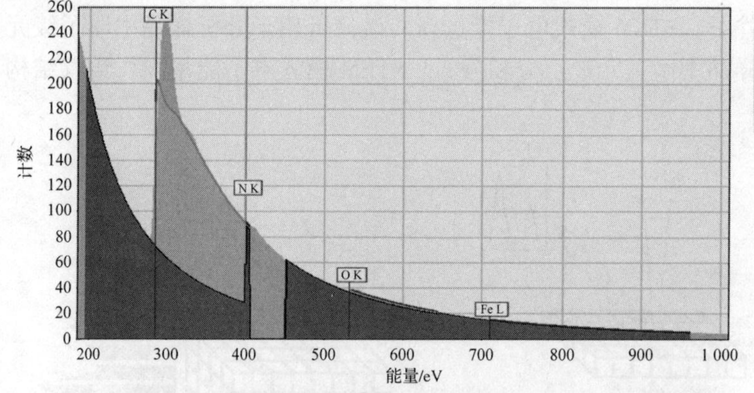

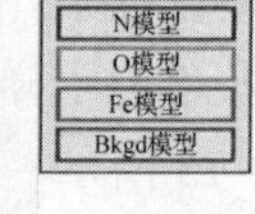

图3－75　复合纳米材料的电子能量损失谱仪SI分析界面

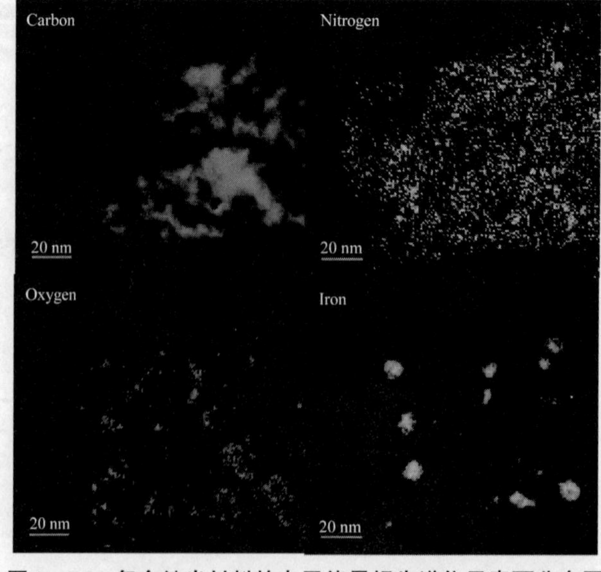

图3－76　复合纳米材料的电子能量损失谱仪元素面分布图

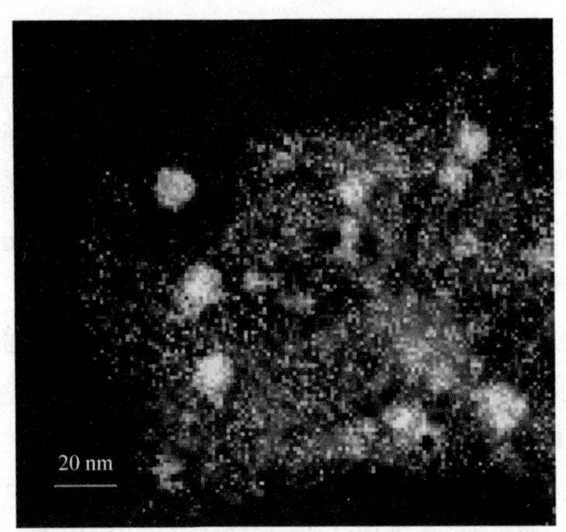

图 3－77　复合纳米材料的电子能量损失谱仪元素线分布叠加图

（5）电子能量损失谱仪测定样品厚度。

①相对厚度（非弹性散射平均自由程）。

②非弹性散射平均自由程（nm）。

③估算平均自厚度（nm）。

（6）电子能量损失谱仪测定样品成分及含量分析，如表 3－8 所示。

表 3－8　复合纳米材料的元素成分及含量电子能量损失谱仪分析数据

元素符号	线系	信号（计数）	原子百分比	相对含量	散射截面	散射截面模型
C	K	1.069314e＋10 ±1.2e＋05	91 ±4	1.00	3.29e＋03 ±0.16e＋03	Hartree－Slater
N	K	2709.0e＋04 ±3.0e＋04	3.32 ±0.15	0.037	228 ±11	Hartree－Slater
O	K	3.7748e＋08 ±7.0e＋04	5.3 ±0.2	0.059	1970 ±100	Hartree－Slater
Fe	L	13462.0e＋04 ±6.0e＋04	0.53 ±0.02	0.058	7.2e＋03 ±0.7e＋03	Hartree－Slater

第三节　扫描电子显微镜

一、扫描电子显微镜概述

扫描电子显微镜（SEM，简称扫描电镜）是继透射电镜之后发展起来的一种大型电子光学设备，其成像原理与透射电子显微镜完全不同，它不是利用电磁透镜放大成像，而是利用聚焦电子束在样品表面扫描时激发出的各种物理信号来调制成像的。扫描电镜的概念最早是由德国的诺尔（Knoll）在 1935 年提出来的；1938 年，阿登（Ardenne）在透射电镜上加装了扫描线圈研制出扫描透射显微镜 STEM。1942 年，兹沃里金（Zworykin）制作出第一台能观察厚样品的扫描电镜，分辨率为 50 nm 左右。1955 年，扫描电镜的研究得以突破；1959 年，第一台分辨率为 10 nm 的扫描电镜问世。1965 年，剑桥科学仪器公司制造了第一台商业化扫描电镜 Mark I “Sterosan”。之后，克鲁（Crewe）将场发射电子枪用于扫描电镜使得分辨率显著提高，目前高分辨扫描电镜的分辨率可达 1 ~ 2 nm，部分热场发射扫描电镜分辨率可达 0. 6 nm，部分冷场发射扫描电镜可达 0. 4 nm。

扫描电镜的放大倍率可从数倍放大到 20 万倍左右，可以覆盖从普通光学显微镜到透射电镜之间的放大范围。由于扫描电镜的景深比光学显微镜大，成像立体感强，有利于观察起伏较大的粗糙表面，如金属、陶瓷及塑料的断口，样品无须复制，给分析带来极大的方便。另外，随着电子枪效率不断提高，扫描电镜样品室的空间增大，可以安装更多探测器，与其他附件或分析仪器组合在一起，使得科研人员能够在同一台设备上实现形貌、微区成分和晶体结构等多种微观结构组织信息的同位分析，如图 3 – 78 所示。当采用可变气压样品腔时，还可以在扫描电镜下做加热、冷却、加气、加液等各种实验，扫描电镜功能的大大扩展使得其在材料研究领域得到越来越普遍的应用。

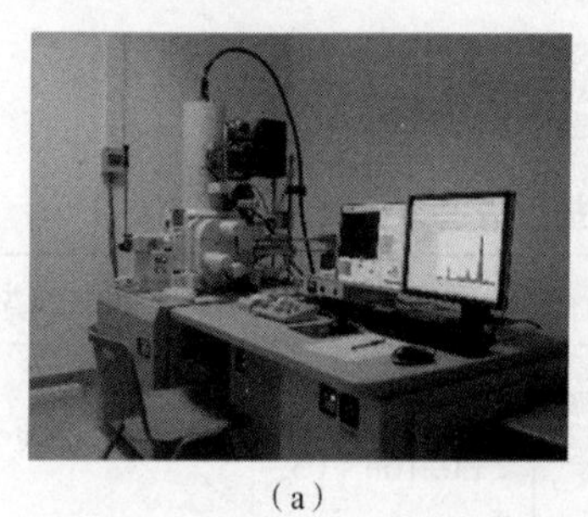
(a)

(b)

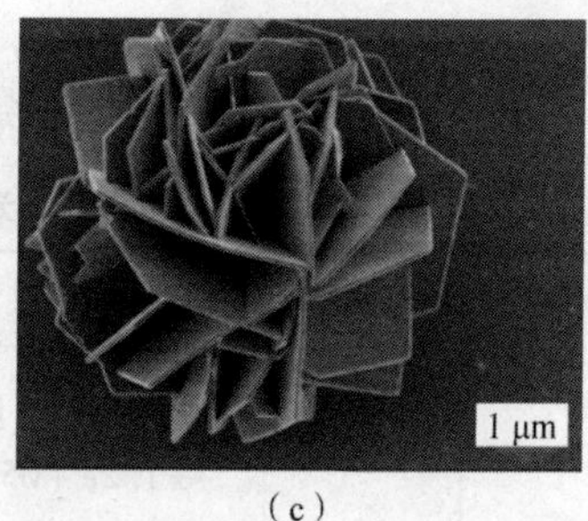

(c)

图 3 – 78　扫描电子显微镜及其纳米材料表征

(a) 扫描电子显微镜；(b)，(c) 纳米材料扫描电镜表征

二、实验原理

（一）二次电子

当加速电子以足够大的速度轰击物质表面时，表面原子的部分外层电子因获得动能而逸出，这些电子称为二次电子（SE），如图 3 – 79 所示。

二次电子的多少取决于入射电子的速度、入射角度以及样品物质的性质及表面状态。二次电子激发是一个连续过程，开始被激发的二次电子具有足够的能量，使它们还可能激发新的二次电子，如此继续下去，直到最后的二次电子能量过低，激发过程才因而终止。一般二次电子的能量较低，为 30 ~ 50 eV，故只在距离样品表面 5 ~ 10 nm 的深度范围内的二次电子才能逸出，这使得从二次电子得到的信息能较好地反映样品表面的形貌特征。

仅当样品含有轻元素或超轻元素时，二次电子产额才与组成成分有关。另外，在如此薄的样品层内，入射电子没有经过多次反射，因此其照射范围基本上与二次电子的发射范围相同，这一点使得利用二次电子成像能够得到较高的空间分辨率。图 3 – 80 为二氧化硅球的扫描电镜二次电子图像。

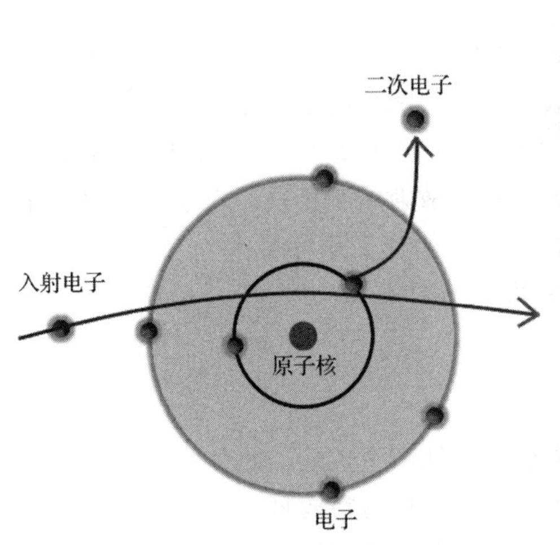

图 3－79　二次电子激发示意图

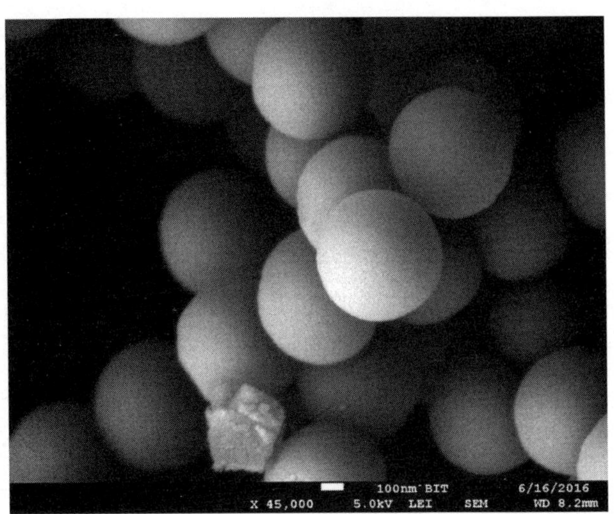

图 3－80　二氧化硅球的扫描电镜二次电子图像

（二）背散射电子

背散射电子（BSE）是被固体样品原子反弹回来的入射电子，包括弹性散射电子和非弹性散射电子。弹性散射电子是被样品中原子核以大于 90°散射角反弹回来的入射电子，如图 3－81 所示，其能量基本没有损失，可达数千至数万电子伏特。非弹性背散射电子是入射电子与样品核外电子撞击后能量和方向都发生改变，并经过多次非弹性散射后能够以大于 90°散射角反弹并逸出样品表面的入射电子，其能量分布范围较宽，一般在数十至数千电子伏特，数量上比弹性背散射电子所占份额少。

背散射电子来自样品表面几百纳米深度范围，其产额随原子序数的增加而增大，是一种和成分密切相关的信息，因此背散射电子不仅能用于形貌分析，而且可用于显示原子序数衬度进行成分定性分析，如图 3－82 所示。在两种原子序数相差较大的简单二元体系中，可以测定样品一定点的背反射电子产额，定量计算出相应的成分。

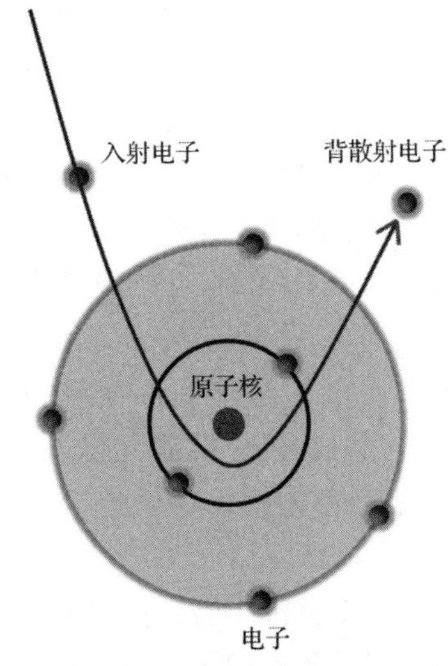

图 3－81　背散射电子激发示意图

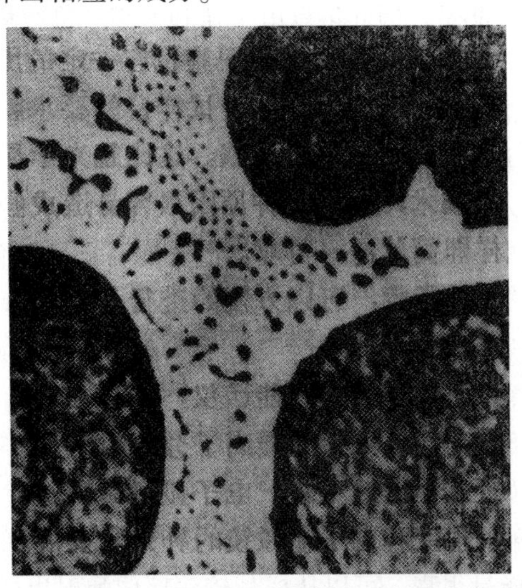

图 3－82　Ag－Cu 合金材料的扫描电镜背散射电子图像，中间白色区域为 Ag（Z＝47），黑色区域为 Cu（Z＝29）

（三）吸收电子

入射电子中的一部分电子与样品作用后能量损失很大，导致无法从样品表面逃逸出来时称为吸收电子。在样品和地面之间接高灵敏度电流表即可测得吸收电子信号。当入射电子电流强度为 I_0、背散射电子电流强度为 I_b、二次电子电流强度为 I_s 时，吸收电子强度为 $I_a = I_0 - (I_b + I_s)$。可见吸收电子成像的程度与二次电子和背散射电子相反。由于不同原子序数部位的二次电子产额基本相同，背散射电子产生较多的部位（原子序数大），其吸收电子数量就较少，因此吸收电子也能够产生原子序数衬度，但其分辨率较低，一般为 0.1 ~ 1 μm，主要受到信噪比的限制。

（四）特征 X 射线

当原子内层电子被入射电子激发或电离时会在内层电子处产生空缺，此时原子处于能量较高的激发态，外层电子将向内层跃迁填补内层电子的空缺，从而释放具有一定能量的特征 X 射线。特征 X 射线可从样品 0.5 ~ 1 μm 深度范围内发出，其波长与原子序数之间满足莫塞莱定律：

$$\lambda = \frac{1}{(Z - \sigma)^2}$$

式中，σ 是常数；Z 为原子序数；可见不同波长 λ 的 X 射线对应于不同的原子序数 Z。X 射线能量色散谱仪就是采用该原理进行样品微区成分分析的。

（五）俄歇电子

在入射电子激发样品 X 特征射线过程中，若外层电子向内层跃迁的能量不以 X 射线形式释放出去，而是将空位层内或空位层的外层电子激发出去，这种被电离出来的电子称为俄歇电子。由于每种原子有各自的特征壳层能量，因此俄歇电子的能量各有其特征值。俄歇电子的能量一般为 50 ~ 1 500 eV，平均自由程为 1 nm，样品较深区域产生的俄歇电子会因碰撞损失能量而失去具备特征能量的特点，只有在样品表面深度 1 nm 范围内逸出的俄歇电子才具备特征能量，因此俄歇电子特别适用于进行样品表面层的成分分析。采用俄歇电子进行分析的仪器称为俄歇电子谱仪（AES）。俄歇电子谱仪需要在超高真空下工作，因此在扫描电镜中不常采用。

综上所述，当电子束进入到轻元素样品表面后会形成一个滴状作用体积，如图 3 - 83 所示，入射电子在被样品吸收或散射出样品之前会在这个体积内活动。可见，俄歇电子和二次电子能量较低，平均自由程较短，只能在样品的浅层表面内逸出。一般情况下激发俄歇电子的样品表层厚度为 0.5 ~ 2 nm，激发二次电子的深度为 5 ~ 10 nm。由于入射电子进入浅层表面后还未向横向扩展，因此俄歇电子和二次电子只能在一个和电子束斑直径相当的圆柱体内被激发出来。因为束斑直径就是一个成像检测单元的大小，即一个像点，所以俄歇电子和二次电子的分辨率就相当于束斑的直径。物质近表面电子激发如图 3 - 83 所示。

入射电子束进入样品较深部位时，横向扩展的范围扩大，从这个范围中激发出来的背散射电子能量很高，可以从样品较深部位弹射出样品表面，横向扩展后的作用体积大小就是背散射电子的成像单元，因而背散射电子的分辨率大大降低。

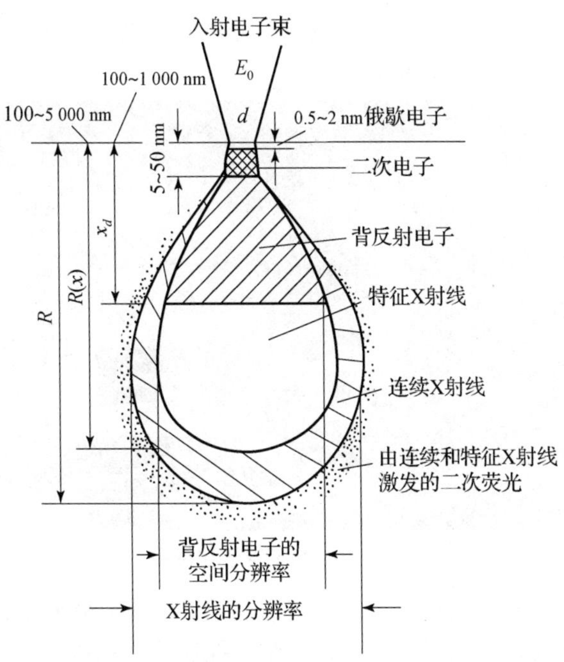

图 3－83 物质近表面电子激发示意图

当电子束入射到重元素样品表面时，作用体积不呈现滴状，而是半球状。电子束进入样品表面后立即向横向扩展，因此，在分析重元素样品时，即使电子束斑很小，也不一定能达到很高的分辨率。此种情况下，二次电子的分辨率与背散射电子的分辨率差距将减小。由此可见，在扫描电子显微镜中，入射电子束斑大小、检查信号的类型和检测部位的原子序数是影响分辨率的三大因素。表 3－9 给出了扫描电子显微镜中各种信号类型与分辨率。

表 3－9 扫描电子显微镜中各种信号种类与分辨率

信号	二次电子	背散射电子	吸收电子	X 射线	俄歇电子
分辨率/nm	5～10	50～200	100～1 000	100～1 000	5～10

三、实验仪器

（一）仪器结构

扫描电子显微镜由电子光学系统、信号收集及显示系统、真空系统及电源系统组成，图 3－84 是一台扫描电子显微镜。在扫描电子显微镜中，电子由电子源发出，经栅极静电聚焦后成为直径为 50 mm 的点光源，在加速电压作用下加速，并经过 2～3 个电磁透镜会聚成孔径角较小、直径为 5～10 nm 的束斑在样品表面聚焦。在扫描线圈的作用下，聚焦电子束可以在样品表面进行光栅式扫描并与样品表面物质相互作用产生二次电子、背散射电子、特征 X 射线等物理信号。成像过程是将收集到的信号的强度与电子束斑当下停留位置的平面坐标关联起来，从而得到一幅信号强度分布的平面坐标图，即扫描显微图像。图像的放大倍数是由最终成像于显示屏或照片上的图像面积除以电子束实际在样品上扫描的面积。对于一台扫描电子显微镜，最终成像面积是一定的，因此缩小光斑扫描区域的面积就等于提高了扫描电子显微镜的放大倍数。另外，扫描电子显微镜的分辨率与电子源发出电子束斑直径相关，束斑越细，扫描电子显微镜的分辨率越高。

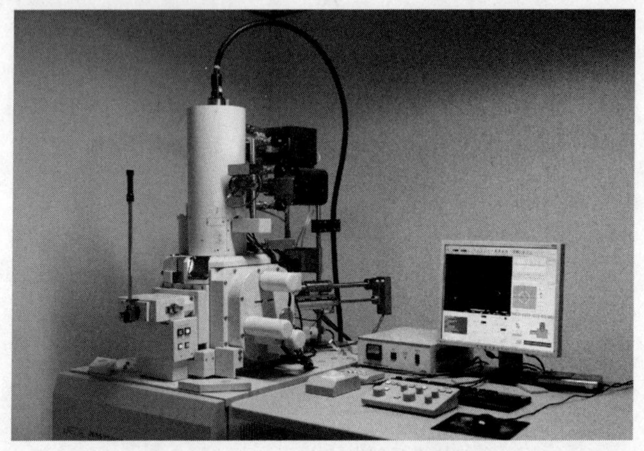

图 3－84　扫描电子显微镜

电子光学系统和信号收集及显示系统是扫描电子显微镜中最重要的部分，决定了电子显微镜的性能和指标，主要包括电子枪、透镜系统、探测器、扫描系统、样品台等。图 3－85 显示了扫描电子显微镜的结构及工作原理。

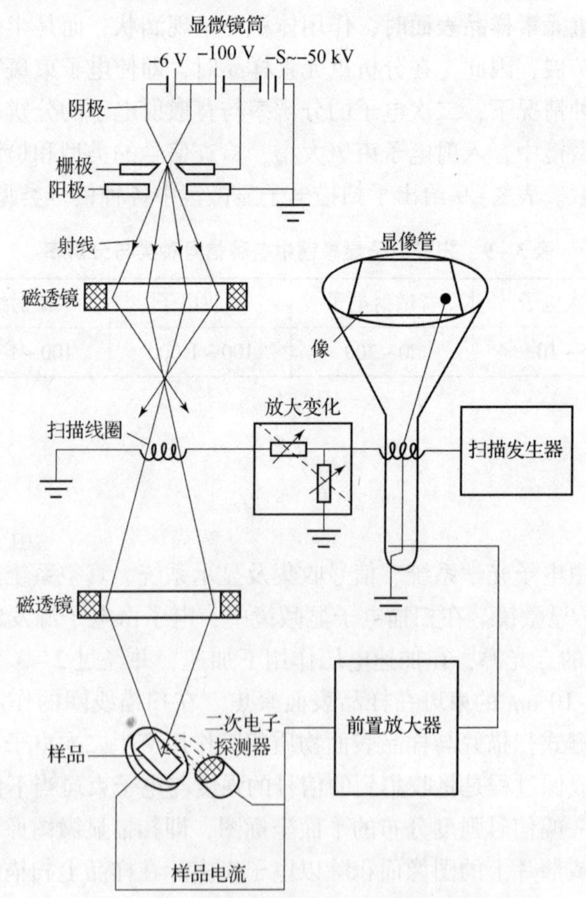

图 3－85　扫描电子显微镜结构及工作原理

1. 电子枪

电子枪的功能是产生一束具有给定能量（1～50 keV）的细小电子束。常用的电子枪有 3 种，包括热发射钨丝枪、六硼化镧枪、场发射枪（FEG）。其中场发射枪包含冷场发射枪和肖特基热场发射枪。

2. 透镜系统

透镜系统通常由 2～3 个电磁透镜组成，其作用是使电子枪发射出来的电子会聚成尽可能小的束斑并投射到样品表面。根据电子枪的不同，电子束直径可达 1～5 nm，甚至小于 1 nm。

3. 探测器

扫描电子显微镜通常采用二次电子探测器和背散射电子探测器，且大多数会配备 X 射线能谱仪，因而在观察样品表面形貌的同时还可以进行微区化学成分分析。部分扫描电子显微镜还可能安装背散射电子衍射（EBSD）分析系统，进行微区 EBSD 信号采集和晶体学分析。另外，新一代扫描电子显微镜还可配备扫描透射电子探测器（STEM），可进行扫描透射电子成像。各探测器采集样品表面各点有关信号并经过放大处理后，在同步扫描的阴极射线管（CRT）或计算机上显示各种信号的电子图像。

4. 扫描系统

扫描电子显微镜通过扫描线圈使入射电子束在样品表面做光栅式扫描，逐点激发样品表面各种信号，同时使阴极射线管的电子束在显示屏上同步扫描。样品上被扫描的每一点与显示屏的位置一一对应，样品各点被激发的信号强度与显示屏相应点的亮度对应，从而获得样品相关信号的分布图像。

5. 样品台

扫描电镜样品台可沿 X、Y、Z 方向平移，并可以在一定角度范围内倾转以及绕中心轴旋转。通过控制和操作样品台可移动、转动和倾转样品，在样品上选取感兴趣的区域并以一定角度成像。对于原位扫描电子显微镜，通常还可能配备加热台、低温台和拉伸台等。其中加热台可以加热样品至几百度甚至上千度，低温台可令样品温度降到零下若干度。利用加热台和低温台可以动态观察在升温或降温过程中的材料，有利于相变的研究。拉伸台可以对样品的拉伸变形进行动态原位观察。

（二）仪器功能

1. 二次电子 SE 成像

二次电子来自样品表层为 5～10 nm 深度范围，主要用于样品表面形貌的表征与分析。如断口分析、抛光腐蚀后的金相表面积烧结样品的自然表面分析等。由于二次电子产额与样品原子序数没有明显的关系，因此不能用于样品成分分析。

2. 背散射电子 BSE 成像

背散射电子来自样品表层几百纳米深度范围，主要用于样品表面形貌及微区成分分析。在原子序数小于 40 的范围内，其产额对原子序数十分敏感，利用原子序数衬度变化可以对各种金属或合金进行定性成分分析，如对晶界上或晶粒不同种类析出相的分析。

3. 背散射电子衍射 EBSD 分析

电子束与样品相互作用发生散射时，一部分背散射电子入射到某些晶面后满足布拉格条件发生再次弹性相干散射，出射到样品表面外的背散射电子被 CCD 采集成像，形成背散射电子衍射花样。电子束在样品表面扫描时，可通过每一分析点的衍射花样分析晶体结构及其取向等晶体学信息，如获得晶粒形貌、尺寸、取向及取向分布，不同晶粒间取向差及其分布，物相鉴定以及应变分析等。

4. 能量色散谱 EDS 分析

能量色散谱仪是利用不同元素发射 X 射线光子能量不同的特性进行成分分析的。由于能量色散谱仪中硅(锂)探测器的窗口材质限制了某些超轻元素 X 射线的接收，因此只能分析原子序数在 11 ~92（铍窗）或 4 ~98（超薄窗）的元素。能谱色散谱仪可在同一时间对分析点内所有可检测元素的 X 射线光子的能量和数量进行测定，在扫描电子显微镜中可对样品进行定点分析、线分析及面分析。

四、实验过程

（一）实验仪器和材料

1. 实验仪器

扫描电子显微镜。

2. 实验材料

已制备好的电镜样品（纳米氧化锌）。

（二）样品要求及制备

1. 样品要求

样品要求是固体，干燥、无油、无磁性，导电和导热性好，高真空中能保持稳定。

2. 样品制备

（1）粉体样品的制备：对于普通粉体样品，用镊子夹住导电胶黏附粉体，通过敲打、振动、洗耳球或高纯氮气从侧面对着黏附在导电胶带上的粉体向外吹，将黏结不牢固的粉体去除干净，最后将粘有粉体的导电胶带粘贴到样品座上。

（2）块状样品制备：对于一般导电性好的块状样品，只要三维尺寸满足电子显微镜样品仓对样品的要求，可以用导电胶将其粘在样品座上，放入电镜抽真空进行测试。对于有油污、粉尘等污染物的样品需进行超声清洗后干燥。对于导电性差的样品需溅射厚 5 nm 的金属导电膜；表面粗糙的样品膜厚，可溅射大于 10 nm 厚的金属导电膜；需采集高分辨数据时可镀铂，使其颗粒更加细腻，使拍摄细节更加丰富。

（3）磁性材料制备：磁性材料不能直接用于扫描电子显微镜观察和测试，一般需要将磁消尽后再做分析。当磁性材料带有磁性进入扫描电子显微镜样品仓时，容易被吸附到物镜下极靴空隙或电子光学通路中。这些敏感部位一旦被污染，电子光学的性能会立即遭到破坏，而且磁性小颗粒很难被发现和清除，因此在测试磁性样品前首先要进行消磁，然后可考虑烧成陶瓷块并清洗后再做分析，否则会对电子显微镜镜筒带来灾难性的后果。

（4）生物样品的制备：生物样品在环境扫描或低真空的电子显微镜中进行分析制样相对简单容易，观察效果也接近于活体时的实际情况。若是采用普通扫描电子显微镜进行测试，必须做相应的处理。对于含硅质、钙质、角质和纤维素较多而水分较少的硬组织样品，如毛发、牙齿、花粉、种子等，一般干燥后蒸镀导电膜即可进行扫描电镜观察；

对于动植物器官、肢体切片等含水较多的软组织样品，则需要经过固定、脱水、干燥、导电处理。

（三）实验步骤

扫描电子显微镜的操作分为以下几个步骤。

（1）在样品座上安装样品，将样品送入电镜抽真空。

（2）确认电镜真空，设置加速电压、灯丝发射电流、工作距离、探测电流等参数，打开 V1 阀门。

（3）定位样品并设置放大倍数，调节对比度及像散采集二次电子形貌图像。

（4）选择感兴趣区域，关闭 V1 阀门。加大工作距离，插入背散射电子探测器，设置电压、束流、探测电流、工作距离。打开 V1 阀门，调节对比度、像散、聚焦并采集背散射电子图像。操作完毕按照相反操作步骤退出背散射电子探测器。

（5）定位样品感兴趣区域，调节工作距离、束流、亮度、对比度及像散，插入 EDS 探测器，选择 EDS 采集模式（点分析、线扫描、面分布）；设置采集区域、像素、速率等参数，获取样品元素种类、含量及分布信息。采集完毕抽出 EDS 探头。

（6）测试结束调节光路至起始参数，关闭 V1 阀门，样品台归 0。

（7）从电镜真空中取出样品座，取下样品。

五、实验结果和数据处理

（一）二次电子成像测试

采用二次电子对样品的形貌进行成像可得到样品的形貌、尺寸、颗粒度、孔结构、孔径分布、厚度变化等信息。

（二）背散射电子成像测试

采用背散射电子对样品进行成像可同时得到样品的形貌和原子序数变化信息。利用原子序数、衬度变化可以对各种金属或合金进行定性成分分析，如对晶界上或晶粒不同种类析出相的分析。

（三）X 射线能谱分析测试

X 射线能谱仪可在同一时间对分析点内所有可检测元素的 X 射线光子的能量和数量进行测定，根据不同元素 X 射线光子能量不同的特性对样品中所含元素种类、含量及分布进行分析。

六、典型运用

实验项目 9　扫描电子显微镜二次电子成像实验

1. 实验目的

（1）了解扫描电子显微镜二次电子成像的原理及相应操作流程。

（2）掌握使用软件进行数据分析处理的方法。

2. 实验原理

电子束聚焦到样品表面后，样品表面原子外层电子被激发并逸出，即二次电子。二次电子来自样品表面 5 ~ 10 nm 的区域，能量为 0 ~ 50 eV。二次电子对样品表面状态非常敏感，因此 SEM 二次电子像能有效地获得样品表面的微观形貌。二次电子系数定义为

$$\delta_{SE}=\frac{n_{SE}}{n_B}=\frac{I_{SE}}{I_B}$$

式中，n_{SE}和 n_B 分别为样品发出的二次电子数目和入射电子数目；I_{SE}和 I_B 分别为发射二次电子束流和入射电子束流。如图 3 - 86 所示，二次电子逸出样品表面的概率为

$$P_{SE}\propto \exp\left(-L_{\min}/\lambda_{SE}\right)$$

式中，$L_{\min}$为样品表面以下产生二次电子样品层的深度；λ_{SE}为二次电子的平均自由程。因此二次电子产额随入射电子的入射角度不同而变化，当入射电子束与样品表面夹角为 θ 时，样品内沿入射束方向距离入射点深度为 x 处的 P 点到样品表面的最短距离 $L_{\min}$ 为

$$L_{\min}=x\cos\theta$$

当 θ 角减小时，P 点到样品表面的最短距离 $L_{\min}$ 增大。

此时二次电子系数为

$$\delta_{SE}\approx\delta_0\sec\theta$$

式中，δ_0 为电子束沿样品法线相反方向入射时的二次电子系数。可见在 0° ~ 80° 范围内，二次电子信号强度 $I_S\propto 1/\cos\theta$，当 $\theta=0°$ 时二次电子强度最小，$\theta=80°$ 时二次电子强度最大。

二次电子像的衬度主要是表面形貌衬度。由于二次电子系数随着样品表面与入射电子束相对夹角的增大而显著增加，样品表面的凹凸不平和起伏与电子束形成不同倾角 θ，导致发射的二次电子强度发生变化而产生衬度。如图 3 - 87 所示，随着入射电子束与样品表面法线夹角 θ 的增大，衬度图中显示较为明亮的点，反之则为比较暗的点，形成二次电子形貌衬度图像。图 3 - 88 显示了入射电子束与样品表面法线形成不同夹角 θ 情况下，二次电子形貌图衬度的变化。

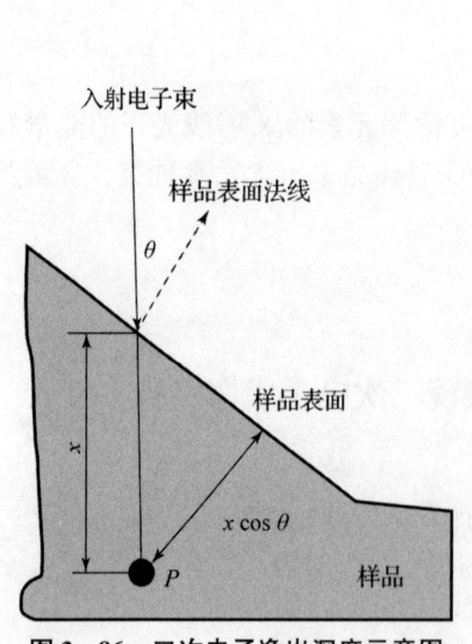

图 3 - 86　二次电子逸出深度示意图

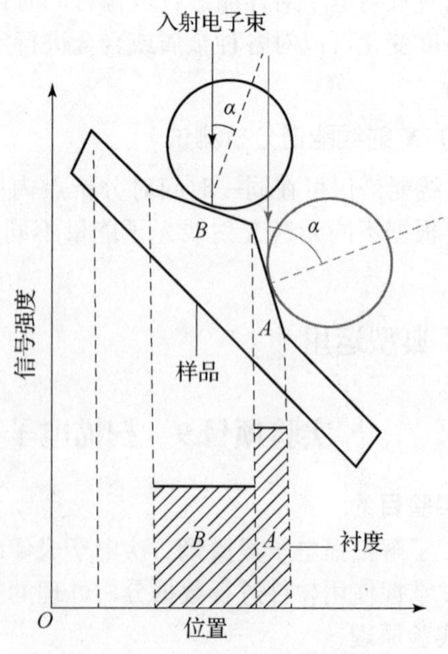

图 3 - 87　二次电子形貌衬度图

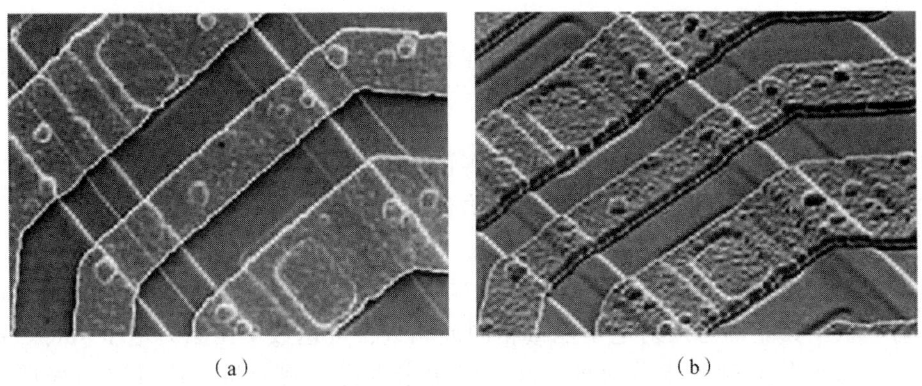

（a）　　（b）

图 3－88　入射电子束与样品表面不同夹角时二次电子形貌衬度图

（a）倾转角：0°；（b）倾转角：45°

3. 实验仪器和材料

（1）实验仪器：扫描电子显微镜。

（2）实验材料：已制备好的电镜样品（纳米氧化锌）。

4. 实验步骤

（1）在样品座上安装样品，将样品送入电镜抽真空。

（2）确认电镜真空，设置加速电压、灯丝发射电流、工作距离、探测电流等参数，打开 V1 阀门。

（3）定位样品并调节放大倍数、对比度及像散，设置像素、扫描速率等采集参数，获取二次电子形貌图像。

（4）关闭阀门，恢复光路参数至初始值，样品台归 0。

（5）从电镜真空中取出样品座，卸下样品。

5. 实验结果与数据处理

（1）运用测试软件对样品二次电子形貌图像进行测定并记录。

（2）拷贝测试结果并保存。

（3）对图像进行分析、标定及处理，如图 3－89 所示。

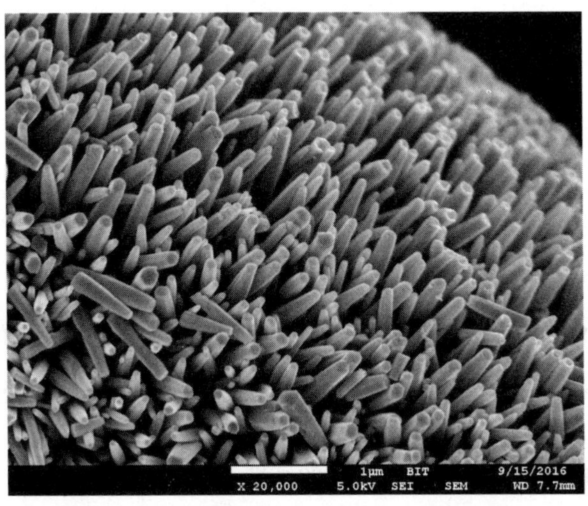

图 3－89　纳米氧化锌二次电子形貌衬度图

实验项目 10　扫描电子显微镜背散射电子成像实验

1. 实验目的

（1）了解扫描电子显微镜背散射电子成像的原理及相应操作流程。

（2）掌握使用软件进行数据分析处理的方法。

2. 实验原理

（1）背散射电子：背散射电子是被固体样品原子以大于90°角反弹回来并逸出样品表面的入射电子，其能量与入射电子能量相同或相近，可达数千至数万电子伏特。背散射电子信号具有形貌衬度和成分衬度，既可以用来进行形貌分析，还可以用来进行成分分析。

（2）背散射电子系数：背散射电子系数定义为

$$\eta_{BSE}=\frac{n_{BSE}}{n_B}=\frac{I_{BSE}}{I_B}$$

式中，n_{BSE}和 n_B 分别为样品发出的背散射电子数目和入射电子数目，I_{BSE}和 I_B 分别为发射背散射电子束流和入射电子束流。

（3）背散射电子原子序数衬度：背散射电子逸出样品表面的概率为

$$P_{BSE}\propto\frac{Z^2\rho t}{E_0^2A}$$

式中，P 为样品密度；t 为样品厚度；E_0 为入射电子能量；A 为相对原子量。图 3－90 给出了 SEM 中常用加速电压下背散射电子系数 η 与二次电子系数 δ 随样品原子序数的变化，可见随着原子序数的增大，二次电子系数变化很小，但是背散射电子系数显著增加，因而在样品中原子序数有差别的区域会因发射背散射电子数目不同形成原子序数衬度（即成分衬度）。

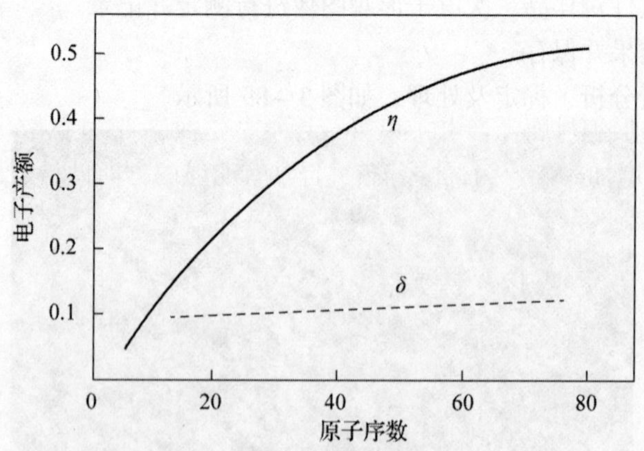

图 3－90　背散射电子系数 η 与二次电子系数 δ 随样品原子序数的变化

背散射电子像的衬度主要为成分衬度，由图 3－90 可见原子序数较大的区域背散射电子系数大，因而强度大，在图像中显示较高亮度。相反，在原子序数较小的区域则亮度相对较低。另外，图 3－90 中显示在原子序数较低的区域，背散射电子系数 η 斜率较陡，表明低原子序数元素与其相邻元素间衬度较强，而在原子序数大于 50 以后的区域，曲线斜率比较平缓，因而对于高原子序数的相邻元素之间的衬度较弱。

背散射电子的发射强度还会随着入射电子束的方向而变化。图 3 – 91 显示了当入射电子束垂直于样品表面入射时背散射电子系数在样品表面上方的角分布。

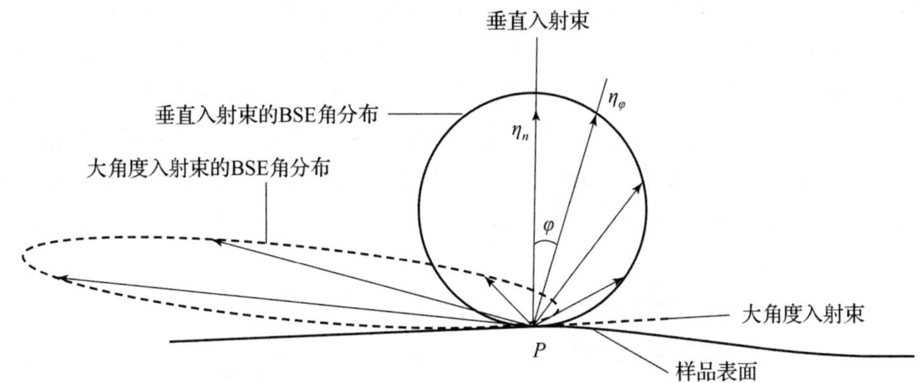

图 3 – 91　不同电子入射角度情况下背散射电子系数 η 在样品表面上方的角分布

当电子束垂直入射样品表面时，若沿样品表面法线反向出射的背散射电子系数为 η_n，则与表面法线夹角 φ 方向上的背散射系数 $\eta(\varphi)$ 可表达为

$$\eta(\varphi) = \eta_n \cos\varphi$$

这表明背散射电子在沿表面法线方向强度最大，而在小角度方向几乎没有背散射电子，因此背散射电子探测器与入射电子束相对于样品表面的角度对背散射电子的采集效率有很大影响。

当电子束以大角度入射时，背散射电子角分布不再符合以上余弦关系，此时角分布近似为拉长的椭圆，椭圆的长轴方向与样品的夹角近似等于入射束与表面的夹角，当入射束与样品表面夹角为 θ 时，背散射系数 $\eta(\theta)$ 可表达为

$$\eta(\theta) = \frac{1}{(1 + \cos\theta)^P}$$

式中，$P = 9/\sqrt{Z}$，可见样品的倾斜程度对背散射系数有很大影响。

（4）背散射电子形貌衬度：当电子束垂直于样品表面入射时背散射电子角分布近似余弦函数，当入射角度增加时则变为椭圆分布，且具有明显的方向性，因而背散射电子像也含有样品表面起伏及特征的形貌衬度。如图 3 – 92 所示，样品表面起伏导致局部范围背散射电子系数和角分布变化而形成表面形貌衬度，这种形貌衬度与探测器位置及相对于样品的接收角有关。

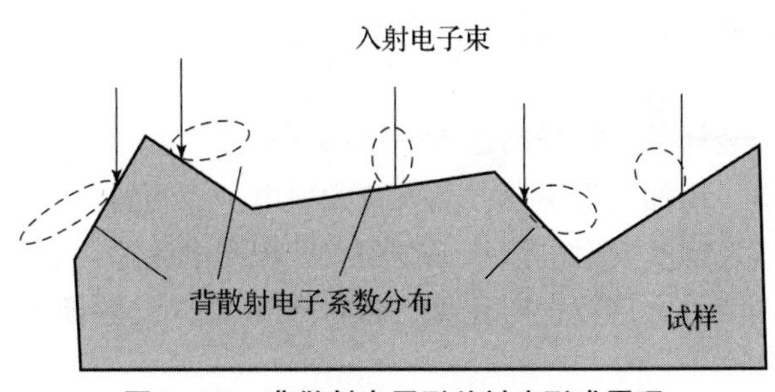

图 3 – 92　背散射电子形貌衬度形成原理

（5）背散射电子探测器：利用背散射电子进行形貌和成分分析时可采用一对检测器收集来自样品同一部位的背散射电子，将信号输入计算机处理后可得到形貌和成分信号。图 3－93 显示了背散射电子探测器的工作原理，A 和 B 为一对半导体硅检测器。当对成分不均匀但表面平整的样品做成分分析时，A 和 B 检测器收到的信号是相同的，两检测器信号相加为放大一倍的成分像，两检测器信号相减则成为一条水平线，为平整表面的形貌像。对于成分均匀但表面形貌有起伏的样品，检测点位于 A 的正面，A 的信号较强，B 的信号较弱。两检测器信号相加，差别正好抵消得到均匀的成分像，两检测器信号相减则得到信号放大一倍的形貌像。由此可见，当分析表面形貌和成分都不均匀的样品时，A 与 B 信号相加得到成分像，而相减则得到形貌像，如图 3－94 所示。

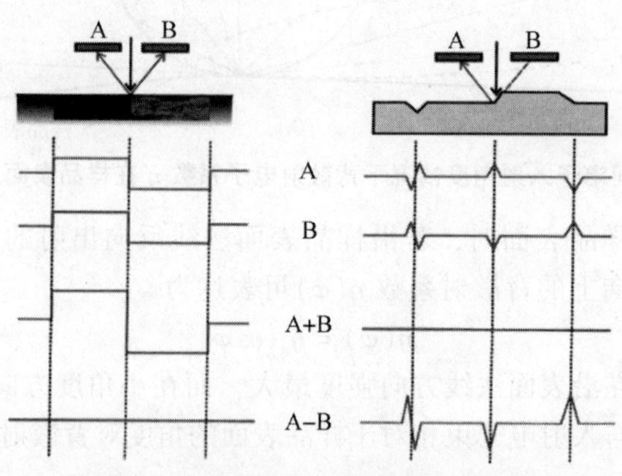

图 3－93　背散射电子探测器工作原理

（a）　　　　（b）

图 3－94　背散射电子成分像与形貌像

（a）成分像；（b）形貌像

3. 实验仪器和材料

（1）实验仪器：扫描电子显微镜。

（2）实验材料：已制备好的电镜样品（纳米氧化锌）。

4. 实验步骤

（1）在样品座上安装样品，将样品送入电镜抽真空。

（2）确认电镜真空，增加工作距离，插入背散射电子探测器。

（3）设置加速电压、灯丝发射电流、工作距离、探测电流等参数，打开 V1 阀门。

（4）定位样品并调节放大倍数、对比度、像散及聚焦，设置像素、扫描速率等采集参数，采集背散射电子像。

（5）关闭 V1 阀门，增加工作距离，退出背散射电子探测器。

（6）恢复光路参数至初始值，样品台归0。

（7）从电镜真空中取出样品座，卸下样品。

5. 实验结果与数据处理

（1）运用测试软件对样品背散射电子形貌图像进行测定并记录。

（2）拷贝测试结果并保存。

（3）对图像进行分析、标定及处理，如图3－95所示。

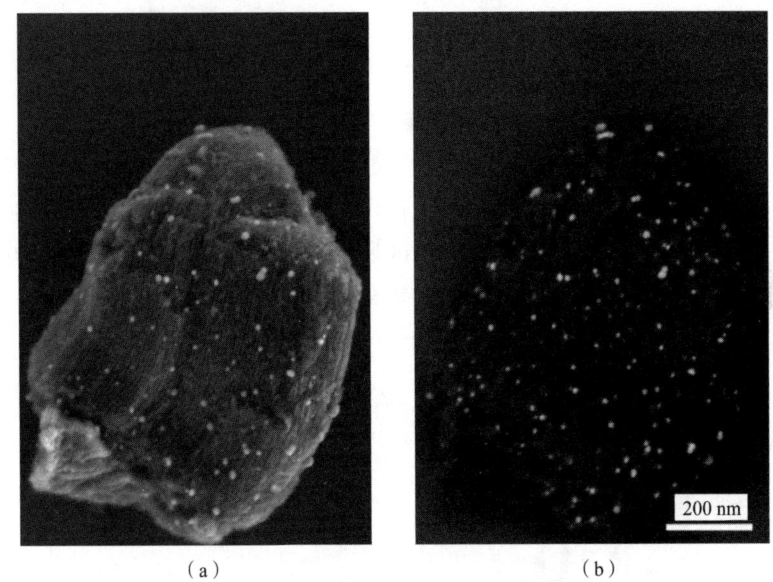

图3－95　分子筛中负载银纳米氧化锌的二次电子像及背散电子射像

（a）二次电子像；（b）背散电子射像

实验项目11　扫描电子显微镜X射线能谱分析实验

1. 实验目的

（1）了解扫描电子显微镜X射线能谱分析的原理及相应操作流程。

（2）掌握使用软件进行数据分析处理的方法。

2. 实验原理

由于各种元素具有特征的X射线波长，特征波长的大小取决于能级跃迁过程中释放的特征能量ΔE。X射线能谱仪就是利用不同元素X射线光子能量不同的特点对样品进行成分分析的。

图3－96显示了锂漂移硅检测器能谱仪工作原理。当X射线光子进入检测器后会在晶体内激发一定数目的电子—空穴对，由于产生一个电子—空穴对的能量ε是一定的，因而由一个X射线光子所激发的电子—空穴对数目为$N=\Delta E/\varepsilon$，即入射X射线光子的能量越高，其激发的电子—空穴对就越多。当在晶体两端设置偏压时，可实现电子—空穴对的收集，经过前置放大器转换为电流脉冲。电流脉冲的高度取决于N值的大小。电流脉冲经过主放大器转换为电压脉冲后进入多通道脉冲高度分析器（MAC），其能够按照高度将脉冲分类并进行积分，由此可以得到一张特征X射线按照能量大小分布的谱图，即能谱图。

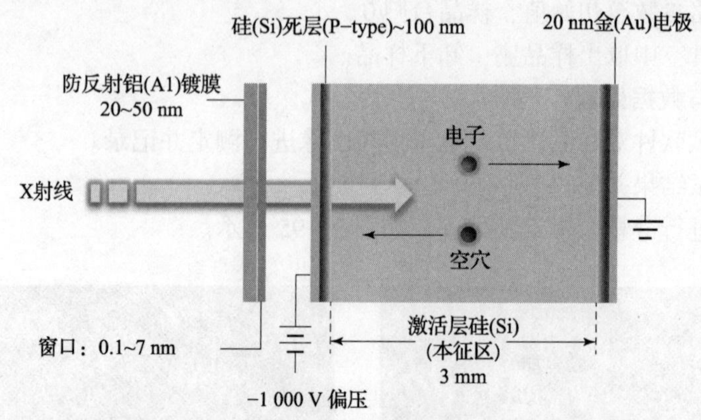

图 3－96　锂漂移硅检测器能谱仪工作原理

图 3－97 为 X 射线能谱仪测出的一张能谱图，横坐标为能量，纵坐标为强度计数。根据各 X 射线特征峰的位置可以判断样品分析区所含元素的种类，X 射线特征峰的面积为特征 X 射线光子计数率积分值，可用于对样品微区元素含量定量分析。

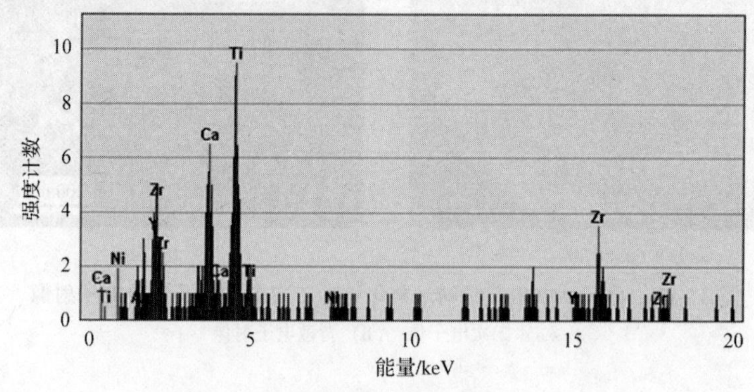

图 3－97　能谱图

将电子束固定在需要分析的微区上，能谱仪可在同一时间对微区内所有元素 X 射线光子的能量和数量进行测定，在几分钟内可得到定性分析结果。锂漂移硅检测器能谱仪的能量分辨率为 160 eV，但由于铍窗口材质吸收作用，只能分析原子序数为 11 ~ 92 范围内的元素。对于超薄窗设计的探测器，元素分析原子序数范围为 4 ~ 98，此模式为定点分析。将能谱仪固定在某一元素特征 X 射线信号上（能量），将电子束沿指定路径进行直线轨迹扫描，可得到该元素沿这一直线轨迹的浓度分布曲线，此模式为线分析。令电子束在样品表面指定微区做光栅扫描时，将能谱仪固定在某一元素特征 X 射线信号的位置上，可得到该元素的面分布图，此模式为面分析。现代能谱仪均可实现根据需求对样品的进行点、线、面的成分分析，附件安装在扫描电镜上可满足微区组织形貌、晶体结构和化学成分三位一体同位分析的需要。

3. 实验仪器和材料

（1）实验仪器：扫描电子显微镜。

（2）实验材料：已制备好的电镜样品（纳米氧化锌）。

4. 实验步骤

（1）在样品座上安装样品，将样品送入电镜抽真空。

（2）确认电镜真空，设置加速电压、灯丝发射电流、工作距离、探测电流等参数，打开 V1 阀门。

（3）定位样品并调节放大倍数，选择感兴趣区域，调节亮度、对比度及像散；插入 EDS 探测器，选择 EDS 采集模式（点分析、线扫描、面分布）；设置采集区域、像素、速率等参数，获取样品元素种类、含量及分布信息，其间确保达到适合的输出计数率，采集完毕抽出 EDS 探头。

（4）关闭 V1 阀门，恢复光路参数至初始值，样品台归 0。

（5）从电镜真空中取出样品座，卸下样品。

5. 实验结果与数据处理

（1）采集样品二次电子形貌衬度，如图 3－98 所示。

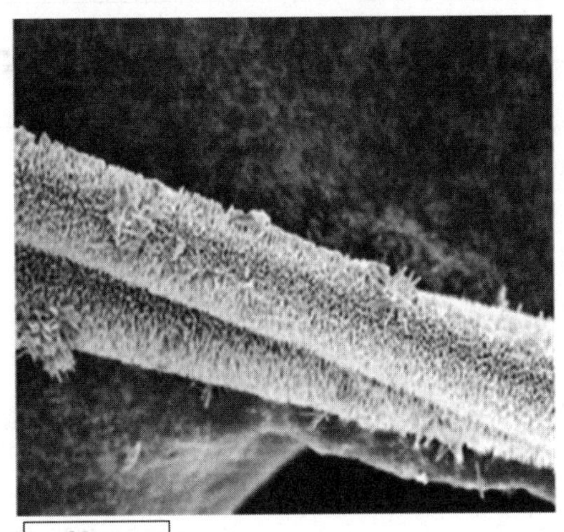

图 3－98　纳米氧化锌二次电子形貌衬度图

（2）采集样品成分定量分析原始数据，如图 3－99、表 3－10 所示。

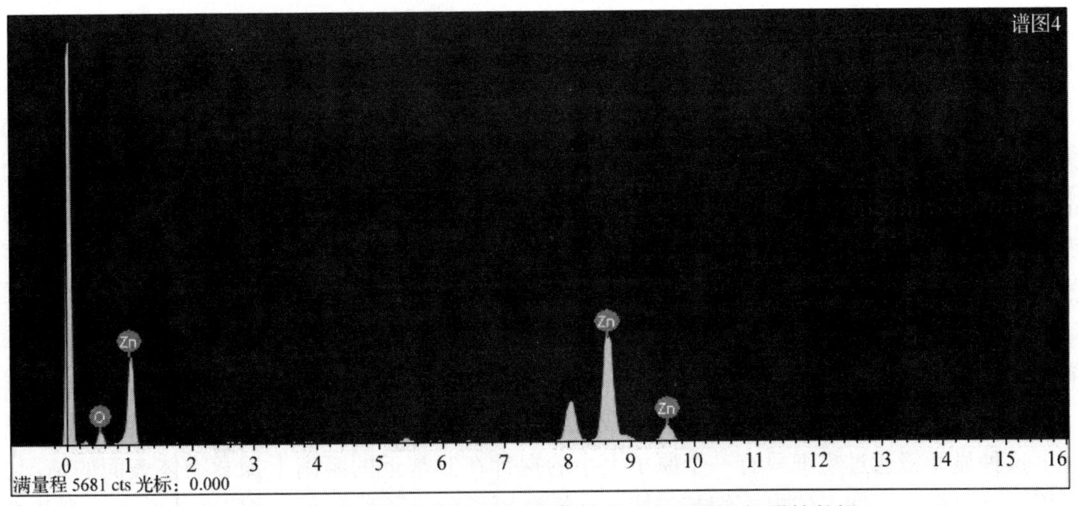

图 3－99　纳米氧化锌的 EDS 能谱谱线成分定量分析原始数据

可能被忽略的峰：5.406 keV，5.964 keV。

定量分析方法：Cliff Lorimer 薄比率部分。

处理选项：所有经过分析的元素（已归一化）。

重复次数 =1。

无标准样品。

表 3－10　纳米氧化锌的 EDS 成分定量分析原始数据

元素	质量百分比/%	原子百分比/%
O	6.18	21.20
Zn	93.82	78.80
总量	100.00	100.00

（3）运用画图分析软件导入 EDS 的 TXT 数据并画出图谱，编辑并标出相关元素所在峰位，如图 3－100 所示。

①添加边框，设置图谱边框。

②设置横坐标及纵坐标名称，分别为能量和强度计数。

③调整天平，选择适合的横坐标及纵坐标单位，使谱线覆盖整个窗口。

④使用 Add text 文本工具，参考原始数据对谱线各相关峰位进行元素标注。

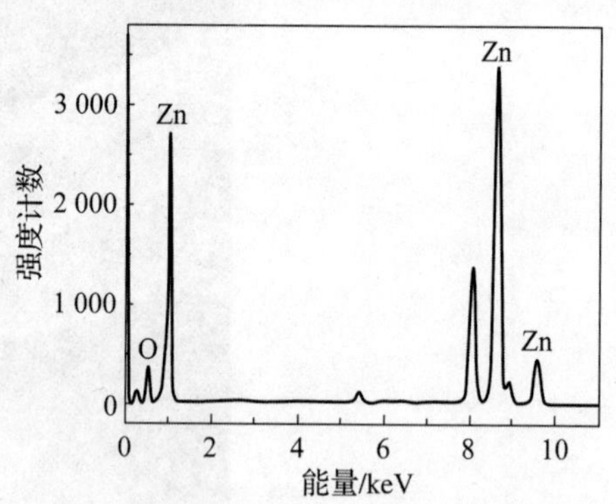

图 3－100　纳米氧化锌的 EDS 能谱图

第四节　原子力显微镜

一、原子力显微镜概述

在 20 世纪 80 年代早期，扫描探针显微镜（SPM）获得了第一个真实的空间原子尺度的表面图像，这一创举震惊了世界。1985 年，格尔德·宾宁（Gerd Binning）与斯坦福大学的凯尔文·魁特（Calvin Quate）和 IBM 苏黎世实验室的克里斯托夫·格贝尔（Christoph Gerber）合作推出了原子力显微镜（AFM）。原子力显微镜测量的是探针顶端原子与样品原子间的相互作用力——即当两个原子离得很近使电子云发生重叠时产生的泡利（Pauli）排斥力。AFM 工作时通过计算机控制探针在样品表面进行扫描，并根据探针与样品表面原子间的作用力强弱进行成像。

原子力显微镜采用针尖与样品之间属于原子级力场的作用力，所以被称为原子力显微镜。这种显微镜通过粗细只有一个原子大小的探针在非常近的距离上探索物体表面的情况，可以分辨出极小尺度上的表面细节与特征，探测原子和分子的形状，确定物体的电、磁及机械特性等。根据针尖与样品材料的不同及针尖—样品距离的不同，针尖与样品之间的作用力可以是原子间斥力、范德瓦尔斯吸引力、弹性力、黏附力、磁力和静电力以及针尖在扫描时产生的摩擦力。通过控制并检测针尖与样品之间的这些作用力，不仅可以高分辨率表征样品表面形貌，还可分析与作用力相应的表面性质。

目前，原子力显微镜已经被广泛应用于各类研究中，其中包括基础的表面科学研究、常规的表面粗糙度分析，如可以对从硅原子到活细胞表面的微小突起进行三维成像表征。原子力显微镜的应用具有多样化的特征，得益于它巨大的动态成像范围，使它跨越了光学和电子显微镜瓶颈。在某些情况下，原子力显微镜可以测量样品的多种表面物理性质，如样品表面的导电性、静电电荷分布、局部摩擦力、磁场强度和杨氏模量等参数。原子力显微镜适用于各种样品分析，如金属材料、高分子聚合物、生物细胞等，并且样品不会发生变化，也不会受到高能辐射损伤，如图 3－101 所示。由于原子力显微镜的出现，人类在表面显微形貌、结构的表征和分析领域向前跨出了一大步，对材料表面现象的研究也有了更加深入的了解。

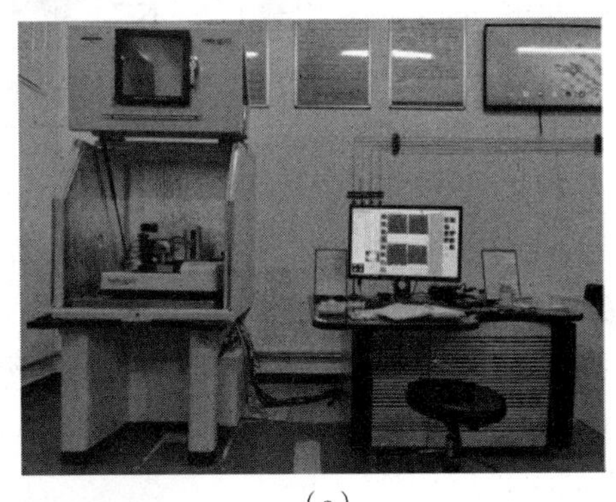

（a）

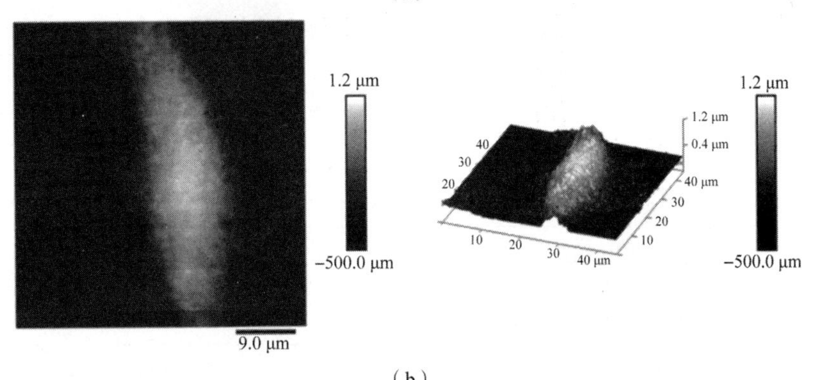

（b）

图 3－101　原子力显微镜及表面形貌表征

（a）原子力显微镜；（b）样品表面形貌表征

二、实验原理

原子力显微镜工作原理如图 3－102 所示。原子力显微镜是通过原子之间的细微作用力来进行成像的，原子力显微镜采用微小的探针“摸索”样品表面来获得信息。在原子力显微镜中，纳米级探针固定在对力十分敏感且容易操控的弹性悬臂上，二极管激光器发出的激光束经过光学系统聚焦在微悬臂背面，并从微悬臂背面反射到光斑位置检测器上。在对样品进行扫描时，由于样品表面的原子与探针尖端原子间的相互作用力，微悬臂将随样品表面形貌变化而弯曲起伏，反射光束也将随之发生位置的偏移。原子力显微镜利用光斑位置检测器，可测得光斑对应于样品上扫描各点的位置变化，将信号放大并转换后可获得样品表面形貌信息。

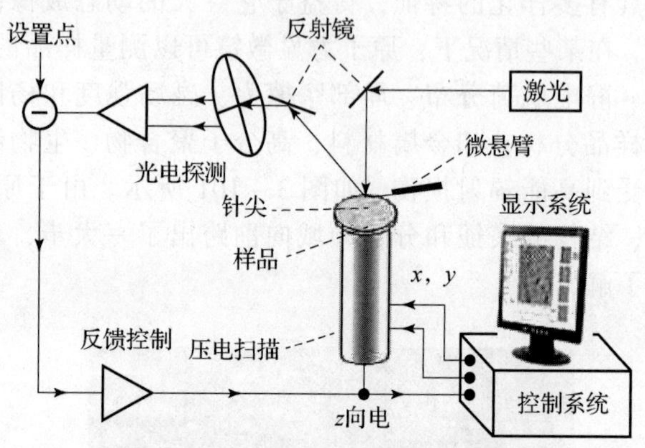

图 3-102　原子力显微镜工作原理

在工作过程中，将原子力显微镜对力极为敏感的微悬臂的一端固定，另一端安装针尖，当针尖接近样品时，因针尖尖端原子与样品表面原子存在范德华力，使悬臂弯曲造成微小的位移量，检测随探针-样品表面距离变化的物理量 $P=P(z)$，将该物理量转变成电信号传递给反馈系统（Feedback System，FS），从而得到样品表面信息图像。表 3-11 为针尖-样品间相互作用不同对应的工作模式。

表 3-11　针尖与样品间相互作用不同对应的工作模式

$P=P(z)$	工作模式
悬臂弯曲量 D	接触模式（Contact Mode，CM）
悬臂振幅 A	轻敲模式（Tapping Mode，TM）
针尖-样品相互作用力 F	峰值力轻敲模式
悬臂振动相位 φ	相位成像
样品表面电势 V	开尔文探针成像
针尖-样品间的电流 I	导电原子力、隧穿原子力成像

三、实验仪器

（一）仪器结构

Dimension FastScan XR 原子力显微镜由压电扫描头、光学器件、AFM 信号检测系统和 NanoScope V 控制器组成，如图 3-103 所示。

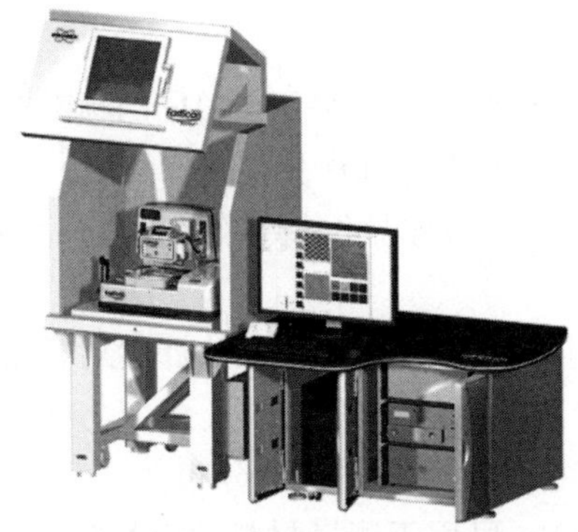

图 3－103　Dimension FastScan XR 原子力显微镜

Dimension FastScan XR 原子力显微镜包含标准扫描管和快速扫描管两种扫描管，如图 3－104 所示。标准扫描管 *xyz* 方向扫描范围为 90 μm×90 μm×10 μm（三方向闭环扫描器），可在大气环境下进行多种工作模式，包括智能模式、接触模式、轻敲模式、抬起模式、定量纳米力学模式、磁力显微镜、电场力显微镜、表面电势显微镜（Kelvin probe force microscopy，KPFM）、压电力显微镜（PFM）及导电力显微镜等。快速扫描管 *xyz* 方向扫描范围为 35 μm×35 μm×3 μm（三方向闭环扫描器）。在 *xyz* 3 个轴上均有温度补偿，非常适合于高精密度及精确度的成像、定位、缩放、纳米操纵和纳米刻蚀。快速扫描管的成像速度在轻敲模式下比标准扫描管快 20 倍，在智能成像模式下比标准扫描管快 6 倍。快速扫描管可以在大气或液态下工作，最大扫描速度可达到 125 Hz 而图像无变形。

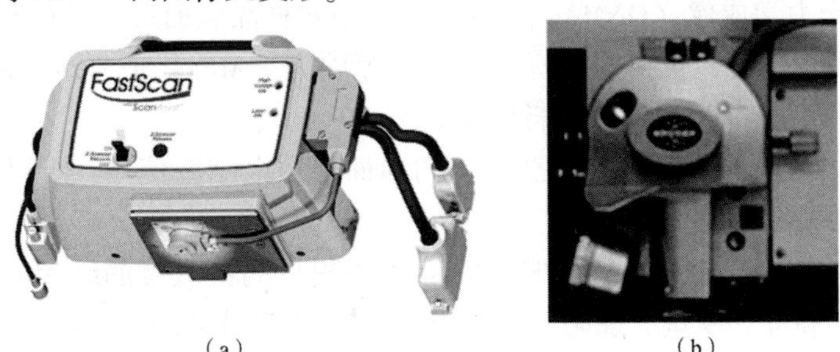

（a）　　　　　　　　　　（b）

图 3－104　快速扫描管和标准扫描管

（a）快速扫描管；（b）标准扫描管

Dimension FastScan XR 样品台为真空吸盘样品台，适合直径 210 mm、厚度小于 15 mm 的样品，样品台可 360°旋转，配有隔音减震平台，防震频率 0.5 Hz，可以很好地实现震动隔绝和声音隔绝，如图 3－105 所示。

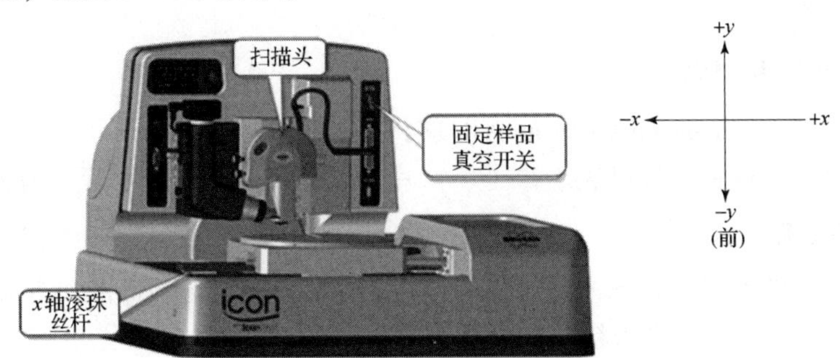

图 3－105　Dimension FastScan XR 样品台

（二）仪器功能

（1）智能扫描模式（scan asyst，SA）：采用2 kHz的频率在整个表面做力曲线，利用峰值力做反馈，通过扫描管的移动来保持探针和样品之间的峰值力恒定，从而反映出表面形貌。

（2）接触模式：探针针尖始终与样品保持接触，可以达到较高的分辨率，可以获得摩擦力定性数据。

（3）轻敲模式：通过使用处于振动状态的探针针尖对样品表面进行敲击来生成形貌图像。在轻敲模式操作下，测量及回馈因表面抵挡及黏滞力的作用而引起振动探针的相位改变，可以采用相位差定性观察材料表面不同相区分布。

（4）横向力显微镜（LFM）：可用于测量材料表面均匀性并生成具有增强的表面特征边缘的图像。通过监测LFM信号，可以推断出横向悬臂弯曲对接触模式高度图像的贡献；相反，提供接触模式高度信息可确认LFM图像上的对比度变化是由于高度的变化还是摩擦系数的变化引起的。

（5）力曲线（force curve，FC）：检测探针和样品的相互作用。原子力显微镜可以对指定区域的表面每一点进行力曲线测量，从而得到样品表面全面的力学信息并揭示样品的新的信息。

（6）磁力显微镜（MFM）：采用磁力探针来探测探针和样品间的相互作用，可以对样品表面的磁场分布进行扫描。

（7）静电力显微镜（EFM）：在获取样品形貌后将探针抬起并施加偏压扫描得到电场分布，有相位检测、频率调制以及振幅调制3种静电力检测方式。

（8）定量纳米力学成像（QNM）：在空气环境下对样品表面形貌进行成像的同时直接获得其定量的纳米力学性能，包括杨氏模量（测试范围为1 MPa～50 GPa、黏附力为10 pN～10 μN）、能量损失、样品变形量和损耗因子。

（9）压电力显微镜PFM：可同时获取面内和面外压电响应信号，可以在纳米尺度测量压电材料的电滞回线和蝴蝶曲线。

（10）峰值力隧穿原子力显微镜PFTUNA：可以提供高灵敏度的纳米电学成像及相关的纳米力学信息，如高度、模量、黏附力、电流等，电流测量区间为10 pA～10 μA，峰值力控制≤50 pN。

（11）表面电势显微镜KPFM：包括振幅调制和频率调制两种方式。利用主扫描获得样品形貌和纳米力学信息的同时，通过交错扫描获得样品的表面电势信息，表面电势成像范围小于10 V，分辨率可以达到10 mV。

四、实验过程

（一）实验仪器和材料

（1）实验仪器：Dimension FastScan XR原子力显微镜。

（2）实验材料：探针、探针夹、镊子、铁片、双面胶、防静电手套、剪刀。

（二）样品要求

（1）粉末样品的制备：粉末样品的制备常用胶纸法。先把两面胶纸粘贴在样品座上，然后把粉末撒到胶纸上，吹去未粘贴在胶纸上的多余粉末即可。

（2）块状样品的制备：玻璃、陶瓷及晶体等固体样品需要抛光，同时要注意固体样品表面的粗糙度。

(3) 液体样品的制备：液体样品的浓度不能太高，否则粒子团聚会损伤针尖。如纳米粉末分散到溶剂中，越稀越好，然后涂于云母片或硅片上，手动滴涂或用旋涂机旋涂均可，并自然晾干。

(三) 实验步骤

(1) 选择测量模式。

(2) 选择探针。

(3) 在探针夹上安装探针。

(4) 在扫描器上安装探针夹。

(5) 调整激光。

(6) 调整光电探测器。

(7) 定位针尖。

(8) 聚焦样品表面。

(9) 当系统工作在轻敲模式时，需要寻找悬臂梁共振峰。

(10) 检查初始扫描参数。

(11) 进针、扫描和抬针。

五、实验结果和数据处理

(一) 表面形貌测试

表面形貌测试是运用分析软件对样品的形貌进行拉平处理，对表面整体图像进行分析可得到样品表面的粗糙度、颗粒度、平均梯度、孔结构和孔径分布等参数；还可以对测试的结果进行三维模拟，得到更加直观的三维图像。

(二) 相图测试

相图测试可以提供有关样品成分、黏附力、摩擦力、黏弹性和其他性质（包括电和磁性质）变化的信息。

(三) 力谱测试

(1) 力曲线：可以把特定的力加到样品的特定位置。

(2) 力学校准：可以精确控制探针与样品相互作用力的大小，可以在接触模式、轻敲模式或峰值力轻敲模式中完成。

(3) 力调制：对样品表面力学性质进行成像。

(4) 力阵列以及快速力阵列模式：能够将力学成像与形貌成像结合起来。

(四) 磁力显微镜测试

磁力显微镜测试可以得到样品表面形貌和磁场分布信息。

(五) 静电力显微镜测试

静电力显微镜测试可以得到样品表面形貌和电场力分布信息。

(六) 定量纳米力学测试

定量纳米力学测试可以对材料进行纳米尺度的力学性质分析，包括模量、黏附力、压入深度和能量耗散等。样品适用范围广，涵盖极软材料（~1 kPa）到硬金属（100 GPa）。

（七）压电力显微镜测试

压电力显微镜测试可以得到样品在面外和面内对外加交流电的响应及电滞回线测试信息，可以用来表征锆钛酸铅等压电性材料、铌酸铅镁等电致伸缩性材料以及钡钛氧化物等铁电性材料。

（八）峰值力隧穿原子力显微镜测试

峰值力隧穿原子力显微镜测试可以提供高灵敏度的纳米电学成像及相关的纳米力学信息，还可以使用谱图模式测量局部电流—电压谱。

（九）表面电势显微镜测试

表面电势显微镜测试可以得到样品表面形貌，能够在纳米尺度定量测量表面电势。

六、典型应用

实验项目12　原子力显微镜实验

1. 智能扫描模式

（1）实验目的。

①了解智能扫描模式成像的原理及相应操作流程。

②了解智能扫描模式探针选型一般规则、原子力显微镜软件离线处理方法。

（2）实验原理。

①峰值力轻敲模式是布鲁克公司 Dimension Icon 系统最新的专利技术。如图 3－106所示，在峰值力轻敲模式下，探针会周期性地触碰样品，产生的皮牛（pN）级相互作用力可直接通过悬臂梁的弯曲量进行测量。测量系统在获取图像的每个像素处都会做一次力曲线。在做力曲线的过程中，探针施加给样品的力的最大值被称为峰值力。其优点是保持轻敲模式的优点，但无须进行悬臂梁调谐；可以控制成像时力的大小，使得探针和样

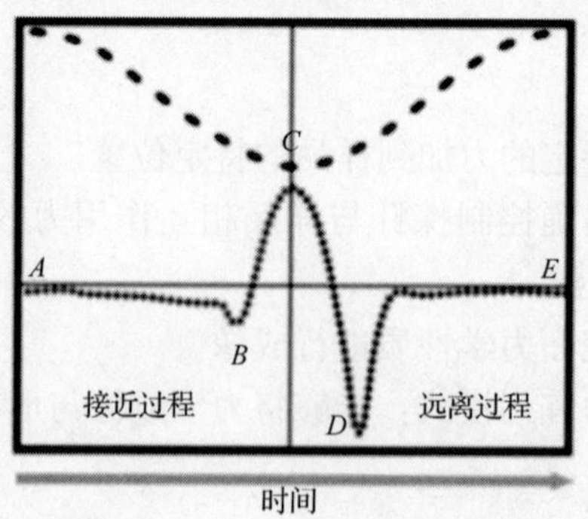

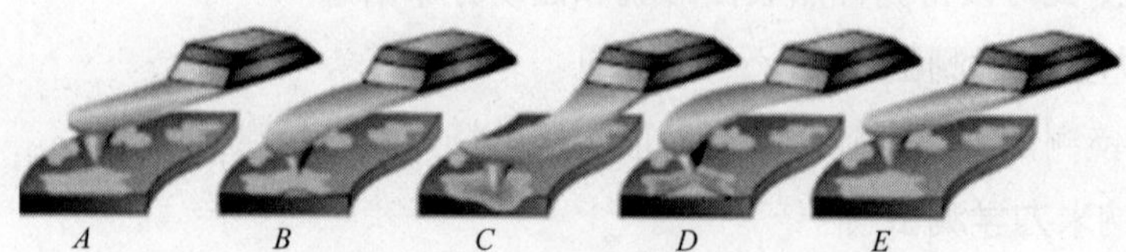

图 3－106　峰值力轻敲模式

品间的相互作用很小，减小了针尖和样品之间的压入深度和相应的接触面积，提高了分辨率；对力的良好控制，使得压入深度和侧向力很小，对探针和样品的损害很小；使用力直接作为反馈，在获取样品表面形貌图像的同时，可以直接定量得到表面的力学信息。

②智能扫描模式默认采用 2 kHz 的频率在整个表面做力曲线，利用峰值力做反馈，通过扫描管的移动来保持探针和样品之间的峰值力恒定，系统可自动优化参数并得到高分辨的图像，可在大气及液体环境下直接成像，从而反映出表面形貌，如图 3－107 所示。其优点是直接用力做反馈使探针和样品间的相互作用很小，能够对很黏、很软的样品成像，相对于轻敲模式具有更好的稳定性。

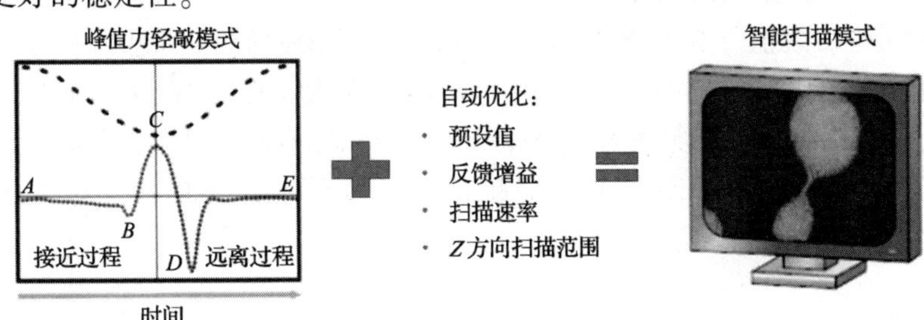

图 3－107　智能扫描模式

（3）实验仪器和材料。

①实验仪器：Dimension FastScan XR 原子力显微镜。

②探针选择：氮化硅（SiN_x）针尖探针，如 ScanAsyst－Air（k～0.4 N/m，针尖曲率半径小于 10 nm）；ScanAsyst－Fluid（k～0.7 N/m，针尖曲率半径小于 10 nm，最大为 15 nm）；ScanAsyst－Fluid（k～0.7 N/m，针尖曲率半径小于 20 nm，最大值为 60 nm）。其中，k 为弹性系数。

（4）实验步骤。

①配置实验。

②准备扫描头、探针和样品。

③校准激光和光电探测器。

④安装探针。

⑤聚焦样品表面。

⑥检查初始扫描参数。

⑦进针扫描图像。

（5）实验结果与数据处理。

利用智能扫描模式获得细胞表面三维形貌图像，如图 3－108 所示。

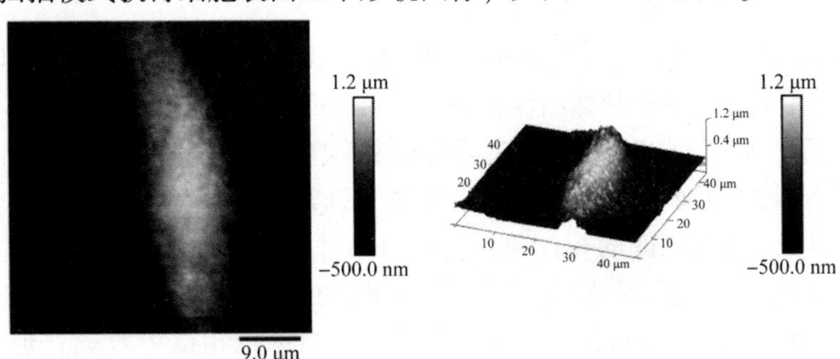

图 3－108　利用智能扫描模式获得细胞表面三维形貌图像

2. 轻敲模式

(1) 实验目的。

①了解轻敲模式成像的原理及相应操作流程。

②了解轻敲模式探针选型一般规则、原子力显微镜软件离线处理方法。

(2) 实验原理。

Tapping Mode^{TM} AFM 是一种布鲁克专利技术，通过用 AFM 探针在其共振频率下振荡，轻轻敲击表面来描绘表面形貌。在轻敲模式中，压电陶瓷垂直激发悬臂基底，导致悬臂发生垂直方向的振荡，振动的振幅可以通过检测系统检测。当针尖刚接触到样品表面时，悬臂振幅会减小到某数值。在扫描样品的过程中，反馈回路维持悬臂振幅在这一数值。当针尖扫描到样品突出区域时，悬臂共振受到阻碍变大，振幅减小；当针尖扫描到样品凹陷区域时，悬臂共振受到阻碍变小，振幅增大。将悬臂振幅的变化不断反馈给控制器，调节针尖和样品的距离，从而保持悬臂振幅恒定，得到样品表面形貌的高分辨率三维图像，如图 3－109 所示。

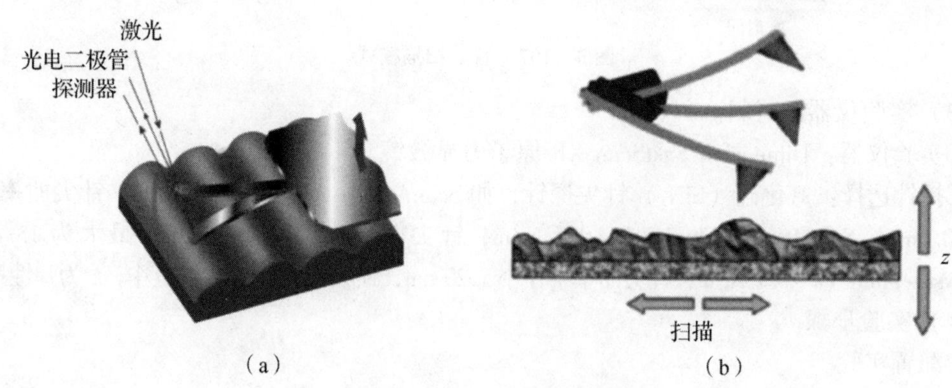

图 3－109　轻敲模式工作原理示意图

(a) 样品表面悬臂振幅变化；(b) 轻敲模式中探针的运动

轻敲模式优点有以下几点。

①由于针尖同样品相接触，轻敲模式能达到与接触模式相近的分辨率。

②由于轻敲模式的针尖与样品间的相互作用力很小，几乎可以完全避免由垂直作用力引起的样品非弹性形变造成的样品损伤。

③由于轻敲模式的针尖与样品的接触时间非常短暂，由针尖扫描产生的侧向剪切力几乎完全消失，降低了图像分辨率的横向力影响。

轻敲模式的缺点是扫描速度比接触模式稍微慢一些，因此，轻敲模式特别适用于软材料（如聚合物、生物体等）、易碎和黏结性较强的材料的研究。

在轻敲模式下，除了可以收集样品表面的高度信息外，还可以同时收集到样品表面的相位信息。相位是测量从相敏检测器（PSD）读取的悬臂振荡的相位和发送到轻敲压电陶瓷（PTZ）的驱动信号的相位之间的相位差，它的图像对比度通常是由表面黏附力和黏弹性差异引起的。驱动信号以一定频率振荡，当探针尖端撞击表面时，储存在悬臂中的能量转化为热能和材料的势能，导致相位角偏移。在样品的某一个区域相位角为 φ_1；但是在另一个不同的区域，样品材料的不同相位角为 φ_2，如图 3－110 所示。

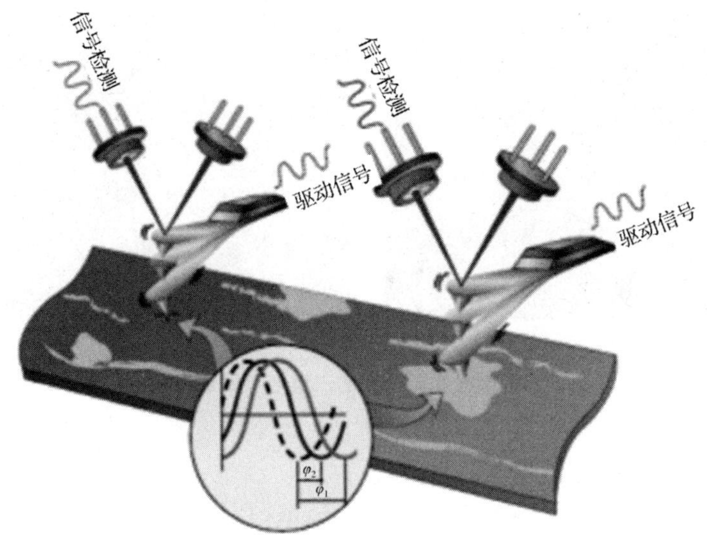

图 3－110　相位成像

相位成像可以提供有关样品成分、黏附力、摩擦力、黏弹性和其他性质（包括电和磁性质）变化的信息。相位信号对短程和长程探针—样品相互作用都很敏感。短程相互作用包括黏附力和摩擦力；长程相互作用包括电场和磁场。相位成像的应用包括定位污染物，区分复合材料中的不同成分，区分高、低表面黏附或硬度的区域以及不同电学或磁学性质的区域。因此，可以采用相位差定性观察材料表面不同相区分布。一般而言，相位图对于识别多相不均匀材料的组分分布、表征样品表面黏弹性等方面更为有效。

（3）实验仪器和材料。

①实验仪器：Dimension FastScan XR 原子力显微镜。

②探针选择：通用成像——TESP、RTESP（硅悬臂）；软样品上的软轻敲——FESP；软样品上的硬轻敲——LTESP。

（4）实验步骤。

①配置实验。

②安装探针并调节激光。

③聚焦探针。

④寻找探针的共振频率。

⑤聚焦表面。

⑥扫描参数设置。

⑦进针和扫描。

（5）实验结果与数据处理。

轻敲模式下得到样品的三维形貌图像及相位成像，如图 3－111 所示。

3. 接触模式

（1）实验目的。

①了解接触模式的成像原理及相应操作流程。

②了解接触模式探针选型一般规则、原子力显微镜软件离线处理方法。

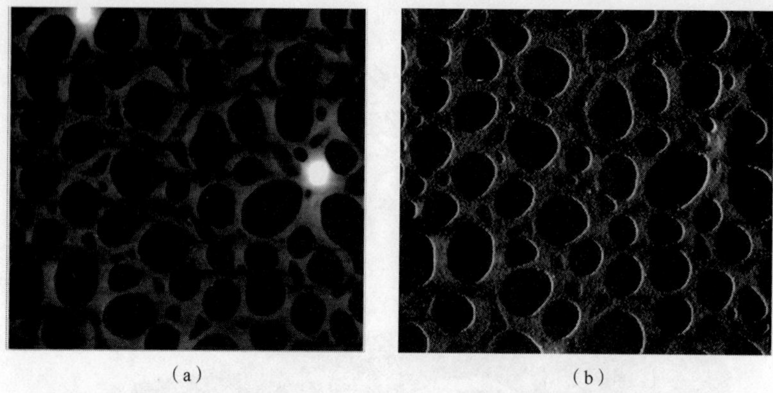

图 3－111　轻敲模式下样品的三维形貌图像及相位成像

(a) 形貌图像；(b) 相位成像

(2) 实验原理。

接触模式是通过扫描过程中探针针尖始终与样品保持接触的原理来实现的，如图 3－112 所示，悬臂的偏移是样品与针尖上作用力的量度，在测量过程中，针尖与样品表面之间的力保持不变。当针尖在表面上遇到粒子时，针尖将被略微向上推动，而悬臂将略微向上弯曲，这导致垂直挠度增加。由该悬臂弯曲变化引起的垂直偏转与偏转设定点的偏差称为偏转误差信号(DES)。偏转误差信号通过设置的反馈增益进行最小化处理，并发送至 Z 压电陶瓷管针尖向上或向下移动。此时，悬臂弯曲恢复到其原始位置，导致垂直偏转返回到其设定值。Z 压电陶瓷管位置的变化量由反馈回路记录，并用于在 z 轴上移动针尖以将偏斜恢复到其原始位置。

接触模式的优点：可达到较高的分辨率，可获得摩擦力定性数据。

接触模式的缺点：扫描过程中有可能对样品表面造成污染或损伤，横向的剪切力和表面的毛细力都会影响成像。

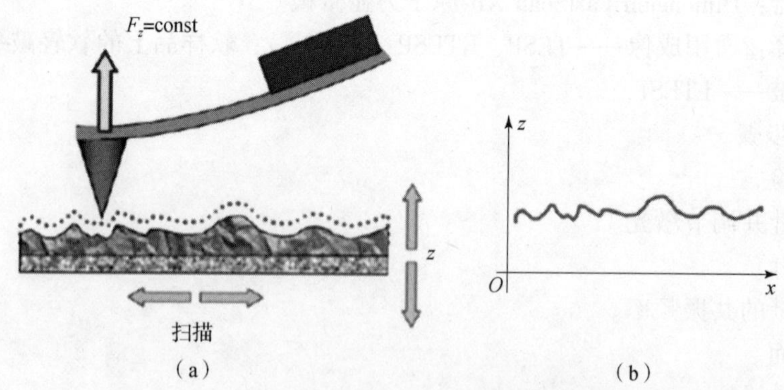

图 3－112　接触模式针尖在样品表面的扫描路径和曲线

(a) 扫描路径；(b) 扫描曲线

接触模式可用来检测悬臂和样品表面之间的相互作用力。在力学曲线中（图 3－113），在位置 1，开始时探针和样品相距较远，作用力很小，悬臂不发生偏转。随着探针与样品进一步靠近，它们之间出现相互吸引和排斥，导致悬臂发生偏转，斥力相互作用越来越明显。在位置 2，探针和样品接触时，悬臂偏转更加明显，作用力呈线性增加。在位置 3，悬臂达到最大偏转，探针不再前进开始回缩，最后探针克服以黏滞力为主的作用离开样品表面。

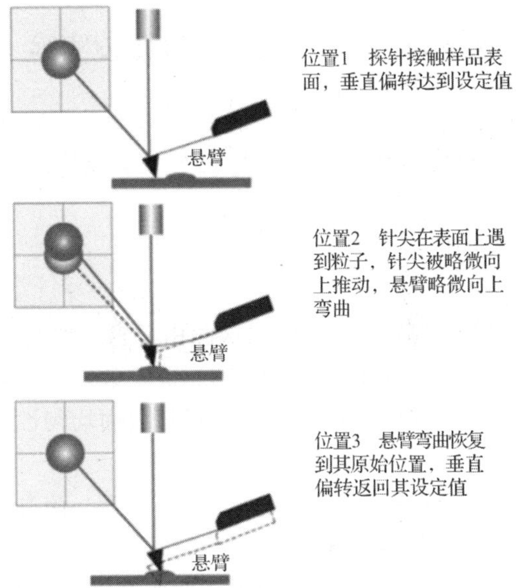

位置1　探针接触样品表面，垂直偏转达到设定值
悬臂
位置2　针尖在表面上遇到粒子，针尖被略微向上推动，悬臂略微向上弯曲
悬臂
位置3　悬臂弯曲恢复到其原始位置，垂直偏转返回其设定值
悬臂

图3－113　接触模式过程中力学曲线示意图

（3）实验仪器和材料。

①实验仪器：Dimension FastScan XR 原子力显微镜。

②探针选择：SiN 基板上的 100 μm 的宽悬臂是对大多数样品进行接触模式成像的首选。如果由于尖端损坏样品表面而使图像迅速劣化，可以换成弹性系数（k）较低的悬臂，如 DNP 或者 NP 系列（4 个悬臂的探针，k 值为 0.06～0.58 N/m，背面有金膜）。

（4）实验步骤。

①设置实验。

②安装探针并调节激光。

③确定探针位置。

④聚焦到样品表面。

⑤检查初始扫描参数。

⑥接触样品表面并开始扫描。

（5）实验结果与数据处理。

接触模式得到样品的三维形貌图像，如图 3－114 所示。

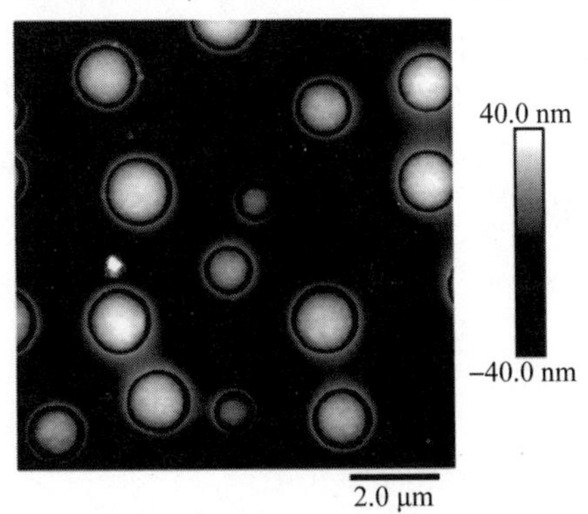

图3－114　接触模式得到样品的三维形貌图像

实验项目 13　横向力显微镜实验

1. 实验目的

（1）掌握横向力显微镜相应操作流程、探针选型一般规则和原子力显微镜软件离线处理方法。

（2）了解横向力显微镜的应用范围。

2. 实验原理

通过测量悬臂的横向弯曲（或扭曲），可以检测由悬臂上平行于样品表面平面的力引起的运动。这种力可能是由于样品表面上某个区域的摩擦系数发生变化，也可能是由于高度变化的边界产生的。因此，横向力显微镜可用于测量材料表面均匀性并生成具有增强的表面特征边缘的图像。

与接触模式一样，横向力显微镜使用光束反射检测方案。该方案采用四象限光电探测器（QPD）来测量悬臂的弯曲，如图 3－115 所示。在横向力显微镜中，QPD 用于检测悬臂的横向和垂直偏转。利用 QPD，可以在一次扫描中同时收集表面和摩擦信息。表面信息从悬臂的垂直偏转获得，当针尖扫描样品时，该偏转在 QPD 的上象限或下象限产生信号。该信号差称为 AC 信号或偏转信号，是指接触模式下 QPD 的上半部分和下半部分：偏转信号＝（A ＋ B）－（C ＋ D），也由高度信号表示，它是 AC 信号的函数。摩擦力信息通过悬臂的扭转变形获得，测量为 QPD 左右象限之间的差异，LFM 信号＝（A＋C）－（B＋D）。

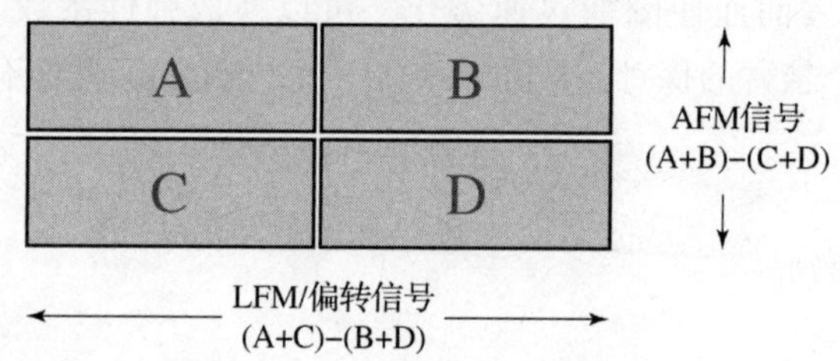

图 3－115　光电探测器四象限分布

3. 实验仪器和材料

（1）实验仪器：Dimension FastScan XR 原子力显微镜。

（2）探针选择：通常选择弹性系数小的矩形探针进行成像，如 ESP 系列、ORC8 系列的探针。

注意：接触模式的设定值的大小将影响横向力信号的大小。如果摩擦效果太大或太小，需要更换探针。

4. 实验步骤

（1）选择横向力显微镜实验。

（2）安装探针。

（3）调节激光和检测器。

（4）确定探针位置。

（5）聚焦到样品表面。

（6）检查初始扫描参数的设置。

（7）下针扫描图像。

5. 实验结果与数据处理

（1）了解色阶。横向力显微镜数据通常在扫描方向设置为90°的情况下在跟踪方向上进行检测。数据色阶遵循惯例，其中较浅的颜色表示较高的摩擦，而较深的颜色表示较小的摩擦。如果监视回归，则颜色的符号反转，如图3－116所示。

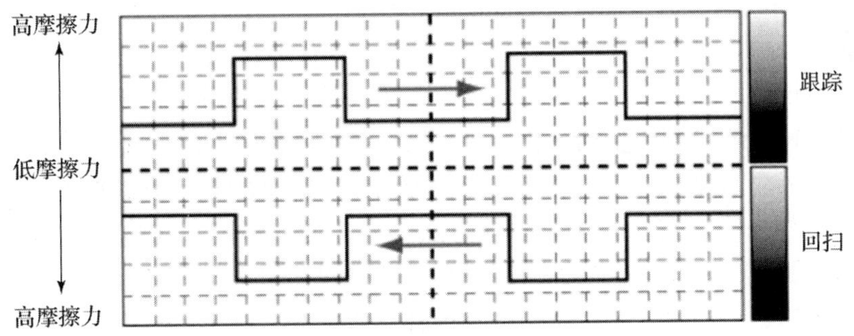

图3－116　横向力显微镜的色阶显示

（2）增强型的LFM数据。通过一次扫描收集3个数据通道，从跟踪线中减去回归线，可以增强LFM数据的大小。通道1设置为高度；通道2设置为摩擦，将线方向设置为跟踪，将离线平面拟合设置为无；通道3设置为摩擦，将线方向设置为回归，将离线平面拟合设置为无。以90°扫描角度收集扫描并保存。在离线处理软件中加载文件，并使用两栏式功能从跟踪中减去回归。结果数据将显示两倍的LFM数据和一半的跟踪误差引起的背景噪声。

（3）LFM信号中的高度引起的伪信号。由于反馈回路中的延迟会导致针尖在爬上边缘时瞬间扭曲，如果足够严重将会显示在摩擦数据中。摩擦会导致悬臂在其行进时沿相反的方向扭曲，实际的LFM信号回归是跟踪方向上的镜像，是反向的；而高度伪影在两个方向扫描显示中为相同方向。LFM信号的符号随摩擦的变化而翻转，不随高度的变化而翻转，如图3－117所示。

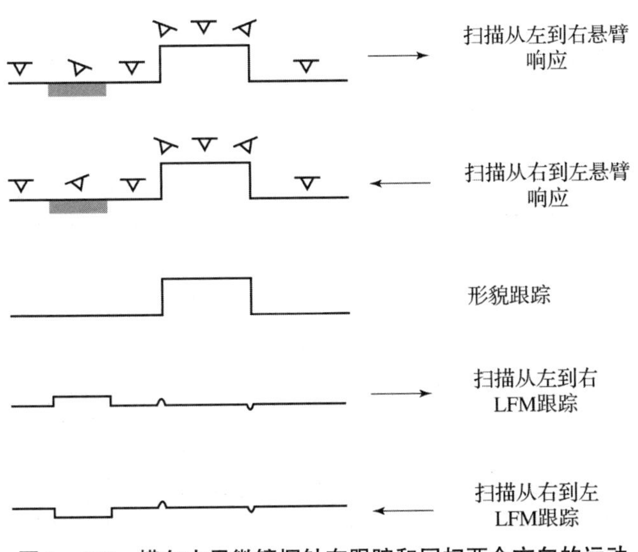

图3－117　横向力显微镜探针在跟踪和回扫两个方向的运动

实验项目 14　力谱实验

1. 实验目的

（1）掌握力谱的基本知识，了解力曲线，能通过力曲线解释探针与样品的作用力过程。

（2）了解力曲线的参数，能够通过 Ramp 得到力曲线。

2. 实验原理

通过探针与样品的一次接触来获得力曲线。力曲线记录的是扫描管沿 z 方向完整的伸长和收缩过程中探针悬臂梁弯曲量的变化，如图 3 - 118 所示。当探针接近样品的时候，首先会受到吸引力，某些情况下（悬臂力常数小于吸引力力梯度时，即较软的悬臂）会观察探针突然“跳”到样品上。在力曲线中表现为点 2 处的轻微下降，在这个过程中，探针会向样品运动直到接触，这个过程也被称作接触点跳跃过程，通常是由经典吸引力或者表面张力引起的。在点 2 到点 4 之间针尖与样品持续接触；在点 4 到点 5 之间，在探针离开表面的时候，有一个更加明显的吸引力。如果吸引力足够强，针尖在脱离时会紧贴样品表面，导致探针缩回后尖端向上急剧反弹（点 5 到点 6 之间的垂直线）。

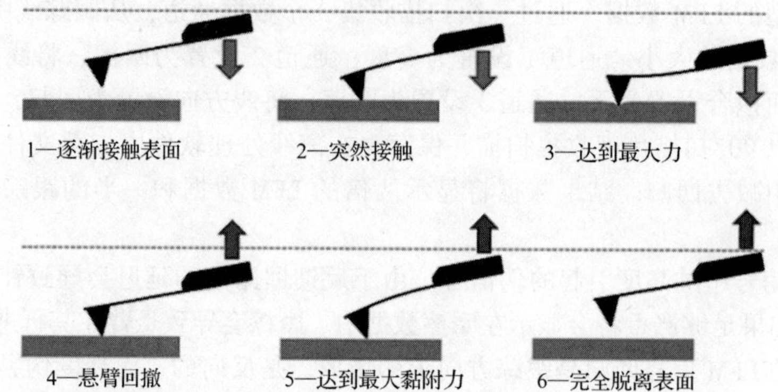

图 3 - 118　探针悬臂接近与远离样品表面过程中的探针—样品相互作用的变化过程

力曲线反映了探针和样品一次相互接近过程中的作用力大小的变化，如图 3 - 119 所示。

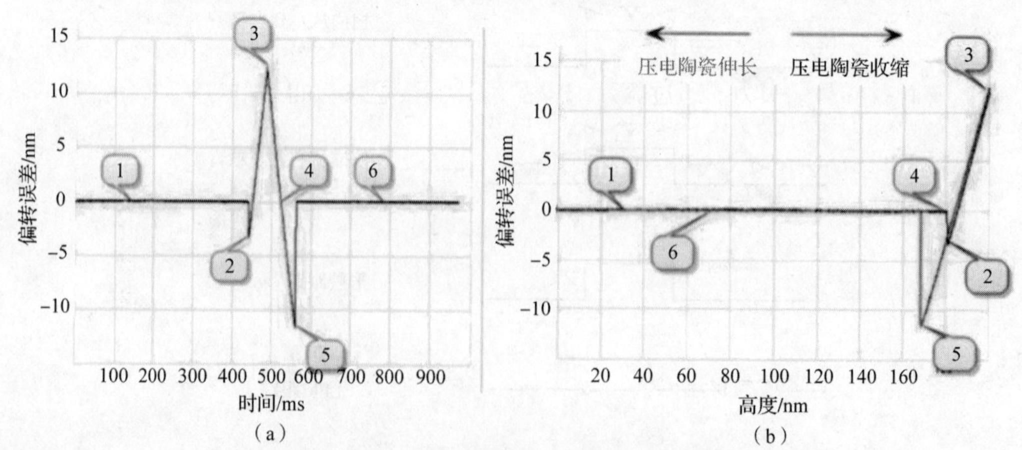

图 3 - 119　一次接触离开过程相应的力曲线

（a）探针和样品一次接触离开过程；（b）一次接触离开过程相应的力曲线

横轴代表探针相对于针尖的运动，随着 z 扫描管部分的伸长，探针朝下向样品运动，探针与样品的距离逐渐减少。随着 z 扫描管的收缩，探针远离样品，探针与样品的距离逐渐增大。力曲线的纵轴为悬臂的弯曲量，当探针往下运动接近样品，受到的斥力增大，在图 3－119 中的曲线会向上走，为上半部分，探针向上运动的时候，曲线会往下走。通过探针与样品的不间断接触，可以获得多组力曲线，同时得到样品的电学性能、弹性模量以及化学键合强度等。

3. 实验仪器和材料

（1）实验仪器：Dimension FastScan XR 原子力显微镜。

（2）探针选择：橡胶和塑料样品（硅探针）；更软样品（硅悬臂或者氮化硅悬臂探针）；硬质材料（单晶硅针尖）。

4. 实验步骤

（1）激活力曲线模式。

（2）设置参数。

（3）单击持续力曲线的按钮。

（4）保存力曲线。

5. 实验结果与数据处理

一次力曲线过程获得的力曲线，如图 3－120 所示。

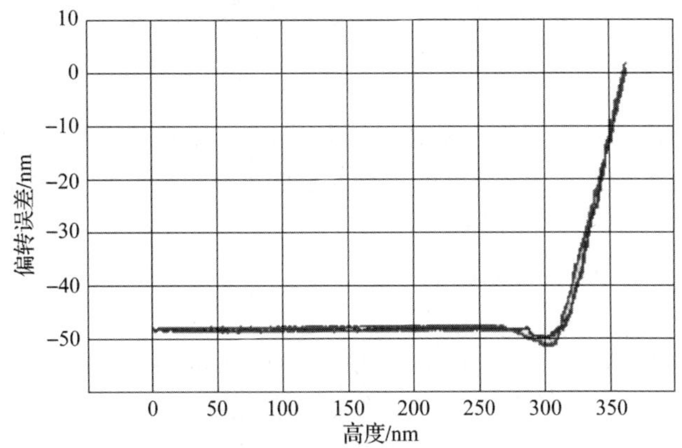

图 3－120 一次力曲线过程获得的力曲线

（1）探针—样品吸引力。通过探针与样品的一次接触可以得到某一点的力曲线。此时如果知道弹性系数，则可计算针尖到样品之间的吸引力。这个吸引力在力谱中具有广泛应用，多用来描述探针与样品之间的黏附力。

（2）样品弹性。通过分析力曲线可以获得样品的弹性力学性质。如图 3－119（a）所示，在点 2 到点 4 之间针尖与样品持续接触。当探针进一步向下运动时，悬臂弯曲的同时针尖也压入了样品。已知扫描管 z 方向向下运动的距离，如果能得到悬臂的弯曲量，即可计算出样品的弹性力学性质。如果样品很硬，则探针向下按压的时候会产生相对大的悬臂弯曲；如果样品很软，则悬臂的弯曲量会相对较少。力曲线在探针与样品接触区域的形状和斜率可以获得表面的弹性性质，并能用来定量测量样品的弹性模量。基于峰值力轻敲模式的定量纳米力学模式能同时得到形貌和力学性质成像。

（3）解析力曲线。通过解析力曲线可以确认样品的黏附力、刚度以及弹性模量等性质。图 3－121 展示了不同力学性质下的力曲线。

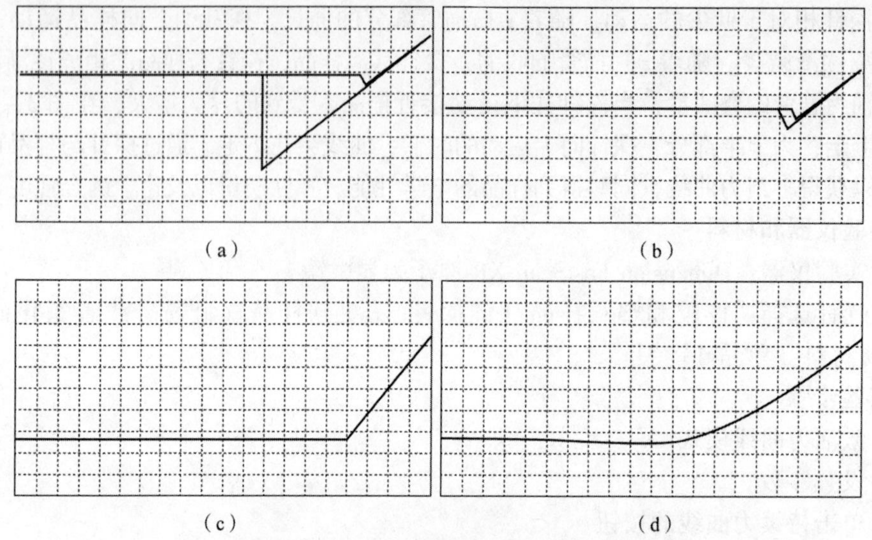

图 3-121　不同力学性质下的力曲线

(a) 大黏附力；(b) 小黏附力；(c) 刚性样品；(d) 柔软样品

实验项目 15　磁力显微镜实验

1. 实验目的

(1) 理解交错扫描的基本原理，能将交错扫描模式应用于磁力显微镜。

(2) 了解磁力显微镜操作基本流程、探针选型一般规则、原子力显微镜软件离线处理方法。

(3) 了解磁力显微镜的应用范围。

2. 实验原理

交错扫描是 NanoScope 软件的一项高级功能，可以同时采集两种类型的数据。启用交错扫描模式可以改变扫描过程：在每条主扫描线的跟踪和回扫之后，即通常的形貌测量之后，插入副扫描线，即第二次跟踪和回扫，可以获得样品的非形貌信息。在模式设置为抬起的情况下启用交错扫描将执行抬起模式。在交错扫描期间，关闭反馈并将针尖抬起到样品表面上方选择的高度，以执行远场测量静电力。通过记录由针尖上的静电力引起的悬臂偏转或共振偏移，可以获得远场力变化的扫描图像。抬起模式可以从样品的形貌数据中分离出纯粹的静电力数据，如图 3-122 所示。

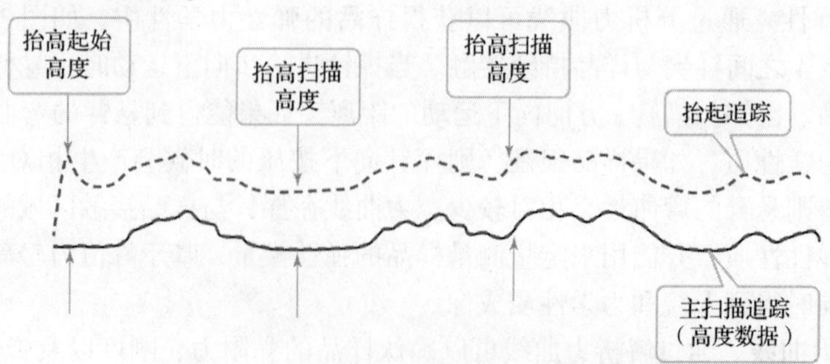

图 3-122　主扫描和抬起模式的扫描图像

交错扫描有两种模式：交错扫描和抬起扫描。选择交错扫描后，反馈在交错过程中保持打开状态；选择抬起扫描后，反馈关闭，针尖从表面抬起至选择的高度进行扫描。主通道记录的形貌数据用于在交错扫描期间使针尖与样品表面保持恒定的距离。针尖首先移动到抬高起始高度，然后移动到抬高扫描高度。可以使用较大的抬高起始高度将针尖从表面抬起并防止样品粘连针尖。抬起扫描高度是扫描期间样品表面与针尖之间保持的距离，该值可以是正数也可以是负数。

磁力显微镜利用的是抬起扫描模式：①首次追踪/回扫，悬臂跟踪表面形貌；②悬臂上升到抬高扫描高度；③第二次追踪/回扫，悬臂沿表面形貌测量磁场信息，如图 3－123 所示。在磁力显微镜中，使用轻敲模式首先扫描样品表面以获得形貌信息，然后选择抬起扫描模式，将针尖抬高到样品表面上方，将初始扫描的表面形貌添加到抬起扫描过程中，在抬起扫描期间使针尖和样品保持恒定的距离，并在第二次扫描期间检测磁力相互作用。在抬起扫描模式中，磁力显微镜图像中几乎不存在形貌特征的影响。

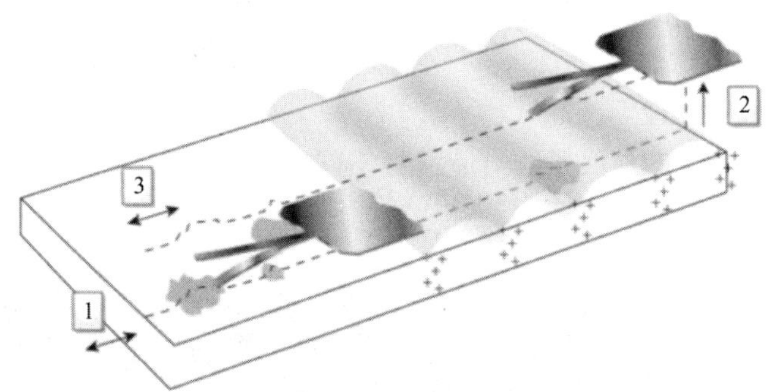

图 3－123　磁力显微镜实验过程示意图

磁力的影响是通过力梯度检测原理测量出来的。在没有磁力的情况下，悬臂的共振频率为 f_0。假设悬臂受到磁力作用的影响导致频率偏移，该频率偏移量为 Δf_0，则 Δf_0 与针尖上的磁力中的垂直梯度成比例。频率偏移可以通过 3 种方式进行检测：相位检测（测量悬臂相对于压电驱动器的振荡相位差）、振幅检测（跟踪振幅的变化）、频率调制（直接测量共振频率的变化）。相位检测和频率调制产生的结果通常优于振幅检测。相位曲线显示驱动电压和悬臂响应之间的相位差，垂直磁力梯度导致共振频率发生偏移 Δf_0，频移导致相移 $\Delta \Phi$，频移和相移可以用来表示磁力梯度，如图 3－124 所示。

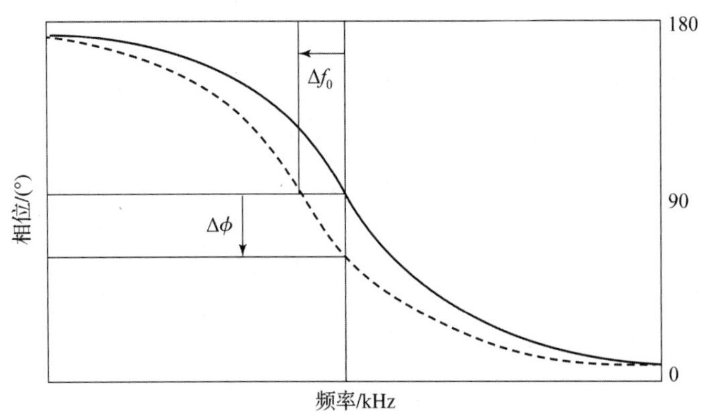

图 3－124　频移和相移示意图

3. 实验仪器和材料

（1）实验仪器：Dimension FastScan XR 原子力显微镜。

（2）探针选择：具有磁性涂层的探针。

4. 实验步骤

（1）在标准扫描器上安装探针夹之前，先用永磁体磁化探针。

注意：针尖被磁化的方向应沿针尖轴线（垂直于样品表面）方向；然后，磁力显微镜从样品磁场的垂直分量感测力梯度；将磁性探针安装在探针夹上。

（2）选择磁力显微镜实验模式。

（3）调节激光和检测器。

（4）使用自动调节或手动调节设置悬臂驱动频率。

（5）进入导航界面，聚焦到样品表面。

（6）进针，并对扫描参数进行必要的调整，以获得良好的形貌图像。

（7）在检查参数视图的交错扫描菜单下，将抬高扫描高度设置为 100 nm，继续优化抬高扫描高度。

5. 实验结果与数据处理

（1）图像分析。交替的深浅条纹对应探针不同的共振频率和磁力梯度，反映了样品表面的磁信息，如图 3－125 所示。

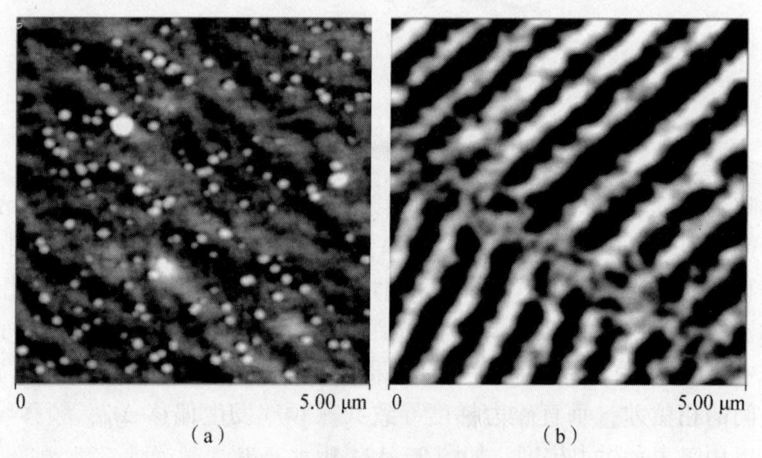

（a）　　　　（b）

图 3－125　磁带的形貌和磁力图像

（a）形貌图像；（b）磁力图像

（2）分辨率。影响成像分辨率的最重要的参数是抬高扫描高度。首次对样品进行成像时，从中等的抬高扫描高度（50 nm 或更大）开始并向下调整。通常，磁力显微镜分辨率大致等于其抬起高度，较小的抬高扫描高度具有更好的分辨率，小于抬高扫描高度的磁性特性可能无法检测，而且靠近样品表面的磁场较强，还可以提高信噪比。磁力显微镜的极限横向分辨率接近 20 nm。要提高分辨率，可以尝试将抬高扫描高度降低到 25 nm。确保在抬高扫描过程中，针尖不会撞击到样品表面。针尖和样品的撞击会显示为黑色或白色的斑点，甚至是嘈杂的高对比度的条纹穿过图像。一般情况下，抬起模式中的间歇性针尖撞击不会损坏磁力显微镜探针，除非在非常大的驱动振幅和特别小的抬起高度情况下。

（3）光学干涉。当对反射率比较高的样品成像时，有时会在磁力图像中出现光学干涉现象。光学干涉显示为均匀间隔的条纹，有时为波浪条纹，显示在抬起图像上，即叠加1～2 μm间距的条纹。当环境激光（当光通过周围或穿过悬臂时，样品反射回来的光）干扰从悬臂反射的激光时会发生这种情况，此时通过将悬臂激光向悬臂后方移动可以减轻这种干扰，当位于悬臂长度的1/3 处时效果最好。通过扫描时在悬臂上横向小心地移动光束点可以减轻干扰，直到干涉条纹最小化。注意：当心不要将光束从悬臂上移开，否则反馈可能会丢失。

实验项目 16 静电力显微镜实验

1. 实验目的

（1）理解交错扫描的基本原理，能将交错扫描模式应用于静电力显微镜。

（2）了解静电力显微镜操作基本流程、探针选型一般规则、原子力显微镜软件离线处理方法。

（3）了解静电力显微镜的应用范围。

2. 实验原理

与磁力显微镜技术类似，抬起模式可以测量相对较弱但具有长程的静电相互作用的样品，同时最小化样品形貌的影响：①首次追踪/回扫：悬臂跟踪表面形貌；②悬臂上升到抬高扫描高度；③第二次追踪/回扫：悬臂沿表面形貌测量电场信息，如图 3－126 所示。在静电力显微镜中，使用轻敲模式首先扫描样品表面以获得形貌信息；然后选择抬起模式，将针尖抬高到样品表面上方，将初始扫描的表面形貌添加到抬起扫描过程中；在抬起扫描期间使针尖和样品保持恒定的距离，并在第二次扫描期间检测静电力相互作用。

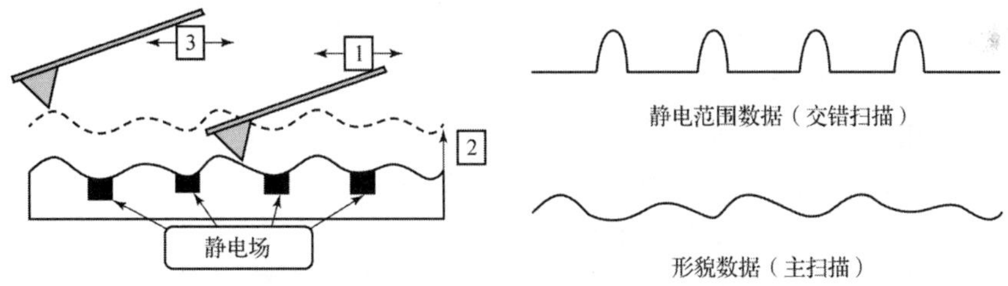

图 3－126 静电力显微镜实验过程示意图

静电力显微镜扫描过程中，如果振动的探针受到吸引力作用，悬臂有效弹性系数降低，振动频率减小，如图 3－127 所示；受到排斥力作用，悬臂有效弹性系数增加，振动频率会增加，如图 3－128 所示。这种变化会引起振幅频率曲线的移动。静电力显微镜探测的就是这种由电场力引起的振幅、频率或相位的变化。

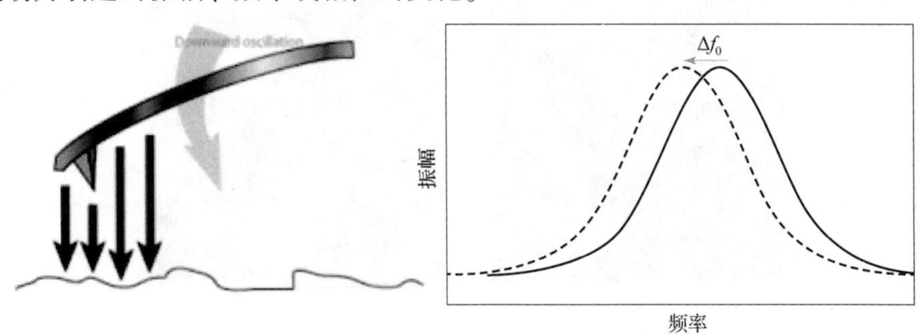

图 3－127 吸引力对共振频率影响示意图

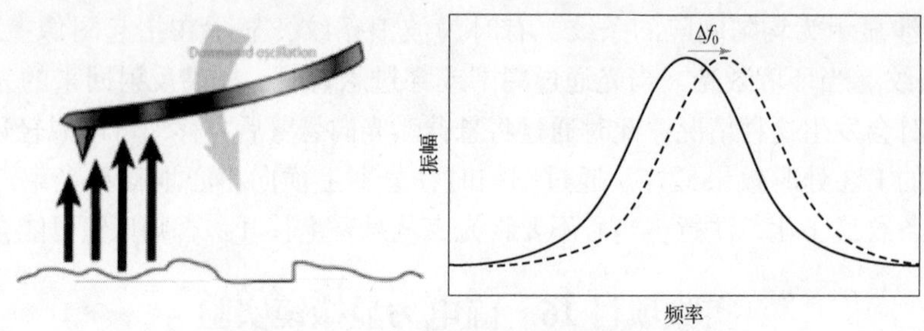

图 3－128　排斥力对共振频率影响示意图

测量样品表面电场梯度的变化时，样品可以是导电的、不导电的或介于二者之间的。由于样品表面形貌会影响电场强度，形貌的较大差异导致难以区分静电力强度的变化是由于形貌变化引起的还是电场变化引起的，因此静电力显微镜测试的最佳样品是具有光滑表面形貌的样品。场源可以是陷阱电荷、外界施加电压等，在导电区域顶部具有绝缘层（钝化）的样品也是适合静电力显微镜测试的。静电力显微镜适合测试表现出较大静电力梯度衬度的样品，也可以测试样品中表面电势有差别的区域。在测试粗糙样品或是静电力梯度衬度很小的样品时，静电信号可能会受到形貌的影响。

3. 实验仪器和材料

（1）实验仪器：Dimension FastScan XR 原子力显微镜。

（2）探针选择：SCM－PIT（铂/铱镀层探针）；MESP（镀有钴/铬的高性价比导电探针）；自制镀层的 FESP 探针；没有金属涂层的标准硅探针，如 FESP、TESP、LTESP（金属涂层会降低针尖尖锐度，降低横向分辨率）。

4. 实验步骤

（1）安装好探针和样品。

（2）选择静电力显微镜实验模式。

（3）使用自动调谐或手动调谐设置悬臂驱动频率。

（4）进入导航界面，聚焦到样品表面。

（5）进针，并对扫描参数进行必要的调整以获得良好的形貌图像。

（6）在检查参数视图的交错扫描菜单下，将抬高扫描高度设置为 100 nm，继续优化抬高扫描高度。

5. 实验结果与数据处理

（1）图像分析。静电力显微镜可以得到样品表面形貌和电场力分布，如图 3－129 所示。

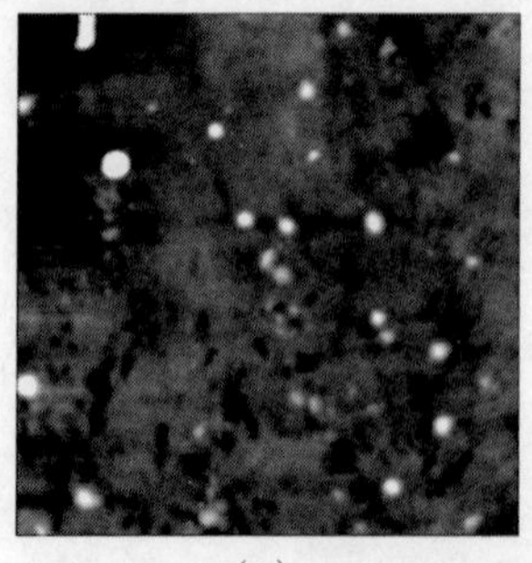

（a）

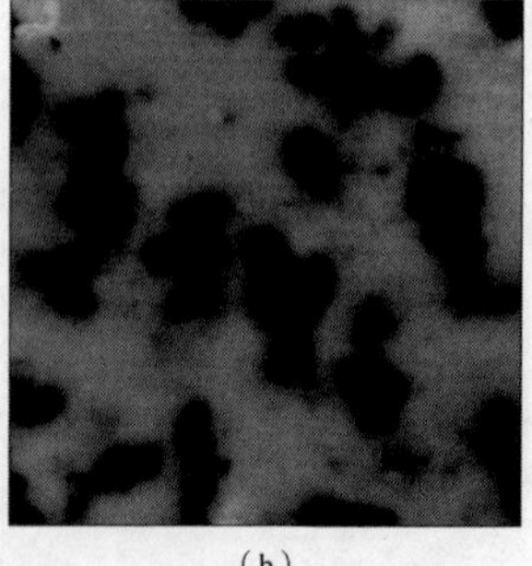

（b）

图 3－129　样品表面形貌和电场力分布

（a）表面形貌；（b）电场力分布

（2）分辨率。调低抬高扫描高度可以提高静电力显微镜的横向分辨率。最小抬高扫描高度取决于样品的粗糙度、振幅设定值和自由空气振幅之间的差异以及高度图像的质量。如果探针在提升模式中撞到表面，图像中会显示出高对比度的黑色或白色斑点。

（3）光学干涉。当对高反射样品成像时，有时会在电场力梯度图像中出现光学干涉现象。光学干涉显示为具有 1 ~ 2 μm 均匀间隔的波浪线。当激光穿过探针悬臂或者从悬臂边缘漏到样品上时会发生这种现象。此时需要重新调节激光，使其位于悬臂前部 1/3 ~ 1/2 的范围内。如果悬臂透光，则需要更换探针。

实验项目 17　定量纳米力学成像模式实验

1. 实验目的

（1）了解定量纳米力学成像模式 QNM 的基本原理。

（2）了解定量纳米力学成像模式操作基本流程、探针选型一般规则、原子力显微镜软件离线处理方法。

（3）了解定量纳米力学成像模式的应用范围。

2. 实验原理

峰值力轻敲模式定量纳米力学成像（peak - force quantitative nanomechanical mapping，PFQNM）是峰值力轻敲模式的一个重要应用，可以对材料进行纳米尺度的力学性质分析，包括模量、黏附力、压入深度和能量耗散等。在峰值力轻敲模式中，可以直接控制探针与样品之间的作用力，因此可以实现一个很小的压入深度，减弱基底效应带来的影响。定量纳米力学成像模式基于峰值力轻敲模式，可以对复杂的样品进行多种性质的成像，具有分辨度高、扫描速度快以及大范围弹性性质成像的优点。

在一次峰值力（PFT）的振动过程中，探针 z 方向的位置和作用力随时间变化的曲线，即为“心跳”曲线，如图 3 - 130 所示。处于 A 点的时候，探针与样品相距很远，因此探针—样品的作用力为 0。当探针接近样品表面的时候，探针会首先受到吸引力的作用。这种力通常由范德华力、静电力导致，表现在图 3 - 130 中即为受到一个横轴以下的负向力。因此，在 B 点的时候，探针受到了吸引力被拉到了样品表面。随着扫描管逐渐向下运动，探针依然保持与样品接触，但是受到的排斥力逐渐增大，直到扫描管移动到最低的位置 C 点的时候，探针受到的排斥力达到最大，即峰值力。峰值力成像利用峰值力作为反馈信号，通

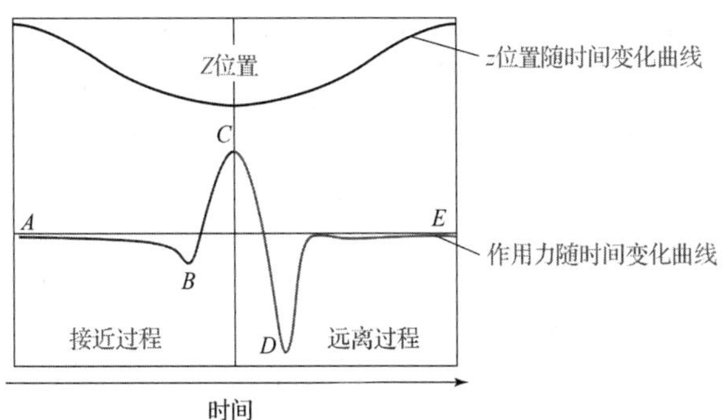

图 3 - 130　“心跳”曲线（在一次峰值力的振动过程中，探针 z 方向的位置和作用力随时间变化的曲线）

过反馈系统使峰值力保持不变。到达峰值力后，扫描管会向上抬起，探针受力也逐渐减小，直到达到了负向的最大力（D点），这个点的力就叫做黏附力。因为探针开始离开样品表面，该点也被称作拉起点。一旦探针离开了样品表面后，探针又变为主要受远程力的作用，远程力很小，在探针跟样品距离很远的时候（E点）甚至接近于0。

根据探针z方向的位置（由施加在扫描管z部分上的电压或高度传感器信号给出）随时间变化的信息，$F-t$曲线可以转变为力曲线（$F-z$曲线），如图3－131所示。在扫描过程中软件会实时对力曲线进行分析处理，提取峰值力作为反馈，同时计算出样品的力学性质（黏附力、模量、压入深度和能量耗散）并成像。

峰值力轻敲模式在远低于探针共振的频率下工作，采用峰值力的大小作为反馈，依靠在扫描管压电陶瓷上施加电压实现在z方向上的移动。在振动的同时可以检测到峰值力的大小，并且获得纳米尺度上的力学信息。峰值力轻敲模式包含一个智能调控参数的模式，可以自动调控，包括反馈增益、峰值力、扫描速度以及z扫描管工作距离等参数，可以有效降低探针的损耗。

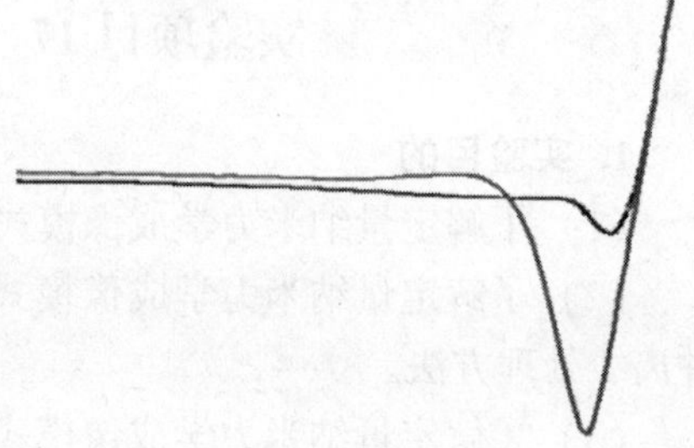

图3－131　峰值力轻敲模式给出的力曲线

3. 实验仪器和材料

（1）实验仪器：Dimension FastScan XR 原子力显微镜。

（2）探针选择：PFQNM需要根据样品的硬度来选择合适的弹性系数，推荐使用有镀层的探针，如表3－12所示。

表3－12　QNM探针选择

样品杨氏模量（E）	探针类型	弹性系数 $k/(\mathrm{N\cdot m^{-1}})$
1 MPa < E < 20 MPa	ScanAsyst－Air，SAA－HPI－30	0.4
1 MPa < E < 16 MPa	RFESPA－40－30	0.9
5 MPa < E < 800 MPa	RTESPA－150，RTESPA－150－30	5
200 MPa < E < 8100 MPa	RTESPA－300，RTESPA－300－30	40
1 GPa < E < 49 GPa	RTESPA－525，RTESPA－525－30	200
10 GPa < E < 100 GPa	DNISP－HS	350

4. 实验步骤

（1）进入定量纳米力学成像模式。

（2）准备探针和调节激光检测器。

（3）探针表征。

（4）设置初始扫描参数。

（5）进针。

（6）成像。

5. 实验结果与数据处理

（1）定量纳米力学成像的形貌如图 3－132 所示。

（2）DMT 模量。DMT 模量是以圆球为压入体，在较小的压入深度下适用，以其为模型拟合得到的模量即为 DMT 模量，如图 3－133 所示。折合杨氏模量 E^* 是通过对回撤曲线做 DMT 模型的拟合计算得到，公式如下：

$$F_{\text{tip}} = \frac{4}{3}E^*\sqrt{Rd^3} + F_{\text{adh}}$$

式中，F_{tip} 为探针上受到的力；F_{adh} 为黏附力；d 为压入深度；R 为探针在压入深度 d 下的拟合半径，如图 3－134 所示。

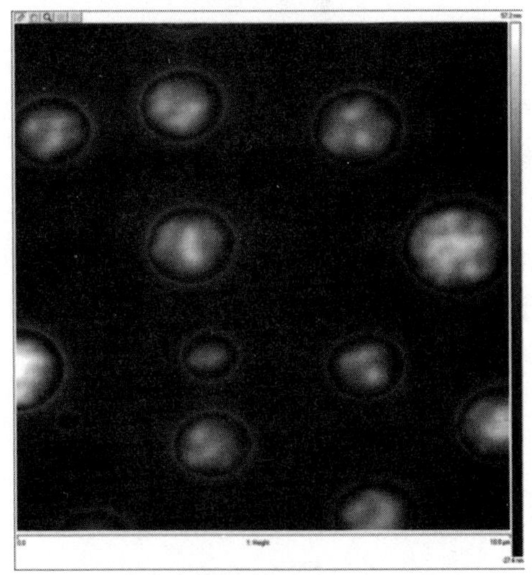

图 3－132　定量纳米力学成像的形貌（PS－LDPE－12M 标准样品）

图 3－133　DMT 模型中大球压入样品示意图

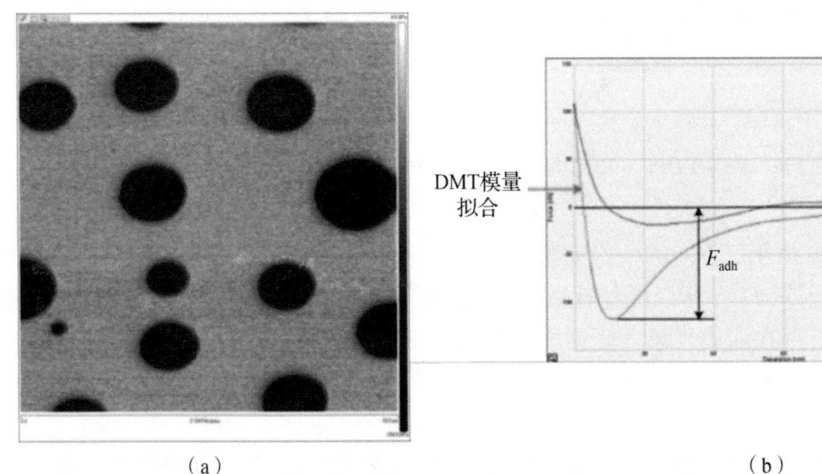

图 3－134　PS－LDPE－12M 样品的 DMT 模量分布图及力曲线，以力—分离距离形式显示

（a）DMT 模量分布图；（b）DMT 模量拟合示意图

（3）黏附力。黏附力即力曲线上最大的负向力，如图 3－135 所示。

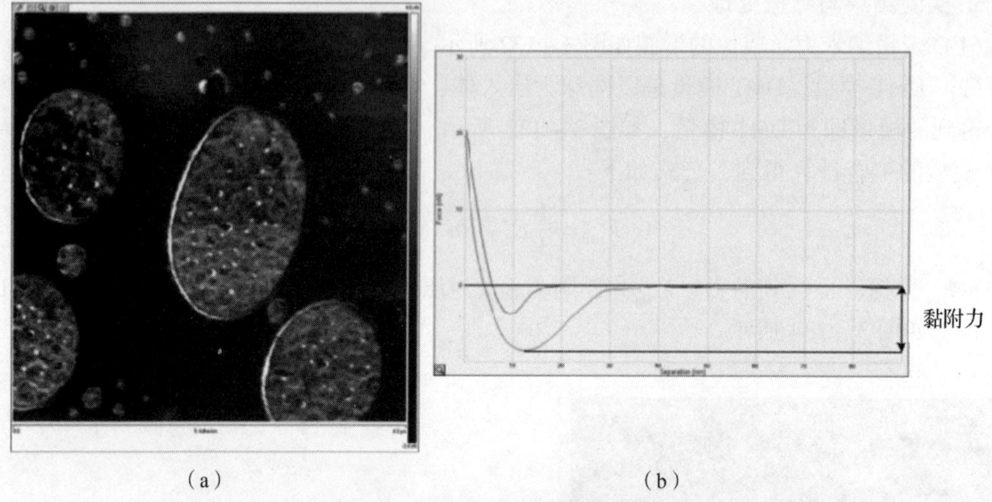

（a） （b）

图 3－135 PS－LDPE－12M 样品的黏附力分布图及黏附力图解

（a）黏附力分布图；（b）黏附力图解

（4）峰值力。峰值力是基于峰值力轻敲模式的 PFQNM 的反馈物理量。在软件中显示的是峰值力误差（peak force error），即实时峰值力与设定值的误差，如图 3－136 所示。

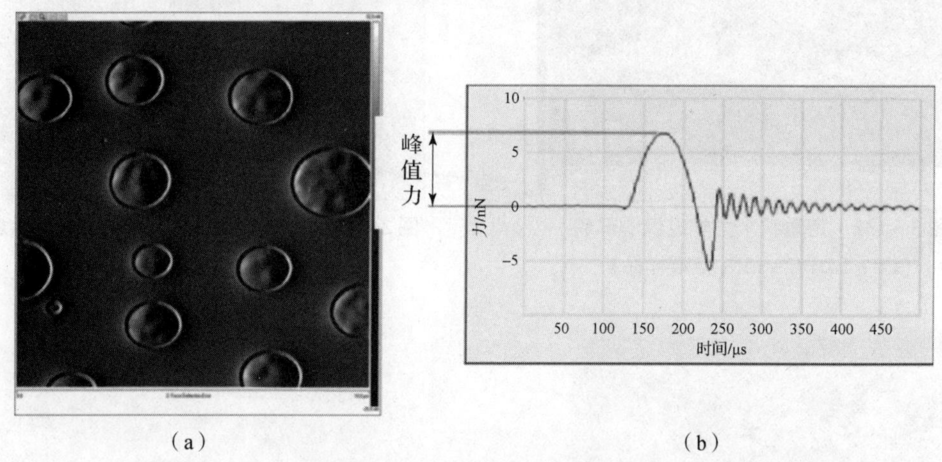

（a） （b）

图 3－136 PS－LDPE－12M 样品的峰值力误差分布图及峰值力示意图

（a）峰值力误差分布图；（b）峰值力示意图

（5）能量耗散。由于 z 方向的一次完整的运动是由两个反向运动组成，如果接近和回撤曲线重合的话，积分即为 0。所以能量耗散即为两条曲线之间的回滞区域。对于纯粹的弹性形变，样品的压入不存在滞后现象，因此能量耗散也接近 0。所以能量耗散实际上是每个周期性能内的机械能的损失。能量耗散通道展示的是在每个周期内跟踪和回归的曲线划过的面积差，如图 3－137 所示。

（6）形变量估算。形变量估算指的是在力曲线的分离曲线形式中形变力水平所在的位置到峰值力所在的位置的横坐标差值。默认的形变力水平为峰值力的 15%，则对应的形变拟合区域即为整个峰值力的 85%。形变是对实际样品形变量的估算，默认形变力水平为实际形变量的 85%，如图 3－138 所示。

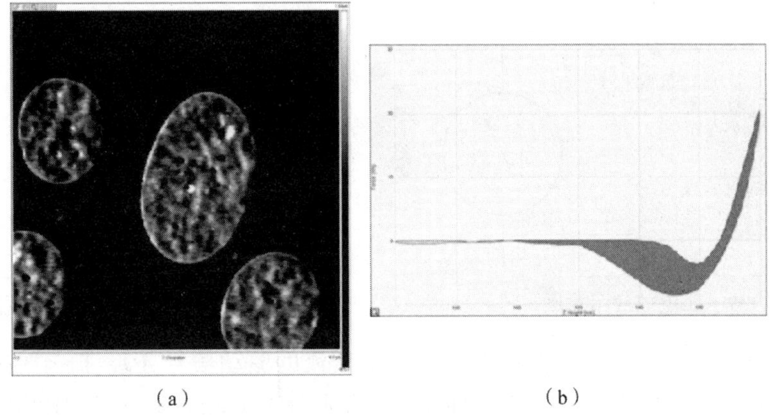

（a）　　　　　　　　（b）

图 3－137　PS－LDPE－12M 样品的能量耗散通道（能量耗散为阴影部分面积）

（a）能量耗散分布图；（b）能量耗散示意图

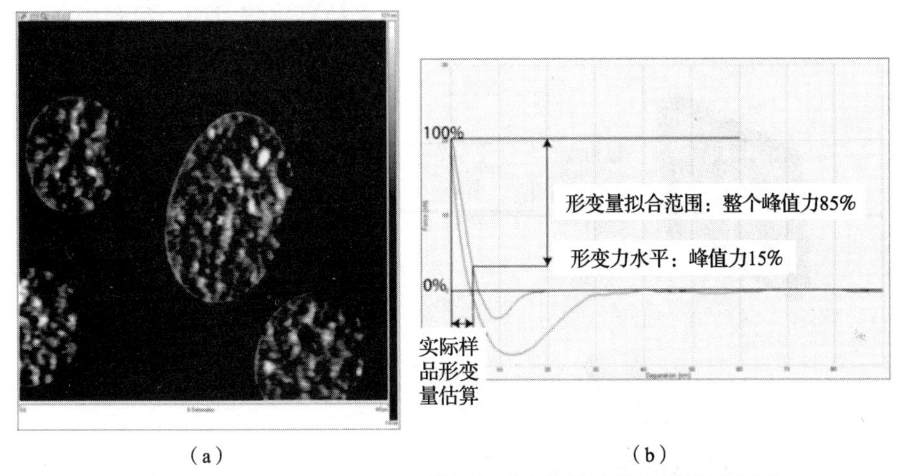

（a）　　　　　　　　（b）

图 3－138　PS－LDPE－2M 样品的形变量估算分布图及示意图

（a）形变量估算分布图；（b）形变量估算示意图

实验项目 18　压电力显微镜实验

1. 实验目的

（1）了解压电力显微镜（PFM）成像的基本原理。

（2）了解压电力显微镜操作基本流程、探针选型一般规则、原子力显微镜软件离线处理方法。

（3）了解压电力显微镜的应用范围。

2. 实验原理

压电力显微镜技术是一种在接触模式下表征样品形变的测试技术，通常探测的是样品在面外方向对外加交流电的响应。这种测试技术基于压电效应（图 3－139）和逆压电效应（图 3－140）。压电性是材料在施加机械应力时产生电势的特性。在逆压电效应中，将电场施加到材料上以产生机械形变。压电力显微镜可以用来表征锆钛酸铅等压电性材料、铌酸铅镁等电致伸缩性材料以及钡钛氧化物等铁电性材料。

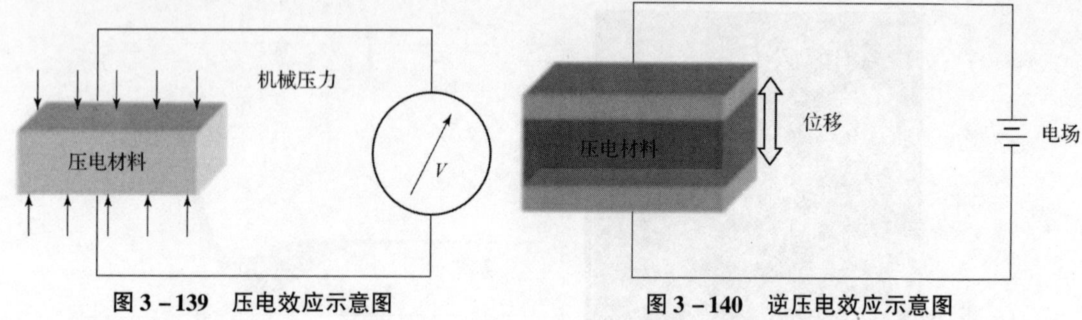

图 3-139　压电效应示意图　　图 3-140　逆压电效应示意图

在压电力显微镜测试中，在探针上施加一个交流的驱动信号 AC，扫描时探针时刻与样品表面保持接触。在交流电的驱动下，样品会发生膨胀和收缩，从而带动探针产生相应的偏转。探针的偏转所对应的形变往往只有几皮米到几十皮米，需要用锁相放大器来测量。四象限光电检测器检测到探针的偏转，并以此作为锁相放大器的输入信号。在锁相放大器中，参考信号为 AC 交流电信号。通过将探针偏转信号与参考信号进行对比，得到所需要的压电信息，如图 3-141 所示。

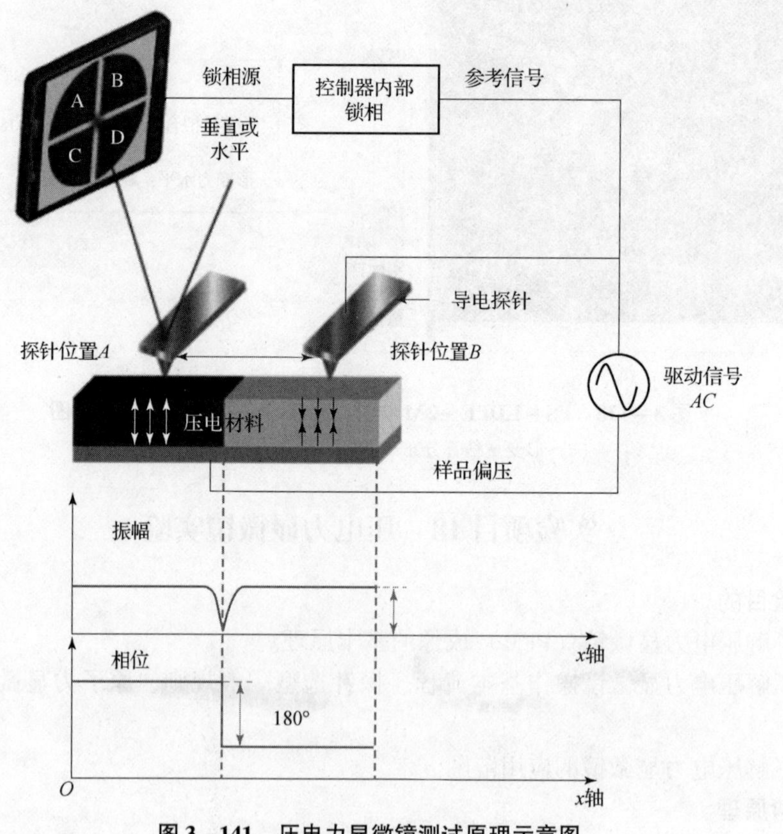

图 3-141　压电力显微镜测试原理示意图

3. 实验仪器和材料

（1）实验仪器：Dimension FastScan XR 原子力显微镜。

（2）探针选择：压电力显微镜对所使用探针的基本要求是导电性，探针需要有导电的镀层，常见的探针型号包括 MESP-RC（推荐）、SCM-PIT、MESP、DDESP、OSCM-PT、NPG。

4. 实验步骤

(1) 样品用导电胶固定在导电材料（如金属样品托）上，然后放置于样品台。

(2) 安装探针。

(3) 调节激光和光电探测器。

(4) 聚焦样品表面。

(5) 初始参数设置。

(6) 下针，扫描。

(7) 优化参数。

5. 实验结果与数据处理

压电力显微镜可以提供有两个重要的压电响应测试值：①各个畴之间的相位差；②振幅，可以用来估算压电系数。

(1) 垂直电畴如图 3－142 所示。

(a)　　(b)

图 3－142　压电响应垂直幅度和相位图像显示周期性极化的铌酸锂（PPLN）标样的交替极化模式

(a) 垂直幅度图像；(b) 相位图像

(2) 垂直畴和水平畴如图 3－143 所示。

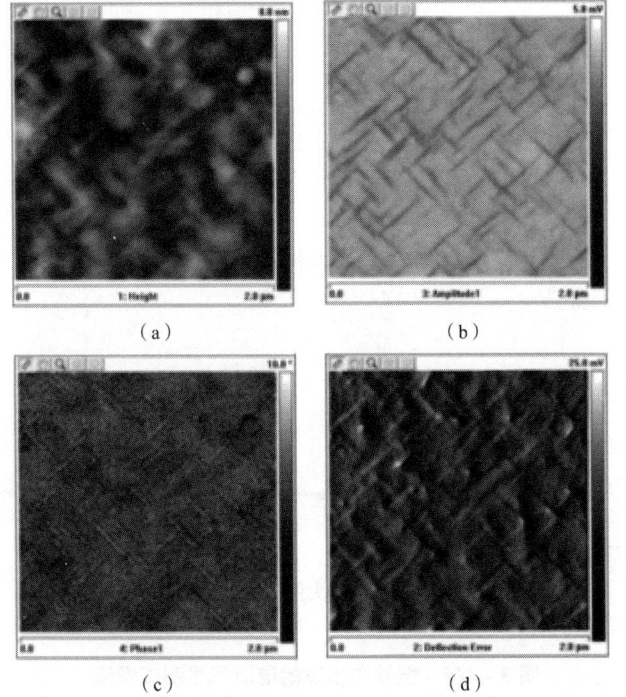

(a)　　(b)

(c)　　(d)

图 3－143　45°扫描时锆钛酸铅压电陶瓷薄膜中的垂直畴和水平畴分布

(a) 高度；(b) 面外振幅；(c) 面外相位；(d) 偏转误差

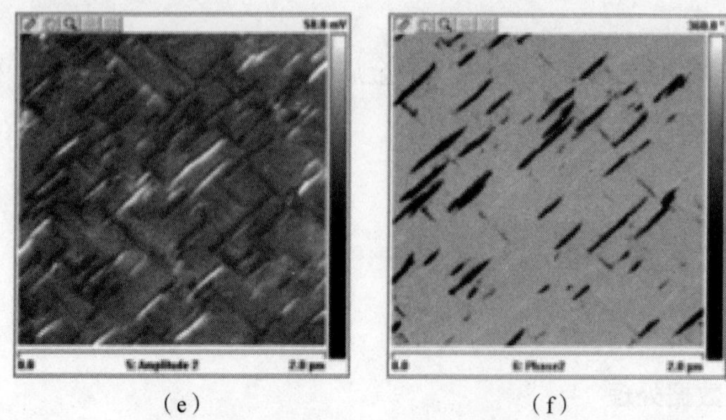

（e）　　　　　　　　（f）

图 3－143　45°扫描时锆钛酸铅压电陶瓷薄膜中的垂直畴和水平畴分布（续）

（e）面内振幅；（f）面内相位

（3）振幅和相位的电滞回线测试图谱如图 3－144 所示。

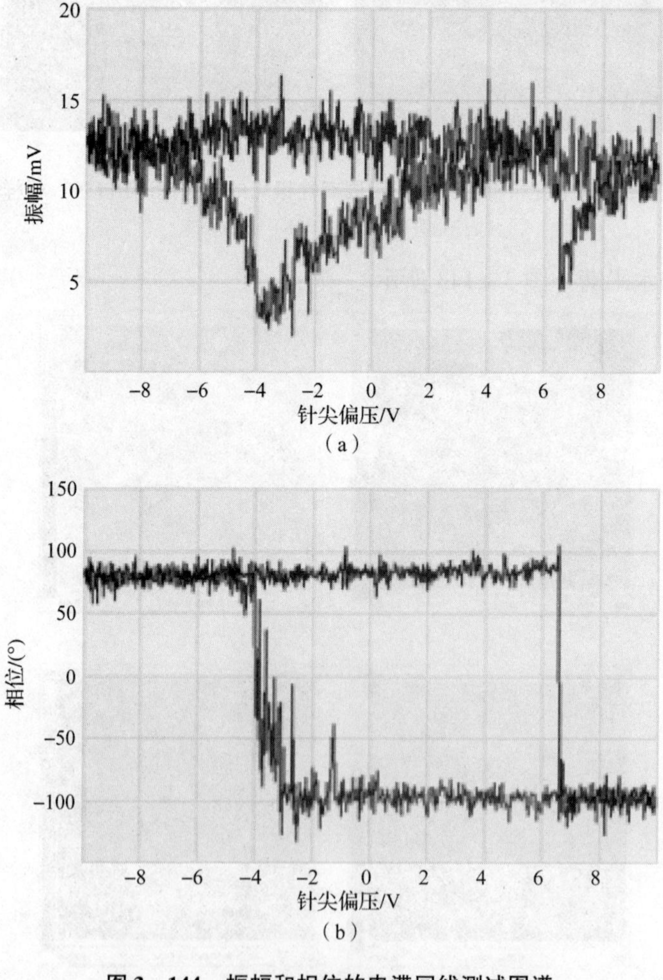

（a）

（b）

图 3－144　振幅和相位的电滞回线测试图谱

（a）振幅电滞回线图谱；（b）相位电滞回线图谱

实验项目 19　峰值力隧穿原子力显微镜实验

1. 实验目的

（1）了解峰值力隧穿原子力显微镜 PFTUNA 成像的基本原理。

（2）了解峰值力隧穿原子力显微镜操作基本流程、探针选型一般规则、原子力显微镜软件离线处理方法。

（3）了解峰值力隧穿原子力显微镜的应用范围。

2. 实验原理

Z 位置、作用力以及电流在一个峰值力轻敲的循环中对于时间的曲线，如图 3－145 所示，类似于“心跳”曲线。当探针远离表面（*A* 点）时，探针几乎没有受力。当探针接近表面时，悬臂被吸引力（通常是范德华力、静电或毛细管力）拉向表面，由负力（水平轴以下为负）表示。在 *B* 点，吸引力克服了悬臂刚度，探针被拉向表面，然后，探针停留在表面；随着 *Z* 位置继续移动到达最底部位置的 *C* 点，探针受力持续增加，即峰值力（*C* 点）。在探针样品相互作用期间，由系统反馈保持峰值力（*C* 点的力）恒定，然后探针开始抬起，力随之减小，直到在 *D* 点达到最小值，即黏附力（*D* 点）。探针从表面脱离的点称为脱离点，这点通常认为是受力最小的点。一旦探针从样品表面脱离，就只有远程相互作用力会影响探针。所以当探针样品分离达到最大值（*E* 点）时，受力又几乎为 0。从电流—时间图中，峰值力隧穿原子力显微镜可以提取出 3 个测量值：峰值电流、TUNA 电流和接触电流。峰值电流为 *C* 点的瞬时电流，与峰值力重合，它对应于在确定的力下测量的电流。峰值电流可能是但不一定是最大电流，因为电流变化的时间限制（由 TUNA 模块的带宽或样品的电阻电容施加）可能会导致当前响应的滞后。TUNA 电流为从 *A* 点到 *E* 点在一个完整的峰值力轻敲周期内的平均电流，它包括探针与样品表面接触和脱离时测量得到的电流。接触电流为探针与样品表面接触时的平均电流，从 *B* 点的接触到 *D* 点的脱离。

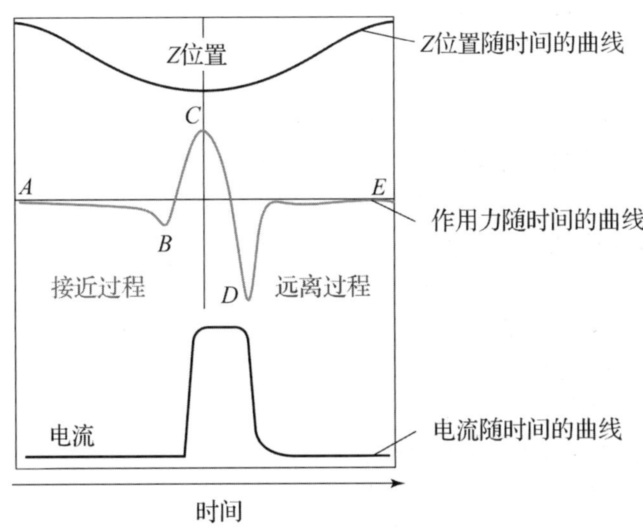

图 3－145　*Z* 位置、作用力以及电流在一个峰值力轻敲的循环中对于时间的曲线

除了成像模式，峰值力隧穿原子力显微镜还可以使用谱图模式测量局部电流 - 电压（$I-V$）谱。为了获得 $I-V$ 谱，当样品偏压进行扫描时，成像会停止，并且探针会保持在样品上的一个固定位置。在谱图模式下，反馈被切换到峰值力，并且当样品偏压增加时，反馈回路会保持恒定的峰值力。通过样品的电流与施加的偏压的谱图会被记录下来。

3. 实验仪器和材料

（1）实验仪器：Dimension FastScan XR 原子力显微镜、PFTUNA 应用模块（图 3 - 146）和导电探针夹（图 3 - 147）。

图 3 - 146 PFTUNA 应用模块

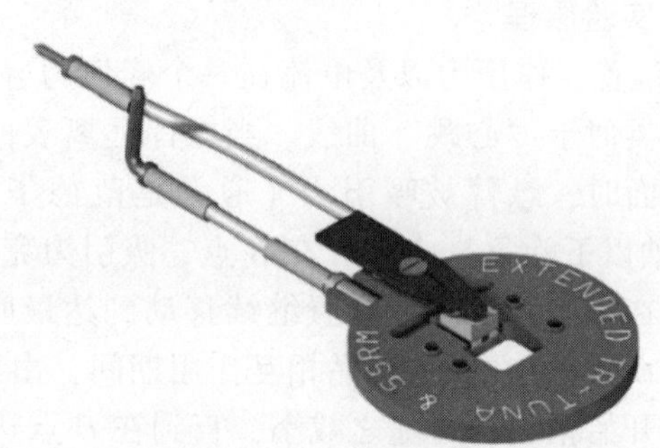

图 3 - 147 导电探针夹

（2）探针选择：需要导电探针。PFTUNA 探针适用于柔软样品，如导电聚合物、生物材料或松散结合的纳米结构；SCM - PIT 探针适用于松散结合的纳米结构的易碎样品，也可以用于二氧化硅介电薄膜的硬样品；DDESP 探针适合于含有硬成分的样品。推荐的探针类型如表 3 - 13 所示。

表 3 - 13 推荐的探针类型

样品杨氏模量 E	探针类型	弹性系数 $k/(N \cdot m^{-1})$
1 MPa $< E <$ 20 MPa	PFTUNA	0.4
5 MPa $< E <$ 500 MPa	SCM - PIT	3
200 MPa $< E <$ 2 000 MPa	DDESP	40

4. 实验步骤

（1）样品通过导电银胶固定在导电材料（如金属样品托）上，然后放置于样品台。

注意：样品台及其周围区域对静电敏感。在使用导电原子力显微镜传感器或测样品时，应始终采取防静电保护措施。

（2）选择峰值力隧穿原子力显微镜实验模式。

（3）装针及调节激光检测器。

（4）设置 PFTUNA 的参数。

（5）设置 DC 样品偏压。

（6）估计电流范围，在 PFTUNA 面板中设置适当的增益（电流传感器）。

（7）下针，开始扫描。

（8）根据数据类型分别设置高度、峰值力误差、DMT 杨氏模量、LogDMT 杨氏模量、黏附力、形变量估算、TUNA 电流和峰值电流或接触电流。

5. 实验结果与数据处理

利用峰值力隧穿原子力显微镜可以同时获得锂离子电池阴极的力学和机械性能图，如图 3－148 所示。

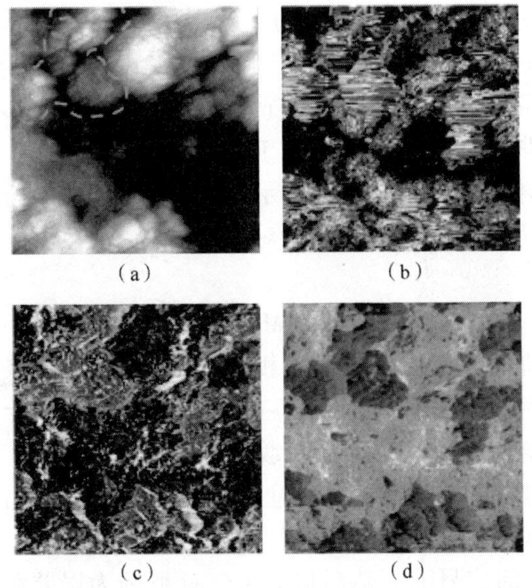

图 3－148　利用峰值力隧穿原子力显微镜同时获得锂离子电池阴极的力学和机械性能图

（a）高度图；（b）模量图；（c）黏附力图；（d）电流图

实验项目 20　表面电势显微镜实验

1. 实验目的

（1）了解表面电势显微镜成像的基本原理及不同的测试方法。

（2）了解表面电势显微镜操作基本流程、探针选型一般规则、原子力显微镜软件离线处理方法。

（3）了解表面电势显微镜的应用范围。

2. 实验原理

开尔文探针力显微镜又称表面电势显微镜，是一种基于扫描探针显微镜的测量样品表面电势的方法。KPFM 能够在纳米尺度测量表面电势，具有很高的分辨率，是一种定量的测量方法。表面电势成像有以下几种方法。

（1）AM－KPFM。AM－KPFM 属于抬起模式表面电势成像，也称振幅调制 KPFM（AM－KPFM），和 EFM、MFM 类似，是一个两次扫描技术。在第一次轻敲模式扫描中，悬臂在压电元件驱动下，在其共振频率附近机械振动，获得表面形貌；在第二次扫描时，不再向压电陶瓷施加电压，而是将交流电 $V_{AC}\sin(\omega t)$ 直接施加到探针针尖。如果在探针和样品之间有交变的电势差存在，就会在探针和样品之间形成一个交变的电场力，从而引起悬臂的振动。如果探针和样品的电势差等于 0，那么悬臂在频率 ω 处就没有电场力存在，所以振幅也会为 0。在测量过程中，系统会在探针和样品之间施加一个直流的补偿电压，通过调节这个电压抵消掉探针和样品间本来的电势差，使悬臂的振幅等于 0，从而测得样品局部的表面电势分布，即探针和样品的接触电势差。整个过程如图 3－149 所示：①首次追踪/回扫：探针对形貌进行测试；②探针抬起至抬高高度扫描；③第二次追踪/回扫：探针沿着形貌轨迹进行第二次扫描，检测表面电势。

AM－KPFM 适合对表面电势小于（±10）V 的样品进行测试，在（±5）V 的电势范围内测试结果较好。AM－KPFM 噪声水平通常为 10 mV，样品可以由导电区域和非导电区域组成。由于接触电位差异，由不同材料组成的样品也将显示出电势对比度，因此，可以对单个图像内的相对电势进行定量分析。

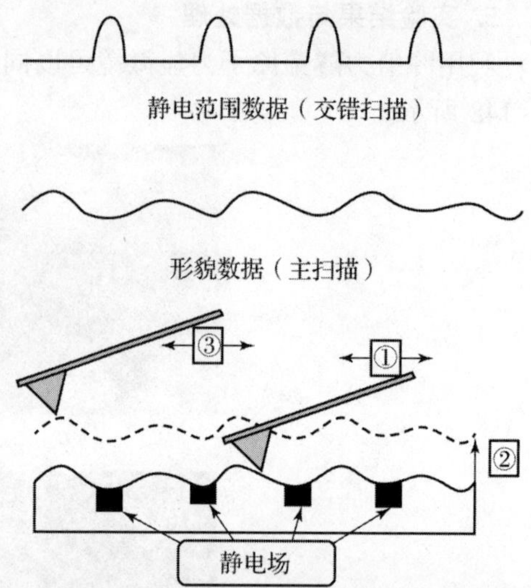

图 3－149　抬起模式表面电势检测示意图

（2）PFKPFM－AM。峰值力 KPFM－AM 将 AM－KPFM 与布鲁克专有的峰值力轻敲模式相结合。PFKPFM－AM 是一种两次扫描技术：第一次扫描（主扫描）通过峰值力轻敲获得样品形貌和纳米力学信息；第二次扫描（交错扫描）通过 AM－KPFM 获得样品表面电势信息。

（3）FM－KPFM。FM－KPFM（调频—开尔文探针力显微镜）在探针以共振频率 f_0 振动时，向其施加低频的扰动信号 f_m，然后以 f_0+f_m 处振幅为误差源，通过施加直流补偿电压，使该振幅归 0，此时所施加的直流补偿电压即为探针和样品的接触电势差。FM－KPFM 通常比 AM－KPFM 更准确，并且具有更高的空间分辨率，但其信噪比通常更低。

（4）峰值力 KPFM。PFKPFM 将 FM－KPFM 成像与布鲁克专有的峰值力轻敲模式相结合，结合了两种模式的优点。PFKPFM 在利用峰值力轻敲获得样品形貌和纳米力学信息的同时，还通过 FM－KPFM 获得样品的表面电势信息。由于主扫描是直接对峰值力进行控制，为了进一步提高测试灵敏度，可以使用较软的探针。

（5）PFKPFM－HV。峰值力 KPFM－HV 通过向探针施加交流电压并测量该电压的谐波来确定样品的表面电势，可以将 KPFM 的测量范围扩展至 ±200 V。

3. 实验仪器和材料

（1）实验仪器：Dimension FastScan XR 原子力显微镜。

（2）探针选择：MESP、SCM－PIT、OSCM－PT、FESP 或 LTESP、PFQNE－Al 探针。

4. 实验步骤

（1）安装样品。样品用导电涂料直接连接到样品铁片或样品盘上，以便可以顺利接地或加偏压。样品可以使用导电环氧树脂或银浆固定在样品铁片或样品盘上，如图 3－150 所示。

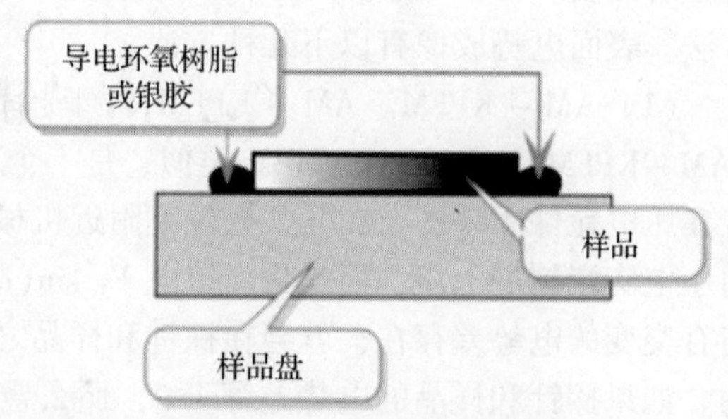

图 3－150　安装样品示意图

如果样品表面是导电的但是样品底部是绝缘的，则需要确保导电环氧树脂或银浆接触样品表面的一个边缘和导电底座的一个边缘（样品铁片或样品盘），确保所需的导电环氧树脂或银浆不聚集于悬臂下方，因为悬臂在测量时可能与其接触，如图 3－151 所示。

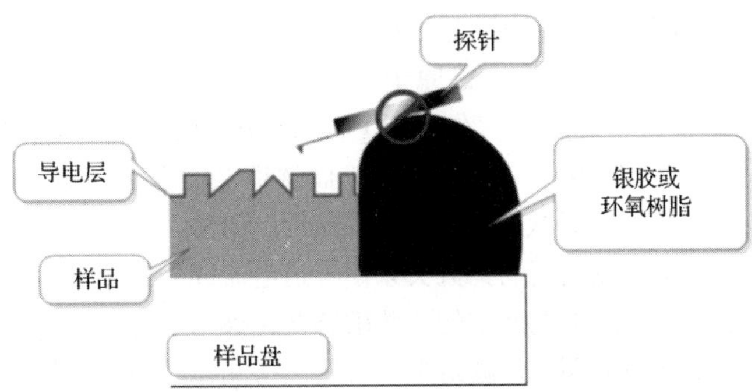

图 3－151 导电环氧树脂或银浆聚集在探针悬臂下方示意图

(2) 安装探针，调节激光及检测器。

(3) 选择表面电势显微镜实验模式。

(4) 设置实验参数。

(5) 在自动调谐中找到悬臂的共振峰。

(6) 下针，调整参数，以获得良好的形貌图像。

(7) 设置交错扫描参数。

(8) 设置通道 4 图像数据类型为“Potential”。

(9) 优化抬高扫描高度。

5. 实验结果与数据处理

利用峰值力 KPFM 获得金—硅—铝样品的表面电势分布，如图 3－152 所示。

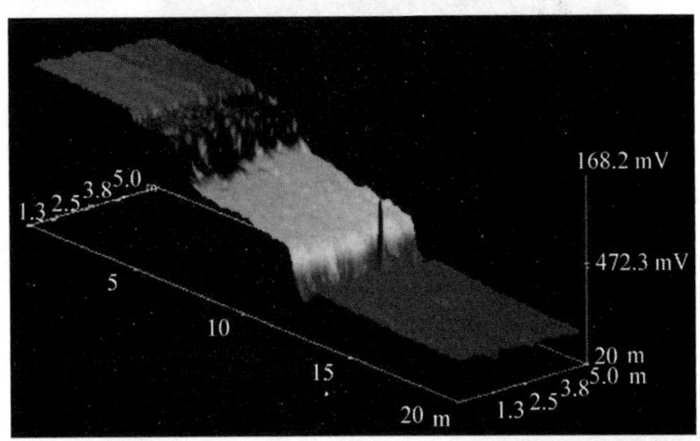

图 3－152 金—硅—铝（从左到右）样品的表面电势分布

第五节 扫描隧道显微镜

一、扫描隧道显微镜概述

在近代仪器发展史上，显微技术一直随着人类科技进步而不断快速发展，科学研究及材料发展也随着新的显微技术的发明而推至前所未有的微小世界。扫描隧道显微镜是扫描探针显微镜的鼻祖。1981 年，IBM 苏黎世研究实验室率先发明了扫描隧道显微镜，它是第一个以原子分辨率生成真实空间图像的仪器。1986 年，格尔德·宾宁（Gerd Binnig）和海因里希·罗雷尔（Heinrich Rohrer）因这项发明被授予诺贝尔物理学奖。

扫描隧道显微镜使用STM探针和样品之间的隧道电流来感测样品的表面形貌。STM探针是一个尖锐的金属针尖（理想情况下是原子级尖锐的针尖），针尖位于导电样品（偏压加在样品上）上方几个原子高度的地方。在小于1 nm的距离处，隧道电流将从样品流到探针针尖。加偏置电压的范围通常为10～1 000 mV，而隧道电流通常在0.2～10 nA的范围内变化。隧道电流随尖端样品间距成指数变化，通常随着间距增加0.2 nm而减小1/2倍。探针针尖与样品之间的间距与隧道电流之间的指数关系使隧道电流成为检测针尖至样品间距的极佳参数。当针尖扫描样品表面时，隧道电流中的这些敏感变化被用于数据收集并构建成纳米级或原子级图像。扫描隧道显微镜因为要测量隧道电流，所以待测样品通常局限于导体和半导体。

扫描隧道显微镜在物理学、化学、生命科学、材料科学及微电子等领域均具有广泛的应用，取得了一系列重要成果，极大地推动了科学技术的发展。在物理学方面，扫描隧道显微镜已对石墨、硅以及金晶体等表面状况进行了观察，对超导体表面的电子结构也进行了研究。在化学方面，主要用于研究有机或无机分子在表面吸附、表面催化、表面钝化和电化学动态过程等。在生命科学领域，扫描隧道显微镜不仅具有原子级空间分辨率，能在原子水平、分子水平、亚细胞水平和细胞水平等不同层次上全面观察和研究生物样品的结构，而且它不使用自由粒子，无辐射损伤和污染，还能在大气、水溶液等生命的天然条件下或准天然条件下对生物样品进行直接观察。通过使用扫描隧道谱学技术可以对样品表面的电子态进行能量和空间的分辨表征。扫描隧道显微镜还可以应用于表面原子操控及纳米材料加工，其典型应用有原子级分辨成像、电化学扫描隧道显微镜、扫描隧道谱、对导电不良的样品进行低电流成像等，如图3－153所示。

（a）

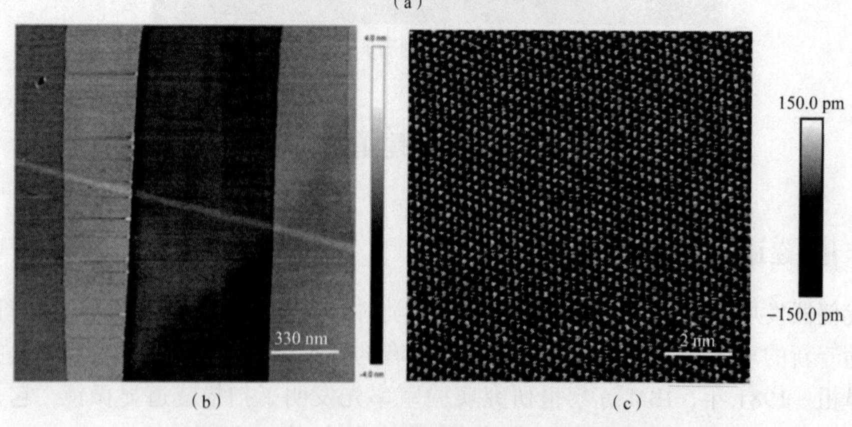

（b）　　（c）

图3－153　扫描隧道显微镜及材料表面成像

（a）MultiMode 8原子力显微镜；（b）材料表面形貌；（c）材料表面原子成像

二、实验原理

（一）量子隧穿效应

根据经典力学的理论，如果一个势垒高于电子的能量，那么这个电子无法越过此势垒。然而在量子力学中，由于电子具有波粒二象性，该电子具有一定的可能性穿过这个势垒，这个现象被称为量子隧穿效应。

扫描隧道显微镜则利用隧穿效应，当样品表面和针尖之间的距离小于 1 nm 时，样品表面电子云和针尖的电子云会有一部分重合（图 3－154），此时若在它们之间施加电压，那么在针尖和材料表面之间会产生电流，即隧道电流。隧道电流的大小与针尖到样品表面的距离呈指数关系，当针尖与样品表面的距离发生一个微小的变化时，隧道电流的强度会产生几个数量级的变化，从而实现扫描隧道显微镜超高的原子级分辨率。

扫描隧道显微镜基本原理如图 3－155 所示。当探针扫描样品表面时，它会遇到不同高度的样品特征，从而导致隧道电流发生指数级变化。这个关系可以用方程式 $I \sim V\mathrm{e}^{-cd}$ 来表示。式中，I 为隧道电流；V 为针尖和样品之间的偏置电压；c 为常数；d 为针尖和样品之间的距离。在沿（x，y）坐标点扫描的过程中，使用反馈回路来使测量系统维持一个恒定的隧道电流，即通过垂直移动扫描器，使实测隧道电流达到设定值电流，扫描器在每个（x，y）坐标点的垂直位置都会由计算机存储下来，最终形成样品表面的形貌图像。

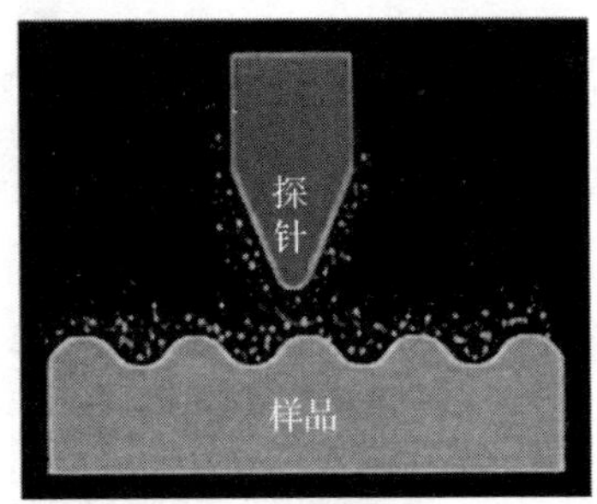

图 3－154　金属表面电子云与针尖的电子云

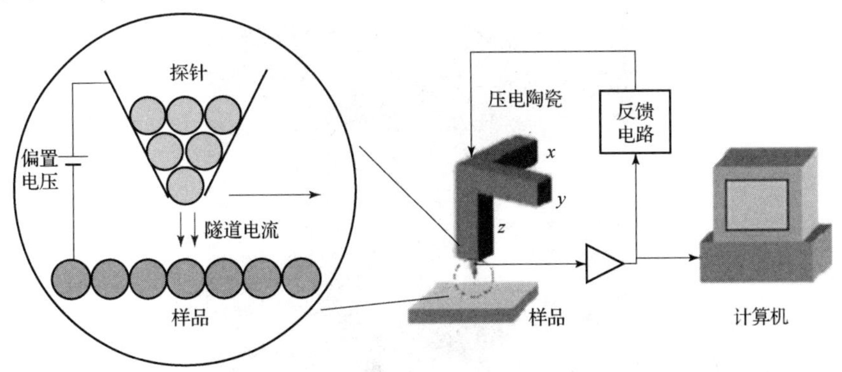

图 3－155　扫描隧道显微镜基本原理

（二）压电效应

为了实现扫描隧道显微镜原子级的高分辨率，需要对探针的位置和探针到样品的距离进行精确的控制，这就利用了压电效应。压电效应是指当对压电材料的两端施加一个电压时，此材料会发生相应的形变。扫描隧道显微镜依靠针尖间距和隧道电流之间的指数关系精确控制针尖高度来产生高分辨率的样品表面三维图像。扫描隧道显微镜的针尖以光栅模式扫描样品表面将感测到的隧道电流输出到扫描隧道显微镜控制站以形成高度图像。工作站中的数字信号处理器（DSP）根据隧道电流误差信号控制压电陶瓷 z 的位置。扫描隧道显微镜根据反馈面板中的参数选择，以恒定高度和恒定电流两种数据模式运行。DSP 总是根据隧道电流误差信号来调整针尖的高度。但是，如果反馈增益较低，则压电陶瓷将保持接近恒定高度，并且会收集隧道电流数据。增益高时，压电陶瓷 z 高度会发生变化，以保持隧道电流几乎恒定，系统会收集压电陶瓷 z 高度的变化。扫描隧道显微镜利用该原理，对压电陶瓷两端施加不同的电压，使陶瓷发生形变，从而实现对针尖位置的精确控制和改变。

三、实验仪器

（一）仪器结构

MultiMode 8 原子力显微镜（图 3－156），包括计算机、NSV 控制器和 MM8 扫描隧道显微镜。扫描隧道显微镜探针使用专用的探针支架固定，该支架固定在 MultiMode 8 扫描隧道显微镜扫描头中，如图 3－157 所示。

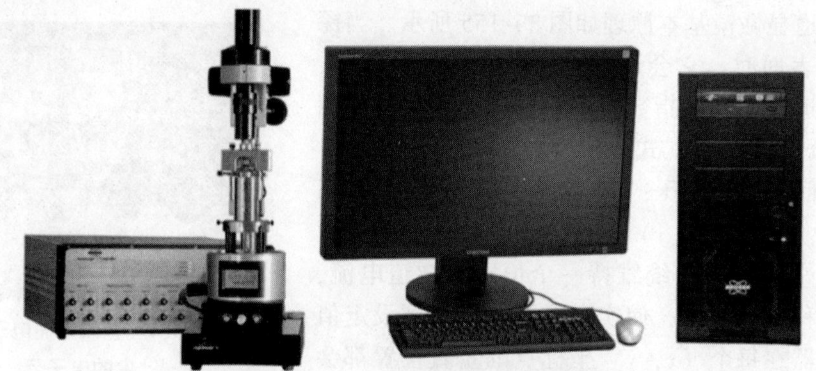

图 3－156　MultiMode 8 原子力显微镜相关设备

图 3－157　MultiMode 8 扫描隧道显微镜扫描头

（二）仪器功能

1. 恒电流工作模式

利用一套电子反馈线路控制隧道电流 I，使其保持恒定，再通过计算机系统控制针尖在样品表面扫描，使针尖沿 x、y 两个方向做二维运动。由于要控制隧道电流 I 不变，针尖与样品表面之间的局域高度也会保持不变，因而针尖就会随着样品表面的高低起伏而做相同的起伏运动，高度的信息也就由此反映出来，得到样品表面的三维立体信息，如图 3－158 所示。这种工作模式获取图像信息全面，显微图像质量高，应用广泛。

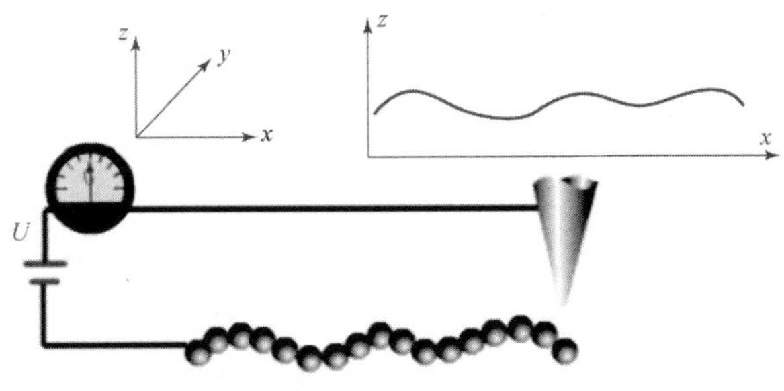

图 3－158　恒电流工作模式

2. 恒高度工作模式

在对样品进行扫描过程中保持针尖的绝对高度不变，于是针尖与样品表面的局域距离将发生变化，隧道电流 I 的大小也随着发生变化。通过计算机记录隧道电流的变化，并转换成图像信号显示出来，即得到了扫描隧道显微镜图像。这种工作方式仅适用于表面较平坦且组成成分单一（如由同一种原子组成）的样品，如图 3－159 所示。

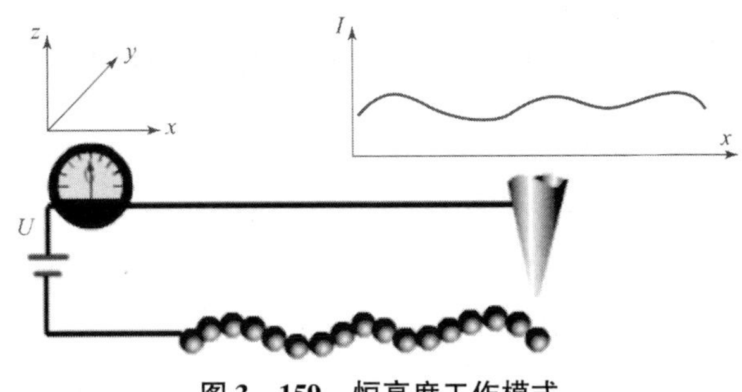

图 3－159　恒高度工作模式

四、实验过程

（一）实验仪器和材料

1. 实验仪器

MultiMode 8 原子力显微镜。

2. 实验材料

探针、探针夹、镊子、铁片、双面胶、防静电手套、剪刀。

（二）样品及探针制备

1. 样品要求

扫描隧道显微镜成像的样品必须导电。在许多情况下，非导电样品可以涂上一层导电材料以利于成像。样品表面必须足够导电，以允许几纳安的电流从偏置电源流向要扫描的区域。样品上超过几个原子层厚的氧化物往往会影响扫描，并在针尖拖拉穿过氧化物时磨损针尖。

2. 样品制备

将导电样品牢固地固定在磁性样品盘上，确保样品在突出 *XY* 平移台上方不超过 2 mm。如果要测量的样品是绝缘基板上的导电膜，则需要将导电路径带到表面，在样品的边缘上使用其他导电胶，确保样品的表面连接到金属圆盘。

3. 探针制备

目前主要有两种制备探针的方法：机器剪切（铂铱合金丝）和电化学腐蚀（钨丝），如图 3－160 所示。机器剪切是对探针原材料用机械设备进行切削，从而制成结构精细的探针。电化学腐蚀是把针尖原材料和金属电极作为两极，浸于强电解质溶液里，通过改变电流和电压，从而对针尖原材料进行腐蚀，制成探针。金属钨丝硬度高、易氧化，只适用于真空环境。

（三）实验步骤

（1）将基座上的开关放在 STM 位置。

（2）选择实验扫描隧道显微镜模式。

（3）样品放置在样品台。

（4）装一个铂铱合金丝探针。

（5）在视窗里确定探针位置。

（6）检查初始扫描参数。

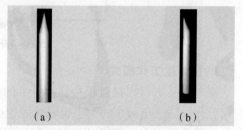

图 3－160　两种制备探针的方法

（a）钨丝；（b）铂铱合金丝

样品偏差：20～50 mV 对应高导电性的样品，如石墨或金；100～500 mV 的偏压对应导电率较低的材料。电流设定值：1～2 nA。

（7）下针，扫描。

（8）调整扫描参数。

（9）改善图像质量：改变扫描范围以及偏移值；把增益值设为 500，让探针振荡清洁探针；交替执行下针和撤针几次消除针尖污染；在 2～10 nA 之间改变设定值。

（10）得到清晰图像以后，拍照保存图像。

五、实验结果和数据处理

（1）三维形貌图。

（2）扫描隧道显微镜谱线 STS $i(V)$：偏置电压的变化与隧道电流变化的关系。针尖高度（尖端/采样距离）保持恒定，同时获取 $I-V$ 图，根据偏置电压显示隧道电流，如图 3－161 所示。这个模式输出是电流(I)/电压(V)。

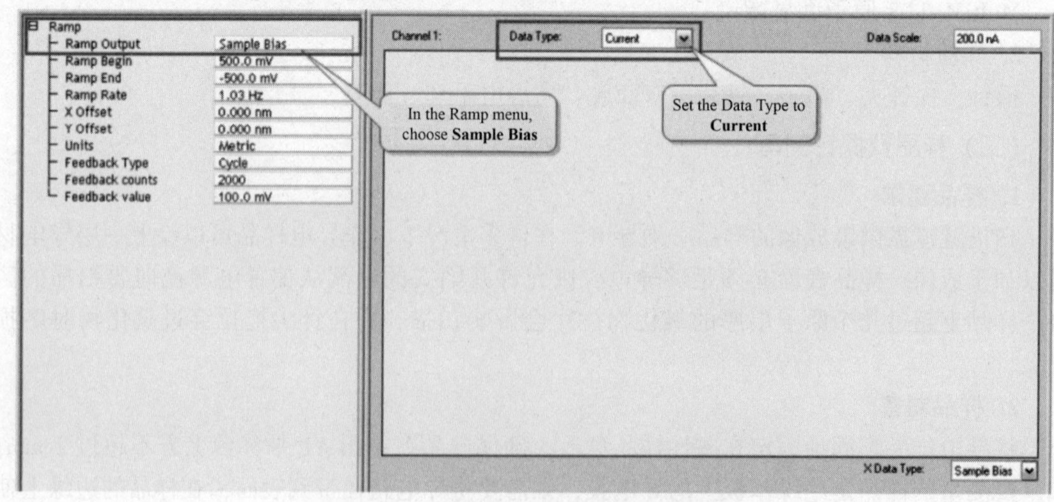

图 3－161　STS $i(V)$ 参数和通道设置界面

（3）扫描隧道显微镜谱线 STS $i(S)$：针尖/样品间距的变化与隧道电流的关系。在获取 $I-S$ 图时，偏置电压保持恒定，并显示针尖高度（针尖/样品距离）与隧道电流的关系。扫描隧道显微镜谱线 STS $i(S)$ 参数设置界面如图 3-162 所示。

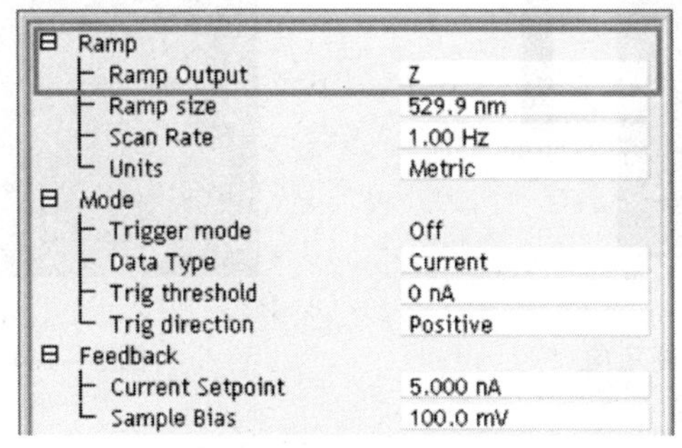

图 3-162　扫描隧道显微镜 STS$i(S)$参数设置界面

六、典型应用

实验项目 21　扫描隧道显微镜实验

1. 实验目的

（1）了解扫描隧道成像的原理及相应操作流程。

（2）了解扫描隧道显微镜探针选型一般规则、扫描隧道显微镜软件离线处理方法。

2. 实验原理

扫描隧道显微镜利用隧穿效应，当样品表面和针尖之间的距离小于 1 nm 时，样品表面的电子云和针尖的电子云会有一部分重合，若在它们之间施加电压，那么在针尖和材料表面之间会产生电流。隧道电流的大小与针尖到样品表面的距离呈指数关系，当针尖与样品表面的距离发生一个微小的变化时，隧道电流的强度会产生几个数量级的变化，从而实现扫描隧道显微镜超高的原子级分辨率。

3. 实验仪器和探针选择

（1）实验仪器。MultiMode 8 原子力显微镜。

（2）探针选择。扫描隧道显微镜针尖直径必须为 50 nm，以适合探针固定器的尺寸。两个最常用的扫描隧道显微镜探针由铂铱合金丝或钨丝制成。

4. 实验步骤

（1）选择探针。

（2）聚焦样品表面。

（3）设置实验参数。

（4）下针。

（5）扫描。

5. 实验结果与数据处理

利用扫描隧道显微镜获得高定向热解石墨（HOPG）形貌图（图 3-163）及原子图像（图 3-164）。

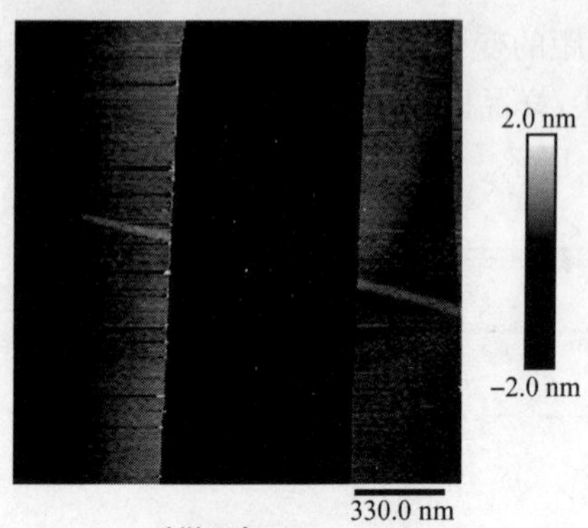

图 3－163　标准样品高定向热解石墨形貌图

图 3－164　高定向热解石墨原子图像

第四章
有机物体相成分分析技术

第一节　有机物体相成分分析技术概述

有机物体相成分分析技术主要是用于确定有机物体相中未知化合物、未知成分的组成和结构，对样品中的各组分进行定性和定量分析。进行有机物体相成分分析时，常用的方法包括紫外—可见吸收光谱分析、红外吸收光谱分析、核磁共振波谱分析、质谱分析和有机元素微量分析。

有机元素微量分析可以测定有机化合物中各有机元素的含量，用于确定化合物中各元素的组成比例，进而得到该化合物的实验式。通过有机元素微量分析，可以确定有机化合物中分布较广和较为常见的元素，如碳、氢、氧、氮、硫等元素的组成。进行有机元素微量分析是鉴定有机化合物结构的第一步，所使用的有机元素分析仪操作简便、自动化程度高、分析速度快，提高了对有机物体相成分分析的效率。有机元素微量分析仪如图 4 – 1 所示，典型化合物乙酰苯胺的测量结果如表 4 – 1 所示。

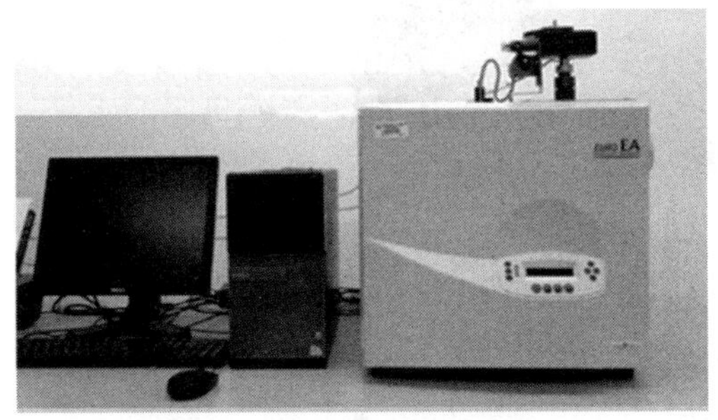

图 4 – 1　有机元素微量分析仪

表 4 – 1　乙酰苯胺的测量结果

名称	元素	测量结果			
		1	2	3	平均值
乙酰苯胺	碳	71.584	71.043	70.376	71.00
	氢	6.566	6.940	6.924	6.810
	氮	10.441	10.419	10.264	10.375

紫外—可见吸收光谱分析、红外吸收光谱分析、核磁共振波谱分析和质谱分析是有机化合物结构鉴定中必不可少的分析工具，这些分析方法得到的谱图被称为有机波谱中的四大

谱。有机四大谱的广泛应用大大促进了有机化合物的分析，在有机物体相成分分析中发挥着重要作用。

有机四大谱中，紫外—可见吸收光谱、红外吸收光谱和核磁共振波谱都属于吸收光谱，即分子（或原子、电子）等吸收特定频率电磁波的能量后，发生能级跃迁，得到不同的吸收波谱。但是这三者的原理不同：紫外—可见吸收光谱是分子吸收紫外—可见光波段范围（200～800 nm）的电磁波能量，引起分子中电子能级的跃迁。红外吸收光谱是分子吸收红外光波段范围（1～100 μm）的电磁波能量，使分子振动能级和转动能级发生跃迁。需注意的是，只有引起分子偶极矩变化的振动或转动，才能吸收红外光能量，获得红外吸收光谱。核磁共振波谱是处于静磁场中磁矩不为0的原子核吸收无线电波（或射频，1～1 000 m）的电磁波能量，发生自旋核的能级跃迁。紫外—可见吸收光谱描述的是吸光度随波长的变化，通过紫外—可见吸收光谱中吸收峰的位置、形状和强度信息，可以判断分子中价电子的结构，确定是否存在共轭体系及共轭体系的基本情况；还可以进行定量分析，确定物质浓度。红外吸收光谱描述的是透光度随波数的变化，通过红外吸收光谱中吸收峰的位置、形状和强度信息，可以判断官能团、环和双键数目及化合物的立体结构。核磁共振波谱是将共振吸收法测定的磁感应信号进行傅里叶变换得到的频率谱，从波谱图上可以获得化学位移、耦合常数、裂分数、峰面积比等信息，用于确定化合物的结构式。核磁共振分析中脉冲序列方法的开发，使得核磁共振波谱分析成为有机物结构鉴定中强有力的工具。紫外—可见吸收光谱仪及光谱图如图 4-2～图 4-4 所示。

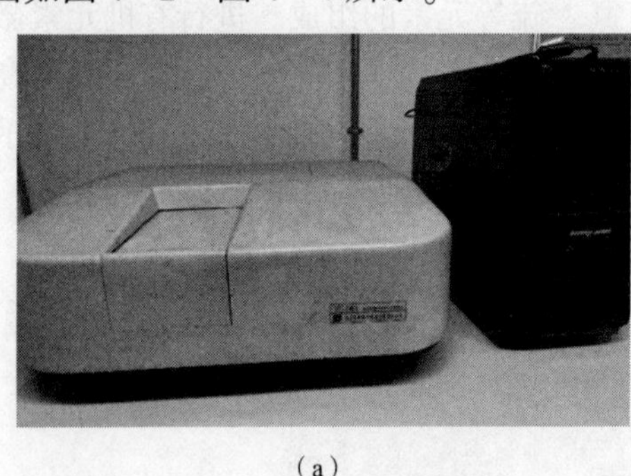

（a）

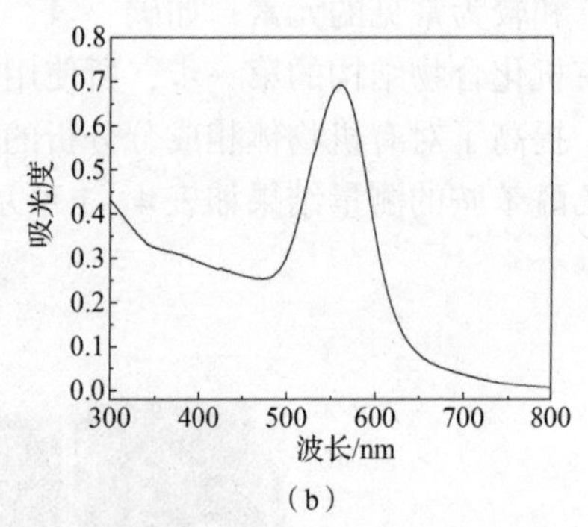

（b）

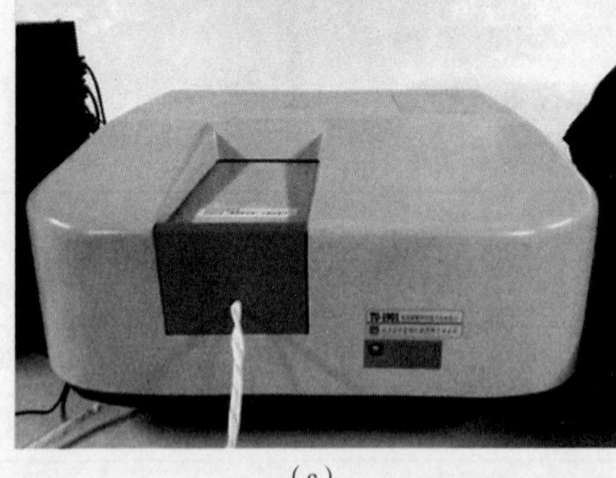

（c）

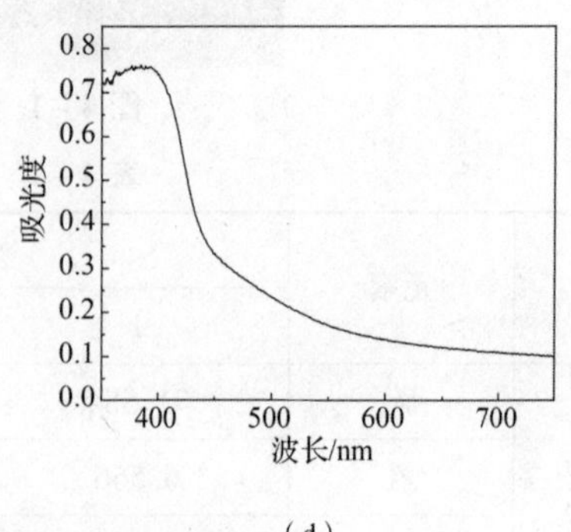

（d）

图 4-2　紫外—可见吸收光谱仪及光谱图

（a）TU-1901 紫外—可见吸收光谱仪（透射附件）；（b）某液体样品紫外—可见吸收光谱图；（c）TU-1901 紫外—可见吸收光谱仪（积分球附件）；（d）某粉末样品紫外—可见吸收光谱图

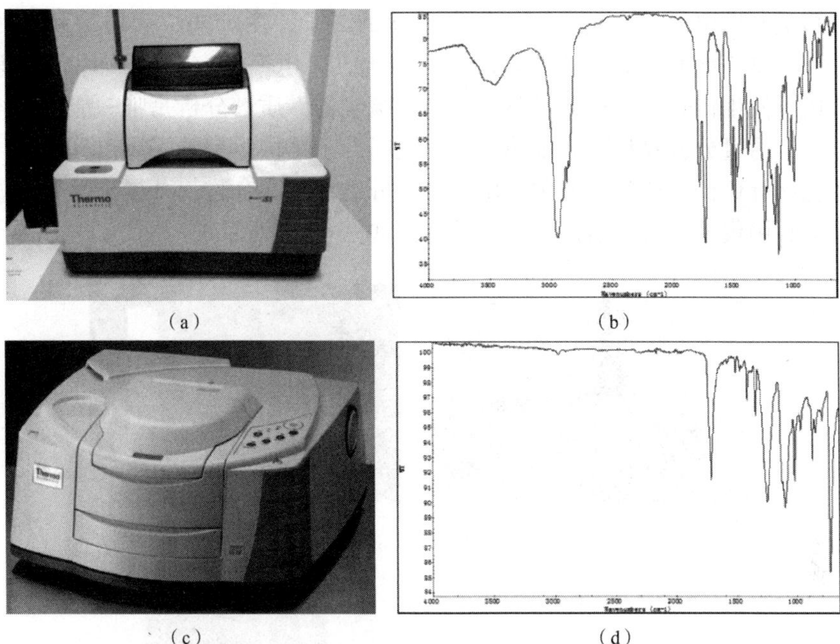

（a）　（b）

（c）　（d）

图 4－3　傅里叶变换红外光谱仪及光谱图

（a）Nicolet iS 5 傅里叶变换红外光谱仪（透射附件）；（b）某粉末样品通过傅里叶变换获得的红外光谱图；（c）Nicolet iS10 傅里叶变换红外光谱仪（衰减全反射附件）；（d）某薄膜样品通过傅里叶变换获得的红外光谱图

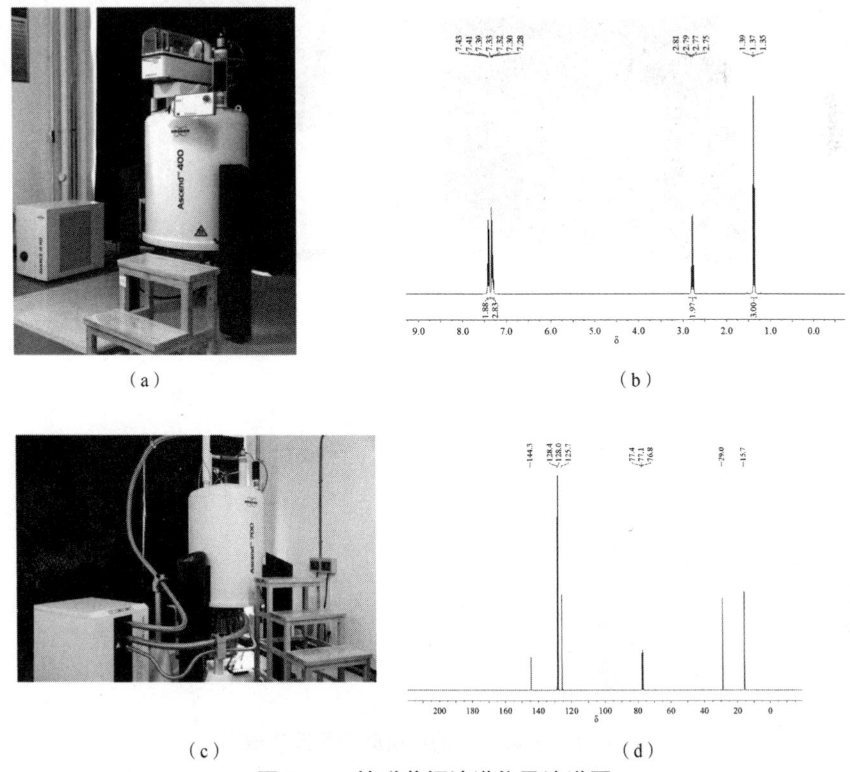

（a）　（b）

（c）　（d）

图 4－4　核磁共振波谱仪及波谱图

（a）Bruker Ascend TM 400 MHz 核磁共振波谱仪；（b）乙基苯的^{1}H NMR 图（$CDCl_3$，400 MHz）；（c）Bruker Ascend TM 700 MHz 核磁共振波谱仪；（d）乙基苯的^{13}C NMR 图（$CDCl_3$，101 MHz）

质谱分析是利用电磁学原理分离不同荷质比的离子，测定同位素质量和相对丰度的方法。质谱分析通过不同的电离方式使样品汽化带电，带电离子（或其碎片离子等）在电场和磁场的作用下发生偏转，经过质量分析器到达检测器。质谱分析是唯一能精确得到化合物分子量的方法，通过分析碎片断裂规律还可以判断分子结构。另外，质谱分析还可以与液相色谱、气相色谱等色谱分离技术联用，用于分离分析复杂混合物，开展定性和定量研究。各种型号的质谱联用仪及通过质谱仪得到的质谱图如图 4－5 所示。

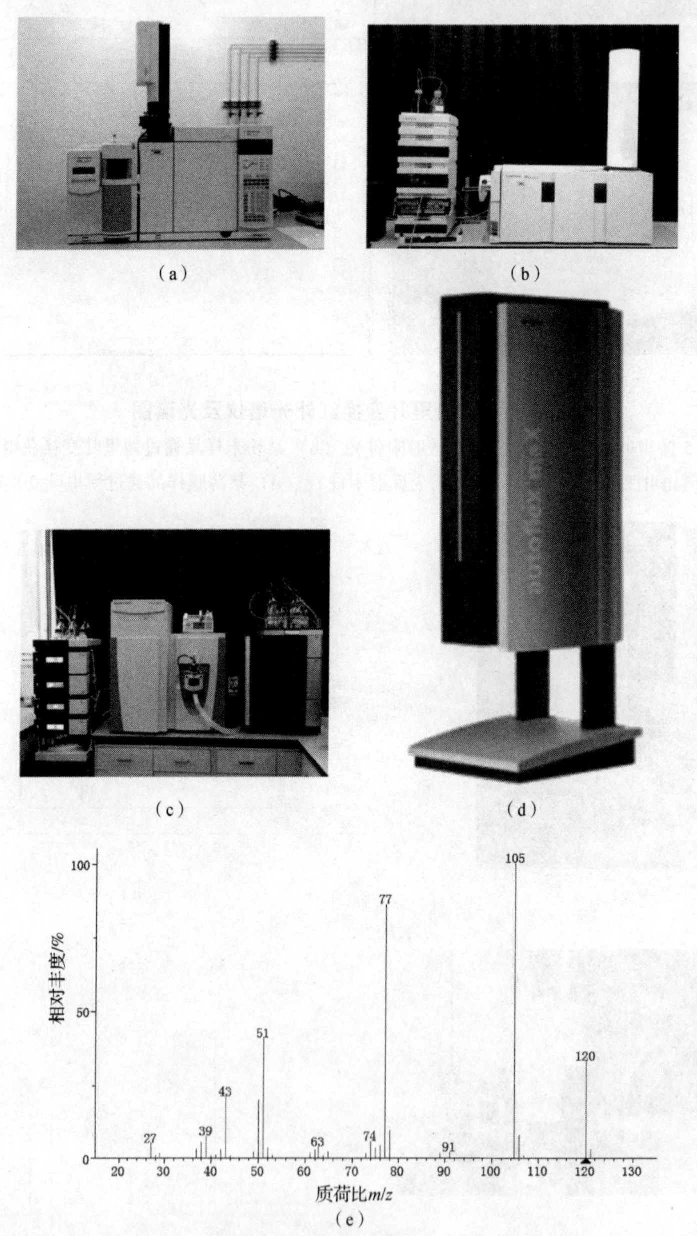

图 4－5　各种型号的质谱联用仪及质谱图

（a）Agilent 7890A/5975C 气相色谱—质谱联用仪；（b）Agilent Q－TOF 6520 液相色谱—质谱联用仪；（c）Thermo Scientific Q Exactive HF－X 组合式四极杆 Orbitrap 液相色谱—质谱联用仪；（d）Bruker AutoFlex Max 基质辅助激光解吸电离飞行时间质谱仪；（e）苯乙酮质谱图（正离子模式，GC－MS）

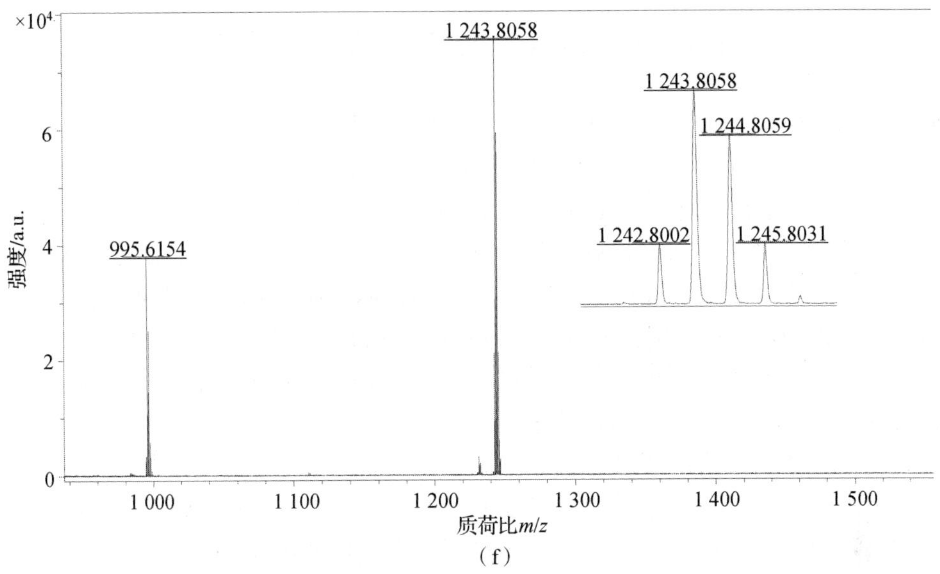

(f)

图 4-5　各种型号的质谱联用仪及质谱图（续）

(f) 某合成化合物质谱图（正离子模式，MALDI-TOF）

紫外—可见吸收光谱分析、红外吸收光谱分析、核磁共振波谱分析、质谱分析和有机元素微量分析具有不同的特点，这些分析方法在化合物结构鉴定、化合物组分构成、定性定量的分析中相辅相成（表 4-2）。掌握这些分析方法的原理、实验仪器和实验过程，将加深对这些分析方法的理解，有助于开展有机物体相成分分析工作。

表 4-2　有机物体相成分分析技术方法的比较

项目	紫外—可见吸收光谱分析	红外吸收光谱分析	核磁共振波谱分析	质谱分析	有机元素微量分析
原理	吸收紫外—可见光波段的能量，发生电子能级跃迁	吸收红外光波段的能量，发生分子振动与转动能级跃迁	吸收射频波段的能量，使自旋原子核发生能级跃迁	带电离子在电场和磁场作用下发生不同偏转	高温燃烧法
测定方法	不同波长下的吸光度 朗伯—比尔定律	不同波长下的透光率	共振吸收	依质量分析器而定（飞行时间、电压、回旋频率）	示差热导法 色谱分离—热导检测法
谱图/数据信息	确定共轭体系	判断官能团	化学位移 耦合常数等 结构鉴定	同位素分布 分子量确定	元素组成 推断实验式

第二节 紫外—可见吸收光谱分析

1801年，德国物理学家里特（Ritter）发现在日光光谱的紫端外侧一段能够使含有溴化银的照相底片感光，因而发现了紫外线的存在。1852年，比尔（Beer）参考了布给尔（Bouguer）在1729年和朗伯（Lambert）在1760年所发表的文章，提出了分光光度的基本定律，即液层厚度相等时，颜色的强度与呈色溶液的浓度成比例，从而奠定了分光光度法的理论基础，这就是著名的朗伯—比尔定律。1854年，杜包斯克（Duboscq）和奈斯勒（Nessler）等将此理论应用于定量分析化学领域，并且设计了第一台比色计。1918年，美国国家标准局制成了第一台紫外—可见光谱仪（也称紫外—可见分光光度计）。此后，紫外—可见光谱仪经不断改进，又出现自动记录、自动打印、数字显示、微机控制等各种类型的仪器，使光度法的灵敏度和准确度也不断提高，应用范围也不断扩大。紫外—可见吸收光谱法（也称紫外—可见分光光度法）从问世以来，在应用方面有了很大的发展，尤其是在相关学科发展的基础上，促使仪器不断创新、功能更加齐全，从而使光谱仪的应用范围不断拓宽。

紫外—可见吸收光谱法是利用物质分子对紫外可见光谱的光选择性的吸收来进行分析的一种仪器分析方法。这种分子吸收光谱产生于价电子和分子轨道上的电子在电子能级间的跃迁。紫外—可见光谱可用于分析不饱和键的化合物，尤其是含有共轭体系的化合物的分析和研究。

紫外—可见吸收光谱仪广泛应用于冶金、机械、化工、医疗卫生、临床检验、生物化学、环境保护、食品、材料科学等领域的生产、教学和科研工作中，特别适合对各种物质进行定性及定量分析。凡具有芳香环或共轭双键结构的有机化合物，根据在特定吸收波长处所测得的吸收度，可用于药品的鉴别、纯度检查及含量测定。紫外—可见吸收光谱法特点如下：

（1）灵敏度高，一般可以检测到 $10^{-6} \sim 10^{-4}$ g/mL 的物质，可以用于微量组分的分析。

（2）准确度高，相对误差通常为 2%～5%。

（3）选择性好，一般可以在多种组分共存的溶液中对某一物质进行测定。

（4）仪器设备简单、测定迅速、操作简单，易于掌握和推广。

（5）应用范围广泛，可以应用于医药、环境、化学、化工、冶金、地质等各个领域。

一、基本原理

（一）紫外光和可见光

1. 紫外光

紫外光是电磁波谱中 10～400 nm 辐射的总称，不能引起人们的视觉感知。

2. 可见光

可见光是电磁波谱中人眼可以感知的部分。可见光没有精确的范围，一般人的眼睛可以感知的电磁波的波长为 400～800 nm，但是还有一部分人可感知到波长为 380～780 nm 的电磁波。

（二）紫外—可见吸收光谱法

紫外—可见吸收光谱法是根据被测物质分子对紫外—可见波段范围（200～800 nm）测

定物质的吸收光谱或者在某指定波长处的吸光度值，对物质进行定性、定量或者结构分析的一种方法，包括比色法和分光光度法。其中 10~200 nm 为真空紫外区，200~400 nm 为紫外光谱区，400~800 nm 为可见光区。

（三）紫外—可见吸收光谱的原理

紫外—可见吸收光谱起源于分子中电子能级的变化，又称电子光谱，是基于多原子分子的外层电子或者价电子的跃迁产生的。当一个电子从基态到较高的电子态，每一个入射光子的能量必须与两个电子能级间的能量差值相等，入射光的能量才会被吸收。多原子分子除了具有电子能级（能量为 1~20 eV）外，还具有转动能级（能量为 0.05~1.00 eV）和振动能级（能量为 0.005~0.05 eV）。分子发生电子能级跃迁的同时，总是伴随着振动能级的跃迁，也就是每一个电子能级中有多个振动能级，每一个振动能级中有多个转动能级。随着入射波长的改变，一个分子可以从一定的电子能级和振动、转动能级激发到某一激发态的电子能级。由于与特定电子能级相关的转动能级和振动能级间的能量相差不大，所以在分子的电子能级跃迁产生的电子光谱中，包含振转能级跃迁产生的若干吸收谱带和吸收谱线。一般情况下在观察时分辨不出电子光谱中振动能级跃迁产生的若干吸收谱带和吸收谱线，各种化合物的紫外—可见吸收光谱的特征就是分子中电子在各个能级间跃迁的内在规律的体现。

（四）朗伯—比尔定律与吸收曲线

当一束强度为 I_0 平行单色光垂直照射到一定浓度的均匀透明溶液时，由于溶液对光的吸收，透过光的强度为 I_t。I_t/I_0，即透光比，用 T 表示为

$$T = I_t/I_0$$

朗伯定律：当一束平行光照射到一固定浓度的溶液时，吸光度与光通过的液层厚度 b 成正比：

$$-\mathrm{d}I_t = K_1 I_0 \mathrm{d}b, \lg(I_0/I_t) = K_1 b$$

式中，I_0 为入射光的强度；I_a 为吸收光的强度；I_t 为透过光的强度；K_1 为比例常数。

比耳定律：当单色光通过液层厚度一定的有色溶液时，溶液的吸光度与溶液浓度 C 成正比：

$$-\mathrm{d}I_t = K_2 I_0 \mathrm{d}c, \lg(I_0/I_t) = K_2 C$$

式中，I_0 为入射光的强度；I_a 为吸收光的强度；I_t 为透过光的强度；K_2 为比例常数。

朗伯—比尔定律：当一束平行单色光通过单一均匀的、非散射的吸光物质的溶液时，溶液的吸光度与溶液浓度和液层厚度的乘积成正比，即

$$\lg(I_0/I_t) = Kbc$$

令

$$A = \lg(I_0/I_t)$$

则

$$A = KbC$$

式中，A 为吸光度；K 为比例常数，与入射光的波长、物质的性质和溶液的温度等因素有关。

将不同波长的光依次通过某一固定厚度和浓度的溶液，分别测试它们对不同波长的吸收程度（用吸光度 A 表示）。以波长为横坐标，以吸光度为纵坐标，画出曲线，此曲线称为该物质的光紫外—可见吸收曲线，该曲线描述了该物质对不同波长的光的吸收程度，如图 4－6 所示。

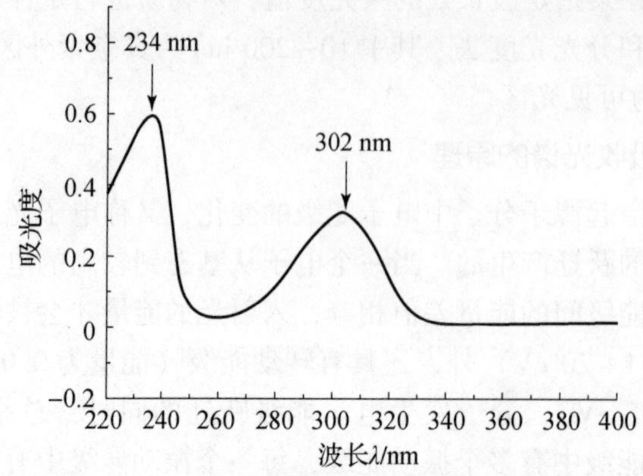

图 4－6　水杨酸在甲醇中紫外—可见吸收光谱图

二、实验仪器

TU－1901 紫外—可见吸收光谱仪。其工作原理是：光源发出光，经单色器分光，然后单色光通过样品池到达检测器，光信号转变成电信号；再经过信号放大、模/数转换，数据传输给计算机由计算机软件处理。

（一）仪器结构

TU－1901 紫外—可见吸收光谱仪（图 4－2）的基本部件为光源、单色器、样品室、检测器、信号显示装置等。仪器最重要的部分是单色器和检测器。

1. 单色器

单色器是将来自光源的连续光谱按照波长顺序色散，并且从中分离出一定谱带宽度的单色光。单色器的性能直接影响出射光的纯度，从而影响测量的灵敏度、选择性及校准曲线的线性范围。单色器性能的优劣，主要取决于色散元件的质量以及单色器的结构设计。单色器由入射狭缝、准直镜、色散元件、聚焦元件和出射狭缝组成。入射狭缝用于限制杂散光进入单色器；准直镜用于入射光变为平行光；色散元件（光栅）将不同波长的入射光色散通过转动棱镜或者光栅使单色光依次通过出射狭缝得到单色光束；出射狭缝可以控制出射光束的光强和波长纯度（图 4－7）。

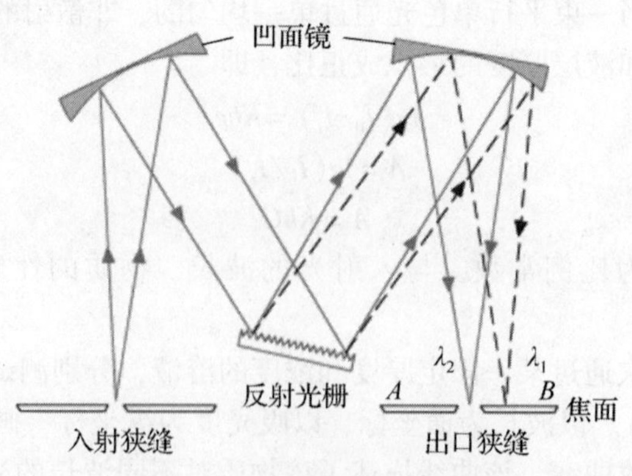

图 4－7　单色器结构示意图

光栅是利用光的干涉和衍射制作而成的，可以用于紫外、可见、红外光区域，而且在整个光区域内具有良好的、均匀一致的分辨能力。光栅具有色散波长范围宽、分辨率高的特点，易于保存和制备的特点。

2. 检测器

检测器的作用是检测光信号，对单色光透过溶液后光强信号转变为电信号进行测量。对检测器的基本要求是灵敏度高，对光的辐射响应快，响应信号与辐射强度有良好的线性关系，以及较低的噪声和较好的稳定性。常用的检测器使用光电池、光电管和光电倍增管。北京理工大学分析测试中心的检测器使用的是光电倍增管。

光电倍增管的原理和光电管的原理类似，是利用二次电子发射来放大光电流，比一般的光电管灵敏度高200倍，因此可以使用较窄的单色器狭缝，从而对光谱的精细结构有较好的分辨能力，可广泛用于可见光和紫外光的检测。

（二）仪器功能

1. TU－1901 紫外—可见吸收光谱仪（透射附件）

TU－1901 紫外—可见吸收光谱仪多用于液体样品的测量，因此常采用透射附件。一般可以进行光谱扫描模式、光度测量模式、时间测量模式、定量测量模式4种工作模式。光谱谱图纵坐标表达方式可以选择吸光度或透过率。

（1）光谱扫描模式可以用于样品的定性分析，它可以反映样品在所测波谱范围内对光的吸收程度的情况，是化学分析工作者常用的分析模式。

（2）光度测量模式可以用于多个波长的定点测量，得到不同波长的样品对光的吸收程度。

（3）时间扫描模式可以观察样品随时间的变化情况，计算样品的活性值，还可以利用此功能考察仪器的稳定性及噪声。

（4）定量测定模式主要用于定量分析，TU－1901 紫外—可见吸收光谱仪配备了单波长标准系数法、双波长等吸收点法、双波长系数倍率法和三波长法等多种方法。

①单波长标准系数法主要是用于样品中溶液中含有一种组分的分析，或者是在混合物溶液中待测组分的吸收峰与其他共有物质的吸收峰无重叠的分析。单波长标准系数法有两种测量方式：单波长系数测量法和单波长浓度测量法。如果已知回归函数的系数，采用单波长系数测量法；如果用已知标准浓度溶液来建立曲线来测量，则采用单波长浓度测量法。如果样品中含有A、B两组分，B组分干扰A组分的测定，可以通过不分离B而直接测定A的含量。

②双波长等吸收点法和双波长系数倍率法是对双组分中某一组分的分析。当干扰组分B的吸收光谱曲线无吸收峰，仅仅出现陡坡，不存在吸光度相等的两个波长，在这种情况下采用双波长系数倍率法。双波长等吸收点法也称双波长等吸光度波长法，即为了消除干扰组分B的吸收，分析波长λ1选在组分A的最大吸收峰或者它的附近，参比波长λ2用作图法确定，在组分A的λ2处作一垂直于x坐标的直线；该直线与干扰组分B相交于某一点，再从这点作平行于X坐标的直线并与组分B的吸收曲线相交于一点或几点，与该点相交相对应的波长作为参比波长。需要注意：干扰组分B在该两波长处的吸光度相同，且被测组分在该两波长处的吸光度差A要足够大。

③与双波长法相比，三波长法更能有效消除散射干扰物的影响，因而更适合分析浑浊

样品。另外，对于吸收干扰物质，如果在它的吸收光谱上找不到合适的等吸收点，用一般分光光度计就难于进行双波长测定，采用三波长法就可以顺利完成测试。

紫外—可见吸收光谱仪的应用很广泛，主要用于不饱和有机化合物，尤其是共轭体系的鉴定、纯度检查和杂质限量测定等；推断未知物的骨架结构，配合红外光谱、核磁共振、质谱等进行定性鉴定和结构分析（如顺反异构体的判断、互变异构体的判断、构象的判断等）。紫外—可见吸收光谱仪对无机元素的定性分析较少。紫外—可见吸收光谱仪定量的依据是朗伯—比尔定律，通过测定溶液对一定波长入射光的吸光度，就可以得到该物质在溶液中的浓度；同时还可以测定某些化合物的物理化学数据，如酸碱解离常数、络合物的络合比与稳定常数、相对分子质量测定、氢键强度测定等。

2. TU－1901 紫外－可见吸收光谱仪（积分球附件）

使用 TU－1901 紫外－可见吸收光谱仪（积分球附件）进行粉末、块体、不透明薄膜、乳浊液和悬浊液的样品测试，谱图纵坐标表达方式可以选择吸光度、透过率或反射率。漫反射光谱是一种不同于一般吸收光谱的在紫外—可见吸收光谱区域的光谱，是一种反射光谱，一般不测定样品的绝对反射率，而是以白色标准物质为参比物（假设其不吸收光，反射率为 1），得到的是相对反射率。漫反射光谱可以用于研究催化剂表面过渡金属离子及其配合物的结构、氧化状态、配位状态、配位对称性；在光催化研究中还可用于催化剂的光吸收性能的测定；可用于色差的测定，等等。

三、实验过程

（一）实验仪器和耗材

1. 实验仪器

TU－1901 紫外—可见吸收光谱仪（透射附件）、TU－1901 紫外—可见吸收光谱仪（积分球附件）。

2. 实验耗材

比色皿、液体样品、粉末样品、擦镜纸、溶剂、硫酸钡（光谱纯）。

（二）样品制备

1. 使用 TU－1901 紫外—可见吸收光谱仪（透射附件）时的样品制备

使用 TU－1901 紫外—可见吸收光谱仪（透射附件）时进行液体、透明薄膜类样品的测试。紫外—可见吸收光谱的测定通常在溶液中进行，固体样品需要处理成液体样品。液体样品尽量均一透明、浓度适当，不能有气泡、悬浮物或浑浊；透明的薄膜尽量平整均匀，尺寸可稍大。液体样品通常选择空白溶剂作参比物，先用参比池调节仪器的吸收零点，再测试被测溶液的吸光度或透过率。用于定量分析时，参比光路和样品光路中的比色皿严格匹配，以保证两只空比色皿的吸收性能和光程长度严格一致。使用时，比色皿必须彻底清洁，操作时手指不能触摸窗口。透明薄膜直接用空气作参比物。

由于溶剂对有机样品的紫外—可见吸收光谱的影响比较大，同一样品在不同溶剂中的吸收波长和强度会有差异，因此选择合适的溶剂非常重要。光谱分析对溶剂的要求是：良好的溶解能力，在测定波段无明显吸收，挥发性小、毒性低、价格便宜等。常用的溶剂有正己烷、环己烷、95% 乙醇、甲醇等。测定非极性化合物的紫外—可见吸收光谱时，多用正己烷或者环己烷作为溶剂，尤其是芳香化合物，在正己烷或者环己烷中能显示出其特有的细微结构。测定极性化合物时，多用甲醇或者乙醇作为溶剂。因此，在测量紫外—可见吸收光谱时，除了注明最大吸收波长和摩尔吸收光系数外，还需要注明所用的溶剂。在选择溶剂时，还要注意溶剂本身的波长极限（或称透明截止点）。波长极限是指用此溶剂时的最低波长限度，在大于此波长时溶剂是透明的，低于此波长时，溶剂将有吸收。

2. 使用 TU－1901 紫外—可见吸收光谱仪（积分球附件）样品制备

使用 TU－1901 紫外—可见吸收光谱仪（积分球附件）采用漫反射测试量方式，可以测定微弱透光或完全不透光样品的紫外—可见吸收光谱。分析对象包括：①具有平面的固体，如纸张、布、印刷品、陶瓷、玻璃等；②粉末样品，如催化剂、药品、颜料等；③浆状物品，如奶油、果酱、化妆品等。

参比物质：要求在 200 nm～3 μm 波长范围内反射率为 100%，不能有特征吸收；不能发出荧光；要有一定的化学稳定性和机械性能，长期使用后不变质、不易碎。常用氧化镁（MgO）、硫酸钡（$BaSO_4$）、硫酸镁（$MgSO_4$）等，其反射率 $R\infty$ 定义为 0.98～0.99。氧化镁机械性能不如硫酸钡，现在多用硫酸钡作标准。

漫反射测量的主要附件是积分球。积分球是用来定量测量漫反射率比的工具。积分球就是一个挖成空心的球体，其内径一般为 60～150 nm。在球的内壁上涂上高散射物质（硫酸钡或者氧化镁）。如果样品室具有一定平面的固体，只需要将样品放在积分球的样品窗孔上，在参比窗孔上放标准白板（参比物质）即可得到漫反射光谱。如果样品是粉末样品，有两种方法：

（1）将粉末放入漫反射样品池（直径 30 mm，深 3～5 mm，凹穴为塑料或有机玻璃板）中，用光滑的平头玻璃棒压紧，将漫反射样品池放在样品窗孔上即可测量漫反射光谱。

（2）将粉末样品放入直径为 25～30 mm 的压模中压成片子。

如果样品吸收太强，可以用在此波段范围内无吸收的惰性稀释剂（如氧化镁或硫酸钡等）进行稀释；如果样品颗粒太大，不易压紧，则需要研磨后再制样；如果样品量很少，也可先用氧化镁或者硫酸钡将样品池填满、压平，再将样品洒在氧化镁或者硫酸钡表面上轻轻抹平即可测量。制样时，应注意样品粒度、均匀度和光洁度对漫反射光谱的影响。用于参比测量的标准白板通常用氧化镁或者硫酸钡制成。

样品制备注意事项如下。

（1）粒度的选择：通常认为，从漫反射媒介物表面反射的辐射由两种反射不同部分组成：一部分为规则反射（即镜面反射）；另外一部分为漫反射。对于弱吸收体，与粒度大小成反比的散射部分超过吸收部分；颗粒变得很小时，漫反射部分增加。对于强吸收体，当所有入射光子大体都被吸收，而没有被吸收的光子要经过镜面反射，漫反射部分变小。在实际工作中常常采用弱吸收体和小颗粒样品进行实验，降低镜面反射部分。如果吸收太低，又会降低库贝尔卡—蒙克（Kubelka—Munk）函数值，信号和信噪比都会减弱，使测试工作难于进行，因此，对于不同样品应该选择不同的粒度。

（2）样品表面光洁度：在压制粉末样品时，随着压力增加，均匀度和表面光滑度增加，镜面反射增加，表观吸光度降低。

（3）水分：水分的存在导致散射能力降低，表观吸光度增加。水分可以和样品发生化学反应或者形成氢键，使光谱发生变化。

（三）实验步骤

（1）开机。

（2）仪器初始化。

（3）参数设置及样品的测试。

根据需要测定的模式进入相应的测试界面进行光度测量、光谱扫描、定量测量、时间测量参数设置。

（4）关机。

四、实验结果与处理

（一）定性分析

紫外—可见吸收光谱常用于物质的鉴定及结构分析，主要是有机化合物的分析，尤其是含有共轭体系的有机化合物的分析。由于紫外—可见吸收光谱比较简单，特征性不强且仅能反映分子中生色团及助色团的特征而不是整个分子的特性，所以，需要结合红外光谱、核磁共振波谱、质谱及其他化学、物理化学方法来进行定性和结构的分析。

1. 化合物的鉴定

最大吸收波长 λ_{max} 及相应的摩尔吸收系数 κ_{max} 是定性分析的最主要参数。在相同条件下，比较未知物与已知标准物的紫外光谱图。若两者的谱图相同，可认为该待测样品与已知化合物有相同的生色团。如果没有标准物，也可借助标准谱图或有关电子光谱数据。为了能使分析更准确可靠，要注意以下几点。

（1）尽量保持光谱的精细结构。

（2）吸收光谱采用 $\lg\kappa$ 对 λ 作图。（如果 λ_{max} 相同 κ_{max} 也相同则可认为两者是同一物质。）

（3）往往还需要用其他方法进行证实，如红外光谱、核磁共振波谱等。

2. 有机化合物结构分子的推断

（1）如果一个化合物在 220 ~ 800 nm 范围内无吸收峰，它可能是脂肪族碳氢化合物、胺、醇、氯代烃和氟代烃，不含苯环或共轭双键，没有醛、酮或溴、碘等基团。

（2）如在 210 ~ 250 nm 区域有强吸收峰（$\kappa \geqslant 104$），表明含有两个双键的共轭体系（K 带）；如在 260 ~ 350 nm 区域有很强的吸收带，则可能有 3 ~ 5 个双键的共轭体系；若吸收带进入可见区，则该化合物可能是长共轭生色基团或稠环化物。

（3）如在 270 ~ 300 nm 处有弱的吸收带，且随溶剂极性增大而发生蓝移，就是 $n-\pi *$ 跃迁所产生 R 吸收带的有力证据，如羰基、硝基。

（4）若化合物在 260 nm 有中等强度的吸收峰（$\kappa = 200 \sim 2\,000$）且有一定的精细结构，说明有苯环的特征吸收。

（二）定量分析

紫外—可见吸收光谱定量分析的依据是朗伯—比尔定律，即一定波长处被测定物质的吸光度与其浓度呈线性关系。因此通过测定溶液对一定波长入射光的吸光度，可以得到被测物质在溶液中的浓度。常规方法有单组分的定量分析法。标准曲线法是实际工作中常用的一种方法。通过建立标准曲线的线性回归方程，然后在相同测试条件下测定未知样品的吸光度，通过线性方程便可以得到未知样品的浓度。根据吸光度的加和性，在同一样品中可以测定两种或者两种以上组分浓度。如果有 n 个组分相互重叠，就必须在 n 个波长处测定其吸光度的加和值，然后解 n 元一次方程组，通过计算得到各组分浓度。但是随着组分的增加，实验的结果误差也将随之变大。

20 世纪 50 年代，发展了很多新的吸光光度法，如导数光谱法、双波长吸光光度法、三波长法。吸光度的任意一阶导数数值都与吸光物质的浓度成正比，导数光谱法具有放大微弱吸收峰、分辨重叠吸收带、识别肩峰、消除背景干扰和确定宽吸收带的最大峰位等能力，应用越来越广泛。双波长吸光光度法可以消除仪器硬件（如光源不稳定、吸收池位置、吸收池常数）和吸收池污染的差异及样品溶液和参比溶液之间的差别因素。对于浑浊样品，只要选择两个合适的波长，就能消除背景吸收的影响。选择合适的波长，可以用于互有干扰的二组分甚至三组体系的浓度测定，简化混合物同时测定的步骤和数据处理过程。用双波长吸光光度法进行单组分的浓度测定可以提高检测灵敏度。三波长分光光度法常用于测定两组分的混合物。

20 世纪 70 年代，随着电子计算机的发展，采用正交多项式回归分析来消除分光光度分析中光谱的干扰。正交函数分光光度法主要是用于各种复方制剂中主要成分的含量测定，目前我国采用此法应用较少。20 世纪 80 年代，吴玉田教授提出了一种新的数学变换方法，建立了褶合光谱分析，利用褶合变换技术将化合物的原始吸收光谱变为褶合光谱，显示原始吸收光谱在构成上的局部细节特征，从而为化学结构相似的物质进行定性和定量分析。褶合技术在杂质检测、药物配伍稳定性考察及组分定量等药物分析领域应用广泛。

（三）氢键强度测定

溶剂分子与溶质分子缔合生成氢键时，对溶质分子的紫外—可见吸收光谱有较大的影响，因此只要测定同一化合物在不同极性溶剂中的 R 吸收带（$n-\pi*$），就能计算在极性溶剂中氢键的强度。

（四）纯度分析

如果物质在紫外—可见光谱区没有明显的吸收，而其中的杂质有较强的吸收，则可以利用紫外—可见光谱检测该物质的纯度。

（五）构型和构象分析

对于异构体或者构象的分析，可以通过经验规则计算最大吸收波长 λ_{max}，并且与实测值进行比较，即可以证实确定化合物的构型或者构象。

（六）动力学分析

动力学光度法是以测量受均相催化加速的某一化学反应速率与催化剂浓度（或活化剂浓度、抑制剂浓度等）的定量关系为基础，用紫外—可见光谱为检测手段的一种方法，该方法在反应未达平衡时便可以测定，极大扩大了可以利用的化学反应的范围。

（七）弱酸和弱碱解离常数的测定

分析化学中常用的指示剂或者显色剂大多是有机弱酸或者有机弱碱。在研究某些新试剂时，均需先测定其解离常数，测定方法主要有电位法和吸光度法。吸光度法灵敏度高，适合测定溶解度较小的有色弱酸或者弱碱的解离常数。

（八）络合物组成的测定

测定络合物的组成对于分析显色反应的机理、推断络合物的结构十分重要。运用饱和法、等摩尔连续变化法、斜率比法、平衡移动法等吸光度法可以进行有色络合物的组成测定。

（九）固体中金属离子的电荷跃迁

在过渡金属离子配位体体系中，一方是电子给予体，另一方为电子受体。在光激发下，发生电荷转移，电子吸收某能量光子从给予体转移到受体，在紫外区产生吸收光谱。当过渡金属离子本身吸收光子激发，发生内部轨道内的（d—d）跃迁，引起配位场吸收带，需要的能量较低，表现为在可见光区或近红外区的吸收光谱。收集这些光谱信息，即获得一个漫反射光谱，基于此可以确定过渡金属离子的电子结构（价态，配位对称性）。

（十）贵金属的表面等离子体共振

贵金属可看作自由电子体系，由导带电子决定其光学和电学性质。在金属等离子体理论中，若等离子体内部受到某种电磁扰动而使其一些区域电荷密度不为0，就会产生静电回复力，使其电荷分布发生振荡；当电磁波的频率和等离子体振荡频率相同时，就会产生共振。这种共振，在宏观上就表现为金属纳米粒子对光的吸收。金属的表面等离子体共振是决定金属纳米颗粒光学性质的重要因素。由于金属粒子内部等离子体共振激发或由于带间吸收，它们在紫外—可见光区域具有吸收谱带。

（十一）半导体能级结构分析

漫反射吸收曲线作为一种重要的表征手段，可以很好地表征半导体材料的能级结构及光吸收性能。

五、典型应用

实验项目1　亚甲基蓝的紫外—可见吸收光谱测定实验

1. 实验目的

①掌握紫外—可见吸收光谱仪实验原理。

②掌握紫外—可见吸收光谱仪仪器组成。

③掌握紫外—可见吸收光谱仪基本操作方法。

④掌握单组分定量方法。

2. 实验原理

紫外—可见吸收光谱是由分子外层电子能级跃迁产生，同时伴随着分子的振动能级和转动能级的跃迁，因此吸收光谱具有带宽。紫外—可见吸收光谱的定量分析采用朗伯—比尔定律，被测物质的紫外吸收的峰强与其浓度成正比，即

$$A = \lg \frac{I_0}{I} = \lg \frac{1}{T} = \varepsilon bc$$

式中，A 为吸光度；I、I_0 分别为透过样品后光的强度和测试光的强度；ε 为摩尔吸光系数；b 为样品厚度。

3. 实验仪器和实验原料

（1）实验仪器：TU－1901 紫外—可见吸收光谱仪（透射附件）。

（2）仪器原料：亚甲基蓝、去离子水。

4. 实验步骤

（1）溶液配置。配置一系列浓度的亚甲基蓝水溶液分别为1 μg/mL、2 μg/mL、3 μg/mL、4 μg/mL、5 μg/mL、6 μg/mL、7 μg/mL、8 μg/mL，以及未知浓度的亚甲基蓝水溶液（表4－2）。

表4－2　标准曲线制定及未知样品浓度检测

溶液浓度/（$\mu g\cdot mL^{-1}$）	吸光度
1	
2	
3	
4	
5	
6	
7	
8	
未知浓度溶液	

（2）开机。开机前打开仪器样品室盖，观察确认样品室内无挡光物。开机顺序：先打开计算机电源，然后打开仪器电源，待计算机启动完成后开启UVWin5.1.0紫外软件。UVWin5.1.0紫外软件开启后，如果检测到仪器将会进入仪器初始化阶段；如果在出现初始化界面之前，软件出现“警告：无法与主机联络”的信息，表明软件没有检测到仪器。出现这种情况后请确认仪器与计算机的连接是否正常，关闭仪器电源再开启，选择“重试”按钮。仪器初始化完成后，软件进入操作界面。此时便可以开始对仪器进行操作。仪器通常需要经过60 min的预热时间使光源达到稳定，在完成预热后进行测量，可以保证测量数据的准确性。

（3）参数设置。选择光谱扫描模式，进入光谱扫描参数设置界面，设置光谱扫描参数：①波长范围（先输长波再输短波）；②测光方式（一般为*T%*或Abs）；③扫描速度（一般为中速）；④采样间隔（一般为1 nm或0.5 nm）；⑤记录范围（一般为0~1）。单击“确定”，退出参数设置。

（4）基线校正。单击“基线”图标，将两个样品池中都放入参比溶液，单击“确定”，校完后单击“确定”保存基线，取出参比溶液。

（5）样品扫描。取出仪器样品室内外侧的参比溶液，倒掉取出的参比溶液，放入样品，单击“开始”图标进行扫描。扫描完毕后，单击“寻峰”图标，检出图谱的峰、谷波长值及Abs值。

（6）数据保存。单击文件→导出→导出到文件（选择Excel）→存到目标文件中。

（7）关机。测试完毕后→进行波长定位到660 nm→退出软件→关闭主机→关闭计算机。

5. 数据处理

（1）绘制紫外—可见吸收光谱图，确定亚甲基蓝最大吸收波长。

（2）确定不同浓度的亚甲基蓝水溶液的最大吸收波长的吸光度，观察其线性相关度。

（3）测定未知浓度的亚甲基蓝水溶液的浓度。

实验项目 2　二氧化钛的紫外—可见吸收光谱测定实验

1. 实验目的

①掌握紫外—可见吸收光谱仪实验原理。

②掌握紫外—可见吸收光谱仪仪器组成。

③掌握紫外—可见吸收光谱仪的基本操作方法。

④掌握数据处理方法。

2. 实验原理

漫反射光谱是分析光进入样品内部后，经过多次反射、折射、衍射、吸收后返回表面的光。漫反射光是分析光和样品内部分子发生了相互作用后的光，因此负载了样品结构和组成信息。

当光束入射至粉末状的晶面层时，一部分光在表层各晶粒面产生镜面反射；另一部分光则折射入表层晶粒的内部，经部分吸收后射至内部晶粒界面，再发生反射、折射吸收。如此多次重复，最后由粉末表层朝各个方向反射出来，这种辐射称为漫反射光。反射峰通常很弱；同时，反射峰与吸收峰基本重合，仅仅使吸收峰稍有减弱而不至于引起明显的位移。对固体粉末样品的镜面反射光及漫反射光同时进行检测可得到其漫反射光谱。

当光线照射到粗糙的表面时形成漫反射。反射比即为所有反射光线的量与入射光线的量的比值。由于漫反射的光线是向四处发散的，因此为了精确测量就必须收集各个角度的反射光线。

漫反射附件为积分球，其基本工作原理如图 4－8 所示：光线由输入孔入射后，光线在球内部被均匀地反射及漫反射，在球面上形成均匀的光强分布，因此输出孔所得到的光线为非常均匀的漫射光束。而且入射光的入射角度、空间分布以及极性都不会对输出的光束强度和均匀度造成影响，因为光线经过积分球内部的均匀分布后才射出。

样品和标准物在整个测量过程中构成球壁的一部分，如图 4－9 所示，对入射到样品和标准物上的辐射，将其球壁上的辐射强度进行比较。在一个理想的积分球中，样品和标准物应该同样被照明，以便在直接照明样品和标准物时所测的强度比等于相对反射率。

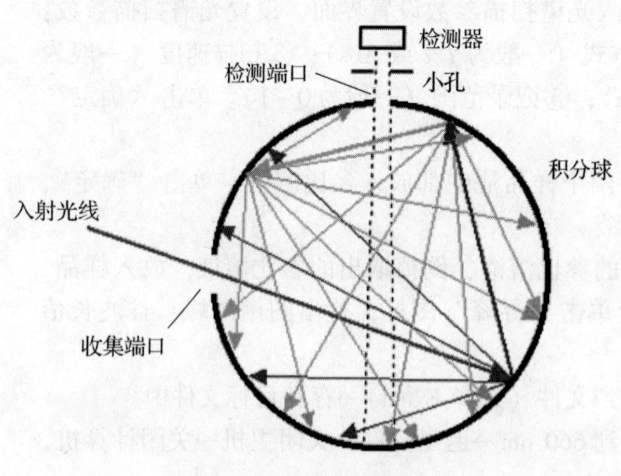

图 4－8　积分球示意图

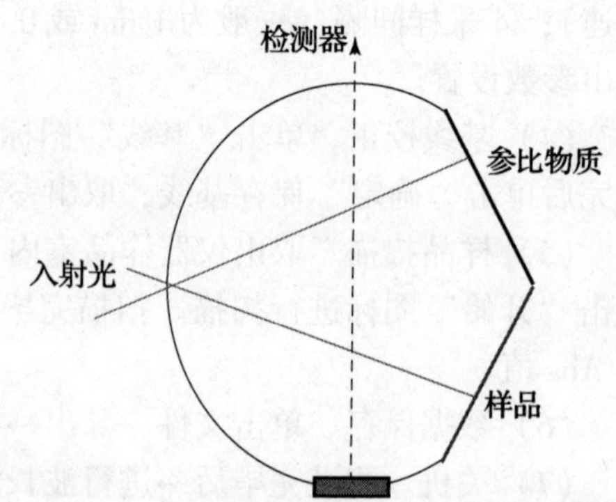

图 4－9　比较法测试漫反射光谱示意图

积分球内部是由一种具有反射能力很强的涂料作涂层，而且要求在 200 ~ 3 000 nm 波长范围内反射率为 100%，这种涂料要满足标准物的要求。常采用白色的氧化镁、硫酸钡作积分球涂料以获得较高的测量准确度，其反射系数高达 98%，但氧化镁机械性能不如硫酸钡，故常用硫酸钡作涂层。

3. 实验仪器和样品

（1）实验仪器：TU – 1901 紫外—可见吸收光谱仪（积分球附件）、模具。

（2）实验样品：二氧化钛、硫酸钡（光谱纯）。

4. 实验步骤

（1）样品制备。

参比板（参比物质一般是硫酸钡）：用硫酸钡将参比板填满，压平即可。

样品板：在样品板上先用硫酸钡将样品池填满、压平，再将样品洒在硫酸钡表面上轻轻抹平即可。

（2）开机。

开机前打开仪器样品室盖，观察确认样品室内无挡光物。压制两个空白硫酸钡样品片，放到仪器中参比端和样品端。仪器与计算机连接的开机顺序为：先打开计算机电源，然后打开仪器电源，然后开启 UVWin 操作软件。UVWin 操作软件开启后如果检测到仪器将会进入仪器初始化阶段；如果在出现初始化界面之前，软件出现“警告：无法与主机联络”的信息，表明软件没有检测到仪器。出现这种情况后请确认仪器与计算机的连接是否正常，关闭仪器电源再开启，选择“重试”按钮。仪器初始化完成后，软件进入操作界面，此时可以开始对仪器进行操作。仪器通常需要经过 60 min 的预热时间使光源达到稳定，在完成预热后进行测量，可以保证测量数据的准确性。

（3）参数设置。选择“光谱扫描”模式，进入其参数设置界面，设置光谱扫描参数：①波长范围（先输长波再输短波）；②测光方式（一般为 $T\%$ 或 Abs）；③扫描速度（一般为中速）；④采样间隔（一般为 1 nm 或 0.5 nm）；⑤记录范围（一般为 0 ~ 1）。单击“确定”，退出参数设置。

（4）基线校正。单击“基线”，将两个样品池中都放入硫酸钡，单击“确定”，校完后单击“确定”存入基线，取出侧向样品池的参比物质。

（5）样品测试。在样品端放入待测样品，单击“开始”进行扫描，当扫描完毕后，单击“寻峰”检出图谱的峰、谷波长值及 Abs 值。

（6）数据保存。单击“文件”→“导出”→“导出到文件”（选择 Excel）→“存到目标文件”。

（7）关机。测试完毕后→进行波长定位到 660 nm，然后退出软件→关闭主机→关闭计算机。

5. 数据处理

绘制紫外—可见吸收光谱图，确定最大吸收波长。

第三节 红外吸收光谱分析

1800 年，英国天文学家赫谢尔（Hersche）用温度计测量太阳光温度，发现可见光区内外温度最高，发现红色光之外还存在一种看不到的“光”，从而把它称为红外光，这是人类史上首次探测到天体的红外辐射。而对应的这段光区，便称为红外光区，电磁波范围为0.78～1 000 μm。根据红外光靠近可见光的程度，整个红外光区分为近红外光区、中红外光区、远红外光区。我们通常所说的红外光谱其实是指中红外光区。

分子中的电子总是处于一种运动状态，每一种状态都对应一定的能量，属于一定的能级。分子外层电子吸收外来辐射时（光电热）会产生电子能级跃迁，从而产生分子吸收光谱。分子具有3种不同的能级，除了电子能级之外，分子吸收的能量将伴随分子的转动和振动，即同时发生转动能级和振动能级的跃迁。各种能级的能量差不同，分子吸收的总能量等于电子能、振动能、转动能之和。由于分子的能级跃迁有一定的规律，分子只吸收等于能级之差的能量。当跃迁过程中两能级之差等于普朗克常数乘以频率（频率等于光速除以波长），分子吸收的能量产生相应的吸收谱带。

$$\Delta E = E_2 - E_1 = hv$$

式中，E_1 为粒子初始能态的能量；E_2 为粒子终止能态的能量。

3种跃迁所需能量不同，需要不同波长的电磁辐射使之跃迁，即在不同的光学区出现吸收谱带。其中，电子能级跃迁产生的是紫外可见吸收光谱和荧光光谱，振动跃迁产生的是红外吸收光谱和拉曼散射光谱，转动跃迁产生的是远红外和转动拉曼光谱。

20世纪50年代，第一代红外光谱仪——棱镜色散型红外分光光度计问世。

20世纪60年代，第二代红外光谱仪——光栅色散型红外分光光度计和计算机化光栅色散型红外分光光度计产生。

20世纪70—80年代，第三代红外光谱仪——完善光栅型红外分光光度计和干涉型傅里叶变换红外光谱仪、激光红外分光光度计出现。

20世纪90年代，多功能联机干涉型傅里叶变换红外光谱仪得到发展。

现代红外光谱仪朝着高精度、多功能以及同其他测试方法（如热分析、气相色谱、液相色谱等）联机的方向发展。

红外吸收光谱分析特点如下。

（1）红外吸收只有振动—转动跃迁，能量低。

（2）应用范围广，除单原子分子及单核分子外，几乎所有有机物均有红外吸收。

（3）分子结构有更为精细的表征，通过红外谱的波数位置、波峰数目及强度确定分子基团、分子结构。

（4）固、液、气态样均可用，且用量少、不破坏样品。

（5）分析速度快。

一、实验原理

（一）中红外光谱

中红外光谱（Mid Infared Spectroscopy，MIR）的波长范围为2.5～25 μm，通常用波数表示，范围为4 000～400 cm^{-1}，其能量小于紫外—可见辐射。中红外光谱反映的是分子原子间的伸缩和变形振动运动（又称为变角振动或者弯曲振动）。任何物质的分子都是由原子通过化学键连接起来而组成的。分子中的原子与化学键都处于不断地运动中，它们的运动，除了原子外层价电子跃迁以外，还有分子中原子的振动和分子本身的转动。这些运动形式都可能吸收外界能量而引起能级的跃迁，每一个振动能级常包含有很多转动分能级。因为分子振动能级差为0.05～1.0 eV，比转动能级差（0.000 1～0.05 eV）大，因此，在分子发生振动能级跃迁时，不可避免地发生转动能级的跃迁，因此无法测得纯振动光谱，故通常所测得的光谱实际上是振动—转动光谱，简称振转光谱。

（二）基本原理

红外光谱是依据物质对红外辐射的特征吸收而建立起来一种光谱分析方法，也是一种分子吸收光谱。当样品受到频率连续变化的红外光照射时，样品分子吸收了某些特定频率的辐射，引起偶极矩的变化，产生分子振动和转动能级从基态到激发态的跃迁，并且使相应的透射光强度减弱。红外光谱中吸收峰出现的频率位置由振动能级差决定，吸收峰的个数与分子振动自由度的数目有关，而吸收峰的强度则主要取决于振动过程中偶极矩的变化及能级跃迁的概率。

（三）红外光谱的形成

当一定波长的红外光照射样品时，如果分子中某个基团的振动频率和它一样，二者就会发生共振，此时光的能量通过分子偶极矩的变化传递给分子，这个基团就会吸收该频率的红外光而发生振动能级的跃迁，产生红外吸收峰。

（四）分子吸收辐射产生振转跃迁条件

分子吸收辐射产生振转跃迁必须满足以下两个条件。

（1）红外辐射光子的能量与分子振动能级跃迁所需能量相等，从而使分子吸收红外辐射能量产生振动能级的跃迁。

根据量子力学原理，分子振动能量 $E_{振}$ 是量子化的：

$$E_{振}=(V+1/2)h\nu$$

式中，ν 为分子振动频率；V 为振动量子数，其值取 0，1，2，…。分子中不同振动能级差为 $\Delta E_{振}=\Delta Vh\nu$，也就是说，吸收光子的能量（$h\nu_a$）要与该能量差相等，即 $\nu_a=\Delta V\nu$ 时，才可能发生振转跃迁。如当分子从基态（$V=0$）跃迁到第一激发态（$V=1$），此时 $\Delta V=1$，即 $\nu_a=\nu$。

（2）辐射光子与物质间有相互耦合，即分子振动时必须伴随瞬时偶极矩的变化，这样的分子才具有红外活性。

偶极矩：偶极矩 $\boldsymbol{\mu}$ 为正、负电荷中心间的距离 d 和电荷中心所带电量 q 的乘积。

$$\boldsymbol{\mu}=d\times q$$

式中，$\boldsymbol{\mu}$ 为一个矢量，方向规定为从负电荷中心指向正电荷中心。偶极矩的单位是 D（德拜）。可以用偶极矩表示极性大小。键偶极矩越大，表示键的极性越大；分子的偶极矩越大，表示分子的极性越大。对称分子由于正负电荷中心重叠 $d=0$，$\boldsymbol{\mu}=0$，所以对称分子振动不会引起偶极矩的变化。

只有分子振动时偶极矩作周期性变化，才能够产生交变的偶极场，并且与其频率匹配的红外辐射交变电磁场发生耦合作用，使分子吸收红外辐射的能量，从低的振动能级跃迁到高的振动能级。此时振动频率不变，而振幅变大。因此，具有红外活性的分子才能吸收红外辐射。

红外辐射的能量是通过辐射与物质间的耦合作用传递给物质的。能量为 4 000～

400 cm^{-1}的红外光不足以使样品产生分子电子能级的跃迁，而只是振动能级与转动能级的跃迁。由于每个振动能级的变化都伴随许多转动能级的变化，因此红外光谱也是带状光谱。分子在振动和转动过程中只有伴随净的偶极矩变化的键才有红外活性。因为分子振动伴随偶极矩改变时，分子内电荷分布变化会产生交变电场，当其频率与入射辐射电磁波频率相等时才会产生红外吸收。因此，除少数同核双原子分子如氧、氮、氯等无红外吸收外，大多数分子都有红外活性。

二、实验仪器

光源发出的光经过单色器变成干涉光，再让干涉光照射样品。检测器获得干涉图，经过计算机对干涉图进行傅里叶变换得到红外吸收光谱图。Nicolet iS 5 傅里叶变换红外光谱仪、Nicolet iS 10 傅里叶变换红外光谱仪由光源、单色器、样品室、检测器、计算机 5 部分组成。迈克尔逊干涉仪是 Nicolet iS 5 傅里叶变换红外光谱仪最主要的部分。

迈克尔干涉仪由固定不动的反射镜（定镜）、可移动的反射镜（动镜）以及分束器组成（图 4－10）。动镜和定镜是互相垂直的平面反射镜。分束器以 45°角置于定镜和动镜之间。分束器是由氟化钙（CaF_2）、硒化锌（ZnSe）、溴化钾（KBr）或者碘化铯（CsI）等透光基片上镀锗（Ge）或者硅等材料形成的半透半反射膜。一部分红外入射光经分束器透射到动镜，其余的则反射到定镜；定镜将来自光源的光束分成相等的两部分，一半透过，一半被反射。

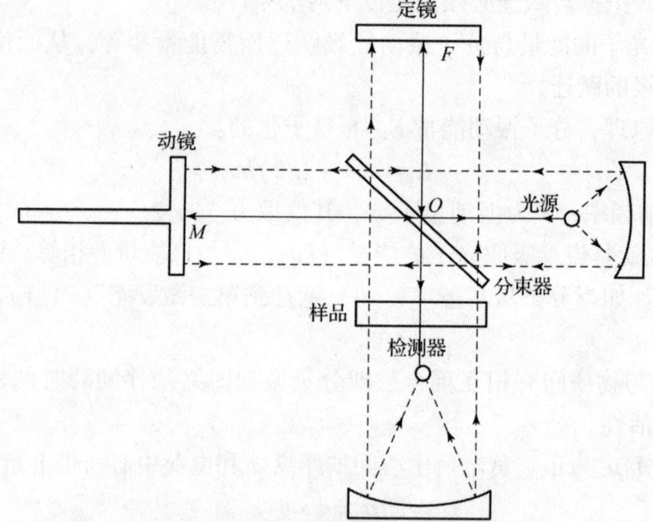

图 4－10　迈克尔逊干涉仪结构组成

迈克尔逊干涉仪基本原理：光源发出的光一部分透过的光照到动镜，被反射回来后经过分束器反射，透过样品到达检测器；一部分将反射的光束照射到定镜上，反射回来后透过分束器，经过样品到达检测器。由于动镜不停地运动，分别来自动镜与定镜的红外光到达检测器产生光程差，光程差发生干涉得到干涉图，干涉图通过傅里叶变换转换成红外光谱。若进入干涉仪的为单色光，波长为 λ（频率为 v），开始时因为动镜和定镜的距离相等，故两束光到达检测器的相位相同，发生相长干涉，亮度最大。随着动镜的运动，当光程差为半波长的偶数倍时，发生相长干涉，产生明线；当光程差为半波长的奇数倍，则发生相消干涉，产生暗线。若光程差既不是半波长的偶数倍，也不是奇数倍，则相干光的强度介于相长和相消干涉之间。作用于检测器的信号强度是一个光程差的函数。当动镜连续移动，在检测器上记录的信号将呈余弦变化，每移动 $\lambda/4$ 波长的距离，信号则从明到暗周期性地改变一次。经过傅里叶变化，将信号由时域谱图（光强随两镜距离差的变化 $I(\delta)$）转化成频域谱图（光强随波长的变化 $I(\nu)$）。综上所述，在利用单色光时，检测器得到的信号（也就是干涉图）是随动镜的运动时间而变化的一条余弦曲线。实际的红外光源为具有一定频域（波数）宽度的连续分布的光源，因而检测器得到的信号是单色光干涉图的叠加。为了得到样品的傅里叶红外光谱图，首先测定背景（不带样品）的干涉图和样品的干涉图，然后分别对其进行傅里叶变换得到单光束的光谱。计算两单光束光谱之间的比率即可以得到透射率光谱，对透射率光谱的倒数求对数便得到吸光度光谱。

红外光谱仪可以配备多种测量附件以适应不同测量对象的需求，如透射、漫反射、衰减全反射等。Nicolet iS 5 傅里叶变换红外光谱仪配备了透射附件，Nicolet iS 10 傅里叶变换红外光谱仪配备了透射附件、衰减全反射附件和漫反射附件，如图 4 - 11 所示。

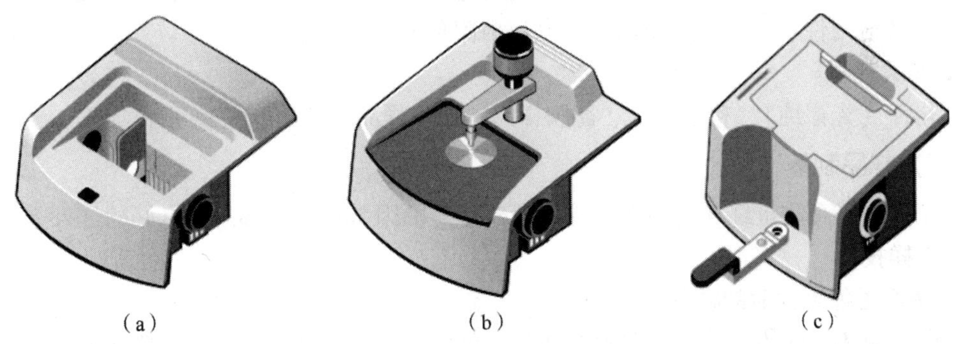

(a)　　(b)　　(c)

图 4 - 11　Nicolet iS 5/Nicolet iS 10 傅里叶变换红外光谱仪附件

(a) 透射附件；(b) 衰减全反射附件；(c) 漫反射附件

(1) 透射测量技术。透射测量技术适用于气体、固体、液体、黏稠和薄膜类样品。对于定性分析，只需要得到合适吸光度或透过率的光谱即可；对于定量分析，需要时刻保证光程的一致性。

(2) 衰减全反射测量技术。衰减全反射技术的样品无须前处理，不会破坏样品。该技术可以广泛应用于石化、塑料、纺织、橡胶等领域的定性和定量分析。

(3) 漫反射测量技术。漫反射技术进行测试时可以测定松散的粉末，因而可以避免由于压片造成的扩散影响，适合散射和吸附性很强的样品。与透射测量技术相比较，漫反射测量技术不需要制样，不改变样品的形状，不污染样品，不要求样品具有足够的透明度或者光洁度，不会对样品的外观和性能造成伤害，可以进行无损检测。

红外光谱仪由于操作简单、分析速度快、样品用量少，在有机物定性分析中应用广泛。每一种化合物都具有特异的红外吸收光谱，其谱带的数目、位置、形状和强度均随化合物及状态的不同而不同。红外光谱的定性分析一般可以分为官能团定性和结构定性。官能团定性主要根据化合物的红外光谱的特征基团频率来进行基团鉴定，从而确定化合物的类别。结构定性分析则需要结合化合物多种分析测试手段进行。

和其他吸收光谱分析（紫外—可见吸收光谱）一样，定量分析的依据也是基于朗伯—比尔定律，通过对特征吸收谱带强度的测量求组分含量。各种气、液、固物质均可以进行定量分析。红外光谱的谱带较多，选择余地大，所以能方便地对单一组分或多组分进行定量分析，并且该方法不受样品状态的限制。对于物理和化学性质接近，用气相色谱法进行定量分析又存在困难的样品（如沸点高，或气化时要分解的样品），可以用红外分析法进行定量。但红外光谱法的灵敏度较低，尚不适于微量组分测定。红外谱图复杂，相邻峰重叠多，难以找到合适的检测峰；红外谱图峰形窄，光源强度低，检测器灵敏度低，测定时必须使用较宽的狭缝，从而导致对朗伯—比尔定律的偏离；红外测定时吸收池厚度不易确定，利用参比难以消除吸收池、溶剂的影响。

三、实验过程

（一）实验仪器和耗材

1. 实验仪器

Nicolet iS 5 傅里叶变换红外光谱仪（配备透射附件）、Nicolet iS 10 傅里叶变换红外光谱仪（配备透射附件、衰减全反射附件、漫反射附件）、压片机。

2. 实验耗材

溴化钾（光谱纯）、粉末样品、薄膜样品、液体样品、乙醇、去离子水、研钵、药匙。

（二）样品制备

要获得一张高质量红外光谱图，除了仪器本身的因素外，还必须有良好的红外光谱测定技术和制样技术。

1. 使用透射附件时的样品制备

气体、液体、固体、黏稠和薄膜类样品均可以用透射式进行测量。本仪器无气体样品槽和液体透射附件，如果有需要可以自备。

（1）固体样品。

①溴化钾压片法：固体样品常用压片法，它也是固体样品红外测定的标准方法。将固体样品 0.5~2.0 mg 与 150 mg 的溴化钾一起粉碎，用压片机压成薄片。薄片应透明均匀。

制样过程：

a. 称样。样品：0.5~2 mg；溴化钾：150 mg。

b. 研磨混合。将样品与溴化钾混合均匀，充分研磨。

c. 压片。将样品倒入压模中均匀堆积，在油压机上缓慢加压至10 MPa，维持1 min 即可获得透明薄片。

②调糊法：将固体样品（5~10 mg）放入研钵中充分研细，滴 1~2 滴重油（石蜡油或者氟油）调成糊状，涂在盐片上用组合窗板组装后测定。

③薄膜法：适用于高分子化合物的测定，分为溶液制膜法和热压制膜法。溶液制膜法是将样品溶解于适当的溶剂中，然后将溶液滴在红外晶片（如溴化钾、氯化钠等）、载玻片或者平整的铝箔上，待溶剂完全挥发后即可得到样品的薄膜。如果将溶液滴在溴化钾晶片上，这样的方法比较好，适合红外光谱的直接测定。热压制膜法可以将较厚的聚合物薄膜热压成较薄的薄膜，也可以从粒状、块状或者其他材质取少量样品热压成膜。

④粉末法：把固体样品研磨制成粒径 2 μm 的细粉，悬浮在易挥发的液体中，然后移至盐窗上，待溶剂挥发后即形成一均匀薄层，但不适用于定量分析。

（2）液体样品。

液体样品常用液膜法。该法适用于不易挥发（沸点高于 80 ℃）的液体或黏稠溶液。使用两块溴化钾或氯化钠盐片，将液体滴 1～2 滴到盐片上，用另一块盐片将其夹住，用螺丝固定后放入样品室测量。测定时需注意不要让气泡混入，螺丝不应拧得过紧以免窗板破裂。使用以后要立即拆除，用脱脂棉蘸氯仿、丙酮擦净。

（3）气体样品。

气体样品的测定可使用窗板间隔为 2.5～10 cm 的大容量气体槽，抽真空后，向槽内导入待测气体直接测定。红外吸收强度可通过控制气体槽压力来控制。测定时避免水蒸气。

2. 使用衰减全反射附件时的样品制备

测试无须样品制备，无损检测。常用于衰减全反射附件进行测试的样品有薄膜、织物、颗粒、粉末、纸张、纤维、涂层等固体样品的定性分析以及液体样品的定性、定量分析。衰减全反射附件光谱测试深度为几微米到几十微米，样品厚度最好也是几微米到几十微米。固体表面要有光滑平整的区域，测试时该区域需要紧贴晶体表面。液体可以滴在晶体表面上进行测试。

3. 使用漫反射附件时的样品制备

粉末样品或者能制成粉末样品的固体样品，在样品预处理的过程中，要控制样品粒度。研磨颗粒的大小对定量分析有影响，一般颗粒粒度越小越好（2～5 μm）。若样品吸收饱和，可加入稀释剂（如溴化钾和氯化钾），样品浓度通常为 0.1%～100%；进行测量时扫描参比光谱时样品池中加入稀释剂进行测量，进行样品光谱采集采用样品和稀释剂混合研磨均匀后放入样品池中进行测量。样品表面要尽量平整。对于某些样品，如高分子聚合物很难在溴化钾中研磨均化，也可以采用除溴化钾以外的吸收剂，如硫黄来制样。样品加入样品池内表面应刮平。深色不易磨碎的样品，可以用碳化硅取样、棒砂纸摩擦样品表面即可，无须进行研磨、稀释等样品前处理操作。使用新的砂纸作为背景，将摩擦过样品的砂纸放到漫反射装置直接测试即可。

（三）实验步骤

（1）开机。

（2）仪器自检。

（3）参数设置和数据采集。

（4）关机。

四、实验结果与处理

将 TEXT 文档打开，将数据用 origin 打开，得到红外 $T\%—\sigma$ 曲线谱图。

（一）定性分析

光谱解析主要是在掌握影响振动频率的因素及各类化合物的红外特征吸收谱带的基础上，按峰区分析，指认某谱带的可能归属，并结合其他峰区的相关峰，确定其归属。在此基础上，再仔细确认指纹区的有关谱带，综合分析，提出化合物的可能结构。必要时查阅标准图谱或与其他谱（1H NMR、13C NMR、MS）配合，确证其结构。

通常光谱解析的步骤如下。

（1）观察谱图的高频区域，确定可能的官能团，再根据指纹区域进行结构确定。

（2）如果有元素分析和质谱的结果，可以根据分子的化学式计算分子的不饱和度，根据不饱和度的结果推断分子中可能存在的官能团。

$$UN = (2 + 4n_6 + 3n_5 + 2n_4 + n_3 - n_1)/2$$

式中，n_6、n_5、n_4、n_3、n_1分别为分子中六价、五价、四价、三价、一价元素数目。

例如，分子中不饱和度为1时，分子中可能含有一个双键或者一个环状结构；不饱和度大于4时，推断分子中可能含有苯环，然后根据谱图验证推测的准确性。

（3）从特征频率中确定主要官能团的取代基团。

谱图上每个吸收带代表了分子中某一个基团或者化学键的特定振动形式，可以由特征谱带的位置、强度、形状确定所含基团或者化学键的类型。如2 800~3 000 cm^{-1}为—CH_3特征峰；1 600~1 850 cm^{-1}为—C═O特征峰。分析谱图一般按照“先官能团区后指纹区，先强峰后次强峰和弱峰，先否定再肯定”的原则。

（4）其他官能团的分析。

从分子中减去已知基团所占用的原子，从分子的总不饱和度中扣除已知基团占用的不饱和度。根据剩余原子的种类和数目以及剩余的不饱和度，并结合红外光谱，对剩余部分的结构做适当的估计。

在判断存在某基团时，要尽可能地找出其各种相关吸收带，切不可仅根据某一谱带即下该基团存在的结论。同理，在判断某种基团不存在时也要特别小心，因为某种基团的特征振动可能是非红外活性的，也可能是分子结构的原因，其特征吸收变得极弱。

（5）提出结构式。

如果分子中的所有结构碎片都成为已知（分子中的所有原子和不饱和度均已用完），那么就可以推导出分子的结构式。在推导结构式时，应把各种可能的结构式都推导出来，然后根据样品的各种物理性、化学性质以及红外光谱排除不合理的结构。

（6）验证方式。

①设法获得纯样品，绘制其光谱图进行对照，但必须考虑到样品的处理技术与测量条件是否相同。

②若不能获得纯样品时，可与标准光谱图进行对照。当谱图上的特征吸收带位置、形状及强度相一致时，可以完全确证。当然，两图绝对吻合不可能，但各特征吸收带的相对强度的顺序是不变的。

③常见的标准红外光谱图集有Sadtler红外谱图集、Coblentz学会谱图集、API光谱图集、DMS光谱图集。

如已知该化合物的元素组成为C_7H_8O。图4-12为化学式C_7H_8O的红外光谱图。

该化合物的不饱和度为

$$UN = (2 + 4n_6 + 3n_5 + 2n_4 + n_3 - n_1)/2 = (2 + 2 \times 7 - 8)/2 = 4$$

3 039.3 cm^{-1}、3 000.7 cm^{-1}是不饱和C—H伸缩振动$\upsilon_{=C-H}$，说明化合物中有不饱和双键；2 946.7 cm^{-1}是饱和C—H伸缩振动υ_{C-H}，说明化合物中有饱和C—H键；1 599.0 cm^{-1}、1 502.7 cm^{-1}是芳环骨架振动$\upsilon_{C=C}$，说明化合物中有芳环，芳环不饱和度为4，说明该化合物除芳环以外的结构是饱和的；1 040.0 cm^{-1}是醚氧键的伸缩振动υ_{C-O-C}，说明化合物中有C—O—C键；756.0 cm^{-1}、694.3 cm^{-1}是芳环单取代面外弯曲振动$\gamma_{=C-H}$，说明化合物为单取代苯环化合物。

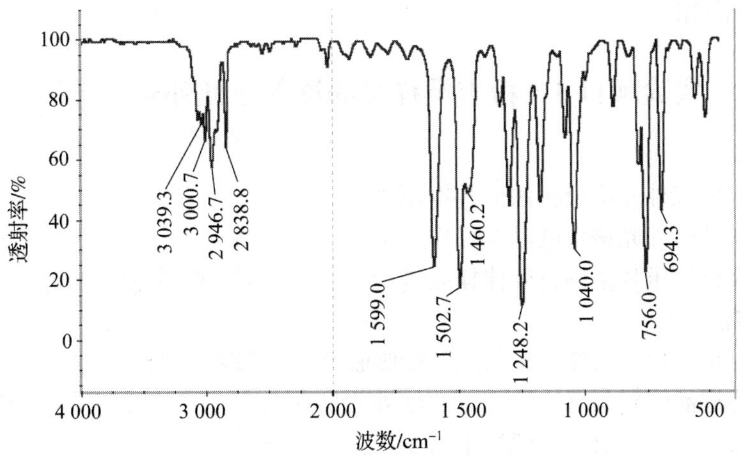

图 4-12　化学式为 C_7H_8O 的红外光谱图

2 838. 8 cm^{-1} 进一步证明了化合物中 CH_3 的存在，它是 CH_3 的伸缩振动 υ_{C-H}；1 460. 2 cm^{-1} 也进一步证明了化合物中 CH_3 的存在，它是 CH_3 的面内弯曲振动 δ_{C-H}。

综合以上推测，由化合物分子式 C_7H_8O 得出苯环 C_6H_5—OCH_3，推测出该化合物结构式如图 4-13 所示。

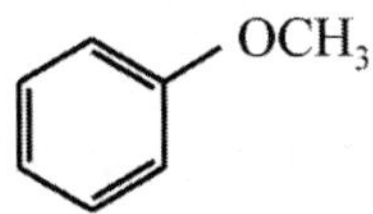

图 4-13　推测出的化合物结构式

（二）定量分析

通过对特征吸收谱带强度的测量来求出组分含量。理论依据：朗伯—比尔定律，即

$$A = -\lg(I/I_0) = \lg(1/T) = \varepsilon \cdot c \cdot l$$

式中，A 为吸光度；I 为光强；I_0 为入射光强；T 为透过率；ε 为摩尔吸光系数；c 为样品浓度；l 为光程。

1. 特征吸收谱带要求

（1）一般选组分的特征吸收峰，并且该峰应该是一个不受干扰和其他峰不相重叠的孤立的峰。如分析酸、酯、醛、酮时，应该选择与羰基（$>C=O$）振动有关的特征吸收谱带。

（2）所选择的吸收谱带的吸收强度应与被测物质的浓度有线性关系。

（3）若所选的特征峰附近有干扰峰时，也可以另选一个其他的峰，但此峰必须是浓度变化时其强度变化灵敏的峰，这样定量分析误差较小。

2. 定量方法

（1）一点法：不考虑背景吸收，直接从谱图中读取选定波数的透过率。

（2）基线法：用基线来表示该吸收峰不存在时的背景吸收。

五、典型应用

实验项目3　粉末类样品的透射法红外光谱实验

1. 实验目的

①掌握傅里叶红外光谱分析法的基本原理。

②掌握傅里叶红外光谱仪的基本操作方法。

③掌握用溴化钾压片法制备固体样品进行红外光谱测定的技术和方法。

2. 实验原理

红外光谱是依据物质对红外辐射的特征吸收而建立起来一种光谱分析方法，也是一种分子吸收光谱。当样品受到频率连续变化的红外光照射时，分子吸收了某些特定频率的辐射，并由其振动或者转动运动引起的偶极矩的变化，产生分子振动和转动能级从基态到激发态的跃迁，使相对于这些吸收区域的透射光强度减弱。记录红外光的百分透射比与波数或者波长关系的曲线，就得到红外光谱图。

3. 实验仪器和耗材

（1）实验仪器：Nicolet iS 5 傅里叶红外光谱仪（配备透射附件）、玛瑙研钵、压片机、模具。

（2）实验耗材：溴化钾（光谱纯）、水杨酸（分析纯）、乙醇、去离子水。

4. 实验步骤

（1）开机。

先取出仪器样品室内干燥剂，依次打开仪器背部开关、计算机电源。打开红外光谱 omic 软件后，仪器自动检测，出现自检通过图标，表示计算机和仪器通信正常，否则要关机检查。

（2）制备样品。

①溴化钾压片法：固体样品常用压片法，它也是固体样品红外测定的标准方法。将固体样品 0.5～2.0 mg 与 150 mg 的溴化钾一起粉碎，用压片机压成薄片。薄片应透明均匀。

②制样过程：

a. 称样。样品：0.5～2 mg；溴化钾：150 mg。

b. 研磨混合。将样品与溴化钾混合均匀，充分研磨。

c. 压片。将样品装入模具中均匀堆积，在油压机上缓慢加压至10 MPa，维持 1 min 即可获得透明薄片。

（3）参数设置。

①选择实验设置对话框，设置实验条件。进入采集菜单的实验设置，进行扫描次数、分辨率、最终格式、背景处理的设置，一般扫描次数 16～64 次。分辨率设置时若粉末和液体选择 4，最终格式根据需要进行选择。背景处理一般是选择采集样品前采集背景。

②将背景样品放入样品舱，以空气为背景，选择背景采集，采集背景光谱，采集完成后进行保存。将样品放入样品舱，打开采集菜单的实验设置，选择指定背景文件，调用刚刚保存的背景文件后，选择确定。选择样品采集，采集样品红外光谱，采集完成后进行保存。采集结束后，保存数据，存成 SPA 格式（omnic 软件识别格式）和 CSV 格式。

（4）关机。

退出软件，关闭仪器背部开关。

5. 结果分析

将 TEXT 文档打开，将数据用 origin 打开，得到红外吸收光谱图。

实验项目 4　薄膜类样品的衰减全反射法红外光谱实验

1. 实验目的

①掌握傅里叶红外光谱分析法的基本原理。

②掌握傅里叶红外光谱仪的基本操作方法。

③掌握用薄膜类样品运用衰减全反射方法进行红外测试的技术和方法。

2. 实验原理

（1）衰减全反射原理，如图 4－14 所示。

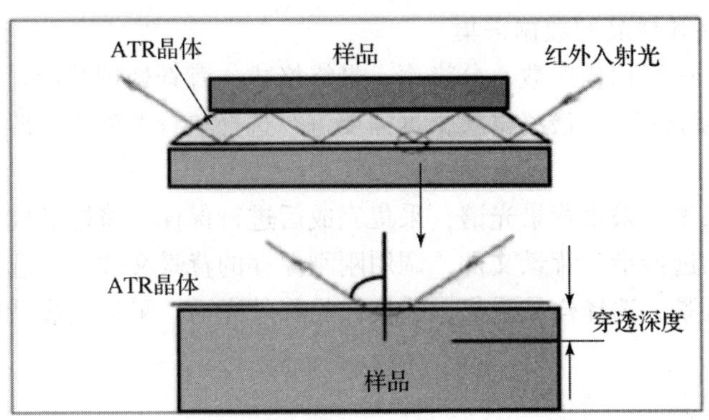

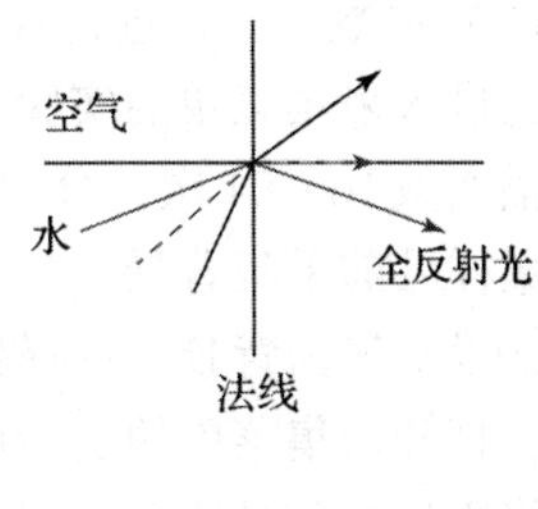

图 4－14　衰减全反射原理示意图

光从光密介质射入光疏介质时，也就是光从折射率大的介质进入折射率小的介质时，会发生折射，入射角增大，折射角也会增大。当折射角等于 90°时，对应的入射角即为临界角；当入射角超过临界角时，折射光消失，只剩下反射光的现象，即全反射现象。样品紧密接触在折射率高的晶体上，如果入射角大于临界角，会在样品和晶体上产生全反射，极少部分的光在界面上被样品吸收。在样品的吸收区域上，反射光的能量减少和吸收的强度有关，因此只要测定反射光就能得到光谱。

（2）产生全反射的必要条件。

①入射光必须由光密介质射入光疏介质。

②入射角必须大于临界角。

（3）衰减全反射法的特点。

①光线由光密介质射进入光疏介质，即样品折射率小于晶体折射率。

②衰减全反射附件光谱测试深度为几个微米或几十微米，一定程度上反映了被测物的表面信息。

③固体表面要有光滑平整的区域，测试时该区域需要紧贴晶体表面。液体可以滴在晶体表面上进行测试。

④常用于衰减全反射附件进行测试的样品有薄膜、织物、颗粒、粉末、纸张、纤维、涂层等固体样品的定性分析以及液体样品的定性、定量分析。

⑤测试无须样品制备，无损检测。

3. 实验仪器和耗材

（1）实验仪器：Nicolet iS 10 傅里叶红外光谱仪（配备衰减全反射附件）。

（2）实验耗材：薄膜。

4. 实验步骤

（1）开机。

开启电源稳压器，打开计算机、打印机及仪器电源。建议在操作仪器采集谱图前，先让仪器稳定 20 min 以上。

（2）仪器自检。

打开 omic 软件后，仪器自动检测，出现自检通过图标，表示计算机和仪器连接正常，否则将要关机检查。

（3）参数设置，进行背景样品和样品的数据采集。

①进入采集菜单的实验设置，进行扫描次数、分辨率、最终格式、背景处理的设置，一般扫描次数 16～64 次，分辨率设置选择 4，最终格式根据需要进行选择。背景处理一般是选择采集样品前采集背景。

②以空气为背景，选择背景采集，采集背景光谱，采集完成后进行保存。将样品放入样品舱，打开采集菜单的实验设置，选择指定背景文件，调用刚刚保存的背景文件后，选择确定。将样品放到晶体上，用压头压紧，选择样品采集，采集样品红外光谱，采集完成后进行保存。

（4）关机。

退出软件，关闭仪器，关闭计算机。

5. 结果分析

将 TEXT 文档打开，将数据用 origin 打开，得到红外吸收光谱图。

实验项目 5　粉末样品的漫反射法红外光谱实验

1. 实验目的

①掌握傅里叶红外光谱分析法的基本原理。

②掌握傅里叶红外光谱仪的操作方法。

③掌握用漫反射法制备粉末样品进行红外光谱测试的技术和方法。

2. 实验原理

（1）漫反射实验原理。

漫反射是一种反射技术，和镜面反射不同，该技术主要用于粉末样品。

当一束红外光照射到粉末样品时，极少部分光在样品颗粒表面反射而未进入样品内部，因此不带有样品信息，产生镜面反射；其余部分进入样品颗粒内部，经过多次反射、折射、散射、衍射，再由样品表面向各个方向辐射出来。经过多次折射、透射、散射等方式后的红外光在样品表面空间的各个方向辐射，称为漫反射光。由于漫反射光与样品分子发生了作用，它带有样品的结构信息。傅里叶红外光谱仪漫反射附件主要测定粉末样品的漫反射光谱。图 4－15 为漫反射示意图。

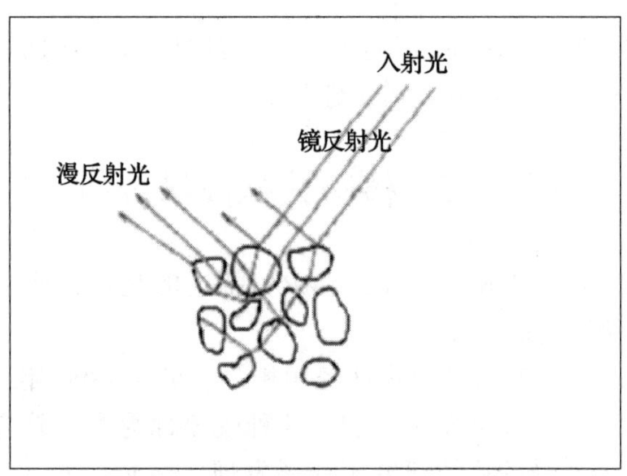

图 4 – 15　漫反射示意图

镜面反射光只发生在样品表层颗粒的表面，在发射光线的总额中，它的比例较大，应予以排除。

（2）漫反射法测试特点。

①由于漫反射法测试的光学复杂性，收到的漫反射光谱需要经过 K—M 函数变换，转换成与透射法收集的光谱类的吸收谱以便检索或定量。

②K—M 方程不适合高浓度样品，所以不适合饱和吸收现象。

③散射系数与样品密度和粒度有关，所以定量测试时需要样品粒度和密度一致。基质材料的粒度也与反射率有关，粒度越小，测得的漫反射光谱质量越高。

深色不易磨碎的样品，可以用碳化硅取样、棒碳化硅砂纸摩擦样品表面即可，无须进行研磨、稀释等样品前处理操作。使用新的砂纸作为背景，将摩擦过样品的砂纸放到漫反射装置直接测试即可。

3. 实验仪器和耗材

（1）实验仪器：Nicolet iS 10 傅里叶红外光谱仪（配备漫反射附件）。

（2）实验耗材：从门上刮下的油漆。

4. 实验步骤

（1）开机。开启电源稳压器，打开计算机、打印机及仪器电源。建议在操作仪器采集谱图前，先让仪器稳定 20 min 以上。

（2）仪器自检。打开 omic 软件后，仪器自动检测，出现自检通过图标，表示计算机和仪器连接正常，否则将要关机检查。

（3）参数设置，进行背景样品和样品的数据采集。进入采集菜单的实验设置，进行扫描次数、分辨率、最终格式、背景处理的设置，一般扫描次数 16 ~ 64 次，分辨率设置选择 4，最终格式根据需要进行选择。背景处理一般是选择采集样品前采集背景。

使用新的砂纸放到参比端，选择背景采集，采集背景光谱，采集完成后进行保存。将样品放入样品舱，打开采集菜单的实验设置，选择指定背景文件，调用刚刚保存的背景文件后，选择确定。将摩擦过样品的砂纸放到样品池，采集样品，采集完成后进行保存。

（4）关机。退出软件，关闭仪器，关闭计算机。

5. 结果与处理

将 TEXT 文档打开，将数据用 origin 打开，得到红外 $T\%-\sigma$ 曲线谱图。通过峰位置确定基团的振动频率，进行样品的红外光谱定性分析。

第四节　核磁共振波谱分析

核磁共振（nuclear magnetic resonance，NMR）描述的是自旋原子核吸收特定频率的电磁波能量，从而发生能级跃迁的现象。

核磁共振现象的发现和发展与量子物理密切相关。早在 1896 年，荷兰物理学家塞曼发现电子在磁场的作用下，其能级会发生劈裂，这种现象称为塞曼效应，塞曼也因此获得了 1902 年诺贝尔物理学奖。塞曼的后续研究工作还发现，不光是电子，自旋数不为 0 的原子核，在磁场里也会发生能级裂分。1924 年，美籍科学家泡利预言了核磁共振的基本理论：有些核同时具有自旋和磁量子数，这些核在磁场中会发生分裂。

1938 年，美国科学家拉比发明了研究气态原子核磁性的共振方法，于 1944 年获得诺贝尔物理学奖。之后，布洛赫和珀塞尔分别在液体和固体中独立观察到宏观核磁共振现象，他们共同分享了 1952 年的诺贝尔物理学奖。这两位科学家的贡献使得核磁共振不再局限于分子束的研究中，从而大大拓展了核磁共振的应用前景。

1950—1951 年，虞福春、沃伦·普罗克特和迪金森发现了著名的“化学位移”效应，虞福春、沃伦·普罗克特和古托夫斯基在不同样品的观测中还发现了自旋耦合现象，这些成果共同奠定了物质结构分析的基础。之后，瑞典科学家恩斯特以多维核磁共振理论与技术、瑞士科学家维特里希因利用多维 NMR 技术在测定溶液中蛋白质结构的三维构象的开创性研究、美国科学家劳特伯和英国科学家曼斯菲尔德在核磁成像法的突出贡献，使得他们分别获得了 1991 年和 2002 年的诺贝尔化学奖及 2003 年的诺贝尔生理或医学奖。

核磁共振技术经过了近百年的发展和应用，已经在化学、医学、生物、材料、能源等领域得到广泛应用，在化合物的鉴定、产品质量的判定、地质勘探、生物大分子的构象研究、病理分析等方面发挥着重要作用。

一、实验原理

核磁共振是指在外磁场作用下磁矩不为 0 的原子核，共振吸收某一定频率的电磁波，发生自旋能级跃迁的现象。核磁共振时，原子核吸收电磁波的能量，使原子核从低能态跃迁到高能态，产生核磁共振信号，以核磁共振信号强度对照射频率（或磁场强度）作图，所得图谱就是核磁共振谱。

（一）核磁共振的条件

原子核是带正电荷的粒子，其自旋运动将产生磁矩，只有存在自旋运动的原子核才具有磁矩。核磁共振的研究对象则是具有磁矩的原子核。具有自旋运动的原子核与自旋量子数 I 相关。

（1）核电荷数和核质量数均为偶数的原子核没有自旋现象，$I=0$，如 ^{12}C、^{16}O、^{28}S 等，没有自旋现象，也没有磁矩。

（2）原子核的核电荷数为奇数或偶数，质量数为奇数，I 为半整数（$I=1/2$，$I=3/2$，

$I=5/2\cdots$)，如^{1}H、^{13}C、^{15}N、^{19}F、^{31}P等（$I=1/2$）原子核具有自旋现象。

(3) 原子核的核电荷数为奇数，质量数为偶数，I为整数（$I=1$，$I=3$，$I=5\cdots$），如^{2}H、^{14}N的原子核，具有自旋现象。

总之，$I\neq0$的原子核都有自旋现象，且原子核自旋角动量P的大小与I有关。

另外，不同类型的核具有不同的磁矩μ，其大小与自旋角动量P和磁旋比γ有关：

$$\mu=\gamma P$$

式中，磁旋比γ为原子核的特征常数，不同类型的核其磁旋比不同。

$I=1/2$的原子核，其核磁共振谱线较窄，最适合于核磁共振检测；$I>1/2$的原子核，其核磁共振的信号很复杂。有机化合物的基本元素^{1}H、^{13}C、^{15}N、^{19}F、^{31}P等（$I=1/2$），是核磁共振研究的主要对象，广泛用于有机化合物的结构测定。

在外磁场中，核自旋不是转到与B_0平行的方向，而是与B_0保持一定的夹角，同时具有磁矩的核在外磁场中的自旋取向是量子化的，用磁量子数m表示。核自旋不同的空间取向，其数值可取：$m=I$，$I-1$，$I-2$，…，$-I$，共有$2I+1$个取向，角动量在z轴方向投影P_z也是量子化的，符合

$$P_z=m\frac{h}{2\pi}=m\hbar$$

式中，h为普朗克常量；$\hbar$为约化普朗克常数。

与此对应，原子核磁矩在z轴方向的投影为

$$\mu_z=\gamma P_z=\gamma m\hbar$$

根据电磁理论，磁矩μ在外磁场中与磁场的作用能E的关系符合

$$E=-\mu B_0$$

式中，B_0为磁场强度。

由量子力学选择定则可知，只有$m=\pm1$的跃迁才是允许的，所以相邻能级之间发生跃迁的能量差为

$$\Delta E=\gamma\hbar B_0$$

由此可见，外加磁场越强，相邻能级的能量差越大。当用某一特定频率的电磁波照射样品，辐射的能量恰好等于自旋核两种不同取向的能量差时，处于低能态的自旋核吸收电磁辐射能跃迁到高能态，因此产生核磁共振条件为

$$\Delta E=h\nu=\gamma\hbar B_0$$

$$\nu=\frac{\gamma B_0}{2\pi}$$

式中，ν为该电磁波频率，其相应的圆频率为

$$\omega=2\pi\nu=\gamma B_0$$

（二）自旋耦合

核自旋量子数$I\neq0$的核在静磁场中有$2I+1$种自旋状态，它们的磁矩方向和大小各不相同，所形成的附加磁场通过化学键中的成键电子而作用于其他核，导致核磁共振谱线中的一些吸收峰进一步分裂成多重峰，这种自旋核与自旋核之间的相互作用称为自旋—自旋耦合，简称自旋耦合。自旋耦合产生的多重峰之间的距离，叫作自旋耦合常数（J，Hz）。耦合常数J值的大小代表了自旋耦合的强度，是物质分子结构的特征，其大小取决于连接两耦

合核的种类、核间距离、核间化学键的个数和类型，以及它们在分子结构中所处的位置。通过分析这种精细结构的形成可以确定分子内各种基团之间的连接关系，进而获取分子总体的结构。

在有机化合物中，某氢核相邻碳原子上有 n 个状态相同（化学等价）的 H 核，则此核的吸收峰将被裂分为 $n+1$ 个精细的吸收峰，也称为 $n+1$ 规则。该规则只适用于氢核和其他自旋量子数 $I=1/2$ 的核。由于分裂的多重吸收峰是分子内部原子之间的相互影响产生的，所以 J 值的大小只与分子结构有关，与仪器的工作频率无关。

（三）化学位移

分子中的原子核不是裸核，核外包围着电子云，在磁场的作用下，核外电子会在垂直于外磁场的平面上绕核旋转，产生对抗于主磁场的感应磁场，方向与外磁场相反。这种感应磁场对外磁场的屏蔽作用称为电子屏蔽效应（用 σ 表示屏蔽常数）。共振频率 v 为

$$v=\frac{1}{2\pi}\gamma B_0(1-\sigma)$$

由于在不同化学环境中的相同原子核在外磁场作用下表现出稍有不同的共振频率，引起共振吸收峰的位置发生移动的现象，称为化学位移。

σ 总是远小于1，采用绝对表示法非常不便，因而采用相对表示法来表示化学位移 δ，即以某一标准样品的共振峰为原点，测出样品各峰与原点的距离。习惯上化学位移值采用无量纲的 δ 值：

$$\delta=\frac{\Delta v}{v_{标}}\times10^6=\frac{v_{样}-v_{标}}{v_{标}}\times10^6\approx\frac{v_{样}-v_{标}}{v_0}\times10^6$$

式中：$v_{样}$、$v_{标}$ 分别为样品和标准样品的氢核共振频率；v_0 为测定仪器选用的频率。

二、实验仪器

核磁共振波谱仪是根据核磁共振原理，利用不同元素原子核性质的差异分析物质的磁学式分析仪器。当用一定频率的电磁波对样品进行照射，可使特定化学结构环境中的原子核发生共振跃迁，在照射扫描中记录发生共振时的信号位置和强度，就得到核磁共振谱。核磁共振谱上的共振信号位置反映样品分子的局部结构（如官能团、分子构象等），信号强度与有关原子核在样品中丰度有关。

世界上第一台商用核磁共振波谱仪由美国 Varian 公司研制推出，这是一台由永磁体（0.7 T）提供静磁场的波谱仪。随着超导技术的发展和核磁共振方法的开发，超高场、数字化的波谱仪不断更新，高分辨率和高灵敏度的核磁共振波谱仪在结构鉴定、立体构型和构象的确定、化学反应机理研究等与有机物体相成分分析相关的应用中，发挥着重要的作用。

核磁共振波谱仪的频率以 ^{1}H 的共振频率命名，^{1}H 共振频率 $=42.577\ 08\times B_0$（MHz），其中 B_0 为磁场强度（单位为 T，特斯拉）。如 300 MHz 核磁共振波谱仪即指在该波谱仪的静磁场强度下（7.046 3 T），^{1}H 的共振频率为 300 MHz。北京理工大学分析测试中心的核磁共振波谱仪如图 4－16 所示。

（a）

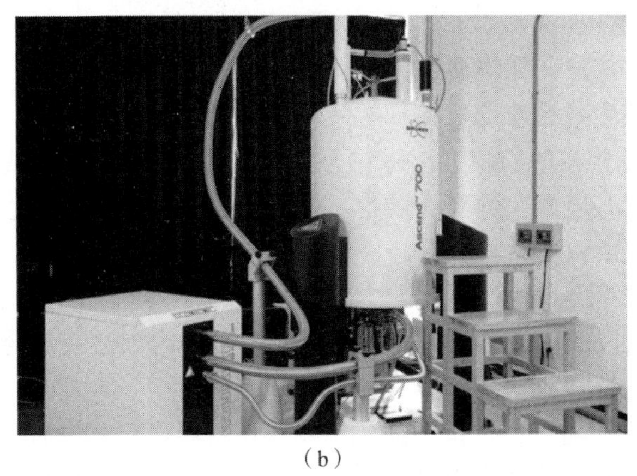

（b）

图 4-16　北京理工大学分析测试中心配备的脉冲傅里叶变换核磁共振波谱仪

（a）Bruker Ascend TM 400 MHz 核磁共振波谱仪（BBFO 探头，配备 SampleXpress 60 位自动进样器）；
（b）Bruker Ascend TM 700 MHz 核磁共振波仪（固液两用波谱仪，超低温平台）

核磁共振波谱仪主要由磁体、探头、射频发射单元、匀场线圈、射频接收单元、数据处理和仪器控制单元组成。磁体提供静磁场，磁场越高，分辨率越高；探头是共振波谱仪的核心部件，探头包括样品管、射频发射线圈、射频接收线圈、气动涡轮旋转装置，通过配备不同的探头，可完成不同种类原子核的测定，获得相应的波谱图，如^{1}H 谱、^{13}C 谱、^{19}F 谱、^{31}P 谱、^{15}N 谱、^{11}B 谱、^{29}Si 谱等；射频发射单元用于发射射频信号；射频接收单元用于接收射频辐射信号，经过信号放大器记录核磁共振信号；匀场线圈通过调整电流产生小的磁场，以部分调节磁体磁场的不均匀性，从而保持静磁场的均匀性；数据处理和仪器控制单元用于对 NMR 信号进行处理（傅里叶变换、模拟信号—数字信号转换），对波谱仪进行采样控制、温度控制、样品升降、样品旋转等操作。

核磁共振波谱仪按工作方式分为两种。

1. 连续波核磁共振波谱仪

连续波核磁共振波谱仪产生的射频波，按频率大小有顺序地连续照射样品，可得到频率谱。连续波核磁共振波谱仪工作时射频的频率和外磁场的强度是连续变化，因此有扫频法和扫场法两种方式。固定磁场强度，连续改变射频频率得到共振信号，称为扫频法；固定射频频率，连续改变磁场强度得到共振信号，称为扫场法。实验室多用扫场法。

连续波核磁共振波谱仪扫描时间长、灵敏度低，只适用于检测磁矩大、自旋量子数 $I=1/2$、天然丰度高的原子核（^{1}H、^{19}F、^{31}P），其得到的谱图谱线宽、分辨率低，已满足不了现代科学研究的需求。

2. 脉冲傅里叶变换核磁共振波谱仪

脉冲傅里叶变换核磁共振波谱仪是用一定宽度的强而短的射频脉冲辐射样品，样品中所有被观察的核同时被激发，通过收集这个过程产生的感应电流获得时间域上的自由感应衰减信号（free induction decay，FID），再经过傅里叶变换转换成频域信号，即得到核磁共振图谱。

脉冲傅里叶变换共振实验脉冲时间短，每次脉冲的时间间隔一般仅为几秒，测试速度快、灵敏度高、谱图分辨率高、易于信号累计，许多在连续波核磁共振波谱仪上无法做到的测试可以在脉冲傅里叶变换共振波谱仪上完成，如测定共振信号弱的原子核 ^{13}C、^{15}N 谱图、化学反应动力学、立体构象变化等研究。

脉冲傅里叶变换核磁共振波谱仪在日常使用时有以下注意事项。

（1）必须将带有磁化物的物质远离磁体，如磁卡、机械手表、钥匙、硬币、手机等物，尤其不能靠近探头区域，应放在远离磁场 5G 线圈外的地方。绝对不允许使用心脏起搏器或金属关节的人员操作波谱仪。

（2）定期加注液氦和液氮，以维持磁体的超导性。与液氦相比，液氮的产量高、价格低廉，因此补加液氮可以缓解液氦的挥发速度。若没有及时加注液氮会导致液氦挥发速度加快，严重时可致磁体失超。

（3）定期清洗机柜滤网，避免机柜通风不畅、运行温度过高导致故障。

（4）保持核磁室内环境温度和湿度，温度为 17 ~ 25 ℃，温度波动应小于 1 ℃/h，湿度应控制在 30% ~ 70% 范围内。

（5）定期进行 90°脉冲校准、三维匀场和一维线型样品校准，以确保磁体的基础场稳定、核磁共振现象的脉冲处于正常范围。

三、实验过程

在有机物体相成分分析中，根据样品形态和溶解性，可选择液体核磁或固体核磁共振技术。

液体核磁共振技术通常是以液体或可溶性化合物为研究对象的分析技术，该技术是有机物体相成分分析方面应用最广泛的技术之一。为获得理想的核磁共振谱图，制备高质量的核磁样品应遵循以下原则。

（一）核磁样品管的选择

选择高质量的核磁样品管，确保核磁管的管壁均匀，管体规整性良好，核磁管的长度、管壁厚度、凸度、同心度和外径等指标应与相应的核磁波谱仪型号及核磁探头相匹配；管体表面光洁度良好、无划痕；根据不同的检测条件选择不同材质的核磁管，以保证结果的准确性。高品质的核磁管能够保证匀场效果，获得高质量的谱图，并延长核磁共振谱仪使用寿命。

另外，清洗核磁管应避免长时间、高功率的超声及高温烘干，否则易导致管体变形、出现裂痕，不仅无法获得高质量的谱图，还会给核磁共振波谱仪和探头带来故障风险。

（二）样品的要求

样品的纯度应大于95%，无铁屑、灰尘、滤纸毛等杂质。场强越高，需要的样品量越少，对于400 MHz的核磁共振波谱仪，普通有机物测试^{1}H谱需要5 mg，测试^{13}C谱需要10 mg以上。对于直径5 mm的核磁管，样品体积适宜0.5～0.6 mL；在使用定深量筒标定时，将核磁管推入，以量筒所示的探头线圈位置和长度范围为参考，保证样品管内液柱的长度比线圈上下各多出3 mm即可。如图4－17所示，对于直径5 mm的核磁管，样品高度在4 cm为佳。样品体积过少会影响匀场效果，体积过多则浪费溶剂，而且由于稀释了样品，减少了处在线圈中的有效样品量，会影响信号强度。

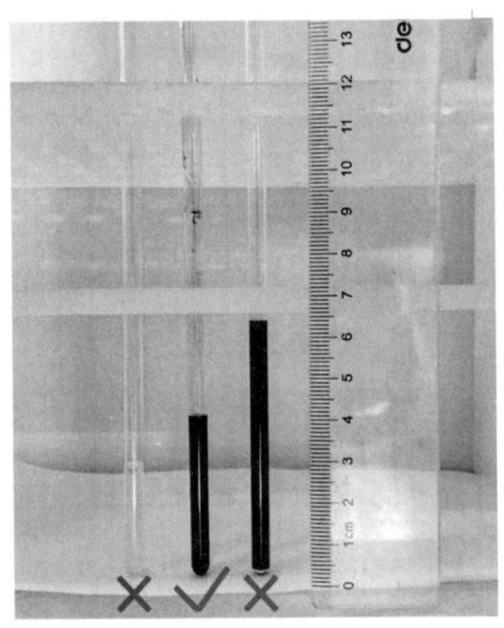

图4－17　样品高度示意图

对于样品浓度，样品浓度太小，信号弱，采集时间长；样品浓度太大，会增加溶液黏度，导致匀场失败，从而降低谱图的分辨率和信噪比。因此测试时，需配置适宜的样品浓度，以获得较好的实验结果。另外，若样品有限，需考虑选择微量核磁管或高场强的核磁共振波谱仪进行测试。

（三）氘代试剂的选择

选择溶解度良好、极性相似、溶解峰不影响分析谱图的氘代试剂，尽可能使用一次性的0.5～0.6 mL的小瓶试剂，以保证使用时氘代试剂的质量稳定可靠。

常用的氘代试剂有氘代氯仿、氘代二甲基亚砜、氘代甲醇、重水、氘代乙腈、氘代苯等。

固体核磁共振（solid state nuclear magnetic resonance，SSNMR）技术是以固体样品为研究对象的分析技术，适用于研究各类非晶固体材料的微观结构和动力学行为，能够提供原子及分子水平的结构信息。对于不溶物、难溶物或者溶解后结构发生变化的化合物，可选择固体核磁共振技术。

固体核磁测试的样品量通常要100~300 mg，样品以均匀粉末为佳，具有磁性、导电性和腐蚀性的样品或凝胶及其他黏稠状样品不能进行固体核磁测试。

固体核磁主要采用魔角旋转（Magic Angle Spinning，MAS）技术，将样品（管）绕相对于z轴为魔角（即54.735 6°）的方向轴作快速的机械转动，达到与液体中分子快速运动类似的结果，可消除化学位移各相异性、偶极耦合、核四极矩相互作用，提高谱图的分辨率。测试方法上，通常采用交叉极化（Cross Polarization，CP）、高功率去耦（High Power Decoupling，HPD）技术测定目标核的谱图。

四、实验结果和数据处理

结合核磁共振原理，核磁共振谱图可以提供分子的化学结构及动力学特点，已成为有机物体相成分分析中进行结构解析的重要技术手段。核磁共振波谱主要是解析^{1}H谱和^{13}C谱，当^{1}H谱和^{13}C谱尚不能对信号峰进行归属时，则进行二维NMR、双共振实验、化学交换等实验。

氢谱中常见官能团的化学位移δ值如表4－3所示。

表4－3　氢谱中常见官能团的化学位移δ值

质子类型		化学位移δ
烷烃质子	RCH_3，R_2CH_2，R_3CH	0.9~1.8
	—C═C—CH_3，—C≡C—CH_3—	1.5~2.6
	与N、S、C═O、—Ar相连	2.9~2.5
	与O、卤素相连	3~4
烯烃质子	—	4.5~8
芳烃质子	—	6.5~8
活泼氢	—COOH	10~13
	—OH	1~6（醇），4~12（酚）
	—CHO	9~10
	—NH_2	0.4~3.5（脂肪），2.9~4.8（芳香），9.0~10.2（酰胺）

氢谱中各化学基团的化学位移差别很大，可牢记几个典型基团的化学位移：甲基为0.8~1.2 ppm（1 ppm＝10^{-6}），连苯环的甲基为2 ppm，乙酰基上的甲基为2 ppm，甲氧基和氮氧基为3~4 ppm，双键上的质子为5~7 ppm，苯环上的质子为7~8 ppm，醛基为8~10 ppm，不连氧的亚甲基为1~2 ppm，连氧的亚甲基为3~4 ppm。

碳谱大致可分为3个区：①羰基或叠烯区，$\delta>150$ ppm，一般$\delta>165$ ppm。$\delta>200$ ppm

只能属于醛、酮类化合物，靠近160~170 ppm的信号则属于连杂原子的羰基。②不饱和碳原子区（炔碳除外），$\delta=90\sim160$ ppm。由前两类碳原子可计算相应的不饱和度，此不饱和度与分子不饱和度之差表示分子中成环的数目。③脂肪链碳原子区，$\delta<100$ ppm。饱和碳原子若不直接连氧、氮、氟等杂原子，一般$\delta<55$ ppm。炔碳原子$\delta=70\sim100$ ppm，其谱线在此区，这是不饱和碳原子的特例。

各类碳的化学位移顺序与氢谱中各类碳上对应质子的化学位移顺序有很好的一致性。若质子在高场，则该质子相连的碳也在高场；同理，若质子在低场，与之相连的碳也在低场。

^{1}H谱的解析通常以下步骤进行。

（1）调整谱图相位，进行基线校正，区分出杂质峰、溶剂峰、旋转边带。

（2）根据分子式计算饱和度。

（3）对信号峰积分，根据积分曲线计算各组信号对应的^{1}H的相对数目，再根据分子式中氢的数目，分配各峰组中的氢原子数。

（4）对信号峰进行定标，标出化学位移δ值，计算耦合常数J。一级谱中氢原子被其相邻氢原子的裂分符合$n+1$规律，结合化学位移、耦合常数和每个峰组的峰形，如有必要，还需要参考紫外、红外、质谱及其他数据，推测结构单元，组合出几个可能的结构式。

（5）校核指认推测出的结构，即每个官能团的化学位移、耦合常数和裂分峰形应与结构式相符，排除不合理的分子结构，保留最合理的结构式。

^{13}C谱的解析通常以以下步骤进行。

（1）调整谱图相位，进行基线校正，区分出杂质峰、溶剂峰。

（2）对信号峰定标，标出化学位移δ值。

（3）判断分子对称性：若谱线数目等于分子式中碳原子数目，说明分子结构无对称性；若谱线数目小于分子式中碳原子数目，说明分子结构有一定的对称性。另外，化合物中碳原子数目较多时，需注意因化学环境相似可能导致的δ值重叠现象。

（4）判断碳原子级数：通过偏共振去耦或脉冲序列，如DEPT 90和DEPT 135，确定碳原子的级数。由此可计算化合物中与碳原子相连的氢原子数。若此数目小于分子式中氢原子数，二者之差值为化合物中活泼氢的原子数。

（5）结合上述过程，推测出结构单元以及可能组成的化学结构。

（6）校核指认推测出的结构，找出各碳谱信号相应的归属，保留最合理的结构式。

五、典型应用

核磁共振在有机物体相成分分析方面具有重要作用。根据谱图可以确定出化合物中不同元素的特征结构，其中以^{1}H谱和^{13}C谱的应用最为广泛。通过核磁共振技术，根据谱图的化学位移可鉴定化学基团；通过耦合分裂峰数、耦合常数，可确定基团连接关系；根据各质子峰积分面积定出各基团质子比。核磁共振谱分析还可用于化学动力学的研究，这是由于分子内旋转、互变异构、化学交换等均受到核外化学环境影响，在谱图上会有所反映。另外，在多组分分析及聚合物材料的研究中，由于每种组分的NMR参数独立存在，可通过分析混合物的弛豫时间、扩散系数等，判断分子的大小，确定聚合度，判断聚合物的相容性，研究其结构的性能及反应机理。

实验项目6　乙基苯的氢谱测试及结构鉴定实验

1. 实验目的

①了解 Bruker AVANCE Ⅲ HD 400 MHz 核磁共振波谱仪的基本操作技术。

②掌握^{1}H—NMR 的谱图特征和测试方法。

2. 实验原理

实验原理同本章第四节一、实验原理部分。

3. 实验基本要求

了解核磁共振波谱分析的基本原理，能够完成^{1}H—NMR 谱图的实验，并说明谱图所包含的信息。

4. 实验仪器和材料

（1）实验仪器：Bruker AVANCE Ⅲ HD 400 MHz 核磁共振波谱仪。

（2）实验材料：样品管（直径5 mm）、乙基苯（液体）、氘代氯仿（含0.03%四甲基硅烷）。

5. 实验步骤

（1）制备样品。

配制浓度为0.1 mol/L 乙基苯的氘代氯仿溶液，盖上样品管帽，用封口膜密封样品管口，用记号笔标记样品名及溶剂。轻轻摇匀样品，使溶质充分溶解混匀。

（2）上机测试。

①第一次进样时双击桌面上的 topspin3.5 pl5 软件。

②将核磁管放入转子，用量规量好后，打开磁体顶端安全盖，在 BSMS 控制板上单击“LIFT - ON/OFF”（灯亮，或者命令行输入 ej，回车），听到磁体中有气流声音时，放入核磁管；再单击“LIFT - ON/OFF”（灯灭，或者在命令行输入 ij，回车），样品进入磁体。

③命令行输入 new（或 edc），回车，新建实验。其中 NAME：样品名称（命名）；EXPNO：实验采样号；Directory：数据存储位置；Experiment 选择标准实验（氢谱：NPROTON；氢谱是单脉冲实验，脉冲序列如图4 - 18所示，弛豫时间 $d1$、扫描次数已根据大多数样品情况优化）；单击“Execute getporosol”；Title 可添加备注。

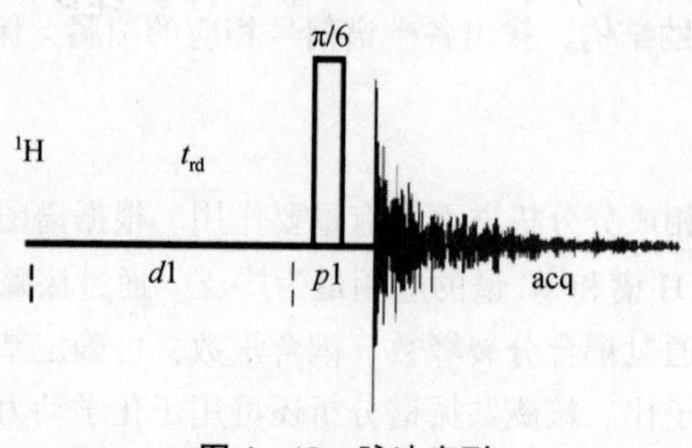

图4 - 18　脉冲序列

（3）锁场：命令行输入 lock，回车，选择所用氘代试剂：$CDCl_3$，待状态栏显示 finished 后，进行下一步骤。

（4）调谐：命令行输入 atma，等待仪器自动调节探头的谐振调谐（tuning）于阻抗匹配（matching），待状态栏显示 finished 后，进行下一步骤（若长时间调谐不能结束，在命令行输入 stop，或在软件单击“STOP”，终止调谐，再尝试重复调谐操作）。

（5）匀场：命令行输入 topshim，待状态栏显示 finished 后，进行下一步骤。

（6）自动选择增益：命令行输入 rga，待状态栏显示 finished 后，进行下一步骤。

（7）采样：命令行输入 zg，待实验结束，状态栏显示 finished 后，进行下一步骤。

（8）采样中途傅里叶变换：命令行输入 tr，回车，再输入 efp。

（9）中途停止采样：命令行输入 halt，回车，保存当前已完成的测试数据。

（10）相位校正：采样结束后，命令行输入 efp，回车，完成谱图的傅里叶变换；再输入 apk，回车，进行自动相位校正。

（11）取出核磁管：在 BSMS 控制板上单击“LIFT－ON/OFF”（灯亮，或者命令行输入 ej，回车），打开气流，可见样品弹出；取下核磁管，再单击“LIFT－ON/OFF”（灯灭，或者在命令行输入 ij，回车），关闭气流。

6. 实验结果与数据处理

根据乙基苯的^{1}H—NMR 的谱图，对质子峰进行定标和积分：判断溶剂峰的化学位移；根据吸收峰的组数，说明处于不同化学环境的质子有几组；根据积分面积，说明各基团的质子比；根据化学位移和耦合裂分，说明各基团的连接方式。

7. 实验注意事项

（1）测试人员不得将可磁化的物品带入磁体，如磁卡、机械手表、钥匙、硬币、手机、镊子、铁具等物，尤其不能靠近探头区域，应放在远离磁场 5G 线圈外的地方。绝对不允许使用心脏起搏器或金属关节的人员操作波谱仪。

（2）不可关闭核磁共振波谱仪计算机上任何已经打开的窗口，核磁数据不可使用 U 盘拷贝。

（3）用丝绸擦拭核磁管外部，保证样品管外壁洁净，以免污染探头。

（4）样品管放入磁体前，应听到有较大的气流声，并且感觉样品和转子被气流托住时再松手。禁止在没有气流声时上样，否则会使核磁管直接落入磁体管腔，导致核磁管碎裂并损伤探头。

实验项目 7　乙基苯的碳谱测试及结构鉴定实验

1. 实验目的

①了解 Bruker AVANCE Ⅲ HD 400 MHz 核磁共振波谱仪的基本操作技术。

②掌握^{13}C－NMR 的谱图特征和测试方法。

2. 实验原理

实验原理同本章第四节一、实验原理部分。

大多数有机化合物含有碳原子，碳的同位素有^{12}C 和^{13}C，但是^{12}C 的磁矩为 0，没有自旋，因此核磁共振实验中的碳谱，测定的是^{13}C 原子核（$I=1/2$）。^{13}C 的天然丰度仅有 1.1%，磁旋比 γ 是^{1}H 的 1/4，因此^{13}C 的灵敏度大约为^{1}H 的 1/6 000。另外，^{13}C—NMR 中^{1}H对^{13}C 的耦合作用（$^{1}J_{CH}\approx 120\sim150$ Hz，且存在$^{2}J_{CH}$、$^{3}J_{CH}$耦合）会使谱线裂分、交叉重叠，造成解析困难。

^{13}C 的谱线裂分规律与^{1}H 谱类似，取决于邻近磁性核的数目和自旋量子数，遵循 $N=2nI+1$。在该式中，N 为谱线分裂的数目，n 为邻近磁性核的数目，I 为邻近磁性核的自旋量子数。因此^{1}H 对^{13}C 的耦合作用下，^{13}C 的谱线裂分规律也符合 $n+1$ 规则。

由于^{13}C 核的灵敏度低，以及$^{13}C—^{1}H$ 的耦合作用强，因此$^{13}C—NMR$ 实验，一方面需要提高样品浓度，选择高场波谱仪或者提高射频功率，增加扫描次数，选择脉冲傅里叶变换方法等方式来提高谱图的信噪比；另一方面，还需要选择去耦技术来消除耦合作用。常见的去耦技术有质子宽带去耦（PBBD）、门控去耦、反转门控去耦、偏共振去耦、无畸变极化转移增强技术（DEPT）等。在本实验项目中，选择质子宽带去耦和 DEPT 方法进行$^{13}C—NMR$ 实验（相应的脉冲序列及碳谱去耦技术如图 4-19 所示）。DEPT 技术可确定碳的级数，当脉冲倾倒角 $\theta=45°$时（DEPT45），CH、CH_2、CH_3 信号都为正峰；当脉冲倾倒角 $\theta=90°$时（DEPT90），仅出现 CH 信号；当脉冲倾倒角 $\theta=135°$时（DEPT135），CH 和 CH_3信号为正峰，CH_2信号为负峰。需注意的是，DEPT 谱不出季碳信号，可结合 PBBD 谱归属季碳。

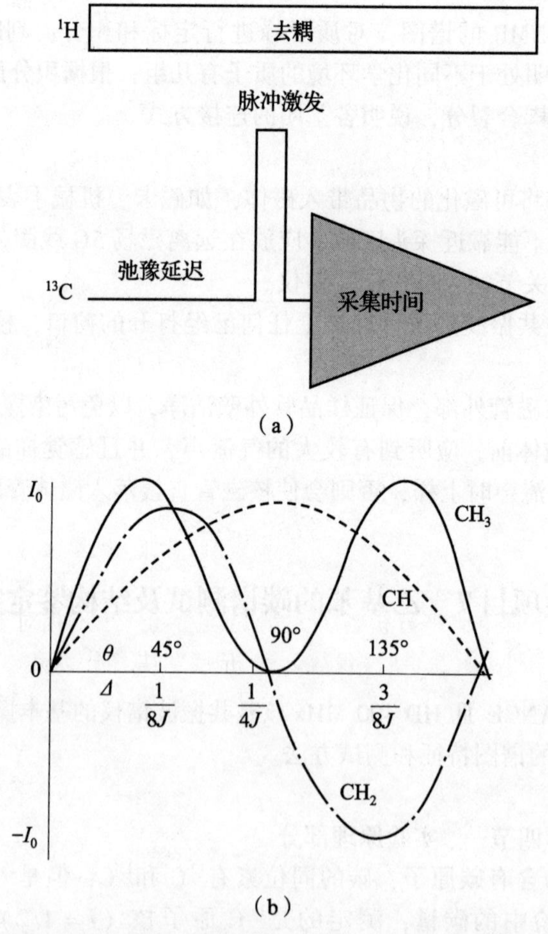

图 4-19 相应的脉冲序列及碳谱去耦技术示意图

（a）质子宽带去耦的脉冲序列；（b）DEPT 信号强度与脉冲倾倒角 θ 的关系

3. 实验基本要求

了解核磁共振波谱分析的基本原理，能够完成^{13}C—NMR 的实验，并说明谱图所包含的信息。

4. 实验仪器和材料

（1）实验仪器：Bruker AVANCE III HD 400 MHz 核磁共振波谱仪。

（2）实验材料：样品管（直径为 5 mm）、乙基苯（液体）、氘代氯仿（含 0.03% 四甲基硅烷）。

5. 实验步骤

（1）制备样品。

配制浓度为 0.5 mol/L 乙基苯的氘代氯仿溶液，盖上样品管帽，用封口膜密封样品管口，用记号笔标记样品名及溶剂。轻轻摇匀样品，使溶质充分溶解混匀。

（2）上机测试。

①第一次进样时双击桌面上的 topspin3.5 pl5 软件。

②将核磁管放入转子，用量规量好后打开磁体顶端安全盖；在 BSMS 控制板上单击 “LIFT - ON/OFF”（灯亮，或者命令行输入 ej，回车），听到磁体中有气流声音时，放入核磁管；再单击 “LIFT - ON/OFF”（灯灭，或者在命令行输入 ij，回车），样品进入磁体。

③在命令行输入 new（或 edc），回车，新建实验。其中，NAME：样品名称（命名）；EXPNO：实验采样号；Directory：数据存储位置；Experiment 选择标准实验（C13CPD，C13DEPT45，C13DEPT90，C13DEPT135）；单击 “Execute getporosol”；Title 可添加备注。

④~⑫步骤，同本章实验项目 1。

6. 实验结果与数据处理

根据乙基苯的^{13}C - NMR 的谱图，对^{13}C 峰进行定标：判断溶剂峰的化学位移；根据宽带去耦谱图和 DEPT 谱图不同吸收峰的位移，判断碳原子的级数。

7. 实验注意事项

同本章实验项目 1。

第五节　质谱分析

质谱分析是通过离子荷质比来分析各种元素的同位素质量和相对丰度的方法。质谱分析不仅具有灵敏度高、特异性强、样品用量少、分析速度快、分离和鉴定能够同时进行等优点，还可以与其他分离技术联合使用，因此已被广泛应用于化学化工、环境监测、材料科学、生命科学、公共安全等领域。

19 世纪末，德国物理学家施泰因（Goldstein）在低压放电实验中观察到正电荷粒子，随后威廉·维恩（Wilhelm Wien）发现正电荷粒子束在磁场中发生偏转，这些观察结果为质谱的发展提供了充足的准备。1906 年，物理学家约瑟夫·汤姆逊（Joseph Thompson）因对气体放电理论和实验研究作出的重要贡献获得了诺贝尔物理学奖，他的研究也为质谱技术奠定了基础。1912 年，约瑟夫·汤姆逊使用磁偏仪观察到了氖（Ne）的两种同位素峰。磁偏仪是世界上第一台研制出的质谱仪，质谱仪的诞生进一步促进了质谱技术的发展，约瑟夫·汤姆逊也被称为“质谱技术之父”。

1922 年，英国科学家弗朗西斯·威廉·阿斯顿（Francis William Aston）因发明质谱仪，并使用质谱仪发现了大量非放射性元素的同位素，以及阐明了整数法则，获得了诺贝尔化学奖。月球上有以其名字命名的“阿斯顿环形山”，也是为了纪念他在物理和化学方面的杰出贡献。1989 年，德国物理学家沃尔夫冈·保罗和汉斯·德默尔特（Wolfgang Paul 和 Hans Demelt）因发明了离子阱技术（用带电的四极杆来捕获离子）分享了当年的诺贝尔物理学奖。2002 年，诺贝尔化学奖授予了在生物大分子质谱和核磁共振研究作出杰出贡献的 3 位科学家：美国分析化学家约翰·芬恩（John Fenn）、日本科学家田中耕一及瑞士科学家库尔特·维特里希（Kurt Wüthrich）。其中库尔特·维特里希的贡献是利用核磁共振技术测定溶液中生物大分子三维结构，而约翰·芬恩和田中耕一则是因为他们分别发明了电喷雾（Electron Spray Ionization，ESI）和基质辅助激光解吸附（Matrix Assisted Laser Desorption Ionization，MALDI）离子化技术，解决了生物大分子质量的测定难题。

按发展历程和应用的学科领域，质谱分析可分为同位素质谱、无机质谱、有机质谱和生物质谱。在有机物体相成分分析中常以有机质谱法为主，它能够提供有机物的相对分子量、分子式的组成和分子结构等重要信息。在有机质谱的应用方面，1996 年，英国化学家哈里·克罗托（Harry Kroto）和美国化学家理查德·斯莫利（Richard Smalley）、罗伯特·柯尔（Robert Curl）利用质谱仪发现笼状结构富勒烯获得了诺贝尔化学奖。2015 年，中国科学家屠呦呦因发现治疗疟疾的新药青蒿素，获得了诺贝尔生理学或医学奖，而青蒿素的分子量则由高分辨质谱仪测定。这些重要的成果都离不开质谱分析这一有力的工具，质谱分析也在有机物体相成分分析中发挥着不可替代的作用。

一、实验原理

质谱分析的原理是利用不同荷质比的离子在磁场和电场的作用下发生不同的偏转，能够聚焦在不同的位置，从而实现对化合物分子质量的精确测定，利用质谱分析的前提是化合物能够形成离子。

不同的质量分析器在测定离子时的原理各不相同。以单聚焦（磁偏转）质谱仪的工作原理为例，一个质量为 m 的带电离子经加速电压 U 加速进入磁偏转器，在磁场中发生偏转后通过狭缝到达离子接收系统，如图 4-20 所示。

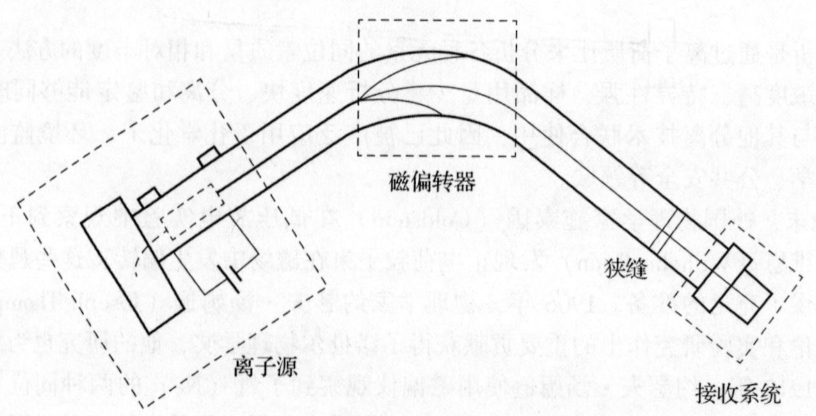

图 4-20　单聚焦磁偏转质谱仪示意图

经电场加速后，带电离子的动能等于势能，即

$$zU = \frac{1}{2}mv^2$$

带电离子以速度 v 进入偏转磁场，受到磁场力的作用发生偏转，离子运动受到的磁场力等于离心力，即

$$Bzv = \frac{mv^2}{r}$$

式中，B 为磁场强度；z 为离子的电荷；m 为离子质量；v 为离子速度；r 为离子运动半径。

由上述两式可得

$$\frac{m}{z} = \frac{r^2B^2}{2U}$$

式中，$\frac{m}{z}$为质荷比；U 为加速电压；B 为磁场强度；r 为离子运动半径。

因此，改变加速电压，可以使不同质荷比的离子经过不同的运动半径进入检测器，从而实现不同离子的分离和检测。

飞行时间质量分析器则是根据离子到达检测器的时间来区别不同质荷比的离子，如图 4－21 所示，离子的质荷比与飞行时间符合如下关系：

$$\frac{m}{z} = \frac{2U}{L^2}t^2$$

式中，z 为离子的电荷；m 为离子质量；$\frac{m}{z}$为质荷比；U 为加速电压；L 为飞行距离；t 为飞行时间。质荷比越大的离子，飞行速度越慢，到达检测器的时间越长。

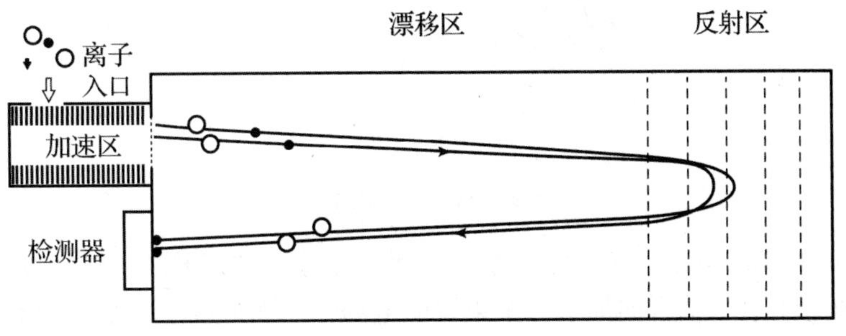

图 4－21　飞行时间质量分析器示意图

四级杆分析器由 4 根平行的棒状电极组成，这 4 根棒状电极分别加上直流电压 U 和射频（交流）电压 $V_0\cos\omega t$（V_0 为射频电压振幅，ω 为射频振荡频率，t 为时间）形成一个四极场，离子按 m/z 和 RF/DC 值以一种复杂的形式振荡。根据马修方程式，在特定的交流电压和直流电压下，只有特定质荷比的离子才能稳定通过四级杆，最终到达检测器，其他离子则发生偏转，被过滤掉，从而实现质量选择，如图 4－22、图 4－23 所示。四级杆分析器结构简单、体积小、分析速度快，可与其他的质量分析器串联使用。

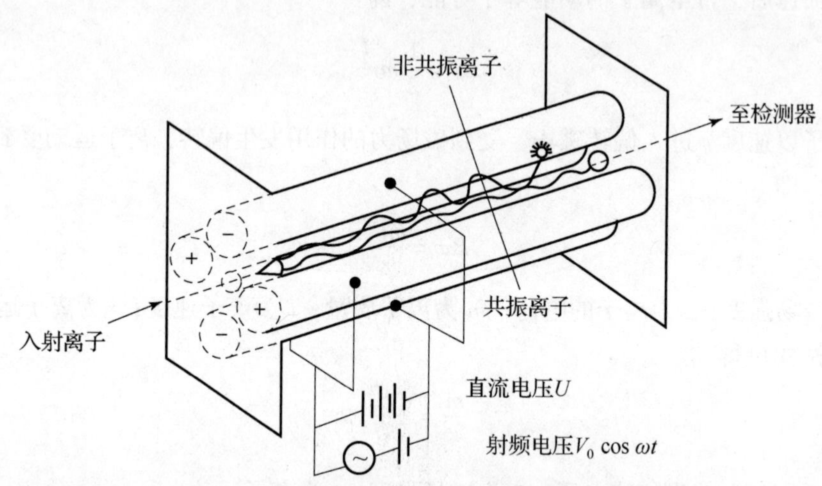

图 4－22　四极杆分析器工作原理示意图

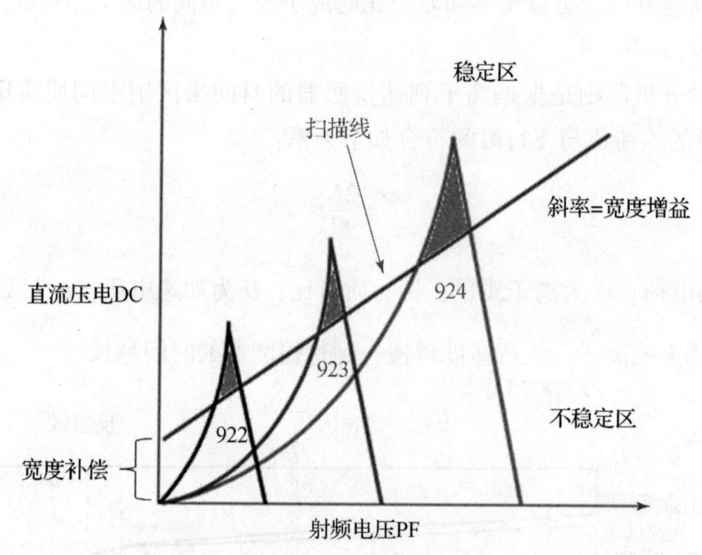

图 4－23　马修稳定图

离子阱分析器（ion trap，IT）由一个环电极和上下两端盖电极构成，它与四级杆分析器的不同之处在于其在 z 轴方向加了一个束缚的电场，从而形成了一个能捕获离子的三维电场，如图 4－24 所示。离子储存在离子阱里，当改变端电极电压时，离子进入不稳定区，由端盖电极上的小孔排出，质荷比从小到大的离子在其对应的电压条件下，逐次排除并被记录。由于离子阱是一个离子存储装置，因此它可以在一定时间内积累离子信号，提高信噪比；还可以在阱内进行多级质谱分析，利于结构鉴定。离子阱分析器性价比高、灵敏度高、质量范围广，也可与其他的质量分析器串联使用。

傅里叶变换离子回旋共振分析器（Fourier transform ion cyclotron resonance，FTICR）是目前分辨能力最高的质量分析器，它是根据离子的回旋频率来分离不同质荷比的离子。该质量分析器是一个具有均匀（超导）磁场的空腔，结构可以是立方体、圆柱体等。离子

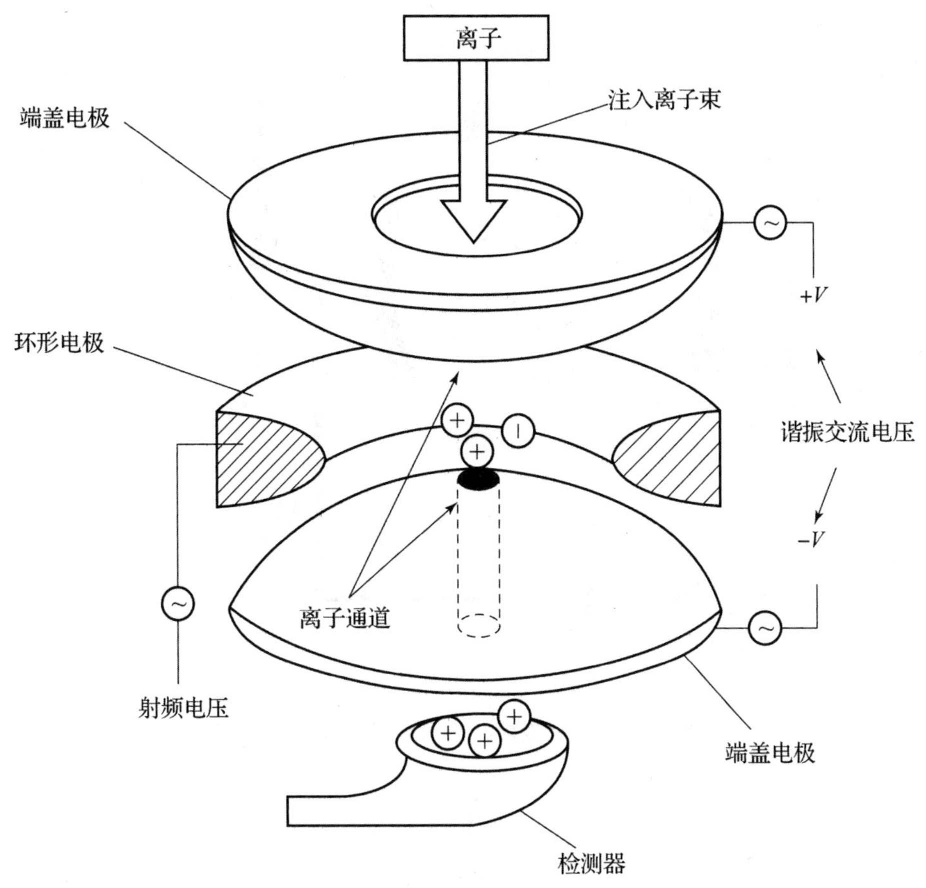

图 4－24　离子阱分析器示意图

在垂直于均匀磁场的圆形轨道上作回旋运动，当离子的回旋频率与射频电压（激发电极产生）的频率相同时，则发生共振；离子吸收辐射能量、运动半径逐渐扩大，达到接近检测电极的最大半径，在检测电极上采集到图像电流信号，记录该时域信号并通过傅里叶变换得到质谱图，如图 4－25 所示。该分析器具有超高分辨率和质量准确度，灵敏度高，非常适合多级质谱检测，利于大分子研究。但是由于需要超导磁场，因此仪器的价格和维护成本偏高。

轨道阱质量分析器由一个纺锤形中心电极组成，周围环绕着一对钟形外电极。离子进入阱内，在静电作用下围绕中心电极做圆周轨道运动，同时以一定的频率在两个外围电极之间沿轴向谐振，通过外围电极检测离子在阱内的简谐运动，将图像电荷的时域信号经傅里叶变换后获得质谱图。由于离子在 z 轴方向的振荡频率正比于 $\sqrt{\frac{z}{m}}$，与离子初始状态无关，因此可以实现不同质荷比离子的分析，获得很高的分辨率，如图 4－26 所示。轨道阱质量分析器与傅里叶变换离子回旋共振分析器的不同处：轨道阱质量分析器利用直流电场将离子限制在离子阱中，大大降低了维护成本，是质谱技术的重大突破。因其高分辨率和质量准确度、高灵敏性、高扫描速度、低消耗、易于小型化的特点，轨道阱质量分析器在蛋白质等生物大分子分析、代谢组学等高通量分析中发挥着重要作用。

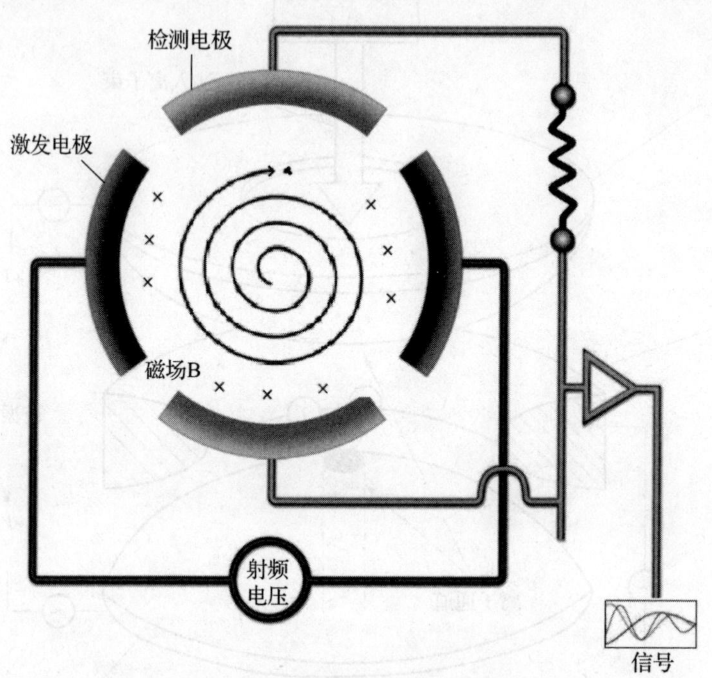

图 4－25　傅里叶变换离子回旋共振分析器示意图

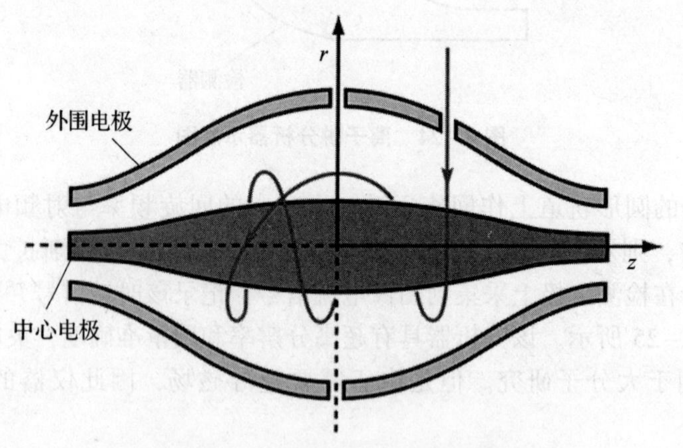

图 4－26　轨道阱质量分析器示意图

二、实验仪器

开展质谱分析所用的仪器是质谱仪。质谱仪一般由以下部分组成：进样系统、离子源、质量分析器、检测器、真空系统和计算机系统，其中质量分析器是质谱仪的核心单元。不同的质量分析器构成了不同种类的质谱仪，如双聚焦质谱仪、四级杆质谱仪、飞行时间质谱仪、离子阱质谱仪、傅里叶变换质谱仪以及串联质谱仪。北京理工大学分析测试中心配备的质谱平台的质谱仪如图 4－27 所示。

质谱仪具有测定化合物、元素、同位素分子量的基本功能，并能够对目标物进行定性定量分析。有机物体相成分分析中涉及的质谱仪是有机质谱仪，它能够提供化合物的分子量、元素组成以及官能团等结构信息，为确定化合物的分子式和分子结构提供可靠依据。

（a）　　（b）

（c）　　（d）

图4－27　北京理工大学分析测试中心配备的质谱仪

（a）Agilent 7890A/5975C 气相色谱—质谱联用仪（EI 离子源）；（b）Agilent Q－TOF 6520 液相色谱—质谱联用仪（ESI、APCI 离子源）；（c）Thermo Scientific Q Exactive HF－X 组合式四极杆－Orbitrap 液相色谱—质谱联用仪（纳流液相色谱系统，超高效液相色谱系统，ESI、APCI、APPI 离子源、纳喷离子源）；（d）Bruker AutoFlex Max 基质辅助激光解吸电离飞行时间质谱仪（MALDI 离子源）

对于复杂有机物的定性定量分析，还会采取色谱分离与质谱仪联用技术，包括气质联用（GC－MS）和液质联用（LC－MS），通过联用技术实现色谱和质谱优势的互补。气质联用以气相色谱作为分离系统，质谱作为检测系统，以电子轰击离子化（EI）和化学离子化（CI）的硬电离方式使化合物带电。通常分析可挥发、热稳定的有机物，分子量一般不超过1 000，液质联用以液相色谱作为分离系统，质谱作为检测系统，以大气压电喷雾电离（electro－spray ionization，ESI）、大气压化学电离（atmospheric pressure chemical ionization，APCI）、大气压光电离 APPI 的软电离方式使化合物带电，可分析极性、难挥发、热不稳定及大分子有机物。

另外，基质辅助激光解吸电离飞行时间质谱仪（MALDI－TOF）也是有机化合物鉴定时使用的质谱仪之一。该质谱仪采用 MALDI 电离方式，适合分析非挥发性或热不稳定的较大分子，如有机金属化合物、富勒烯及其衍生物、高聚物、多肽、蛋白质、多糖、核苷酸、糖蛋白的定性分析（图4－28）。

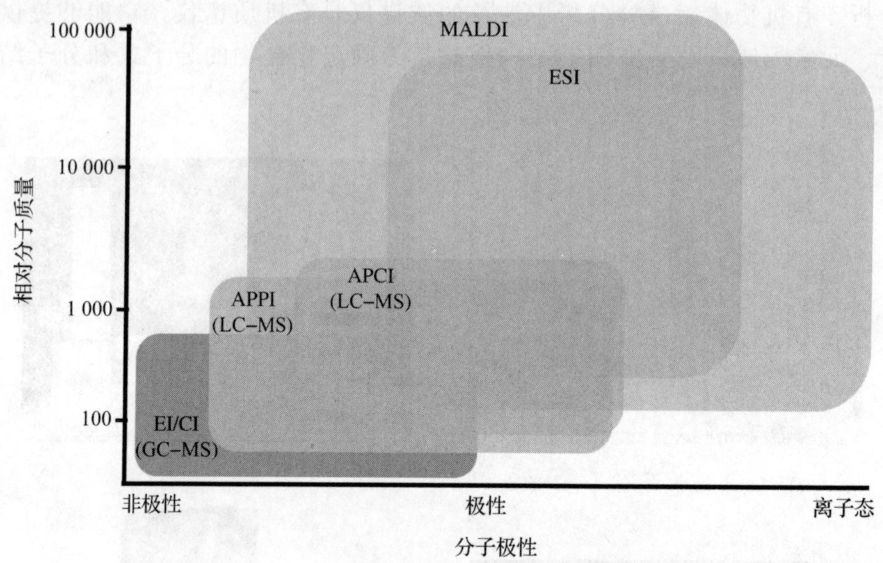

图 4-28　离子源的种类及其应用范围

三、实验过程

由于不同的离子源对待测化合物的性质有不同的要求，质量分析器的分辨率、灵敏度和质量范围决定了谱图的精度和准度，因此需根据样品的状况和分析要求选择不同的质谱分析方法。

对于可挥发、易汽化（300 ℃以下能汽化，最好低于 550 ℃）、热稳定性良好、分子质量一般不超过 1 000 的有机物，一般采用气质联用技术进行分析。该方法的电离方式是 EI/CI，质量分析器一般是单四级杆分析器、三重四级杆分析器、离子阱分析器、飞行时间质量分析器等，其中四级杆分析器和离子阱质量分析器的分辨率低，飞行时间质量分析器的分辨率高。配备不同质量分析器的质谱仪分别对应低分辨率质谱和高分辨率质谱。进行气质分析的样品，可采用溶剂萃取、微波萃取、固相萃取、吹扫捕集等方式进行样品前处理。样品前处理的目的是浓缩组分浓度、减少基质干扰、提高灵敏度和精确度；有的样品还需要进行化学衍生化，以改善待测组分的挥发性，增强目标组分的响应度和选择性。

对于不挥发、热不稳定的极性化合物、大分子量化合物（包括蛋白、多肽、多聚物等）可采用液质联用技术进行分析，需根据样品在色谱上的保留特性，优化选择不同的液相分离方法。质谱检测时，常用软电离方式使化合物带电，其中 ESI 电离方式是热不稳定、极性化合物或半极性化合物的首选，不适合极端非极性化合物的分析（如苯等化合物），它可形成多电荷离子用来分析大分子量化合物（如蛋白、多肽等）；APCI 电离方式是易挥发、热稳定、弱极性或半极性化合物的首选，不适合非挥发性、热不稳定的样品，只能形成单电荷离子，如卤化类似物和芳香族化合物可以用 APCI 分析，在 ESI 方式下响应弱或无响应；APPI 的应用范围与 APCI 相似，略向非极性化合物倾斜，它可分析化学结构中含有发色基团（多个共轭基团）的化合物，如多环芳烃。液质联用分析技术中的质量分析器，通常是四级杆质量分析器、飞行时间质量分析器、离子肼质量分析器和轨道阱质量分析器或两个以上的质量分析器组成的串联质谱仪。

MALDI 电离方式适合肽、脂质、糖类等生物分子及大型合成有机分子（如聚合物、树枝状聚合物和其他大分子），需要根据样品选用不同的基质。如小分子化合物及脂质常用的基质有 α－氰基－4－羟基肉桂酸（CHCA/HCCA）、2,5－二羟基苯甲酸（2,5－DHB）、1,5－二氨基萘（1,5－DAN）、3,4－二甲氧基肉桂酸（DMCA）。蛋白质分子常用的基质有 2,5－二羟基乙酰苯（2,5－DHAP）和芥子酸（SA），核酸常用 3－羟基吡啶－2－羧酸（3－HPA）作为基质，非极性聚合物常用的基质有蒽三酚（DIT）和反式吲哚－3－丙烯酸（IAA）。

根据上述离子源的特点，结合目标化合物的特性，针对性地进行样品制备，之后选择相应的质量分析器进行质谱分析。若要精确测定分子量，还需注意选择高分辨率的质谱仪以获得高质量的数据。

四、实验结果和数据处理

通过质谱分析得到的谱图为质谱图，质谱图的横坐标为质荷比，纵坐标为离子流的强度。离子流的强度通常用相对丰度标注，将响应最强峰（基峰）的峰强度定义为 100%，其他离子的峰强度以基峰峰强度的百分比表示。

通过谱图解析，可以知晓相对分子质量和元素组成式的信息以及样品分子的结构信息。谱库检索是谱图解析时最为广泛的辅助手段之一，这是由于质谱数据库收集的质谱图是采用 EI（70 eV）的硬电离方式获得的，谱图重复性好，但是若未知物是数据库中没有的化合物，还需要结合谱图解析的要点进行分析来获得可靠结果。

以 EI 谱图为解析对象，进行谱图分析时遵循以下流程。

（1）确定相对分子质量。在 EI 谱中，找出分子离子峰。

分子离子峰是样品分子受到高速电子的轰击或其他能量的作用，失去一个电子而产生的带一个正电荷的离子，标为 $M^{+\cdot}$。分子离子峰的特点：分子离子是奇电子离子；质量数最大；质量数符合氮规则，化合物分子不含氮原子或含偶数氮原子时，分子的相对分子质量为偶数，而含奇数氮原子的相对分子质量数为奇数；具有合理的中性碎片（小分子、自由基）丢失，如 M－1、M－15、M－18、M－28、M－44 等，M－4 到 M－13、M－20 到 M－25 之间不可能有峰，若发现上述差值存在时，则说明最大质量数的峰不是分子离子峰；分子离子峰的强度与化合物的结构关系紧密，一般顺序是化合物链越长，分子离子峰越弱，共轭双键或环状结构的分子，分子离子峰较强，芳香族化合物 > 共轭多烯 > 环状化合物 > 酮 > 不分支烃 > 醚 > 酯 > 胺 > 酸 > 醇 > 高分支链烃。

如果判断没有分子离子峰或分子离子峰不能确定，要根据样品特点，辅助软电离方式，如化学电离源、场解吸源及电喷雾电离源等，得到准分子离子（如 M＋1、M＋18、M＋70），然后由准分子离子推断出真正的分子量。

（2）同位素峰的识别。分析同位素峰簇的相对强度比，判断化合物是否含有氯、溴、硫、硅等元素及氟、磷、碘等无同位素的元素。

（3）推导分子式，计算不饱和度。

（4）解析碎片离子。

试图解释全部的碎片离子是比较困难的，因此只需要识别和解释谱图中的特征离子峰及可能丢失的中性碎片来了解可能的结构信息：识别重排离子（奇电子离子，符合氮规则）、亚稳离子、重要的特征离子。

（5）推测可能的结构单元，对结构单元进行拼接、组成可能的化学结构。

（6）结合谱图校核指认。由推测出的结构，结合裂解机理，能与谱图中的重要峰找到归属，确定结构的合理，进一步解释质谱。若是标准物，可与标准谱图比较；对于复杂的有机化合物，还需要借助于红外光谱、紫外光谱、核磁共振等分析方法确证结构。

五、典型应用

质谱分析是一种测量离子质荷比的分析方法，该方法可测定化合物的分子量，推测物质组成。质谱分析法的分析速度快、灵敏度高，需要的样品量少，它与 NMR、IR、XRD、UV－Vis 等技术结合使用，已成为鉴定有机物结构不可或缺的分析手段。

实验项目 8　正二十四烷的质谱分析实验

1. 实验目的

①了解 Agilent 7890A/5975C 气相色谱—质谱联用仪的基本操作技术。

②掌握正构烷烃的谱图特征和测试方法。

2. 实验原理

EI 源的灯丝在热电效应下发射高能电子，高能电子流轰击样品分子，使分子失去一个电子，生成带正电的分子离子。由于分子离子获得的能量较高，还可进一步碎裂，产生丰富的碎片离子。化合物离子的测定由质谱的质量分析器决定，其原理如前所述。

3. 实验基本要求

了解质谱分析的基本原理，能够完成目标化合物质谱分析的实验，并说明谱图所包含的信息。

4. 实验仪器和材料

（1）实验仪器：Agilent 7890A/5975C 气相色谱—质谱联用仪。

（2）实验材料：样品瓶、正二十四烷（色谱纯，白色晶体）、二氯甲烷（色谱纯）。

5. 实验步骤

（1）制备样品。

将 2 mg 正二十四烷溶于 1 mL 二氯甲烷中，配制成浓度为 0.006 mol/L 溶液，取 100 μL 溶液于样品瓶中，用记号笔做好标记。

（2）上机测试。

①打开高纯氦气钢瓶总阀，调节输出压力为 0.6 MPa。

②根据待测样品选择合适的毛细管柱，并将其两端连入进样口和质谱检测器。

③打开气相色谱的总电源，等待色谱自检直到仪器显示盘里出现最终版本号，打开质谱总电源。

④待仪器自检完毕后，双击桌面 GC－MS 图标，进入工作站。

⑤在“Tune/Show status view/Vaccum”里确定显示 Turbo Pump 和 Turbo Pump RPM 的状态 OK。

⑥仪器调谐。待仪器抽真空至少 2 h 之后，在“Tune/Show status view/Vaccum”下单击“Tune”菜单，选择“Auto Tune”，仪器将进行自动调谐，调谐结果自动打印。调谐文件中，

若H_2O相对丰度＜20%、N_2相对丰度＜10%，说明系统真空状态已准备好。若N_2相对丰度＞10%且$N_2:O_2\approx4:1$，说明系统存在漏气，需要进行排除。调谐完毕，在View菜单中，单击Instrument Control，返回仪器条件控制界面。

⑦在主菜单上“Instrument”→“MS Temperatures”窗口，对MS的四极杆及离子源的温度进行设定。由“Instrument”→“GC Edit Parameters”窗口，对GC的载气流速、流量、分流比、进样口温度、进样模式、柱温、程序升温等参数进行设定。在“Instrument”→“MS SIM/Scan Parameters”窗口分别设定溶剂延长时间、EM电压、扫描方式的参数。设定完毕后，给编辑的分析方法命名并保存。

分析条件如下。

色谱柱：HP INNOWax毛细管柱（30 m×0.25 mm×0.25 μm）。

进样温度：220 ℃。

载气：高纯氮，流速为1.0 mL/min，分流比为20∶1。

升温程序：起始温度60 ℃，保持1 min后，以10 ℃/min的升温速率升至240 ℃，保持3 min。

进样量：0.2 μL。

离子源：200 ℃，EI电离，电离能量为70 eV。

接口温度：220 ℃。

溶剂延迟时间：3 min。

质量范围：40～400。

⑧单击主菜单上“Sequence”→“Edit Sequence”进入样品信息窗口，输入样品的各项信息。输入完毕后，从主菜单“Sequence”→“Run Sequence”进入样品自动运行并检测阶段。

⑨采集数据结束后（运行序列结束），将仪器的进样口及柱箱的温度降至室温。

⑩依次选择“Instrument Control”→“View→Diagnostics/Vaccum Control”，在调谐与真空控制界面中，选取“Vaccum→Vent”，仪器进入放空状态，离子源、四级杆的温度下降，分子涡轮泵的转速降低。

⑪放空完成后，窗口自动消失，关闭工作站，关闭色谱仪和质谱仪电源，关闭钢瓶总阀。

6. 实验结果与数据处理

根据正二十四烷的质谱图，识别分子离子峰和基峰，观察相邻质子峰的质量差，总结碎片离子峰的通式。

7. 实验注意事项

（1）使用仪器前先检查是否有氦气，注意漏气情况。

（2）气垫一般进样100次后更换，否则会影响气密性，造成漏气。

（3）保持实验室环境整洁。

（4）更换气瓶时，要先把仪器关闭，再把气路管上的开关关闭，以防空气进入氧捕集阱导致其失效。

（5）毛细柱装上GC-MS之前均需经过老化处理。

（6）为保护灯丝，进行实验尽量设置溶剂延迟。若样品出峰在溶剂之前，需使用GC-MS时间事件功能，在溶剂出峰前将灯关闭，溶剂出峰完毕将灯打开。

实验项目9　聚乙二醇5 000的质谱分析实验

1. 实验目的

（1）了解Bruker Auto Flex Max基质辅助激光解吸电离飞行时间质谱仪的基本操作技术。

（2）掌握聚乙二醇5 000的谱图特征和测试方法。

2. 实验原理

MALDI质谱分析是一种软电离技术，它是用激光照射分析物与基质形成的共结晶薄膜，基质从激光中吸收能量传递给样品分子，电离过程中将质子转移到样品分子，使样品分子电离。该软电离技术适用于混合物及大分子的测定。化合物离子的测定由质谱的质量分析器决定，其原理如前所述。

3. 实验基本要求

了解质谱分析的基本原理，能够完成目标化合物质谱分析的实验，并说明谱图所包含的信息。

4. 实验仪器和材料

（1）实验仪器：Bruker Auto Flex Max基质辅助激光解吸电离飞行时间质谱仪。

（2）实验材料：样品瓶、聚乙二醇5 000（化学纯）、2,5－二羟基苯甲酸（2,5－DHB，HPLC级）、乙腈（HPLC级）、纯水（HPLC级）、三氟乙酸（TFA，HPLC级）。

5. 实验步骤

（1）制备样品。

①配制TA30溶液：乙腈与水的体积比30∶70，加入0.1%三氟乙酸。

②配制基质溶液：用TA30配制20 mg/mL的2,5－DHB溶液。

③将1 μL样品和1 μL基质均匀混合，取1 μL混合溶液点在样品靶上，自然干燥，待质谱检测。

（2）质谱参数：激光波长355 nm，加速电压25.0 kV，反射电压26.5 kV，脉冲离子提取时间130 ns，聚焦电压8.0 kV，反射检测器电压2.305 kV。激光在样品点上随机打击50个位置，每个位置上的激光打击次数为20，或在测量过程中可随时调整激光能量和靶板位置以获得最佳信噪比和分辨率。

（3）测试结束后，退靶，取出靶板，关闭软件。

6. 实验结果与数据处理

根据聚乙二醇5 000的质谱图，确定其相对分子量范围，观察质子峰的质量差，推测结构单元。

7. 实验注意事项

测试结束后需清洗靶板。超纯水擦拭靶板后，用异丙醇浸没靶板超声10 min，溶剂换成超纯水超声清洁10 min，高纯氮吹干靶板，或者室温自动晾干。

实验项目10　液相色谱—质谱联用法测定利血平实验

1. 实验目的

（1）了解Agilent Q－TOF 6520液相色谱—质谱联用仪的基本操作技术。

（2）掌握化合物测试的优化方法。

2. 实验原理

本实验采用 ESI 离子源，被分析的样品从毛细管流出，在电场和干燥气的作用下形成带电液滴。随着溶剂蒸发，液体体积变小，表面电荷密度不断增大，当电荷的排斥力不足以克服表面张力时，发生库仑爆炸，得到样品的准分子离子。化合物离子的测定由质谱的质量分析器决定，其原理如前所述。

3. 实验基本要求

了解质谱分析的基本原理，能够完成目标化合物质谱分析的实验，并说明谱图所包含的信息，理解不同实验参数对实验结果的影响。

4. 实验仪器和材料

（1）实验仪器：Agilent Q－TOF 6520 液相色谱—质谱联用仪。

（2）实验材料：

色谱柱：Agilent SB C18 色谱柱。孔径：3.5 μm，内径：2.1 mm，柱长：30 mm。

样品瓶、利血平（HPLC 级别）、甲醇、乙腈、甲酸、水（均为 HPLC 级别）。

5. 实验步骤

（1）制备样品。

配置含 500 ppb（1 ppb $=10^{-9}$）利血平的甲醇溶液，取 100 μL 溶液于样品瓶中，用记号笔做好标记。

（2）上机测试。

流动相：A：水（含 0.1% 甲酸）；B：乙腈。

流速：0.25 mL/min；进样量：10 μL；温度：25 ℃。

①进入 Masshunter 采集软件。

②编辑液相方法：将 LC 泵设置为 ON 的状态，打开冲洗阀，设置泵流速 5 mL/min，分别对 A、B 通道排气 5 min，之后设置流速 0.25 mL/min，关闭冲洗阀；待柱压稳定后上样，运行时间 5 min。

③编辑质谱方法：选择 ESI 离子源 positive 模式（正离子），离子源温度为 300 ℃，干燥气流速为 7 L/min，喷雾气压力为 0.048 MPa，毛细管传输电压为 4 000 V。采集模式有全扫描模式（MS）、自动多级模式（Auto MS/MS）和目标多级模式（Target MS/MS）。3 种模式下均设置一级 MS 质量范围 100～1 200m/z。

④优化实验参数：分别设置以下实验内容，并对实验结果进行讨论。

a. 在全扫描模式下，设置采集速率：1 spectra/s，分别改变色谱条件：B10%、B30%、B80%，采集谱图，比较流动相极性对利血平保留时间的影响。

b. 设置 B30% 的色谱条件，全扫描模式下，采集速率：1 spectra/s，优化碰撞电压（fragmentor）：75 V、175 V 和 380 V，讨论该电压对母离子丰度的影响。

c. 设置 B30% 的色谱条件，全扫描模式下，根据 b 优化的碰撞电压，改变采集速率：1 spectra/s、5 spectra/s 和 20 spectra/s，比较采集速率对离子响应的影响。

d. 设置 B30% 的色谱条件，按照 b、c 确定的条件，在自动多级模式（Auto MS/MS）下，设置 MS/MS 质量范围为 100～1 200m/z，MS/MS 采集速率：1 spectra/s，优先一价母离子，其余默认参数，采集多级质谱图。

e. 设置 B30% 的色谱条件，按照 b、c 确定的条件，在目标多级模式（Target MS/MS）下，设置 MS/MS 质量范围为 100～1 200m/z，MS/MS 采集速率：1 spectra/s；在 Target List 下，设置目标母离子，分别改变碰撞能量：25 eV、30 eV 和 35 eV，比较不同碰撞能量对二级谱图中子离子的影响。

6. 实验结果与数据处理

根据上述实验内容，判断流动相极性对利血平出峰时间的影响；比较碰撞电压（毛细管出口电压）对母离子丰度的影响；根据一级质谱图，确定目标化合物的准分子离子，确定利血平的分子量；比较采集速率对谱图信号的影响；根据二级质谱图，确定利血平的最佳子离子的质荷比及相应的碰撞能量。

7. 实验注意事项

（1）日常清洗离子源。关闭离子源高压电源，加热气，待离子源温度降至室温后，佩戴手套，使用无尘纸或无尘布蘸取甲醇水擦拭离子源。

（2）定期进行调谐和质量轴校正，确保仪器的分辨率和精确度符合要求。

（3）反相色谱柱最后保存在高有机相中，以延长色谱柱的使用寿命。

第六节　有机元素微量分析

有机元素微量分析通常是指分析有机化合物中分布较广和较为常见的元素，如碳、氢、氧、氮、硫等元素。通过测定有机化合物中各有机元素的含量，可确定化合物中各元素的组成、比例，进而得到该化合物的实验式。

1912 年，弗基茨·普雷格尔（Fritz Pregl）将微量分析系统化，建立了碳和氢元素微量分析方法，使之成为标准的分析操作方法。他首先是设计微量分析天平；然后是精制各种试剂，制造各种小型仪器，使分析样品的取量达到微量的要求。有机元素微量分析方法的建立，促进了有机化学的发展。一方面，一些有机化学的重大进展需要元素微量分析。如 20 世纪 30 年代雄性激素的分离与结构的测定，就是从 15 000 L 的尿内取得 15 mL 的激素进行分析。另一方面，这又使得许多有机化学的反应可以在半微量和微量水平进行。正因为有机元素微量分析方法的巨大作用，作为有机化合物微量分析法创始人，弗基茨·普雷格尔教授是第一位获得诺贝尔奖的分析化学家，也是历史上为数不多的以分析化学为研究领域的诺贝尔奖获得者之一，他的成就为以后无数的有机化学和天然有机化学的研究提供了必不可少的实验技术支持。

20 世纪 40—60 年代，元素分析仪产生以前，碳、氢微量分析研究主要集中在提高氧化剂的效能和加快燃烧速率方面的改进。

1963 年，美国的 Perkin Elmenr 公司在瑞士西蒙（Simon）教授的工作基础上，研制了碳氢氮自动分析仪，这台仪器将经典的普雷格尔定碳、氢和杜马定氮的方法结合在一起。目前，元素的一般分析法有化学法、光谱法、能谱法等，其中化学法是最经典的分析方法。传统的化学元素分析方法，具有分析时间长、工作量大等缺陷。随着科学技术的不断发展，自动化技术和计算机控制技术日趋成熟，元素分析自动化便随之应运而生。有机元素分析的自动化仪器最早出现于 20 世纪 60 年代，后经不断改进，配备了微机和微处理器进行条件控制和数据处理，方法简便迅速，逐渐成为元素分析的主要手段。

一、实验原理

利用高温燃烧法测定原理来分析样品中常规有机元素含量。有机元素中，如碳、氢、氧、氮、硫等元素在高温有氧条件下，有机物均可发生燃烧，经过催化氧化（或者裂解）—还原后分别转变成二氧化碳、水蒸气、氮气及二氧化硫或一氧化碳。然后在载气的推动下，用吸附分离—热导差减法依次测定各个组分；或者用色谱法将混合气体分离后，用热导检测器或者红外吸收检测器分别测定组分的响应信号值。根据组分的信号值（或者色谱峰值）和对应元素的灵敏度（或者校正）因子 K 值，分别计算样品中各种元素的含量。

有机 $C \rightarrow CO_2$

有机 $H \rightarrow H_2O$

有机 $O \rightarrow CO_2 + CO + H_2O \rightarrow CO$

有机 $N \rightarrow N_2 + NOx \rightarrow N_2$

有机 $S \rightarrow SO_3 + SO_2 \rightarrow SO_2$

（一）吸附分离—热导差热法

样品在氦—氧气流中燃烧，分解产物经过催化剂填充层，干扰性燃烧产物如卤素与硫、磷的氧化物被燃烧产物水（H_2O）、二氧化碳（CO_2）与氮气被载气氦气带入一个体积固定的玻璃球内，压力达到预定值时，让气体密闭在球内均匀扩散并且在恒温下建立静态平衡。随后混合气体通过一螺旋形长管进入三组已抽真空的热导池，热导池之间依次安装有可选择性吸收水及二氧化碳的气体捕集器。第一组热导池检测器通过装有高氯酸镁的吸收管，高氯酸镁可以吸收水，测定吸收水前后的检测器的信号，即第一组热导池检测器两臂之间产生水的差分信号。除去水分之后的混合气体进入通过装有烧碱石棉的吸收管中，测定吸收管前后测器的信号，即第二组检测器两臂之间产生二氧化碳的差分信号。最后一组检测器测定的是纯氦气和含有氮气的氦气的信号，因此则产生氮气的差分信号。由于气体在混合容器内匀化后浓度均匀，所得信号是一个稳定的点位值，不需积分，故也称自积分热导。被测定组分的浓度与峰高（信号）呈线性关系。

（二）色谱分离—热导检测法

燃烧部分与气相色谱仪连接，燃烧气体由氦气载入气相色谱柱。柱内一般填充聚苯乙烯型高分子小球。由反应管形成的混合腔室提供持续连续均匀基本恒压的样品燃烧产物氮气、二氧化碳、水蒸气、二氧化硫，进入色谱柱后，每一种气体一步一步地稳定分离，后面分离出来的气体总是随着前面已经分离的气体流经检测器。由于热导检测器的近似可叠加性，因此信号呈阶梯状，刚刚检测到的信号减去前面一种信号即为现在正在被检测气体的真正信号值。

二、实验仪器

有机元素分析仪由主机、控制系统、检测系统、气路系统、数据处理系统等组成，此外还配有制样、分析天平（称量）等设备。

北京理工大学分析测试中心配置的 Euro Vector EA 3000 有机元素分析仪（图 4－31）主

要由样品反应管（或者氧化管、还原管）、加热炉、色谱分离柱、检测器、气路系统、数据处理机或微机组成。

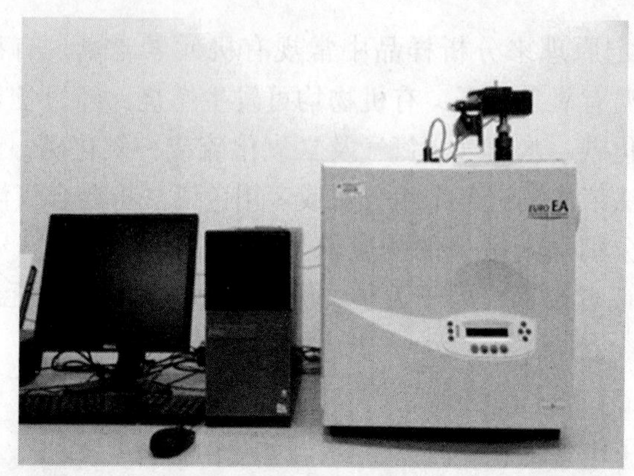

图 4－31　Euro Vector EA 3000 有机元素分析仪

Euro Vector EA 3000 有机元素分析仪有 CHN 模式、CN 模式、CHNS 模式、O 模式和 S 模式 5 种工作模式，不同模式需要配置不同的反应管和相应软件。北京理工大学分析测试中心的有机元素分析仪配备了 CHN 模式。

在 CHN 工作模式下，含有碳、氢、氮元素的样品，经精确称量后（用百万分之一电子分析天平称取），由自动进样器自动加入 CHN 模式反应管。在反应管中样品充分燃烧，其中的有机元素分别转化为相应稳定形态，如二氧化碳、水、氮气等。

在化工生产中，通过元素定量分析可以检验原料和产品的质量。如通过测定有机或无机肥料中的氮、硫和磷元素的含量，可以判断该化肥的肥效；通过测定氮的含量，可以检验植物、谷物及奶制品中蛋白质的含量；通过对某些农药的氮、硫、磷和卤素的测定，可检验其质量和规格等。

在有机化学的科学研究中，无论是合成新的有机化合物，或者是从天然产物中提取出的某种物质，均需对其进行元素定量分析，此定量分析的结果往往是列入研究报告中的一项不可缺少的内容。

三、实验过程

（一）实验仪器和材料

1. 实验仪器

Euro Vector EA 3000 有机元素分析仪、Sartorius 百万分之一电子天平。

2. 实验材料

氧气（99.999 5%）、氦气（99.999 5%）、乙酰苯胺（标准样品）、装样盒（锡箔、锡囊）、镊子、样品勺、待测样品。

（二）样品制备

1. 固体样品

（1）空锡囊清零。用百万分之一的电子天平称量空锡囊，待读数稳定后清零，取出空锡囊。

（2）称样。采用仪器标配的称样勺，准确称取一定量的标准样品，置于锡囊中。将装有样品的锡囊放入百万分之一电子天平，称量；待读数稳定后记录质量，取出包样。

(3) 利用仪器配置的两把平头镊子，将样品包裹成小方块或者小圆球。

注意：不要漏样，样品小球不可过于松散，以防不能进入反应管。

2. 液体样品

(1) 将样品取样到医用注射器（取量为1 mL）内或者是移液枪内（取量为1 mL）。

(2) 用百万分之一的电子天平称量空锡囊，待读数稳定后清零；取出空锡囊，把注射器内的样品轻轻挤压出针头合适样品量，轻轻贴在锡囊内部靠下位置（如贴在靠上位置在包样过程中容易挤压出来）。注意：此过程不要把锡囊扎破。

(3) 将装有样品的锡囊放入电子天平，称量；待读数稳定后记录质量，取出包样。在包样过程中锡囊如有破损，确定没有样品流失则可在外层套入一个空锡囊，为保证质量的准确性，建议重新制样。

3. 注意事项

(1) 元素分析仪测定的元素含量中有氢的含量，所以待测样品必须干燥，不能含有水，最好在测定前进行真空干燥（干燥时间视样品而定）。

(2) 样品的提纯方法对测试的结果有较大的影响。普通过滤得到的样品，结果与预期值会有比较大的偏差；而结晶得到的样品，纯度有保证，测定结果会比较好。

(3) 样品称量过程中进行包样时，要注意不能把样品皿弄破，否则样品的质量不准，会造成结果无效。

(4) 如果想让结果更加接近预期值，可更换标准样品，选用与待测样品接近的标准样品。

(5) 禁止分析酸、碱性溶液、溶剂、爆炸物等烈性化学品。

(6) 含氟、磷酸盐或含重金属的样品可能会对分析结果或仪器零件的寿命产生影响，不宜进行分析。

（三）实验步骤

(1) 开机。

(2) 建立和检查标准曲线。

(3) 样品测试。

(4) 关机。

四、实验结果和数据处理

每次实验前进行标准曲线的确定。每一个样品一般平行进行两次测试，测试完成后得到两次测试结果，对结果进行平均，进行元素比值的计算，表4-4为实验数据记录表。

表4-4　实验数据记录表

<table>
<tr><td>样品名称</td><td colspan="2"></td><td colspan="2">样品质量/mg</td><td>平行1号</td><td></td><td>平行2号</td><td></td></tr>
<tr><td rowspan="2">元素</td><td colspan="6">质量百分比/%</td><td colspan="2" rowspan="2">元素比值</td></tr>
<tr><td colspan="2">平行1号</td><td colspan="2">平行2号</td><td colspan="2">平均</td></tr>
<tr><td>碳</td><td colspan="2"></td><td colspan="2"></td><td colspan="2"></td><td colspan="2"></td></tr>
<tr><td>氢</td><td colspan="2"></td><td colspan="2"></td><td colspan="2"></td><td colspan="2"></td></tr>
<tr><td>氮</td><td colspan="2"></td><td colspan="2"></td><td colspan="2"></td><td colspan="2"></td></tr>
</table>

五、典型应用

实验项目11　尿素中碳、氢、氮含量的测定实验

1. 实验目的

①掌握有机元素分析原理。

②掌握有机元素分析仪的基本操作方法。

③对结果进行分析。

2. 实验原理

样品在石英反应管内，氧气为反应气体，氦气为载气，有机元素中，如碳、氢、氮等元素在高温有氧条件下，在氧化铬的助燃催化下，经高温燃烧分解，经线性状铜粒还原除去多余的氧，并且把氮氧化物还原成氮单质，镀银氧化钴除去硫、卤族元素。被测组分最终转变为氮气、二氧化碳等气体形式，产生的气体经过载气作用至色谱柱分离，再经热导检测器检测，转变为电信号得到分析结果。

3. 实验仪器和试剂

（1）实验仪器：Euro Vector EA3000 有机元素分析仪、Sartorius 百万分之一电子分析天平。

（2）实验试剂：氧气（99.999 5%）、氦气（99.999 5%）、乙酰苯胺和尿素（标准样品）；锡囊、镊子、样品勺。

4. 样品制备

（1）空锡囊清零。用百万分之一的电子天平称量空锡囊，待读数稳定后清零，取出空锡囊。

（2）称样。采用仪器标配的称样勺，准确称取一定量的标准样品（乙酰苯胺、尿素），置于锡囊中。将装有样品的锡囊放入百万分之一电子天平，称量；待读数稳定后记录质量，取出包样。

（3）利用仪器配置的两把平头镊子，将样品包裹成小方块或者小圆球。

注意：不要漏样，样品小球不可过于松散，以防不能进入反应管。

5. 实验步骤

（1）开机。

①接通电源，打开计算机，打开仪器主机。

②打开氧气/氦气气瓶开关，调节钢瓶输出压力 0.4 MPa。检查管路是否漏气，如漏气则检查管路，如正常进行后续步骤。

③打开仪器背部电源开关。

④打开计算机桌面上的 Callidus 操作软件，用户登录，进入菜单设置，进行泄漏测试；通过后，设置参数。

⑤仪器各部分温度达到设定温度后打开 TCD，过一段时间稳定后，进行测试。

（2）标准曲线建立和检查。

①建立标线前需要检查仪器和反应管状态，将 3 个空白锡囊进行基线检查，信号只有微弱水峰（信号强度小于5 000）说明反应管状态良好，然后称量1 mg 的乙酰苯胺。检查仪器

色谱峰分离状态，如果能很好地分离成 3 个峰，说明仪器状态良好。最后回归空白锡囊测试，仪器信号为基线状态。

②根据标线检测需要确定标线测量数据点数，精确称量转入锡囊的乙酰苯胺的质量并记录后按顺序装入自动进样器转盘。

③在软件中单击菜单栏内的“Analyse”，选择“New Autorun”，建立新检测序列。

④选择标线参数计算类型，检查仪器状态和检测积分参数设置（默认值即可）。

⑤单击“Save”，保存检测序列，保存后单击“Start”开始标准曲线检测。

⑥标准曲线生成后检查线性相关性，并且用标准品检查标准曲线的准确度和精密度。

注意：碳和氮的线性相关性≥0. 999 9；氢的线性相关性≥0. 999。标准曲线的准确度和精密度满足《元素分析仪校准规范》（JJF1321 -2011），或者满足仪器出厂要求数值。

（3）样品测试。

①平行称量尿素的质量两次并记录，按顺序装入自动进样器转盘。

②在软件中单击菜单栏内的“Sample manager”，打开后选择要调用标线的检测名称，右键单击选择“Export Calibration”。

③在自动打开的检测列表内依次填入空白值质量和称量后尿素的质量。

④检查仪器状态和方法参数设置，确认没问题后保存检测序列后开始检测。

（4）关机。

①进入设置菜单，选择关机方法，传送到仪器，等待仪器降温。

②仪器燃烧管及炉温降至室温后关闭仪器背部电源开关。

③关闭氧气/氦气钢瓶。

④退出 Callidus 软件，关闭计算机及计算机电源开关。

6. 数据处理与分析

每一个结果一般平行进行两次测试，测试完成后得到两次测试结果，对结果进行元素比值的计算，实验数据填入记录表（表 4 -5）。

表 4 -5　实验数据记录表

<table>
<tr><td>样品名称</td><td colspan="2"></td><td>样品质量/mg</td><td>平行 1 号</td><td></td><td>平行 2 号</td><td></td></tr>
<tr><td rowspan="2">元素</td><td colspan="5">质量百分比/%</td><td colspan="2" rowspan="2">元素比值</td></tr>
<tr><td>平行 1 号</td><td>平行 2 号</td><td colspan="3">平均</td></tr>
<tr><td>碳</td><td></td><td></td><td colspan="3"></td><td colspan="2"></td></tr>
<tr><td>氢</td><td></td><td></td><td colspan="3"></td><td colspan="2"></td></tr>
<tr><td>氮</td><td></td><td></td><td colspan="3"></td><td colspan="2"></td></tr>
</table>

第五章
组分分离分析技术

第一节 分离分析技术概述

一、色谱法（色谱分离技术）的发展简史及基本原理

色谱法（Chromatography）又称层析法，是分离、纯化和鉴定化合物的重要方法之一。色谱法作为一种物理化学分离技术具有极其广泛的用途。1906 年，俄国植物学家茨维特（Tswett）利用吸附原理分离植物色素时首次提出色谱分离概念（图 5 - 1），这是分离科学技术发展中的重要里程碑。但这种经典液相柱色谱由于分离速度慢、分离效率低，在随后的二三十年里未受到重视。1940 年，英国生物化学家马丁（Martin）和辛格（Synge）提出液液分配色谱（partition chromatography，PC）；在此基础上，次年又提出用气体代替液体作流动相的色谱理论构想。直到 1952 年，由马丁和吉姆士（James）首次成功完成气相色谱实验，才使色谱得到革命性进展，并在 1957 年由霍姆斯（Holmes）和莫雷尔（Morrell）首次实现了气相色谱和质谱联用（GC - MS）技术。

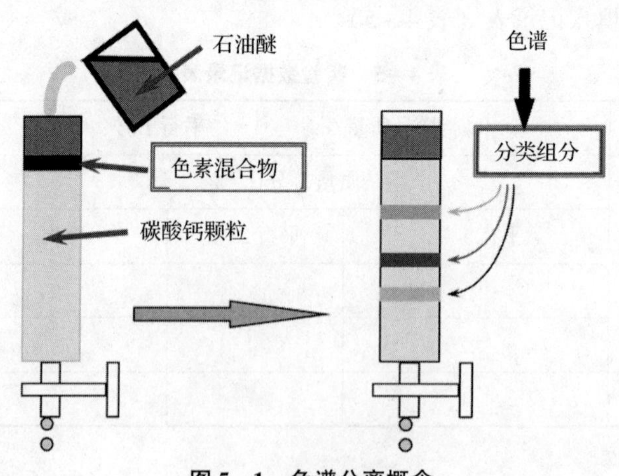

图 5 - 1 色谱分离概念

伴随着气相色谱的出现，其他类型的色谱及联用技术也得到迅速发展：20 世纪 40 年代中后期发展了纸色谱、薄层色谱；20 世纪 60 年代末出现了凝胶色谱法、高效液相色谱法（HPLC）；20 世纪 80 年代发展了毛细管电泳；20 世纪 90 年代后期，液相色谱和毛细管色谱得到较广泛的应用；进入 21 世纪，出现了超高效液相色谱法及相关联用技术的变革。以上

不同色谱技术的出现和不断更新，都充分说明了色谱的应用领域向更广阔的方向发展，已成为一种强大且有生命力的分离分析技术。该方法已被广泛应用于科学研究、生产实践和高等教育中。

正确理解色谱法主要有两点：①要有两相；②要有差异。两相指固定相和流动相；差异是指被分析物在两相中的分配系数的差别。色谱系统最基本的核心组成之一是色谱柱。色谱柱是用来填充流动相和固定相的容器，所有分离的过程在色谱柱内完成。固定相是指在容器内静止不动的一相，可由液体或固体填料组成；流动相是推动被分析物流过此固定相的流体，它可以是气体（气相色谱），也可以是液体（液相色谱或毛细管电泳）。在分析过程中，当流动相中所含的分析物经过固定相时会与固定相发生相互作用（体积排阻色谱除外）。由于各组分的物化性质与结构上的不同，与固定相相互作用的大小强弱也有所差异，因此在同一推动力的作用下，不同组分在固定相中的滞留时间有长有短；通过在两相间进行连续、多次的分配平衡而产生时间上的差异——迁移速率差异，然后按先后顺序从固定相中流出。这种由于分子在两相间的分配系数不同而使混合物中各组分达到分离的技术，称为色谱法或色谱分离技术。

二、色谱法的特点与种类

色谱法因其具有分离效能高、分析速度快、样品用量少、灵敏度高等优点，目前已被认为是现有的最强大和通用的分离分析技术；若与不同功能的柱后检测方法相结合，可同时实现混合物中各组分的分离与检测，之后对每个流出组分分别进行准确的定性定量分析。

色谱法种类多样，但每种类型都有其特异的分离检测原理和应用范围（图 5－2）。现在使用的所有不同的色谱类型均是指所使用的流动相和固定相不同。其中应用较多的是气相色谱 GC 和液相色谱 LC，这是科学家耳熟能详、常常被用来阐释分离技术差异的两种技术。

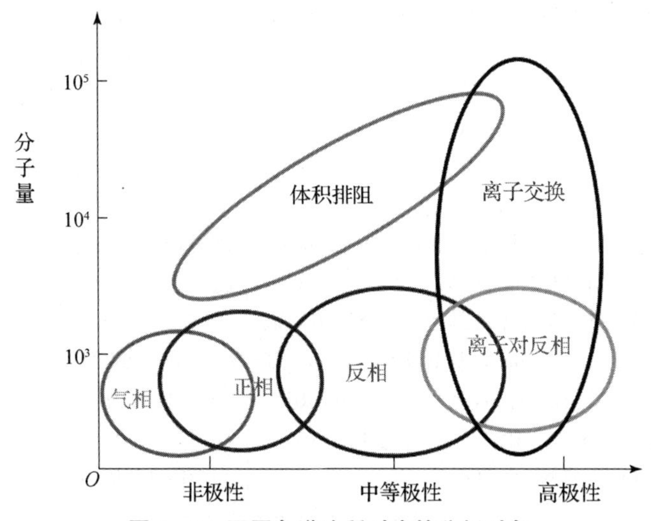

图 5－2　不同色谱法所对应的分析对象

三、高效液相色谱法与气相色谱法的比较

高效液相色谱法与气相色谱法有许多相似和不同之处。它们都具有选择性高、分离效率

高、灵敏度高、分析速度快的特点，但气相色谱法仅适于分析蒸气压低、沸点低、热稳定性好的非极性样品，对于分离高沸点有机物、高分子或热稳定性差的化合物以及生物活性物质的应用受到限制。根据数据统计，在全部有机化合物中仅有 20% 的样品适用于气相色谱分析。高效液相色谱法恰可弥补气相色谱法的不足之处，可对 80% 的有机化合物进行分离和检测（图 5-3）。

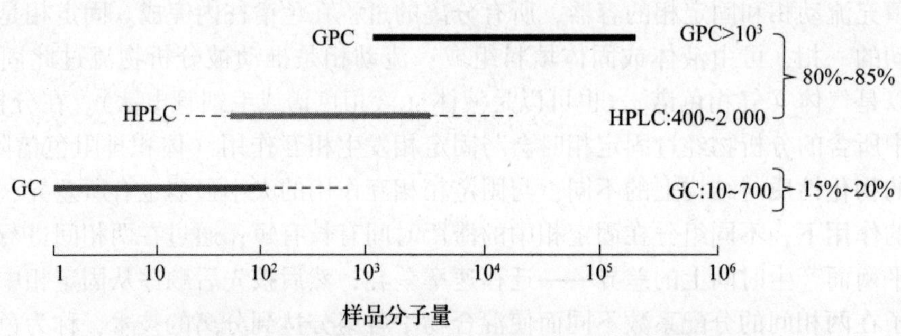

GC——气相色谱法；HPLC——高效液相色谱法法；GPC——凝胶渗透色谱法

图 5-3　不同色谱方法适用的样品分子量范围

高效液相色谱法与气相色谱法的比较如表 5-1 所示。

表 5-1　高效液相色谱法与气相色谱法的比较

项目	高效液相色谱法	气相色谱法
进样方式	样品能溶于溶液	样品加热能汽化
流动相	（1）液体流动相可分为离子型、极性、弱极性、非极性溶液，除了起运载作用外，可与被分析物产生相互作用，并能改善分离的选择性； （2）液体流动相动力黏度为 10^{-3} Pa/s，输送流动相压力高达 2～20 MPa	（1）气体流动相为惰性气体，只起运载作用，不与被分析的样品发生相互作用； （2）气体流动相动力黏度为 10^{-5} Pa/s，输送流动相压力仅为 0.1～0.5 MPa
固定相	（1）分离机理：可依据吸附、分配、筛析、离子交换、亲和等多种原理进行样品分离，可供选用的固定相种类繁多； （2）色谱柱：固定相粒度小，为 5～10 μm；填充柱内径为 3～6 mm，柱长 10～25 cm，柱效为 10^3～10^4塔板/m；毛细管柱内径为 0.01～0.03 mm，柱长 5～10 m，柱效为 10^4～10^5塔板/m；柱温为常温～60 ℃	（1）分离机理：依据吸附、分配两种原理进行样品分离，可供选用的固定相种类较多； （2）色谱柱：固定相粒度大，为 0.1～0.5 mm；填充柱内径为 1～4 mm，柱长1～4 m，柱效为 10^2～10^3塔板/m；毛细管柱内径为 0.1～0.3 mm，柱长 10～100 m，柱效为 10^3～10^4塔板/m；柱温为常温～300 ℃
检测器①	选择性检测器：UVD、DAD、FLD、ECD（液相）； 通用性检测器：ELSD、RID、MSD	选择性检测器：ECD（气相）、FPD、NPD； 通用性检测器：TCD、FID（有机物）、MSD

续表

项目	高效液相色谱法	气相色谱法
进样方式	样品能溶于溶液	样品加热能汽化
应用范围	可分析高分子量、高沸点的有机化合物（包括非极性、极性）；离子型化合物；热不稳定、具有生物活性的生物分子	可分析气体、低分子量、低沸点、热稳定好的有机化合物；配合程序升温、样品衍生化处理可分析高沸点有机化合物；配合裂解技术可分析高聚物

注①：UVD：紫外吸收检测器；DAD：二极管阵列检测器；FLD：荧光检测器；ECD（液相）：电导检测器；RID：折光指数检测器；ELSD：蒸发光散射检测器；TCD：热导池检测器；FID：氢火焰离子化检测器；ECD（气相）：电子捕获检测器；FPD：火焰光度检测器；NPD：氮磷检测器；MSD：质谱检测器。

四、高效液相色谱法的分类

高效液相色谱法是于20世纪60年代末期出现的，其作为色谱法的一个分支，是在经典液相色谱法和气相色谱法的基础上发展起来的分离分析技术。进入21世纪，高效液相色谱法已成为分离手段的首选技术。高效液相色谱法作为一种通用、灵敏的分离技术，与高灵敏度检测器相结合可对不同类型的样品（如油溶性、水溶性、聚合物、离子化合物、生物样品）有广泛的适用性。可依据溶质（分析样品）在固定相和流动相中分离过程的物理化学原理不同分为不同的类型（表5－2）。

表5－2　依据溶质分离过程物理化学原理分类的各种液相色谱法的比较

项目	吸附色谱	分配色谱	化学键合相色谱	体积排阻色谱	离子色谱	亲和色谱
固定相	全多孔固体吸附剂	固定液载带在固相基体上	不同功能的有机功能团共价键合到硅胶上	具有不同孔径的多孔性凝胶	高效微粒离子交换剂	多种不同性能的配位体键连在固相基体上
流动相	不同极性有机溶剂	不同极性有机溶剂和水	不同极性有机溶剂或一定pH值的缓冲溶液	有机溶剂或一定pH值的缓冲溶液	不同pH值的缓冲溶液	不同pH值的缓冲溶液，可加入改性剂
分离原理	吸附⇌解析	溶解⇌挥发	溶解⇌挥发 吸附⇌解析	多孔凝胶的渗透或过滤	可逆性的离子交换	具有锁匙结构配合物的可逆性离解
平衡常数	吸附系数K_A	分配系数K_p	分配系数K_P	分布系数K_D	选择性系数K_S	稳定常数K_C

续表

项目	吸附色谱	分配色谱	化学键合相色谱	体积排阻色谱	离子色谱	亲和色谱
应用范围	低分子量、低沸点样品；高沸点、中分子量、非极性和极性化合物			高分子量化合物	离子型化合物	生物活性分子

在表5－2所列出的各种液相方法中，分配色谱法也称液液色谱法，其作为早期发展起来的技术受到广大使用者的欢迎。在固相载体表面上涂渍非极性固定液/化学键合非极性的固定相（如在硅胶载体上涂渍化学键合十八烷基的ODS－SiO_2）或在载体表面涂渍极性固定液/键合极性固定相（如用β,β′－氧二丙腈涂渍SiO_2）来分离样品，它以不同极性的溶剂作流动相，依据样品中各组分在固定相和流动相间分配性能的差异来实现分离。根据固定相与流动相相对极性的差别（图5－4），又可分为正相分配色谱和反相分配色谱。当固定相的极性大于流动相的极性时称为正相分配色谱，或简称正相色谱（Normal Phase Chromatography，NPC）；若固定相的极性小于流动相的极性时，称为反相分配色谱，或简称反相色谱（Reversed Phase Chromatography，RPC）。

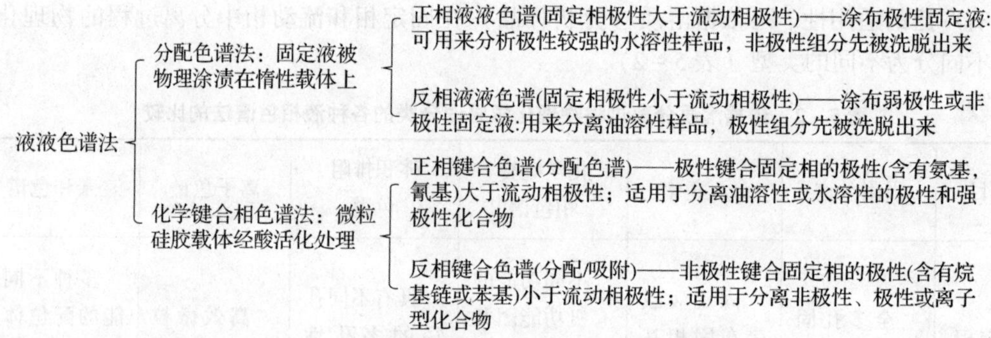

图5－4　按固定相和流动相的相对极性分类

但在常规液液分配色谱中，经过在惰性载体上机械涂渍固定液后制成的液液色谱柱，在使用过程由于大量流动相通过色谱柱，会溶解固定液而造成固定液的流失而出现保留值减小、柱效下降的现象，而且固定液的流失也使分配色谱法不适用于梯度洗脱操作。为了解决固定液的流失问题，在液液分配色谱法的基础上，研究者将各种不同的有机官能团通过化学反应共价键合到硅胶（载体）表面的游离羟基上，生成化学键合固定相，进而发展为化学键合相色谱法。

化学键合固定相对各种溶剂都有良好的化学稳定性和热稳定性，由其制备的色谱柱柱效高、使用寿命长、重现性好，几乎对各种类型的有机化合物都呈现好的选择性，特别适用于具有宽范围k'值的样品的分离，并可用于梯度洗脱操作。

根据化学键合固定相与流动相相对极性的强弱，可将化学键合相色谱法分为正相键合相色谱法和反相键合相色谱法。在正相色谱中，键合固定相的极性大于流动相的极性，适用于分离油溶性或水溶性的极性和强极性化合物。在反相色谱中，键合固定相的极性小于流动相的极性，适用于分离非极性、极性或离子型化合物，其应用范围比正相键合相色谱法更广泛。据统计，在高效液相色谱法中，有超过70%的分析任务是用反相键合相色谱法完成的。

在不同的色谱分析方法中，每一种方法都不是十全十美的，只有充分掌握了各种色谱法的特点、使用范围和其局限性，才可以在实际分析任务中充分发挥各种方法的作用。

五、色谱法与质谱联用的特点

色谱分析包括分离和检测两部分，就分离而言，它是目前分离复杂混合物最有效的方法。然而由于色谱本身不具备定性能力或定性可靠性欠佳，分析物在色谱柱中分离流出后，基于物质的物理化学性质不同需选择合适的检测器来采集数据，依据获得的样品响应信号大小对时间或流动相流出体积的关系曲线图来进行定性与定量分析。常规检测器与色谱结合使用来定性比较有其限制，即要求由标准样品作参照；当色谱柱无法有效分离未能达到定性定量要求时，就需要依赖后端检测器的分辨能力来提高检测性能。质谱仪因具有灵敏度高、通用性强、能准确分辨不同质量（质荷比大小分离的能力）的功能而优于其他检测器。只要共流出物的分子量与目标化合物不同，质谱仪就能有效地辨别这些化合物的干扰。若共流出物和目前化合物有相同的保留时间，而且分子量也相同，可通过串联质谱仪进一步提升检测器的分辨能力。虽然共流出物有相同的分子量，但只要产物碎片离子的质量不同，串联质谱仪仍然可以排除共流出物的干扰。因各类化合物分子裂解有一定的规律，通过研究碎片离子与分子离子、各种碎片离子之间关系，解析这些碎片“指纹”，推导分子中所含有官能团、分子骨架，进而推知原有分子的结构来进行化合物的定性分析。

色谱分离技术与质谱鉴定技术的联合应用除了可提升质谱解析不同分子的能力外，还可提升整体的分析效能。相对于直接使用质谱分析，两种技术的联用可降低在分析复杂样品时单位时间进入到质谱的分子复杂度，因而降低电离过程中样品基质与目标分析物相互抑制，或是由于杂质峰、碎片峰等重叠、干扰和谱图过于复杂而无法用质谱区分的问题。除以上优点之外，分离方法可以协助分离质量相同甚至结构相近的分子，这样可以增加定量专一性以及准确度，也可利用分析物的分子量或碎片质量以及保留或迁移时间确认待分析物的检测信号。

质谱仪因与常用的色谱仪联用时（气相、液相、毛细管电泳）具有兼容性高的特点，是目前应用范围相当广泛的仪器，无论是在日常分析还是在学术研究上都扮演着重要的角色，是医药、生命、材料、食品、生物工程、环境及化学领域极为重要的分析仪器。本章将主要介绍最常见也是应用较多的不同色谱分离方法及与质谱联用技术。

第二节　气相色谱—质谱联用技术

随着科学技术的不断发展和社会对复杂样品快速定性定量的需要，仪器联用技术应运而生。早在1957年，霍姆斯（Holmes）和莫雷尔（Morrell）首次实现气相色谱和质谱联用（gas chromatography - mass spectrometer，GC - MS）以后，这一技术得到迅速的发展。它是将高分离效率的毛细管气相色谱与高灵敏度和高定性能力的质谱仪联用，二者的联用不仅使质谱的定性定量能力增强，而且将色谱技术所具有的分离优越性能完美体现出来。质谱可依赖色谱柱分离以避免太多分析物在同一时间流出而造成分析物之间的相互抑制，同时具有分离和鉴定作用。对复杂样品同时进行有效的定性和定量分析，是分离检测挥发性样品含有不同化学性质分子的首选技术，已成为现代分离与鉴定的主流方法之一。图 5－5 是北京理工大学分析测试中心拥有的安捷伦 7890A/5975C 气相色谱—质谱联用仪以及检验 BPA 的 TIC 谱图。

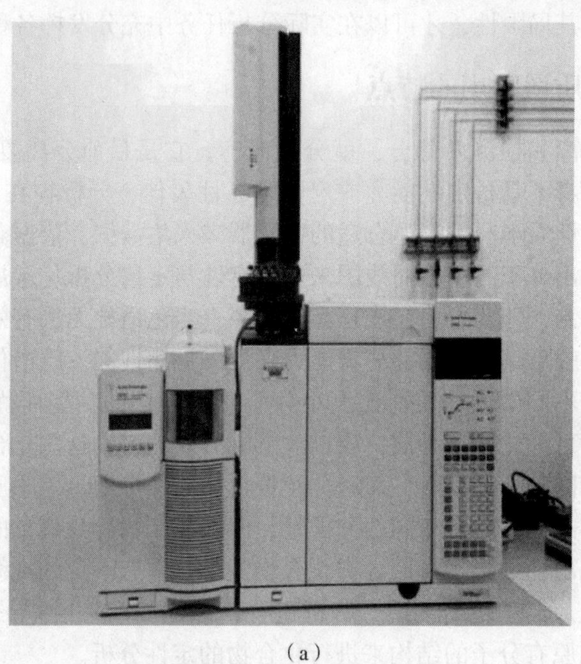

（a）

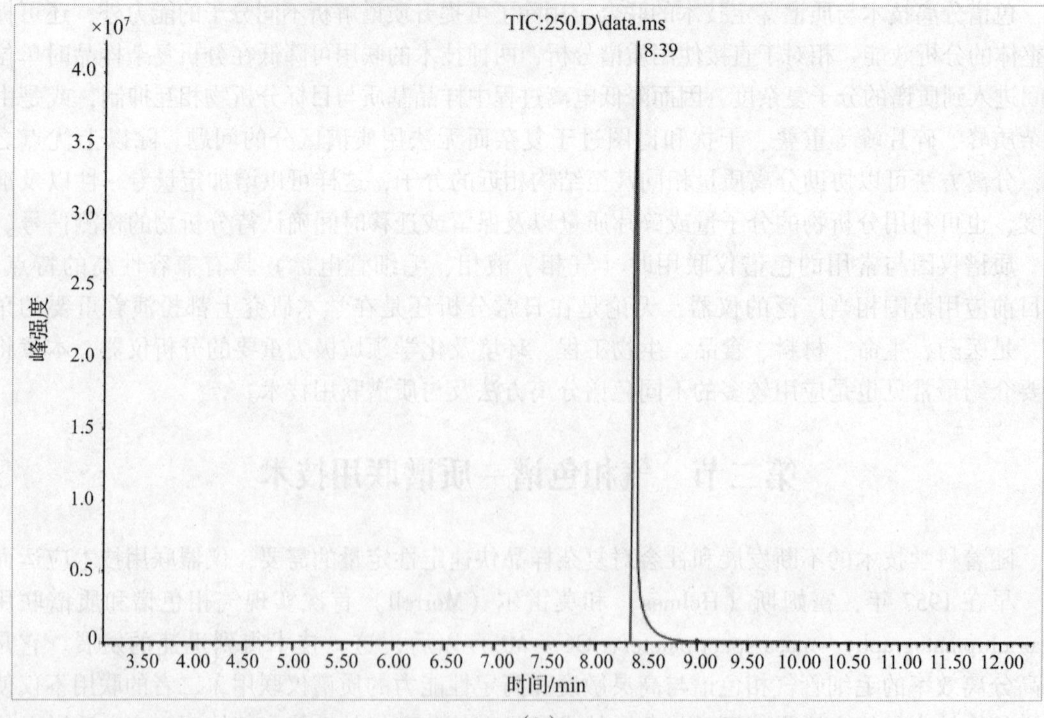

（b）

图 5－5　安捷伦 7890A/5975C 气相色谱—质谱联用仪及检测 BPA 的 TIC 谱图

（a）气相色谱—质谱联用仪；（b）检验 BPA 的 TIC 谱图

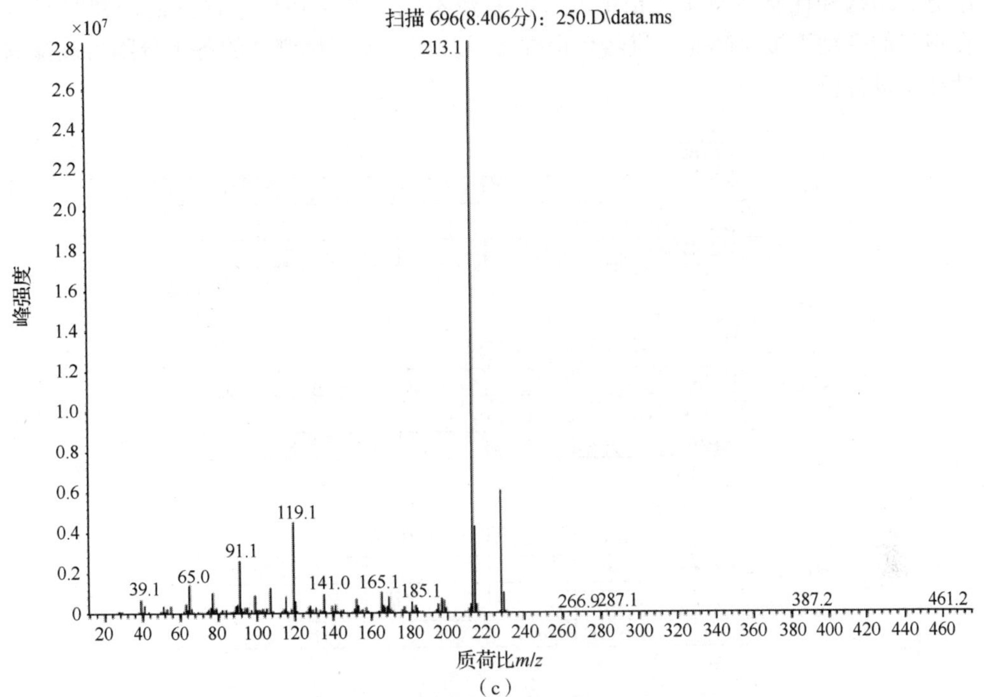

(c)

图 5 – 5　安捷伦 7890A/5975C 气相色谱—质谱联用仪及检测 BPA 的 TIC 谱图（续）

(c) 检验 BPA 的 TIC 谱图

质谱仪需在真空下工作，而毛细管气相色谱末端的气体流量小，使得与质谱仪联用时依然可以维持质谱仪的高真空状态。该技术已广泛应用于环境分析、农药检测、食品加工/卫生、代谢物分析、实验进程跟踪等多个领域。

一、实验原理

（一）气相色谱分离原理

在层析的两相中用气体（如氦气）作流动相的是气相色谱。气相色谱按固定相状态的不同可以分为气—固色谱和气—液色谱两种。气—固色谱的固定相是使用固体吸附剂，如硅胶、氧化铝和分子筛等，分离原理与吸附柱层析法相似，主要是利用混合物中各组分在吸附剂表面吸附和脱附能力的不同而到达分离的目的。气—液色谱的固定相是吸附到惰性固体（称为担体）上的高沸点液体，这种高沸点液体通常被称为固定液。其分离原理是依据被分离组分在两相中溶解和解析的差异，即各组分在两相中的分配系数不同。气相色谱固定液一般是涂布或键合到非常细的毛细管内表面/内壁上的聚二甲基硅氧烷（PDMS），如图 5 – 6 所示。

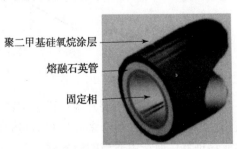

聚二甲基硅氧烷涂层
熔融石英管
固定相

图 5 – 6　毛细管剖面图

挥发性样品或加热后挥发的样品随载气流入色谱柱，在此过程中，两相作相对运动时，样品中各组分在固定液和流动的气相中进行反复多次分配平衡（主要是溶解和吸附，如图 5 – 7 所示），因各组分的结构和性质不同在两相中的分配系数不同而产生在色谱柱内的滞留时间有所差异，在载气的带动下按时间先后流经色谱柱得以分离，流出色谱柱的各组分随后被检测而进行定性或定量分析。

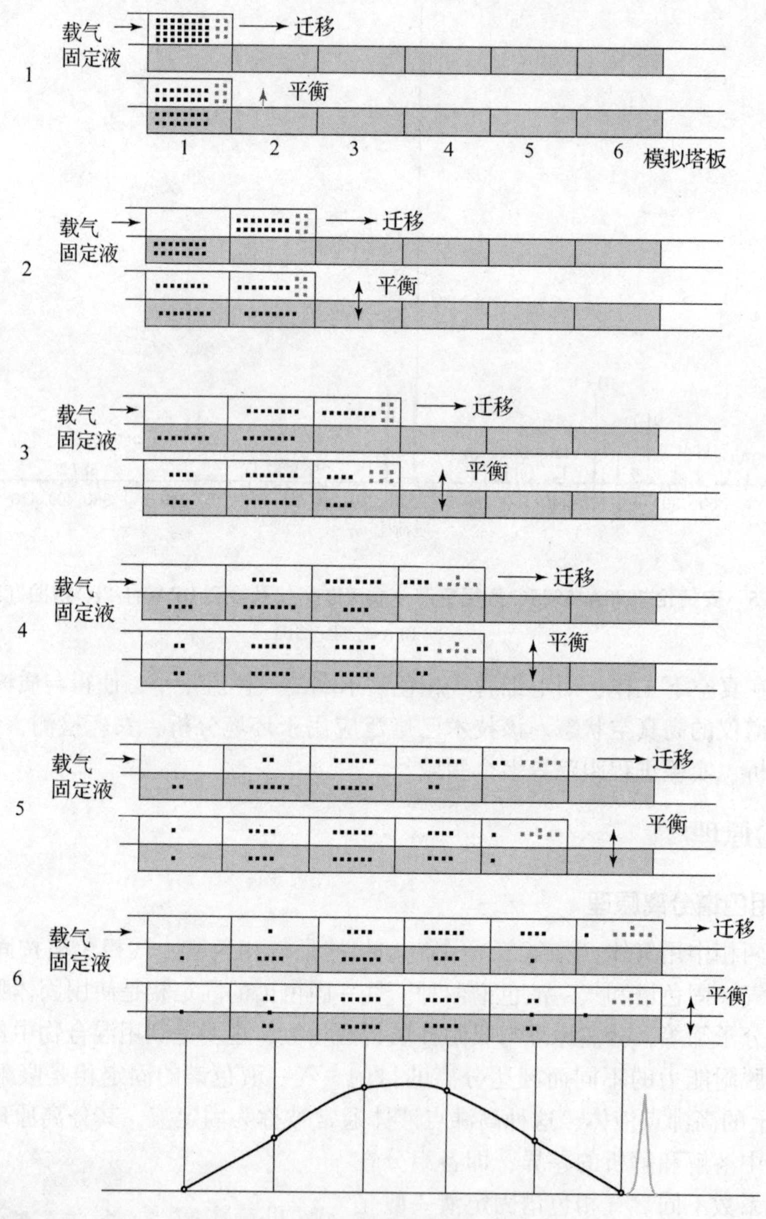

图 5-7　样品在气相色谱柱内分离过程

（二）质谱检测原理

从色谱学发展的初期开始，科学家就为寻找检测流出组分的最佳方法投入了大量精力。气相色谱的检测器种类众多并具有不同的检测选择性，一般检测的原则是基于流出组分的化学或物理特性而选用适当的检测器，其中质谱仪由于具有结构鉴定能力强大、灵敏度高、分析范围广、分析速度快、与色谱仪兼容性高等特点而获得广大使用者的青睐。

质谱仪是测定物质质量的仪器，基本原理是通过离子源将分析样品（气相、液相、固相）电离为带电离子，带电离子在电磁场的作用下可以在空间/时间上分离：

$$M \xrightarrow{\text{电离}} M^{+} \text{或} M^{-}$$

这些离子被质量分析器检测后即可得到其质荷比顺序和相对强度（relative intensity）的质谱图，进而推算出分析物中分子的质量。透过质谱图或精准的分子量测量可以对分析物做定性分析，利用检测到的离子强度可做准确的定量分析。

气质联用仪是将从气相色谱仪流出的各组分送入质谱仪进行检测，质谱仪中的样品气态分子在具有一定真空度的离子源中转化为样品气态离子。这些离子（包括分子离子和其他各种碎片离子）在高真空的条件下进入质量分析器运动。在质量扫描部件的作用下，检测器记录各种按质荷比不同的离子其离子流强度及其随时间的变化，如图 5－8 所示。

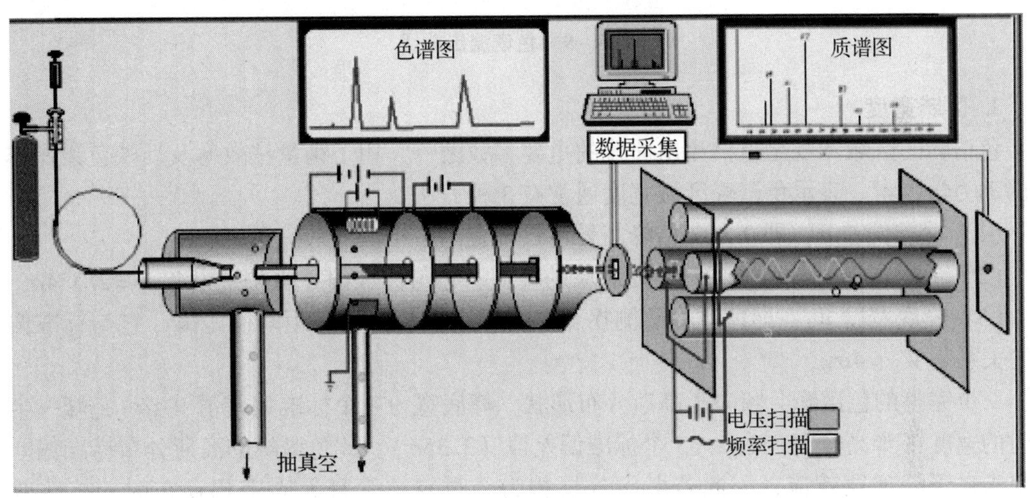

图 5－8　质谱检测过程

（三）色谱的基本概念

色谱的基本理论概念对于气相色谱和液相色谱都可以通用，比如色谱峰、保留值、在色谱柱中的峰形扩散过程等。各种色谱分析方法的共同目的都是利用流动相不停地经过滞留在色谱柱中的固定相在以最短的时间内获得混合物中各个组分的完全分离。在色谱中，一般会使用两个参数来衡量柱分离效率（理论塔板数）及分离效果（分离度）：①峰与峰间的分离度，两个波峰离得越远，分离度越高；②测量峰的宽度，峰宽度越小，分离效率越好。

1. 色谱图

色谱柱中的流出物通过检测器产生的信号对时间（或流动相体积）的曲线（图 5－9）。在适当的色谱条件下，每个组分对应的色谱峰一般呈正态分布，色谱图是定性、定量和评价色谱分离情况的基本依据。

2. 基线

色谱柱中只有流动相无样品通过时，检测器响应信号反映的是系统噪声随时间变化的线称为基线。在实验条件稳定时，基线是一条直线。

峰高 h：色谱峰最高点与基线之间的距离。

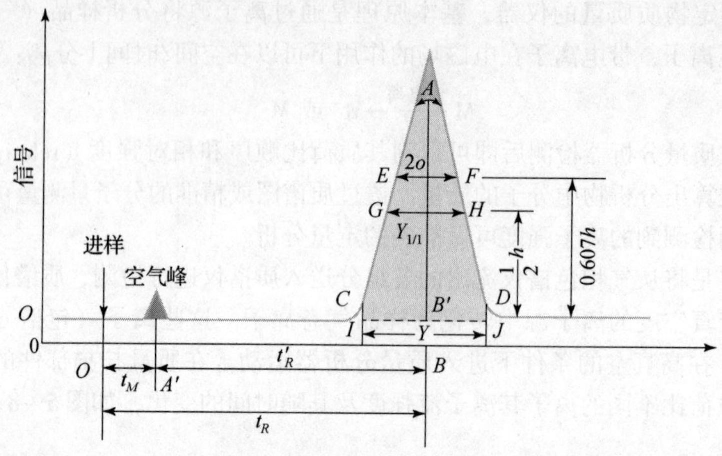

图 5－9　色谱流出曲线

3. 区域宽度

色谱峰的区域宽度是色谱流出曲线的重要参数之一，用于衡量柱效率及反映色谱操作条件的动力学因素。表示色谱峰区域宽度通常有 3 种方法。

（1）标准偏差 σ：即 0.607 倍峰高处色谱峰宽的一半。

（2）半峰宽 $W_{1/2}$：即峰高一半处对应的峰宽。它与标准偏差的关系为 $W_{1/2}=2.354\sigma$。

（3）峰底宽度 W_b：即色谱峰两侧拐点上的切线在基线上截距间的距离，它与标准偏差 σ 的关系是 $W_b=4\sigma$。

一个完整的色谱峰会倾向于高斯分布形状。峰底宽为 4 个标准偏差值（4σ），峰一半高度时的宽度（半高峰宽）为 2.35 个标准偏差值（2.35σ）。此色谱峰的高斯分布标准偏差值主要来自于峰增宽效应，因此若考虑分析物为经过空柱管且无固定相存在时，扩散效应（高浓度往低浓度扩散）为唯一影响峰增宽效应的因子，则标准偏差值 σ 为 $\sqrt{2Dt}$，其中 D 为扩散系数。

4. 保留值

保留值是样品各组分在色谱柱中保留行为的量度，反映了组分与固定相间作用力大小，通常用保留时间和保留体积表示。保留值可以揭示色谱过程的作用机理和分子的结构特征。

（1）保留时间 t_R：样品从进样到柱后出现峰极大点时所经过的时间称为保留时间，是色谱定性的依据。

（2）死时间 t_M：不被固定相吸附或溶解的物质进入色谱柱时，从进样到出现峰极大值所需的时间称为死时间，其正比于色谱柱的空隙体积。

（3）调整保留时间 t'_R：某组分的保留时间扣除死时间后，称为该组分的调整保留时间，即组分在固定相中停留的时间：

$$t'_R=t_R-t_M \tag{5-1}$$

5. 容量因子

容量因子 k 是一个非常重要的参数，也称保留因子、质量分配系数或分配比，它是指在一定温度和压力下，组分在两相间分配达平衡时，分配在固定相和流动相中的物质的质量之比。容量因子对如何选择流动相的溶剂组成、改善多组分分离的选择性都发挥着重要的作用。一般来说，k 最佳范围为 2～10，可以通过改变流动相来获得最佳值 k'。

$$k = 组分在固定相中的质量/组分在流动相中的质量 = m_s/m_m \quad (5-2)$$

分配系数 K_p 是指在一定温度和压力下，组分在固定相和流动相之间分配达到平衡时的质量浓度之比，即

$$\begin{aligned} K_p &= 溶质在固定相中的浓度/溶质在流动相中的浓度 = C_s/C_m \\ &= \frac{m_s}{m_m} \cdot \frac{V_m}{V_s} = k \cdot \beta \end{aligned} \quad (5-3)$$

式中，$\beta = V_m/V_s$，为相比率。

6. 分离因子（或选择性 α）

分离因子是表示在相同色谱操作条件下，色谱图中相邻两组分的容量因子的之比，也是两个化合物的调整保留时间的比值。分离因子是交换过程的一个热力学函数，表征了色谱柱分离的选择性。选择性越好或比值越大，对于两个化合物的分离越容易。

$$a = k_2/k_1 = t'_{R2}/t'_{R1} \quad (5-4)$$

7. 塔板理论

色谱柱分离混合物的能力可用柱效能来表示。由英国生物学家马蒂（Martin）提出用理论塔板数 n 或塔板高度 H 作为衡量柱效率的指标。

理论塔板是指固定相和流动相之间平衡的理论状态。简单地认为：在每一块塔板上，溶质在两相间很快达到分配平衡，然后随着流动相按一个一个塔板的方式向前移动，基于它们对固定相和流动相的亲和力的不同进行分离。分子移动并形成一条带状，以正态分布（高斯）的色谱峰流出。对于一根长为 L 的色谱柱，溶质平衡的次数为

$$n = L/H \quad (5-5)$$

式中，n 为理论塔板数；H 表示每一块塔板的高度。色谱柱越长，理论塔板数越大，柱效越高。

理论塔板数也可用于衡量整个色谱系统谱带的扩散程度。谱带扩散程度越小（即色谱峰越窄），理论塔板数 n 越大，因此，理论板数 n 与半峰宽及峰底宽的关系式可表示为

$$n = 5.54(t_R/W_{1/2})^2 = 16(t_R/W_b)^2 \quad (5-6)$$

从上式可以看出组分的保留时间越长，峰形越窄，则理论塔板数 n 越大，色谱柱效能越高。

但计算出来的 n 和 H 值有时并不能充分地反映色谱柱的分离效能，因采用 t_R 计算时，没有扣除死时间 t_M，所以常用有效塔板数 $n_{有效}$ 或有效板高 $H_{有效}$ 表示柱效：

$$n_{有效} = 5.54(t'_R/W_{1/2})^2 = 16(t'_R/W_b)^2 \quad (5-7)$$

$$H_{有效} = L/n_{有效} \quad (5-8)$$

塔板理论是一种半经验性理论。它用热力学的观点定量说明了溶质在色谱柱中移动的速率，解释了流出曲线的形状，并提出了计算和评价柱效高低的参数。

但是，色谱过程不仅受热力学因素的影响，而且还与分子的扩散、传质阻力等动力学因素有关，因此塔板理论只能定性地给出板高的概念，却不能解释板高受哪些因素影响；也不能说明为什么在不同的流速下，可以测得不同的理论塔板数，因而限制了它的应用。

8. 色谱柱分离度

要实现组分的分离，首先两峰之间的距离要大，即两组分的保留时间有足够大的差值，

由此引进一个概念——分离度 R。色谱柱分离度 R 是一个综合性指标，是既能反映柱效率又能反映选择性的指标，称总分离效能指标。分离度又叫分辨率，被定义为相邻两组分色谱峰保留值之差与两组分色谱峰底宽总和之半的比值，即

$$R=2(t_{R2}-t_{R1})/(W_1+W_2) \tag{5-9}$$

R 值越大，表明相邻两组分分离越好。一般而言，当 $R<1$ 时，两峰有部分重叠；当 $R=1$ 时，分离程度可达94%，可作为满足多组分优化分离的最低指标；当 $R=1.5$ 时，被认为两个相邻色谱峰达到基线分离，如图 5-10 所示。

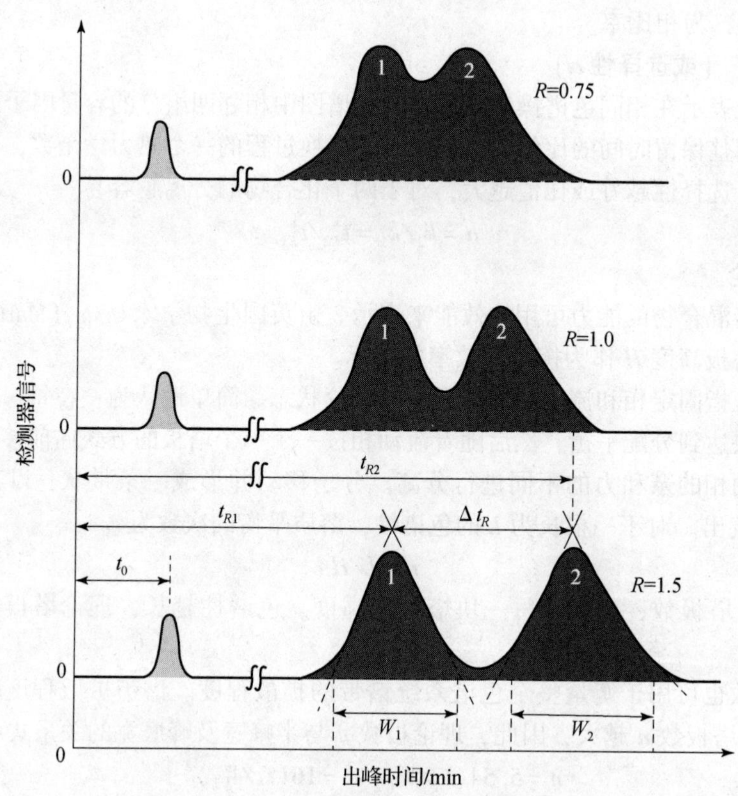

图 5-10 不同分离度时色谱峰分离的程度

当色谱峰峰形不对称或相邻两峰间有重叠时，峰宽较难测量，可用半峰宽代替峰宽，即

$$R=(t_{R2}-t_{R1})/(W_{1/2,1}+W_{1/2,2}) \tag{5-10}$$

上述公式只是给出了一个衡量分离好坏的尺度，不能从中知道如何获得一个较好的分离度。为此可将分离度表示含有 3 个色谱分离参数的函数，分别是柱效 n、选择性 α 和容量因子 k。假设两相邻峰峰宽相等（$W_1=W_2$），即可得到柱效、选择性及分离度之间的关系式。色谱分离方程式为

$$R=\frac{1}{4}\sqrt{n_2}\left(\frac{\alpha-1}{\alpha}\right)\frac{k_2}{1+k_2} \tag{5-11}$$

从上面一系列的公式中可以看出，色谱分析的保留时间 t_R 是分析要求的分离度 R、相邻组分的分离因子 a、组分的容量因子 k' 和色谱柱的理论板高 H 等因素的函数。分离度是受热力学因素（容量因子和选择性系数）和动力学因素（理论塔板数 n）两个方面控制的。保留时间 t_R 是色谱分析中表征在一定的色谱柱上溶质在色谱分离过程分离特性的重要参数。式

（5-11）是色谱分离操作条件优化的关键方程式。

（1）提高 a：a 取决于样品中各组分本身的性质以及固定相和流动相。a 越大，固定液的选择性越好，R 越大。可以通过改变固定相和流动相的组成和性质、降低柱温来提高。

（2）提高容易因子 k：k 与固定液的用量和分配系数有关，并受柱温的影响。增加固定液的用量，可增大 R，但会延长分析时间，引起色谱峰扩宽。可通过改变柱温和流动相组成，将 k 值控制为 2~10。

（3）提高 n：如提高柱效 n，可增加色谱柱的长度、减少塔板高度 H、提高分离度 R。可通过制备一根性能优良的色谱柱，改变流动相的流速和黏度及吸附在载体上的液膜厚度，达到减小 H、增大 R 的目的。

9. 速率理论

1956 年，荷兰学者范第姆特（Deemter）等在研究气液色谱时，提出了色谱过程动力学理论——速率理论。他们吸收了塔板理论中板高的概念，并充分考虑了组分在两相间的扩散和传质过程，从而在动力学基础上较好地解释了影响板高的各种因素。该理论模型对气相、液相色谱都适用。

范氏方程式的数学简化式（板高方程式）为

$$H = A + B/u + Cu \tag{5-12}$$

式中，u 为流动相的线速度；A、B、C 为常数，分别为涡流扩散系数、分子扩散项系数、传质阻力项系数。

（1）涡流扩散系数 A：在填充色谱柱中，当组分随流动相向柱出口迁移时，流动相由于受到固定相颗粒障碍，不断改变流动方向，使组分分子在前进中形成紊乱的类似涡流的流动，故称涡流扩散，如图 5-11 所示。

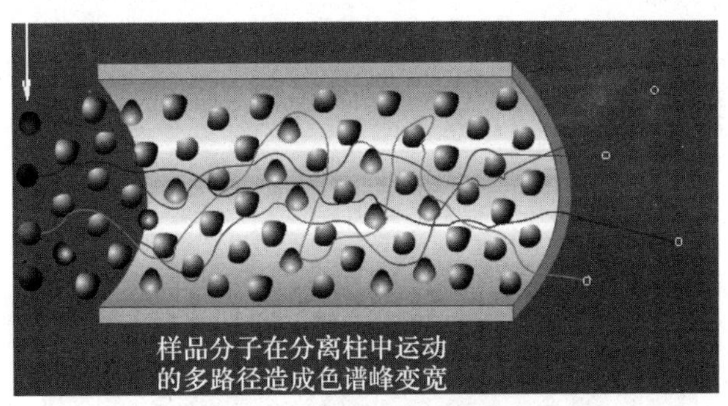

样品分子在分离柱中运动
的多路径造成色谱峰变宽

图 5-11 速率理论：涡流扩散

由于填充物颗粒大小的不同及填充物的不均匀性，使组分在色谱柱中路径长短不一，因而同时进色谱柱的相同组分到达柱口时间并不一致，引起了色谱峰的变宽。色谱峰变宽的程度由下式决定：

$$A = 2\lambda d_p \tag{5-13}$$

式 5-13 表明，A 与填充物的平均直径 d_p 的大小和填充不规则因子 λ 有关，与流动相的性质、线速度和组分性质无关。为了减少涡流扩散，提高柱效，使用细而均匀的颗粒，并且填充均匀是十分必要的。对于空心毛细管，不存在涡流扩散，因此 $A=0$。

（2）纵向扩散系数 B/u（分子扩散项）：纵向分子扩散是由浓度梯度造成的。组分从柱入口加入，其浓度分布的构型呈“塞子”状。组分随着流动相向前推进，由于存在浓度梯

度，“塞子”必然自发地向前和向后扩散，造成谱带展宽（图 5 - 12）。分子扩散项系数为

$$B = 2\gamma D_m \tag{5-14}$$

式中，γ 为弯曲因子，空心柱 $\gamma = 1$；D_m 为组分在流动相中的扩散系数。γ 是填充柱内流动相扩散路径弯曲的因素，也称弯曲因子，它反映了固定相颗粒的几何形状对自由分子扩散的阻碍情况。分子扩散项与组分在流动相中的扩散系数 D_m 成正比。

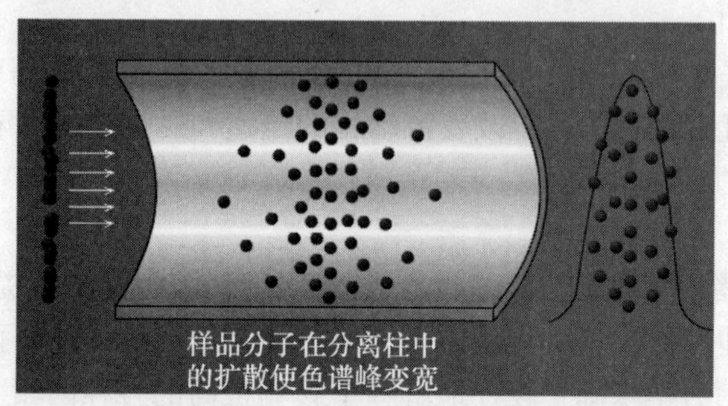

图 5 - 12　速率理论：分子扩散

另外纵向扩散与组分在色谱柱内停留时间有关，流动相流速小，组分停留时间长，纵向扩散就大。因此，为降低纵向扩散影响，要加大流动相速度。对于液相色谱，组分在流动相中纵向扩散可以忽略。

（3）传质阻力项系数 C：传质阻力项包括流动相传质阻力 C_m 和固定相传质阻力 C_s，$C = (C_m + C_s)$。流动相传质阻力是组分在流动相及两相界面间进行交换传质的阻力，如图 5 - 13 所示。在 GC 中，采用小颗粒固定相及相对分子质量小的气体做载气来减小流动相传质阻力所引起的峰扩展；对于 LC，采用颗粒小孔径大的固定相和黏度低的流动相，提高传质速率，减小峰展宽。

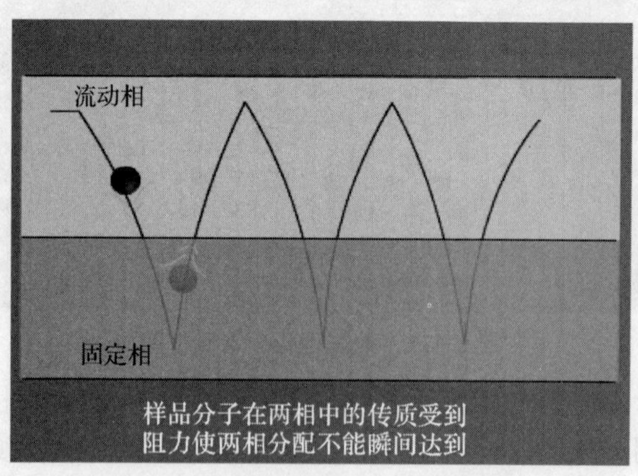

图 5 - 13　速率理论：传质阻力

固定相传质过程是指组分从两相界面扩散到固定相内部达到分配平衡，然后又扩散到两相界面的过程，即

$$C_s = \frac{2}{3} \cdot \frac{k}{(1+k)^2} \cdot \frac{d_f^2}{D_s} \tag{5-15}$$

式中，k 为容量因子；D_s 为扩散系数；d_f 为液膜厚度。

由式（5－15）可见，液膜厚度小，组分在固定液的扩散系数大，可以减小固定相传质阻力引起的峰扩展。降低固定液的含量，可以降低液膜厚度，但 k 值随之变小，又会使 C_s 增大。

根据速率理论，将上面各式总结，可得气液色谱速率板高方程式，即著名的范第姆特方程（也称速率方程）式，即

$$H=2\lambda d_p+\frac{2\gamma D_m}{u}+\left[\frac{0.01k^2}{(1+k)^2}\cdot\frac{d_p^2}{D_m}+\frac{2kd_f^2}{3\ (1+k)^2D_s}\right]u \tag{5-16}$$

速率方程式对色谱分离条件的选择有指导意义，它指出了色谱柱填充的均匀程度、填料颗粒的大小、流动相的种类及流速、固定相的液膜厚度等对柱效的影响。

10. 流速 u 对理论塔板高度 H 的影响

根据范氏方程式 $H=A+B/u+C_u$，将 H 只对 u 作图，如图 5－14 所示，可绘制出 $H-u$ 的曲线。在曲线的最低点，塔板高度 H 最小，此时柱效最高，该点所对应的流速为最佳流速 u_{opt}。实际流速通常稍大于最佳流速，以缩短分析时间。

$$H_{\min}=A+2\sqrt{BC}$$

$$u_{\text{opt}}=\sqrt{\frac{B}{C}}$$

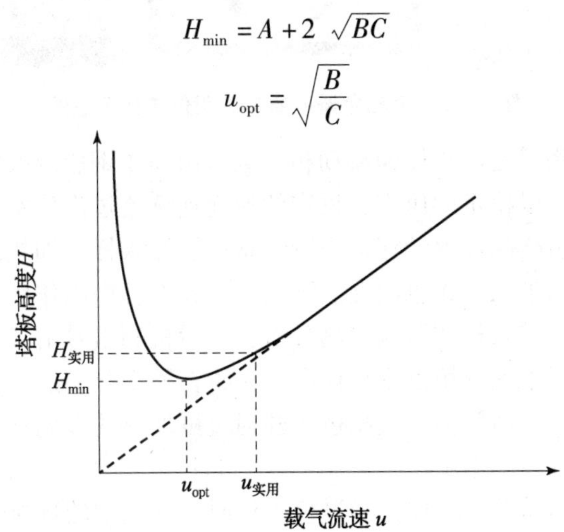

图 5－14　塔板高度 H 和载气流速 u 关系曲线

当 $u<u_{\text{opt}}$时，分子扩散项系数$\frac{B}{u}$对塔板高度起主要作用，涡流扩散项系数 A 对塔板高度起次要作用。即液体流动相线速越小，理论塔板高度 H 增加越快，柱效越低。

当 $u>u_{\text{opt}}$时，传质阻力项系数 C_u 对塔板高度起主要作用，涡流扩散项系数 A 对塔板高度的贡献也不可忽略，即随液体流动相线速增加，塔板高度 H 也增大，使柱效下降。

当 $u=u_{\text{opt}}$时，分子扩散项系数对塔板高度的贡献可以忽略，主要使涡流扩散项系数和较小的传质阻力项系数提供对塔板高度的贡献。

综上所述，柱分离理论塔板数的提升，有助于峰变高且窄，从而增加检测灵敏度。分离度的提升也有助于避免不同分析物共同流出，从而进一步提高定性（避免电子电离化质谱图复杂化）与定量（避免不同分子但具有相近分子或相近质量碎片离子出现）的准确度。改善柱分离效率所带来的优点同样适用于液相色谱、毛细管电泳与大气压电离法质谱技术联用。

二、实验仪器

（一）气相色谱—质谱联用仪

气相色谱—质谱联用仪是气相色谱仪与质谱仪联用的仪器。气相色谱—质谱联用仪一般由载气系统、进样器、汽化室、色谱柱、柱温箱、质谱检测器组成，其结构如图 5 – 15 所示。

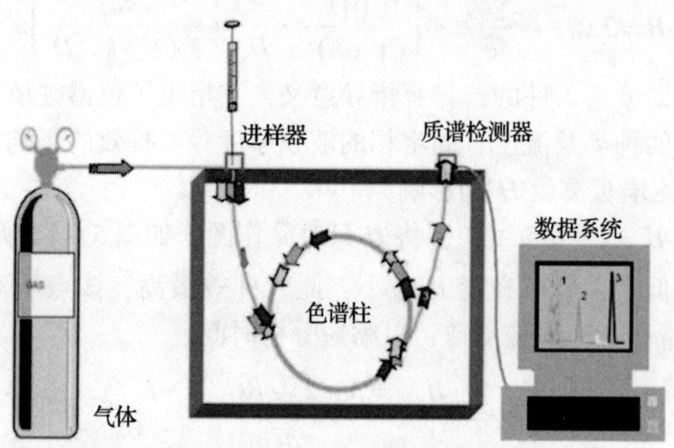

图 5 – 15　气相色谱—质谱联用仪结构示意图

气相色谱—质谱联用仪是以气体为流动相，载气由高压钢瓶或氮气发生器供给，经减压阀、流量表控制计量后，以稳定的压力、恒定的流速连续流过汽化室、色谱柱、检测器。挥发性样品或气态样品借由样品注射针穿透橡胶隔垫而被注入样品加热区，样品在此区会快速汽化，并经由载气推动而进入气相色谱柱。不同分析物在柱中因作用力不同而被分离，被分离后的样品组分再被载气带入检测器被检测分析，最后检测信号由工作站采集并记录。整个分析过程中，色谱柱需置于加热箱以维持样品分析物在整个分离过程中均为气态。气相色谱接至质谱离子源的路径中，通常会使气相色谱柱通过可加热的玻璃管，以确保柱内的化合物到离子源时均为气态。

当载气携带着不同物质的混合样品通过色谱柱时，气相中的物质一部分溶解或吸附到固定相内。随着固定相中物质分子的增加，从固定相挥发到气相中的样品物质分子也逐渐增加，样品中各物质分子在两相中进行分配，最后达到平衡。这种物质在两相之间发生的溶解和挥发的过程，称分配过程。分配达到平衡时，物质在两相中的浓度比称分配系数（也称平衡常数），以 K_p 表示：

$$K_p = \frac{C_s}{C_m} = k'\frac{V_m}{V_s} = k'\beta,\ \beta = \frac{V_m}{V_s} \qquad (5-17)$$

式中，C_s 和 C_m 分别为物质在固定相和流动相中的浓度；k' 为容量因子；V_m 和 V_s 分别为色谱柱中流动相和固定相的体积；β 为相比率。在恒定的条件下，分配系数 K_p 是个常数。

色谱柱是进行分离的主要部件，样品中各组分的分离是在色谱柱中完成的。气相色谱柱中通常采用的色谱柱有两类：填充柱和毛细管柱，如图 5 – 16 所示。

毛细管柱因内径小而载样量小，所需载气流速也小，一般用常规微量进样器柱子就会呈现超载而得不到毛细管柱的高效分离能力，因此常采用分流进样方式以获得较高的分离度和柱效率，如图 5 – 17 所示，即进入柱子的样品量只是进样量的极小部分，由此表现出高的分离效率，可用于复杂样品的快速分析。

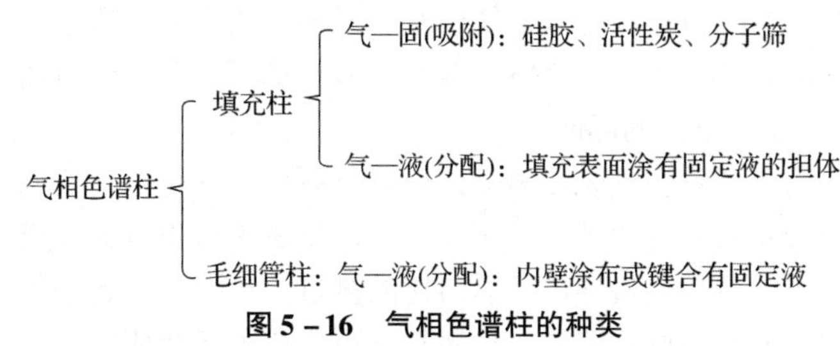

图 5－16　气相色谱柱的种类

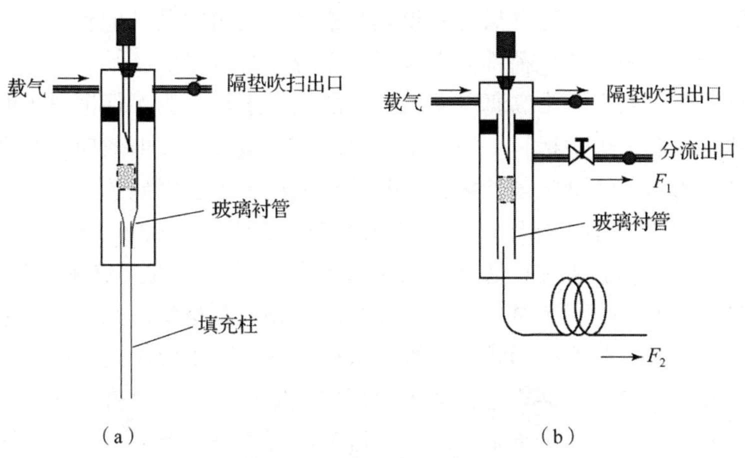

图 5－17　不同的进样方式

（a）普通柱进样口；（b）毛细管柱进样口

色谱柱老化：若使用新柱需预先老化去除柱中残留的溶剂。老化的目的是去除残留溶剂和易挥发性物质，使固定液液膜均匀、牢固地吸附在担体或管的内表面上。新柱若不老化会严重污染检测系统。长时间使用后的色谱柱若不重新老化，将使基线稳定性变差并干扰分离。应特别注意，老化色谱柱时不能连接检测器，否则会造成检测器污染。

（二）质谱仪结构

质谱仪的种类很多，但基本结构相同，如图 5－18 所示。

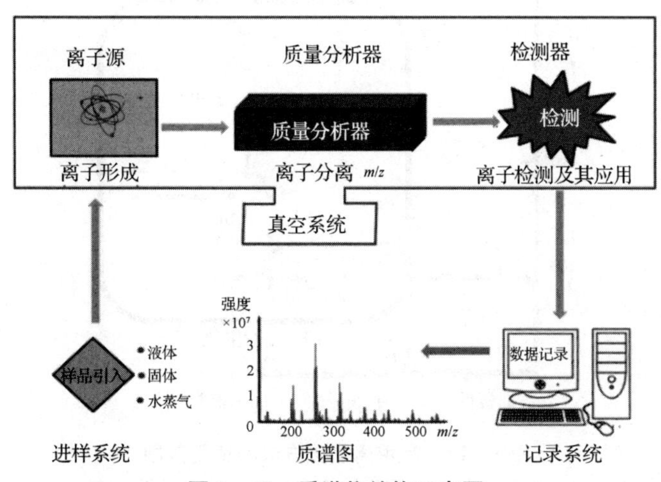

图 5－18　质谱仪结构示意图

质谱仪的基本结构主要由样品导入系统、真空系统、离子源、质量分析器和检测器以及数据分析系统（data analysis system，DAS）组成，其中离子源和质量分析器是质谱仪的核心部件，也是区别不同类型质谱仪的部件。

当分析样品进入质谱仪后，首先在离子源内对分析样品进行电离，以电子、离子、分子或光子将样品转换为气相的带电离子，分析物以其性质成为带正电的阳离子或带负电的阴离子。产生气相离子后进入质量分析器进行质荷比的测量。在电场和磁场的物理作用下，离子运动的轨迹会受场力的影响而产生差异。检测器则可将离子转换成电子信号，处理并储存于计算机中，这些信号经计算机处理后可以得到色谱图、质谱图及其他相关信息。此方法可测得不同离子的质荷比，进而从电荷推算出分析物中分子的质量。

此外，质谱仪还需要在一个高真空系统下才能正常运行。为了保证离子源中的灯丝以及离子在离子源和分析器中正常运行，消减不必要的离子碰撞、散射效应、复合反应和离子—分子反应引起额外的离子使谱图复杂化，同时让样品离子不会因碰撞而损失或测量到的 m/z 值有偏差，离子源和质量分析器都必须维持在 $1.33\times10^{-3}\sim1.33\times10^{-8}$ Pa 的低压环境中。一般真空系统是由机械真空泵和扩散泵或涡轮分子泵组成。机械真空泵一般为前级欲抽泵，只能达到0.133 Pa，不能满足测试要求，因此必须依靠高真空泵。其中涡轮分子泵因比扩散泵使用方便、没有油的扩散污染问题，是近年来质谱仪生产中应用配置比较多的泵。涡轮分子泵直接与离子源或质量分析器相连，抽出的其他气体再由机械泵排到体系之外。

离子源是使分析物电离产生离子的组件，目前没有单一种类的离子化方法能适用于所有的分析需求，多种离子化方法在分析应用价值上各具有独特之处。在质谱分析中，离子化方法的选择是检测成功与否的决定性因素。该方法的选择除了与被分析物以及样品的特性有关，也与分析的目的有关。目前最常使用的离子化方法包括电子电离、化学电离、电喷雾电离、大气压化学电离及大气压光致电离，以及激光解吸电离与基质辅助激光解吸电离，如图5－19所示。这些方法除了有宽广的样品使用范围与高灵敏度之外，若样品基质比较复杂时还可以与色谱分离方法联用来降低样品基质的干扰，高效准确地完成样品的分析。使用者可根据需要的信息以及被分析物分子的物理特性和化学特性选用适当的离子化方法。

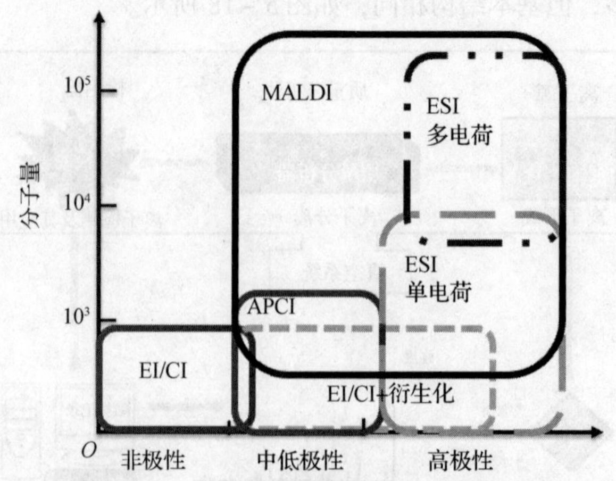

图5－19　常用离子化方法的适用范围

EI—电子电离；CI—化学电离；APCI—大气压化学电离；

ESI—电喷雾电离；MALDI—基质辅助激光解吸电离

在 GC－MS 中最常用的离子化方法是 1918 年登普斯特（Dempster）发明的电子电离，又称电子轰击。如图 5－20 所示，此离子化技术是通过加热灯丝放出电子，电子经过电场加速获得高能量，被分析物因为获得电子的能量而被离子化。产生的分子离子由于内能过高，会因化学结构不同，再次裂解为独特的碎片离子，因此在离子化过程中，分子离子信号不一定在谱图中有所体现，但可根据质谱中所观察到的碎片离子来提供分子离子的结构信息，可用此信息鉴定或解析分子的“身份”。

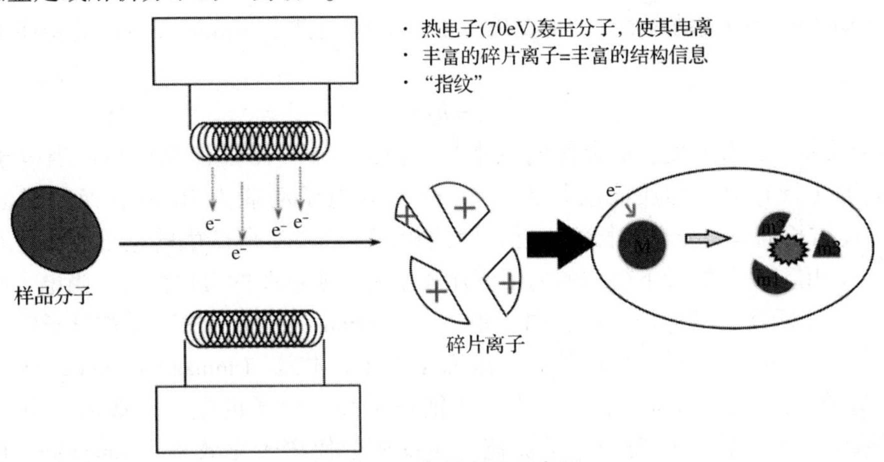

图 5－20　电子电离示意图

电子电离所产生的碎片离子重现性极高，主要与所使用的离子化电子加速电压有关。因为碎裂过程具有高重现性，可以通过收集不同分子电子电离产生的质谱图建立谱图库，并利用与标准谱图进行对比的方法鉴定化合物的身份。截至 2014 年，美国国家标准与技术研究院（National Institute of Standards and Technology，NIST）收集了包括 28 万余种不同化合物分子的电子电离质谱图供检索比对。

电子电离的离子源基本构造如图 5－21 所示，此离子源包含灯丝、离子化室以及磁铁。

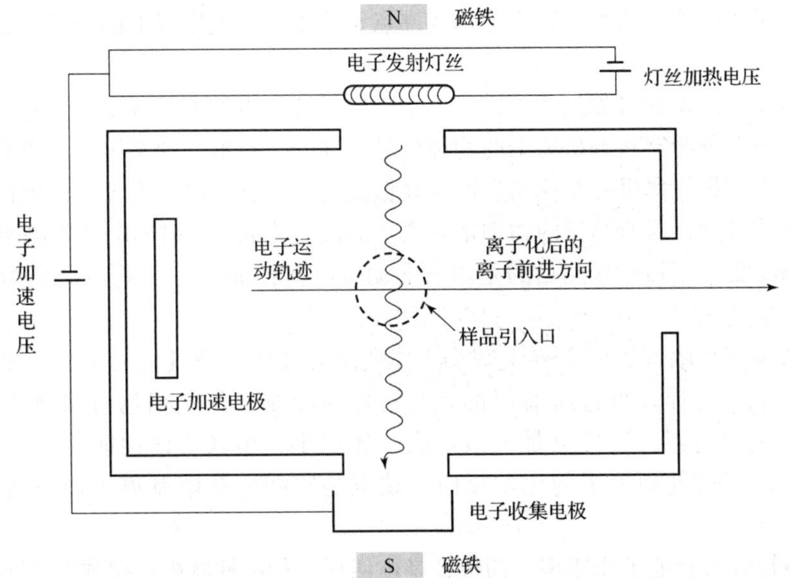

图 5－21　电子电离法的离子源，样品由垂直于图面的方向引入（虚线圆圈为引入口）

在此离子源内，灯丝经过加热产生热电子，热电子经加速电压加速并受到磁铁的磁场影响，以螺旋状前进至正极。样品引入方向与加速电子的方向垂直，样品与电子作用后被离子化。被离子化的分子会被离子加速电极推送至质量分析器。

通常情况下，如果样品为气体分子，则可以直接进入离子化室；若为液体或是固体，则需加热汽化后再引入离子化室。离子化室可加热以避免汽化后的样品进入离子源后产生凝结。在此离子源中，灯丝加热的电压决定电子释放的数量，电子加速电压决定电子波长（因电子运动所产生的波动现象）。此波长可由计算物质波（matter wave）的德布罗意方程式得知：

$$\lambda = h/mv \tag{5-18}$$

式中，m 为质量；v 为速度；h 为普朗克常量。由式（5－18）计算可得：当电子动能为 20 eV（电子伏特）时，物质波波长为 0.27 nm。若电子动能为 70 eV，换算成波长则为 0.14 nm，此波长范围与分子键长度相近，因此相比于 20 eV 所产生的电子波长，其更易与化学键相互作用。在此能量下得到的离子流比较稳定，质谱图的再现性好。当电子的波长符合分子电子能级跃迁所需的波长时，电子能量（electron energy，EE）会被分子吸收，使分子内能提高，将外层电子提升至高能级，进而至离子化状态（ionization state，IS）并产生自由基阳离子（radical cation，RC）。当电子能量远高于分子的电子能级时，电子能量无法被分子吸收，因此使用过高的电子加速电压反而会使离子化效率（ionization efficiency，IE）降低。由于分子并不是借助与电子的撞击完成离子化，而是以能量转移的机理实现离子化的，为了避免错误描述离子化的机理，如今大多避免用电子轰击来描述离子化技术。另外，由此离子化机理可知，电子电离法主要产生带正电的离子，负离子在 EI 源上并不能有效产生，因此使用电子电离法时，主要用正离子模式（positive ion mode，PIM）进行分析。

在应用上，电子电离法由于需将样品汽化，所以检测的分子大都属于热稳定性、沸点低的化合物。若分子沸点过高，可以利用衍生化反应将样品沸点降低以便于汽化。对于分子热不稳定、分子量过高或无法利用衍生化降低沸点至热不稳定温度以下的分子，无法利用该方法进行检测。

质量分析器所测量的对象是离子，作用是将离子源产生的离子按 m/z 顺序分开并排列成谱，但不同的质量分析器其解析离子的物理量是不同的，数据处理系统可运用数学运算将不同物理量换算为质量。傅里叶变换离子回旋共振质谱仪、轨道阱质谱仪、四极杆质量分析器与四极离子阱质量分析器所测量的物理量是离子的质荷比 m/z，扇形电场所测量的是离子的能量电荷比 $mv_2/2z$，扇形磁场测量的是离子的动量电荷比 mv/z，飞行时间质量分析器所测量的是离子的速度 v。

在选择质量分析器时，除了要了解其工作原理外还要考虑其他的参数，要根据应用领域和仪器的性能而选择。每台质谱仪都有其特性与限制。与气相色谱和液相色谱联用较多的四极杆质量分析器，其优点是灵敏度高、体积小、串联质谱性能好，可用来测定待分析物，也可以探讨气相离子的化学反应；缺点是空间电荷限制离子捕获数目，因此动态范围不高。

四极杆质量分析器的工作原理：四极杆是由四根平行的柱状电极组成而得名，其结构如图 5－22 所示，是让离子在特殊设计的质量分析器内随着交、直流电场运动。由于在特定的交、直流电场作用下离子运动轨迹与质荷比有关，所以不同质量的离子会在分析器内呈现不同的运动行为。如果电场的作用使得离子运动轨迹不稳定而撞击分析器的电极或偏离电场区，则该离子就不会稳定存在于内。相反，如果电场作用力能保持离子在四极杆质量分析器内呈稳定的运动轨迹，则该离子可以稳定存在于四极杆质量分析器内并从四极杆质量分析器的末端出去被电子倍增器检测。这个方法可以将有效电场对于质荷比的作用分为稳定区与不稳定区：稳定区代表保持离子稳定存在于分析器的电场条件，不稳定区代表将离子排除于分析器外的电场条件。

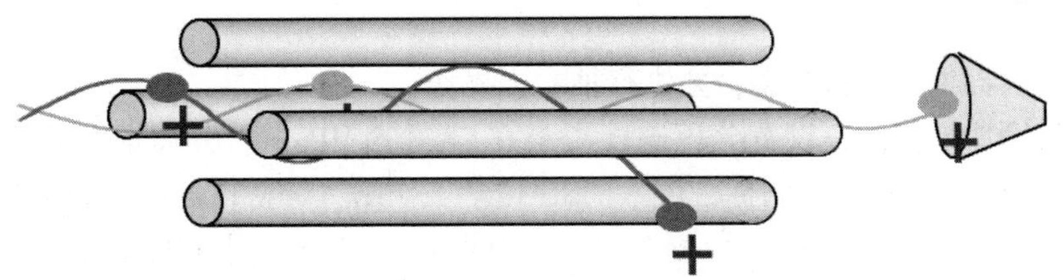

图 5－22　四极杆质量分析器结构示意图

在加入直流与交流电场后，离子的运动模式遵循马蒂厄方程式，即

$$\frac{d^2u}{d\xi^2}+(a_u-2q_u\cos2\xi)u=0 \tag{5-19}$$

依据马蒂厄方程式可以得到离子运动的稳定区与不稳定区。只有在一定的直流与交流作用下，具有一定 m/z 的离子才能稳定经过电场并经质量扫描后抵达离子检测器，从而得到质谱图。

质谱仪的检测主要通过电子倍增管或光电倍增管获得信号，其工作原理如图 5－23 所示。由四极杆质量分析器出来的有一定能量的离子轰击阴极产生电子，电子在电场的作用下，依次轰击下一级电极而被放大，其放大倍数一般为 10^{-5}～10^{-8}。电子在电子倍增器中通过的时间很短，利用电子倍增器可以实现高灵敏、快速测定。

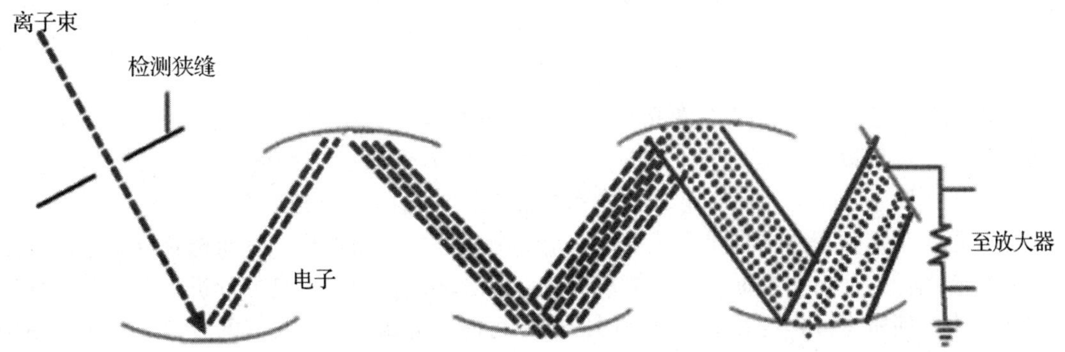

图 5－23　电子倍增管工作原理

电子经过电子倍增管产生电信号，记录不同离子的信号从而得到质谱。信号增益与倍增管电压有关，可通过增加倍增管电压来提高灵敏度，但同时会降低倍增管的寿命，因而在保证仪器灵敏度的情况下应采用尽量低的倍增管电压。

三、实验过程

（一）样品的预处理

待检测样品分子量要小于700的非极性物质，需要溶解到易挥发的溶剂中。为防止未溶物小颗粒堵塞进样口，溶液需要过滤。样品中不应含水、无机酸或碱，避免对柱子产生不可修复的损伤。对于不满足要求的样品须进行预处理，常用的方式有萃取、浓缩及衍生化等。

（二）开机

注意：若仪器处于关机状态，要进行抽真空操作。

打开载气钢瓶控制阀，设置分压阀压力至0.5～0.6 MPa；打开质谱电源、色谱电源和计算机，在桌面双击GCMSD图标，进入MSD化学工作站，等待仪器进入稳定状态。

为了达到良好的测试效果，质谱仪需要真空度达到一定的要求时才能正常工作，开机后要对仪器进行抽真空操作。

（三）质谱仪校准

在软件中有几种不同类型的自动化的调谐校准，都是用PFTBA作为校正化合物，自动地调整质谱的参数以符合仪器EI源模式下的采集状态。

在仪器控制界面下，单击“视图”菜单，选择“调谐及真空控制”，进入调谐与真空控制界面。单击“调谐”菜单，选择“自动调谐”。选定调谐后仪器将自动完成整个调谐过程（3～5 min），同时进行调谐和校正，出现3个标准峰，并将调谐结果输出，要查看报告是否达到要求。如果其他气体含量高（如氮气、氧气等），查看是否有漏气等原因，打开GC参数，可以把柱箱初始温度调到280 ℃，进样口选择不分流，单击“应用”后确定；赶走系统管路的其他气体，之后再调回GC参数，回到上述操作，进行调谐。

（四）分析条件的选择

在GC－MS中，根据仪器操作要求和样品情况，主要设置GC分离条件（包括汽化温度、升温程序、载气流量及进样量等）和设置MS参数（扫描速度、电子能量、采集模式、质量范围等）。

编辑完整方法：从“方法”菜单中选择“编辑完整方法”项，主要从载气的流速、进样量、汽化室温度以及柱温的选择着手。汽化室温度应等于或稍高于样品的沸点，以保证迅速汽化。为了防止色谱柱过载降低分离度和柱效率，要选择“分流”模式。

柱温是一个重要参数，直接影响分离效能和分析速度，根据样品性质选择升温速率及温度。通常沸点低的分析物在低温下才能获得较好的分离度，而沸点高的分析物在高温下分辨率较好。为了使所有分析物在适当分离时间内尽可能被分离而获得良好的分离度，通常使用程序升温的方式。

程序升温是指按预先设定的加热速度对色谱柱分期加热，使分析物中的所有的组分均能在最佳温度下获得良好的分离。程序升温可以使用线性的或是非线性的，但是温度的选择有一定的原则：柱温至少比固定液的最高使用温度低30 ℃，以防固定液流失；检测器温度至少比柱温高30 ℃，以防柱中流出物在检测器上凝结污染检测器。

在质谱参数设置中，常变化的是溶剂延时的设置。由于溶剂量大，如不设置延时，大量的溶剂会导致离子源积碳，影响灯丝和检测器寿命。除了保护离子源外，由于谱图的归一化，在一个巨大的色谱峰后，相对较小的峰在后续的谱图中可能造成积分不准确。溶剂延迟设置原则：设置在溶剂峰出来后，待测组分出来之前。

根据对测样品的需求设置采集模式：全扫描或者选择离子扫描。

全扫描是质谱采集规定质量范围内所有的离子碎片，其特点是收集的信息比较全，适合于未知样品的定性或质谱解析。

选择离子扫描是质谱采集特定时间段中的特定离子，可以降低噪声、提高灵敏度，特别适合复杂基体中的痕量的目标化合物分析，其灵敏度高于全扫描模式。

（五）采集数据

根据上述设置的方法，在“method”菜单中选择“运行方法”，选择数据保存路径和文件名；单击“确定并运行”即将自动完成数据的采集。

注意：当工作站询问是否取消溶剂延迟时，回答“NO”或“不选择”。如果回答“YES”则质谱开始采集，容易损坏灯丝或影响寿命。

（六）数据解析

对获得的样品结果谱图进行谱库检索，找出谱图特征，分析裂解机理来判断未知化合物。

四、实验结果和数据处理

（一）气相色谱数据分析

由于各组分在气相和固相中分配系数不同，在柱中经过多次平衡，从气相色谱柱分离后的组分先后进入质谱检测器，检测器将各组分按不同质荷比转换成电信号，经放大后在记录仪上记录下来，根据记录的电信号—时间曲线可以进行定性和定量分析。

从气相色谱流出曲线（图5－24）可以看出：从进样开始到第一组分色谱峰顶点所需的时间间隔为t_1，即为第一组分的保留时间。t_2为第二组分的保留时间，$W_{1/2}$为半峰宽，两者的乘积即为峰的面积，据此进行定量计算。目前色谱仪都连有电子计算积分仪，可直接得到色谱峰的保留时间和峰面积等数据。

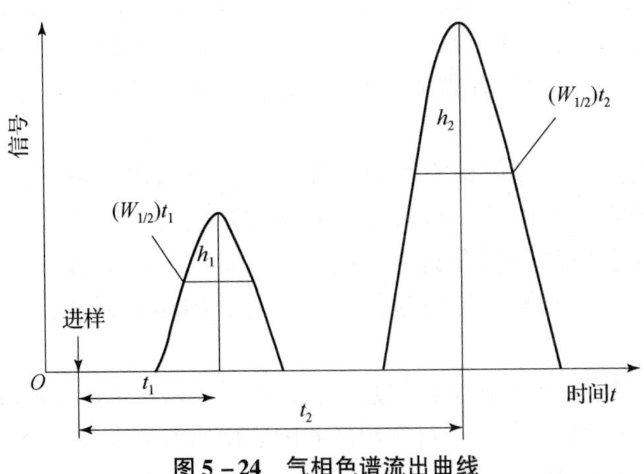

图5－24　气相色谱流出曲线

定性分析就是要确定各色谱峰所代表的化合物。由于各种物质在一定的色谱条件下均有确定的保留值，因此保留值可作为一种定性指标。目前各种色谱定性方法都是基于保留值的，但是需要用已知物保留值对照定性。对于复杂样品来说，若进一步搭配质谱仪，则可获得分析物分子量与该分析物碎片离子来进一步确定分析物而得到准确的定量和定性信息。

定量分析的任务是求出混合样品中各组分的百分比含量。色谱定量的依据是：当操作条件一致时，被测组分的质量（或浓度）与检测器给出的响应信号成正比，即

$$mi = fi \times Ai \tag{5-20}$$

式中，mi 为被测组分 i 的质量；Ai 为被测组分 i 的峰面积；fi 为被测组分 i 的校正因子。

峰面积是色谱图提供的基本定量数据，峰面积测量的准确与否直接影响定量结果。对于不同峰形的色谱峰采用不同的测量方法，常用的定量方法有归一化法、外标法、内标法和标准加入法。

（二）气相色谱—质谱联用仪中数据的分析

GC/MSD 的数据输出结果是三维构造图，包含了保留时间、响应值和质荷比。获得的色谱—质谱图在不同时间显示所测得的离子信号，因此可称为离子色谱图（ion chromatogram，IC）。若将每一张质谱图中的所有质谱信号加总，则称为总离子色谱图（Total Ion chromatogram，TIC）。若要进一步描绘出谱图中的某一特定质量的色谱峰，则可以使用提取离子色谱图（extracted ion chromatogram，EIC）。EIC 适合从质谱图中描绘出该分析物色谱峰的流出时间与信号强度，因此很适合在复杂样品信号中找出待测分析物的信息。

谱图数据库鉴定：由于气相色谱—质谱的发展已久，且电子电离法在特定条件（70 eV，离子源温度为 150～250 ℃，压强为 10^{-4} Pa）下产生的碎片离子谱图重现性高，因此可以用谱图数据库如 NIST 进行比对。在谱图数据库比对时，会针对该离子的碎片质量与其相对强度做数据库的比对，比对相似性越高则越可信。但是，对于数据库尚未构建谱图的未知化合物，因其结构与其分子相似，谱图比对时可能会误判，所以谱图数据库比对时，须人工解析其谱图鉴定结构的正确性，根据预测化合物可能出现的结果作出合理判断。

（三）电子轰击电离谱图解析

一张完整的质谱图一般 x 轴代表质荷比 m/z，y 轴表示这些离子峰的相对强度或以离子数目呈现，如图 5－25 所示。质谱图中通常包含了分析物的分子质量与其结构碎片质量信息，其中信号强度最强的峰被称为基峰，并定其相对强度为 100%，其他离子峰以对基峰的相对百分值表示。因而，质谱图各离子峰为一些不同高度的直线，每一条直线代表一个 m/z 离子的质谱峰。

电子轰击电离因其电离过程相当剧烈，常得到大量的碎片离子，由此所产生的谱图中，完整的分子离子峰未必能明显地看到或无法被检测。但如果能够辨别出该分析物的分子离子峰，则有许多信息会包含其中，比如分子量、同位素含量与分布信息，可由此推算其元素组成；另外是分子离子峰与其他碎片离子的相对强度，可估计化合物中碳氢不饱和的比例。

除了完整的分子离子峰能提供上述信息外，有电子轰击电离产生的碎片离子或某些特征离子的出现可推导出化学结构信息，可利用峰间的质荷比差值来决定相对应的中性丢失分子式进而协助导出碎片离子的结构。

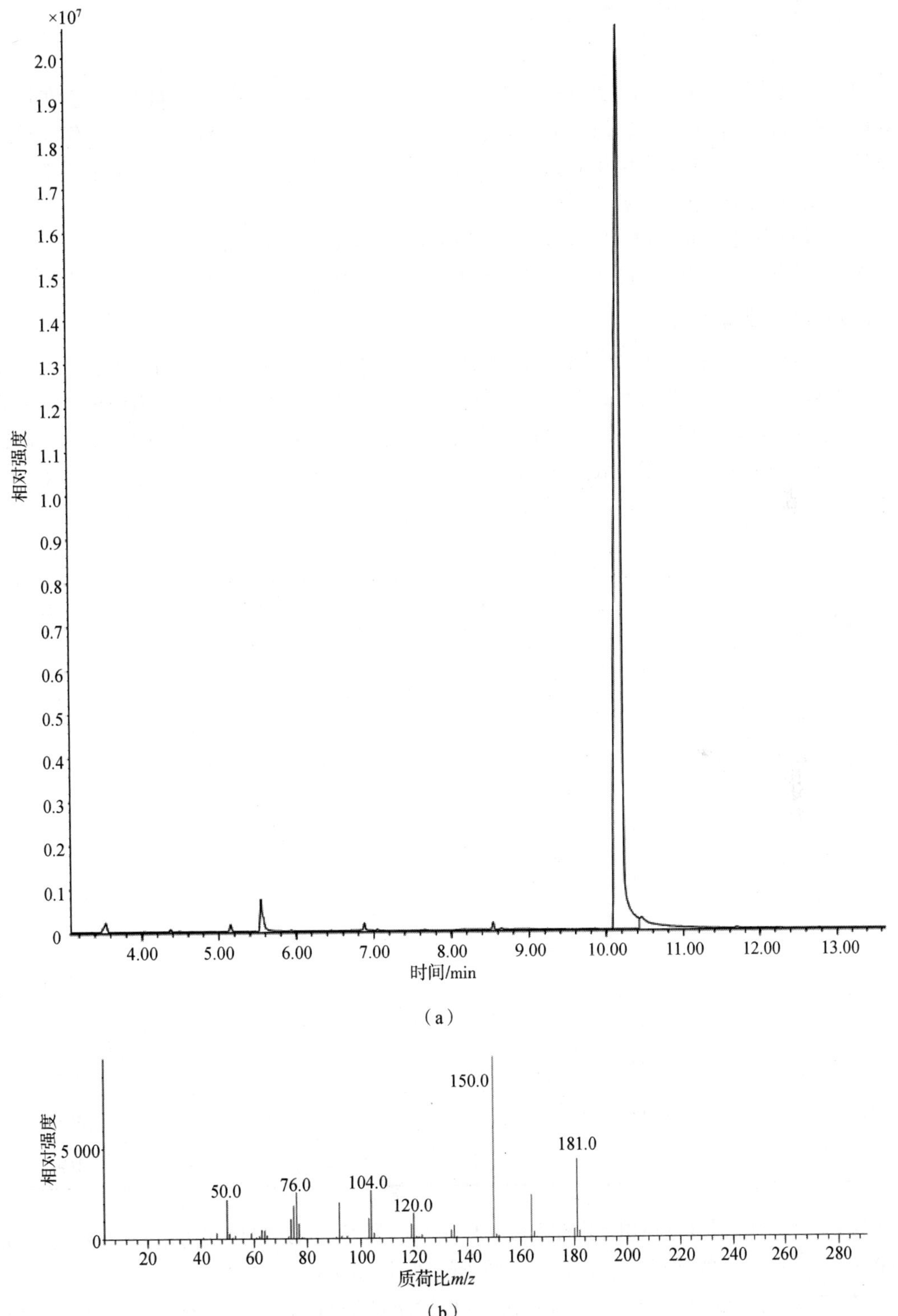

图 5－25　对硝基苯甲酸甲酯的色谱图和离子质谱图

（a）色谱图；（b）离子质谱图

（四）氮规则与不饱和键数量规则

在电子轰击电离谱图的解读上有两个常用的规则。

（1）氮规则：如果电离方式是电子轰击电离，所产生的分子离子为 $M^{\cdot +}$（奇数电子），其规则是针对仅含有氢、碳、氮、氧、硫、磷元素的有机分子。如果该化合物具有零或偶数个氮原子，则其分子离子质量是偶数；若一个化合物含有奇数个氮原子，则其分子离子质量是奇数，此规则同样也适用于分子的碎片离子。

（2）环加双键当量规则：$C_xH_yN_zO_n$，环加双键值 $=x-0.5y+0.5z+1$。

注：Si 等同于 C；F、Cl、Br、I 等同于 H；P 等同于 N。

（五）同位素峰分析

绝大部分的元素在自然界中同时包含同位素（具有相同质子数但不同中子数），根据同位素峰比例，可以推测出元素的组成及个数。由于这些同位素的存在，在质谱图中会呈现同位素离子团簇，形成具有专一性质的同位素含量与分布，含有重要的元素组成信息。根据表 5－3 可计算出相关化合物的同位素相对峰强度，其相对应的简化公式如表 5－3 所示：M 代表其单一同位素质量，并将峰强度定为 100。

表 5－3　常见元素同位素

元素符号	M		$M+1$		$M+2$		元素类型
	质量	%	质量	%	质量	%	
H	1	100	2	0.05			M
P	31	100					M
F	19	100					M
I	127	100					M
C	12	100	13	1.1			$M+1$
N	14	100	15	0.37			$M+1$
O	16	100	17	0.04	18	0.2	$M+2$
S	32	100	33	0.80	34	4.4	$M+2$
Si	28	100	29	5.1	30	3.4	$M+2$
Cl	35	100			37	32.5	$M+2$
Br	79	100			81	98.0	$M+2$

$[M+1]$ 相对峰强度 =（C 原子的数目 ×1.10）+（H 原子的数目 ×0.015）+（N 原子的数目 ×0.36）+（O 原子的数目 ×0.04）+（S 原子的数目 ×0.8）

$[M+2]$ 相对峰强度 =［C 原子的数目 ×（C 原子的数目 −1）×0.006 2］+（O 原子的数目 ×0.2）+（S 原子的数目 ×4.44）

如果分子中含有 n 个卤素原子，各种同位素相对强度为 $(a+b)^n$；当分子中含有卤素氯、溴两种原子，则同位素相对强度为 $(a+b)^n \cdot (c+d)^m$，m、n 为氯、溴原子的数目；

a、*b* 为氯原子轻、重同位素的天然强度；*c*、*d* 为溴原子轻、重同位素的天然强度。图 5－26 为常见卤素同位素峰的质谱图。

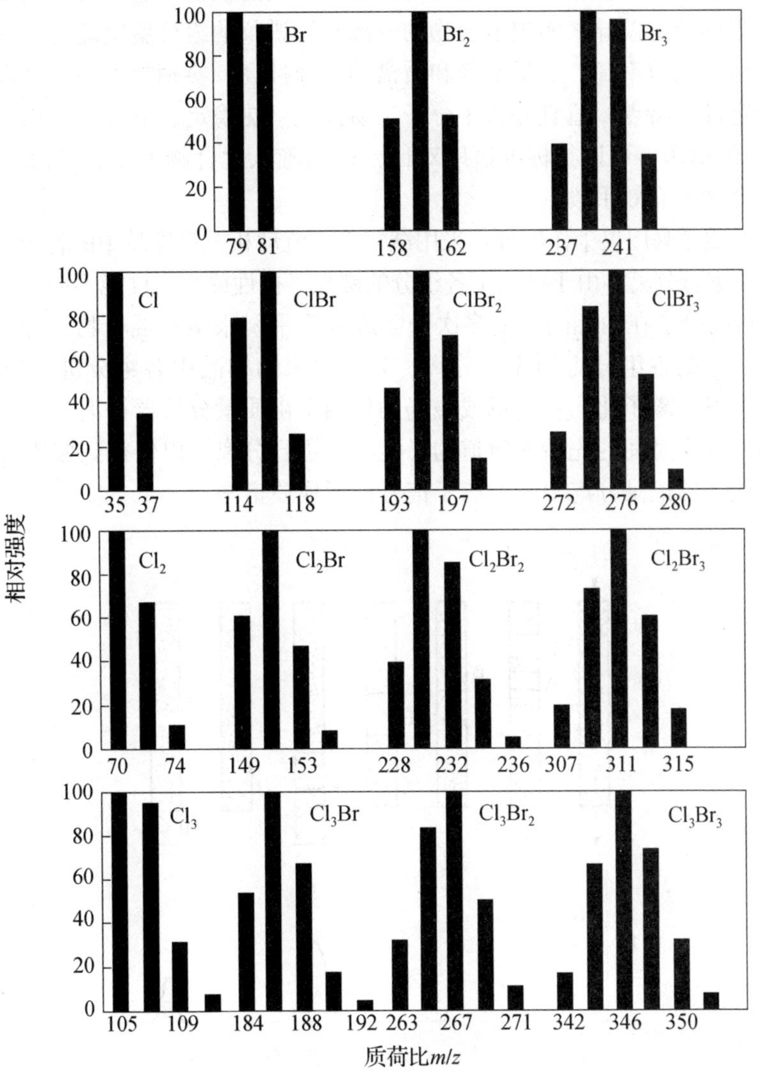

图 5－26 常见卤素同位素峰的质谱图

五、典型应用

实验项目 1 气质联用法对未知样品中双酚 A（BPA）分析鉴定实验

1. 实验目的

（1）使学生掌握气相色谱—质谱联用仪的基本原理。

（2）使学生了解气相色谱—质谱联用仪的结构及功能。

（3）使学生对实验输出数据和简单谱图分析方法有初步了解。

（4）使学生能够根据生活中涉及的知识了解气相色谱—质谱联用仪的应用范围。

2. 实验原理

气相色谱—质谱联用仪是气相色谱仪与质谱仪联用的仪器，它结合了气相利用物质的沸点、极性或吸附性能的差异来实现混合物的分离与质谱仪的组分鉴定能力。气相色谱—质谱联用仪具有色谱分离效率高、定量准确和质谱的选择性高、鉴别能力强、可提供丰富的结构信息以及便于定性等特点，适宜分析小分子、易挥发、热稳定、能汽化的化合物；用电子轰击方式 EI 得到的谱图，可以与标准谱库对比，进而确认化合物的结构信息，是一种分离分析复杂有机混合物的有效手段。

气相色谱—质谱联用仪工作原理：采用载气作为流动相携带样品中的若干组分，通过装有固定相的色谱柱进行分离。由于样品中各组分的沸点、极性或吸附性能不同，使性能结构相近的组分由于各自的分子在两相间反复多次分配或吸附平衡来实现混合物的分离（图 5－27），从而使混合样品中的各组分得到完全分离。分离出来的样品中各组分进入质谱仪中的离子源，受电子轰击发生离子化，在电场或磁场的作用下由质量分析器按离子质量和质荷比的不同、在空间的位置、时间的先后或轨道的稳定与否进行分离，以便得到按质荷比大小的顺序排列，最后由检测器记录分离出来的离子信号而形成质谱图。

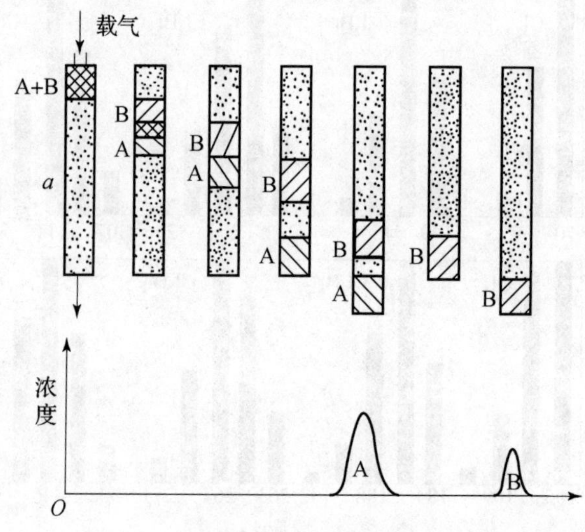

图 5－27　色谱分离过程

注：AB 两组分吸附能力和分配系数的差别，导致两组分在柱中移动速率不同，经过数次吸附/分配，组分逐渐分开，先后进入检测器检测。

气相色谱—质谱联用仪由于应用质谱检测器，使定性参数增加，定性可靠，与气相色谱一样能提供保留时间，而且还能提供质谱图。由分子离子峰的准确质量、碎片离子峰强度、同位素离子峰、选择离子的离子质谱图等使用气相色谱—质谱联用仪定性比气相色谱方法更可靠。

3. 实验基本要求

（1）了解气相色谱—质谱联用仪的基本理论知识。

（2）掌握气相色谱—质谱联用仪的结构及操作方法。

（3）根据样品性质具有初步选择分离条件的理念。

（4）初步了解实验数据和谱图解析方法。

4. 实验仪器和材料

1. 实验仪器

AGILENT 7890A/5975C 气相色谱—质谱联用仪，电子分析天平，移液枪。

2. 实验材料

毛细管色谱柱、色谱级甲醇、色谱级异丙醇、双酚 A、移液器、进样瓶、钥匙、针式过滤器，容量瓶。

5. 实验步骤

（1）样品准备工作。

①样品溶液配制：用分析天平称取一定量的样品，进行精密称重。将样品研细，放置于容量瓶中，加入少量易挥发溶剂后，轻微摇晃，使样品完全溶解，最后添加溶剂到容量瓶的刻度，摇匀。

②样品溶液前处理：用 0.45 μm 或更小孔径滤膜过滤样品，目的是除去样品中的微小颗粒，避免堵塞色谱柱。

（2）仪器操作步骤。

①开机。

打开载气钢瓶控制阀，设置分压阀压力至 0.5～0.6 MPa，依次打开 5975MSD 电源、7890GC 电源、计算机；在桌面双击 GCMSD 图标，进入 MSD 化学工作站，等待仪器稳定。

②仪器校准。

调谐应在仪器至少开机 2 h 后方可进行。在 GC 参数界面，进样口选择“分流”，初始温度选择 50 ℃。在仪器控制界面下，单击“视图”菜单，选择“调谐及真空控制”，进入调谐与真空控制界面。单击“调谐”菜单，选择“自动调谐”。选定调谐后，仪器将自动完成整个调谐过程（3～5 min），同时进行调谐和校正，出现 3 个标准峰，并将调谐结果输出，查看报告是否达到要求。

如果其他气体含量高（如氮气、水、氧气等），查看是否有漏气等原因。打开 GC 参数，把柱箱初始温度调到 280 ℃，进样口选择不分流，单击“应用”后确定，赶走系统管路的其他气体，之后再调回 GC 参数，回到上述操作，进行调谐。最后手动保存调谐参数到 D 盘 tune 文件夹（可命名当天日期，便于后期参考）。

然后单击“视图”菜单，选择“仪器控制”，返回到仪器控制界面。

③数据采集方法编辑。

a. 编辑完整方法：从“方法”菜单中选择“编辑完整方法”项，选中除“数据分析”外的两项，单击“确定”，进入下一界面。之后参数无须改变，在分流—不分流进样口模式选择“分流”。

柱温箱温度参数设定：根据样品性质选择升温速度及温度（不要过 300 ℃）；或者调用方法，改变参数后另存自己的方法。

b. 单次运行：选择数据路径、文件名、样品瓶编号等。最后确定运行方法。

④编辑扫描方式质谱参数。

提前了解样品的沸点和分子量范围，设置合适的溶剂延迟时间和分子量扫描范围，其他无须设置，最后命名并保存方法到 methods 文件夹中。

⑤采集数据。

在“method”菜单中选择“运行方法”，选择数据保存路径和文件名；单击“确定并运行”，将自动完成数据的采集。

6. 实验结果与数据处理

（1）打开数据软件，调用数据，获得化合物的总离子流（TIC）色谱图。图谱的横坐标为保留时间，即每一个组分出现的位置，可用于定性分析。纵坐标为每一个组分对应色谱峰的强度，可用以定量分析。

（2）根据质谱图数据对未知化合物进行定性解析。

①单击桌面上 MSD 的“Data Analysis”，单击“文件”菜单，选择所要处理的数据文件，然后单击“确定”。

②用鼠标右键在目标化合物 TIC 谱图区域内拖拽可得到该化合物在所选时间范围内的平均质谱图，右键双击得到单点的质谱图。

③选择谱库：单击“谱图”菜单，之后选择“谱库搜索”，浏览选择所需的谱库，单击“确定”。

④在总离子流图的峰位置双击右键得到该保留时间的质谱图；在得到的质谱图区域任意位置双击鼠标右键，即可得到该谱图所在选谱库中的检索结果。

7. 实验注意事项

（1）实验前要检查仪器是否存在泄漏现象。

（2）进样针头要清洗，免得黏稠物质长时间积累使针头不能顺利抽取样品。

（3）使用仪器前仔细阅读色谱柱附带说明书，注意柱子类型、适用温度范围等。

第三节　液相色谱—质谱联用技术

上节对气相色谱—质谱联用仪的功能及应用做了简要介绍，但如果分析物本身因沸点高、极性强、热不稳定或分子大而无法经由加热形成气态，就无法利用气相色谱—质谱技术分离测定。如果这些分析物可溶于液相中，则可以利用以液体为流动相的液相色谱技术分离，并可在柱末端直接检测或回收分析物。

在实际应用中，液相色谱法不受样品挥发度和热稳定性的限制，非常适合中高分子量、难汽化、不易挥发或对热敏感的物质，以及离子型或高聚物等复杂混合物的分离分析。现在，液相色谱仪能够分离的化合物种类远超过气相色谱仪，而与液相色谱仪相结合的检测器也一直是极受重视的研究主题，其中质谱仪因具有分辨不同质量的定性功能受到科研工作者的喜爱。质谱仪连接色谱分离设备的主要目的是希望借助色谱仪的分离功能，排除其他共存物的干扰。只要共流出化合物和目标化合物不同，质谱仪就能有效地避开这些化合物的干扰，即使有相同的保留时间和相同的分子量也可以通过串联质谱仪进一步提升检测器的分辨能力来排除共流出化合物的干扰。目前液相色谱—质谱联用技术无论在仪器还是在串联接口方面都有快速的发展，已逐渐成为现代分析技术的重要手段之一。

液相色谱—质谱联用技术体现了色谱和质谱优势的互补性，将色谱对复杂样品的高分离能力与质谱具有高选择性、高灵敏度及能够提供相对分子质量与结构信息的优点结合起来，二者的有机结合解决了生命科学、生物工程技术、医药学等新兴学科发展中面临的对复杂组分样品进行分离分析的难题，也是解决药物、食品污染、农药残留、环境污染等例行分析问题时的有效手段，因此在化学化工、医药、生物、环保、农业等科学领域获得了广泛的应用。图 5 – 28 为安捷伦 1260 – QTDF 液相色谱—质谱联用仪及输出的 TIC 谱图。

（a）

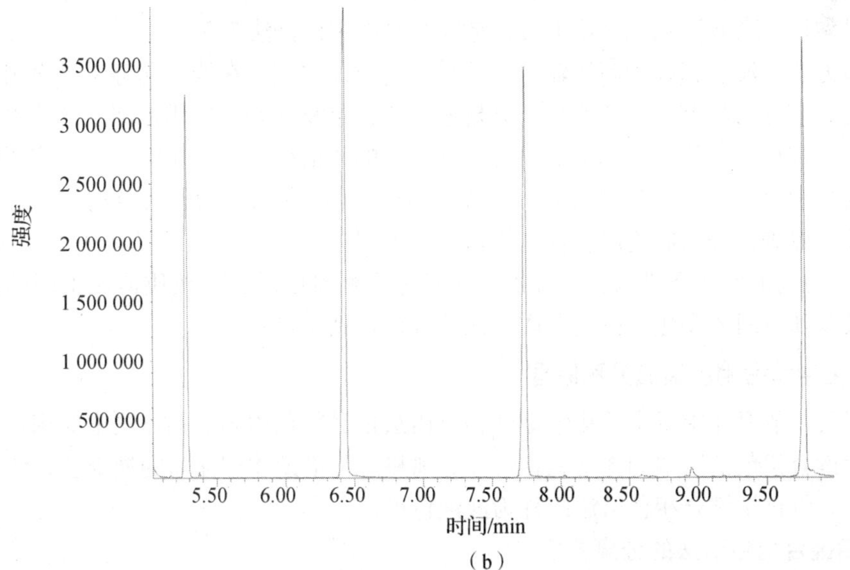

（b）

图 5 – 28　安捷伦 1260 – QTOF 液相色谱—质谱联用仪及输出的 TIC 谱图

（a）安捷伦 1260 – QTOF 液相色谱—质谱联用仪；（b）输出的 TIC 谱图

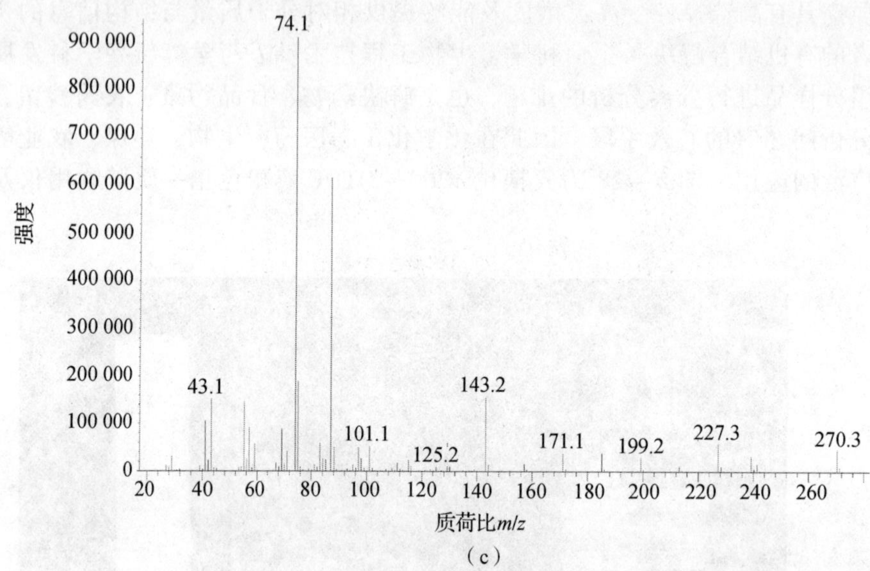

图 5－28　安捷伦 1260－QTOF 液相色谱—质谱联用仪及输出的离子质谱图（续）

（c）输出的离子质谱图

一、实验原理

（一）液相色谱法的基本原理

以液体为流动相的色谱法称为液相色谱法。若采用普通规格的固定相及流动相常压输送的液相色谱法则为经典液相柱色谱法，其柱效低，而且一般不具备在线检测器，仅能作为常规分离手段使用。高效液相色谱法 HPLC 是以经典液相色谱法为基础，引入了气相色谱法的理论与实验方法，流动相改为高压输送，是采用高效固定相及在线检测等手段发展而成的分离分析方法。该方法具有分离效能高、分析速度快、重复性好、应用范围广及检测灵敏度高等特点，因而被称为高效液相色谱法。当与高灵敏的质谱检测器连用时，就构成了液质联用系统，称为液相色谱—质谱联用技术 LC－MS。该方法以液相色谱作为分离系统，分析物经液相色谱柱高效进行分离后流出，通过接口导入质谱端。样品在质谱的离子源内被离子化，之后在电场/磁场的作用下进入质量分析器，通过检测器记录各种按质荷比不同的离子其离子流强度及其随时间的变化，按离子质荷比分开而得到质谱图。

（二）化学键合相色谱法分离原理

如本章第一节概述中所讲，化学键合相色谱法是目前色谱固定相方法中应用最多的分离方式。化学键合相色谱法中的固定相特性和分离机理与借助物理涂渍的液液色谱法存在着差别，因此不宜将化学键合相色谱法统称为液液色谱法。

1. 正相键合相色谱法的分离原理

在正相键合相色谱法中使用的是极性键合固定相，它是将全多孔（或薄壳）微粒硅胶载体经酸活化处理制成表面含有大量硅羟基的载体后，再与含有氨基（$—NH_2$）、氰基（—CN）、醚基（—O—）的硅烷化试剂反应，生成表面具有氨基、氰基、醚基的极性固定相（图 5－29）。溶质在此类固定相上的分离机制属于分配色谱：

$$SiO_2—R—NH_2 \cdot M + x \cdot M \rightleftharpoons SiO_2—R—NH_2 \cdot x + 2M$$

$$Kp = \frac{[SiO_2 - R - NH_2 \cdot x]}{[x \cdot M]} \tag{5-21}$$

式中，$SiO_2—R—NH_2$ 为氨基键合相；M 为溶剂分子；x 为溶质分子；$SiO_2—R—NH_2 \cdot M$ 为溶剂化后的氨基键合固定相；$x \cdot M$ 为溶剂化后的溶质分子；$SiO_2—R—NH_2 \cdot x$ 为溶质分子与氨基键合相络合物。

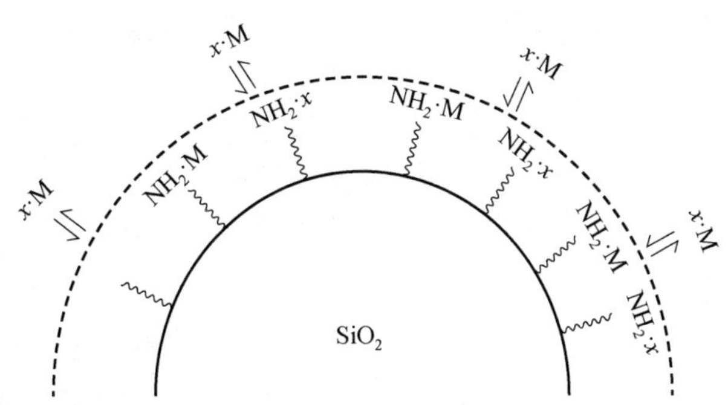

——：SiO_2固相载体截界面；-----：化学键合相液膜与流动相的接触界面

图 5－29　正相键合相色谱法分离原理

2. 反相键合相色谱法的分离原理

在反相键合相色谱法中使用的是非极性键合固定相，它是将全多孔或薄壳微粒硅胶载体经酸活化处理后与含烷基链（C_4、C_8、C_{18}）或苯基的硅烷化试剂反应，生成表面具有烷基（或苯基）的非极性固定相。

对于反相键合相的分离机理有两种论点：一种认为属于分配色谱；另一种认为属于吸附色谱。

分配色谱的作用机制是假设在由水和有机溶剂组成的混合溶剂流动相中，极性弱的有机溶剂分子中的烷基官能团会被吸附在非极性固定相表面的烷基集团上，而溶质分子在流动相中被溶剂化，并与吸附在固定相表面上的弱极性溶剂分子进行置换，从而构成溶质在固定相和流动相中的分配平衡，其机理和前述正相键合相色谱法相似。

吸附色谱的作用机制认为溶质在固定相上的保留是疏溶剂作用的结果。根据疏溶剂理论，当溶质分子进入极性流动相后，即占据流动相中相应的空间，而排挤一部分溶剂分子；当溶质分子被流动相推动与固定相接触时，溶质分子的非极性部分（或非极性分子）会将非极性固定相上附着的溶剂膜排挤开，而直接与非极性固定相上的烷基官能团相结合（吸附）形成缔合配合物，构成单分子吸附层。这种疏溶剂的斥力作用是可逆的，当流动相极性减少时，这种疏溶剂斥力下降，会发生解缔，并将溶质分子释放而被洗脱下来。疏溶剂作用机制如图 5－30 所示。

烷基键合固定相对每种溶质分子缔合作用和解缔作用能力之差，决定了溶质分子在色谱过程的保留值。每种溶质的容量因子 k' 与它和非极性烷基键合相缔合过程的总自由能的变化 ΔG 值相关，可表示为

$$\ln k' = \ln \frac{1}{\beta} - \frac{\Delta G}{RT},\ \beta = \frac{V_m}{V_s} \tag{5-21}$$

式中，β 为相比；ΔG 值与溶质的分子结构、烷基固定相的特性和流动相的性质密切相关。

（三）液相色谱—质谱联用仪工作原理

在液相色谱—质谱联用仪中，样品的离子化是在处于大气压下的离子化室中完成的。样品离子在电压差下通过取样孔进入真空状态下的质量分析器，然后在质量分析器中按质荷比 m/z 进行分离，最后由检测器来完成对离子的信号的收集。由于分析物从色谱柱末端流出时会伴随着大量的液体，因此需连接大气压力下的离子化接口，如采用电喷雾电离、大气压化学电离法或大气压光致电离法。其中电喷雾电离能使大多数分析物有效带上电荷，因而成为液相色谱—质谱联用仪中使用最广泛的离子源接口。

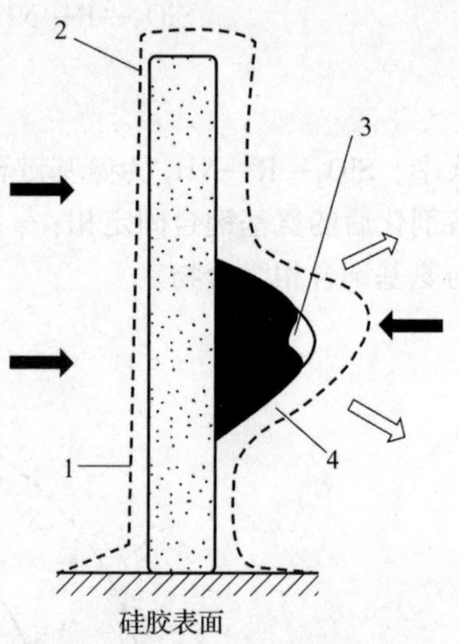

图 5－30　反相色谱中固定相表面上溶质分子与烷基键合相之间的缔合作用机制

➡ 表示缔合物的形成；

⇨ 表示缔合物的解缔；

1—溶剂膜；2—非极性烷基键合相；3—溶质分子的极性官能团部分；4—溶质分子的非极性部分

二、实验仪器

所有高效液相色谱—质谱联用仪基本结构大致相同，主要由流动相及储液罐、高压输液系统、进样器、色谱柱、检测器和记录系统组成，如图 5－31 所示。由色谱工作站控制的高效液相色谱仪，其自动化程度很高，既能控制仪器的操作参数（如柱温、流动相流量、溶剂的梯度洗脱、检测器灵敏度、自动进样等），又能对获得的色谱图进行可视化，以及对定性、定量进行直接的数据处理，提供样品中各个组分的含量，为色谱工作者提供了高效率、功能齐全的分析工具。

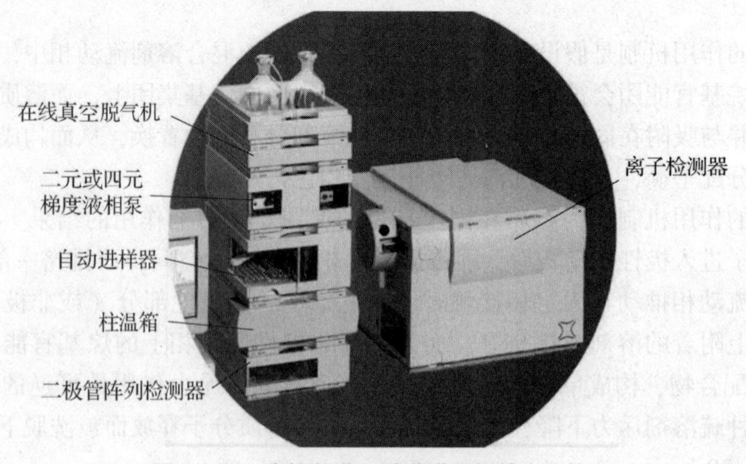

图 5－31　液相色谱—质谱联用仪基本结构

（一）流动相及储液罐

在高效液相色谱分析中，除了固定相对样品的分离起主要作用外，流动相的恰当选择对改善分离效果也产生重要的辅助效应。其中对储液罐的材料也有一定的要求，一般应耐腐蚀，可为玻璃、不锈钢或特种塑料聚醚醚酮（PEEK）；在使用过程储液罐应密闭，以防溶剂蒸发引起流动相组成的变化，还可防止空气中氧、二氧化碳重新溶解于已脱气的流动相中。

从实用角度考虑，选用作为流动相的溶剂应廉价、容易购买、使用安全、纯度要高，除此之外，还应满足高效液相色谱分析的下述要求。

（1）用作流动相的溶剂应与固定相不互溶，并能保持色谱柱的稳定性；所有溶剂应用高纯度溶剂，以防所含微量杂质在柱中积累，引起柱性能的改变。

（2）选用的溶剂性能应与所使用的检测器相匹配，如使用紫外吸收检测器，则不能选用在检测波长有紫外吸收的溶剂；若使用示差折光检测器，不能使用梯度洗脱（因随溶剂组成的改变，流动相的折射率也在改变，就无法使基线稳定）。

（3）选用的溶剂应对样品有足够的溶解能力，以提高测定的灵敏度。

（4）选用的溶剂应具有低的黏度和适当低的沸点。使用低黏度溶剂，可减小溶质的传质阻力，利于提高柱效。另外，从制备、纯化样品考虑，低沸点的溶剂易用蒸馏方法从柱后收集液中除去，利于样品的纯化。

（5）应尽量避免使用具有显著毒性的溶剂，确保操作人员的安全。

流动相在使用前必须进行脱气处理，以除去其中溶解的气体（如氧）。防止在洗脱过程中流动相由色谱柱流至检测器时，因压力降低而产生气泡。在死体积检测器池中存在气泡会增加基线噪声，严重时会造成分析灵敏度下降而无法进行分析；另外，还会导致样品中某些组分被氧化或使柱中固定相发生降解而改变柱的分离性能。当前的液相色谱仪都装置有在线真空脱气机（online vacuum degasser，OVD），它可及时有效地去除流动相中溶解的气体，从而降低压力脉动，提高色谱保留值的重现性。

（二）高压输液泵

高压输液泵是高效液相色谱仪中的关键部件之一，其功能是将流动相以高压形式连续不断地送入液路系统，使样品在色谱柱中完成分离过程。由于液相色谱仪所用色谱柱径较细，所填固定相粒度很小，因此，色谱柱对流动相的阻力较大，为了使流动相能较快地流过色谱柱，就需要高压泵注入流动相。

高压输液泵按其性质可分为恒压泵和恒流泵两大类。恒流泵是能给出恒定流量的泵，其流量与流动相黏度和柱渗透无关；恒压泵可保持输出压力恒定，而流量随外界阻力的变化而变化，如果系统阻力不发生变化，恒压泵就能提供恒定的流量。

（三）梯度洗脱装置

梯度洗脱是使流动相中含有两种或两种以上不同极性的溶剂，在洗脱过程连续或间断改变流动相的组成，以调节流动相的极性，使每个流出的组分都有合适的容量因子 k'，并使样品中的所有组分可在最短的分析时间内以适当的分离度获得圆满的、选择性的分离。梯度洗脱技术可以提高柱效、缩短分析时间，并可改善检测器的灵敏度。当样品中第一个组分的 k' 值和最后一个峰的 k' 值相差几十倍至上百倍时，使用梯度洗脱技术可以达到特别好的分离效果。此技术类似气相色谱中使用的程序升温技术，所不同的是，在梯度洗脱中溶质 k' 值的变化是通过溶剂的极性、pH 值和离子强度来实现的。

（四）进样装置

进样系统包括进样口、注射器和进样阀等。进样装置的作用是把分析物有效地送入色谱柱中进行分离。目前普遍采用的进样装置是六通阀自动进样器（图 5－32）。自动进样器可由计算机自动控制定量阀，按预先设定程序控制操作自动进行注射样品、取样、进样、复位、样品管路清洗和样品盘的转动等。

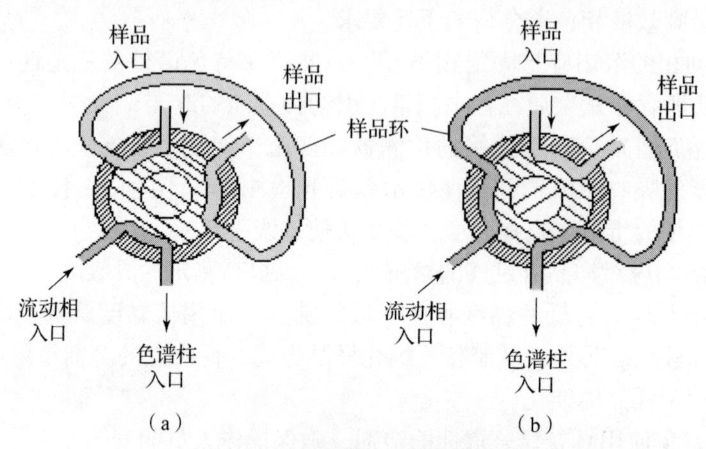

图 5－32　六通阀进样器工作原理

（a）准备状态；（b）进样状态

（五）色谱柱分离系统

色谱柱分离系统一般由色谱柱、柱温箱和连接管组成。色谱柱是色谱分离的关键部件之一，常用内壁抛光的不锈钢管作色谱柱的柱管以获得高柱效。使用前柱管先用氯仿、甲醇、水依次清洗，再用 50% 的硝酸（HNO_3）对柱内壁进行钝化处理。钝化时使硝酸在柱管内至少滞留 10 min，以在内壁形成钝化的氧化物涂层。

柱填料的不同决定了色谱固定相的分离类型和性能。对固定相的研究开发是色谱向前迅速发展的重大突破口，由于不同固定相材料的应用使色谱分离技术在多个行业得到广泛应用。

（六）质谱检测器

质谱检测器主要用来检测由色谱柱分离后的分析物组分浓度的变化，并通过记录仪绘出谱图来进行化合物的定性、定量分析。一个理想的液相色谱检测器应具有以下特征：①灵敏度高，对所有的溶质都能快速响应；②响应信号对流动相流量和稳定变化不敏感，不会引起柱外谱带扩展；③线性范围宽，适用范围广。但至今没有合适的检测器完全具备这些特性。

与液相色谱配用的检测器的种类很多，常用的有紫外检测器 UVD、折光指数检测器（refractive index detector，RID）、电导检测器 ECD 和荧光检测器 FLD。近几年，质谱检测器在各个分析检测领域中展现出其他检测方法无法超越的性能，已成为高效液相色谱法 HPLC 检测应用的首选。

高效液相色谱法与质谱检测器联用时需要一个接口装置把液相色谱和质谱检测器连接起来，其功能是协调两种仪器的输出和输入之间的矛盾，它既不能影响前级高效液相色谱法的分离性能，同时也要满足后级仪器对进样的要求。接口装置是色谱和质谱联用技术中的关键装置。

在 HPLC－MS 联用中，常将质谱中的离子源作为接口，并在接口装置中实现液相色谱洗脱液中溶剂的完全蒸发和分析物的离子化，要达到此目的，HPLC 的仪器和 MS 的仪器必须在以下两方面进行协调。

（1）压力的协调：液相色谱洗脱液是在常压下从色谱柱后流出，而质谱的离子源需要在0.133～1.330 Pa真空下才能完成样品分子的离子化过程。

（2）样品量的协调：液相色谱洗脱液的流速一般为0.5～1.0 mL/min，而在离子源中完成样品分子离子化的质量流速为1～100 μL/min。

在离子源中，压力和样品量的协调是通过离子源中的前级真空泵来完成的，其为旋转式机械泵，抽取液体的速度为10～100 μl/min，与液相色谱洗脱液的流出速度相差甚远。由此，当使用150 mm×4.6 mm色谱柱进行分离时，液相色谱洗脱液需要进行分流，即仅使洗脱液的1/10进入离子源即可，因此使用100 mm×2.1 mm色谱柱或<1 mm的毛细管柱与质谱柱连接更为合适，以保证溶剂在接口装置中完全蒸发。

1. 离子源接口

为了保证洗脱液中样品分子离子化，同时满足色谱流出物和质谱进样口的需求，主要使用电喷雾电离接口和大气压化学电离接口作为离子源。

（1）电喷雾电离。电喷雾电离是一种软电离技术，能够将溶液中的带电离子在大气压下经电喷雾的过程转变成气相离子，再进入质谱仪中进行分析，适用于电离极性强、热不稳定的生物大分子，目前已广泛应用于生物医学、临床检验、药物与毒物、食品安全与环境检测等领域。

电喷雾电离接口的结构如图5－33所示。接口内部分大气压区域和真空区域两个部分。中间通过用取样毛细管的小孔将两个区域连接，并起到限制进入真空系统的作用。

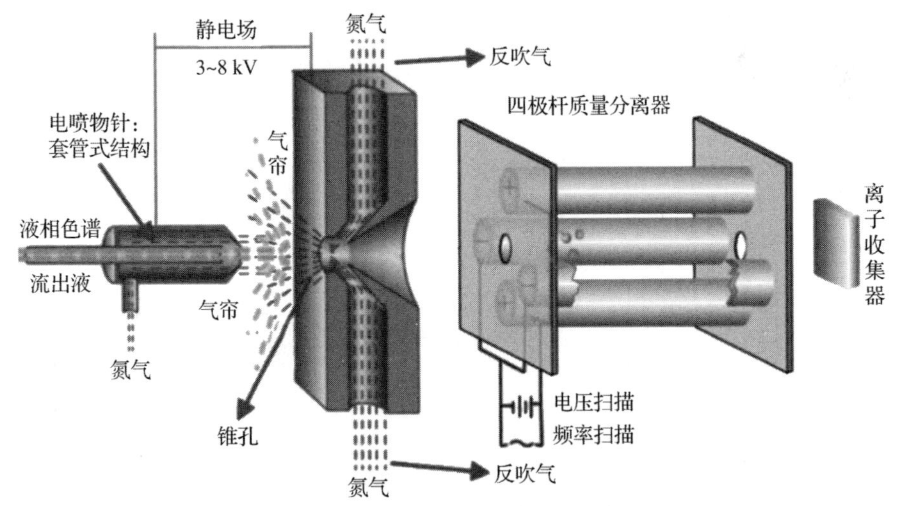

图5－33　电喷雾电离接口结构示意图

在大气压区域由电喷雾毛细管喷针流出的液相色谱流出物，为使溶质分子电离需在毛细管出口的0.1～0.2 mm处施加3～8 kV直流电压，并在出口1～2 cm处安装一片反电极。利用高压电源在毛细管与反电极间产生的电位差，样品便会因电场的牵引喷雾成带有电荷的微液滴。产生的微液滴会再经过去溶剂化过程转变为气体离子并顺着压力差穿过取样孔顺利地进入质量分析器中。

若将毛细管喷针施以正电压，电场对正离子的作用力会牵引液面向外扩张，当牵引力大于表面张力时，电喷雾现象就此产生，且此时液面形成圆锥形，称为泰勒锥（Taylor cone）。泰勒锥尖端会陆续释放出带有正电荷的微液滴，称为电喷雾现象。

电喷雾生成气体离子的过程如图 5-34 所示。水溶液样品被喷雾为带电荷的微液滴后，在电场作用下朝着质量分析器真空腔入口飞行。飞行过程中微液滴与补助气接触，使得溶剂快速蒸发，造成微液滴体积缩小。由于电荷无法挥发，分布于液滴表面的电荷密度逐渐增加。当电荷密度达到某个临界值时，液滴分裂，形成较小的带电荷液滴；此时表面积变大，而每单位面积上电荷密度降低，上述的液滴分裂的现象会反复发生多次，产生体积越来越小的液滴，这一连串反应称为库仑分裂。这一过程使得液滴不断缩小，最后将溶剂去除，此种现象是一种带电荷微液滴去溶剂化的过程。

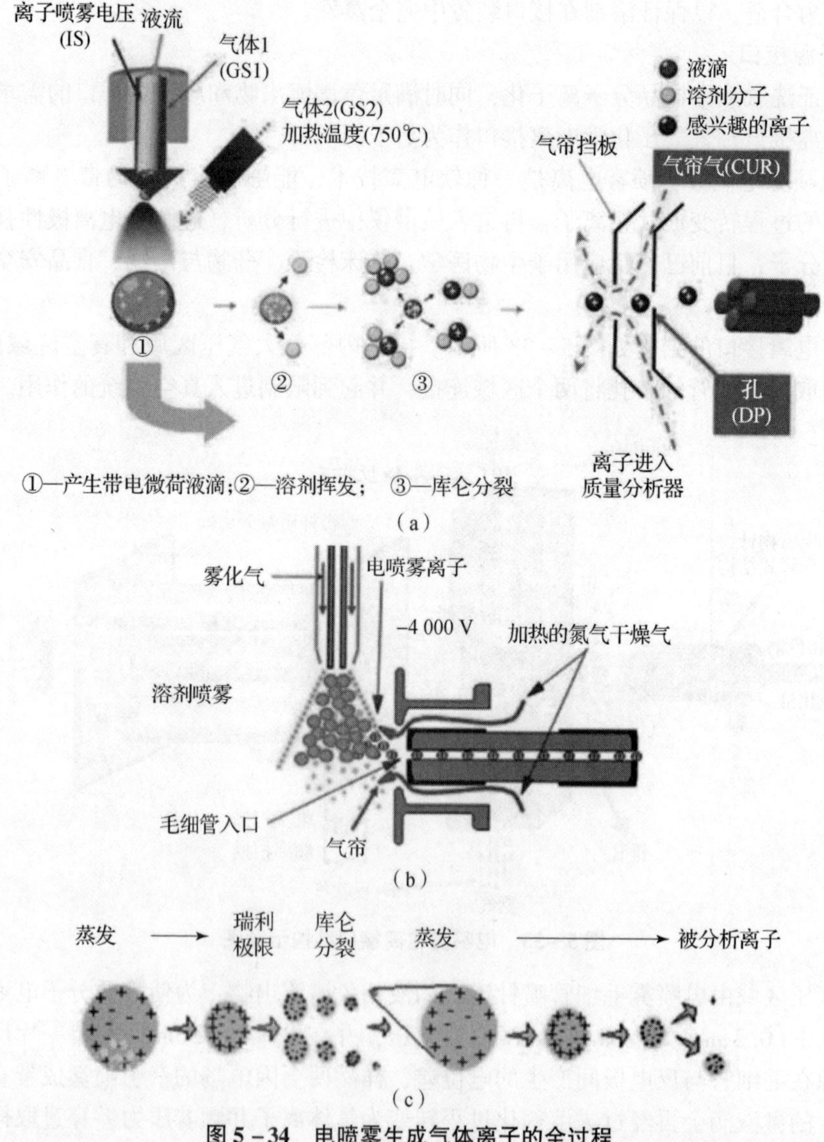

（a）

（b）

（c）

图 5-34　电喷雾生成气体离子的全过程

（a）电喷雾生成气态离子的过程；（b）电喷雾离子源示意图；（c）带电荷微液滴去溶剂化过程

从上述分析可知，电喷雾所产生的微液滴是由溶剂、溶质（被分析物）、电荷组成，随着溶剂蒸发减少，只剩下被分析物和电荷。换言之，就是不断缩小体积的带电荷液滴最后会产生完全不含溶剂分子的气体被分析物离子。离子产生后，借助喷嘴与锥孔之间的压力差与电位差穿过取样孔进入质量分析器，进行质荷比检测。

从图 5－34 中也可以看到，电喷雾喷嘴可以放在不同的角度，如果喷嘴正对取样孔，则取样孔易堵塞。因此，有的电喷雾喷嘴在设计时将喷射方向与取样孔不在一条线上，通过一定角度错开，可避免溶剂雾滴直接喷到取样孔上，保持取样孔干净，降低了堵塞的概率。而产生的离子在电场的作用下被引入取样孔导入分析器。电喷雾电离是一种软电离技术，即便是分子量大、稳定性差的化合物也不会在电离过程中发生分解。电喷雾电离适合分析极性强的大分子有机化合物，如蛋白质、肽、糖等。容易形成多电荷离子是电喷雾电离的最大特点，如一个分子量为 10 000 Da 的分子带有 10 个电荷，则其质荷比只有 1 000，目前采用电喷雾电离可以测量分子量在 300 000 Da 以上的蛋白质。（注：Da 为表示蛋白质分子量的通用单位。）

（2）大气压化学电离 APCI。大气压化学电离源也是一种软电离技术，其结构与电喷雾电离源大致相同，不同之处是在大气压区域下游安装了一个针状放电电极，借助电晕放电产生试剂离子。图 5－35 描述了大气压化学电离的基本结构，主要由气动雾化器、加热器、电晕放电装置组成。样品溶液进入离子源后被引入气动雾化器中，该装置是以高速氮气束所形成的雾化气体辅助样品溶液喷雾成液滴。液滴连续受到雾化气体的带动，进入一段加热石英管使溶剂汽化，汽化的溶剂和溶质则会被气流带向电晕放电装置。通过高电压（5～6 kV）电针放电产生等离子体区域，在离子化室中其发射的自由电子与该区域内含有的氮气、氧气、水气分子碰撞产生分子离子，溶剂分子也同时会被电离；之后，这些初级离子再与分析物进行离子—分子电荷转移反应，使样品离子化而后进入质量分析器，若在金属针上通正电，会吸引区域内的电子。因为区域内的气体主要有氮气、氧气、水气，所以产生的离子多为这些气体的衍生物。该方法可使非极性或弱极性化合物电离，不易受实验条件变化的影响（如流动相组成、缓冲盐浓度等）。主要用来分析热稳定性好、分子量低于 1 000 Da 的小分子化合物。此种电离源得到的质谱很少有碎片离子，主要是准分子离子。

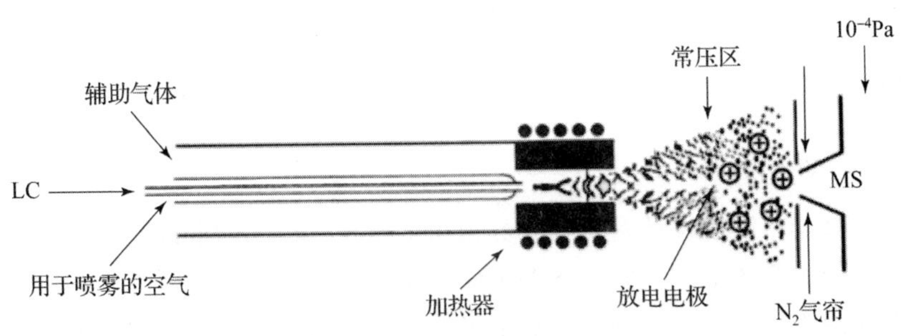

图 5－35　大气压化学电离的基本结构

大气压化学电离通常以氮气作为试剂气体，经由电晕放电的方式产生一次离子，如 $N_2^{\cdot +}$ 和 $N_4^{\cdot +}$，其电离过程可为下列化学式表示：

$$N_2 + e^- \longrightarrow N_2^{\cdot +} + 2e^-;\ N_2^{\cdot +} + 2N_2 \longrightarrow N_4^{\cdot +} + N_2$$

一次离子会再次与汽化的溶剂反应，产生二次气体离子，如 H_3O^+、$(H_2O)_2H^+$、$(H_2O)_3H^+$：

$$N_4^{\cdot +} + H_2O \longrightarrow H_2O^{\cdot +} + 2N_2;\ H_2O^{\cdot +} + H_2O \longrightarrow H_3O^+ + OH^{\cdot}$$

$$H_3O^+ + H_2O + N_2 \longrightarrow (H_2O)_2H^+ + N_2$$

经碰撞产生的二次反应气体离子能与溶质进行离子/分子反应，如图 5－36 所示，反应过程包括有质子转移和电荷交换产生的正离子、质子脱离和电子捕获产生的负离子等，被分析物获得质子达到离子化的目的。

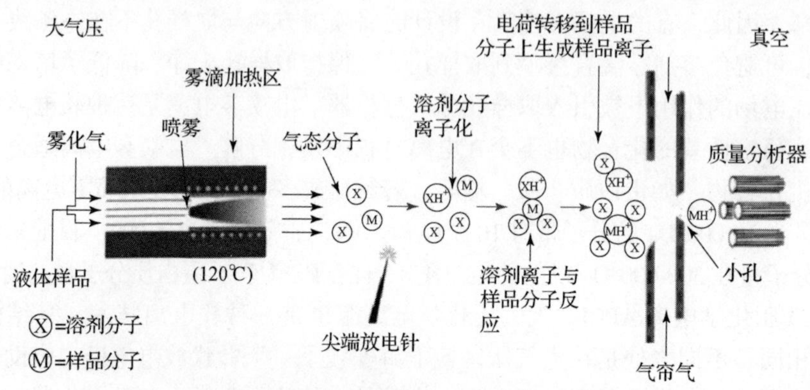

APCI 三步离子化的过程：

(1)电晕针放电使离子源内的N_2或O_2带电。

(2)N_2或O_2转移电荷到气态溶剂分子上。

(3)带电的气态溶剂分子转移电荷到气态样品上。

图 5－36　大气压化学电离中被分析物离子化的过程

2. 质量分析器

质量分析器工作原理如前一章所述。质量分析器是依据不同方式将离子源中生成的样品离子按质荷比 m/z 的大小顺序分开的仪器，是质谱仪的重要组成部分，位于离子源和检测器之间。在高效液相色谱检测中，根据各质量分析器的特性主要使用四极杆质量分析器、四极离子阱质量分析器和飞行时间质量分析器。其中四极杆质量分析器在定量分析中受到重视；四极离子阱质量分析器在结构定性分析中具有独特的优势；而飞行时间质量分析器可获得最高的分辨率。要根据应用领域和仪器的性能来选择不同的质量分析器。

三、实验过程

（一）样品的预处理

无论从保护仪器角度出发还是从收集数据角度出发，样品前处理是进行化合物分析的第一步，也是重要的一个环节。首先，从保护仪器角度出发，要防止固体小颗粒堵塞进样管道和喷嘴，防止仪器受到污染，排除对分析结果的干扰。其次，要获得最佳的分析结果，从电喷雾电离的过程分析：电喷雾电荷是在液滴的表面，样品与杂质在液滴表面存在竞争，不挥发物（如磷酸盐等）妨碍带电液滴表面挥发，大量杂质妨碍带电样品离子进入气相状态，增加电荷中和的可能。

常用的预处理方法包括超滤、溶剂萃取/去盐、固相萃取、灌注净化/去盐、色谱分离、甲醇或乙腈沉淀蛋白、酸水解、酶解、衍生化等，要根据样品性能选择合适的处理方法。

（二）接口的选择

电喷雾电离 ESI 适合于中等极性到强极性的化合物分子，特别是在溶液中能预先形成离子的化合物和可以获得多个质子的大分子（如蛋白质）。

大气压化学电离 APCI 不适合带多个电荷的大分子的分析，其优势在于适合弱极性或中等极性的小分子的分析。

（三）正、负离子模式的选择

1. 正离子模式

该模式适合于碱性样品，可用乙酸或甲酸对样品加以酸化。样品中含有仲氨或叔氨时可优先考虑使用正离子模式。

2. 负离子模式

该模式适合于酸性样品，可用氨水或三乙胺对样品进行碱化。样品中含有较多的强负电性基团，如含氯、含溴和多个羟基时可尝试使用负离子模式。

（四）色谱条件的选择

液相色谱接口和质谱接口避免进入不挥发的缓冲液（如含磷和氯的缓冲液），含钠或钾的离子浓度必须小于 1 mmol/l（盐分太高会抑制离子源的信号和堵塞喷雾针及污染仪器）。含甲酸（或乙酸）需小于2%；含三氟乙酸需小于等于0.5%；含三乙胺需小于1%；含醋酸铵需小于 10^{-5} mmol/l。

送样优化液相色谱条件，能够达到分析物在色谱中的基本分离，同时缓冲体系，符合质谱测试要求。

加热电喷雾电离的最佳流速最高允许 0.2～0.3 mL/min，目前大多采用内径 1～2.1 mm 的微柱；加热大气压化学电离的最佳流速为～1 mL/min，常规内径 4.6 mm 柱最合适。

（五）辅助气体流量和温度的选择

质谱条件的选择主要是为了改善雾化和电离状况，提高检测的灵敏度。雾化气对流出液形成喷雾有影响，干燥气影响喷雾去溶剂效果，碰撞气影响二级质谱的产生。

一般情况下选择干燥气温度高于分析物的沸点 20 ℃左右即可。对热不稳定性化合物，要选用更低的温度以免裂解。

选用干燥气温度和流量大小时还需要考虑流动相的组成，当有机溶剂含量比例高时，可适当降低温度和减小流量。

（六）数据收集

质谱进样分析，根据需要进行 MS、Target MS/MS 分析。

四、实验结果和数据处理

（一）数据的定性和定量分析

色谱法与质谱法的联用可获得比单纯使用色谱法更快速且可靠的分析效能。质谱图除了可提供通过测量被分析物的分子离子或裂解离子的质荷比得到定性信息，也可通过测量离子信号强度作为定量的依据。质谱法的高专一性及高灵敏度的特性使得此技术可针对复杂样品中含量极低的分子进行准确且可靠的定量分析。在分析通量上，质谱法本身也可看成一种分离技术，且可快速获得质谱图或是特定质荷比的信号。由于质谱分离质荷比的方法比色谱法的分离正交性高，当通过色谱法无法完成分离的分子进入质谱时，可利用分子离子或裂解碎片的质荷比将不同的分子所产生的信号加以区分。

定量分析的专一性取决于选择具有代表分子含量的信号进行分析，选择合适的被分析物所产生的离子信号进行分析时决定质谱定量专一性的重要参数。使用质谱进行定量分析的方法有外标法、标准加入法、同位素内标法以及同位素标定定量法等。

（二）软电离法谱图解析

软电离技术包括 ESI、APCI 或 MALDI 等。这些电离方法的主要优点是能够提供被分析物的完整分子离子峰，如搭配飞行时间质量分析器或轨道阱质量分析器可提供高解析质谱分析。与分子离子带有奇数电子数（M·+）的电子轰击电离不同，软电离法大多产生带有偶数电子的分子离子（如 $M+H^+$）。得到完整分子质量的方法常用的有两种：第一种方法是以谱图中一系列带多电荷的峰进行去卷积（deconvolution）计算获得分子质量；第二种方法是使用较高质量分辨率的质谱仪得到同位素信号峰，并利用同位素信号峰推算其所带的电荷数目，进而获得其分子质量。

1. 大分子的去卷积计算

高分子量化合物由于具有多个可离子化的位点，因此可产生多电荷离子，如蛋白质的精氨酸和赖氨酸基团酸性条件下可被质子化。分析的电荷比恰好在质谱仪的扫描质量范围之内，将氢离子质量简化为 1Da 的情况下，其质荷比计算式为

$$\frac{m}{z}=\frac{M+n}{n} \tag{5-22}$$

式中，M 为分子质量；m/z 为谱图显示质荷比的值；n 为该分子所带质子个数。假设具有 m/z 的特定离子峰为 m_n，其带 n 个质子，则质荷比为

$$m_n=\frac{M+n(1.008)}{n}=\frac{M}{n}+1.008 \tag{5-23}$$

其邻近下一个分子量较小的峰应为 $n+1$ 价态离子，其质荷比为

$$m_{n+1}=\frac{M+(n+1)(1.008)}{n+1}=\frac{M}{n+1}+1.008 \tag{5-24}$$

将上述两个方程式联立且 n 必为整数，其价态为

$$n=m_{n+1}-1.008/m_n-m_{n+1} \tag{5-25}$$

一旦计算出价态 n，则可以根据式（5-25）获得分子量。利用此方法回推单一完整分子峰值的方式称为价态去卷积。

图 5-37 给出一个细胞色素 C 的例子，包含了一系列具有不同质荷比的多电荷离子峰。根据卷积公式可以计算出细胞色素 C 的分子量，也可以通过专门的软件进行分子量计算。

2. 利用同位素法

高解析质谱图对大分子质量的判断可由其同位素谱峰间的差距计算出该分子峰的离子电荷数，进而获得其分子质量，一般适用于分子量不是太大的蛋白质或肽，此种方法要求质量分析器必须具有足够高的分辨率来判断其价态。若分子量太大且所带离子价态太多，可以利用价态去卷积计算谱图推算出分子质量。

（三）影响分子量测定的因素

（1）pH 的影响：正离子方式 pH 要低些，负离子方式 pH 要高些，除对离子化有影响外，还影响 LC 的峰形。

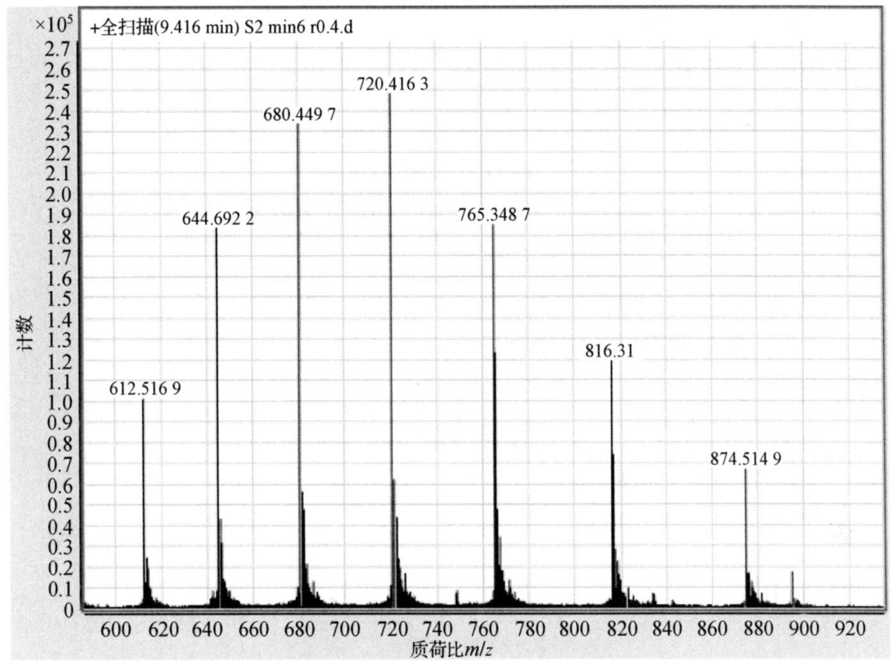

图 5－37　细胞色素 C 的质谱图

（2）流量和温度：当水含量高及流量大时要相应增加温度。

（3）溶剂和缓冲液流速：流速适当高可以提高出峰的灵敏度。

（4）溶剂和缓冲液的类型：通常正离子用甲醇好，负离子用乙腈好。

（5）选择合适的液相色谱类型：正相、反相，选择合适的色谱柱。

（6）合适的电压：DP 电压高时，样品在源内分解或碎裂。高 DP 电压会使多电荷离子比例低，多聚体也减少。

（7）杂质的影响：杂质影响溶剂的纯度、水的纯净程度。当成分复杂、杂质太多时，避免竞争性离子的存在影响目标离子的离子化效率，同时会使 LC 分离不好。

（四）分子量测定中的误判原因分析

（1）溶剂中的杂质。

（2）来自塑料添加剂的峰。

（3）样品容器不干净，常见表面活性剂的峰。

（4）进样系统污染。

（5）样品在源内碎裂，形成碎片离子。

（五）分子量测定失败的原因

（1）流动相不合适。

（2）不挥发性盐的影响。

（3）成分复杂，杂质太多。

（4）样品浓度不够。

（5）pH 值不合适。

（6）样品在源内分解或碎裂。

（六）液相色谱—质谱中常见的本底离子

m/z 50～150，溶剂离子，[$(H_2O)_nH^+$，$n=3-112$]

m/z 102，H＋乙腈＋乙酸，$C_4H_7NO_2H^+$，102.054 9

m/z 149，管路中邻苯二甲酸酯的酸酐，$C_8H_4O_3H^+$，149.023 3

m/z 288，2 mm 离心管的产生的特征离子

m/z 279，管路中邻苯二甲酸二丁酯 $C_{16}H_{22}O_4H^+$，279.159 1

m/z 316，2 mm 离心管产生的特征离子

m/z 384，瓶的光稳定剂产生的离子

m/z 391，管路中邻苯二甲酸二辛酯，$C_{24}H_{38}O_4H^+$，391.284 3

m/z 413，邻苯二甲酸二辛酯＋钠，$C_{24}H_{38}O_4Na^+$，413.266 8

m/z 538，乙酸＋氧＋铁（喷雾管），$Fe_3O(O_2CCH_3)_6$，537.879 3

五、典型应用

实验项目 2　液相色谱—质谱联用仪对药物的分离鉴定实验

1. 实验目的

（1）了解液相色谱—质谱联用仪的工作原理及操作方法。

（2）重点掌握液相色谱各个模块和质谱采集参数的设置。

（3）熟悉质谱参数优化的全过程，完成化合物分析的方法开发。

（4）了解液相色谱—质谱联用仪对生活中常见物质的分离鉴定。

2. 实验原理

见本章第二节实验原理。

3. 实验基本要求

（1）了解液相色谱—质谱联用仪基本理论知识。

（2）了解液相色谱—质谱联用仪的结构及操作方法。

（3）根据样品性质具有初步选择分离条件的理念。

（4）初步了解实验数据和谱图解析的方法。

4. 实验仪器和材料

（1）实验仪器。

LC：安捷伦 Agilent 1260 液相色谱—质谱联用仪。

色谱柱：Agilent SB C18，3.5 um，2.1 mm×30 mm。

检测器：二极管阵列检测器 DAD、QTOF。

其他仪器：电子分析天平、移液枪。

（2）实验材料。

流动相包含水（含 0.1% 甲酸）85% 和甲醇 15%，缓冲盐、布洛芬颗粒、甲硝唑等。

5. 实验步骤

系统平衡及设置采集参数：色谱参数和质谱参数。

（1）进入 Masshunter 采集软件。

（2）进行系统初始化（主要目的是排出溶剂管路中的气泡）。

①将液相色谱泵设置为 ON 的状态，打开冲洗阀，加大泵流量至 5 mL/min，分别冲洗实验所用的 A、B 两个管路（将其比例分别设为 100%），冲洗 5 min。

②流动相流速降到实验流速 0.25 mL/min。

③关闭冲洗阀，完成系统初始化。

（3）等待 5~10 min，平衡色谱柱，观察系统压力是否稳定。

（4）根据液相色谱条件，设置液相色谱各模块参数和 QTOF 的离子源参数，并将所有模块状态设置为 ON。

（5）QTOF 全扫描 MS Scan 采集参数的设置。

①设置全扫描的基本参数。

在 General 界面，选择合适的极性、数据存储类型、质谱切换阀的状态。

在 Acquisition 界面，设置 QTOF 的采集参数。根据样品情况，设置质量范围。采集速率（Acquisition Rate），建议先维持默认值。

②设置单针进样的样品信息。在 Sample 界面，填写样品名、进样小瓶号、数据文件的名称和存储路径。建议同时填写评论作为备注。

设置在线看谱图：建议同时看 TIC、泵压力曲线及 DAD 信号。

待所有模块为就绪状态，单击开始运行。运行结束后，打开 Masshunter 定性分析软件，查看化合物的保留时间和质谱图。

③继续做全扫描。优化碰撞电压。设置时间段和实验段的参数。利用时间段，对出峰前的时间设置液相色谱流路到废液。利用实验段，同时优化多个碰撞电压的电压值。注意循环时间的大小，同时注意采集速率对循环时间的影响。同一时间段内的不同实验段中的参数主要差别在于 source 界面下碰撞电压参数的差异，其他参数完全一致。得到优化结果后，进入定性数据分析软件查看数据，以获得最佳碎裂电压参数并填写实验结果。

④不同采集速率下全扫描数据的采集。编辑不同的采集方法，进行数据采集考察，采集速率对灵敏度的影响。

在 Acquisition 界面下设定合适的质量范围，将 Acquisition Rate 设为 1、2、5 或 10spectra/s，并按照不同的 rate 设置分别保存成不同名称的采集方法。得到数据后，在定性软件中用 EIC 的方式查看不同数据文件下的目标成分的提取离子色谱图；并对不同数据文件下的 EIC 进行叠加比较，确定不同扫描速率对灵敏度的影响。

（6）QTOF 目标多级质谱 Targeted MS/MS 碰撞能量和定量离子的参数优化。

对于碰撞能的优化，通常是在一个实验段内针对同一个质荷比的离子设定不同的碰撞能的方式来实现对碰撞能的优化。

①在 General 界面下选择合适的极性、数据存储类型、质谱切换阀的状态进行设定。

②在 Source 界面下的离子源参数根据液相色谱分离条件来设定，碰撞电压按照电压优化的结果进行输入。

③在 Acquisition Rate 界面下选择 Target Ms/MS，并对 Spectral Parameter 界面下的质量扫

描范围和扫描速率进行设定。

④在 Targeted List 界面下，通过右键 add 的方式，对同一质量数离子设定不同的碰撞能，并输入合适的采集时间，对保留时间和保留时间窗口进行设定。注意采集时间的设置不能太大，否则会影响色谱峰上数据点的个数。

⑤采集结束并得到数据，打开定性软件，对于同一化合物在不同碰撞能下的质谱图进行叠加比较，强度最强的子离子即为最佳的定量离子，其对应的碰撞能为最佳碰撞能量。

⑥将优化后的最佳碰撞能和最佳定量离子的信息填写到实验结果部分。

（7）QTOF 自动多级质谱 Targeted MS/MS 采集参数的设定。

假设想查找某个样品中是否含有某些化合物，同时还想知道该样品中其他化合物的一级和二级质谱信息，可以考虑做自动多级质谱。

①在 General 界面下选择合适的极性、数据存储类型、质谱切换阀的状态进行设定。

②在 Source 界面下离子源参数参照液相色谱条件进行设定，碰撞电压按照电压优化的结果进行输入。

③在 Acquisition Rate 界面下选择 Auto Ms/MS，并对 Spectral Parameter 界面下的质量扫描范围和扫描速率进行设定。

④在 Precursor Selection I 界面下设置母离子个数，根据流动相的情况设置选择母离子的绝对阈值和相对阈值、静态排除范围。

⑤在 Precursor SelectionII 界面中设置母离子的价态为一价。

⑥在 Preferred/Exclude 界面中，设置感兴趣的化合物为优先，输入这些化合物的质荷比、保留时间、保留时间窗口宽度、碰撞能等。

6. 实验结果与数据处理

（1）利用全扫描方式，得到化合物布洛芬的保留时间。

（2）根据获得的质谱图，确认目标成分准确的准分子离子质量数。

（3）利用 TOF 全扫描模式，得到化合物的最佳碰撞电压。

（4）通过未知化合物的一级、二级质谱图和参考文献比对，分析化合物可能的结构，从而解析更多未知化合物。

第四节　离子色谱法

离子色谱法 ion chromatography 是高效液相色谱法的一个分支，是分析离子型化合物的一种液相色谱法，1975 年由斯莫尔（Small）等首次提出。离子色谱法是将色谱法的高效分离技术和离子的自动检测技术相结合的一种微量离子分析技术，具有分析速度快、灵敏度高、选择性好、多组分离子化合物同时测定等优点。该方法已在石油化工、环境监测、医疗卫生、食品生产、农业、水文、地质等多个领域获得了广泛的应用，尤其在阴离子分析方面具有独到之处。

图 5－38 显示了常规离子色谱仪及对自来水中常见无机阴离子的测定，通过该方法测定了自来水中消毒副产物的成分和含量。

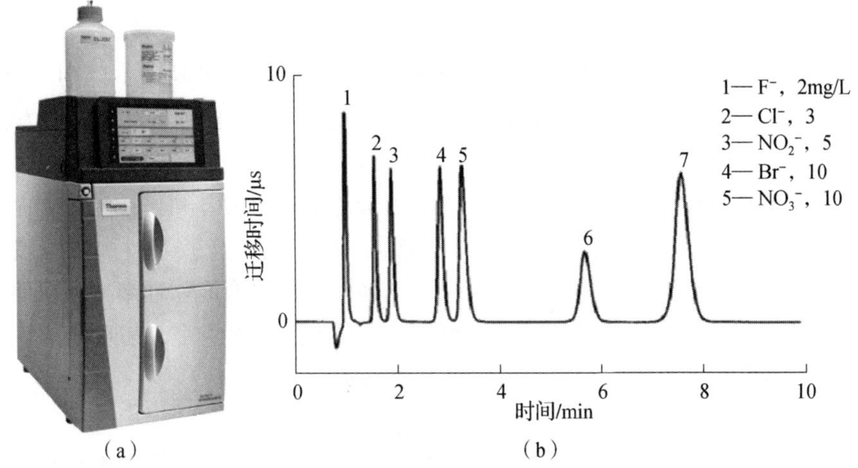

图 5－38 常规离子色谱仪及对自来水中无机阴离子的检测谱图

(a) 常规离子色谱仪；(b) 自来水中无机阴离子检测谱图

一、实验原理

(一) 离子色谱法的基本原理

离子色谱分离原理是基于离子色谱柱（离子交换树脂）上可离解的离子与流动相中具有相同电荷的溶质离子之间进行的可逆交换和分析物对交换剂亲和力的差异，产生不同的迁移时间而被分离。离子的价数越高，对离子交换树脂的亲和力越大；当电荷数相同的离子，离子半径越大（越易极化），对离子交换树脂的亲和力也越大。大多数电离物质在溶液中会发生电离，产生电导，通过对电导的检测可以分析其电离程度。由于在稀溶液中大多数电离物质都会完成电离，因而可以通过电导值来检测被测物质的含量，所以，电导检测器是离子色谱法中通用的检测器。如检验亚硝酸盐，样品溶液进样之后，先对亚硝酸根离子与分析柱的离子交换位置直接进行离子交换（即被保留在柱上），然后对被淋洗液中的 OH—基进行置换并从柱上被洗脱。对树脂亲和力弱的分析物离子先于对树脂亲和力强的分析物离子被洗脱下来，此种洗脱方式就是离子色谱分离过程。

(二) 离子色谱法的分类

离子色谱法根据分离机理的不同可分为 3 类：①高效离子交换色谱（HPIC)；②离子对色谱（MPIC)；③离子排斥色谱（HPIEC)。3 种分离方式的柱填料的树脂骨架基本是苯乙烯—二乙烯基苯的共聚体，但树脂的离子交换功能和容量各不相同。离子交换色谱用低容量的离子交换树脂，离子排斥色谱用高容量的树脂，离子对色谱用含不同离子交换基团的多孔树脂。根据是否安装有抑制器又可分为抑制型离子色谱和非抑制型离子色谱。

1. 离子交换色谱

离子交换色谱是基于离子交换树脂上可离解的离子与流动相中具有相同电荷的离子之间进行的可逆交换，是分离阴离子、阳离子、离子化合物常见的典型分离方式。在一个很短的时间内，样品离子会附着在固定相中的固定电荷上。由于样品离子价态和离子半径的不同产生对固定相亲和力的不同，在色谱柱中所滞留的时间长短有差异，因而使得样品中多种组分的分离成为可能。离子交换色谱法是离子色谱的主要分离形式，应用较多的是对不同基质中常见阴离子（F^-、Cl^-、NO_3^-、Br^-、PO_4^{3-} 等）和常见阳离子（Li^+、Na^+、NH_4^+、K^+、Ca^{2+}等）的分离测定，一些碳水化合物也可以用该方法进行分离分析。

色谱柱主要填料类型为有机离子交换树脂，以苯乙烯二乙烯苯共聚体为骨架，在苯环上引入（化学键合）磺酸基，形成强酸型阳离子交换树脂；引入叔胺基，形成季胺型强碱性阴离子交换树脂，此交换树脂具有大孔或薄壳型或多孔表面层型的物理结构，以便于快速达到交换平衡。离子交换树脂耐酸碱的优点是可在任何 pH 范围内使用，易再生处理，使用寿命长；缺点是机械强度差，易溶易胀，易受有机物污染。

2. 离子对色谱

在流动相中加入一种与待分离的离子电荷相反的离子，使其与待测离子生成疏水性离子。固定相为疏水性的中性填料，可以是苯乙烯二乙烯苯树脂或十八烷基硅胶等。流动相是由含有对离子试剂和含适量有机溶剂的水溶液组成。用于阴离子分离的对离子是烷基胺类，如氢氧化四丁基铵；用于阳离子分离的对离子是烷基磺酸类，如己烷磺酸钠。对离子的非极性端亲脂，极性端亲水，其—CH_2 键越长，则离子对化合物在固定相的保留越强。在极性流动相中常加入一些有机溶剂来加快淋洗速度。这种方法对于表面活性阴离子、阳离子以及金属络合物有较好的分离效果。

3. 离子排斥色谱

这种分离模式包括 Donnan 排斥、空间排斥和吸附过程。

Donnan 排斥作用是 Donnan 膜的负电荷层排斥完全离解的离子型化合物，仅允许未离解的化合物通过。吸附保留时间与有机酸的烷基键的长度有关。

由于 Donnan 排斥，完全离解的强电解质受排斥而不被固定相保留，而未离解的化合物不受 Donnan 排斥，能进入树脂的内微孔。分离是基于溶质和固定相之间的非离子性相互作用。对于二元、三元羧酸的分离，空间排斥则起主要作用，在这种情况下，保留主要取决于样品分子的大小。此种模式的固定相通常是由总体磺化的聚乙烯/二乙烯苯共聚物形成的高容量阳离子交换树脂为填料，以稀盐酸为淋洗液，可用于从完全解离的强酸中分离有机弱酸及无机含氧酸根（无机酸），如硼酸根、碳酸根和硫酸根有机酸等。电解质的离解度越小，受排斥作用也越小，因而在树脂中的保留也就越大。

4. 抑制型离子色谱

在实际分离检测过程中，不仅被测离子具有导电性，而且一般淋洗液本身也是一种电离物质，具有很强的电离度。所以在离子色谱柱后端加入相反电荷的离子交换树脂填料，如阴离子色谱柱后端加入氢型的阳离子交换树脂，阳离子色谱柱后端加入氢氧根型的阴离子交换树脂。由分离柱流出的携带待测离子的洗脱液，在相反电荷的交换树脂上发生了两个十分重要的化学反应：①将淋洗液转变为低电导组分，以降低来自淋洗液的背景电导；②将样品离子转变成其相应的酸或碱，以增加其电导。这种在分离柱和检测器之间能降低背景电导值而提高检测灵敏度的装置，被称为抑制柱（抑制器），也称为双柱抑制性离子色谱法。

二、实验仪器

（一）离子色谱仪的基本组成

离子色谱仪由于是液相色谱仪的一个分支，仪器组成与前面提到的液相色谱仪基本相似。不同的是，离子色谱仪用的输液泵是匹克（PEEK）材料衬里的不锈钢泵；离子色谱仪的流动相（一般称为淋洗液）是由缓冲溶液或者含有少量的有机试剂组成。常用阴离子分析淋洗液有 OH 根体系和碳酸盐体系等，常用阳离子分析淋洗液有甲烷磺酸（MSA）体系和草酸体系等；同时分离系统和检测系统为了达到对分离对象的需求，色谱柱填料和检测器也有很大的区别。离子色谱仪一般安装一个可提高检测灵敏度并降低背景噪声的抑制器装置。离子色谱仪结构如图 5－39 所示。

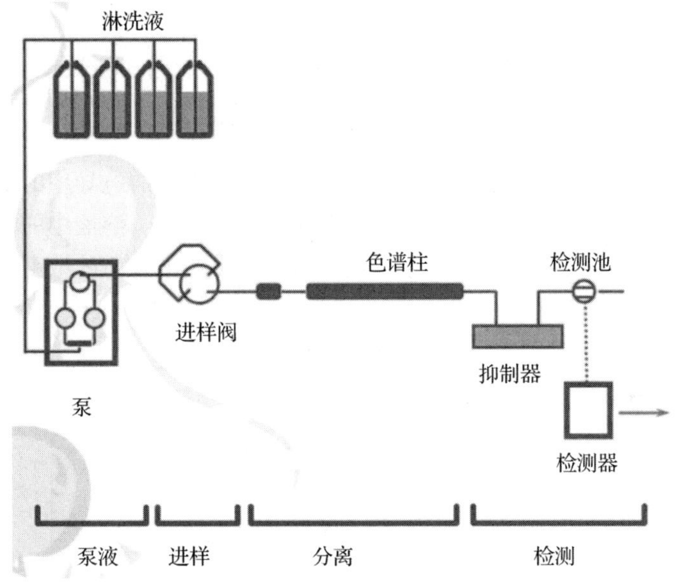

图 5－39　离子色谱仪结构

1. 色谱柱的填料

离子色谱柱填料的发展推动了离子色谱应用的快速发展，为多种离子分析方法的开发提供了多种可能性。特别是在 pH 值为 0～14 的水溶液和 100% 有机溶剂（反相高效液相色谱用有机溶剂）中稳定的亲水性，高效、高容量柱填料的商品化，使得离子交换分离的应用范围更加扩大。

离子色谱是用高效微粒离子交换剂作固定相，可用由苯乙烯—二乙烯基苯共聚物作载体的阳离子（带正电荷）或阴离子（带负电荷）的交换剂，用具有一定 pH 值的缓冲溶液作流动相。依据离子型化合物中各离子组分与离子交换剂上表面带电荷基团进行可逆性离子交换能力的差别而实现分离，因此离子交换色谱柱的填料是阴、阳离子交换树脂，是在有机高聚物或硅胶上接枝离子基团季铵或磺酸基团，其分离柱的稳定性好、容量高。与高效离子交换色谱中所用的硅胶填料不同，IC 柱填料的高 pH 值稳定性允许用强酸或强碱作淋洗液，有利于扩大应用范围。

2. 电导检测器

与离子色谱配用的检测器常用的有电导检测器、安培检测器、紫外检测器、荧光检测器等。其中电导检测器作为一种通用型检测器（图5－40），也是离子色谱中最基本和常用的检测器，可用于检测无机阴阳离子、有机酸及有机胺等，在离子色谱法中获得广泛应用。由于各离子的峰高（信号强度）等于离子总电导减去背景电导，如在电导检测器前安装抑制器，通过化学抑制法来降低流动相的背景电导值，可提高待测离子的灵敏度，使信噪比得到显著提高。

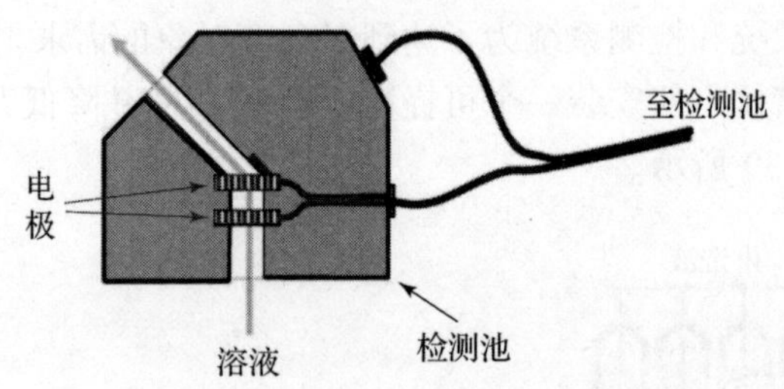

图5－40　电导检测器构造

电导检测器的工作原理是通过测定溶液流过电导池电极时的电导率的变化来检测待测组分。电导率是在阴极和阳极之间的离子化溶液传导电流的能力。溶液中的离子越多，在两电极间通过的电流越大；在低浓度时，电导率直接与溶液中导电物质的浓度成正比。

根据欧姆定律

$$R = V/I \tag{5-26}$$

式中，R 为电阻；V 为电压；I 为电流。

电导 G 为

$$G = I/R \tag{5-27}$$

浓度 C 为

$$C = c \times G \tag{5-28}$$

式中，c 为常数；G 为电导。

从上面的公式中可以得到，欧姆定律表明电阻等于电压与电流的比值。电导用西门子（S）作单位，定义为电阻的倒数，直接与溶液的浓度和电导池的常数有关。这个常数与电极之间的距离和电导池的体积有关。如果电导池中电极之间的距离越近，离子流遇到的电阻越小，检测器的灵敏度就越高。

由于导电率随温度变化，可见温度是影响电导的一个重要因素。一般来说，温度和电导率在一定范围内存在线性关系，为了消除和减弱温度对电导测定的影响，可以通过保持电导池温度的恒定或通过电导率乘以一个与温度有关的校正因子。如将测定值修正到温度为25 ℃时的电导率，这个常数为温度补偿因子，以每摄氏度改变的百分率表示。

$$G_{\text{norm}} = (C_T) \times (G_{\text{measured}}),\ C_T = e^{k(25-T)} \tag{5-29}$$

式中，k 为溶液温度系数；T 为温度。

（二）抑制器

抑制系统是离子色谱的核心部件之一，主要作用是降低背景电导和提高检测灵敏度。抑制器的好坏关系到离子色谱的基线稳定性、重现性和灵敏度等关键指标。

1. 抑制器的结构

第一个化学抑制器是 1975 年斯莫尔（Small）等提出的，利用树脂填充抑制装置，但为了重复使用需要经常离线再生。之后 20 年，抑制器进行了几次重大的更新换代，直到 2001 年发展为第五代电抑制器（atlas electrolytic suppressor，AESTM）。第五代抑制器是一款电化学自动电解再生抑制器，其结构如图 5－41 所示。该抑制器是用离子交换叠片代替微膜，采用连续电解再生抑制的单一循环模式，由两张膜（两张阳膜或两张阴膜）分为 3 个室（阳极室、抑制室和阴极室），形成“三明治”结构。可应用于碳酸盐溶液或甲磺酸（MSA）作淋洗液的离子方法中。

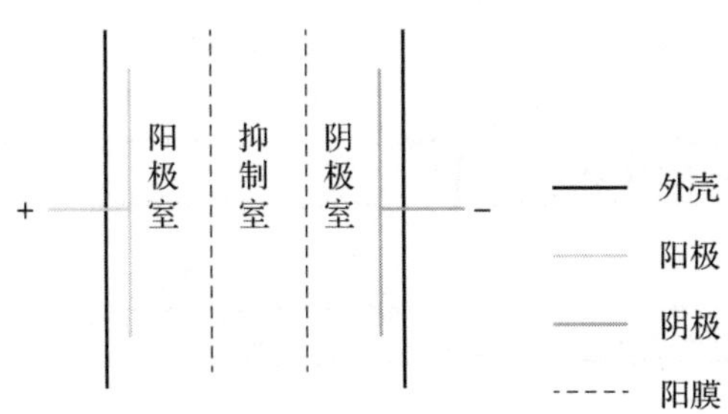

图 5－41　电解再生抑制器结构

注：电化学自动再生抑制器由两张膜分为三个室，形成三明治结构

该抑制器工作流程如图 5－42 所示。该抑制器具有低噪声、快速启动、耐久性和可靠性等优点。

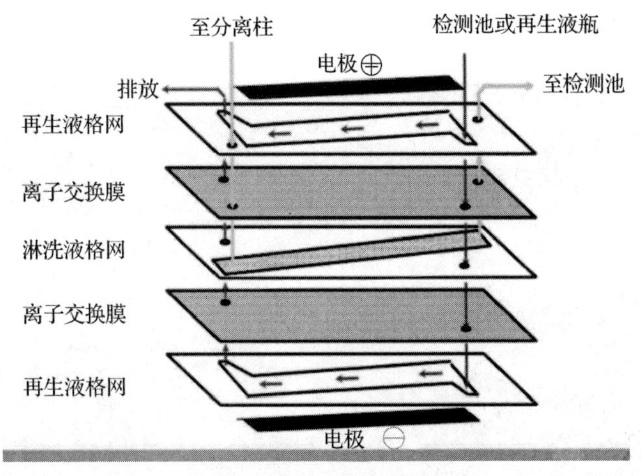

图 5－42　电解再生抑制器工作流程

2. 抑制器的工作原理（以阴离子为例）

抑制器的工作原理是利用电场与离子交换膜的共同作用，使离子定向迁移和交换来完成抑制过程（图 5－43），其再生液来自分析废液或外加水装置，可连续循环再生。换言之，即在阳极和阴极施加恒定的直流电流，水被电解，分别发生氧化和还原反应。

阳极：$H_2O - 2e \longrightarrow 2H^+ + 1/2\ O_2$

阴极：$2H_2O + 2e \longrightarrow 2OH^- + H_2$

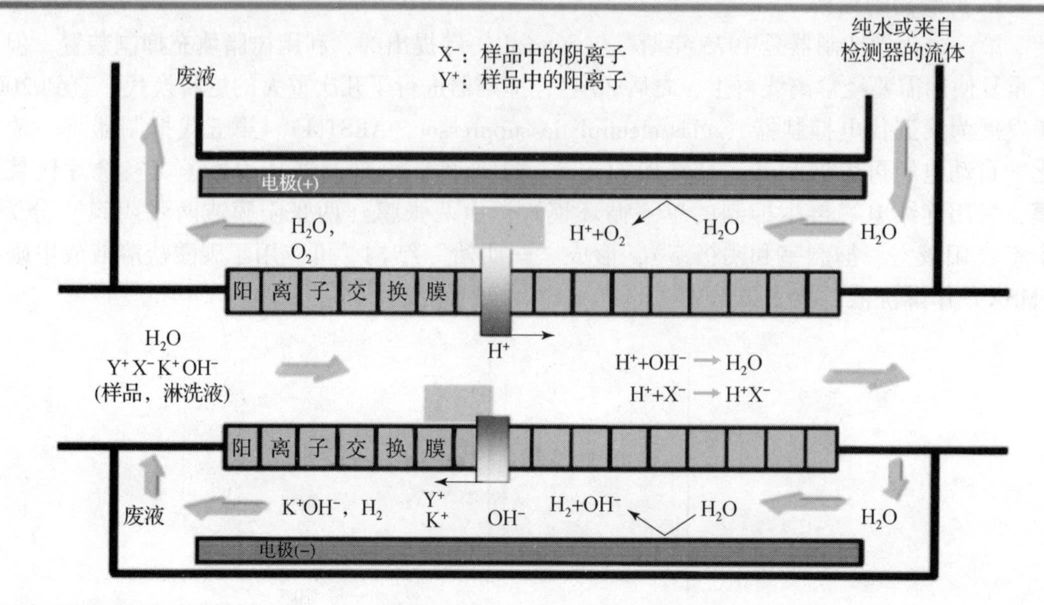

图 5-43 抑制器的工作原理（阴离子）

在抑制器中（以测阴离子为例，图 5-44），阳膜是选择性透过膜，只有阳离子可以通过；阳极室的 H^+ 向阴极方向移动，进入抑制室，与淋洗液中的 CO_3^{2-} 或 OH^- 形成 H_2CO_3 或 H_2O 等弱电解质；抑制室中的阳离子，如钠离子向阴极移动，进入阴极室，与阴极电解水产生的 OH^- 形成 NaOH 从废液排出。

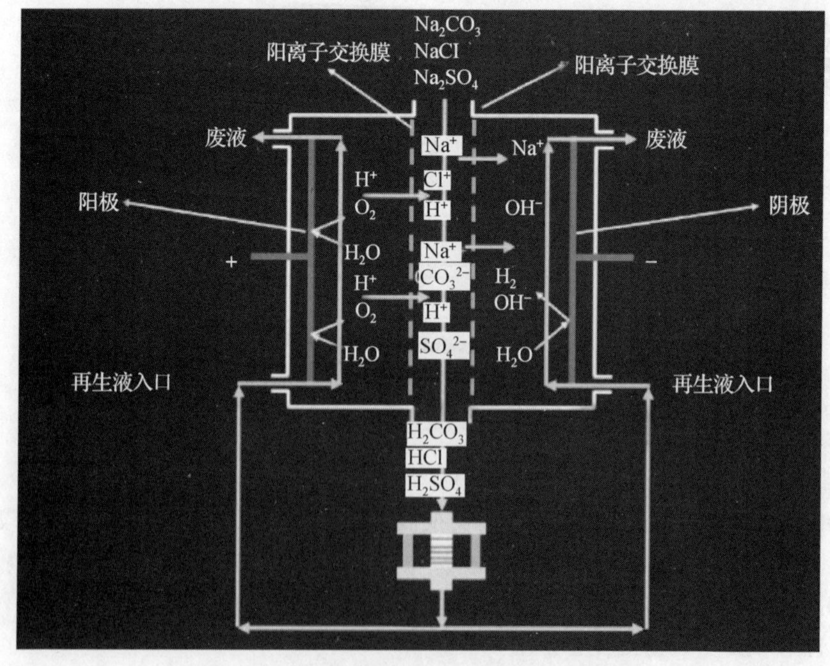

图 5-44 阴离子在抑制器中的形成过程

再生液的电解水源可以由两种方法获得：一种方法是检测废液，即通过电导池的检测废液回流至再生室；另外一种方法是外加水装置，即通过泵或气压将纯水压入再生室。

但是抑制器的容量受流速和抑制电流大小的影响。当流速确定、淋洗液浓度增加时，电流也相应增加；当在淋洗液浓度和流速确定的前提下，抑制容量只与电流大小有关。

3. 抑制器的作用

在色谱柱后和电导检测器之前连接抑制器是离子色谱区别于其他液相色谱的特征之一。在稀溶液中，待测离子的检测符合柯赫氏（Kohlraush）定律，即溶液的电导率是溶液中每个离子电导率乘以它们各自的离子浓度之和，即溶液的电导率直接与离子浓度成比例。简言之，在整个溶液中每种离子的电导率对整个溶液的导电率的贡献与其他离子无关。

$$1/R = 1/1\,000 \times A/L \sum ci \cdot \lambda i \tag{5-30}$$

式中，A 为电极截面积；L 为两极间距；ci 为离子浓度；λi 为极限摩尔电导。由上式可知，A/L 的值是电导池的一个常数，待测离子的电导率，只与检测的离子电导之和有关，检测离子的电导又与极限摩尔电导有关。25 ℃时常见离子极限摩尔电导值如表 5 –4 所示。

表 5 –4　25 ℃时常见离子极限摩尔电导值

阳离子	$cm^2/(\Omega \cdot mol)$	阴离子	$cm^2/(\Omega \cdot mol)$
H^+	350	OH^-	198
Li^+	39	F^-	55
Na^+	50	Cl^-	76
K^+	74	Br^-	78
NH_4^+	73	NO_3^-	71
Mg^{2+}	53	PO_4^{3-}	80
Ca^{2+}	60	SO_4^{2-}	80

抑制是通过弱酸和弱碱盐的离子交换中和作用来达到降低流动相的背景电导值和增加被测物的响应值。

电导池检测的是阴阳离子的总电导，例如，以 0. 1 mmol/L NaCl 溶液为例，Cl 以盐的形式存在，总电导 =0. 1 ×（50 +76）= 12. 6（μs/cm）。如果能将 Na^+ 以极限摩尔电导最高的 H^+ 代替，在抑制器中，盐经过离子交换后，待测离子 Cl^- 变为强酸，则电导 =0. 1 ×（350 + 76）=42. 6（μs/cm），电导提高了 30 μs/cm，用于分离后的检测则大大提高了灵敏度。

在常见阴离子分析中，常用的淋洗液有 Na_2CO_3、$NaHCO_3$、NaOH 等，都是强电解质，有极高的电导响应。如能有效地降低其电导则可提高检测的灵敏度。如将阳离子替代为 H，则淋洗液在抑制器中成了弱酸（H_2CO_3、H_2O），其背景电导可得到极大降低。

（1）提高待测离子的导电率——提高灵敏度：

$$Na^+, Cl^- \longrightarrow H^+, Cl^-$$

（2）降低背景电导（淋洗液）—— 减少噪声：

$$Na^+, HCO_3^- \longrightarrow H_2CO_3$$

$$Na^+, OH^- \longrightarrow H_2O$$

上述两种现象通过抑制器都可以完美实现。最终达到提高检测灵敏度和降低背景电导的目的，抑制前后产生的结果对比如图 5-45 所示。

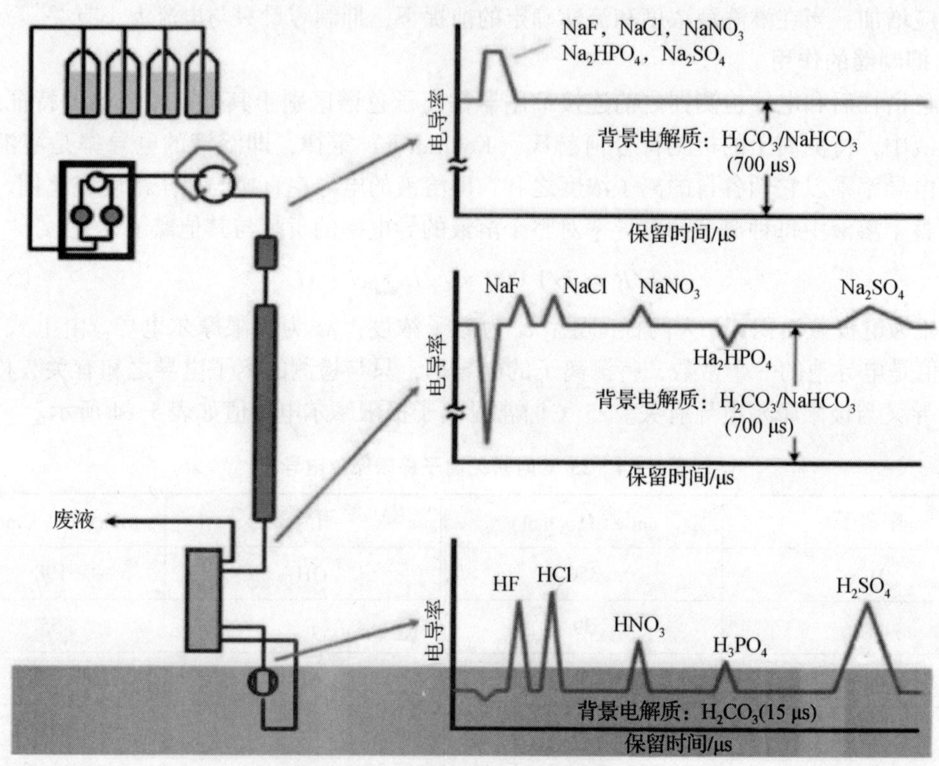

图 5-45 抑制前后产生的结果对比

（三）离子色谱仪的工作流程

高压输液泵将流动相以稳定的流速（或压力）输送至分析体系，在色谱柱前端通过进样器将样品导入，流动相将样品导入色谱柱，在色谱柱中各组分被分离，并依次随流动相流到检测器。抑制型离子色谱则在电导检测器之间增加了一个抑制系统，即用另一个高压输液泵将再生液输送到抑制器。在抑制器中，流动相背景电导被降低，然后将流出物导入电导池，检测到的信号送至数据处理系统记录、处理或保存。非抑制型离子色谱仪不用抑制器和输送再生液的高压泵。

（四）分离方式和检测方式的选择

对于给定的一个待测离子，分析者应首先了解待测物的分子结构、性质以及样品的基体信息。比如是无机离子还是有机离子，以及离子的电荷数、酸碱性、疏水性，是否为表面活性化合物等。其中待测离子的疏水性和水合能是决定选用何种分离方式的主要因素。疏水性弱和水合能高的离子，如 Cl^- 或 K^+，可用高效离子交换色谱分离。疏水性强和水合能低的离子，如高氯酸（ClO_4^-）或四丁基铵，可用亲水性强的离子交换分离柱或离子对色谱分离。有一定疏水性也有明显水合能的 pH 值为 1～7 的离子，如乙酸盐，最好用高效离子排斥色谱分离。有些离子如氨基酸、生物碱或过渡金属，可用阴离子交换分离也可用阳离子交换分离。

很多离子可用多种检测方式，一般的规律是：对于无紫外、可见吸收或强离解的酸和碱，最好用电导检测器；具有电化学活性和弱离解的离子，可用安培检测器；若离子本身或通过柱前、柱后反应后生成的络合物在紫外可用有吸收或能产生荧光的离子和化合物，最好用紫外/可见光检测器或荧光检测器 FLD。若对所要解决的问题有几种方案可供选择，分析方案的确定要考虑基体的类型、选择性、过程的复杂程度及是否经济来决定。

（五）分离度的改善

1. 决定保留的参数

与其他高效液相色谱不同，离子色谱的选择性主要是由固定相性质决定的。选定好分离色谱柱之后，对测离子而言，决定保留的主要参数是待测离子的价数、离子的大小、离子的极化度和离子的酸碱性强度。这些参数是离子本身决定的，但是在多组分同时测定时有一定的出峰顺序。

一般的规律是待测离子的价数越高，保留时间越长。例外的是多价离子，如磷酸盐的保留时间受淋洗液 pH 的影响，在不同的 pH 下，磷酸盐的存在形态不同，随着 pH 值的升高，磷酸由一价阴离子（$H_2PO_4^-$）到二价阴离子（SO_4^{2-}）和三价阴离子（PO_4^{3-}），三价阴离子的保留时间大于一价阴离子。待测离子的离子半径越大，其保留时间越长；极化度越大，保留时间越长，如二价阴离子 SO_4^{2-} 保留时间小于极化度大的一价阴离子 SCN^-，因在 SCN^- 固定相上的保留除了离子交换之外还有吸附作用的参与。

2. 改善分离度的方法

（1）稀释样品：对组成复杂的样品，若待测离子对树脂亲和力相差很大，需要用不同浓度或强度的淋洗液或梯度淋洗。对固定相亲和力差异较大的离子，增加分离度的简单方法是稀释样品或对样品进行前处理。

（2）改变分离和检测方式：若待测离子对固定相亲和力相近或相同，稀释样品的方法常达不到满意的效果。对于这种情况，除了选择适当的流动相之外，还应考虑选择适当的分离方式和检测方式。如 NO_3^- 和 ClO_3^-，由于它们的电荷数和离子半径相似，在阴离子交换分离柱上共淋洗，但 ClO_3^- 的疏水性大于 NO_3^-，在离子对色谱柱上就很容易被溶液分开。

（3）选择适当的淋洗液：离子色谱分离是基于淋洗离子与样品离子之间对树脂有效交换容量的竞争。样品离子和淋洗离子应有相近的亲和力。对离子交换树脂亲和力强的离子有两种情况：一种是离子的电荷数大，如 PO_4^{3-}、AsO_4^{3-} 和多聚磷酸盐等；一种是离子半径较大，疏水性强，如 I^-、SCN^-、苯甲酸和柠檬酸等。对前者，以增加淋洗液的浓度或选择强的淋洗离子为主；对后者，推荐的方法是在淋洗液中加入有机改进剂（如甲醇、乙腈或对氰酚等），或选用亲水性的柱子。有机改进剂的作用主要是减少样品离子与离子交换树脂之间的非离子交换作用，占据树脂的疏水性位置，减少疏水性离子在树脂上的吸附，从而缩短保留时间，减少峰的拖尾，并增加测定灵敏度。

在离子色谱中，可加入不同的淋洗液添加剂来改善选择性。这种淋洗液添加剂只是影响树脂和所测离子之间的相互作用，而不影响离子交换。对与树脂亲合力较强的离子，如一些可极化的离子——I^- 和 ClO_4^-，以及疏水性的离子——苯甲酸和乙胺等，在淋洗液中加入适量极性的有机溶剂，如甲醇或乙腈，可缩短这些组分的保留时间并改善峰形的不对称性。为了减少样品离子与树脂之间的非离子交换作用，减少树脂对疏水性离子的吸附，在阴离子分析中，可在淋洗液中加入对氰酚。如测定 1% NaCl 中的痕量 I^- 和 SCN^- 时，加入对氰酚占据

树脂对 I^- 和 SCN^- 的吸附位置，从而减少峰的拖尾并增加测定的灵敏度。IC 中，一价淋洗离子洗脱一价待测离子，二价淋洗离子洗脱二价待测离子。淋洗液浓度的改变对二价待测离子和多价待测离子保留时间的影响大于一价待测离子。若多价离子的保留时间太长，增加淋洗液的浓度可较好地解决此问题。

3. 减少保留时间

有些时候缩短分析时间与提高分离度的要求是相矛盾的，如能做到在较好的分离结果的前提下分析的时间是越短越好。缩短分析时间的方法有多种：①改变分离柱的容量；②改变淋洗液流速或强度；③在淋洗液中加入有机改进剂或用梯度淋洗技术。

在上述方法中，减少分离柱的容量是最简单的方法。大的进样体积有利于提高检测灵敏度，但是会导致大的洗脱死体积，产生大的水负峰而推迟样品离子的出峰时间。

增加淋洗液的流速可缩短分析时间，但流速的增加受系统所能承受的最大压力的限制，流速的改变对分离机理不完全对离子交换的组分的分离度影响较大。如 Br^- 和 NO_2^- 之间的分离，随流速的增加分离度下降很大；而对于分离机理主要是离子交换的 NO_3^- 和 SO_4^{2-}，即使在很高的流速仍能达到较好的分离度。

增加淋洗液的强度对分离度的影响与缩短分离柱或增加淋洗液的流速相同。用较强的淋洗离子可加快离子的淋洗，但对于弱保留和中等保留的离子来说会降低分离度。一般原则是用弱淋洗液分离弱保留样品离子能得到较好分离。但是一般样品中都会含有一些对阴离子交换树脂亲合力强的离子，如 $SO_4{}^{2-}$、草酸盐等，如果只用等浓度淋洗它们将需要很长时间才能被洗脱下来。鉴于此种情况，建议进样 3～5 次后，用高浓度的强淋洗液作为样品进行一针冲洗，将强保留组分从柱中推出来，或者用较强淋洗液冲洗柱子半小时使之流出。在淋洗液中加入有机改进剂也是缩短保留时间和减小峰拖尾的有效方法。

三、实验过程

（一）开机前的准备

（1）准备去离子水：必须准备足量的去离子水；根据待测样品的性能和色谱柱的条件配制要用的淋洗液和再生液。

①阴离子淋洗液的配制：碳酸盐（Na_2CO_3）配 100% 浓度的淋洗液作为储备液（可保留半年）；氢氧化钠（NaOH）可配制 50% 浓度的储备液；使用时分别用高纯水稀释。

②阳离子淋洗液的配制：可取一定浓度的甲烷磺酸 MSA 配成储备液。淋洗液配制过程中一定要充分摇匀。

（2）配制标准溶液：提前准备好预分析离子的标准溶液（均用去离子水配制）。

（3）样品前处理：进样前要用 0.45 μm 的滤膜过滤，高浓度样品要稀释。

（二）开机

（1）对淋洗液系统进行必要的检查，打开氮气钢瓶调节减压阀，使指示表显示为 0.2 MPa；打开淋洗液系统气源装置，调节减压阀，使指示表显示为 35 kPa。

（2）依次打开计算机、离子色谱主机的电源，确认离子色谱与计算机数据连接正常。

（3）打开泵：如果色谱仪长时间不使用或压力不稳定，更换淋洗液后，要先打开平衡泵头上的 PRIME 阀排气后再开泵。待泵压力稳定一段时间后，一般压力大于 6.89 Mpa 后打开抑制器。

(4) 检查仪器是否正常：内部无泄漏；抑制器、废液出口有连续气泡，泵出口无气泡等；等基线稳定后即可分析待测样品。

(三) 样品分析

(1) 建立程序文件，建立方法文件，建立样品表文件。

(2) 运行标准样品和待测样并采集谱图。

(四) 数据处理

(1) 选择检测标准进行数据处理，对采集数据进行记录、处理和保存等。

(2) 根据采集数据处理标准曲线。

(3) 分析待测样品数据。

(五) 关机

系统关机需要根据检测样品不同选择不同的关机步骤，对于阴阳离子，要先将抑制器电流关掉，然后再关泵、软件、保护气，最后关主机。

四、实验结果和数据处理

(一) 离子色谱仪数据的定性和定量分析

离子色谱定性和定量的方法与其他色谱方法基本类似，通过色谱的保留时间进行定性，利用已知标样的保留值定出被测组分的位置。色谱定量的依据是在一定的操作条件下，被测组分的浓度与检测器给出的响应信号成正比。峰面积是色谱图提供的基本定量数据，峰面积测量的准确与否直接影响定量结果。根据所检测对象采用不同的定量方法。常用的定量方法有归一化法、外标法、内标法和标准加入法。在离子色谱仪中以测量的峰面积对溶液浓度分别进行校准曲线的绘制，并计算相应的回归方程，从而计算出待测物的浓度或含量。

(二) 离子色谱法的应用领域

从表 5 -5 可以看出，离子色谱法有着广泛的应用范围。

表 5 -5　离子色谱法应用实例

领域	样品	应用
环境/污染	雨水、河水、大气、污水	雨水中离子
城市用水	自来水、水源	自来水中消毒副产物
化学品	设备提取物、聚合物	环氧类黏合剂中的阴离子
电子/半导体	高纯水晶片冲洗水	高纯水中的离子型杂质
农业	肥料、土壤、植物等	土壤中离子
医学	血液、尿	尿中草酸

续表

领域	样品	应用
化妆品	化妆品、清洁剂、洗发液	化妆品液体中的阴离子
制药	化学、液体	化学品中的重金属
食品/饮料	酒、饮料、糖果	饮料中的有机酸

五、典型应用

实验项目3　用离子色谱法检测自来水中的无机阴离子实验

1. 实验目的

（1）学习离子色谱法的基本原理及操作方法。

（2）了解抑制器的工作原理和作用。

（3）熟悉常见阴阳离子的测定方法及参数设置。

（4）掌握离子色谱法对生活中常见离子型化合物的应用范围。

2. 实验原理

离子色谱IC是高效液相色谱的一种，是分析阴离子和阳离子的一种液相色谱方法，其定义是利用被测物质的离子型进行分离和检测的液相色谱法。在离子色谱中发生的基本过程就是离子交换，因此，离子色谱本质上就是离子交换色谱。离子交换树脂上可以离解的离子和流动相中具有相同电荷的溶质离子之间进行的可逆交换，根据这些离子对交换剂有不同的亲和力而被分离。

3. 实验基本要求

（1）了解离子色谱仪的基本理论知识。

（2）了解离子色谱仪的结构及操作方法。

（3）根据样品性质具有初步选择分离条件的理念。

（4）了解实验数据和谱图解析的方法。

4. 实验仪器和材料

（1）实验仪器。

Easy2000色谱工作站、阴离子色谱柱、阴离子抑制器、电导检测器、电子分析天平、移液枪。

（2）实验材料。

碳酸盐（Na_2CO_3）和碳酸氢钠（$NaHCO_3$）（均为优级纯）、去离子水、移液器、进样瓶、钥匙、针式过滤器、容量瓶，配标准的试剂（应预先干燥）。

5. 实验步骤

（1）开机前的准备。

①准备足量的去离子水；根据待检测的样品和色谱柱的条件配制好要用的淋洗液和再生液。

阴离子淋洗液的配制：3.5 mmol/L Na_2CO_3/1.0 mmol/L $NaHCO_3$。称取37.1 g Na_2CO_3/

8.4 g $NaHCO_3$定容于1 L的容量瓶中，配成350 mmol/L Na2CO_3/100 mmol/L $NaHCO_3$ 阴离子淋洗液母液。用前稀释100倍，即取10 mL母液于1 L的淋洗瓶中。

阳离子：20 mmol/L的甲磺酸MSA。称量2.6 mL甲磺酸溶解在2 L的淋洗液瓶中。

注意：配制过程中甲磺酸需用0.45 μm的滤膜过滤，以防堵塞管子。

②配制标准溶液：提前准备好预分析离子的标准溶液（均用去离子水配制）。

③样品处理：进样前要用0.45 μm的滤膜过滤，用高纯水冲洗滤膜以减少污染。待测物浓度较高时，应预先稀释；可通过预处理柱、超滤、固相萃取、液相萃取、离心、盐析等方法去除干扰物。

（2）开机。

①对淋洗液系统进行必要的检查，打开氮气钢瓶调节减压阀，使指示表显示为0.20 MPa；打开淋洗液系统气源装置，调节减压阀使指示表显示为0.03 Mpa。

②依次打开计算机、离子色谱主机的电源，确认离子色谱与计算机数据连接正常，

③打开泵：如果色谱仪长时间不使用或更换淋洗液后，要先打开平衡泵头上的PRIME阀排气后再开泵；待泵压力稳定一段时间后，一般压力大于6.89 Mpa后打开抑制器。

④检查仪器是否正常：内部无泄漏；抑制器、废液出口有连续气泡，泵出口无气泡等；等基线稳定后即可分析待测样品。

（3）样品分析。

①色谱条件：设置色谱柱温度和电导检测池温度；淋洗液：3.5 mmol/L Na_2CO_3/1.0 mmol/L $NaHCO_3$，流量为1.2 mL/min；进样量为100 μL，测试电流为20 mA。

②设定运行程序。柱温池温为35 ℃，选择抑制器类型，输入淋洗液浓度。建立方法文件单次或序列并保存。

（3）运行标准样品和待测样并采集谱图。

（4）关机。

系统关机需要依检测样品不同选择不同关机步骤。对于阴阳离子，需要先将抑制器电流关掉，然后再关泵、软件、保护气，最后关主机。

6. 实验结果与数据处理

（1）选择检测标准进行数据处理，对采集数据进行记录、处理和保存等。

（2）根据采集数据处理标准曲线。

（3）分析待测样品数据，计算出待测组分的含量。

7. 实验注意事项

（1）尽量将电流设定为自动生成电流的最小值，以延长抑制器的使用寿命。

（2）每周至少开机一次，保持抑制器活性，长期不用应封存抑制器；重新启用前需要水化抑制器。

（3）阴、阳离子色谱柱的更换：要在换柱之前开泵和抑制器洗柱，至少30 min，直到仪器稳定为止，因为仪器稳定才能证明柱子内部液体已充满。

（4）分离柱的储存与清洗：分离柱储存前用淋洗液正常运行至少10 min，取下分离柱，用死接头将柱两端封堵。清洗时可按去离子水15 min、清洗液60 min、去离子水15 min、淋洗液30 min的顺序和时间进行。清洗液的类型根据阴、阳离子柱的不同有不同配方。

①阴离子柱：

a. 低价态亲水离子污染——常用10倍淋洗液。

b. 高价态疏水离子污染——80%乙腈/20% 200 mmol/L NaCl（用HCl调节pH=2.0）。

c. 金属离子污染——0.1 mmol/L草酸。

②阳离子柱：

a. 高价阳离子/酸溶性污染——10 mmol/L HCl（15 min）、1 mmol/L HCl（60 min）、10 mmol/L HCl（15 min）。

b. 疏水性阳离子/有机污染——10% 100 mmol/L HCl/90%乙腈（30 min）。

第五节 体积排阻色谱法

凝胶渗透色谱法（Gel Permeation Chromatography，GPC）也称体积排阻色谱法（Size Exclusion Chromatography，SEC），是高效液相色谱法的一种类型，由摩尔（Moore）在1964年首次研究成功。该方法不但可用于小分子物质的分离和鉴定，而且可以用来分析化学性质相同、分子体积不同的高分子同系物（聚合物在分离柱上按分子流体力学体积大小依次被洗脱下来）。其分离原理和分离的对象不同于其他液相色谱方法，从图5-46中可以看到，体积排阻色谱法主要用于分离分子量稍大的化合物，其分离机理是完全依靠溶液中聚合物分子的大小进行的物理分离，而非分析物与固定相间的任何化学作用。

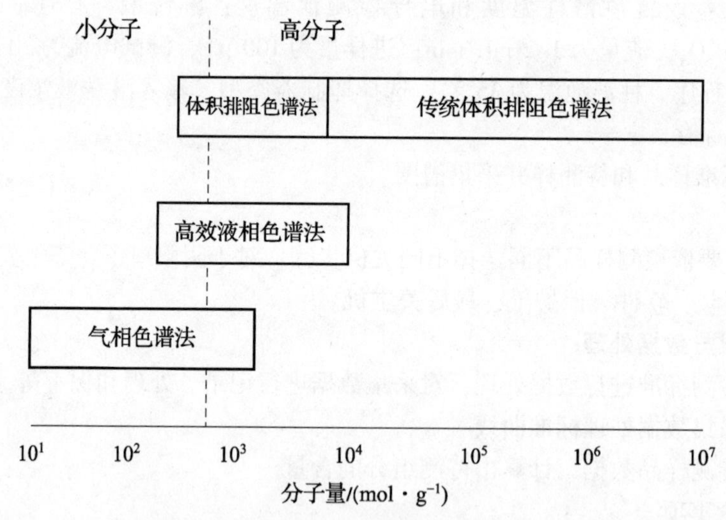

图5-46 不同色谱方法分离检测的分子量范围

该色谱方法有两个主要的用途：①表征聚合物；②将混合物分离成独立的组分。体积排阻色谱法是唯一能够得到聚合物分子量分布的技术，而聚合物的分子量及其分布是高聚物最基本的参数之一。也就是说，高聚物的许多物理特性是与分子量有关的，如冲击强度、模量、拉伸强度、耐热、耐腐蚀性都与高聚物的分子量和分子量分布有关。比如M_w/M_n减小聚合物的强度和韧性增大，同时聚合物将变得难以加工，通过体积排阻色谱法数据可以预测聚合物的适宜加工条件和材料性能的关键信息。体积排阻色谱法作为一种有效检测大分子和聚合物相对分子量及其分布的方法，具有快速、精确、重复性好等优点，目前已经被生物化学、食品加工、医学以及大规模的工业生产等有关领域广泛采用。图 5－47 为体积排阻色谱仪及含有不同增塑剂的 3 种不同级别的 PVC 管的色谱图。

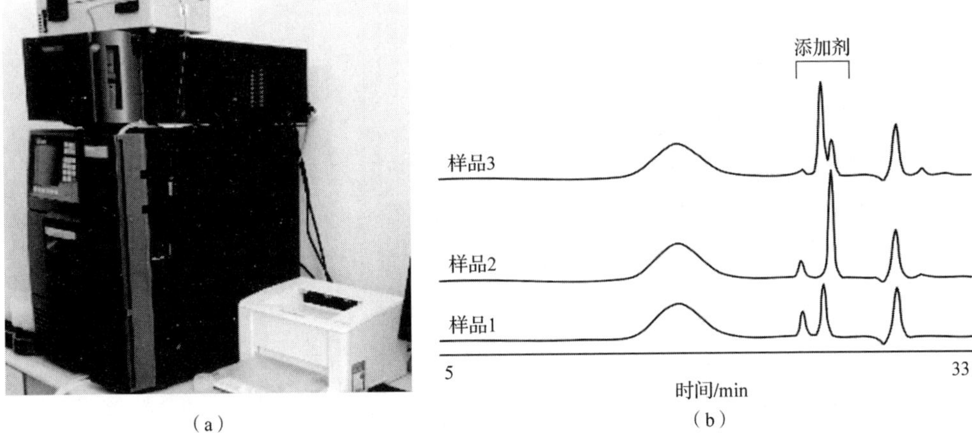

图 5－47 体积排阻色谱仪及含有不同增塑剂的 3 种不同级别的 PVC 管的色谱图

（a）体积排阻色谱仪；（b）3 种不同级别的 PVC 管的色谱图

一、实验原理

（一）体积排阻色谱法分离原理

体积排阻色谱法是利用多孔凝胶作为固定相载体而产生的一种主要依据分子尺寸大小的差异来分离的液相色谱方法。它是由泵推动溶剂通过流路，将待测样品导入色谱柱的进样口，流过一支装有多孔凝胶微球固定相的色谱柱，而后由检测器对色谱柱流出的各组分进行监测，最后由控制软件计算和显示结果。

整个分离机理如下：先将聚合物样品溶解在溶剂中，此步非常重要，尽管聚合物是由单体链接成的长链分子，但一旦溶解在溶液中时，聚合物分子链便缠绕起来呈线圈形态，进而组成一个线球（图 5－48）。因此，当使用凝胶色谱分析时，尽管聚合物是链式分子，却可看作微型小球，微型小球的大小取决于分子量，分子量越高缠绕成的聚合物球就越大。

缠绕起来的聚合物分子随后被导入到流动相中并随着流动相进入凝胶色谱柱。随着流动相流经过色谱柱，溶解在流动相中的聚合物分子也被携带着流过固定相载体。色谱柱总体积 V_t 由载体骨架体积 V_g、载体内部孔洞体积 V_i 和载体粒间体积 V_0 组成。分离机理通常用“孔径排斥效应”解释。

聚合物线团经过固定相微球颗粒时，依据聚合物分子量大小不同会有 3 种情况发生。

（1）如聚合物线团比固定相微球上最大的孔还大，它们将不能进入孔内，而随着流动相直接流过固定相微球之间的空隙。淋洗体积 $V_e = V_0$，V_e 为定值。

（2）如果聚合物线团比固定相微球上最小的孔还要小些，它们能进入任何一个孔内，由此可能占据了凝胶孔洞上所有的空隙。淋洗体积 $V_e = V_0 + V_p$，V_e 为定值。

（3）如聚合物线团比最大的孔略微小些，它们可以进入较大的孔内，但不能进入较小的孔内。

体积排阻色谱随着流动相的流动，聚合物线团占据了部分空隙，但不是所有空隙都被占

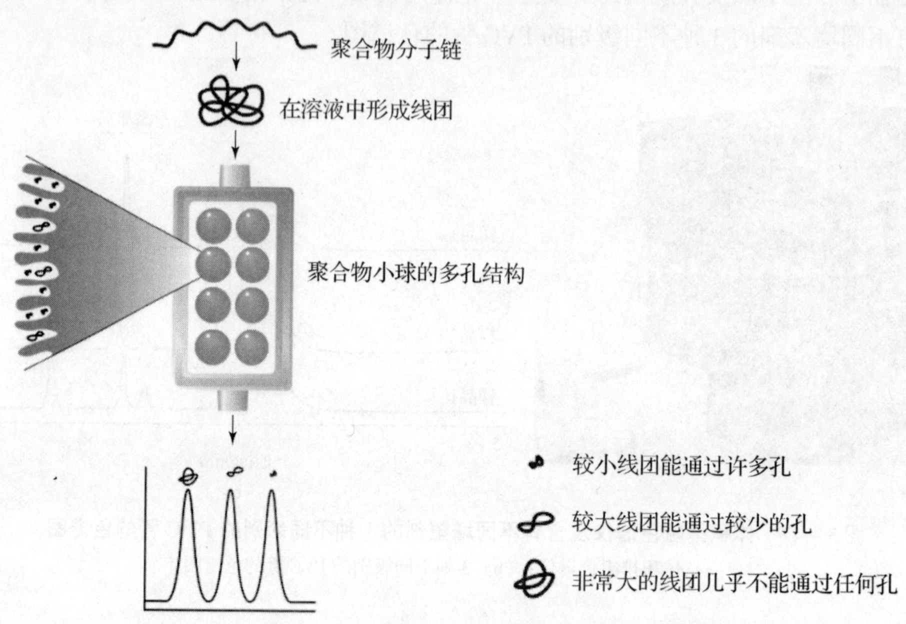
聚合物分子链
在溶液中形成线团
聚合物小球的多孔结构
较小线团能通过许多孔
较大线团能通过较少的孔
非常大的线团几乎不能通过任何孔

图 5-48　体积排阻色谱法分离大小不同分子的机理

据。随着聚合物分子进入色谱柱，这种分配行为不断重复进行，以扩散的形式在它们流过色谱柱时所经过的每一个孔内进去再出来。产生的结果是：①小聚合物线团由于能进入固定相微球上的多数孔而需要较长时间才能流过色谱柱，相应地流出色谱柱较慢；②相反，大聚合物线团因不能进入孔内而只需较短时间就能通过色谱柱；③而中等大小的聚合物线团通过色谱柱的时间介于上面两者之间。因此，样品从色谱柱中洗脱出来的方式较大程度取决于微球中孔的大小及样品分子量的大小。自样品进色谱柱到被淋洗出来，所接受的淋出液总体积称为该样品的淋出体积。当仪器和实验条件确定后，溶质的淋出体积与其分子量有关，分子量越大，其淋出体积越小。分子的淋出体积可表示为

$$V_e = V_0 + \kappa V_p \tag{5-31}$$

式中，κ 为排阻色谱的分配系数，被定义为溶质分子渗入内孔体积的分数，$0 \leqslant \kappa \leqslant 1$，分子量越小越趋于1。当 $\kappa = 0$ 时，符合上述第①种情况。当 $\kappa = 1$ 时，对应上述第②种情况。当 $0 < \kappa < 1$ 时，适合第③种情况。总之，对于分子尺寸与凝胶颗粒孔洞相匹配的待测物来说，都可以在 V_0 至 $V_0 + V_i$ 淋洗体积之间按照分子量大小依次洗脱出来。

图 5-49 显示了样品中不同大小的分子是如何被填料上的孔完成排阻、部分渗透或完全渗透的，排阻的程度取决于孔径大小和样品分子大小。

随着各组分流出色谱柱并被检测器检测到，样品的洗脱行为能以色谱图的形式展示出来。色谱图上显示了任一时间点上有多少物质流出色谱柱，较高分子量（较大的聚合物线团）先洗脱下来，较低分子量（较小的聚合物线团）随后相继流出。不同分离产物对应不同的洗脱体积。为了便于测量，常将洗脱体积转换成时间（在流速是恒定的条件下），即保留时间是分子尺寸的函数。将相同大小的一组分子从色谱柱下洗脱下来的时间称为保留时间，因为该时间内这些分子保留在色谱柱上，在分离条件相同的情况下保留时间是不变的，可用于化合物的定性分析。

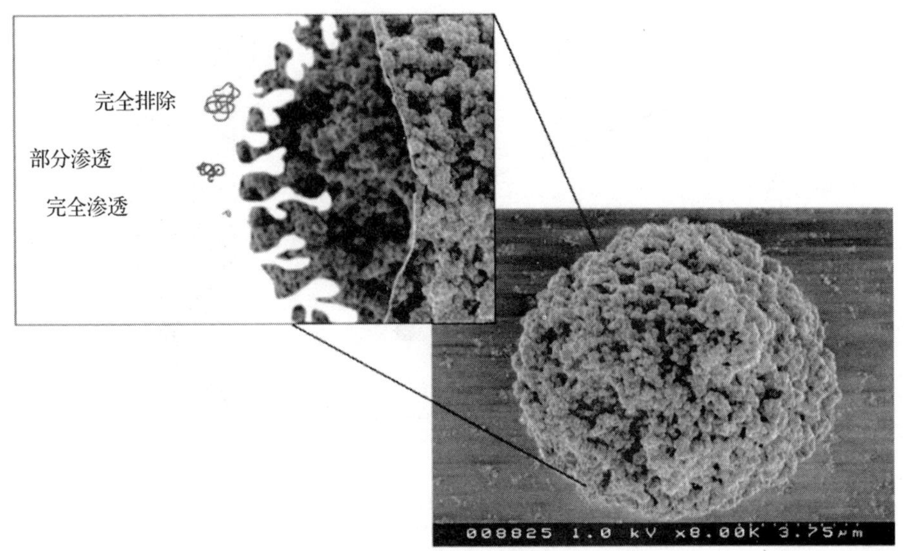

图 5-49　填料孔径对样品排阻的情况

随后将生成的色谱图数据与校准曲线对比。校准曲线显示了一系列已知分子量的聚合物的洗脱行为。通过与校准曲线的对比可以计算出样品的分子量分布。使用分子量分布可预测聚合物的性能，因此样品的分子量分布为聚合物化学家提供了重要的信息。

（二）排阻和渗透极限

色谱柱内的固定相是多孔填料，小分子样品可以进入孔穴内部（图 5-50），样品与固定相之间没有作用力，但是分子大小不同引起了迁移时间差异。

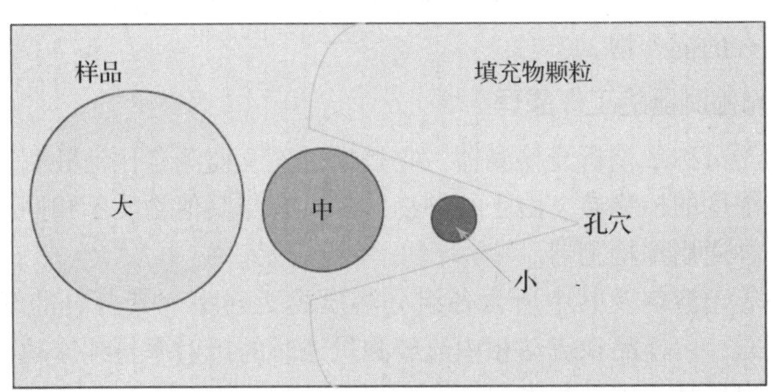

图 5-50　样品与固定相孔径关系

图 5-51 显示了不同分子在色谱柱内的迁移过程。从图 5-51 可以看到两个术语：排阻极限和渗透极限。排阻极限是指不能进入凝胶颗粒孔穴内部的最小分子的分子量。所有大于排阻极限的分子都不能进入凝胶颗粒内部，而是直接从凝胶颗粒外流出，所以它们同时最先被洗脱出来。排阻极限代表一种凝胶能有效分离的最大分子量，大于这种凝胶排阻极限的分子用这种凝胶不能得到分离。渗透极限是指能够完全进入凝胶颗粒孔穴内部的最大分子的分子量。因此，为了达到好的分离效果，在选择固定相时，应使欲分离样品的相对分子质量处于固定相的渗透极限和排阻极限之间。

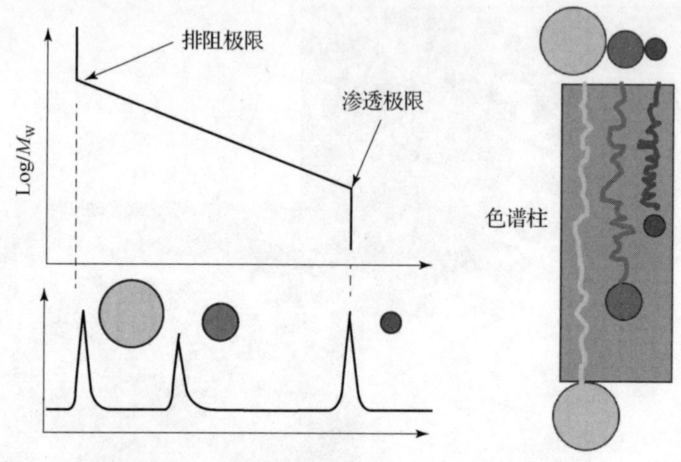

图 5－51　不同分子在色谱柱内的迁移过程

（三）体积排阻色谱法的分类

根据所用固定相填料的性质不同，体积排阻色谱法可以分为使用水溶液的凝胶过滤色谱法（GFC）和使用有机溶剂的凝胶渗透色谱法 GPC。凝胶渗透色谱法以疏水凝胶作固定相，填料多为苯乙烯—二乙烯基苯共聚物，以有机溶剂为流动相（氯仿、四氢呋喃、N，N－二甲基酰胺），主要用于聚合物领域。凝胶过滤色谱法以亲水凝胶作固定相，填料为亲水性凝胶（葡聚糖、琼脂糖或聚丙烯酰胺等），以水溶液作流动相主体，生物相容性好，有很高的活性回收率，主要用于生命科学领域。

体积排阻色谱法主要用来获得分散性聚合物的相对分子质量分布情况，但它不能分离分子大小相近的化合物。一般来说，分子量的差别需要在 10% 以上时才能得到分离，所以该法不能用于分离复杂的混合物。

（四）示差折光检测器的工作原理

折光指数检测器又称示差折光检测器，它是通过连续监测参比池和测量池中溶液的折射率之差来测定样品浓度的检测器。由于每种物质都具有与其他物质不相同的折射率，因此示差折光检测器是一种通用型检测器。

溶液的折射率等于溶剂及其中所含各组分溶质的折射率与其各自的摩尔分数的乘积之和。当样品浓度低时，由样品在流动相中流经测量池时的折射率与纯流动相流经参比池时的折射率之差，指示出样品在流动相中的浓度。

示差折光检测器使用钨灯光源，常用波长为 660～880 nm，控温范围为 30～60 ℃，改变温度、压力和流动相组成都会引起折光指数 RI 的变化。操作中为减少温度变化的影响，要严格保持色谱柱箱与检测器有相同的温度。由于流动相组成对任何变化都有明显的响应，会干扰被测样品的监测，此种检测器不适用于梯度洗脱。因为示差折光检测器本身易受外界影响大，其灵敏度较低，不适合用于痕量分析；同时，该检测器所用流通池有一定的耐压上限，为保持恒定的反压，检测器后应安装反压调节阀，以减少压力变化对 RI 的影响。

对于凝胶渗透色谱法而言，分离是基于分子大小而非化学性质，示差折光检测器给出的有关溶液中聚合物分子大小的信息是通过校准曲线而转换成分子量的，并不能告诉有关样品化学性质的任何信息，仅仅是根据样品大小进行的物理分级。

二、实验仪器

一次完整的色谱运行需要完成几项任务，主要包括将样品与溶剂混合，用泵输送到色谱柱上，检测样品组分以及捕获并显示结构。完成上述任务需由凝胶色谱仪的各个组成部分来提供，包括溶剂输送系统、自动进样阀、色谱柱、浓度型检测器（如高性能的DRI）以及控制所有硬件及获取数据、执行数据分析和显示结果的软件，如图5－52所示。

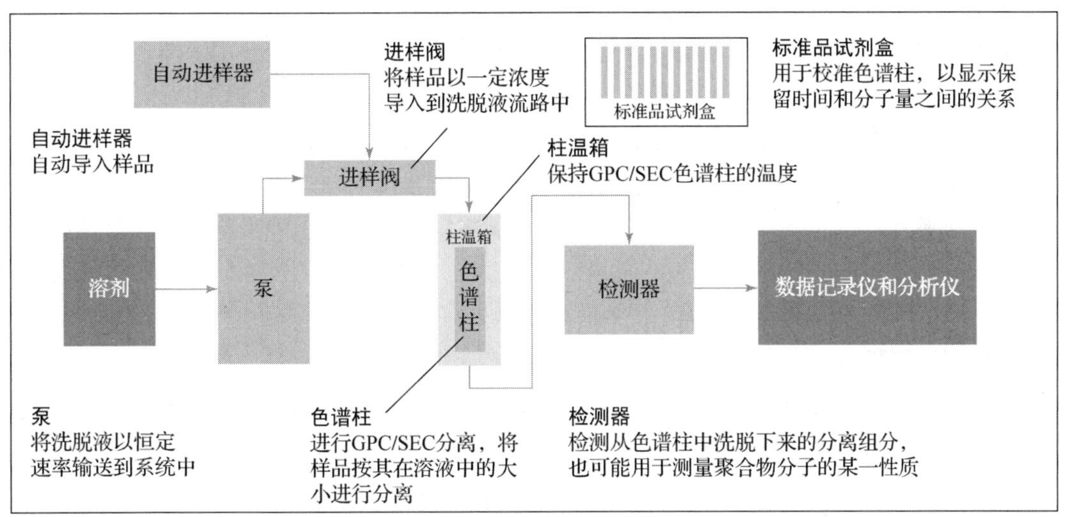

图5－52　凝胶色谱仪结构组成示意图

（一）溶剂的选择

在凝胶色谱仪分离分析中，溶剂的选择取决于以下因素：①溶剂必须能够溶解样品，有时聚合物在室温下溶解性不好而升温后能溶解；②溶剂不能引起样品和固定相间的其他任何作用，确保能根据样品分子大小分离完全；③放溶剂的容器应带有塞子，以隔绝灰尘和限制溶剂挥发。溶剂在使用前可进行在线脱气，使溶解到溶剂中的空气逸出以免形成气泡，妨碍泵以设定流速运行。为阻止颗粒物进入泵，一般会在溶剂管路入口安装一个过滤器。

（二）进样器

进样器是在不中断流路的情况下将样品导入溶剂流路中的。目前六通阀进样器是高效液相色谱最理想的进样器，它分为两个步骤完成整个进样程序：取样和进样。在取样品时，样品经自动进样针从进样孔注入定量环（样品环），定量环注满后，多余样品从放空孔排出；在注射样品时，使阀与样品流路接通，由泵输送的流动相冲洗定量环，推动样品进入色谱柱中进行分离检测。在这个过程中进样器不会干扰流动相的流动而影响分析。

（三）高压输液泵

高压输液泵是能承受比较高压力的泵。高压输液泵用来抽取溶剂并以恒定、准确和可重现的流速将溶剂输送到系统的其他流路中。高压泵必须能够对任何黏度的溶剂均以相同的流速输送，从而能够将某一次分析结果与其他分析结果比较。输送的压力要求能够平稳，避免流路中出现脉动。在使用不同溶剂时必须冲洗高压泵系统，因为高压泵的内部体积很小，冲洗以减少溶剂的浪费。

（四）色谱柱

对于色谱法来说，样品的所有分离是在色谱柱内进行的。凝胶色谱仪的色谱柱是在中空的管子内紧密填充了非常小的多孔凝胶颗粒（微球）。凝胶具有化学惰性，它不具有吸附、分配和离子交换作用，微球的类型必须与不同应用相匹配。有机相凝胶色谱仪色谱柱填充了交联的聚苯乙烯/二乙烯基苯微球。色谱柱内可以填充带有不同孔径的不同大小的颗粒，以适应不同分子量范围的应用。这种特异性是因为样品和溶剂的性质决定了哪种色谱柱配置能够提供最好的分析结果。由于一种大小粒径和孔径不能满足所有应用，为了改善系统的分离度，发展出多种不同的粒径和孔径组合的色谱柱联用。

通常而言，分析结果与色谱柱安装的顺序无关，但对于凝胶色谱仪色谱柱来说，为了提高分离度和延长色谱柱寿命，安装色谱柱应按孔径从大到小的顺序操作，即排阻极限大的接到前面，排阻极限小的接到后面。因为孔径越大越粗糙，越能承受外来物质的积累污染；而且，样品中高分子量的物质对样品的黏度影响最大，如果大分子先被洗脱分离，黏度下降快，对色谱柱的压力降低。

（五）检测器

如前两节所述，色谱法是利用从色谱柱上洗脱下来的样品分子化学和物理性质对其进行检测，因此，利用化合物的不同性质开发了不同的检测器。一般要求检测器应具有较宽的灵敏度，才能同时对痕量组分和大量组分作出准确响应。检测器可以对流动相中因出现样品而产生的改变产生响应，也能仅对样品性质改变产生响应。

最常用的凝胶色谱仪检测器基于折光率原理，是通过评价淋出液和纯溶剂之间折光指数的差异 Δn 进行检测，因而被称为示差折光检测器（DRI）。在稀溶液范围内指数之差 Δn 与淋出组分的相对浓度 Δc 成正比，则以指数差 Δn 对淋出体积（或时间）作图可表征不同分子的浓度。这是一种通用型检测器，可对不同类型的聚合物产生响应，其响应值与样品的浓度成比例，因而得到广泛的应用。

三、实验过程

凝胶渗透色谱法进行化合物分析的一般步骤如下。

（1）选择凝胶渗透色谱法柱子和标样：根据样品的特点选择合适的凝胶渗透色谱法柱子和标样，并且确定采用的凝胶渗透色谱法的校正方法。

排阻色谱的分离是基于不同分子大小的组分进入填料内孔深度的不同，因此选择和搭配具有不同孔径、色谱性能良好的填料很重要。填料孔径大小应与待测物分子量大小相匹配。

（2）配制标样和样品：对凝胶渗透色谱法来说，样品的制备非常重要，特别是大分子样品。在准备分析所用的样品时，首先将样品溶解于合适的溶剂中（最好使制备样品的溶剂与系统中运行的洗脱液一致，减少因溶剂效应可能引起的干扰峰）比如有机相凝胶渗透色谱法中常用四氢呋喃 THF 或水相凝胶渗透色谱法中的水性缓冲液。样品在分离过程中完全取决于样品分子的大小，在进行色谱分析之前需要使样品充分膨胀并能完全溶于溶剂中，此过程可能需要 12～24 h，绝对不能用超声或者剧烈振荡来加速溶解，以免破坏样品。根据样品分子量和黏度的不同分析时所需样品的浓度也有所差别。一般情况下，进样浓度按分子质量大小的不同在 0.05%～0.5%（质量分数）范围内配置。分子质量越大，溶液浓度越低。

溶液进样前应先经过过滤，防止固体颗粒进入色谱柱内引起柱内堵塞，损坏色谱柱。

（3）调试运行仪器：对仪器进行参数设置并进行系统平衡，主要是内外温度、流量、进样体积等参数。安装色谱柱之前，用两通管连接管路，用流动相置换系统后换上色谱柱，注意溶剂互溶情况。

①示差折光检测器平衡操作：在分析开始前，用流动相冲洗检测器流路。流动相流速为 1 mL/min，切换到 R Flow，使流动相通过检测池的样品池和参比池；冲洗 20 min 左右，然后切换 R Flow 流路数次，赶出检测池气泡；关闭 R Flow，等待基线平稳；当均衡值高于 50 时进行均衡调整。

②色谱柱平衡：等溶剂峰出峰后再经过一段分析时间后基线才能平稳。

（4）对标样和待测物进样测试得到色谱图。

（5）获取校准曲线的数据并计算样品平均分子量。

（6）完成实验后，清洗色谱柱。

四、实验结果和数据处理

（一）凝胶渗透色谱校正方法

在凝胶渗透色谱 GPC 检测方法中，如果要正确有效地计算出平均分子量分布，确定聚合物样品中各组分的分子量，必须使用已知分子量的聚合物标准品绘制标准曲线，然后将未知样品的实验数值与校准曲线对照，从而计算出分子量和平均分子量。

1. 窄分布标样校正法

如果要确定聚合物样品中各组分的分子量，须选用与被测样品同类型、已知相对分子量的单分散（$d \leqslant 1.1$）标准聚合物，预先做一条淋洗体积或淋洗时间和相对分子质量对应关系曲线，该曲线称为校正曲线。聚合物中几乎找不到单分散的标准样品，一般用窄分布的样品代替。在相同的测试条件下，做一系列的凝胶渗透色谱标准谱图，对应不同相对分子质量样品的保留时间或淋洗体积，以 $\lg M$ 对 V_e 作图，所得曲线即为校正曲线，如图 5－53 所示。通过校正曲线，将未知样品的实验数据与标准曲线对照，从而计算出各种所需相对分子量和平均分子量信息。

由图 5－53 可知，当 $\lg M > a$ 与 $\lg M < b$ 时，曲线与纵轴平行，这说明此时的淋洗体积与样品分子量无关，即完全排除体积（V_0）——分子量上限；完全渗透体积（V_t）——分子量下限。（$V_0 + V_p$）～V_0是凝胶选择性渗透分离的有效范围，即标定曲线的直线部分，在此范围内分子量与洗脱体积的关系可用简单的线性方程表示，即

$$\lg M = A + BV_e \tag{5-32}$$

式中，A、B 为常数，与聚合物、溶剂、温度、填料等有关，其数值可由校正曲线得到。

2. 普适校正法

然而对于不同类型的高分子，在分子量相同时其分子尺寸并不一定相同，在用某一聚合物的标准样品做校正曲线时不能直接应用于其他类型的聚合物。在此希望借助某一聚合物的

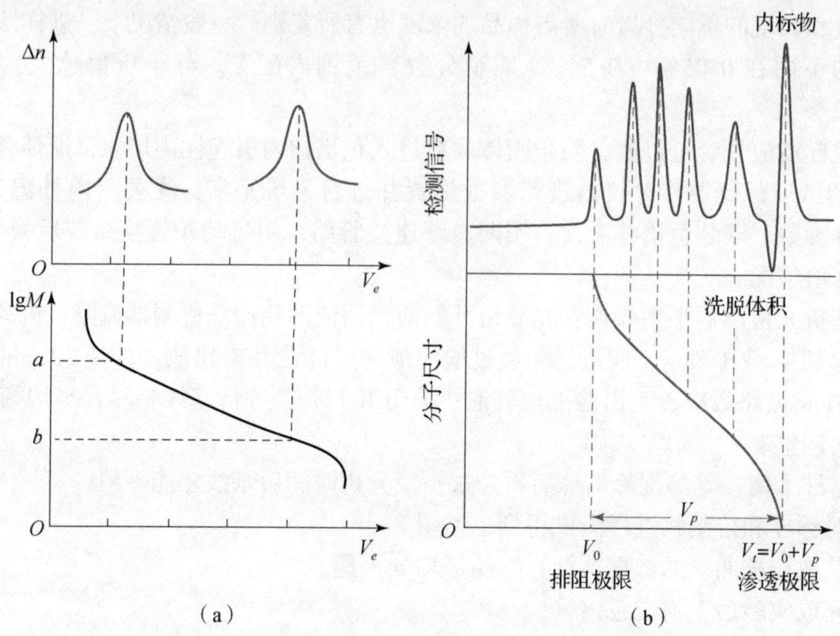

图 5-53　GPC 校正曲线和不同尺寸分子的洗脱情况

（a）GPC 校正曲线；（b）不同尺寸分子的洗脱情况

标准品在某种条件下测得的标准曲线，通过转换关系在相同条件下用于测试其他类型的聚合物样品。这种校正曲线被定义为普适校正曲线。

由于 GPC 对聚合物的分离是基于分子流体力学体积，即对于相同的分子流体力学体积，在同一个保留时间流出，即流体力学体积相同。

根据弗洛曼流体力学体积理论，当两种柔性链的流体力学体积相同时：

$$[\eta]_1 M_1 = [\eta]_2 M_2 \tag{5-33}$$

再将 Mark－Houwink 方程式 $[\eta]=KM^{\alpha}$ 代入上式后两边取对数可得

$$\kappa_1 M_1^{\alpha 1+1} = \kappa_2 M_2^{\alpha 2+1} \tag{5-34}$$

即如果已知在测定条件下标准样和被测高聚物的 κ、α 值，就可以由已知相对分子质量 M_1 的标准样品标定待测样品的相对分子质量 M_2。

3. 标准曲线的评价

每周用标准样品评价标准曲线，如果偏差大于 10% 标准分子量，重做标准曲线；更换色谱柱后，需重做标准曲线。

（二）平均分子量计算公式及其含义

聚合物的分子量并不是一个具体数值，而是一个分布范围。要想准确测定一个聚合物的分子量分布，必须知道分布范围内每一个分子量水平有多少分子，从而计算得出整个样品的平均值。为了生成分子量分布，常将峰切成数个等距的“切片”。通过测量那一点的峰高或峰面积计算每个切片的丰度，利用校准曲线计算对应的分子量，然后进行一定的求和来计算其平均值，常用平均分子量的计算公式如下：

数均分子量：

$$M_n = \frac{\sum Hi}{\sum (Hi/Mi)}$$

重均分子量：

$$M_w = \frac{\sum MiHi}{\sum Hi}$$

Z 均分子量：

$$M_z = \frac{\sum Mi^2 Hi}{\sum MiHi}$$

Z +1 均分子量：

$$M_{z+1} = \frac{\sum Mi^3 Hi}{\sum Mi^2 Hi}$$

式中，Hi 为峰高；Mi 为分子量。

通常计算的平均值是数均分子量，缩小为 M_n，从图 5 – 54 中的分子量分布可看出 M_n 值标出的是左右两边高分子量和低分子量分子数量相等时的数值。数均分子量（M_n）影响的是分子的热力学性质。同时平均分子量还有其他几种表述方法，比如重均分子量（M_w），（M_{z+1}）其被定义为左右两边高分子量和低分子量分子的质量相等时的数值。M_w 对大分子组分敏感，主要影响聚合物的整体性质和韧性。由于 M_w 影响了聚合物的许多物质性质，是最常用的平均分子量。除以上两种方式外，其他平均分子量更多考虑样品中较高分子量的组分，比如 Z 均分子量（M_z）和 M_{z+1}均分子量（M_{z+1}）。M_z 对大的分子组分更敏感，它影响聚合物的黏弹性和熔体流动性能。M_w 与 M_n 的比率可用来计算聚合物的多分散性指数（PDI）。PDI 指示了材料的分子质量范围，分子量分布越宽，PDI 越大，它是衡量聚合物分子量分布的指标。

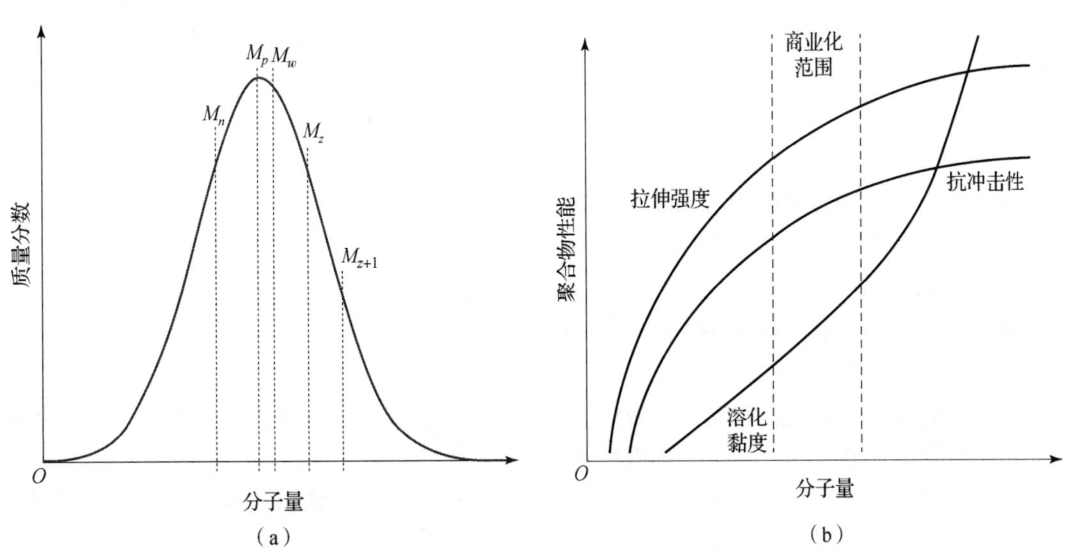

图 5 – 54　单模式聚合物的平均分子量位置及分子量对聚合物性能的影响

（a）平均分子量位置；（b）分子量对聚合物性能的影响

所有这些平均值分子量帮助了解聚合物的性质和提供聚合物可能的性能信息十分重要，

比如脆度、韧度以及弹性等，这些数值上的微小差异可能造成聚合物性能的巨大差异，并决定了其是否适合于某一行业的应用。图 5－54（b）显示了分子量对聚合物性能的影响。

（三）根据测试数据计算分子量

凝胶渗透色谱仪配有数据处理软件，可根据色谱图和实验数据结果计算各种平均分子量及多分散性指数。

五、典型应用

实验项目 4　凝胶渗透色谱法检测高分子化合物的分子量分布实验

1. 实验目的

（1）了解凝胶渗透色谱仪的测量原理。

（2）掌握凝胶渗透色谱仪的基本结构及操作方法。

（3）理解分子量分布曲线的分析方法。

（4）能够根据输出数据得到样品的平均分子量和多分散性指数。

2. 实验原理

凝胶渗透色谱也称为体积排斥色谱，是液相色谱的一个分支，其分离部件是一个以多孔性凝胶作为载体的色谱柱。凝胶的表面与内部含有大量彼此贯穿的大小不等的孔洞，其分离机理通常用“空间排斥效应”来解释。只有直接小于孔径的组分可进入凝胶孔道，在色谱柱中滞留时间长，会更慢地被洗脱出来；大组分不能进入凝胶孔洞而被排阻，只能沿着凝胶颗粒之间的空隙通过，在色谱柱中停留的时间较短，因而最大的组分最先被洗脱出来。

样品组分与固定相之间不存在相互作用的现象，只是根据样品分子的尺寸大小进行分离，这也是与其他色谱法最大的不同。然而分子尺寸一般随分子量的增加而增大，所以根据分子量表达分子尺寸比较方便。凝胶渗透色谱技术主要用于分离测定高聚物的相对分子质量和相对分子质量分布，因为相对分子量分布对聚合物的性质有着重要影响，这对鉴定高聚物及研究高聚物聚合机理、聚合工艺和条件提供了有意义的信息。

3. 实验基本要求

（1）了解凝胶渗透色谱仪的基本理论知识。

（2）掌握凝胶渗透色谱仪的结构及操作方法。

（3）根据样品性质具有初步选择分离条件的理念。

（4）初步了解实验数据和谱图解析方法。

4. 实验仪器和材料

（1）实验仪器：沃特斯 Waters 2695 型高效液相色谱仪，配有高压输液泵、色谱柱和示差折光检测器以及电子分析天平、移液枪等。

（2）实验材料：色谱级四氢呋喃、质量分数为 2% 的聚苯乙烯溶液样品、不同分子量分布的标样、进样瓶、钥匙、容量瓶。

5. 实验步骤

（1）凝胶渗透色谱柱的选择：按照样品所溶解的溶剂来选择色谱柱所属系列，如四氢呋喃、氯仿、DMF 等；必须选择合适的溶剂来溶解聚合物。

（2）按照样品分子量范围来选择色谱柱型号。样品分子量应该处在排阻极限和渗透极限范围内，并且处在校正曲线线性范围内。

（3）配制标样和样品：对于凝胶渗透色谱分析来说，样品的制备非常重要，特别是大分子样品。首先将样品溶解于合适的溶剂中（最好使制备样品的溶剂与系统中运行的洗脱液一致）。样品在分离过程中完全取决于样品分子的大小，在进行色谱分析之前需要使样品充分膨胀并能完全溶于溶剂中，绝对不能用超声或者剧烈振荡来加速溶解，避免样品受到破坏。根据样品分子量和黏度的不同分析时所需样品的浓度也有所差别，一般情况下，进样浓度按分子质量大小的不同，在0.05%~0.5%（质量分数）范围内配置。分子质量越大，溶液浓度越低。

溶液进样前应先经过过滤，防止固体颗粒进入色谱柱内，引起柱内堵塞，损坏色谱柱。

（4）调试运行仪器：对仪器进行参数设置并进行系统平衡，主要设置内外温度、流量、进样体积等参数。

①示差折光指数检测器 RID 平衡操作：在分析开始前，用流动相冲洗检测器流路。流动相流速为 1 mL/min，切换到 R Flow，使流动相通过检测池的样品池和参比池；冲洗20 min左右，然后切换 R Flow 流路数次，赶出检测池气泡；关闭 R Flow，等待基线平稳；当平衡值高于 50 时，进行平衡调整。

②色谱柱平衡：等溶剂峰出峰后再经过一段分析时间后基线才能平稳。

（5）对标准样品和待测物进行测试，得到色谱图。

（6）获取校准曲线的数据并计算样品平均分子量。

（7）完成实验后，清洗色谱柱。

6. 实验结果与数据处理

利用数据处理软件对获得的色谱数据进行各种平均分子量和多分散系数计算。

7. 实验注意事项

（1）实验前要检查仪器是否存在漏液现象。

（2）溶解样品的溶剂与洗脱液要一致，样品要充分溶胀，不能用超声或剧烈振荡来加速溶解。

（3）样品采用过滤处理，确保样品中不含固体颗粒；防止样品进入色谱柱内，引起柱内堵塞损坏色谱柱；若为四氢呋喃、氯仿、N，N－二甲基酰胺等，则必须用聚四氟滤膜（PTFE），尼龙膜为有机膜，甲醇乙腈可以过滤，但不能过滤上面 3 种溶剂，否则会堵塞色谱柱或系统。

（4）使用前仔细阅读色谱柱说明书，注意色谱柱类型、适用温度范围等。

第六章
物质结构分析技术

第一节 物质结构分析技术概述

物质是有结构的，物质的结构决定了物质的性质，从而决定了材料的性能和应用。在清楚结构和性能关系的基础上，人们可以依据结构和性能的关系进行材料的合理合成。物质结构分析的含义就是用某些工具和方法测定物质结构，并配合性能测定总结构和性能的关系。

物质的结构是分层次的。我们经常见的是多物相聚集体的结构，例如组成物质的各个不同物相之间的颗粒大小、聚集方式等。其中的每一个物相都有自己的结构，具体讲，就是物相内原子分子的排列方式，这是物质的相结构。构成每个物相的分子也有自己的几何结构，这就是分子结构。分子内的原子之间通过电子相互作用，形成特定的电子分布和运动方式，这是分子的电子结构。

结构分析的方法多种多样，各有特色，但是其本质又是类似的，都是用某种波与被测物质发生作用，改变被测对象中原子核或电子的某种状态，同时引起入射波的散射或吸收，或产生不同于入射波长的波或新粒子。这些变化都与物质结构密切相关，对其进行记录分析，就可以得到物质结构的信息，这就是结构分析。经常用到的电磁波谱及各波段对应的结构分析方法如表 6－1 所示。另外，电子衍射中用电子束作为探测手段，电子束是物质波，也将其列入表 6－1 中。

表 6－1 电磁波谱及各波段对应的结构分析方法

波段	波长/m	结构分析方法
无线电波	10^{-1}~10^{0}	NMR
微波	10^{-3}~10^{-1}	EPR
红外线	8×10^{-7}~10^{-3}	IR
可见光	4×10^{-7}~8×10^{-7}	Vis，Raman
紫外线	1×10^{-8}~4×10^{-7}	UV，Raman
X 射线	10^{-11}~10^{-8}	XRF，XRD
电子束	波长随加速电压变化，一般为 8.7×10^{-13}~3.7×10^{-12}	ED

从 1912 年 X 射线衍射被用于晶体结构分析开始，到现在已经 111 年。用 X 射线所能分析的晶体结构，从只有一两个参数的简单无机物，发展为十分复杂的生物大分子的结构。1927 年，戴维森·杰默（Davisson Germer）和汤姆森（Thomson）均发现了晶体对电子的衍射效应，验证了电子具有波动性的假设，也开启了电子衍射分析晶体结构的大门。中子衍射于 1936 年由哈尔班（Halban）和普赖斯沃克（Preiswerk）以及米切尔（Mitchell）和鲍尔斯（Powers）发现。X 射线衍射和电子衍射、中子衍射互相补充，已经成为在原子和分子水平上分析晶体结构的最为重要和有效的手段。X 射线单晶衍射提供的晶体结构信息最为准确，但是对样品的要求也较高。单晶衍射实验通常需要一颗几百微米大小的理想单晶体，可以给出原子位置、分子几何等信息。在没有理想晶体样品的条件下，比如样品颗粒细小，或者是孪晶等情况，如果样品足够多，可以考虑粉末衍射。此时能得到的结构信息也会少很多，一般情况下可以得到晶体的点阵常数。理想情况下，也可以得到原子位置信息，但是要比单晶衍射困难得多。另外，当样品是混合物，要确定其物相组成和含量，粉末衍射是非常有效的手段。在样品颗粒细小且数量有限的情况下，可以考虑电子衍射。单晶电子衍射一般可以给出点阵常数的信息，多晶电子衍射则可用于物相鉴定，这与 X 射线衍射是类似的。拉曼光谱则不同，它主要利用散射体与入射光之间的能量交换来研究分子的振动和转动的状态。

近年来，上述技术在仪器和方法两个方面都有不少进展，如同步辐射的应用、自由电子激光的出现、冷冻电镜技术的发展，都使得人们解析晶体细小、结构复杂的晶体结构的能力大大提升；同时，在结构分析方法方面，人们也在不断探索，如直接法的不断完善，电荷翻转法的出现，相干衍射成像技术和原子电子断层扫描技术的发展等。

X 射线结构分析的发展很好地说明了科学的发展需要独立探索和互相合作。1895 年，德国科学家伦琴发现了 X 射线，并在医学上带来强大的应用。但是他没有发现 X 射线还可以被晶体衍射，1912 年，德国科学家劳厄（Laue）发现了这一现象。劳厄发现 X 射线的衍射现象后，也没有意识到这一现象可以用于分析晶体结构。而这一发现是英国物理学家布拉格（Bragg）父子完成的。他们父子二人携手合作，得出了著名的布拉格公式，并测定了最初的一批晶体结构。晶体结构分析这一工具，也使人们能够了解原子分子的分布和作用，窥探分子的结构和生命的奥秘。上述 4 人分别获得了 1901 年、1914 年和 1915 年的诺贝尔物理学奖。他们之间跨时代的接力，把人类的文明往前推进了一大步。

本章主要介绍利用 X 射线和电子与晶态物质发生作用时产生的衍射效应，以及可见光与物质发生作用时产生的拉曼散射效应进行物质结构分析的方法。主要内容包括 X 射线单晶衍射和多晶衍射、电子单晶衍射和多晶衍射及拉曼散射。

X 射线衍射和电子衍射是利用物质对 X 射线光子或电子的弹性散射效应，在原子尺度上表征物质结构的重要手段；拉曼散射则是利用物质对可见光的非弹性散射来表征原子或分子的振动、转动等低频模。

第二节　单晶 X 射线衍射

单晶 X 射线衍射是利用单晶体对 X 射线的衍射效应，在原子尺度上分析分子和晶体结构的一门科学和技术，通常称为 X 射线晶体学。从 1895 年伦琴发现 X 射线，到 1912 年，劳厄发现晶体对 X 射线的衍射效应，1913 年布拉格根据食盐的衍射图分析出其晶体结构，到现在已经过去 120 多年。经过百余年的发展，X 射线衍射技术和电子衍射、中子衍射互相补充，成了在原子尺度上分析分子和晶体结构的最为可靠和高效的手段。图 6－1 是北京理工大学分析测试中心的 D8 Venture 单晶 X 射线衍射仪及典型的晶体结构图片。

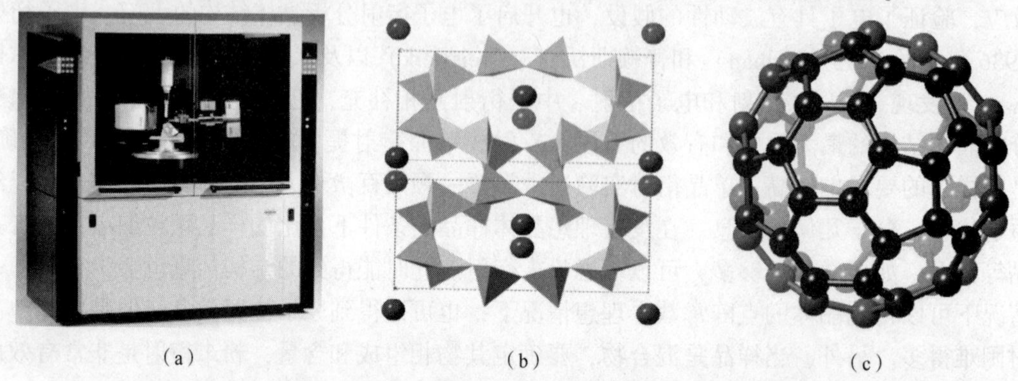

图 6－1　D8 Venture 单晶 X 射线衍射仪及典型的晶体结构图片

(a) D8 Venture 单晶 X 射线衍射仪；(b)，(c) 典型的晶体结构图片

一、实验原理

X 射线单晶衍射利用的是单晶体对 X 射线的衍射效应，涉及 X 射线、单晶体以及晶体对 X 射线的衍射三部分内容。

(一) X 射线

X 射线是 1895 年由德国物理学家伦琴发现的，后来研究证明 X 射线的本质是一种波长很短的电磁波，波长范围为 $10^{-3}\sim10^{1}$ nm，如图 6－2 所示。由于其波长范围和晶体中原子间的距离大概在同一量级，故成为测量晶体衍射效应、分析晶体结构的有效工具。

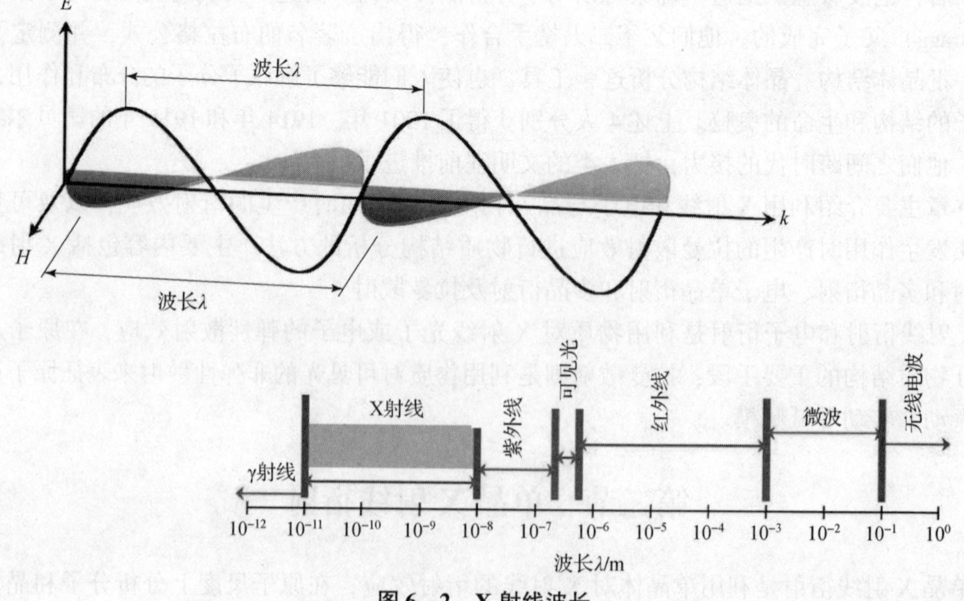

图 6－2　X 射线波长

（二）晶体

大多数情况下，X 射线结构分析的对象是晶体，即晶态固体材料。非晶体和液体也可以用 X 射线进行结构分析，但不是本课程的内容。

晶体即结晶态固体。晶态固体和非晶态固体最主要的区别是晶体内部的原子、分子、离子的排列具有三维周期性。如果把晶体中的原子、离子或分子抽象成质点，则晶体结构可以看成空间点阵。从空间点阵中可以按一定规则划分出符合点阵对称性的一个平行六面体，作为点阵的最小重复单元。此平行六面体的 3 条边 a、b、c 和 3 个边间夹角 α、β、γ 即为点阵常数，也称为晶胞参数（图 6－3）。因为晶体具有三维周期性，因此在做晶体结构分析时，只需要分析一个重复单元即可。把一个重复单元，按照点阵 3 个方向的周期性重复排列，即可得到整个点阵。这就是晶体的平移对称性。

（三）晶体对 X 射线的衍射

晶体具有三维周期性点阵结构，可以看成三维光栅。其栅格间距与 X 射线的波长接近，因此当一束 X 射线照射，到一颗单晶体上时，会发生衍射现象。X 射线是被核外的电子弹性散射的，故某方向的散射波频率相同，相差恒定。当散射波程差符合特定条件时，在此方向发生衍射，产生衍射极大。

衍射方向由如下劳厄方程式规定，

$$\boldsymbol{a} \cdot \boldsymbol{s} = h$$
$$\boldsymbol{b} \cdot \boldsymbol{s} = k$$
$$\boldsymbol{c} \cdot \boldsymbol{s} = l$$

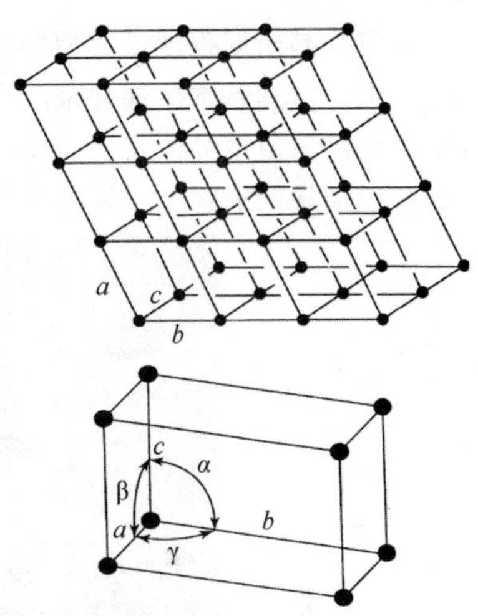

图 6－3　晶体点阵及重复单元

其中，$\boldsymbol{a}$、$\boldsymbol{b}$、$\boldsymbol{c}$ 是确定点阵常数的 3 个矢量，$\boldsymbol{s}$ 是入射线与衍射线间的差向量，称为衍射矢量。h、k、l 为 3 个任意整数，称为衍射指标，确定了衍射的方向。

为了测定晶体结构中原子的位置，还需要知道衍射线在特定方向上的衍射强度。在晶体中，通常以点阵基矢作为 3 个方向的单位矢量来表达原子在晶胞中的位置。原子的坐标是原子位置矢量在坐标轴上的 3 个分量。这样得到的原子坐标是点阵常数的某个分数，称为分数坐标。如图 6.4 所示的晶胞中，$\boldsymbol{a}$、$\boldsymbol{b}$、$\boldsymbol{c}$ 3 个矢量为点阵常数，3 个原子的位矢分别为 $\boldsymbol{r}_1$、$\boldsymbol{r}_2$、$\boldsymbol{r}_3$，坐标分别为（x_1，y_1，z_1）（x_2，y_2，z_2）和（x_3，y_3，z_3）。

$$\boldsymbol{r}_1 = x_1\boldsymbol{a} + y_1\boldsymbol{b} + z_1\boldsymbol{c}$$
$$\boldsymbol{r}_2 = x_2\boldsymbol{a} + y_2\boldsymbol{b} + z_2\boldsymbol{c}$$
$$\boldsymbol{r}_3 = x_3\boldsymbol{a} + y_3\boldsymbol{b} + z_3\boldsymbol{c}$$

据此可以计算出在 hkl 方向上的散射波为

$$F_{hkl} = \sum_{j=1}^{N} f_j \exp[2\pi i(hx_j + ky_j + lz_j)]$$

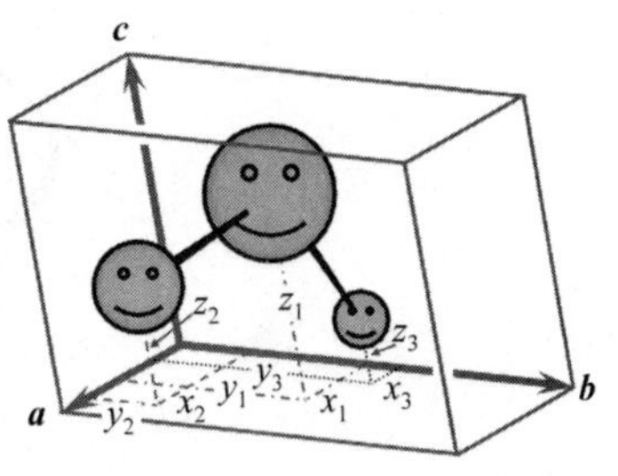

图 6－4　原子位矢和分数坐标

式中，F_{hkl} 为在此方向上衍射线的振幅，其平方为衍射强度；f_j 为晶胞中原子 j 的散射因子，（x_j，y_j，z_j）是其坐标。F_{hkl} 又称为结构因子。

还可以证明，在 X 射线衍射过程中，存在如下关系：

$$F(\boldsymbol{s}) = \int_v \rho(\boldsymbol{r})\exp(2\pi i\boldsymbol{r}\cdot\boldsymbol{s})\,\mathrm{d}v$$

$$\rho(\boldsymbol{r}) = \int_{*} F(\boldsymbol{s})\exp(-2\pi i\boldsymbol{r}\cdot\boldsymbol{s})\,\mathrm{d}v^{*}$$

式中，v 是晶体空间（也称实空间）的体积元；v^{*} 是衍射空间（也称倒空间）的体积元；$\boldsymbol{r}$ 和 $\boldsymbol{s}$ 分别是实空间和倒空间的位矢；$\boldsymbol{s}$ 是散射矢量。这说明，结构因子是电子密度的傅里叶变换，电子密度是结构因子的傅里叶逆变换。因此，如果能确定结构因子，就可以计算晶体中电子密度的分布情况，从而确定原子的位置。

二、实验仪器

测量单晶衍射强度最典型的设备是四圆单晶衍射仪，但现在已经被面探 X 射线衍射仪取代。但是，其基本原理并未改变，而且四圆单晶衍射仪更容易说明衍射实验原理。在上部分中，我们知道单晶体对 X 射线的衍射是发生在特定方向上的，如何通过实验来找到这些衍射并记录其衍射强度，是衍射仪需要解决的问题。图 6－5 是一台典型的四圆衍射仪及转

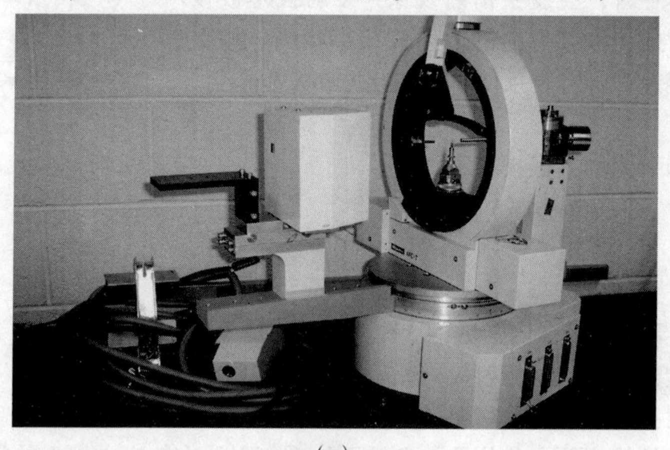

（a）

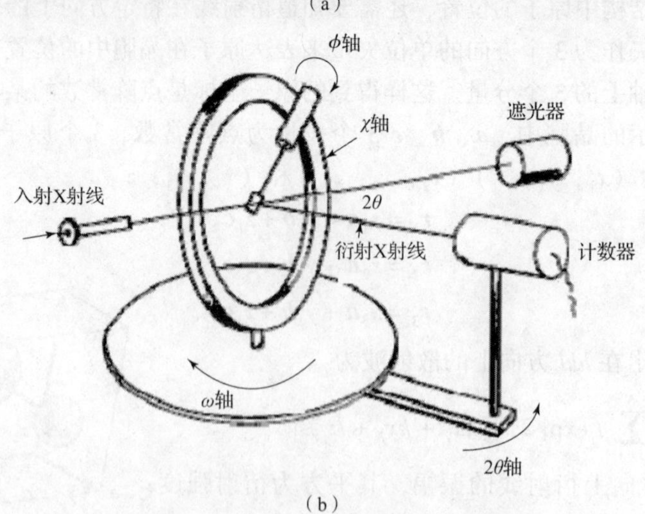

（b）

图 6－5　四圆衍射仪及转动示意图

（a）四圆衍射仪；（b）四圆衍射仪示意图

动示意图。四圆单晶衍射仪有 2θ、ω、χ、ϕ 4 个轴。2θ 和 ω 绕垂直并且通过仪器机械中心的轴转动，前者驱动探测器在水平面内转动，后者驱动直立的大轴 χ 绕直立轴转动。载晶器在 χ 圆上沿圆周运动，同时也可以绕自身的轴线转动。这样通过 ω、χ、ϕ 3 个轴的转动可以调整晶体的方向，使之与入射 X 射线之间满足劳厄方程式的要求，发生衍射，且保证衍射发生在水平方向特定的角度范围内；然后 2θ 驱动探测器到特定的位置去接收衍射线的强度。

四圆单晶衍射仪可以测量所有衍射的强度，但是每次只能接收一个衍射的强度，效率不高。现在通常使用 CCD、CMOS、IP 等二维探测器来接收衍射强度，每次可以接收几十甚至上百个衍射点。图 6－6 是一台典型的 CCD 衍射仪。在配置二维探测器的衍射仪中，可以采用欧拉几何或卡帕几何。图 6－6 所示的衍射仪为卡帕几何。在一些面探 X 射线衍射仪中，可以将 χ 固定，此时能转动的轴为 3 个。

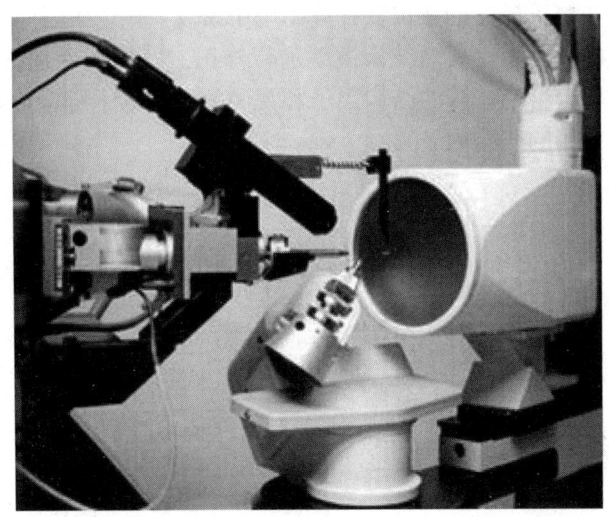

图 6－6　CCD 衍射仪

三、实验过程

如果晶体质量足够好，没有需要特殊处理的问题，一个典型的衍射实验过程有以下十几步。

（1）在显微镜下挑选合适的晶体，并安装在载晶器上。

（2）把载晶器安装在测角仪上，并对心。

（3）用静态衍射图或回摆图判断晶体质量。

（4）收集部分衍射用于指标化。

（5）判断晶胞是否已知，体积是否合理。

（6）检查指标化的结果和质量。

（7）确定曝光时间、画面步幅及独立衍射空间。

（8）记录晶体的颜色、大小和形状。

（9）确定晶面指标（如果需要数字吸收校正）。

（10）收集数据。

（11）重新确定取向矩阵（可选）。

（12）检查取向矩阵的可靠性（可选）。

（13）积分衍射画面。

（14）数据还原。

经过以上步骤，得到衍射数据文件用于后续的结构分析。

四、实验结果和数据处理

结构因子的振幅可以通过衍射实验测量，但是其相位只能通过其他方法确定。最常用的是直接法和帕泰森函数法。前者通过大量衍射振幅之间的统计关系来寻找部分衍射的相位，然后通过不同的傅里叶合成，得到并修正最终的相位，计算出电子密度。后者先通过分析原子间的帕泰森向量图，初步确定几个重原子的位置，然后根据这几个重原子的位置进行不同的傅里叶合成，得到并修正最终的相位，计算出电子密度。

得到初始的结构模型以后，要对结构模型进行修正，以得到合理的结构参数。修正时，采用非线性最小二乘拟合，使计算的结构因子和观测的结构因子符合最好。二者符合的程度用残差因子来衡量。常用的残差因子为

$$R=\frac{\sum_{hkl}\left\|F_o\right|-\left|F_c\right\|}{\sum_{hkl}\left|F_o\right|}$$

$$wR=\sqrt{\frac{\sum_{hkl}w\Delta_1^2}{\sum_{hkl}wF_o^2}}$$

$$wR_2=\sqrt{\frac{\sum_{hkl}w\Delta_2^2}{\sum_{hkl}w\left(F_o^2\right)^2}}=\sqrt{\frac{\sum_{hkl}w\left(F_o^2-F_c^2\right)^2}{\sum_{hkl}w\left(F_o^2\right)^2}}$$

$$\Delta_1=\left\|F_o\right|-\left|F_c\right\|$$

$$\Delta_2=\left|F_o^2-F_c^2\right|$$

式中，F_o 为观测的结构因子；F_c 为计算的结构因子；w 为权重因子。

完成结构修正后，需要以文件、图表或图形的方式表达晶体结构。文件主要是 Crystal Information File（CIF），以及根据此文件产生的晶体数据、键长键角表等。图形主要是各种分子和晶体结构的绘图。下面是一个典型的单晶衍射实验及结构测定举例。

五、结构测定举例

本部分以 N – salicylideneglycinatocopper（Ⅱ）$Cu(sg)SC(NH_2)_2$ 为例，说明结构测定的主要过程。图 6 – 7 为典型的单晶衍射图。

（1）用偏光显微镜挑选大小为 0.3 mm × 0.2 mm × 0.1 mm 的晶体，将其固定在细玻璃丝顶端，安置在测角仪上，对心。

（2）检查晶体质量并指标化得到 $a=1.364$ nm，$b=1.237$ nm，$c=1.421$ nm，$\beta=$ 9.130 nm。

（3）确定数据收集策略并收集数据。

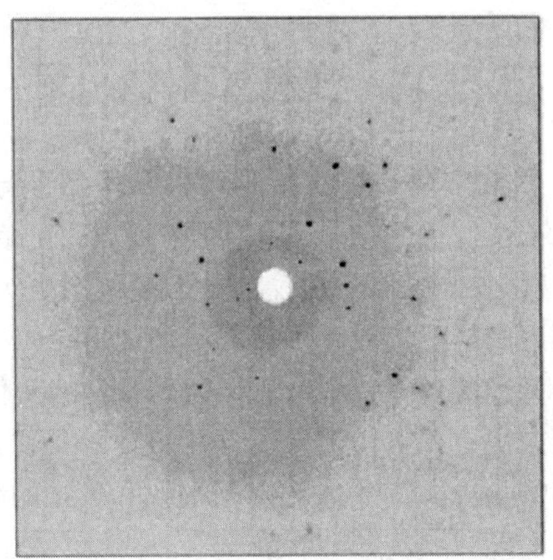

图 6－7　一张典型的单晶衍射图

（4）积分得到原始数据文件，格式如下：

－14	2	2	645.12	11.602	－0.558 64	－0.244 45	－0.396 13	0.499 38	－0.737 13	0.824 06
－13	4	1	727.14	11.452	－0.558 64	－0.188 25	－0.396 13	0.597 45	－0.737 13	0.773 06
－13	8	－3	86.41	8.482	－0.558 64	－0.193 49	－0.396 13	0.797 96	－0.737 13	0.563 73

…

（5）还原数据，得到 hkl 文件，格式如下：

h	k	l	Fo＊＊2	sigma
－2	0	0	1 846.40	30.47
2	0	0	1 826.90	30.16
－4	0	0	262.59	9.54
4	0	0	264.68	10.67

…

（6）判断空间群。

（7）建立结构分析的指令文件，确定结构分析方法。

（8）建立初始结构模型。

（9）进行结构修正。

（10）编辑 CIF 文件，产生报表并绘图（图 6－8）。

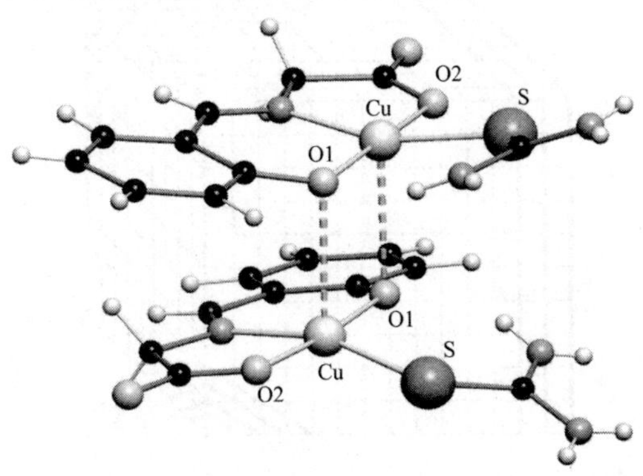

图 6－8　化合物的分子结构图

第三节　粉末 X 射线衍射

X 射线粉末衍射也称 X 射线多晶衍射，是利用多晶样品进行衍射分析的方法。此方法最早由德拜（Debye）和施莱尔（Schreier）在 1916 年提出，随后赫尔（Hull）又独立提出了这一方法。X 射线粉末衍射是一种比 X 射线单晶衍射应用更为广泛的结构分析方法。很多时候，得不到适合单晶衍射的样品，或者不需要确切知道晶体中原子的分布，只需要了解材料的物相及其组成、点阵常数随外界的温度、压力等条件的变化即可；有时需要测定多晶聚集体的晶粒大小、微观应力等，粉末衍射可以方便快捷地提供这些信息。图 6－9 是北京理工大学分析测试中心的D8 Advance X 射线粉末衍射仪和典型的粉末衍射图。

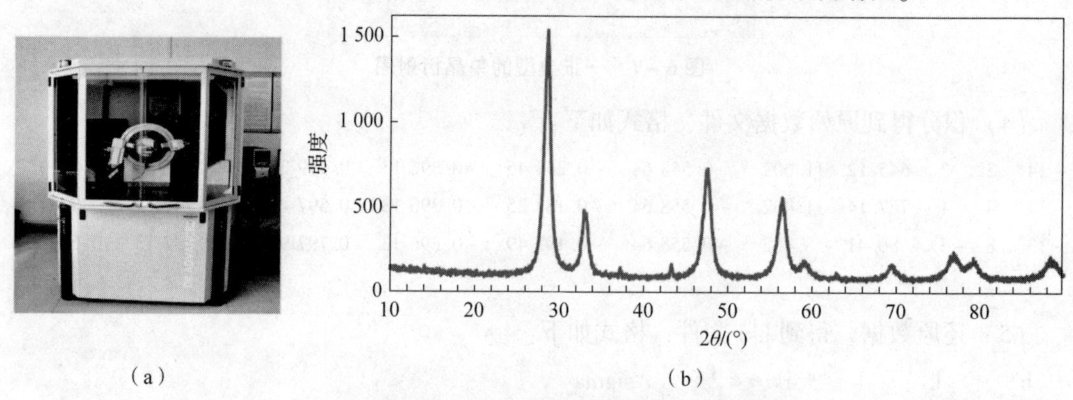

图 6－9　X 射线粉末衍射仪和典型的粉末衍射图

（a）D8 Advance X 射线粉末衍射仪；（b）典型的粉末衍射图

一、实验原理

在单晶衍射中，我们知道晶体结构的周期性可以用点阵单位和平移群来表达。另外，晶体的点阵结构也可以看成由多组具有不同取向和平面间距的点阵平面组成的。如图 6－10 所示，黑线所示的点阵平面就是其中的几个例子，每组平面都有不同的取向和不同的面间距。如果能够测定所有平面的取向和面间距，就完整了解了晶体点阵。

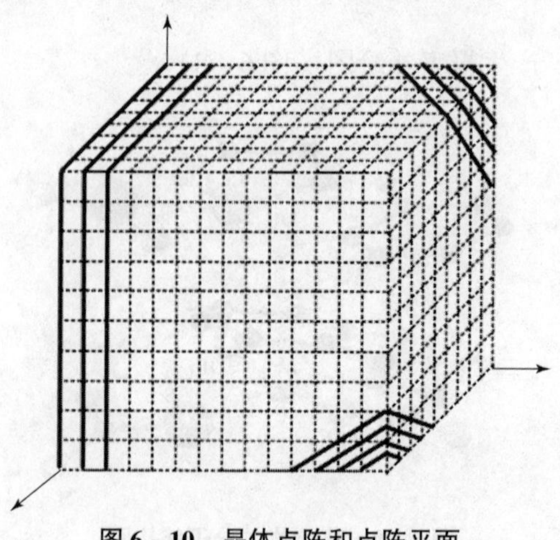

图 6－10　晶体点阵和点阵平面

点阵平面的取向可以用平面在坐标轴上的截距来表达。在晶体点阵中，点阵矢量 **a**、**b**、**c** 构成天然的坐标系。如果点阵平面在 3 个坐标轴上的截距分别是 **a**/h、**b**/k、**c**/l，则可用（hkl）来表示此点阵面的取向，（hkl）称为米勒指数。图 6－11 是几个常见晶面指标的示意图。

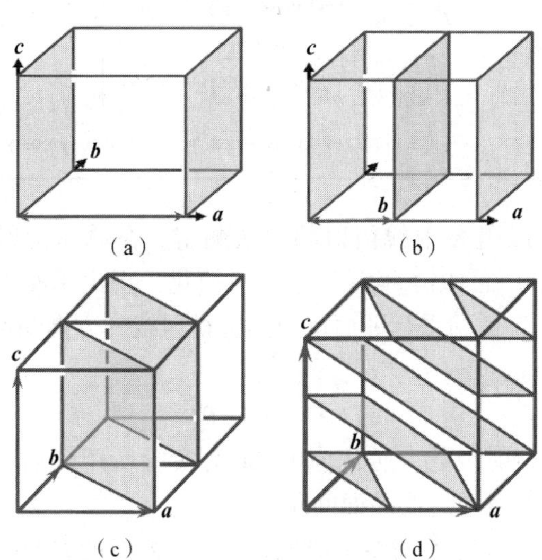

图 6－11　几个常见晶面指标示意图

（a）、（b）、（c）、（d）分别为指数（100）、指数（200）、指数（110）和指数（213）的晶面族示意图

图 6－11（a）中，灰色的一组平面在 **a** 轴的截距为 1a，在 **b**、**c** 的截距为∞，米勒指数为（100）。图 6－11（b）中，灰色的一组平面在 **a** 轴的截距为 $a/2$，在 **b**、**c** 的截距为∞，米勒指数为（200）。同样，图 6－11（c）中，灰色的一组平面在 **a**、**b**、**c** 轴的截距为 **a**、**b**、∞，米勒指数为（110）。图 6－11（d）平面的米勒指数为（213）。

从图 6－11 可以看出，取向不同的点阵平面，其平面间距是不同的。用矢量代数的方法很容易求出指标为（hkl）的晶面在不同晶系的坐标系下晶面间距的计算公式（表 6－2）。该表达式中，d 是平面间距，hkl 是晶面指标，a，b，c，α，β，γ 是点阵常数。可见，晶面间距是 h，k，l，a，b，c，α，β，γ 的函数。假设图 6－11 中的点阵为立方晶系，可以计算出（100）的晶面间距为 a，（200）的晶面间距为 $a/2$，（110）的晶面间距为 $a/\sqrt{2}$。

表 6－2　各晶系镜面间距的计算公式

立方晶系：	$\frac{1}{d^2}=\frac{h^2+k^2+l^2}{a^2}$
四方晶系：	$\frac{1}{d^2}=\frac{h^2+k^2}{a^2}+\frac{l^2}{c^2}$
六方晶系：	$\frac{1}{d^2}=\frac{4}{3}\frac{h^2+hk+k^2}{a^2}+\frac{l^2}{c^2}$
正交晶系：	$\frac{1}{d^2}=\frac{h^2}{a^2}+\frac{k^2}{b^2}+\frac{l^2}{c^2}$
单斜晶系：	$\frac{1}{d^2}=\frac{h^2}{a^2\sin^2\beta}+\frac{k^2}{b^2}+\frac{l^2}{c^2\sin^2\beta}+\frac{2hl\cos\beta}{ac\sin^2\beta}$

续表

三斜晶系：
$$\frac{1}{d^2}=\left[\frac{h^2}{a^2\sin^2\alpha}+\frac{2kl}{bc}(\cos\beta\cos\gamma-\cos\alpha)+\frac{k^2}{b^2\sin^2\beta}+\frac{2hl}{ac}(\cos\alpha\cos\gamma-\cos\beta)+\frac{l^2}{c^2\sin^2\gamma}+\frac{2hk}{ab}(\cos\alpha\cos\beta-\cos\gamma)\right] \Big/ (1-\cos^2\alpha-\cos^2\beta-\cos^2\gamma+2\cos\alpha\cos\beta\cos\gamma)$$

晶面的取向和间距可以用 X 射线衍射的方法测定。在单晶衍射中，用劳厄方程式规定了衍射的方向，布拉格父子在 1914 年对其进行了简化，提出了布拉格方程式。他们认为 X 射线是被晶体中一组间距为 d 的平行平面反射的，衍射线的方向与晶面面间距和衍射峰的位置由布拉格方程式确定：

$$n\lambda=2d\sin\theta$$

式中，n 为任意整数，是衍射级数，通常为 1；λ 为实验所用辐射的波长；θ 为入射线和点阵平面的夹角；d 为此衍射峰对应的晶面间距。

如图 6－12 所示，S_0为入射 X 射线的方向，S 为衍射线的方向。两束衍射 X 射线互相干涉加强，产生衍射峰的条件是光程差 $AB+BC$ 是波长的整数倍。据此可以得出布拉格方程式。

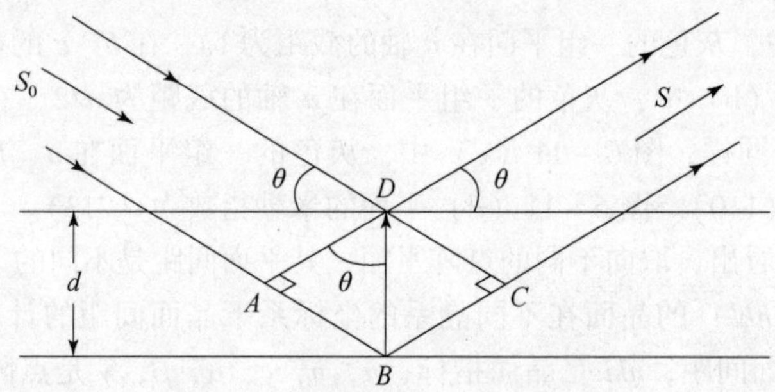

图 6－12　点阵平面对 X 射线的反射

布拉格方程式告诉我们多晶衍射时衍射线的方向，而劳厄方程式规定了单晶衍射线的方向。二者都说明了晶体对 X 射线的衍射方向问题，因此其本质是相同的，而且可以从其中一个推导出另一个。

二、实验仪器

X 射线粉末衍射的设备是 X 射线粉末衍射仪。该仪器的主要组成部分是 X 射线管和光路系统、测角仪系统、探测器以及计算机控制系统。X 射线粉末衍射仪的核心部件是测角仪，它能够准确测量衍射发生的角度，其几何结构如图 6－13 所示。

图 6－13（b）中，F 为射线源，D 为探测器，DS 和 RS 分别为发散狭缝和接收狭缝。由于从射线管发出的 X 射线是发散的，为了限制射线到达样品时发散性，使用发散狭缝 DS。衍射线到达探测器时，也不是严格聚焦的。为了限制进入探测器的衍射线的范围，在衍射光路上使用接收狭缝 RS。

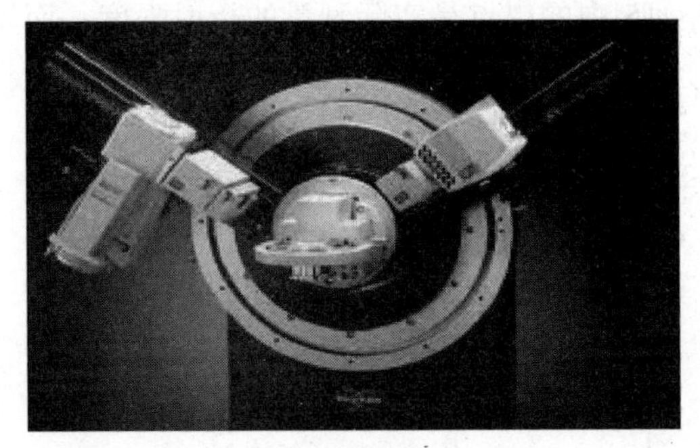

（a）

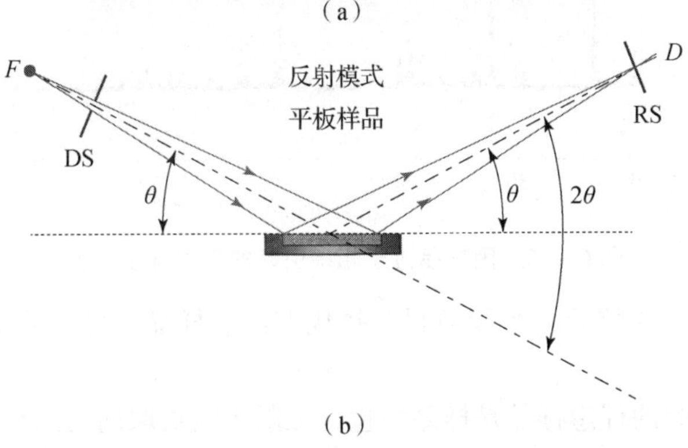

（b）

图 6－13　Bragg－Brentano 型测角仪及赝聚焦几何图

（a）Bragg－Brentano 型测角仪；（b）赝聚焦几何图

如果要发生衍射，布拉格方程式要求入射 X 射线和衍射 X 射线与点阵平面成相同的角度。由图 6－13 可见，如果保持样品不动，在实验时同时同步转动光源 F 和探测器 D，就能够满足布拉格方程式的要求。这一类测角仪称为 $\theta-\theta$ 测角仪，如图 6－14（b）所示。还有另外两种常用的实现布拉格方程式要求的方法：①保持光源 F 不动，让样品和探测器以 $\theta-2\theta$ 的方式联动，称为 $\theta-2\theta$ 测角仪，如图 6－14（a）所示；②保持光源和样品不动，让探测器以 2θ 的速度转动，这种方式不多见，如图 6－14（c）所示。

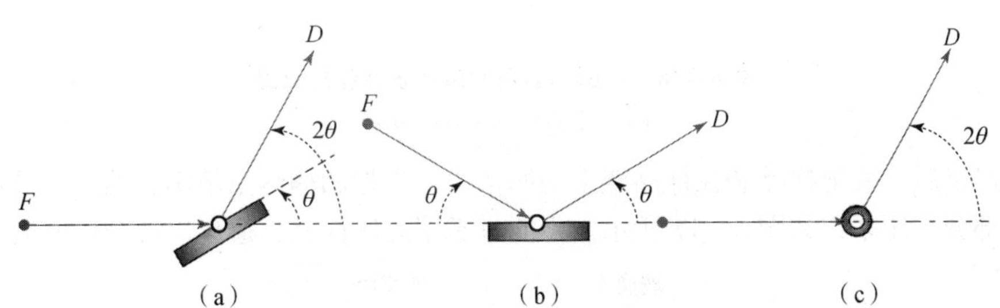

图 6－14　几种典型的测角仪联动模式

（a）$\theta-2\theta$ 测角仪示意图；（b）$\theta-\theta$ 测角仪示意图；（c）2θ 测角仪示意图

三、实验过程

粉末衍射数据受多种因素的影响，包括样品的制备和实验条件的选择等。

用适当的方法制备样品，对衍射数据有至关重要的影响。不合理的样品制备会导致数据不合理，甚至错误。图 6－15 中的黑点是实际测量的衍射强度，而黑实线是理想状态下的衍射强度，灰色的曲线是二者的差值。可见实验值和理论值差别较大，原因是样品未经仔细研磨，过于粗糙。

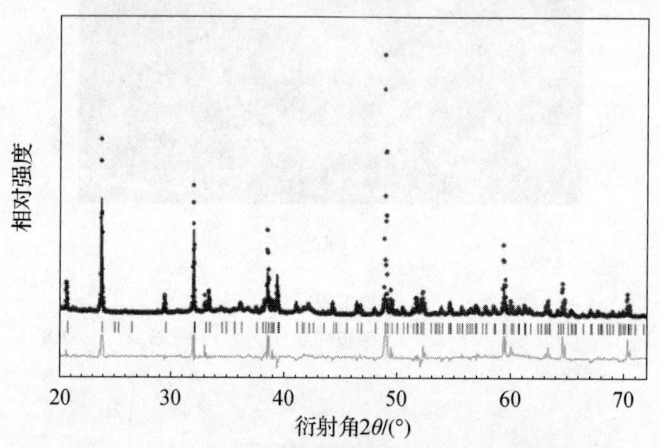

图 6－15　因样品过于粗糙引起的衍射强度误差

样品制备时要注意颗粒的大小和数目、择优取向、样品尺寸及样品平面的高低等几个方面。

用于粉末衍射实验的理想样品是样品中包含无限多随机取向的细小晶体颗粒。在样品架上有限的体积内满足这一要求的做法是把样品研磨成粒度为 10～50 μm 的颗粒，研磨时可以使用玛瑙研钵或球磨罐，如图 6－16 所示。

（a）　　　　（b）

图 6－16　研磨样品用的玛瑙研钵和球磨罐

（a）玛瑙研钵；（b）球磨罐

研磨好以后，要把样品装在样品架上的凹槽内。先把凹槽尽量填满，然后用玻璃片轻轻刮走多余部分并压平，如图 6－17 所示。不能过于用力压样品，避免出现择优取向。

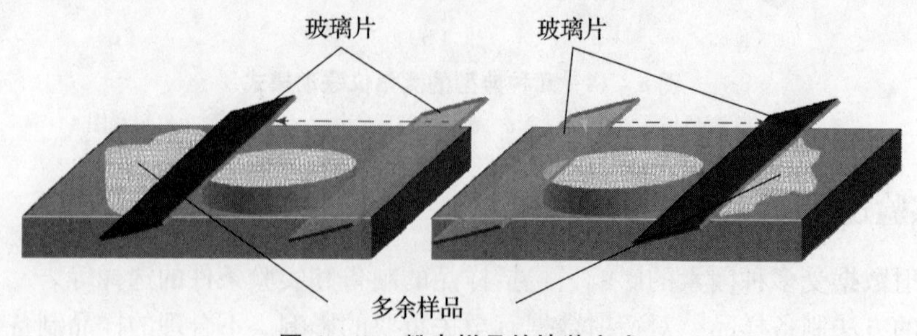

图 6－17　粉末样品的填装方式

择优取向是指对于极大偏离球形颗粒的样品，如针状、片状样品，在装入样品架凹槽时，样品颗粒的取向远远偏离随机取向，导致衍射强度失真。片状样品和棒状样品的择优取向如图 6－18 所示，样品都在水平面内分布，远远偏离随机分布。

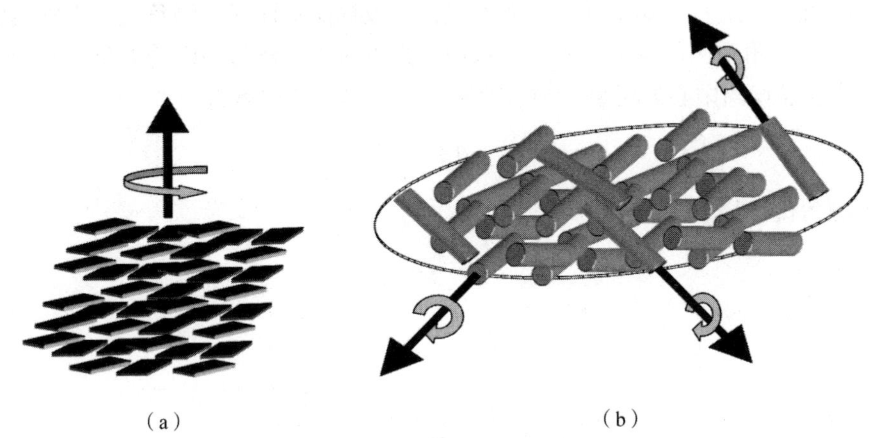

（a）　（b）

图 6－18　片状和棒状样品的择优取向

（a）片状样品的择优取向；（b）棒状样品的择优取向

样品的尺寸也是一个非常重要的因素。常用的样品架上都有一个大小合适的凹槽，实验时将样品填满凹槽即可。要注意将凹槽外的样品清理干净。衍射实验要求样品面积应足够大，以保证在任何衍射角度上，X 射线在样品表面的投影都不超过样品的线度。这是因为粉末衍射实验所用的光源为线型发散光源，射线在样品表面的投影会随入射角改变。角度越低时，投影面积越大。如图 6－19，入射线在样品表面的投影随 θ 角的减小而增大。样品表面积足够大，才能保证在最低的 θ 角时，射线的投影也不超过样品表面。

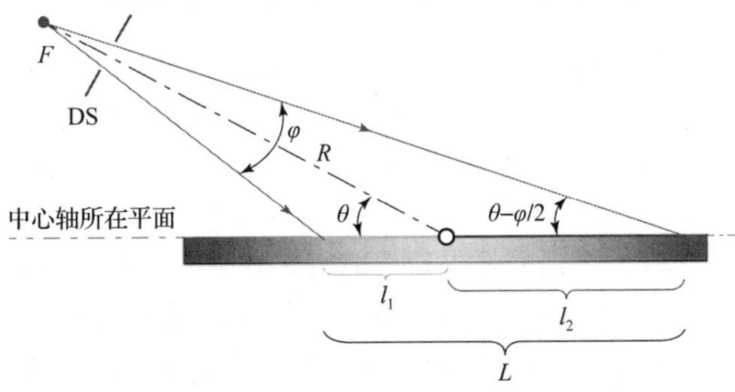

图 6－19　入射线在样品表面的投影随 θ 角的变化

样品的厚度也需要满足一定的要求。在粉末衍射实验中，假定射线不穿透样品，因此样品需要有一定的厚度。如果认为透过率小于 0.1% 时，射线没有透过，则有如下方程式：

$$\frac{I_t}{I_0} = \exp(-2\mu_{\text{eff}} l) = 10^{-3}$$

式中，I_t 为透射 X 射线的强度；I_0 为入射 X 射线的强度；μ_{eff} 为样品的有效吸收系数；l 为射线在样品中的光程。由此方程式可以计算样品的最小理论厚度 t 为

$$t \approx \frac{3.45}{\mu_{\text{eff}}} \sin\theta_{\max}$$

式中，θ_{max} 为实验中最大的布拉格角。

按上述要求仔细制备样品后，要把样品架安放在测角仪上。在安放时，要保证样品的上表面与测角仪的中心在同一水平面上。样品表面高于或低于测角仪中心都会导致衍射峰位置的漂移。如图 6－20 所示，如果样品安放不当，导致样品平面高于测角仪中心轴线所在的水平面，会导致衍射角观测值偏大。图 6－20 中 θ 为入射线与样品平面的夹角，θ_s 为实际测量的角度，S 为样品偏离中心的距离。测量值和真实值之间的偏离为

$$\theta_s - \theta = \frac{s\cos\theta}{R}$$

式中，R 为测角仪半径。

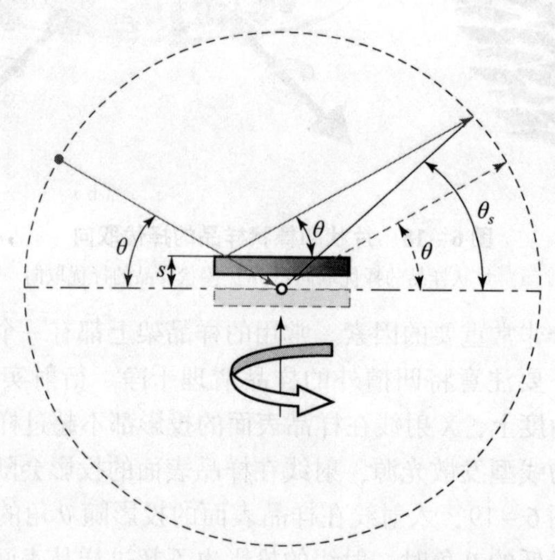

图 6－20　样品放置不当引起角度测量的误差

正确制备样品后，要得到可靠的实验数据，还需要恰当选择实验条件。

在同步辐射装置上或配备多个光源的衍射仪上，可以根据需要选择不同的波长。主要考虑的因素有衍射峰间的重叠、需要覆盖的倒易空间的范围以及样品的 X 射线荧光等因素。实验室衍射仪的波长一般为 CuKα＝0.154 06 nm。MoKα 便于覆盖更大的倒易空间，但是容易造成衍射峰的重叠。CuKα 可以将靠得较近的衍射峰分开，但是覆盖的倒易空间范围有限。如果样品中含有某种元素，其吸收边刚好位于所用辐射特征波长附近，样品会产生强烈的荧光背景，影响数据质量。如钴（Co）的 K 边是～0.161 nm，铁（Fe）的 K 边是～0.174 nm，CuKα＝0.154 nm，因此含钴和铁的样品在用 CuKα 做衍射实验时会有强烈的荧光辐射。

发散狭缝的大小控制着入射线口径的大小，会直接影响衍射线的强度和分辨率。大口径有利于得到高的衍射强度，但是会牺牲分辨率；小口径有利于提高分辨率，但是会导致衍射强度降低很多。接收狭缝的大小也会影响记录数据的强度和分辨率。小的接收狭缝有利于提高分辨率，但是会牺牲大量强度。

仪器的电压和电流也是重要的因素。对于实验室衍射仪，通常使用 Cu 靶，其最佳电压通常为～40 kV。电流的选择，一般光管的功率为额定功率的 75%～80%。

实验条件确定后，要选择扫描方式。粉末衍射一般有两种扫描方式：①连续扫描；②步

进扫描。其流程如图6－21所示。图6－21（a）是连续扫描流程，图6－21（b）是步进扫描流程。扫描的起始角度因仪器而有所区别，但是一般 2θ 为3°~5°，终止角取决于实验目的。对于一般的物相分析，50°~80°是足够的。扫描的步长由样品决定，结晶好的样品步长要略小，结晶差的样品步长可以稍大。对于一般的样品，2θ 为0.02°即可。扫描的速度也取决于样品的衍射能力，衍射能力强的可以稍快，衍射能力差的可以稍慢。慢扫描可以提高数据的信噪比，但是速度慢10倍大概提高信噪比3倍，需要考虑时间成本。

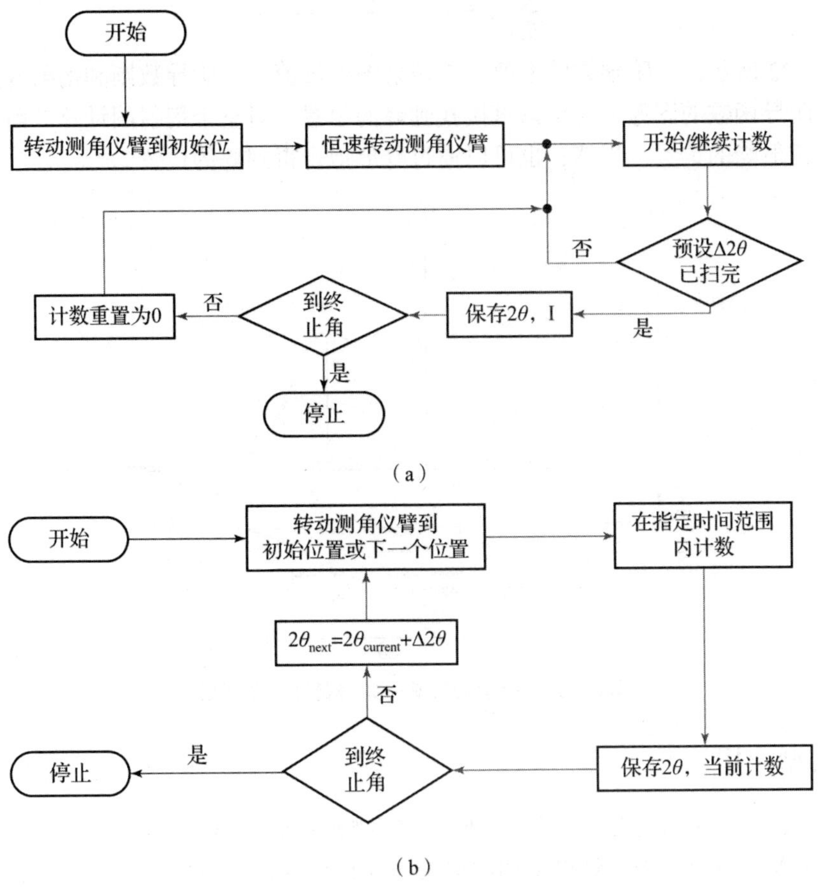

图6－21　连续扫描和步进扫描流程

（a）连续扫描流程；（b）步进扫描流程

经过仔细制备样品，恰当选择实验条件，一般会得到符合要求的衍射数据；进行后续数据处理，即可得到与样品相关的信息。

四、实验结果和数据处理

得到衍射数据后，要进行初步的数据处理，包括背景扣除、数据平滑及寻峰等，以得到衍射峰对应的晶面间距，进行相关分析。

衍射实验中，散射背景难以避免，如样品的非弹性散射、空气散射、样品架的散射、样品的荧光剂、探测器的噪声等。这些背景必须在寻峰前扣除。扣除背景可以手动选择背景点，也可以用多项式拟合背景。

扣除背景后为了消除数据的统计噪声，需对数据进行平滑。平滑会使图谱看起来更漂亮，但是不会改善数据本身的质量。

经过背景扣除和数据平滑后的衍射图可以进行寻峰。寻峰通常采用二阶导数寻峰法。对衍射图上的任意数据点，其一阶导数和二阶导数分别为

$$\frac{\partial Y_i}{\partial 2\theta_i} = \frac{Y_{i+1} - Y_i}{s}$$

$$\frac{\partial^2 Y_i}{\partial 2\theta_i^{\ 2}} = \frac{Y_{i+2} - 2Y_{i+1} + Y_i}{s}$$

如图 6－22 所示，一阶导数的零值对应衍射图的峰值，二阶导数则和衍射峰具有类似的峰形。在二阶导函数的图像上，可以直接找到峰的位置。对整个衍射图计算二阶导函数，可以得到所有衍射峰的位置；当然，也可以通过峰形拟合得到峰的位置。

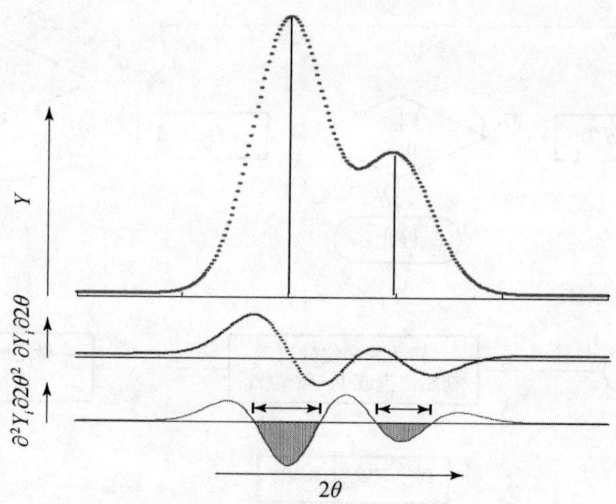

图 6－22　衍射峰及其一阶导数和二阶导数

五、典型应用

如前所述，从粉末衍射数据可以得到样品的物相组成及含量、晶体点阵常数、原子坐标、晶粒大小及应力应变等。这里举例简单说明在物相分析、晶粒大小测定及结构测定方面的应用。

（一）物相分析

物相定性分析的基本依据是任何一种结晶态物相都有一个唯一的衍射图谱与之对应，像人的指纹一样。混合物的衍射图谱是各单相衍射图谱的简单叠加，因此把实验衍射图谱和已知物相的衍射图谱对比即可知道产生衍射图谱的样品中所含的物相。如图 6－23 所示，图 6－23（a）是石英、柯石英和玻璃的单相衍射图谱，图 6－23（b）是三者混合物相衍射图谱。由图 6－23 可见，3 种物相均出现在样品中。

所有已知物相的衍射图谱都已经按照一定标准收集在国际衍射数据中心（International Center for Diffraction Data，ICDD）编辑的数据库 PDF 卡片中。

在物相分析中，某物相和某衍射图判定为匹配，有几个基本的原则。

（1）样品元素组成和此物相元素组成吻合。

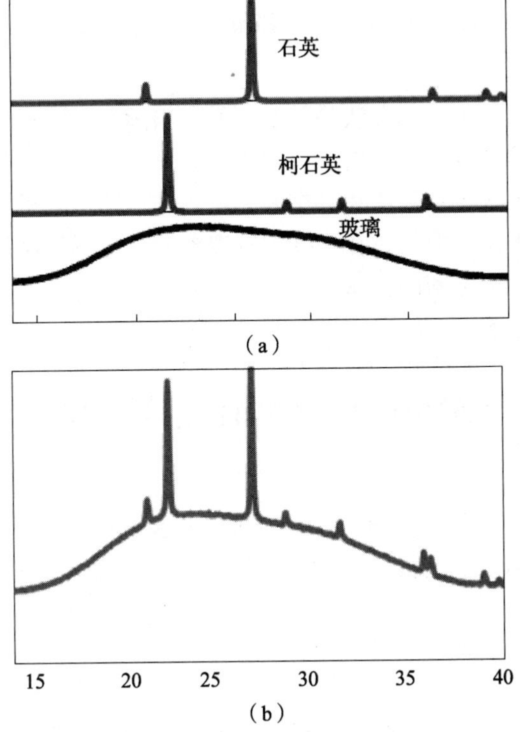

图 6－23 单相衍射图谱和混合物相衍射图谱

(a) 单项衍射图谱；(b) 混合物相衍射图谱

(2) 在峰位的误差范围内，此物相的衍射峰和样品的衍射峰重合。

(3) 对于无机样品，峰位匹配比强度匹配优先；对有机样品，二者需综合考虑。

(4) d 值大的衍射峰比 d 值小的衍射峰重要。

(5) 衍射强度大的衍射线比衍射强度小的衍射线重要。

(6) 某些物相有特征衍射峰存在。

(7) 由于择优取向或晶粒过粗的影响，某些衍射峰的强度会过强或极弱。

(8) 要充分利用样品已知的物理化学性质。

(二) 晶粒大小测定

物相分析主要考虑衍射峰的位置和强度。除此之外，粉末衍射峰的形状也包含有关样品的重要信息。当点阵周期的数目越多时，衍射峰的宽度越窄。1918 年，瑞士物理学家谢勒(Schererr) 给出了衍射峰宽度和晶体颗粒大小之间的定量关系，即谢勒公式：

$$B(2\theta)=\frac{K}{L\cos\theta}$$

式中，B 为衍射峰的半峰宽；2θ 为衍射峰的位置；θ 为布拉格角；K 为接近于 1 的常数，通常取 0.94 或 0.85；λ 为辐射波长；L 为与此衍射峰对应的方向上晶体颗粒的尺寸。谢勒公式的适用范围是晶粒尺寸不超过 100 nm。

当晶粒细化引起的衍射峰宽化是仪器引起的衍射峰宽化的两倍以上时，由谢勒公式计算的颗粒大小比较可靠。按此标准，可以估算出实验室衍射仪测定晶粒尺寸时的可靠范围。对于普通的实验室衍射仪，晶粒尺寸为45 nm以下，结果是精确的，其上限大约为90 nm。对于使用单色X射线的衍射仪，其精确尺寸不超过90 nm，上限约为180 nm。

（三）结构测定

晶体结构测定最常用和可靠的办法是单晶衍射。当没有办法得到单晶样品时，可以尝试用粉末衍射数据进行晶体结构分析。由于粉末衍射数据是三维衍射数据在一维的投影，因此导致衍射峰严重重叠，无法得到足够和可靠的衍射点进行结构分析。粉末衍射结构分析因此也还远不是一项常规的工作，但是，在一些比较理想的情况下，还是有可能仅从一张粉末衍射图得到样品中原子在三维空间的分布。

（四）X射线衍射实验

实验项目1　蔗糖的晶体结构实验

1. 实验目的

（1）了解用X射线单晶衍射法进行结构分析的实验过程。

（2）了解基本的数据处理过程。

2. 实验原理

见本章第三节实验原理部分。

3. 实验基本要求

（1）遵守实验室规章制度，佩戴X射线防护装置，保证人身安全。

（2）遵守实验规程，保证设备安全。

（3）熟悉用X射线单晶衍射法进行结构分析的实验过程，主要包括样品的挑选、实验条件的选择、指标化和数据收集策略的选择、数据还原和结构分析。熟悉实验仪器和材料。

4. 实验仪器

本实验所用仪器为Bruker APEX Ⅱ DUO X射线单晶衍射仪。该仪器由德国Bruker公司生产，型号为APEX Ⅱ CCD。仪器所用的X射线源由微焦斑阳极Cu或Mo阳极产生，Cu靶波长0.154 nm，Mo靶波长0.071 073 nm。探测器为CCD。本实验所用波长为0.071 073 nm。

5. 实验材料

实验样品蔗糖：用于确定其分子结构。

标准样品Ylid晶体：用于校准仪器。

矿物油：用于在挑选样品时保护样品。

样品架：用于固定并支撑样品。

显微镜：体视40倍，用于挑选样品。

载玻片：用于挑选样品。

手术刀：用于切割样品。

乙醇：用于清洗样品架、载玻片等。

6. 实验步骤

（1）简明回顾X射线单晶结构分析的基本原理。X射线单晶结构分析是用一颗单晶体收集器衍射强度，进行必要的校正；然后用适当的方法确定部分衍射的相位，进行傅里叶逆变换，得到晶体中初步的电子密度分布情况；然后用差值电子密度函数法，找出完整的结构；接着用最小二乘法对完整的结构模型进行修正，得到精确的结构模型，并计算相应的分子几何参数；最后把分子和晶体的模型及参数用适当的形式表达出来。

（2）晶体的挑选和准备。在显微镜下挑选合适的晶体，大小为 0.2 mm，形状规则，晶莹透明，无裂痕。然后把晶体粘在细玻璃丝顶端，并固定在测角仪头上。

（3）晶体的安置和对心。把晶体安置在测角仪上，通过转动相应的轴，把晶体调整至测角仪中心。使晶体在转动过程中不偏离中心。

（4）晶体的筛选。拍摄一张衍射照片，判断晶体质量。好的晶体样品的衍射斑点细小、规则、清晰、明亮。

（5）指标化。选择适当实验条件，选择衍射空间的部分数据，根据这些数据确定晶体的点阵常数以及晶体坐标系和仪器坐标系之间的取向矩阵，然后修正点阵常数和取向矩阵。

（6）数据收集策略的确定。根据晶体的点阵常数和取向矩阵以及需要达到的数据分辨率和完整度，确定适当的数据收集策略并开始收集数据。

（7）数据收集结束后，回收样品并将仪器恢复到初始状态。

（8）数据保存后，回收样品并清理样品架，同时将仪器的电流、电压调至最低状态。

7. 实验结果与数据处理

数据还原。对收集到的原始数据进行必要的校正，然后把数据统一到同一标度，并合成一个文件。

8. 实验注意事项

（1）制备样品要认真，细心。

（2）放置样品要小心谨慎，严格按规程操作，注意人身安全和仪器安全。

（3）设置实验条件时要仔细思考，认真确认，确保参数合理。不合理的参数会给出不可解释的实验数据，甚至会损坏仪器。

9. 其他说明

（1）单晶衍射仪结构复杂、操作繁琐、参数众多，因此操作时必须细心认真、头脑清醒，必须清楚每一步操作的目的及其可能产生的后果。

（2）单晶衍射仪是大型精密仪器，操作时严禁用蛮力。出现问题应认真思考或寻求帮助解决，切忌想当然处置。

（3）单晶衍射仪结构紧凑，操作时必须小心谨慎，严禁碰触，尤其是 CCD、准直管和遮光器。

（4）发现问题立即停止实验，解决问题后详细记录之后才能继续实验。

实验项目 2　X 射线粉末衍射物相定性分析实验

1. 实验目的

（1）理解用 X 射线粉末衍射数据进行物相定性分析的原理。

（2）掌握用 X 射线粉末衍射数据进行物相定性分析的实验方法。

（3）掌握用 X 射线粉末衍射数据进行物相定性分析的数据分析方法。

2. 实验原理

95%以上的固体材料都可以认为是结晶态的，每一种晶体都会产生一个唯一确定的衍射图谱。赫尔在 1919 年发表了一篇文章，题目是《一种新的化学分析方法》。文中指出，每个结晶相都会产生一个衍射图，相同的结晶相产生相同的衍射图，混合物的衍射图是混合物中每个物相衍射图的简单叠加。因此，可以认为纯物质的衍射图就像该物质的指纹一样，是唯一确定的。X 射线粉末衍射可以用来鉴别产生衍射的结晶相到底是什么物相。

科研工作者已经收集了十几万种结晶相的衍射图，并编辑成为一个数据库。用需要鉴定的物相收集一个衍射图谱，并和数据库中的图谱对比，即可以判断该晶体为何种物相。现在最常用的数据库是国际衍射数据中心（ICDD）的 PDF 卡片。该卡片包含的主要内容如图 6－24 所示，其中各条目的含义也已经标示在图中。

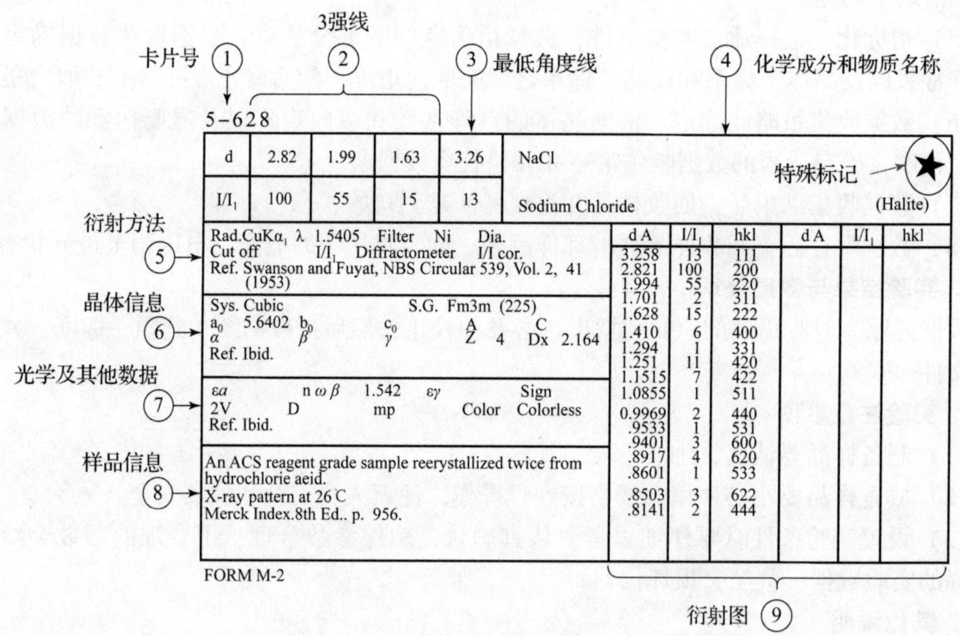

图 6－24　ICDD 的 PDF 卡片

X 射线粉末衍射物相分析一个巨大的优点是可以鉴别化学组成相同、但是晶体结构有不同的物相，一个最为熟知的例子是二氧化钛（TiO_2）。二氧化钛有 3 种晶型，分别是金红石、锐钛矿和板钛矿，具有不同的光催化活性。三者化学组成完全相同，都是二氧化钛。元素分析方法对此 3 种物质的鉴别无能为力。但是三者晶体结构中原子的排列方式完全不同：金红石是四方相，空间群为 $P4_2/mnm$；锐钛矿也是四方相，但是空间群为 $I4_1/amd$；板钛矿则为正交相，空间群为 Pnma。根据本章实验 1 中介绍的衍射原理，衍射峰的分布和强度是由晶体结构唯一确定的，因此这 3 种晶型的衍射图谱应该是不同的。事实上也是如此，图 6－25 是 3 种物相的 X 射线粉末衍射图，可以看出三者之间存在明显区别。因此，也可以根据 X 射线粉末衍射数据很容易地区分这 3 种晶型。

3. 实验基本要求

（1）遵守实验室规章制度，佩戴 X 射线防护装置，保证人身安全。

（2）遵守实验规程，保证设备安全。

（3）理解 X 射线粉末衍射物相定性分析的原理。

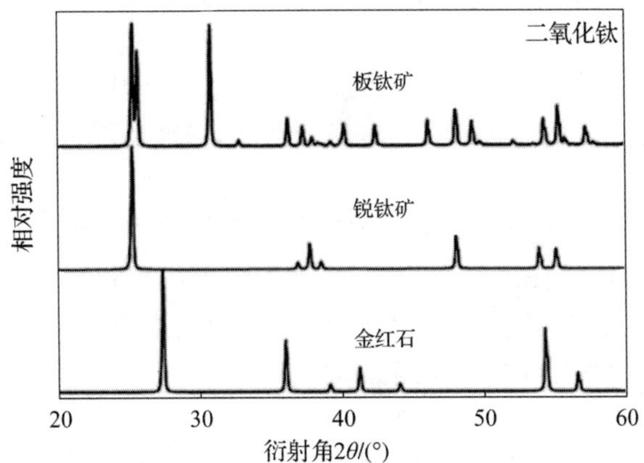

图 6-25　金红石、锐钛矿和板钛矿的 X 射线粉末衍射图

（4）制备实验所需样品。

（5）选择合适的条件收集实验样品的衍射数据。

（6）分析实验数据，了解样品的物相组成。

4. 实验仪器和材料

（1）实验仪器。

本实验所用仪器为 Bruker D8 Advance X 射线粉末衍射仪。该仪器由德国 Bruker 公司生产，型号为 D8 Andvance。仪器的测角仪为直立式 $\theta-\theta$ 测角仪，所用的 X 射线源由 Cu 阳极产生，波长 0.154 nm，探测器为 Lynx Eye 一维探测器。

（2）实验材料。

本实验所需实验材料及用途如下。

①实验样品食盐：用于确定其中的物相组成。

②标准样品硅（Si）粉：用于校准仪器并作为收集数据的样品。

③研钵：用于将样品研磨至合适粗细的颗粒。

④样品架：可以为玻璃样品架，也可以为特定有机材质的样品架，用于盛放并支撑样品。

⑤药匙：用于将样品转移至样品架。

⑥载玻片：用于将样品架上的样品抹平，使样品平面和样品架平面高度一致。

⑦乙醇：用于清洗样品架、研钵、药匙和载玻片，防止样品交叉污染。

5. 实验步骤

（1）简明回顾 X 射线粉末衍射物相定性分析原理。任何一个结晶相都会产生一个唯一确定的 X 射线粉末衍射图谱，此图谱可以认为是该结晶相的指纹，可以用于鉴别此物质是否存在。混合物的粉末衍射图谱是其中各物相图谱的简单叠加，可以把混合物的衍射图谱分别和可能物相的图谱对比，鉴定混合物中的各物相。

（2）制备样品。本实验所用样品为普通食用盐。取适量的样品置于研钵中研磨成大小合适的颗粒。取适量研磨好的样品置于样品架上，按照本章实验项目 1 的方法，用载玻片抹平。确保样品平面和样品架平面高度一致；同时，样品架其他部位不应该有样品存在，必要时可以加入适量标准样品以作为仪器内标。

（3）选择实验条件。食盐及其添加物均为简单的无机物，低角度衍射峰不多，但是高角度往往有可观测的衍射峰存在。因此本实验的扫描范围确定 2θ 为 10°～100°。虽然简单无机物的衍射往往较强，但是样品中的微量添加物含量颇低，因此需适当降低扫描速度以收集微弱的衍射信号。扫描速度定为 3°/min。简单无机物峰数目不多，几乎无重叠现象，选用缺省狭缝系统即可。

（4）收集实验数据。按照选择好的实验条件，开始收集数据。完成后以适当的格式保存数据。如有需要，可以对数据做适当的转换，便于其他绘图和分析软件读取。

（5）数据收集结束后，回收样品并将仪器恢复到初始状态。

（6）数据保存后，回收样品并清理样品架。同时将仪器的电流、电压调至最低状态。

6. 实验结果与数据处理

（1）打开处理软件并导入实验数据。本实验所用数据处理软件为 MDI Jade 软件。MDI Jdae 软件可以不同的方式读入仪器收集的衍射数据。读入数据以后，会首先以图形的方式显示收集到的衍射图谱。图谱的横坐标为 2θ，即衍射峰的位置；纵坐标为衍射峰的强度。图 6－26 是读入数据后的界面。

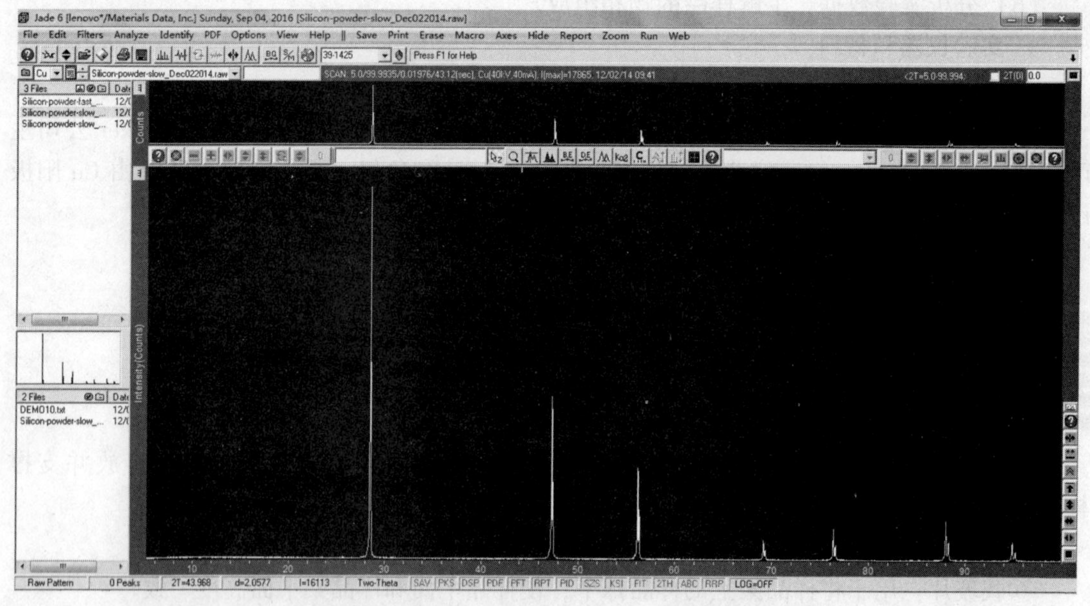

图 6－26 MDI Jade 软件读入数据后的界面

（2）数据的平滑，背景抠除及 $K\alpha_2$ 剥离。

（3）寻峰并进行物相分析。

（4）输出分析报告。

7. 实验注意事项

（1）制备样品要认真，细心。

（2）放置样品时要小心谨慎，严格按规程操作，注意人身安全和仪器安全。

（3）设置实验条件时要仔细思考，认真确认，确保参数合理。不合理的参数会给出不可解释的实验数据，甚至会损坏仪器。

第四节　电子衍射

材料由原子组成，了解原子如何组成晶体结构和微观结构是我们理解材料性质的基础。测定从晶体元胞到材料微观结构中的原子分布的方法很多，但有效的方法都包含衍射。在衍射实验中可由一束入射波导向材料并发生相干散射，通过探测器来记录衍射波的方向和强度。材料中不同位置、不同种类的原子发射的散射波在各个方向上发生相长干涉或相消干涉，其中相长干涉的波给出“衍射图样”，其与材料的晶体结构存在深刻的几何关系。衍射图样反映材料真实空间的周期性、缺陷（如杂质、位错、堆垛层错、内应力或微沉淀）等。

衍射实验中的入射波波长必须能与原子间距相比，劳厄等人在1921年进行了著名的X射线衍射实验，证明了晶体中原子的微观有序排列，开辟了利用X射线衍射研究晶体结构的崭新领域。1927年，戴维森·杰默用单晶体做实验，汤姆逊用多晶体做实验，均发现了电子在晶体上的衍射，验证了电子具有波动性的假设，开启了电子衍射学科和技术。电子衍射几何学与X射线完全相同，都遵循劳厄方程式和布拉格方程式规定的衍射条件和几何关系，但电子衍射具有与X射线衍射不同的特质：①加速电子（100 kV）的波长要短得多，衍射角小，这使得单晶电子衍射图与晶体倒易点阵的一个二维截面完全相似，使晶体几何关系的研究变得更加简单方便；②物质对电子的散射比对X射线的散射几乎强10 000倍，电子衍射束强度几乎与透射束可比，因此在电子衍射中需要考虑透射束与衍射束的交互作用(多次衍射以及动力学衍射效应)。另外，由于电子在物质中的穿透深度有限，因此比较适合用于研究微晶、表面和薄膜的晶体结构。

20世纪50年代以来，电子衍射与透射电子显微术的结合使衍射和成像紧密地结合在一起，为晶体结构研究开拓了新的途径。对于一些只有几十到几百纳米的合金相、黏土矿不能运用X射线进行单晶衍射实验，但却可以用电子显微镜在放大几万倍的情况下挑选晶体，用微区电子衍射研究这些微晶的结构。本节简单介绍电子衍射的原理、实验及分析方法，使学生能够对电子衍射实验有一个概括性的了解。图6－27是北京理工大学分析测试中心的JEM－2100高分辨透射电镜及典型的单晶、多晶和非晶的电子衍射图。该中心其他电子显微镜的情况见第三章。

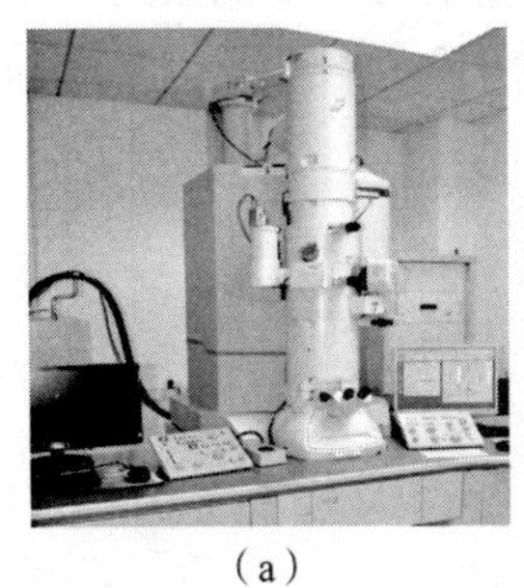
(a)

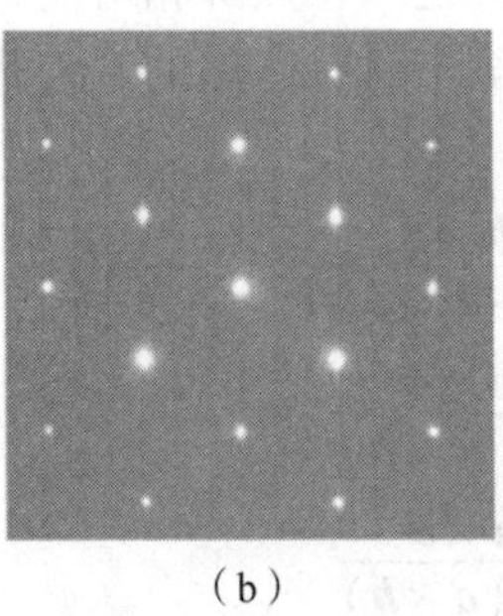
(b)

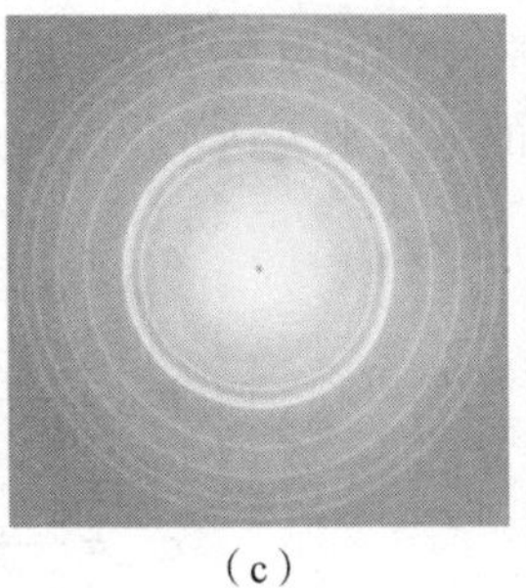
(c)

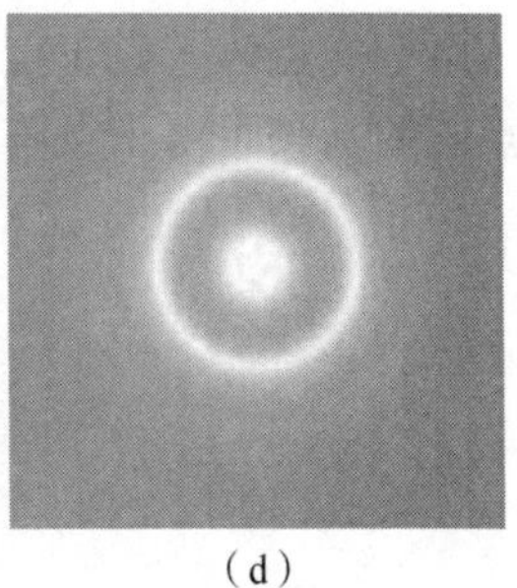
(d)

图6－27　JEM－2100高分辨透射电镜及典型的单晶、多晶和非晶的电子衍射图

(a) 高分辨透射电镜；(b) 单晶电子衍射图；(c) 多晶电子衍射图；(d) 非晶电子衍射图

一、实验原理

（一）布拉格定律

晶体内部点阵排列的规律性使电子的弹性散射可在一定方向上加强，在其他方向上减弱，因而产生电子衍射花样。如图 6 – 28 所示，当一束波长为 λ 的单色电子波被一族面间距为 d_{hkl} 的晶面（hkl）散射时，各晶面散射线干涉加强的条件是

$$2d_{hkl}\sin\theta = n\lambda$$

称为布拉格定律。式中，d_{hkl} 为晶面族（hkl）的晶面间距；λ 为入射电子波长；$n=0$，1，2，3，…称为衍射级数。

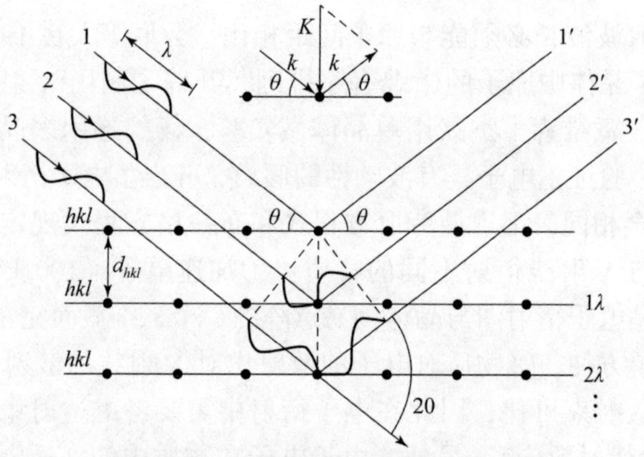

图 6 – 28　晶体对电子的散射示意图

布拉格定律描述了晶体产生布拉格衍射的几何条件，是分析电子衍射花样的基础。对于加速电压为 100 ~ 200 kV 的透射电子显微镜，其电子束波长为 10^{-3} nm 数量级，而常见晶体面间距为 10^{-1} nm 数量级，由布拉格定律可知衍射角为 10^{-2} rad < 1°，这说明产生布拉格衍射的晶面几乎与入射电子束方向平行。

（二）倒易点阵

晶体的电子衍射结果是一系列规则排列的斑点，这些斑点不是原子排列的直接影像，但与晶体点阵结构是对应的。人们在长期的实验中发现电子衍射斑点与晶体点阵存在倒易关系，是晶体点阵结构的倒易点阵。所谓倒易点阵是与正点阵相对应的量纲为长度倒数的一个三维空间点阵。设正点阵空间的基矢为 $\boldsymbol{a}$、$\boldsymbol{b}$、$\boldsymbol{c}$，倒易点阵的基矢为 $\boldsymbol{a}^*$、$\boldsymbol{b}^*$、$\boldsymbol{c}^*$，则倒易点阵的基矢可由正点阵的基矢来表达：

$$\boldsymbol{a}^* = \frac{\boldsymbol{b}\times\boldsymbol{c}}{\boldsymbol{a}\cdot(\boldsymbol{b}\times\boldsymbol{c})}$$

$$\boldsymbol{b}^* = \frac{\boldsymbol{c}\times\boldsymbol{a}}{\boldsymbol{b}\cdot(\boldsymbol{c}\times\boldsymbol{a})}$$

$$\boldsymbol{c}^* = \frac{\boldsymbol{a}\times\boldsymbol{b}}{\boldsymbol{c}\cdot(\boldsymbol{a}\times\boldsymbol{b})}$$

且有

$$\boldsymbol{V} = \boldsymbol{a}\cdot(\boldsymbol{b}\times\boldsymbol{c}) = \boldsymbol{b}\cdot(\boldsymbol{c}\times\boldsymbol{a}) = \boldsymbol{c}\cdot(\boldsymbol{a}\times\boldsymbol{b})$$

倒易点阵基矢和正点阵基矢满足以下关系：

$$\boldsymbol{a}^* \cdot \boldsymbol{a} = \boldsymbol{b}^* \cdot \boldsymbol{b} = \boldsymbol{c}^* \cdot \boldsymbol{c} = 1$$

$$\boldsymbol{a}^* \cdot \boldsymbol{b} = \boldsymbol{b}^* \cdot \boldsymbol{c} = \boldsymbol{c}^* \cdot \boldsymbol{a} = 0$$

在倒易点阵中，由原点O^*指向任意倒易点的倒易矢量表示为

$$\boldsymbol{g}_{hkl} = h\boldsymbol{a}^* + k\boldsymbol{b}^* + l\boldsymbol{c}^*$$

倒易点阵中倒易矢量$\boldsymbol{g}_{hkl}$垂直于正空间点阵的（hkl）晶面，且长度等于正点阵中晶面族（hkl）相应晶面间距的倒数，即

$$|\boldsymbol{g}_{hkl}| = \frac{1}{d_{hkl}}$$

另外，倒易点阵中一个矢量代表正空间中一个晶面族，矢量长度为该晶面族的晶面间距的倒数，矢量的方向为该晶面族晶面的法线方向。正空间的一族晶面可表示为倒空间中一个点或一维矢量，正空间的一个晶带所属的晶面可表示为倒空间中一个二维平面。由此可以通过倒易点阵把晶体衍射斑点直接解释为相应晶面的衍射结果，即电子衍射斑点是晶体相对应倒易点阵中某一截面上的阵点排列。

（三）结构因子

布拉格定律只是从几何角度讨论晶体对电子的散射，没有考虑反射面原子的位置、密度、种类等因素的影响，因此布拉格定律只是判断晶体对电子散射产生极大的必要条件，而充分条件是由表示完整单胞对衍射强度贡献的结构因子决定的。设单胞中有 n 个原子，电子束受到单胞散射的合振幅可表示为

$$F_{hkl} = \sum_{j=1}^{n} f_j \exp 2\pi i(hx_j + ky_j + lz_j)$$

式中，F_{hkl}为结构因子，表示正点阵晶胞内所有原子的散射波在衍射方向上的合振幅，由此衍射强度可表示为

$$I \propto |F_{hkl}|^2$$

可见，当 $F_{hkl}=0$ 时，$I=0$，即使满足布拉格衍射条件，也没有衍射产生，称为消光条件。因此，只有满足布拉格衍射定律的同时又满足结构因子 $F_{hkl} \neq 0$ 的晶面族（hkl）才能得到衍射束。

对于面心立方晶体（fcc），当 h、k、l 全为奇数或全为偶数时，$F_{hkl} \neq 0$，可产生衍射，否则不会产生衍射，称为系统消光。对于体心立方晶体（bcc），当 $h+k+l$ 为奇数时，$F_{hkl}=2f$，可产生衍射；当 $h+k+l$ 为奇数时，$F_{hkl}=0$，系统消光，不会产生衍射。

二、实验仪器

（一）仪器结构

电子衍射实验采用透射电子显微镜，如图 6－29、图 6－30 所示。透射电子显微镜主要由如下几个部分组成：

（1）照明系统：包括电子枪和聚光镜。

（2）成像系统：包括物镜、中间镜、投影镜。

（3）观察记录系统：包括常规照相、快速摄影和其他显示装置。

（4）真空系统：包括机械泵、扩散泵及离子泵等。

（5）供电系统：包括高压电源、透镜电源、真空系统电源及电路控制系统电源。

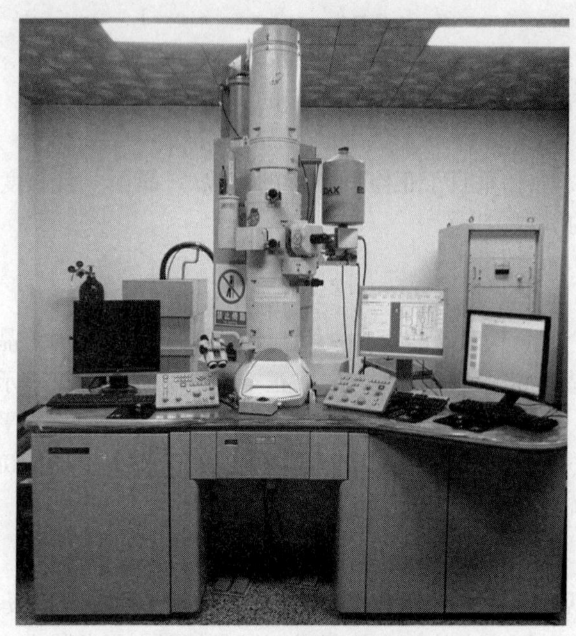

图 6-29　透射电子显微镜

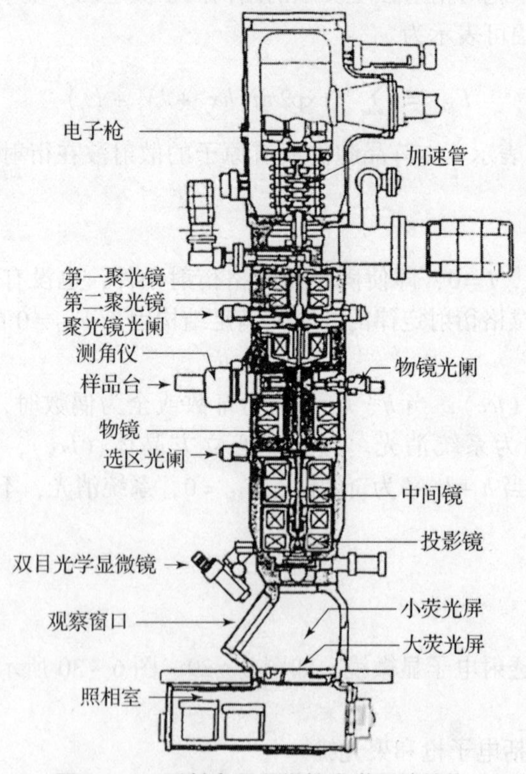

图 6-30　透射电子显微镜光学系统结构

目前绝大部分透射电子镜配备 CCD 数字相机用于记录衍射花样和放大像。对于没有配备 CCD 照相系透射电镜需用底片或图像板记录图谱。透射电子显微镜在用于电子衍射实验前需满足以下条件：

（1）进行衍射模式放大倍数校准（认可标准：ISO/IEC 17025 和 GB/T 27025）。

（2）为了减少污染和积炭，在使用前要冷却，按照操作要求加入液氮。

（3）确认真空状态符合使用要求，选择适合加速电压，确保入射电子束能够穿透样品。

（4）进行电子光学系统合轴调整。

（5）进行晶体学分析时需要观察形貌特征与衍射花样相联系，测定并进行像转角（衍射花样与形貌像之间的旋转角）校正。

（二）仪器功能

透射电子显微镜不仅能够放大观察图像，还可以做电子衍射。当改变中间镜电流使中间镜物平面与物镜的像平面重合时，物镜所形成的像被放大并传递投影到荧光屏上，称为图像模式；当改变中间镜电流使中间镜物平面与物镜的后焦平面重合时，物镜所形成的电子衍射花样被放大并传递投影到荧光屏上，称为衍射模式。透射电子显微镜可以进行多种电子衍射，如选区电子衍射、会聚束电子衍射以及纳米束衍射。

1. 选区电子衍射 SAED

选区电子衍射是透射电子显微镜中用得最多的一种电子衍射。选区电子衍射的基本原理是在透射电镜所显示的区域内选定某个小区域，只对该区域做电子衍射。选区电子衍射可以将晶体样品的微区与结构进行对照研究，得到样品晶体学信息，如微小沉淀相的结构和取向、各种晶体缺陷的几何特征及晶体学特征、物相鉴定、衍衬图像分析等。

2. 会聚束电子衍射（CBED）

在选区电子衍射中采用平行束照明，衍射束形成平行光线并在物镜的后焦面聚焦形成衍射花样。会聚束电子衍射是通过会聚镜和物镜前场的作用使入射束会聚并以不同角度入射到样品上。由于入射角度范围较小，在入射圆锥中的所有电子均能够被衍射。衍射束以一些发散的圆锥离开样品并在沿电镜柱体向下运动的过程中变大，最终在荧光屏上呈现规则排列的圆盘。会聚束电子衍射圆盘内的强度是不均匀的，形成的线和细节能够反映样品晶体学信息，圆盘内衬度的对称性能够反映晶体样品点群对称性的信息。

3. 纳米束衍射（NBD）

对于会聚束电子衍射，在常规 STEM 聚光镜光阑作用下，若形成小的探测束尺寸就需要大的会聚半角，从而形成衍射圆盘而不是斑点。当利用小的聚光镜光阑（5～20 μm）并调整样品的前光轴，可以在样品上形成一个会聚角，近似于平行光束（会聚角小于 1 mrad）的小的探测束，从而获得样品中很微小区域的衍射斑点图样。在配备聚光镜球差较正器的 TEM/STEM 系统内能够在小于 0.5 nm 的区域获得通常的电子衍射花样。纳米束电子衍射在金属中确定局部有序性有非常重要的应用。

三、实验过程

（一）实验仪器和材料

1. 实验仪器

透射电子显微镜、双倾样品杆等。

2. 实验材料

已制备好的电镜样品。

（二）样品要求

透射电子显微镜电子衍射样品制备与一般电镜制样方法相同，进行电子衍射测试的样品需满足以下几点要求。

（1）块状样品需制备成对电子束透明的薄膜，其尺寸和形状需与样品台相适应；粉末样品需制备在有支撑膜的载网上。

（2）样品表面应清洁、干燥平坦，无氧化层、无污染；对于稳定样品可采用离子束溅射、等离子清洗或其他技术进行表面污染物的去除。

（3）对于高能电子束辐照不稳定样品，其晶体结构、成分或组织结构有可能会在电子束辐照过程中发生变化。注意观察和判断所得电子衍射花样是否能够反映研究对象的真实结构信息。

（三）实验步骤

（1）安装样品，将样品杆送入电镜抽真空。

（2）调入 TEM 模式合轴数据（选择适合的加速电压），打开 V1 阀门，将电子束置于荧光屏中心。

（3）在适合放大倍数（一般为 5 000 ~ 50 000 倍）下移动样品台，定位感兴趣的样品于荧光屏中心，调整样品高度置于中心位置。

（4）调节像散，散开光斑至平行束；设置曝光时间，采集样品放大像。

注意：合理设置曝光时间，否则会损坏 CCD。

（5）选择样品感兴趣区域（ROI）置于荧光屏中心，调整高度置于中心位置。

（6）插入选区光阑，切换至衍射模式，调节衍射聚焦钮使衍射斑细小明锐；插入挡针挡住中心束斑，设置曝光时间，采集多晶金样品电子衍射图谱。

注意：合理设置曝光时间，否则会损坏 CCD。

（7）撤出挡针及选区光阑，恢复光路参数至初始值，关闭 V1 阀门，样品杆归 0。

（8）从电镜中取出样品杆，卸下样品。

四、实验结果和数据处理

选区电子衍射是透射电子显微镜电子衍射分析方法中最基本和应用最普遍的一种方法，可以将晶体样品的微区与结构进行对照研究得到样品晶体学信息，如图 6－31 所示。

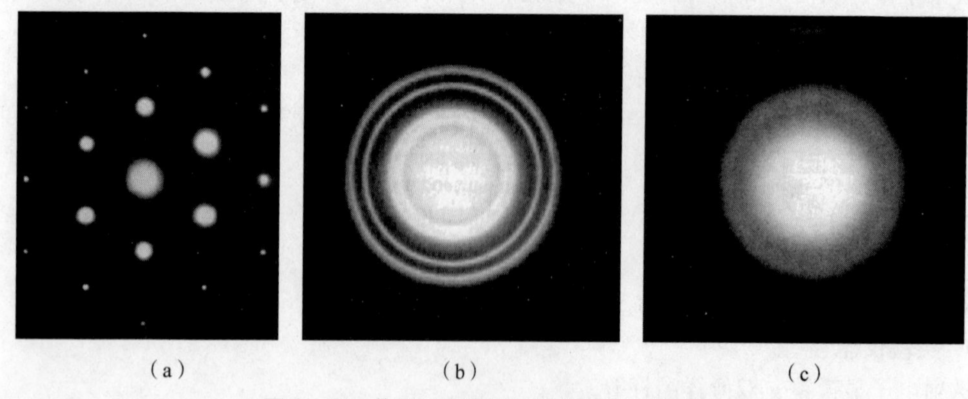

（a）　　（b）　　（c）

图 6－31　单晶、多晶及非晶的电子衍射花样

（a）单晶的电子衍射花样；（b）多晶的电子衍射花样；（c）非晶的电子衍射花样

图 6-31 中单晶的电子衍射花样为排列规则，亮度分布为对称的点阵；多晶的电子衍射花样为明锐的同心圆环；非晶的电子衍射花样为弥散宽化的同心圆环。针对选区电子衍射数据处理和分析主要分为以下几个步骤：

（1）得到电子衍射花样后，可通过暗场像技术确认产生衍射的晶体。

（2）拷贝测试结果并保存。

（3）按照多晶电子衍射或单晶电子衍射分析方法对图像进行标定及后处理，具体电子衍射花样分析方法参见典型实验案例。

五、注意事项

（1）进行电子衍射实验时需要使电子光学系统中各透镜的激励、光阑及样品的位置处于最佳匹配，使选区光阑与物镜像平面重合，物镜光阑与物镜的后焦面和中间镜的物平面重合，才能保证获得结果的正确性和可靠性。

（2）在进行电子衍射实验时可能会出现额外的衍射斑，其原因可能来自以下方面：

①电子光路调整不当，衍射花样不一定来自选定的区域。

②电子束辐照损伤引起样品结构或成分发生变化，如相变、分解、非晶化等。

③由环境、操作、样品处理和储存过程引入的污染造成，如表面污染层和氧化层等。

（3）物镜球差及样品偏离优中心位置可能使选区光阑选定区域偏离实际发生衍射区域，此时应注意以下几点。

①采用尽量小的球差系数和高的加速电压可使选区对应性较好。

②仔细调整中心位置，减小物镜偏差。

③使 ROI 区尽量远离相界或晶界等区域，并运用暗场确认衍射实际发生区域。

六、典型应用

实验项目 3　透射电子显微镜多晶电子衍射分析实验

1. 实验目的

（1）了解透射电子显微镜选区电子衍射的原理及相应操作流程。

（2）掌握多晶电子衍射谱分析与标定方法。

2. 实验原理

研究电子衍射花样的目的是推知晶体的结构或判断已知结构晶体的取向。在透射电子显微镜中（图 6-32）照相底片中心斑点O'到某衍射斑点P'的距离为 R，可表示为

$$R = L\tan 2\theta$$

因为 θ 很小，有 $\tan 2\theta \approx 2\theta$，将布拉格衍射定律 $2d\sin\theta = \lambda$ 代入可得关系式：

$$Rd = L\lambda$$

式中，d 为满足布拉格衍射的晶面面间距；L 是样品到荧光屏的长度，是仪器设置常数，称为相机常数或相机长度。由此 $L\lambda$ 在固定测试条件下为一个常数，称为衍射常数或仪器常数。在实际测试过程中，$L\lambda$ 一般为给定值，因此从衍射谱上测量出 R 值后就可以根据 $rd = L\lambda$ 的关系计算出晶面面间距 d 值，判断晶面指数，计算晶面夹角。

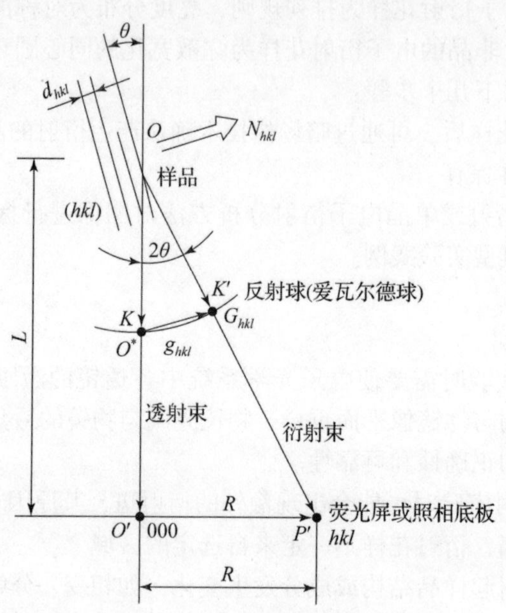

图 6－32　电子衍射的几何关系示意图

对于完全无序的多晶体可以看作是一个单晶围绕一点在三维空间做 4π 球面角旋转，因此多晶体的 *hkl* 倒易点是以倒易原点为中心，（*hkl*）晶面间距的倒数为半径的倒易球面。此球面与埃瓦尔德球相截于一个圆，所有能产生衍射的斑点扩展为圆环，因此多晶体的电子衍射图谱是一个同心圆环，如图 6－33 所示。多晶环半径 R 与相应晶面的面间距 d 的关系为

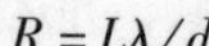

$$R = L\lambda / d$$

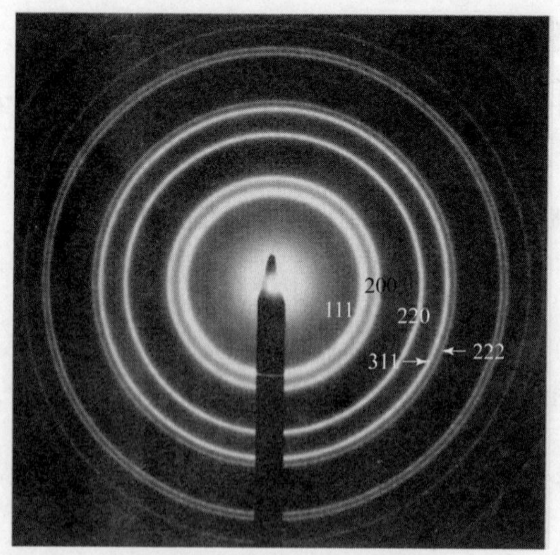

图 6－33　多晶电子衍射花样

由于 $L\lambda$ 在特定测试条件下为常数，则多晶环半径 R 正比于相应晶面的面间距 d 的倒数：

$$R_1 : R_2 : \cdots : R_i : \cdots = \frac{1}{d_1} : \frac{1}{d_2} : \cdots : \frac{1}{d_i} : \cdots$$

对于立方晶系，晶面间距与晶面指数关系为

$$d = \frac{a}{\sqrt{h^2 + k^2 + l^2}} = \frac{a}{\sqrt{N}}$$

式中，$N = h^2 + k^2 + l^2$，则有

$$R_1 : R_2 : \cdots : R_i : \cdots = \sqrt{N_1} : \sqrt{N_2} : \cdots : \sqrt{N_i} : \cdots$$

或

$$R_1^2 : R_2^2 : \cdots : R_i^2 : \cdots = N_1 : N_2 : \cdots : N_i : \cdots$$

上式说明立方晶系多晶电子衍射花样中各衍射环半径的平方满足整数比例关系。

对于面心立方 *fcc* 点阵，只有晶面指数为全奇或全偶数时系统不消光，可以产生的晶面包括（111），（200），（220），（311），（222），（400），（331），（422），…这些晶面对应的 N 值为 3，4，8，11，12，16，19，20，…

对于体心立方（*bcc*）点阵，只有晶面指数和为偶数时系统不消光，可以产生的晶面包括（110），（200），（211），（220），（310），（222），（321），…这些晶面对应的 N 值为 2，4，6，8，10，12，14，…

同理，可知简单立方点阵可能的 N 值为 1，2，3，4，5，6，7，8，9，10，…金刚石点阵可能的 N 值为：3，8，11，16，19，24，…

由此可见，通过测定立方晶系多晶电子衍射图谱中 R 值，计算出 N 值之比，便可确定多晶的点阵结构。

3. 实验仪器和材料

（1）实验仪器：高分辨透射电子显微镜、单倾样品杆、双倾样品杆等。

（2）实验材料：已制备好的电镜样品（多晶金）。

4. 实验步骤

（1）安装样品，将样品杆送入电镜抽真空。

（2）调入 TEM 模式合轴数据，打开 V1 阀门，将电子束置于荧光屏中心。

（3）在低放大倍数下移动样品台，定位感兴趣的样品。

（4）调节放大倍数、样品高度、像散、散开光斑至平行束，插入选区光阑。

（5）切换至衍射模式。为调节调节聚焦，插入挡针，设置曝光时间，采集多晶金样品电子衍射图谱。注意：合理设置曝光时间，否则会损坏 CCD。

（6）撤出挡针及选区光阑，恢复光路参数至初始值，关闭 V1 阀门，样品杆归 0。

（7）从电镜中取出样品杆，卸下样品。

5. 实验结果与数据处理

多晶电子衍射花样的分析一般有两种情况：①已知透射电镜仪器常数 $L\lambda$，根据电子衍射花样判断晶体结构；②利用已知晶体对称性的样品衍射花样确定透射电镜的仪器常数 $L\lambda$。以下详细介绍第一种多晶电子衍射谱的分析步骤。

（1）获取多晶金的 TEM 形貌图像，如图 6－34 所示。

（2）在衍射模式下获取与多晶金 TEM 选区电子衍射图谱，如图 6－35 所示。

（3）运用软件对图谱中前 6 个衍射环半径 r_i 进行测量并记录，如图 6－36 所示。

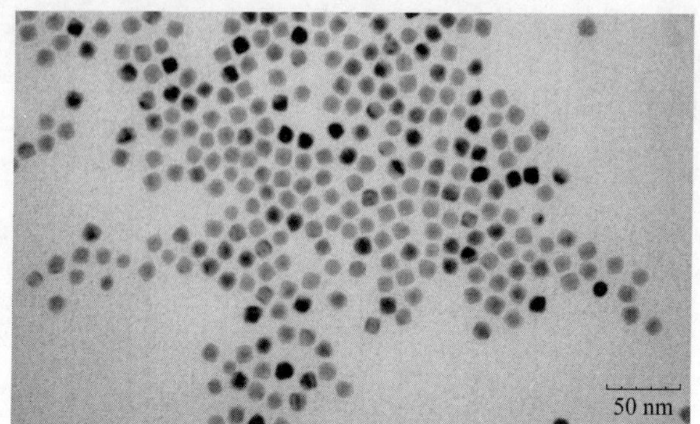

图 6－34　多晶金的 TEM 形貌图像

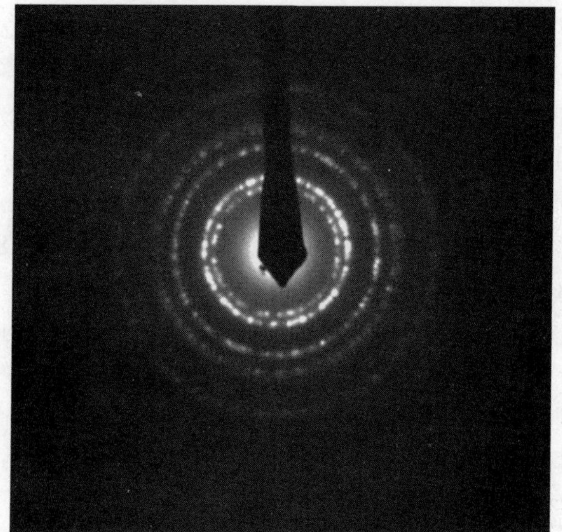

图 6－35　多晶金 TEM 选区的电子衍射图谱

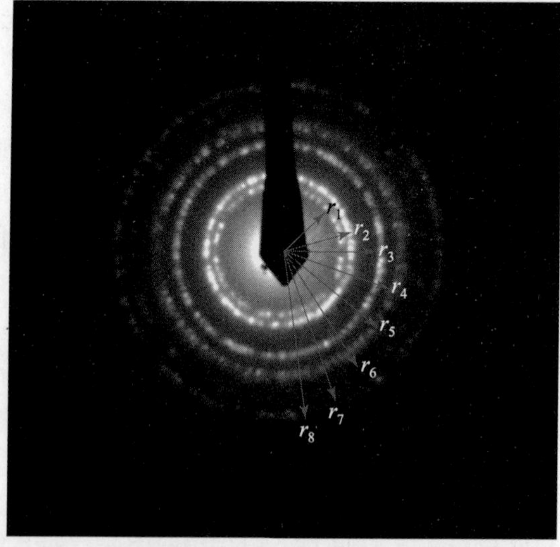

图 6－36　多晶金 TEM 电子衍射花样中确定的各衍射环

（4）根据已知 $L\lambda$ 值及 $R_i d_i = L\lambda$ 关系计算前 6 个衍射环对应的晶面间距 d_i，查阅 ASTM 卡片，如图 6－37 所示。确定前 6 个衍射环的半径、面间距和晶面指数（hkl），如表 6－3 所示。

Peak list

No.	h	k	l	d [A]	2Theta[deg]	I [%]
1	1	1	1	2.35000	38.269	100.0
2	2	0	0	2.03000	44.600	53.0
3	2	2	0	1.44000	64.678	33.0
4	3	1	1	1.23000	77.549	40.0
5	2	2	2	1.17000	82.352	9.0
6	4	0	0	1.02000	98.085	3.0
7	3	3	1	0.94000	110.063	9.0
8	4	2	0	0.91000	115.662	7.0
9				0.80000	148.678	4.0
10	5	1	1	0.78000	161.909	4.0

图 6－37　多晶金的 ASTM 卡片

表 6－3　确定前 6 个衍射环的半径、面间距和晶面指数

序号	半径 R_i	面间距 d_i	晶面指数（hkl）
1			
2			
3			
4			
5			
6			

（5）多晶金电子衍射标定谱图如图 6－38 所示。

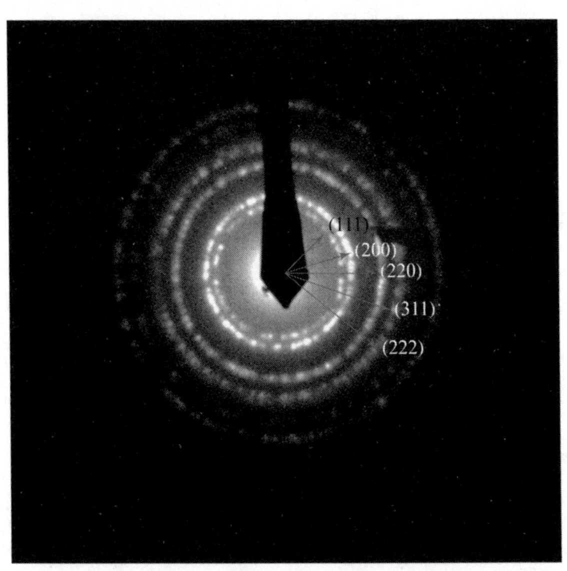

图 6－38　多晶金电子衍射标定谱图

（6）分别将 R_i、d_i 及 λ（200 kV 加速电压下电子波长为 0.002 51 nm）的值代入，$R_i d_i = L\lambda$，计算得 $L_1\lambda$，取平均值得 $L\lambda$。

实验项目4　透射电子显微镜单晶电子衍射分析实验

1. 实验目的

（1）了解透射电子显微镜单晶选区电子衍射的原理及相应操作流程。

（2）掌握单晶电子衍射谱分析与标定方法。

2. 实验原理

平行入射束与样品作用产生衍射束，同方向衍射束经物镜作用于物镜后焦面会聚成衍射斑，透射束会聚成中心斑或称透射斑。单晶电子衍射花样是靠近埃瓦尔德球面的倒易面上规则排列的阵点。

如图6－39所示，晶体内同时平行于某一方向 $r=[UVW]=Ua+Vb+Wc$ 的所有晶面族（hkl）构成一个晶带。在倒易点阵内，这一晶带所有晶面的倒易阵点都在垂直于［UVW］且过倒易原点 O^* 的倒易面内，这个倒易面用 $(UVW)_0^*$ 表示，其法线方向即为［UVW］。$(UVW)_0^*$ 上所有倒易点的集合代表正空间［UVW］晶带，满足晶带定律：

$$hU+kV+lW=0$$

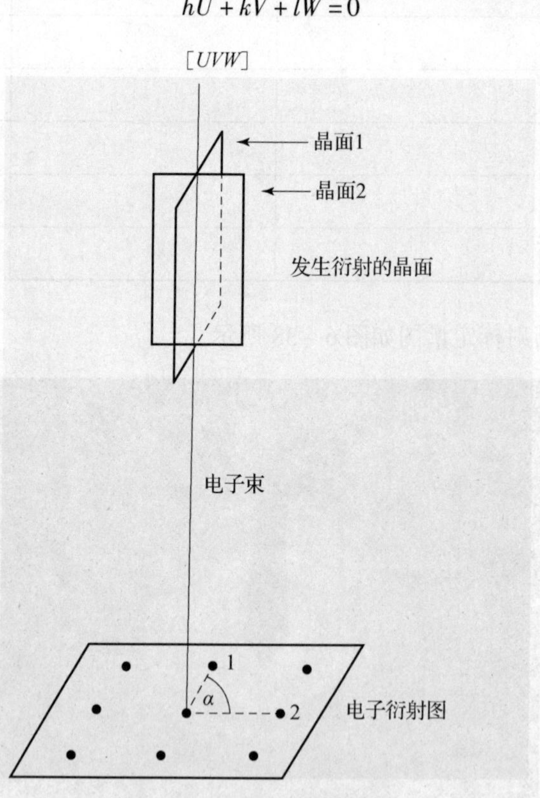

图6－39　晶带定律示意图

单晶电子衍射花样是靠近埃瓦尔德球面即过倒易原点的倒易平面上阵点排列规则性的直接反映。单晶电子衍射花样分析就是确定该二维倒易面上各倒易阵点的指数，单晶电子衍射谱分析原理包含以下几点：

（1）电子入射方向与晶带轴［UVW］平行时，产生衍射的晶面指数为（hkl），遵循晶带轴定律 $hU+kV+lW=0$。

（2）各衍射点到中央透射斑点的距离 R 与衍射晶面面间距的倒数成正比，即 $Rd = L\lambda$。

（3）两个不同方向倒易矢量确定一个倒易平面$(UVW)_0^*$，所有衍射斑点满足矢量关系。

3. 实验仪器和材料

（1）实验仪器：高分辨透射电子显微镜、双倾样品杆等。

（2）实验材料：已制备好的电镜样品（氧化锌单晶）。

4. 实验步骤

（1）安装样品，将样品杆送入电镜抽真空。

（2）调入 TEM 模式合轴数据，打开 V1 阀门，将电子束置于荧光屏中心。

（3）在低放大倍数下移动样品台，定位感兴趣的样品，调整样品转正晶带轴。

（4）调节放大倍数、样品高度、像散，散开光斑至平行束，插入选区光阑。

（5）切换至衍射模式，调节聚焦，插入挡针，设置曝光时间，采集单晶样品电子衍射图谱。注意：合理设置曝光时间，否则会损坏 CCD。

（6）撤出挡针及选区光阑，恢复光路参数至初始值，关闭 V1 阀门，样品杆归 0。

（7）从电镜中取出样品杆，卸下样品。

5. 实验结果与数据处理

单晶电子衍射谱的分析一般可分为两类：①已知晶体结构根据衍射花样确定晶体取向；②对未知结构样品通过衍射花样确定物相。下面详细介绍第一种单晶电子衍射谱的分析步骤。

（1）确定特征平行四边形。

（2）运用软件对图谱中最近和次近中心斑 000 的两个衍射斑到中心斑的距离进行测量，得 R_1 和 R_2，并测量矢量 R_1 与 R_2 的夹角 ψ 并记录。

（3）计算 R_2/R_1 比值，根据 R_2/R_1 比值和夹角 ψ 查阅标准图谱。

（4）根据标准图谱确定晶带轴指数［UVW］，根据矢量相加法标定其余各衍射斑点指数（hkl）。

（5）拷贝测试结果并保存。

（6）对图像进行标定及后处理。

①获取氧化锌单晶的 TEM 形貌图像，如图 6－40 所示。

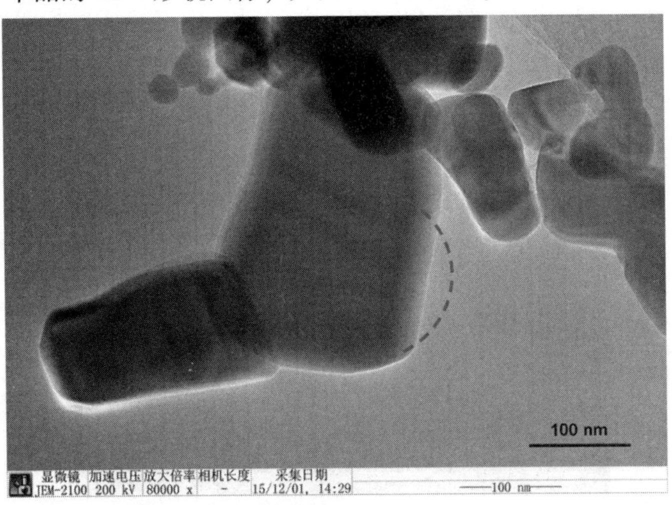

图 6－40　氧化锌单晶的 TEM 形貌图像

②在衍射模式下获取氧化锌单晶的 TEM 电子衍射花样图谱，如图 6－41 所示。

图 6－41 氧化锌单晶的 TEM 电子衍射花样图谱

③获取单晶选区电子衍射图谱原始数据并进行磁旋角补偿，如图 6－42 所示。

图 6－42 氧化锌单晶选区的电子衍射谱原始数据

④运用软件对图谱中最近和次近中心斑 000 的两个衍射斑到中心斑的距离进行测量得 R_1、R_2 和 R_3，测量 R_1、R_2 与 R_3 的夹角φ_1和φ_2并记录，确定特征平行四边形，标定过程如图 6－43 所示。

图 6－43 氧化锌单晶选区的电子衍射花样标定过程

⑤计算 R_2/R_1 比值，根据 R_2/R_1 比值和夹角查阅标准谱图，如图 6－44 所示。

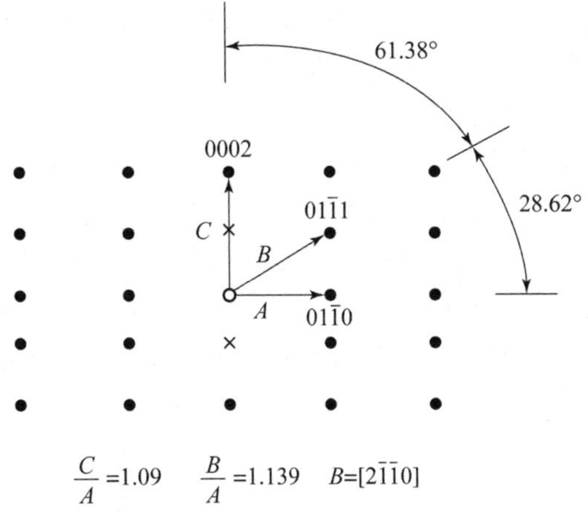

图 6－44　密排六方结构的电子衍射标准谱图

⑥根据标准谱图标定各衍射斑点指数（*hkl*），确定晶带轴指数［*UVW*］，标定图谱如图 6－45 所示。

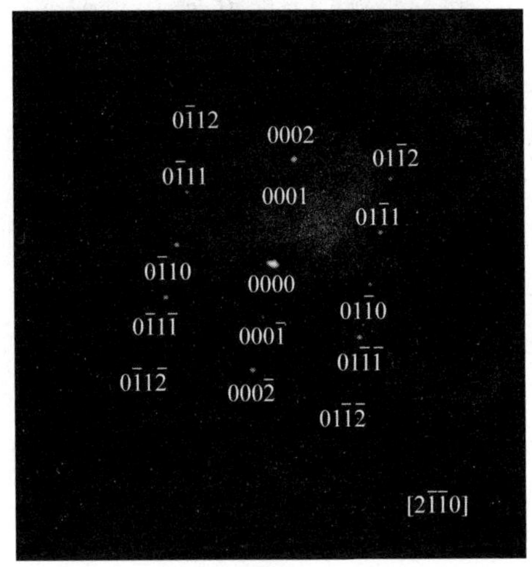

图 6－45　单晶氧化锌的电子衍射标定谱图

第五节　激光拉曼光谱

与 X 射线类似，可见光也能被原子、分子散射。在散射过程中，大部分散射光的波长不发生改变，为弹性散射；也有小部分波长发生改变，为非弹性散射。X 射线非弹性散射称为康普顿散射，可见光的非弹性散射称为拉曼散射。

1928 年，印度物理学家拉曼在研究气体和液体的光散射时首次发现了拉曼散射效应，并在 1930 年获得诺贝尔物理学奖。拉曼散射频率的变化取决于散射体的特性，从拉曼光谱频率、强度、偏振等变化中可以推出物质结构及物质成分的信息。因此，随后一些年，拉曼光谱就成为研究分子结构的重要手段，主要用于研究体系的振动、转动等模式。

1960 年以后，激光技术的发展有力地推动了拉曼技术提高到一个新台阶。由于激光束的高亮度、方向性和偏转性等优点，激光束成为拉曼光谱的理想光源。20 世纪 80 年代之后，高性能光电器件的广泛应用以及与计算机技术的结合，又使拉曼光谱获得新的生命力，开辟了研究激光拉曼光谱学的新热潮。

拉曼光谱技术可以在分子水平上探测物质的结构和组成，对与入射光频率不同的散射光谱进行分析可得到分子振动、转动的指纹性信息，由此可以分析样品分子中的化学键和官能团。拉曼光谱技术是鉴定分子结构与组成、研究分子相互作用的一种有力工具，目前已在生物医学、药物学、石油化工、食品检测、宝石鉴定、公安司法和环境科学等多个领域得到了广泛的应用。图 6 - 46 为北京理工大学分析测试中心的 SRLAB1000 便携式激光共聚焦拉曼光谱仪及三聚氰胺的拉曼光谱界面。

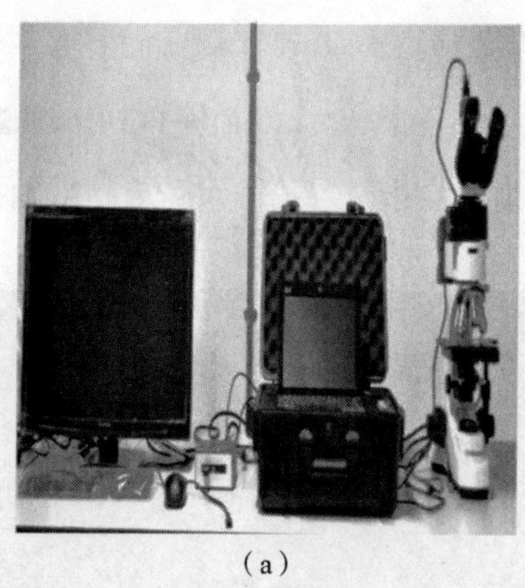

（a）

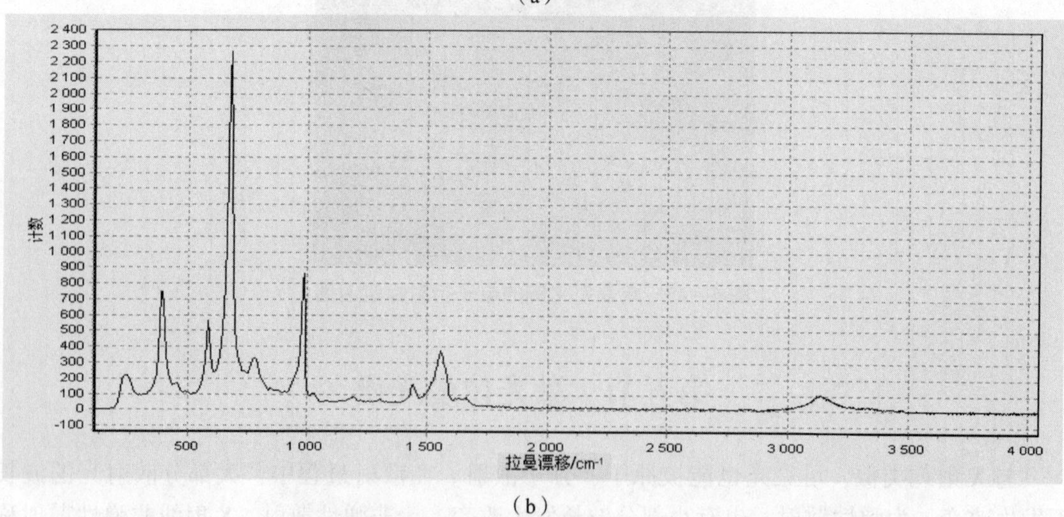

（b）

图 6 - 46　SRLAB1000 便携式激光共聚焦拉曼光谱仪及三聚氰胺的拉曼光谱界面

（a）拉曼光谱仪；（b）三聚氰胺的拉曼光谱

一、实验原理

（一）拉曼光谱基本原理

当一束频率为 ν_0 的单色光照射到某些物质上时，一部分光被透射，一部分光被反射，另外有一部分光将偏离原来的传播方向，向各个方向辐射，此现象称为光的散射，如图 6－47 所示。

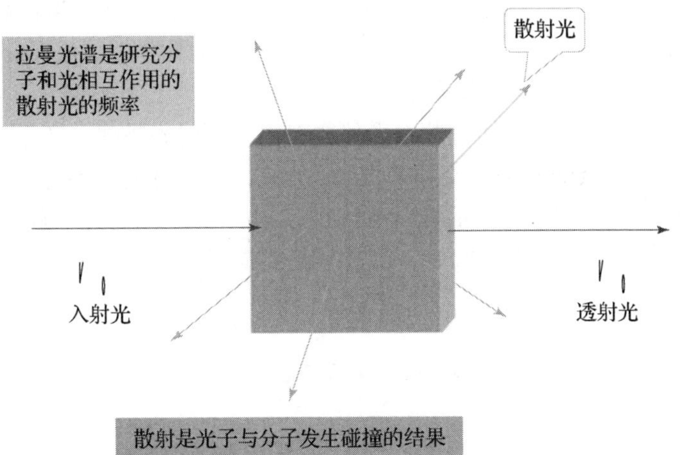

图 6－47　散射光的产生

如设散射物质分子原来处于基态，当受到入射光照射时，激发光与此分子的作用引起的极化可以看作为虚的吸收，表述为电子跃迁到虚态。虚能级上的电子立即跃迁到下能级而发光，即为散射光。按频率特性散射光可以分为两类：①当单色光束的入射光光子与分子相互作用时可发生弹性碰撞和非弹性碰撞，在弹性碰撞过程中，光子与分子间没有能量交换，光子只改变运动方向而不改变频率，与入射光频率 v_0 相同的散射光称为瑞利散射；②在非弹性碰撞过程中，光子与分子之间发生能量交换，光子不仅仅改变运动方向，同时光子的一部分能量传递给分子，或者分子的振动和转动能量传递给光子，从而改变了光子的频率，与入射光频率不同的散射称为拉曼散射。瑞利散射的强度只有入射光的 10^{-3} 倍，而拉曼散射的强度比瑞利散射还要弱得多，约是入射光强度的 $10^{-8} \sim 10^{-6}$ 倍。

如图 6－48 所示，E_0 为基态，E_1 为振动激发态，入射单色光的频率为 v_0，光子能量为 hv_0；$E_0 + hv_0$ 或 $E_1 + hv_0$ 为激发虚态；分子获得能量后，跃迁到激发虚态。

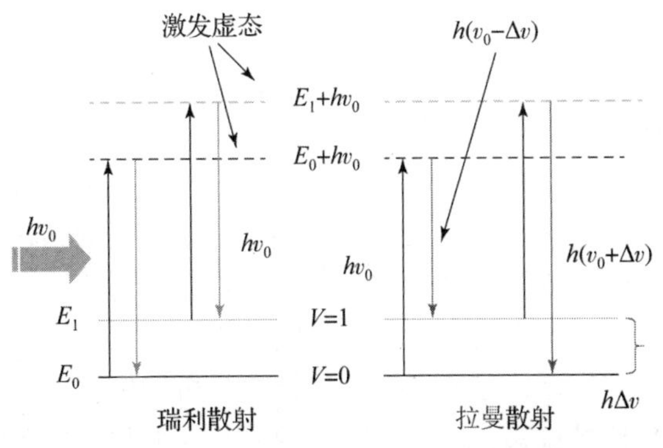

图 6－48　瑞利散射和拉曼散射示意图

对于瑞利散射，可设想处于 E_0 或 E_1 能极的分子，受到能量为 hv_0 入射光子的激发，分子吸收光子后分别跃迁到 $E_0 + hv_0$ 或 $E_1 + hv_0$ 的激发虚态（虚能级）。分子在虚态是不稳定的，将立即返回相应的能级 E_0 或 E_1，把吸收的能量以光子的形式释放出来。拉曼散射是光子与物质分子发生非弹性碰撞，在碰撞过程中有能量的交换，光子不但发生了方向的改变，而且能量也会减少或者增加。也就是说分子吸收光子后跃迁到虚能级，立即回到不是原来所处的 E_0 或 E_1，而是落到另一较高或较低的能级发射光子，由此会产生两种不同的跃迁能量差，如图 6－49 所示。当入射光子 hv_0 把处于 E_0 能级的分子激发到 E_0+hv_0 能级，因这种能态不稳定而跃迁回 E_1 能级，其结果是分子获得了 E_0 和 E_1 之间的能量差 $\Delta E=h(v_0-\Delta v)$，而光子就损失了这部分的能量，使得散射光的频率小于入射光频率，产生斯托克斯线。当入射光子 hv_0 把处于 E_1 能级的分子激发到 E_1+hv_0 能级，因这种能态不稳定而跃迁回 E_0 能级，其结果是分子损失了 E_0 和 E_1 之间的能量差 $\Delta E=h(v_0+\Delta v)$，而光子就获得了这部分的能量，使得散射光的频率高于入射光频率，即反斯托克斯线。

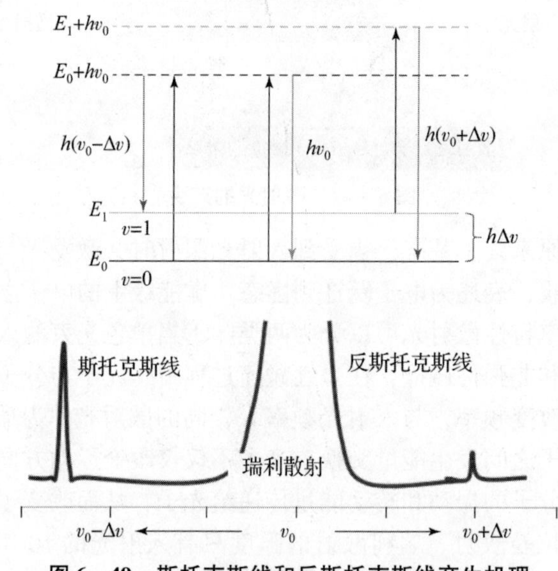

图 6－49　斯托克斯线和反斯托克斯线产生机理

斯托克斯线和反斯托克斯线统称为拉曼谱线。在通常情况下，由于分子绝大多数处于振动能级基态，所以斯托克斯线的强度远远强于反斯托克斯线。

（二）拉曼位移

拉曼位移（Raman Shift）是指散射光频率与入射光频率之差 Δv，是拉曼散射光谱的频率位移。拉曼光谱测量的是相对单色激发光频率的位移，不同物质的拉曼位移不同。同一物质分子，入射光频率改变，拉曼线的频率也发生改变，但是拉曼位移 Δv 始终不变。对同一物质，拉曼位移 Δv 与入射光的频率 v_0 无关，只取决于散射分子的结构，表征分子的振动和转动能级的特征物理量。也就是说，拉曼位移是一个相对值，对于同一振动模式，发射光子与入射光子的能量差为定值。即不同的激发波长下同一物质的拉曼位移相同。所以拉曼光谱可以作为分子振动能级的指纹光谱，是分子定性与结构分析的依据。

拉曼光谱图记录的是拉曼位移，即拉曼散射频率与入射频率的差值 Δv。若将入射光的波数视作 0（$\Delta=0$），定位在横坐标右端，拉曼光谱的横坐标为拉曼位移，以波数表示 $\Delta v=v_s-v_0$，v_s 和 v_0 分别为拉曼位移和入射光波数。纵坐标为拉曼强度，由于拉曼位移与激发光无关，一般仅用斯托克斯位移部分；对发荧光的分子，有时用反斯托克斯位移；拉曼线对称地分布在瑞利线两侧，对上述数据的记录即可以获得拉曼光谱图。

(三) 拉曼光谱与分子极化率的关系

入射光可以看成互相垂直的电场和磁场在空间的传播。分子在静电场 E 中，样品分子键上的电子云与入射光电场作用时会诱导出极化感应偶极矩 P。

$$P = \alpha E = \alpha E_0 \cos 2\pi \nu_0 t \quad (6-1)$$

式中，α 为分子的极化度；E_0 为入射光的交变电场波的振幅。

分子的极化度反映分子的属性，在交变电场作用下，分子的振动引起分子极化度 α 改变时，则产生拉曼散射：

$$\alpha = \alpha_0 + (\mathrm{d}\alpha/\mathrm{d}q)_0 q \quad (6-2)$$

式中，α_0为分子在平衡位置时的极化度；q 为双原子分子的振动坐标，即

$$q = r - re \quad (6-3)$$

式中，r 为双原子分子的核间距；re 为平衡位置的核间距。

已知：$q = q_0 \cos 2\pi \nu t$，将式（6－2）和式（6－3）代入式（6－1）中，可以获得下式：

$$P = \alpha_0 E_0 \cos 2\pi v_0 t + 1/2\ q_0 E_0 (\mathrm{d}\alpha/\mathrm{d}q)_0 [\cos 2\pi(v_0 - v)t + \cos 2\pi(v_0 + v)t] \quad (6-4)$$

$(\mathrm{d}\alpha/\mathrm{d}q)_0 \neq 0$ 是拉曼活性的依据，分子振动时极化度随振动改变就会产生拉曼散射，即分子具有拉曼活性。只有当分子的极化度是成键原子间距离的函数，即分子振动产生的原子间距离的改变引起分子极化度变化时才产生拉曼散射，分子才具有拉曼活性。

分子中两原子距离最大时，极化率也最大，拉曼散射强度与极化率成正比例。非极性基团振动时极化度变化越大，拉曼散射越强，故非极性基团分析常用拉曼光谱。

（1）极化率：两个不同的原子因为原子核对电子的吸引力不同，当它们结合在一起的时候，整个分子的电子云会偏向一边，形成极化，极化率是对极化程度的衡量。

（2）偶极矩：正、负电荷中心间的距离 d 与电荷中心所带电量 q 的乘积，称为偶极矩，数学表达式为$\boldsymbol{\mu} = qd$。偶极矩是一个矢量，方向规定为从正电中心指向负电中心。偶极矩的单位是 D。根据讨论的对象不同，偶极矩可以是键偶极矩，也可以是分子偶极矩。分子偶极矩可由键偶极矩经矢量加法后得到。实验测得的偶极矩可以用来判断分子的空间构型。

并不是所有的分子结构都具有拉曼活性，分子振动是否出现拉曼活性主要取决于分子在运动过程是某一固定方向上的极化率的变化。对于分子振动和转动来说，拉曼活性都是根据极化率是否改变来判断的。对于全对称振动模式的分子，在激发光子的作用下，肯定会发生分子极化，产生拉曼活性，而且活性很强；而对于离子键的化合物，由于没有分子变形发生，不能产生拉曼活性。

一般而言，分子的非对称性振动和极性基团的振动，都会引起分子偶极矩的变化，因而这类振动是红外活性的；而分子对称性振动和非极性基团振动，会使分子变形，极化率随之变化，具有拉曼活性。拉曼散射不要求有偶极矩的变化，却要求有极化率的变化，与红外光谱不同，也正是利用它们之间的差别，两种光谱可以互为补充。

(四) 拉曼光谱与红外光谱分析方法比较

红外光谱与拉曼光谱互称为姊妹谱，它们有相似和不同之处，相互补充存在。

1. 相似之处

激光拉曼光谱与红外光谱一样，都能提供分子振动频率的信息，对于一个给定的化学

键，其红外吸收频率和拉曼位移相等，均代表第一个振动能级的能量，同属分子振（转）动光谱。拉曼光谱适用于同原子的非极性键的振动。如 C—C、S—S、N—N 键等，对称性骨架振动，均可从拉曼光谱中获得丰富的信息。而不同原子的极性键振动，如 C ═O、C—H、N—H 和 O—H 等，在红外光谱上有反映。相反，分子对称骨架振动在红外光谱上几乎看不到。可见，拉曼光谱和红外光谱是相互补充的。

2. 不同之处

（1）红外光谱的入射光及检测光均是红外光，而拉曼光谱的入射光和散射光大多数是可见光。

（2）红外光谱测定的是光的吸收，对应的是与某一吸收频率能量相等的（红外）光子被分子吸收，属于吸收光谱，横坐标用波数或波长表示；而拉曼光谱测定的是光的散射，拉曼效应为散射过程，属于散射光谱，横坐标是拉曼位移。

（3）两者产生的机理不同：红外吸收是由于振动引起分子偶极矩或电荷分布变化产生的，与分子永久偶极矩的变化相关。拉曼散射是由于键上电子云分布产生瞬间变形引起暂时极化，产生诱导偶极矩；当返回基态时发生散射，散射的同时电子云也恢复原态，与分子极化率的变化相关。如同核双原子分子 N—N、Cl—Cl、H—H 等无红外活性却有拉曼活性，是由于这些分子平衡态或伸缩振动引起核间距变化但无偶极矩改变，对振动频率（红外）不产生吸收。但是两原子间键的极化度在伸缩振动时会产生周期性变化：核间距最远时极化度最大，最近时极化度最小，由此产生拉曼位移。

（4）二者的振动关系：以二氧化碳分子为例（图 6 - 50），二氧化碳分子的对称伸缩振动（O ═C ═O）无红外活性，但可以产生周期性极化度的改变（距离近时电子云变形小，距离远时电子云变形大），因此有拉曼活性。而非对称伸缩振动（O ═C ═O）有红外活性无拉曼活性。此时一个键的核间距减小，一个键的核间距增大（一个键的极化度小，一个键的极化度大），总的结果是无拉曼活性。

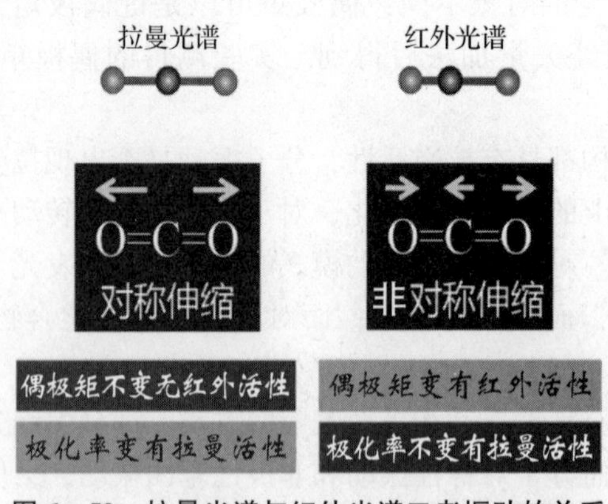

图 6 - 50 拉曼光谱与红外光谱二者振动的关系

（5）二者分析方法不同，如表 6 - 4 所示。

表 6 - 4 拉曼光谱和红外光谱分析方法区别

拉曼光谱	红外光谱
光谱范围为 40 ~ 4 000 cm^{-1}	光谱范围为 400 ~ 4 000 cm^{-1}

续表

拉曼光谱	红外光谱
水可作为溶剂	水不能作为溶剂
样品可盛于玻璃瓶、毛细管等容器中直接测定	样品不能盛于玻璃容器内测定
固体样品可直接测定	样品需要研磨制成 KBR 压片

(6) 互排法则和互允法制。

①互排法则：有对称中心的分子其分子振动对红外和拉曼之一有活性，则另一非活性。

②互允法制：无对称中心的分子其分子振动对红外和拉曼都是活性的。

(7) 红外和拉曼测试谱图对比，如图 6－51 所示。

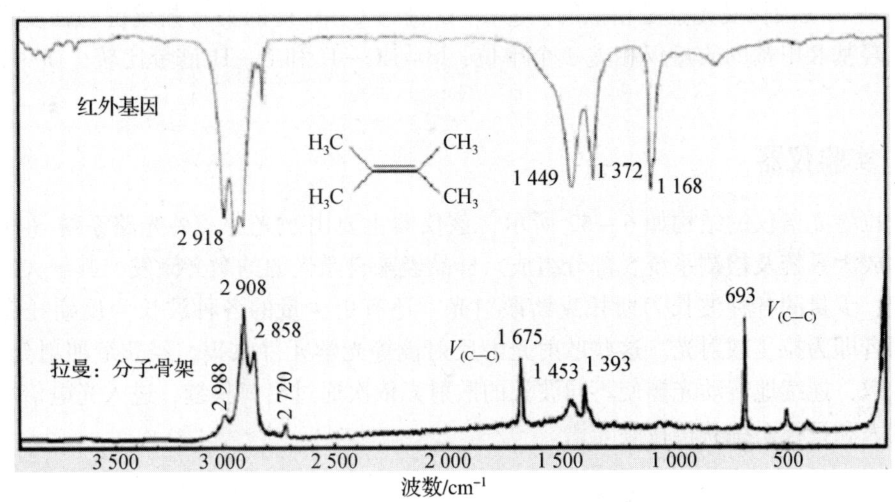

图 6－51　红外和拉曼测试谱图对比

(五) 拉曼光谱技术的优点

拉曼光谱能提供快速、简单、可重复而且无损伤的定性定量分析，它无须制样可直接测定，样品也可直接通过光纤探头测量。

(1) 检测的特殊性：水是很弱的拉曼散射物质，可直接测量水溶液样品的拉曼光谱而无须考虑水分子振动的影响。

(2) 低波数方向测定范围宽：拉曼光谱一次可同时覆盖 40～4 000 波数的区间，可对有机物及无机物进行分析；相反，若让红外光谱覆盖相同的区间则必须改变光栅、光束分离器、滤波器和检测器。

(3) 谱峰清晰尖锐：拉曼光谱更适合定量研究、数据库搜索定性研究。在化学结构分析中，独立的拉曼区间的强度可以和功能基团的数量相关，比红外光谱有更好的分辨率。

(4) 采样方式灵活：激光束的直径在它的聚焦部位通常只有 0. 2～2 mm，常规拉曼光谱只需要少量的样品就可以得到，可对样品进行非接触的无损伤检测，适合对稀有或珍贵的样品进行分析。

(5) 分析样品形式多样：用于拉曼光谱分析的样品可以是固体、液体、气体或任何形式的混合。对于分子结构的变化，拉曼光谱有可能比红外光谱更敏感。

（六）拉曼光谱中常见特征谱带的鉴定

由拉曼光谱可以获得有机化合物的各种结构信息。

（1）同种分子的非极性键 S—S，C═C，N═N，C≡C 产生强拉曼谱带，随单键、双键、三键谱带强度增加。

（2）由 C≡N，C═S，S—H 伸缩振动产生的谱带在红外光谱中一般较弱或强度可变，而在拉曼光谱中则是强谱带。

（3）环状化合物的对称伸缩振动常常是最强的拉曼谱带。

（4）在拉曼光谱中，对于 X═Y═Z，C═N═C，O═C═O 这类键的对称伸缩振动是强谱带，反这类键的对称伸缩振动是弱谱带，红外光谱与此相反。

（5）C—C 伸缩振动在拉曼光谱中是强谱带。

（6）醇和烷烃拉曼光谱是相似的：①C—O 键与 C—C 键的力常数或键的强度没有很大差别；②羟基和甲基的质量仅相差 2 个单位；③与 C—H 和 N—H 谱带比较，O—H 拉曼谱带较弱。

二、实验仪器

激光拉曼光谱仪的结构如 6 – 52 所示，该仪器主要由激光源、外光路系统（样品室）、单色仪、放大系统及检测系统 5 部分组成。样品经来自激光源的激光激发，其绝大部分为瑞利散射光，少量的各种波长为斯托克斯散射光，还有更少量的各种波长为反斯托克斯散射光，后两者即为拉曼散射光。这些散射光由反射镜等光学元件收集，经狭缝照射到光栅上，被光栅色散，连续地转动光栅使不同波长的散射光依次通过出口狭缝，进入光电倍增管检测器，经放大和记录系统获得拉曼光谱。

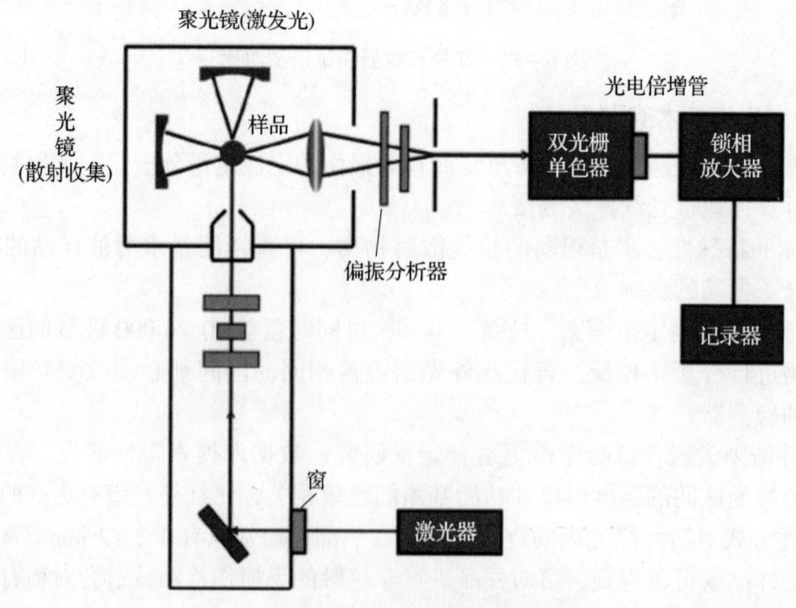

图 6 – 52　拉曼光谱仪结构示意图

（一）激光源

目前拉曼光谱仪的激发光源基本用激光器。激光器的功能是提供单色性好、功率大并且有稳定的、能多波长工作的入射光。传统色散型激光拉曼光谱仪通常使用的激光器有 Kr 离子激光器、Ar 离子激光器、Ar^{+}/Kr^{+} 激光器、He－Ne 激光器和红宝石脉冲激光器等。其中，He－Ne 激光器最常用波长为 632.8 nm；Ar^{+} 激光器常用波长为 514.5 nm（绿色）和 488.0 nm（蓝紫色），散射强度 $\propto 1/\lambda^4$；Kr^{+} 激光器最常用的波长为 568.2 nm 和 647.1 nm。

（二）外光路系统

外光路系统是从激发光源后面到单色仪前面的一切设备，它包括聚焦透镜、多次反射镜、样品台、滤光、偏振等部件。其中样品台的设计是最重要的一环。激光束照射在样品上有两种方式：一种是 90°方式；另一种是 180°同轴方式。90°方式可以进行极准确的偏振测定，能改进拉曼与瑞利两种散射的比值，使低频振动测量较容易；180°方式可获得最大的激发效率，适于浑浊和微量样品测定。二者相比，90°方式比较有利，一般仪器都采用 90°方式，也有同时采用两种方式的。

（1）聚光（发射透镜）：用一块或两块焦距合适的会聚透镜，使样品处于会聚激光束的腰部，以提高样品对光的辐照功率，可使样品在单位面积上辐照功率比不用透镜会聚前增强 10^5 倍。

（2）集光（收集透镜）：使拉曼光聚集在单色仪的入射狭缝。常用透镜组或反射凹面镜作散射光的收集镜。通常由相对孔径数值为 1 的透镜组成。为了更多地收集散射光，对某些样品可在集光镜对面和照明光传播方向上加反射镜。

（3）样品台：样品台的设计要保证使照明最有效和杂散光最少，尤其要避免入射激光进入光谱仪的入射狭缝。为此，对于透明样品，最佳的样品布置方案是使样品被照明部分呈光谱仪入射狭缝形状的长圆柱体，并使收集光方向垂直于入射光的传播方向。

（4）滤光：安置滤光部件的主要目的抑制杂散光以提高拉曼散射的信噪比。在样品前面，典型的滤光部件是前置单色器或干涉滤光片，它们可以滤去光源中非激光频率的大部分光能。小孔光阑对滤去激光器产生的等离子线有很好的作用。在样品后面，用合适的干涉滤光片或吸收盒可以滤去不需要的瑞利线的一大部分能量，提高拉曼散射的相对强度。

（5）偏振：做偏振谱测量时，必须在外光路中插入偏振元件。加入偏振旋转器可以改变入射光的偏振方向；在光谱仪入射狭缝前加入检偏器，可以改变进入光谱仪的散射光的偏振；在检偏器后设置偏振扰乱器，可以消除光谱仪的退偏干扰。

（三）单色器

色散系统使拉曼散射光按波长在空间分开，通常使用单色器。单色器是仪器的心脏。由于拉曼散射强度很弱，因而，在色散型激光拉曼光谱仪中要求单色器的杂散光最小和色散性好。为降低瑞利散射及杂散光，通常使用双光栅或三光栅组合的单色器。使用多光栅必然要降低光通量，目前大都使用平面全息光栅；若使用凹面全息光栅，可减少反射镜，提高光的反射效率。

（四）检测器

拉曼散射信号的接收类型分单通道接收和多通道接收两种，图 6－53 为信号检测流程。

光电倍增管接收属于单通道接收。对于落在可见区的拉曼散射光，可用光电倍增管作检测器，对其要求是：①量子效率高（量子效率是指光阴极每秒出现的信号脉冲与每秒到达光阴极的光子数之比值）；②热离子暗电流小（热离子暗电流是在光束断绝后阴极产生的一些热激发电子）。为了提取拉曼散射信息，光电倍增管的输出脉冲数一般有 4 种检出方法：直流放大法、同步检出法、噪声电压测定法和脉冲计数法。脉冲计数法是最常用的一种。检出后用记录仪或计算机接口软件画出图谱。

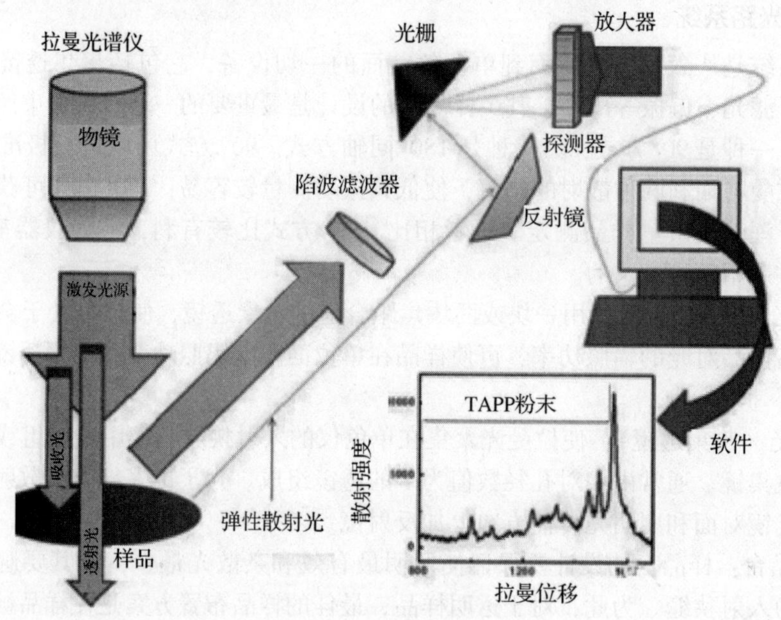

图 6－53 信号检测流程

三、实验过程

常规拉曼分析仪器操作步骤如下：

（1）开机，连接电路，依次打开拉曼主机、计算机、激光器电源。

（2）准直与仪器校正，调节外光路。

（3）打开计算机拉曼运行软件 Raman Analysis。

（4）将待测液体样品放入玻璃瓶内，将固体样品放在样品垫上。

（5）设置测试参数。选择正确的工作参数和条件，主要从扫描范围、步长、积分时间、狭缝宽度、激发功率和扫描次数等进行选择。激光器的功率要随不同样品而改变，对固体或液体等不易分解的样品可选较强功率激发，生物样品等可选较低功率激发。积分时间可在开始时选择小一点，正式测量时根据信噪比的情况而定，信噪比高的积分时间可稍短，反之可采用较长积分时间。狭缝宽度的选择可根据所测光谱是否需要高分辨模式来决定大小。单击保存键来保存参数数据。

（6）样品测定并采集谱图，单击保存按钮进行保存数据，得到 TEXT 文档。

（7）关机，取出样品，依次关闭系统程序、关闭激光器电源、关闭计算机。

便携式拉曼光谱仪开机顺序如图 6－54 所示。

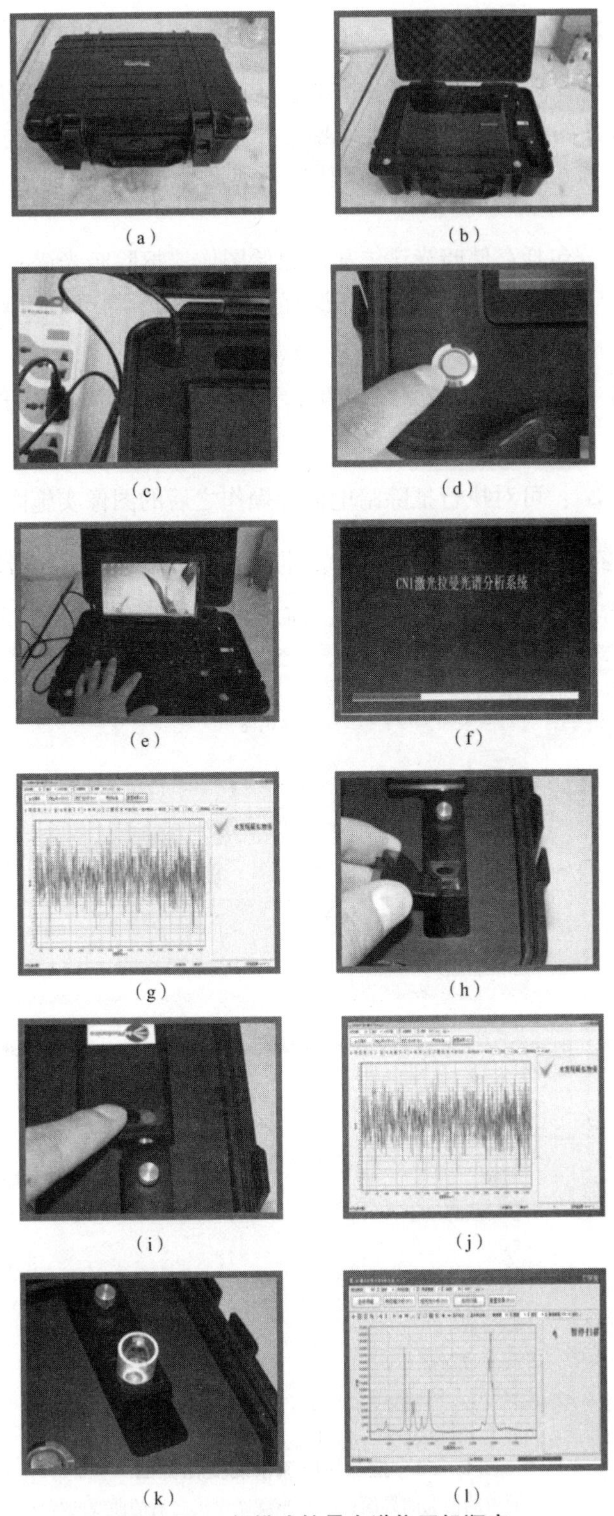

图 6－54　便携式拉曼光谱仪开机顺序

(a) 光谱仪整体外形；(b) 打开箱体；(c) 连接电源；(d) 打开计算机；(e) 运行软件；(f) 等待系统界面；(g) 软件界面；(h) 打开样品盒盖；(i) 打开激光保护滑钮；(j) 抠除背景；(k) 放入石英试管；(l) 暂停扫描

四、实验结果和数据处理

激光拉曼光谱仪具备高灵敏度、高分辨率、高重复性、高自动化程度等特点，非常适合原料、中间产品和成品的快速、便捷、准确鉴定。鉴别程序通常使用与参照光谱的比较法。这个方法要求储备（约6 000种化学药品，国家药典已公布2 271种）必备的参照标准拉曼光谱数据库。

（1）数据处理部分包括存储暗光谱、显示原始图像、抠除暗光谱。

①存储暗光谱：暗光谱也称暗噪声，在没有光源射入光谱仪时光谱也会有一定的强度，这就是暗光谱。

在工具栏中单击 即可保存暗噪声。暗噪声将被记录在内存中以备后续的计算和处理使用。

②显示原始图像S：可对执行抵除暗电流等操作之后的图像实施图像恢复功能。

③扣除暗光谱：单击工具栏中的，将采集到的数据逐点减掉。在抠除暗电流操作之前必须先保存暗电流，否则将提示错误，前后对照界面如图6－55所示。

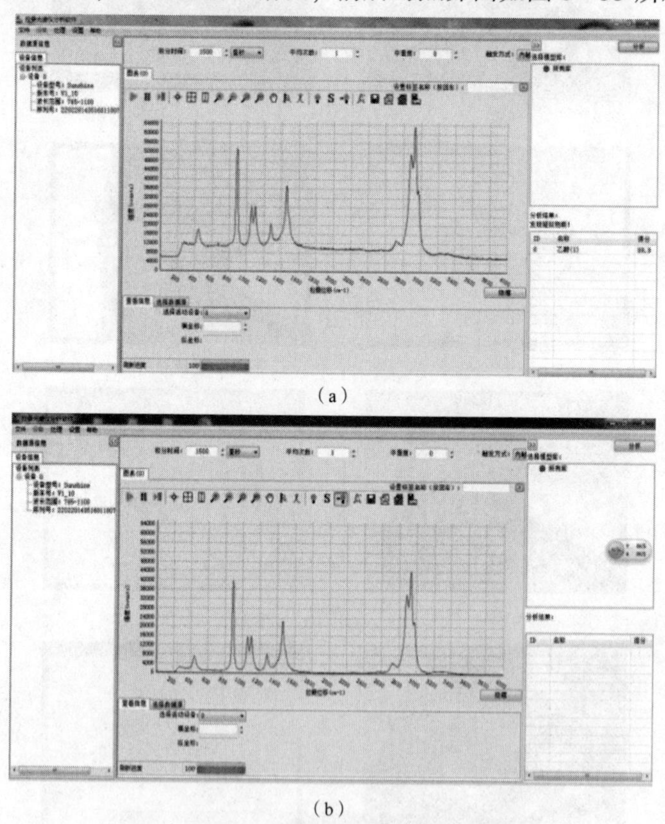

（a）

（b）

图6－55 抠除按电流前后变化界面

（a）有光照射的情况的界面；（b）抠除暗电流之后的曲线的界面

注：抠除暗光谱的操作必须在开启激光器之前进行，继而在打开激光器时呈现的是扣除暗光谱的状态。

（2）光谱处理。

①叠加活动光谱，在工具栏中单击，当前活动光谱将会静止。可以通过此操作实现光谱之间的对比，如图 6－56 所示。

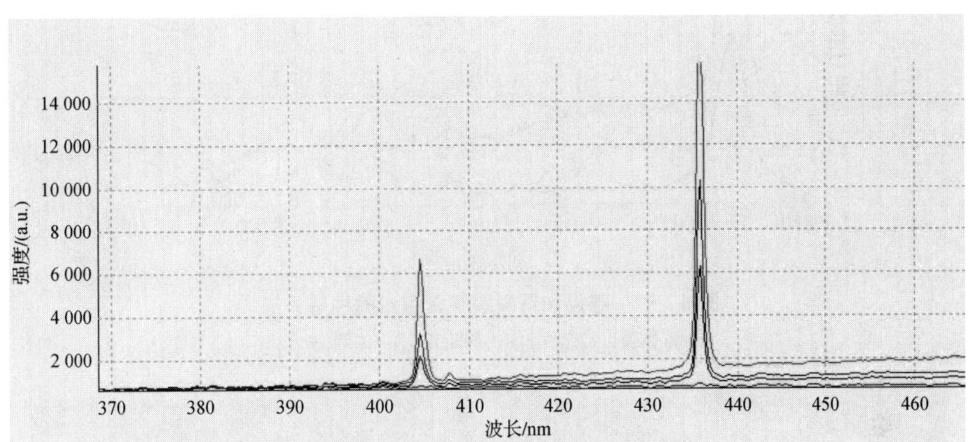

图 6－56　光谱叠加对比谱界面

②保存光谱数据，在工具栏中单击按钮，出现对话框。

选择保存的路径，写好文件名，单击保存按钮。在这个文件夹中会出现保存好的文件。以文本方式打开文件，可以看到具体的数据。

③叠加光谱数据，单击工具栏中的，弹出对话框，将以上保存的 txt 格式的文本导入软件中。

④删除叠加光谱。

⑤保存光谱图像单击，将界面上的光谱图保存到指定的位置，记录好保存路径。

五、典型应用

拉曼光谱因自身独有的特点，可在分子水平上探测物质的结构和组成，是分子结构分析的一种有力工具。拉曼光谱可以检测到分子振动、转动的指纹性信息，可以用来分析待测物质分子中的化学键和官能团，由此在诸多方面获得了广泛的应用。

（一）拉曼光谱在生物医学领域的应用

拉曼光谱用于活体样品，可在医疗过程中进行实时诊断，检测蛋白质、类脂体和核苷酸的特征拉曼峰，可以测出每种成分的绝对浓度和相对比例，并将它们与病理变化相联系，如图 6－57 所示。

（二）拉曼光谱技术在宝石鉴定中的应用

宝石是一个广义的名字，包括钻石、彩色宝石、玉石、珍珠、翡翠、琥珀等。不同种类的宝石，其内部矿物成分及结构不同，表现出来的性质、色彩、外观也不相同，价值也有天壤之别。拉曼技术可以对宝石进行无损伤鉴定，如图 6－58 所示。

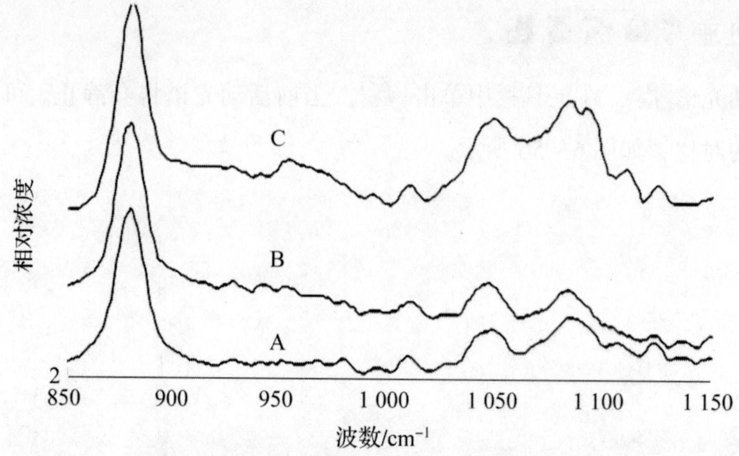

图 6－57　腺癌和胃黏膜正常组织的拉曼光谱

A—胃黏膜正常组织；B—肠化组织；C—腺癌组织

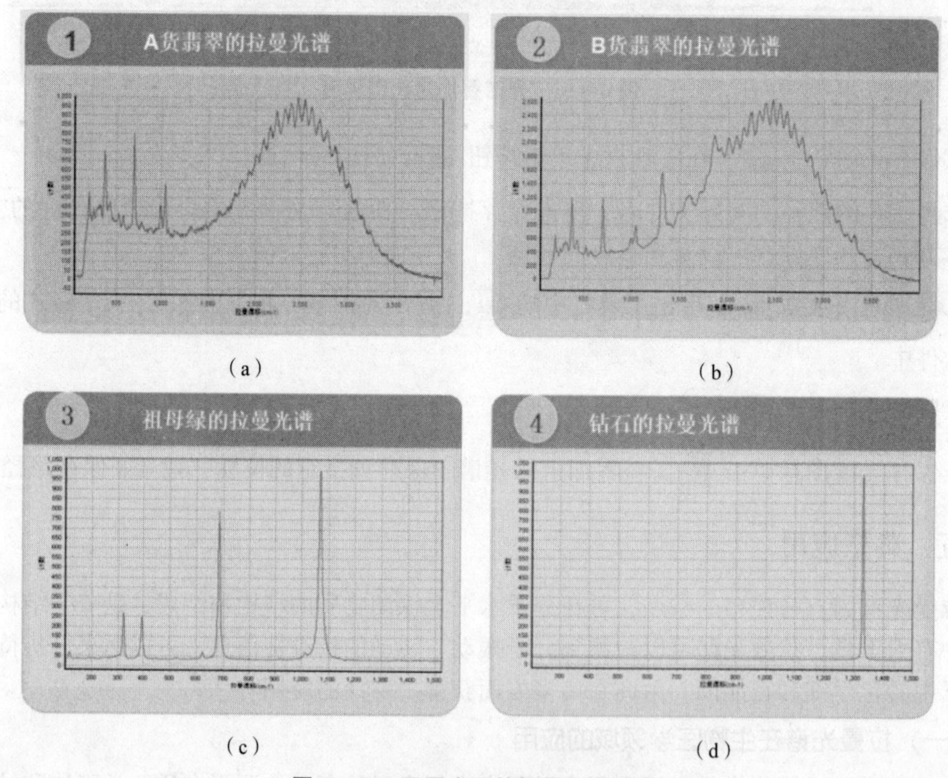

图 6－58　不同宝石的拉曼光谱界面

（a）A 货翡翠的拉曼光谱；（b）B 货翡翠的拉曼光谱；（c）祖母绿的拉曼光谱；（d）钻石的拉曼光谱

实验项目 5　激光拉曼光谱法测定乳制品中三聚氰胺实验

1. 实验目的

（1）掌握拉曼光谱分析基本原理和便携式激光拉曼光谱仪的基本构造。

（2）掌握便携式激光拉曼光谱仪使用方法。

（3）根据得到的拉曼图谱，分析样品的特征峰。

（4）了解并熟悉拉曼光谱数据处理方法。

2. 实验原理

拉曼光谱进行分子结构定性分析的理论依据：拉曼位移取决于分子振动能级的变化，不同的化学键或基态有不同的振动方式，决定了其能级间的能量变化，因此，与之对应的拉曼位移是特征的，与入射线频率无关，而与分子结构有关。每一种物质有自己的特征，拉曼谱线的数目、拉曼位移值的大小和拉曼谱带的强度等都与物质分子振动和转动能级有关。对不同物质，Δv 不同；对同一物质，Δv 与入射光频率无关。表征分子振—转能级的特征物理量，成为定性与结构分析的依据。

三聚氰胺又名蛋白精，其作为化工原料，可用于塑料、涂料、黏合剂、食品包装材料的生产。资料表明，三聚氰胺可能从环境、食品包装材料等途径进入到食品中，其含量很低。国家已经把三聚氰胺列为食品非法添加剂，但有些商家受到利益的诱惑人为地在食品中加入三聚氰胺，用于食品加工或食品添加物，对人体造成伤害，如在乳制品中加入三聚氰胺。2017 年，世界卫生组织国际癌症研究机构将三聚氰胺列入 2B 类致癌物清单中。所以，拉曼光谱用于食品质量的检测不仅能够判别食品的真伪程度、食品化学添加剂掺杂情况，而且还能预测食品的质量，可以检测出食品中可能存在的微量有毒物质。图 6－59 为三聚氰胺的拉曼光谱界面。

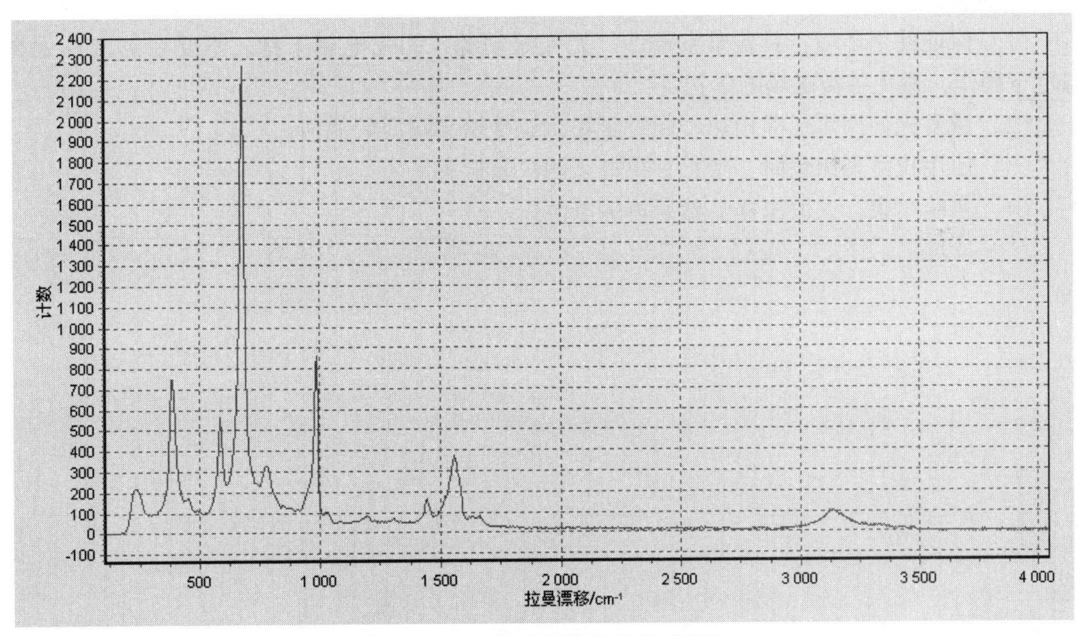

图 6－59　三聚氰胺的拉曼光谱界面

3. 实验基本要求

了解拉曼光谱测试的基本原理，熟悉实验方案，明白整个实验的正确操作规程和数据处理方式，并掌握一定的仪器维护方式；了解仪器性能参数、应用范围及注意事项等。

4. 实验仪器和材料

（1）实验仪器。

便携式拉曼光谱仪。

（2）实验耗材。

一次性手套、乙醇、试剂瓶、丙酮、卫生纸、三聚氰胺。

5. 实验步骤

（1）样品的准备。

（2）开机，连接电路，依次打开拉曼光谱仪主机、计算机、激光器电源。

（3）准直与仪器校正，调节外光路。

（4）打开机算机，运行拉曼软件的拉曼分析。

（5）设置参数。基础参数包括积分时间、平均次数和平滑度 3 项，参数设置界面如图 6－60 所示。

图 6－60　参数设置界面

（6）运行状态设定 。

（7）标线，数据收集。

6. 实验结果与数据处理

同本章第五节四、实验结果与数据处理，根据测试结果分析样品特征峰。

7. 实验注意事项

（1）保证使用环境：具备暗室条件；无强振动源，无强电磁干扰。不要在潮湿和太高温度下操作，避免各类磁场的干扰。

（2）激发光使用需提前预热，同时要注意拉曼探头端面的清洁。

（3）使用拉曼光谱仪时，禁止直视打开的拉曼探头。

（4）实验结束，先取出样品然后再关电源。

第七章

材料表界面分析技术

第一节　材料表界面分析技术概述

材料都有与外界接触的表面或与其他材料区分的界面，材料的表界面在材料科学中占有重要的地位。材料的表面与其内部本体，无论是在结构上还是在化学组成上都有明显的差别，这是因为材料内部原子受到周围原子的相互作用是相同的，而处在材料表面的原子所受到的力场却是不平衡的。对于由不同组分构成的复合材料，组分与组分之间可形成界面，某一组分也可能富集在材料的表面上。即使是单组分的材料，由于内部存在的缺陷（如位错等）或者晶态的不同形成晶界，也可能在内部产生界面。材料的表面界面特性对材料整体性能具有决定性的影响，材料的腐蚀、老化、硬化、破坏和印刷、涂膜、黏结、复合等，无不与材料的表界面密切相关。因此，研究材料的表界面现象具有重要的意义。

一般来讲表界面分析可大致分为形貌分析、成分分析和结构分析三类。本章重点介绍与表界面成分分析相关的测试技术。其中电子能谱分析法是采用单色光源（如 X 射线、紫外光）或电子束照射样品，使样品中电子受到激发而发射出来（这些自由电子带有样品表面信息），然后测量这些电子的产额（强度）对其能量的分布，从中获得有关表面信息的一类分析方法，主要包括俄歇电子能谱（AES）分析、X 射线光电子能谱（XPS）分析、紫外光电子能谱（UPS）分析等。AES 和 XPS 测试技术的简单对比如表 7－1 所示。

表 7－1　AES 和 XPS 测试技术简单对比

测试项目	AES	XPS
入射粒子束	电子	光子
分析粒子束	电子	电子
空间分辨率/μm	0.003	7.5
取样深度/nm	0.5～7.5	0.5～10
检测下限/atom%	0.1	0.1
化学信息	元素化学键	元素化学键（优）
深度剖析速率/($\mu m \cdot h^{-1}$)	1	0.5
定量能力	好	极佳

这两种测试技术的相同之处是它们都能得到元素的价电子和内层电子的信息，从而对材料表面的元素进行定性或定量分析；也可以通过氩离子或氩团簇等手段对表面刻蚀来分析材料表面的元素，得到材料和分析物渗透方面的信息。相比之下，XPS 通过元素的结合能位移，能更方便地对元素的价态进行分析，定量能力也更好，使用更为广泛。由于 XPS 不易聚焦，照射面积大，得到的是毫米级直径范围内的平均值，其检测极限一般只有 0.1%。AES 有很高的微区分析能力和较强的深度剖面分析能力。

能量色散谱（EDS）技术是采用聚焦电子束探测样品微区化学成分，借助分析样品发出的元素特征 X 射线波长和强度，根据不同元素特征 X 射线波长的不同来测定样品所含的元素，通过对比不同元素谱线的强度可以测定样品中元素的含量。通常能量色散谱技术结合电子显微镜使用，可以对样品进行微区成分分析。能量色散谱技术与 X 射线光电子能谱技术二者都是表面元素分析，能量色散谱技术比 X 射线光电子能谱技术测试的深度更大一些（大几个微米），但是其精度远不如 X 射线光电子能谱技术，不能做元素形态分析。能量色散谱技术的检测限较高（含量大于 2%），其灵敏度较低。

X 射线三维显微分析技术又称微米 CT 技术，该技术利用 X 射线显微镜对样品进行高分辨率无损三维内部成像。该技术在材料科学、生命科学、增材制造、半导体检测、石油地矿等诸多领域有广泛应用。X 射线三维显微分析技术的特色在于实现了样品内部三维结构的无损分析，这一特色是利用了高能 X 射线对样品的穿透特性，无须样品制备、嵌入、镀层或切薄片。

第二节　X 射线光电子能谱技术

一、X 射线光电子能谱基本原理

X 射线光电子能谱（X－ray photoelectron spectroscopy，XPS）也称化学分析用电子能谱（electron spectroscopy for chemical analysis，ESCA），是一种应用非常广泛的表界面分析技术。

该技术在 20 世纪 60 年代由瑞典科学家凯·西格班（Kai Siegbahn）建立。因其在光电子能谱理论和技术上的重大贡献，1981 年，凯·西格班获得了诺贝尔物理学奖。60 多年来，X 射线光电子能谱无论在理论上和实验技术上都已获得了长足的发展。X 射线光电子能谱技术从刚开始主要用来对化学元素的定性分析，已发展为表面元素定性、半定量分析、元素化学价态分析以及微区分析的重要手段。X 射线光电子能谱技术的研究领域不再局限于传统的化学分析，而扩展到现代迅猛发展的材料学科领域。

X 射线光电子能谱基于光电离作用。当一束 X 射线光子辐照到样品表面时，光子可以被样品中某一元素原子轨道上的电子所吸收，使得该电子脱离原子核的束缚，以一定的动能从原子内部发射出来，变成自由的光电子，而原子本身则变成一个处于激发态的离子。图 7－1 为光电子产生机理示意图。

在光电离过程中，固体物质轨道中电子的结合能可以用下面的方程式表示：

$$E_B = hv - E_K - \phi$$

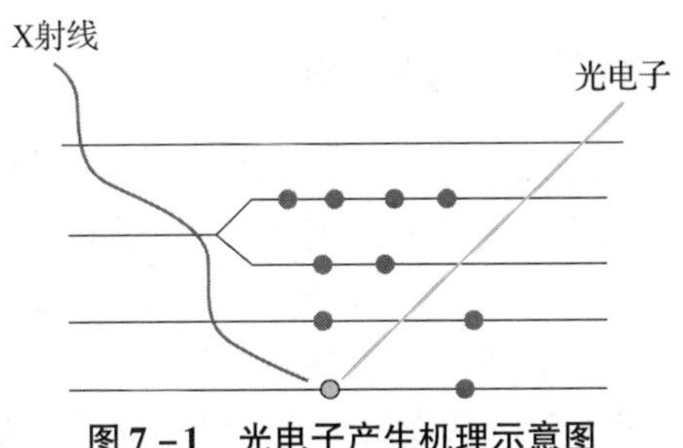

图 7-1　光电子产生机理示意图

式中，E_B 为固体中电子结合能；$h\nu$ 为激发光能量（MgKα X 射线的光子能量为 1 253.6 eV，AlKα X 射线的光子能量为 1 486.6 eV）；E_K 为光电子动能；ϕ 为逸出功。例如，已知 MgKα 光子能量 $h\nu=1\ 253.6$ eV，光电子动能 E_K 可由能谱仪测试得到，仪器逸出功 ϕ 为常数，由此可得到某一元素原子轨道上电子的结合能 E_B。图 7-2 是银薄膜的 X 射线光电子能谱图。

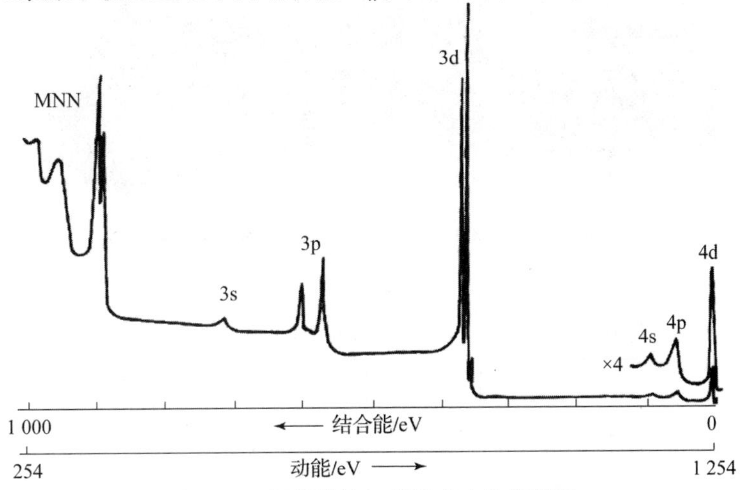

图 7-2　银薄膜的 X 射线光电子能谱图

由谱图得到的电子结合能可确定元素的种类和化学状态，由谱峰的强度（面积）可确定元素的相对含量。在 X 射线光电子能谱测试分析中，X 射线激发源的能量较高，不仅可以激发出原子价轨道中的价电子，还可以激发出芯能级上的内层轨道电子，其出射光电子的能量仅与入射光子的能量及原子轨道结合能有关。因此，对于特定的单色激发源和特定的原子轨道，原子轨道电子的能量是特征的。当固定激发源能量时，特定轨道电子的能量仅与元素的种类和所电离激发的原子轨道有关，从而可以根据特定轨道电子的结合能定性分析物质中元素的种类。

在常规 X 射线光电子能谱中，一般采用 MgKα X 射线或 AlKα X 射线作为激发源，光子的能量能促使除氢、氦以外的所有元素发生光电离作用，产生特征光电子。所以 X 射线光电子能谱技术是一种可以对所有元素进行一次全分析的方法，这对于未知物的定性分析是非常有效的。

X 射线光电子能谱的采样深度与光电子的能量和材料的性质有关。一般定义 X 射线光电子能谱的采样深度为光电子平均自由程的 3 倍。根据平均自由程的数据可以大致估计各种材料的采样深度：一般对于金属样品的采样深度为 0.5～2 nm，对于无机化合物的采样深度为 1～3 nm，而对于有机物的采样深度则为 3～10 nm。

二、X 射线光电子能谱仪的结构及功能

典型的 X 射线光电子能谱仪如图 7－3 所示，结构示意图如图 7－4 所示。

X 射线光电子能谱仪硬件方面，传统的固定式 X 射线源已发展到电子束扫描金属靶模式的可扫描式 X 射线源。X 射线的束斑直径也实现了微型化，最小的束斑直径已能达到 6 μm，使得 X 射线光电子能谱仪在微区分析上的应用得到了大幅度的加强。X 射线光电子能谱成像技术的发展，极大地促进了 X 射线光电子能谱仪在新材料研究上的应用。在能谱仪的能量分析检测器方面，也从传统的单通道电子倍增器检测器发展到位置灵敏检测器和多通道检测器，使得检测灵敏度获得了大幅度的提高。计算机系统的广泛采用，使得 X 射线光电子能谱仪采样速度和谱图的解析能力也有了很大的提高。

图 7－3　PHI 5000 VersaProbe ⅢX 射线光电子能谱仪

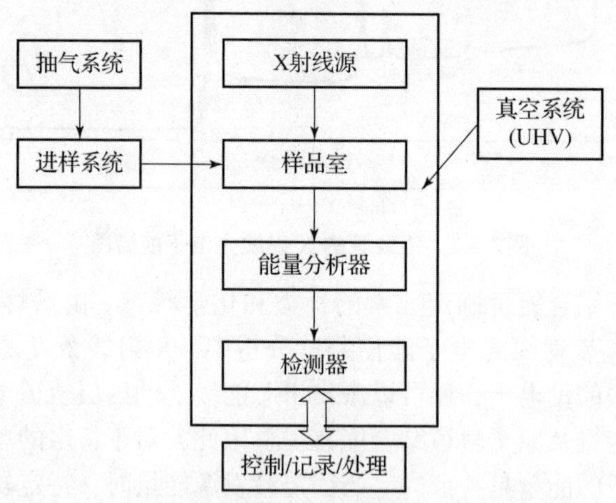

图 7－4　X 射线光电子能谱仪结构示意图

X 射线光电子能谱仪具有很高的表面灵敏度，适合于表面元素定性和定量分析方面的应用，同样也可以应用于元素化学价态的研究，其适应性良好，信息量大，并且可以进行样品表面的元素成像和微区分析；此外，配合离子束剥离技术和变角 X 射线光电子能谱技术，还可以进行薄膜材料的深度分析和界面分析，因此，X 射线光电子能谱仪可广泛应用于化学、化工、材料、机械、电子等领域。

（一）超高真空系统

X 射线光电子能谱仪必须采用超高真空系统，主要是有两方面的原因。

（1）X 射线光电子能谱技术是一种表面分析技术，如果分析室的真空度差，在很短的时间

内样品的清洁表面就会被真空中的残余气体分子所覆盖。

(2) 由于光电子的信号和能量都非常弱，如果真空度较差，光电子很容易与真空中的残余气体分子发生碰撞作用而损失能量，最后不能到达检测器。

在X射线光电子能谱仪中，为了使分析室的真空度能达到3×10^{-8} Pa，一般采用三级真空泵系统。前级泵一般采用旋转机械泵或分子筛吸附泵，极限真空度能达到10^{-2} Pa；二级泵一般采用油扩散泵或分子泵，可获得高真空，极限真空度能达到10^{-8} Pa；三级泵采用溅射离子泵和钛升华泵，可获得超高真空，极限真空度能达到10^{-9} Pa。这几种真空泵的性能各有优缺点，可以根据不同用途和需要进行组合。目前新型X射线光电子能谱仪普遍采用机械泵—分子泵—溅射离子泵/钛升华泵组合系列，这样可以防止扩散泵油污染清洁的超高真空分析室。

（二）快速进样室

X射线光电子能谱仪多配备快速进样室，其目的是在不破坏分析室超高真空的情况下能快速进样。快速进样室的体积很小，以便能在5~10 min内能达到10^{-3} Pa的较高真空度。有一些多功能能谱仪，把快速进样室设计成样品预处理室，可以对样品进行加热、蒸镀和刻蚀等操作。

（三）X射线激发源

X射线激发源的功能是发射一定能量的光子、电子或离子入射到样品表面，由此产生待分析的带电离子或电子。通常包括以下几种类型：①光子源，又分为X射线源和紫外光子源（X射线源又分为非单色化X射线源和单色化X射线源，紫外射线源可分为非单色化、单色化和偏振源）；②电子源；③离子源。

在电子能谱系统中，光子源的作用是产生一定能量、一定本征宽及一定强度的射线源，是电子能谱仪的重要组件。X射线光电子能谱中最简单的X射线源就是利用高能电子轰击阳极靶时发出的特征X射线。这些特征线的能量只取决于组成靶的材料原子内部的能级，由这些原子内部的电子跃迁所产生。除了这些特征线之外，还产生与入射电子能量有关的连续谱，这种连续谱称为韧致辐射。因此，X射线光电子能谱使用的标准X射线源发射出的X射线能谱是由一些重叠在较宽的连续分布上特征线所组成。

韧致辐射又称刹车辐射或制动辐射，原指高速运动的电子骤然减速时发出的辐射，后来泛指带电粒子与原子或原子核发生碰撞时突然减速发出的辐射。韧致辐射的X射线谱往往是连续谱，这是由于在作为靶子的原子核电磁场作用下，带电粒子的速度是连续变化的。韧致辐射的强度与靶核电荷的平方成正比，与带电粒子质量的平方成反比。因此重的粒子产生的韧致辐射往往远远小于电子的韧致辐射。

常用的AlKα X射线的光子能量为1 486.6 eV，MgKα X射线的光子能量为1 253.6 eV。在普通的X射线光电子能谱仪中，一般采用双阳极靶激发源。未经单色化的X射线的线宽可达到0.8 eV；而经单色化处理以后，线宽可降低到0.2 eV，并可以消除X射线中的杂线和韧致辐射。但经单色化处理后，X射线的强度有一定程度下降。

（四）单色器

提高单色器性能可显著改善能谱仪的灵敏度。单色化X射线光电子能谱分析在商业化能谱仪中得到了广泛应用。X射线单色器是通过运用晶格衍射而产生一条线形较窄的X射线，基于晶体衍射的布拉格方程式原理，单色器中把X射线源、样品和石英晶体安排在一个罗兰圆的相应位置上。目前主流商业 X 射线光电子能谱单色器均使用石英晶体作为 X 射线的衍射晶格，通常为 1 010 晶面。石英是一种方便适用的材料，相对稳定性好，能安装在超高真空环境中，并且能弯曲和研磨成所需的形状，并且其晶格间距能为常用的 AlKα X 射线或 MgKα X 射线提供一个适宜的衍射角，所以得到广泛应用。

X 射线经单色化处理以后，有以下几个方面的优点：

(1) 可以有效减小 X 射线的线宽，如 AlKα X 射线的线宽可以从 0.9 eV 减少到 0.25 eV；MgKα X 射线的线宽可以从 0.7 eV 减少到 0.3 eV。X 射线线宽越窄使得 X 射线光电子能谱峰宽越窄，从而可得到更准确的化学态信息。

(2) 可以去除 X 射线谱图中的干扰部分，即 X 射线伴峰（卫星峰）和韧致辐射产生的连续背景。

(3) 为了得到最高的灵敏度，各种 X 射线源通常尽可能地靠近样品位置，因此样品会受到射线源内的热辐射，可能会损坏或改变稳定性差的样品表面。而使用单色器后，热源可远离样品，可以避免样品热辐射导致的损伤。

(4) 用单色器可以将 X 射线聚焦成小束斑，从而可以实现高灵敏度的小面积能谱测量。

(5) 使用聚焦单色器时只有被分析的区域受到 X 射线的辐照损伤，而其他区域在等待分析时不会受到 X 射线的辐照损伤，从而可以在稳定性差的样品上进行多点分析。

(五) 离子源

X 射线光电子能谱仪配备有离子源，可对样品表面进行清洁或对样品表面进行定量剥离。X 射线光电子能谱仪常采用氩离子源。氩离子源又可分为固定式和扫描式。固定式氩离子源由于不能进行扫描剥离，对样品表面刻蚀的均匀性较差，仅用作表面清洁。对于进行深度分析用的离子源，则采用扫描式氩离子源。

(六) 能量分析器

X 射线光电子能谱仪常见的能量分析器有两种类型：①半球形能量分析器；②筒镜形能量分析器。半球形能量分析器由于具有对光电子的传输效率高和能量分辨率好等特点，多用在 X 射线光电子能谱仪上。而筒镜形能量分析器由于对俄歇电子的传输效率高，主要用在俄歇电子能谱仪上。一些多功能电子能谱仪，由于考虑到 X 射线光电子能谱仪和俄歇电子能谱仪的共用性和使用的侧重点，选用能量分析器时主要依据该设备的主体功能，以 X 射线光电子能谱仪为主的采用半球形能量分析器，而以俄歇电子能谱仪为主的则采用筒镜形能量分析器。

(七) 倍增器

在电子能谱仪中，必须记录单位时间到达检测器的电子数，即脉冲计数，为此需要使用电子倍增器。目前有许多类型的电子倍增器，X 射线光电子能谱仪通常用两类倍增器：通道电子倍增器和通道板。

1. 通道电子倍增器

通道电子倍增器由螺旋状的玻璃管组成：一端为锥形收集器，另一端为金属阳极。探测器内壁镀有一层金属涂层材料，入射到上面的电子超过其动能阈值时能发射出许多二次电子。当一个电子入射到锥体内表面时会发射出很多电子，并被加速进入检测器管中，其中电子与管壁发生更多的碰撞，电子总数呈现几何数量级增加。通常到达探测器的每一个电子会产生约 10^8 个电子到达阳极；然后用一个脉冲放大这些电荷脉冲，产生用计数率表能测量到的方波，并用甄别器消除通道倍增器或前置放大器的噪声。

2. 通道板

通道板在一块圆板上面开有多排小孔，每一个小孔相当于一个小通道倍增器。单个通道的增益比通道倍增器的增益小得多，因此通常用一对通道板串联起来。目前二维探测系统使用通道板时计数的最大计数率为 3×10^5 计数/s；简单的电子能谱系统，理论上可达到 1×10^7 计数/s。设计电子能谱仪时，通道板可以检测以下信号：①以 $x-y$ 阵列平行采集光的电子图像；②以 x - 能量阵列平行采集的 X 射线光电子能谱扫描；③以能量—角度阵列平行采集的角度分辨率 X 射线光电子能谱图。

（八）计算机系统

近代 X 射线光电子能谱仪质量的评价内容之一就是依据计算机对仪器的控制水平，包括控制的可靠性、重复性和易操作程度。X 射线光电子能谱仪的数据采集和控制十分复杂，商用能谱仪均采用计算机系统来控制谱仪和采集数据。由于 X 射线光电子能谱仪数据的复杂性，谱图软件的计算机处理也是一个重要的部分，如元素的自动标识、半定量计算、谱峰的拟合和去卷积等。具体包括：对接收谱图按不同模式（如直线法、Shirley 法和 Tougaurd 法等）扣本底，计算峰面积；对重叠的谱峰进行曲线拟合或合成；对谱线进行平滑、去干扰尖峰、微分、积分和谱图相加或相减的加工处理；对同类谱线的比较；数据库自动识别谱峰以及按照原子相对灵敏度因子进行定量化计算等。

三、X 射线光电子能谱仪的应用

（一）化学位移

化合物分子中某原子谱峰结合能因该原子周围化学环境的改变所引起的变化称为化学位移。出射光电子的结合能主要由元素的种类和激发轨道所决定，但由于原子外层电子的屏蔽效应，芯能级轨道上电子的结合能在不同的化学环境中是不一样的，有一些微小的差异，这种结合能上的微小差异就是元素的化学位移。一般来说，元素获得额外电子时，化学价态为负，该元素的结合能降低；反之，当该元素失去电子时，化学价为正，元素的结合能增加。利用这种化学位移可以分析元素在该物种中的化学价态和存在形式。元素的化学价态分析是 X 射线光电子能谱分析中最重要的应用之一。实际分析中常取某元素的自由原子为比较基点。图 7－5 是几种含氟聚合物中元素的化学位移。

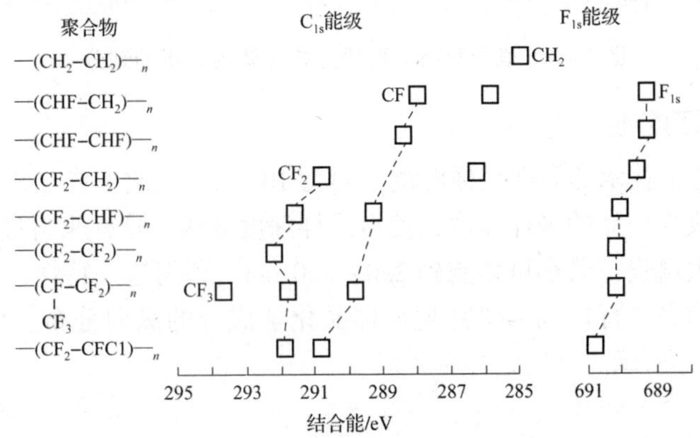

图 7－5 含氟聚合物中 C1s 和 F1s 的化学位移

（二）定量分析

元素的定量分析通常采用元素灵敏度因子法：对由 n 种元素组成的样品，某元素 A 的相对原子浓度 C_A 为

$$C_A = \frac{\frac{I_A}{S_A}}{\sum_n \frac{I_n}{S_n}}$$

式中，C_A为元素 A 的相对原子浓度；I_A为元素 A 的谱峰强度；S_A为元素 A 的相对灵敏度因子。

经 X 射线照射后，从样品表面出射的光电子的强度与样品中该原子的浓度有线性关系，可以利用它进行元素的定量分析。光电子的强度不仅与原子的浓度有关，还与光电子的平均自由程、样品的表面光洁度、元素所处的化学状态、X 射线源强度以及仪器的状态有关。因此，X 射线光电子能谱技术一般不能给出所分析元素的绝对含量，仅能提供各元素的相对含量。而元素的灵敏度因子不仅与元素种类有关，还与元素在物质中的存在状态、仪器的状态有一定的关系，因此未经校准测得的相对含量也会存在很大的误差，属于半定量分析方法。

X 射线光电子能谱技术是一种表面灵敏的分析方法，具有很高的表面检测灵敏度，可以达到 10^{-3}原子单层，但对于体相检测灵敏度仅为 0.1%。表面采样深度约为 10 nm，它提供的仅是表面的元素含量，与体相成分会有很大的差别，如图 7－6 所示。样品表面的采样深度与材料性质、光电子的能量有关，也同样品表面和分析器的角度有关。采样深度范围：金属为 0.5～2 nm；无机物为 1～3 nm；有机物为 3～10 nm。

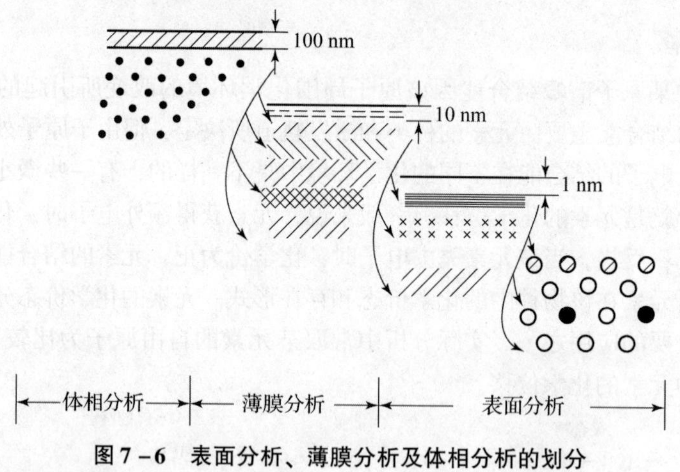

图 7－6　表面分析、薄膜分析及体相分析的划分

（三）角分辨界面分析

X 射线光电子能谱技术的表面采样深度一般为 10 nm。当改变样品表面与分析器入射缝之间的角度，可以改变样品的采样深度，使得采样深度变浅，这样来自最表层的光电子信号相对较深层就会大大增强，最小可以测到 2.0～5.0 nm。利用这一特性，可以有效地对薄膜样品膜表面的化学信息进行检测，研究超薄样品化学成分的纵向分布。角分辨 X 射线光电子能谱测试如图 7－7 所示。

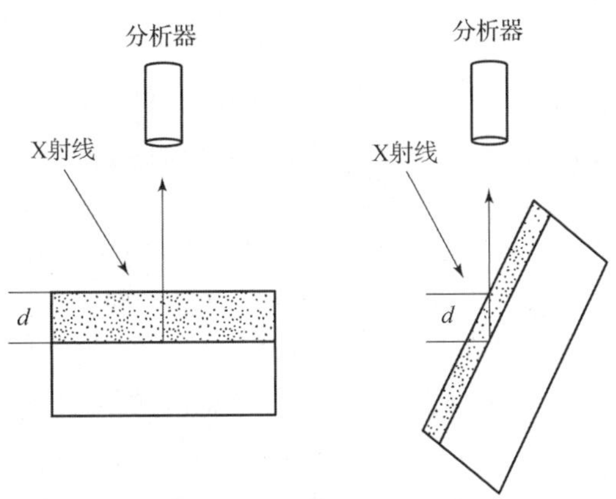

图 7－7　角分辨 X 射线光电子能谱测试示意图

（四）线、面 X 射线光电子能谱扫描分析

对样品表面选定的区域可以进行线、面的 X 射线光电子能谱扫描，得到样品表面各种元素的分布以及某种元素不同化学状态的分布。两个示例如图 7－8、图 7－9 所示。

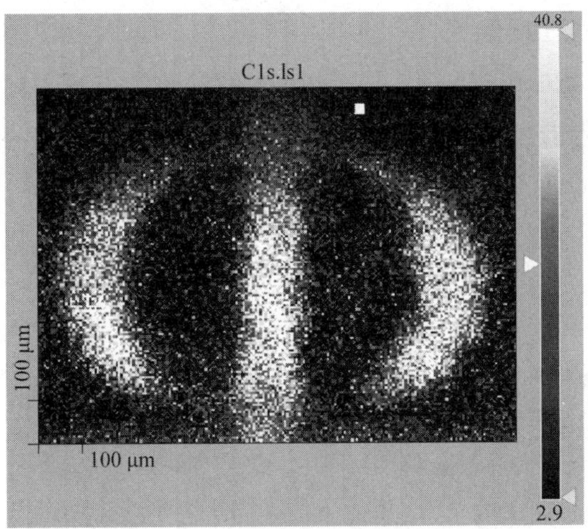

图 7－8　样品表面不同元素的分布图

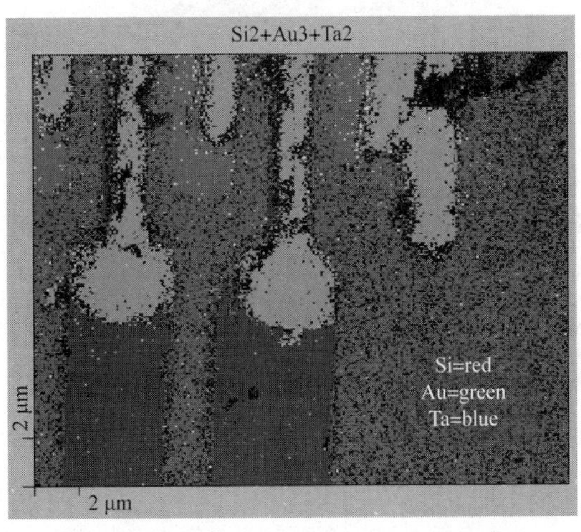

图 7－9　不同化学状态的碳元素的分布图

（五）Ar 离子束溅射技术

在 X 射线光电子能谱分析中，为了清洁被污染的固体表面，常常利用离子枪发出的离子束对样品表面进行溅射剥离、清洁表面。但是离子束更重要的应用是进行样品表面组分的深度分析。利用离子束可定量地剥离一定厚度的表面层，然后再用 X 射线光电子能谱分析表面成分，交替循环就可以获得元素成分沿深度方向的分布图。用于深度分析的离子枪，一般采用 0.5 ~ 5 keV 的氩离子源。扫描离子束的束斑直径一般为 1 ~ 10 mm，溅射速率范围为 0.1 ~ 50 nm/min。为了提高深度分辨率，一般采用间断溅射的方式。为了减少离子束的坑边效应，应增加离子束的直径。为了降低离子束的择优溅射效应及基底效应，应提高溅射速率和降低每次溅射的时间。

在 X 射线光电子能谱分析中，离子束的溅射还原作用可以改变元素的存在状态，许多氧化物可以被还原成较低价态的氧化物，如钛（Ti）、钼（Mo）、钽（Ta）的氧化物等。在研究溅射后样品表面元素的化学价态时，应特别关注这种溅射还原效应的影响。此外，离子束的溅射速率不仅与离子束的能量和束流密度有关，还与溅射材料的性质有关。一般的深度分析所给出的深度值均是相对于某种标准物质的相对溅射速率。

（六）C_{60}离子束及氩团簇刻蚀

前面介绍可以用 Ar 离子源对材料表面进行定量剥离，除此之外还可以使用其他离子束进行刻蚀，如以离子束轰击汽化的 C_{60}蒸气得到 C_{60}离子束。与传统的氩离子枪相比，由于溅射速率小，C_{60}离子束对高聚物等有机物表面化学键的破坏小，可对这些物质进行表面清洁及深度分析，如图 7 – 10 所示。因 C_{60}离子束在溅射坑附近有碳沉积，也可以采用氩团簇进行刻蚀，减少样品表面污染，如图 7 – 11 所示。

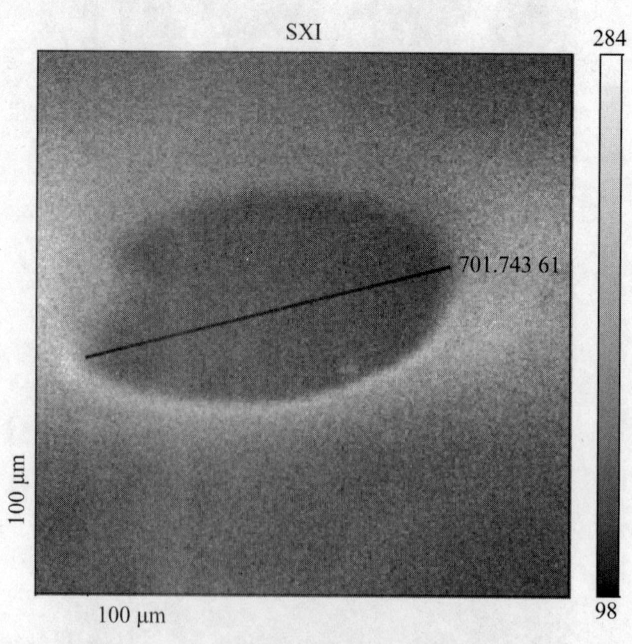

图 7 – 10　C_{60}离子枪溅射后的材料表面形貌

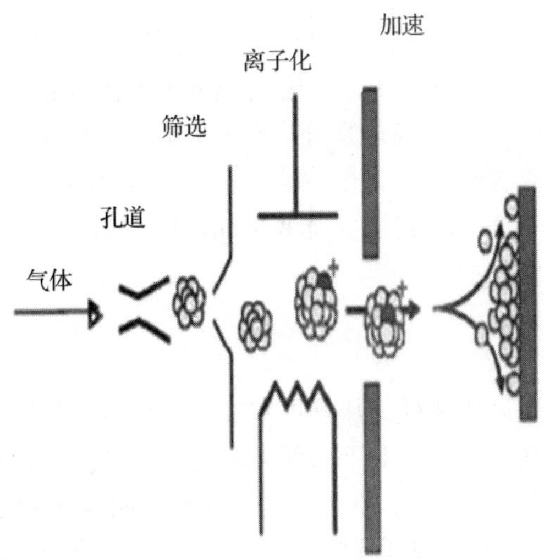

图 7－11　氩团簇生成示意图

四、典型应用

实验项目 1　X 射线光电子能谱技术应用实验

1. 实验目的

X 射线光电子能谱技术是重要的表界面分析技术，其适应性良好、灵敏度高、信息量大，可进行元素的组成及其化学状态分析、薄膜厚度及界面分析、样品深度剖析以及样品的成像和微区分析等。本实验通过 X 射线光电子能谱的理论、仪器工作原理、测试方法及图谱分析方法的学习及实践，了解并掌握 X 射线光电子能谱表面分析测试手段的特点及应用领域，理解 X 射线光电子能谱与其他表面分析技术的结合，以得到更全面、更准确、更有价值的信息。

2. 实验内容

（1）了解 X 射线光电子能谱仪设备基本组成、工作原理。

（2）掌握样品的准备、测试参数的设定、样品测试过程。

（3）掌握材料表面元素组成及化学状态分析、元素定量分析方法。

（4）结合超薄样品的测试过程，了解样品进行深度剖析的原理及应用。

（5）学习操作软件、图谱分析方法、数据处理，撰写实验报告。

（6）在实际操作过程中体会 X 射线光电子能谱方法的特别之处，明晰该方法与其他表面分析方法的异同点，依据材料表面/界面与体相的差别选择合理的表征技术。

3. 基本原理

由仪器测得的能谱图，对照标准谱图，可确定元素的种类和化学状态，由谱峰的强度可确定元素的相对百分含量。利用离子束溅射技术先定量地剥离一定厚度的表面层，再用 X 射线光电子能谱技术进行表面成分分析，交替循环就可以获得元素成分沿深度方向的分布。

4. 实验仪器和材料

（1）实验仪器。多功能型扫描式 X 射线光电子能谱仪，型号 PHI 5000 Versaprobe Ⅲ。

分析腔室最佳真空度≤6.7×10^{-8} Pa；扫描聚焦的单色化 AlKα X 射线源，在无光阑遮挡的情况下，最小束斑≤10 μm；大束斑能量分辨率和灵敏度：对 Ag3d5/2 峰能量分辨≤1.0 eV 时，光源功率不大于 100 W 条件下，计数率强度高于 2.5 Mcps。

（2）实验材料。硅基二氧化硅薄膜。基底单晶硅厚度为 0.5 mm、表面沉积厚为 100 nm 的二氧化硅薄膜，表面平整光滑。

5. 操作步骤

（1）样品准备。

①在实验过程中样品通过传递杆，从预抽室穿过隔离阀，送进分析室。样品的尺寸必须符合一定的尺寸，以利于真空进样。对于块状样品和薄膜样品，其长宽最好小于 10 mm，高度小于 5 mm；对于体积较大的样品，必须通过适当方法制备成合适大小的样品，置于特殊样品托。在制备过程中，必须考虑处理过程可能对样品表面成分和状态的影响。

②粉体样品有两种常用的制样方法：方法 a，用双面胶带直接把粉体固定在样品台上；方法 b，把粉体样品压成薄片，然后再固定在样品台上。方法 a 的优点是制样方便，样品用量少，预抽到高真空的时间较短；缺点是可能会引入胶带的成分。方法 b 的优点是可以在真空中对样品进行处理，如加热、表面反应等，其信号强度也要比胶带法高得多；缺点是样品用量大，抽至超高真空状态的时间较长。

③对于含有挥发性物质的样品，在样品进入真空系统前必须清除掉挥发性物质，一般可以通过对样品加热或用溶剂清洗等方法清除。对于表面有油等有机物污染的样品，在进入真空系统前必须用油溶性溶剂如环己烷、丙酮等清洗掉样品表面的油污，最后再用乙醇清洗掉有机溶剂。为了保证样品表面不被氧化，一般采用自然干燥。

④当样品具有磁性时，由样品表面出射的光电子就会在磁场的作用下偏离接收角，最后不能到达分析器，因此得不到正确的 X 射线光电子能谱图。另外，当样品的磁性很强时，还有可能引起分析器头及样品架磁化的危险，因此绝对禁止带有磁性的样品进入分析室。一般对于具有弱磁性的样品，可以通过消磁的方法去掉样品的微弱磁性。

（2）测试步骤。

①测试前检查设备状态是否正常，包括主腔室真空度、循环水及各级真空泵运行情况。打开测试软件 SmartSoft－XPS，准备测试。

②用导电胶条将待测样品二氧化硅薄膜材料固定在样品台上，样品台送入进样室，预抽真空。

③在软件中设置测试文件存放路径以及样品台类型。

④真空度达到 1.3×10^{-3} Pa 后，将样品台从进样室送入主腔室。

⑤在软件 XPS 界面中设置好 X 射线的功率、光斑大小、待测的元素、通能以及步长等测试条件；样品定位，开始采集数据。

⑥进行材料表面元素组成及化学状态分析，采集全扫描谱图和窄扫描谱图。

⑦二氧化硅薄膜样品的深度剖析。设定氩离子枪的溅射功率、溅射面积、溅射时间等。以一定溅射速率刻蚀二氧化硅薄膜层，采集全扫描谱图和窄扫描谱图。交替进行刻蚀和采谱，直至到达单晶硅基底界面层。

⑧测试结束后，退出样品至预抽室，确认仪器状态正常。

6. 测试结果与数据处理

在仪器专用软件 MultiPak 中调取测试数据，进行图谱分析及数据处理，并按照需求出具测试报告。对照标准图库，可得到样品表面元素种类和化学状态；采用灵敏度因子法，可测得元素半定量结果；根据溅射过程采集的数据，可得到薄膜样品厚度数据及相对应的各分析层及界面的元素变化规律，得到随样品深度变化、样品纵向元素变化曲线，同时可绘制样品表面元素分布图像和化学态面分布图。

在数据处理过程中有两点需要特别注意以下两点。

（1）样品荷电的校准。样品荷电的校准是数据处理中首先进行的一个重要步骤。对于绝缘体样品或导电性能不好的样品，经 X 射线辐照后，其表面会产生一定的电荷积累，主要是正电荷。样品表面的电荷相当于给从表面出射的自由光电子增加了一定的额外电压，使得测得的结合能比正常数值要高。测试过程中一般难以用某一种方法彻底消除电荷积累。在实际的 X 射线光电子能谱分析中，一般采用内标法进行校准。最常用的方法是用真空系统中最常见有机污染碳的 C 1s 的结合能 284.6 eV 进行校准。

（2）谱图的曲线拟合。当某元素具有不同化学价态时，可利用 Multi Pak 软件对 X 射线光电子能谱分峰拟合，确定谱峰数量、谱峰位置，并给出峰面积；再进行荷电校正、谱图平滑、谱峰指认、曲线拟合等程序。数据处理软件 Multi Pak 包含有数据量庞大的谱图库，用于谱峰的检索和分析指认。

7. 思考与讨论

和其他表面分析技术一样，X 射线光电子能谱分析技术同样具有局限性，靠单一技术并不能完整准确地得出相关结论，需要和其他技术如俄歇电子能谱仪、原子力显微镜、扫描电子显微镜等结合才能得到丰富和有价值的信息。

讨论题：

（1）X 射线光电子能谱仪表面分析为什么需要超高真空？

（2）X 射线光电子能谱仪表面分析可应用于哪些表面性质的分析？

（3）简述 X 射线光电子能谱仪的两项重要性能指标灵敏度、分辨率及相互关系。

（4）X 射线光电子能谱与其他表面分析方法的异同点有哪些？如何根据材料表面或界面与体相的差别选择合理的表征技术？

8. 注意事项

（1）未经严格培训的人员禁止操作设备。

（2）测试完毕后，操作人员严格按照仪器手册关机，及时清理实验台及样品。

（3）样品应充分干燥并且在 X 光下稳定，以免测试时释放的气体进入设备主真空室。

（4）测试粉末样品时，取样量要少，并压实在测试胶带上，以免粉末被抽入涡轮分子泵中损坏设备。

（5）对于不同的测试模式，使用相对应的样品台，并在软件中设定好样品台类型，设定错误将有可能损坏仪器。

（6）停电关机及来电开机务必按操作步骤进行，避免损坏设备。

（7）项目指导教师负责本实验项目的技术安全工作，对实验室安全隐患应及时采取应对措施，保证实验顺利实施。

（8）进入本实验室实验的学生应严格遵守实验室安全管理规章制度，保障人身与财产的安全。

第三节　俄歇电子能谱技术

一、俄歇电子能谱的基本原理

表面分析方法中除了前面介绍的 X 射线光电子能谱以外，俄歇电子能谱（Auger Electron Spectroscopy，AES）也是非常重要的一种表征方法，目前已广泛地应用于化学、物理、半导体、电子、冶金等有关研究领域中。

1925 年，法国人俄歇在威尔逊云室内首次发现了随后以其名字命名的俄歇效应；1953 年，兰德从二次电子能量分布曲线中第一次辨认出俄歇电子谱线。但由于俄歇电子谱线强度低，它常常被淹没在非弹性散射电子的背景中，所以检测俄歇电子比较困难。20 世纪 60 年代末期，由于采用了电子能量分布函数的微分法和使用低能电子衍射的电子光学系统，才使检测俄歇电子的仪器技术有了较大突破。1969 年，筒镜形电子能量分析器应用于俄歇电子能谱仪，进一步提高了分析的速度和灵敏度。20 世纪 70 年代以来，俄歇电子能谱已迅速地发展成为强有力的固体表界面化学分析方法。

俄歇电子能谱使用具有一定能量的电子束激发样品，入射电子束和固体材料表面发生作用，可以激发出原子的内层电子，某一内层电子被激发电离后形成空位。一个较高能级的电子跃迁到该空位上，外层电子向内层跃迁过程中所释放的能量，可能以 X 光的形式放出，即产生特征 X 射线，也可能又使核外另一电子激发成为自由电子，这种自由电子就是俄歇电子。俄歇电子被激发发射，形成无辐射跃迁过程，这一过程被称为俄歇效应。对于某一个原子来说，激发态原子在释放能量时只能进行一种发射：特征 X 射线或俄歇电子。原子序数大的元素，特征 X 射线的发射概率较大；原子序数小的元素，俄歇电子发射概率较大；当原子序数为 33 时，两种发射概率大致相等。因此，俄歇电子能谱适用于轻元素的分析。俄歇电子能谱仪通过分析俄歇电子的能量和数量，从而获得材料表面化学成分和结构信息。图 7－12 为俄歇电子产生基本原理示意图。

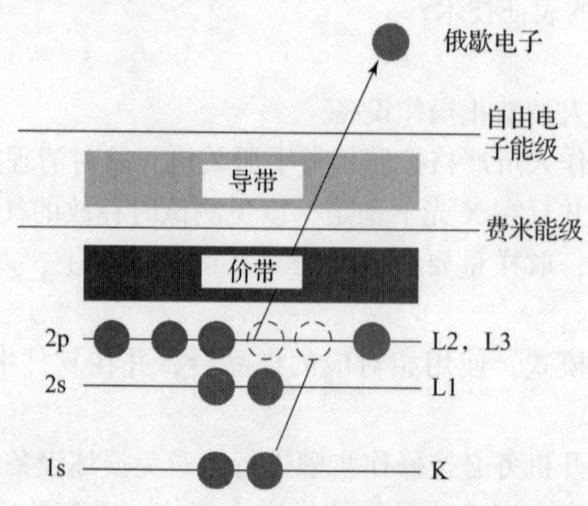

图 7－12　俄歇电子产生基本原理示意图

如果电子束将某原子 K 层电子激发为自由电子，同时留下空穴，L 层电子跃迁到 K 层，释放的能量又将 L 层的另一个电子激发为俄歇电子，这个俄歇电子就称为 KLL 俄歇电子。同理，LMM 俄歇电子是 L 层电子被激发，M 层电子填充到 L 层，释放的能量又使另一个 M 层电子激发所形成的俄歇电子。俄歇电子在固体中运行也同样要经历频繁的非弹性散射，能逸出固体表面的仅仅是表面几层原子所产生的俄歇电子，这些电子的能量为 10～500 eV，它们的平均自由程很短，一般为 0.5～2 nm，因此俄歇电子能谱所分析的只是固体的极薄表面层。俄歇电子能谱以电子束作辐射源，电子束可以聚焦、扫描，因此俄歇电子能谱可以作表面微区分析，直接获得俄歇元素图像。俄歇电子能谱技术可广泛用于各种材料分析以及催化、吸附、腐蚀、磨损等方面的研究。

俄歇电子能谱是一种表面分析方法，提供样品表面的元素含量与形态，而非样品整体的成分，其信息深度仅为 3～5 nm。如果利用离子溅射作为剥离手段，则可以实现对样品的深度分析。固体样品中除氢、氦之外的所有元素都可以进行俄歇电子能谱分析。俄歇电子能谱的优点是在靠近表面 5～20 Å 范围内化学分析的灵敏度高，数据分析速度快。俄歇电子能谱可以用于许多领域，如半导体技术、冶金、催化、矿物加工和晶体生长等领域。

俄歇电子能谱和 X 射线光电子能谱两种技术的相同之处：它们都能得到元素的价电子和内层电子的信息，从而对材料表面的元素进行定性或定量分析；也可以通过氩离子或氩团簇等手段对表面刻蚀来分析材料表面的元素，得到材料和分析物渗透方面的信息。相比之下，X 射线光电子能谱仪通过元素的结合能位移能更方便地对元素的价态进行分析，定量能力也更好，使用更为广泛；但由于其不易聚焦，照射面积大，得到的是毫米级直径范围内的平均值，其检测极限一般只有 0.1%。俄歇电子能谱仪有很高的微区分析能力和较强的深度剖面分析能力。

二、俄歇电子能谱仪的结构及功能

图 7－13 是典型的俄歇电子能谱仪，一般包括分析室、样品台、电子枪、溅射离子枪、电子能量分析器、电子倍增器、信号处理与记录系统等主要部分，其结构如图 7－14 所示。

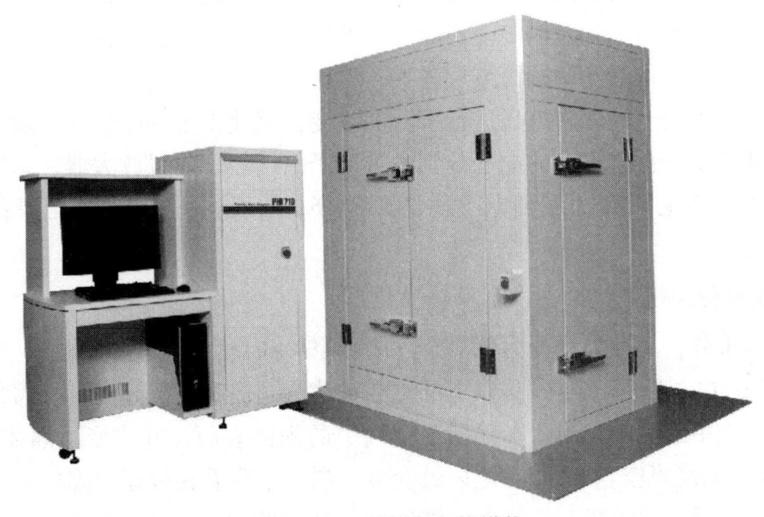

图 7－13　俄歇电子能谱仪

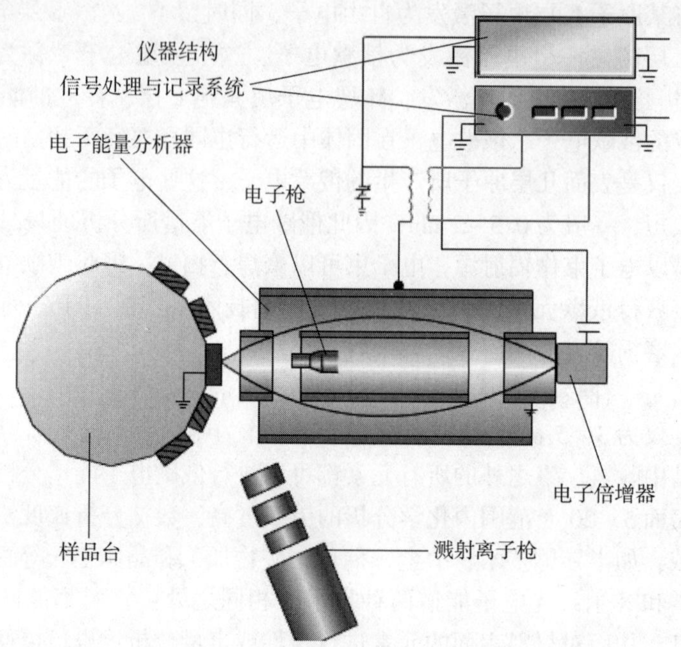

图 7-14　俄歇电子能谱仪结构示意图

进行常规测试时旋转样品台使样品准确到位，首先用离子枪对样品表面进行溅射清洗，清除表面污染物；然后用电子枪轰击，轰击产生的多种电子经过能量分析器的选择过滤，只有俄歇电子才被电子倍增器接受，经过程序运算，最终反映到显示屏中的俄歇电子能谱图中。

（一）电子能量分析器

电子能量分析器为俄歇电子能谱仪的最重要部件，可收集并分离不同动能的电子。俄歇电子能量分析器一般采用同轴筒镜模式。俄歇电子的能量非常低，仪器所需的灵敏度必须采用特殊的装置才能达到。两个同心的圆筒为分析器的主体，内筒以及样品同时接地，将一个负的偏转电压施加于外筒上，在内筒上有圆环状的电子入口和出口。样品上出射的具有一定能量的俄歇电子由入口位置经两圆筒夹层进入，偏转电压加在外筒上，使得电子由出口进入检测器中。如果对外筒上的偏转电压进行不断的改变，就使得不同能量的俄歇电子在检测器上依次接收。从能量分析器输出的电子分别通过电子倍增器、前置放大器、脉冲计数器，最终得到俄歇谱的俄歇电子数目 N 随电子能量 E 的分布曲线，并在 $X-Y$ 记录仪或者荧光屏显示。

（二）超高真空系统

按压力等级来分，真空类型分为低真空、中真空、高真空以及超高真空。其中通常认为压力在 10^{-9} mbar（1 mbar = 100 Pa）以下的真空被称为超高真空。超高真空通常用于表面科学，这是因为空气中的分子会附着在暴露于空气中的固体表面，并改变了固体的表面特性。即使在 10^{-6} mbar 的高真空当中，3 s 之内就会有一层分子附着在裸露的固体表面。然而在超高真空中，同样的过程将需要几个小时才能完成，从而才能保证表面特性研究的正常开展。在如此超低的压力下，单个分子的平均自由程可达到 40 km。也就是说真空腔内的几乎所有分子都会和腔壁发生碰撞。超高真空可防止样品在分析过程中的污染，能够给出清晰准确的表面信息。一般采用机械泵和分子泵组合技术，用于仪器系统粗抽真空，快速进样室。分析室一般组合配备涡轮分子泵、钛升华泵和差分离子泵。

（三）电子源

1. 电子源的特点

俄歇电子的激发方式虽然有多种（如 X 射线、电子束等），但通常采用一次电子激发。用于俄歇电子能谱的电子源必须具有以下特点。

（1）稳定性好。电子源的发射电流在长时间内必须有高稳定性。尽管采集谱图只有几分钟，但是如果俄歇电子能谱仪用于深度剖析，则需要长达多个小时，此时稳定性很重要。

（2）亮度高。如果照射在样品上的最终束斑较小，则要求该小束斑内的电子流强度高。

（3）能量单色性。电磁透镜和静电透镜的聚焦长度依赖于电子的能量，这意味着只有动能在很小范围内的电子才能得到最佳聚焦条件。如果能量分散范围宽，样品被照射的斑点将增加。

（4）寿命长。在正常工作条件下发射体可工作几百小时而无须更换。更换发射体需要破环真空，并且在重新使用前仪器需要烘烤，因此在 2～3 天内无法使用仪器。

2. 重要的电子源简介

商品化仪器使用不同类型的电子源，其中比较重要的电子源简介如下。

（1）热电子发射体：热电子源最简单的形式是 V 形钨丝。当电流通过热电子源时温度上升，使得电子有足够的能量克服功函数，而被释放到自由空间。其中功函数是一个电子从固体表面逃逸出去所需的能量，钨的功函数为 4.5 eV。减小功函数，单位面积和单位立体角发射的电子数就会增加，因而可以增加电子源的亮度。将发射体做成 V 形，灯丝发射电子束的面积减少，使得束斑减小。热电子发射体结构简单、价格便宜、耐用，但亮度小，故此类电子源难以达到束斑小于 200 nm 以下的俄歇分析要求。

（2）六硼化镧发射体：单晶六硼化镧（LaB_6）是广泛使用的高亮度电子源材料。此电子源由一小块能被间接加热的六硼化镧单晶组成，晶体呈圆柱体，一端为锥形，锥顶磨平，形成一个直径为 15 μm 的圆面。此平面的暴露表面为（100）晶面。六硼化镧的功函数比钨灯丝低得多，其功函数只有 2.6 eV（钨是 4.5 eV），从而在很低的温度下也有较高的电子发射密度；六硼化镧发射体工作温度约为 1 800 K，低于钨灯丝的典型温度 2 300 K，并且发射表面没有压降使得六硼化镧发射体的电子束能量发散度比钨发射体小。为了能有稳定的发射条件，这类发射体比钨发射体需要更高的真空条件。

（3）冷场发射体：冷场发射源也可用于俄歇电子能谱中，其工作原理不是给电子提供足够高的能量以越过功函数势垒，而是降低势垒本身的大小，即高度和宽度，尤其是降低势垒的宽度，从而增加电子的发射。冷场发射体的另一个特征是其能量分布窄，电子在透镜内的色差小能够有较小的束斑。一般来说冷场在发射体和引出极加上很强的静电场才能够出现场发射。冷场发射体本身呈针尖状，直径约为 50 nm，常为钨单晶。与热电子发射相比，虽然冷场发射体发射的总电流稍低，但其针尖发射面积小，发射立体角小，可高亮度发射。在实际应用中，冷场发射体提供的束斑很小，所以空间分辨率很好，但缺乏长时间稳定性，除非工作真空度很好（低于 10^{-10} mbar），否则残余气体靠近发射体时会破坏其稳定性。

（4）热场发射体：人们所熟知的肖特基热场发射体，因其亮度高、稳定性好，近年来得到广泛重视和应用。采用肖特基热场发射体发射电子便于产生高束流，容易聚焦和偏转。

热场发射体是热电子发射体和场发射体的结合，它由镀有氧化锆半导体材料的一根单晶钨丝组成。氧化锆的作用表现在3个方面：①进一步降低发射体功函数，增加发射电流；②自清洗表面；③自愈合表面。另外，发射表面小（直径约为20 nm），只需要很小的放大倍数就可以得到高分辨扫描俄歇显微镜中所需的小束斑。在强电场中针尖加热到1 800 K，高温和电场同时作用导致电子的发射。在使用热场发射体时，通常配有附加泵抽真空，保证了原激发源的长寿命，但所需真空度没有冷场发射体严格。振动隔离装置能够使仪器在恶劣的环境下工作，提高了俄歇图像在高放大倍数下的分辨率，仪器在小区域分析时更加稳定。

（四）荷电补偿

对于绝缘样品或导电性较差的样品，受激发电离后将在表面积累正电荷，在表面区域内形成附加势垒，会使出射电子的动能减小，即荷电效应的结果使得出射电子的结合能增加，产生荷电位移。在电子能谱仪的采谱过程中，绝缘样品表面的正电荷量，一方面会连续不断地增长，另一方面也会被来自仪器真空室内部大量的低能电子（小于5 eV）所中和。这些低能电子来自X射线源的韧致辐射、X射线源铝箔窗口、大量未被电子透镜接收的弹性或非弹性碰撞后的电子，以及有关部件（如离子规）发射的低能电子等，因此，在一定时间内可建立稳态的电荷值，荷电位移的大小与此稳态荷电的大小有关。

容易产生荷电效应的样品有粉末、薄膜、纤维、宏观矿物等。样品尺寸形状，如颗粒度大小也会影响荷电效应。对于特定的实验体系而言，表面及近表面的荷电量和分布取决于样品组分、均匀性、体相和表面导电性、光电离截面、表面形貌、激发射线的空间分布和中和电子枪的补偿性等。样品表面存在不同粒子或不同相态引起的沿表面的不均匀电荷分布，称为微分电荷。解决荷电效应可以通过以下途径。

（1）安装中和枪。一般在样品一侧或与电子透镜同轴安装中和枪。中和枪相对于样品的方向很重要，应当使操作条件最优化，如灯丝位置、电子能量和电流大小等。适宜的中和枪可产生低能均匀的电荷密度，并能消除样品上的微分荷电；有效电流足够大且适中，可避免样品损伤和不必要的加热；观察到谱峰最窄时达到最佳化条件。

（2）样品上放置网罩，加负偏压，阻挡离开样品的大量慢电子。此法只能减少荷电效应，不能完全克服。

（3）电子中和枪和低能离子枪同时使用，分别中和正、负电荷。即使受X射线辐照的区域带正电荷，在中和电子源的作用下绝缘样品的部分表面仍可能带负电荷。对于聚焦X射线束系统来说，这个效应尤其重要，此时除电子源外，需要应用低能离子源以稳定样品表面电势。

三、俄歇电子能谱仪的应用

俄歇电子能谱仪主要用于分析固体材料表面纳米深度的元素组成（Li－U），结合二次电子成像，能对纳米级形貌进行观察和成分表征：既可以分析原材料表面组成，包括晶粒观察、晶间晶界偏析，又可以分析材料表面缺陷，如纳米尺度的污染物、磨痕、腐蚀等；结合溅射离子源还可表征钝化层、掺杂深度、纳米级多层膜层结构等。俄歇电子能谱仪是典型的纳米级表面成分分析设备，可满足合金、催化、半导体、能源电池材料、电子器件等材料和产品的分析需求。

（一）定性分析

俄歇电子的能量仅与原子的轨道能级差有关，与入射电子能量无关，与激发源无关。对于特定的元素及特定的俄歇跃迁过程，俄歇电子的能量是特征性的，因此可以根据俄歇电子的动能定性分析样品表面的元素种类。由于每个元素会有多个俄歇峰，定性分析的准确度很高。俄歇电子能谱技术可以对除氢和氦以外的所有元素进行分析，对于未知样品的定性鉴定非常有效。由于激发源的能量远高于原子内层轨道的能量，一束电子可以激发出原子芯能级上多个内层轨道上的电子，加上退激发过程涉及两个次外层轨道上电子的跃迁，因此多种俄歇跃迁过程可以同时出现并在俄歇电子能谱图上产生多组俄歇峰。尤其是原子序数较高的元素俄歇峰的数目更多，使俄歇电子能谱的定性分析变得比较复杂且困难。

表面元素定性分析主要是利用俄歇电子的特征能量值来确定固体表面元素组成的。能量的确定在积分谱中是指扣除背底后谱峰的最大值，在微分谱中通常是指负峰对应的能量值。为了增加谱图的信噪比，习惯上用微分谱进行定性分析，如图 7 – 15 所示。元素周期表中由锂到铀的绝大多数元素和一些典型化合物的俄歇积分谱和微分谱已汇编成标准俄歇电子能谱手册。硅元素的标准俄歇电子积分谱和微分谱如图 7 – 16 所示。因此，由测得的俄歇电子能谱与标准谱进行对照，可快速鉴定固体表面的元素组成。

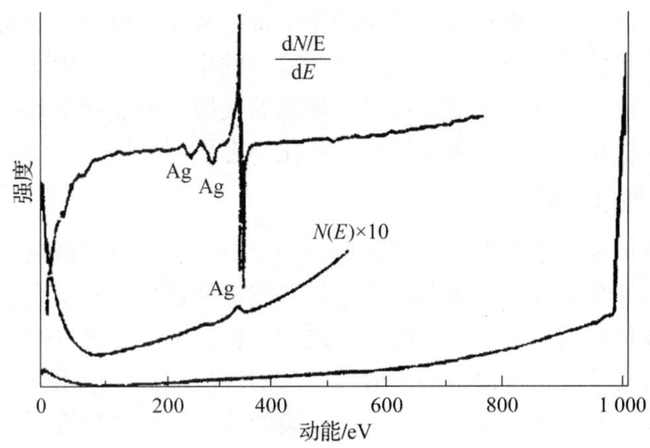

图 7 – 15　俄歇电子积分谱和微分谱示例

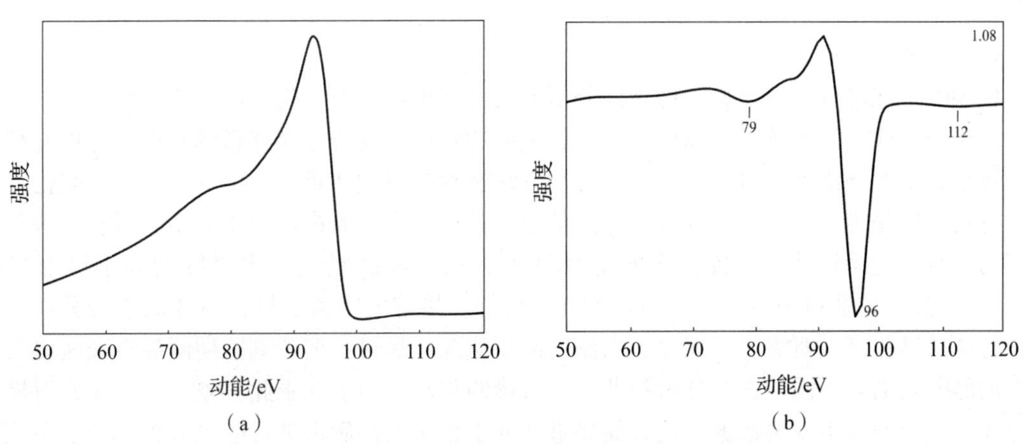

图 7 – 16　硅元素的标准俄歇电子积分谱和微分谱

（a）硅元素的标准俄歇电子积分谱；（b）硅元素的标准俄歇电子微分谱

（二）半定量分析

样品表面出射俄歇电子强度与样品中该原子的浓度有线性关系，利用这种关系可以进行元素的半定量分析。俄歇电子强度不仅与原子多少有关，还与俄歇电子的逃逸深度、样品的表面光洁度、元素存在的化学状态有关。因此，俄歇电子能谱技术一般不能给出所分析元素的绝对含量，仅能提供元素的相对含量。另外，俄歇电子能谱给出的相对含量也与谱仪的状况有关，因为不仅各元素的灵敏度因子不同，俄歇电子能谱仪对不同能量俄歇电子的传输效率也不同，并会随谱仪污染程度而改变。当俄歇电子能谱仪分析器受到严重污染时低能端俄歇峰的强度会大幅度下降。

（三）表面元素价态分析

俄歇电子的动能主要由元素的种类和跃迁轨道所决定，但由于原子外层电子的屏蔽效应，芯能级轨道和次外层轨道上电子的结合能在不同化学环境中是不一样的，而是有一些微小的差异。轨道结合能的微小差异可以导致俄歇电子能量的变化，称为俄歇化学位移。一般俄歇电子涉及 3 个原子轨道能级，其化学位移要比 X 射线光电子能谱的化学位移大得多。利用俄歇化学位移可以分析元素在该物质中的化学价态和存在形式。最初由于俄歇电子能谱的分辨率低，化学位移的理论分析比较困难，使得俄歇化学效应在化学价态研究上的应用未能得到足够的重视。随着俄歇电子能谱技术和理论的发展，俄歇化学效应的应用也受到了重视；同时利用这种效应还可对样品表面进行元素化学态成像分析。

（四）材料表面微区分析

材料表面微区分析也是俄歇电子能谱分析的一个重要功能。材料在成型过程中存在的缺陷或贮存和使用不利环境等方面的原因，使得材料或构件在贮存和使用过程中失去原来的使用性能。通过对失效材料或失效件结构或断面进行分析，可以了解失效的原因，为材料改进和构件设计提供技术支持，也可澄清因失效而引起的事故责任。运用俄歇电子能谱仪可以分析断口微区的化学成分和元素分布，从而了解断裂的原因。微区分析可以分为选点分析、线扫描分析和面扫描分析，此功能是俄歇电子能谱在微电子器件研究中最常用的方法，也是纳米材料研究的主要手段。

（五）深度剖析

俄歇电子能谱分析技术是一种表面分析方法，但也提供组分随深度变化的信息。

方法一：通过离子溅射，原位剥离样品表面的物质，随着表面材料的剥离和分析交替进行，逐渐获得组分深度剖析。一些非破坏性方法在检测材料表面 1 ~ 10 nm 内组分变化方面非常有用，但是为了获得比 10 nm 更深的信息，就必须在仪器内用离子轰击，对材料表面进行剥离。通常先用俄歇电子能谱分析原始表面，然后样品经过一定时间的离子溅射（刻蚀），所用离子的能量一般为几百到几千电子伏特。接着关闭离子枪，对样品进行分析，反复进行这一过程直到所需要的深度。当深度剖析绝缘样品时，离子刻蚀期间静电表面势与分析时的静电表面势不同，这在分析初期会导致峰的移动。为了克服此现象，可以在照射样品后停留一段时间而不收集数据，使表面势重新处于稳态条件后再进行测试分析。离子束流密度分布通常不是均匀的，非常接近高斯横截面。这样的离子束横截面在样品上产生的溅射坑底部不平整，采集的数据深度分辨率较差。为了克服此问题，可以用离子束扫描或光栅式扫描一个比离子束直径大的面积，从坑的中心选择一块比较平整的区域，分析收集组分数据。

影响刻蚀速率的因素主要包括以下几点。

（1）材料因素。溅射速率依赖于材料的化学特性，不仅与所含的元素有关，也与元素的化学态有关。材料的溅射产额难以计算得到，一般偏重使用在一定条件下实验测量得到的元素材料溅射产额，但不能用于化合物或合金材料。

（2）离子流强度。刻蚀速率直接正比于离子流强度，所以使用允许的最大束流强度一般可以增加刻蚀速率。但是对于正常的离子枪，束斑会随束流强度增加而增加。所以离子束扫描区域必须增加以保证溅射坑底部平坦，只增加束流强度不一定会增加刻蚀速率，离子流密度比离子强度更重要。

（3）离子能量。在俄歇电子能谱深度剖析正常使用的离子能量范围内，溅射产额随离子能量而增加，会得到质量更好的溅射坑。但是刻蚀速率越高伴随着深度分辨率变差，这是因为离子注入材料越深，引起的原子混合效应越大。

方法二：机械切削。为了分析到比离子溅射更深的地方，必须采用异位制样方法、机械加工处理材料。一般采用斜面磨角和球形磨坑制样法。当使用斜面磨角时，要以很小的角度研磨样品剥离表面的物质，被埋藏的界面就会暴露出来，然后将样品引入能谱仪进行测试。分析前必须经过简单的离子刻蚀以完全清除污染物。通过步进方式进行点分析，得到随深度变化的浓度信息。此技术的难点在于需要研磨成坡度很小的平整斜面，且几何形状规整。当使用球形磨坑方法时，用直径已知的旋转钢球（直径通常为 3 mm）研磨样品。钢球表面涂有细金刚砂研磨膏，钢球在样品上旋转产生一个盘底状的浅坑。沿坑表面进行俄歇定点分析，可以进行组分深度剖析；还可以在坑内靠近界面的点位进行离子溅射，以获得更好的深度分辨。磨坑适用于金属及其氧化物，不适用软材料和有一定脆性的材料。聚合物磨坑就非常困难，可以选用安装有冷冻台的磨坑机以获得较好的效果。

四、典型应用

实验项目 2　俄歇电子能谱技术应用实验

1. 实验目的

俄歇电子能谱分析技术是重要的表界面分析技术，与前面所述的 X 射线光电子能谱技术一样，可进行元素的组成及其化学状态分析、薄膜厚度及界面分析、样品深度剖析以及样品的成像和微区分析等。本实训通过俄歇电子能谱理论、仪器工作原理、测试方法及图谱分析方法的学习及实践，了解并掌握该表面分析测试手段的特点及应用领域，理解俄歇电子能谱与其他表面分析技术的结合，以得到更丰富准确、更有价值的信息。

2. 实验内容

（1）了解俄歇电子能谱设备基本组成、工作原理。

（2）掌握样品的准备、测试参数的设定、样品测试过程。

（3）掌握材料表面元素组成及化学状态分析、元素定量分析方法。

（4）了解样品进行微区分析的原理及应用。

（5）学习操作软件、图谱分析方法，数据处理及撰写实验报告。

（6）实际操作过程中体会俄歇电子能谱方法的特别之处，明晰该方法与其他表面分析方法的异同点，依据材料表面/界面与体相的差别选择合理的表征技术。

3. 基本原理

依据仪器测得的结合能谱图，对照标准谱图，可确定元素的种类和化学状态，由谱峰的强度（面积）可确定元素的相对百分含量。利用离子束溅射技术可定量地剥离一定厚度的表面层，然后再进行俄歇电子能谱分析表面成分，交替循环就可以获得元素成分沿深度方向的分布。俄歇电子能谱分析区域小，可测量小于 50 nm 区域内的成分变化。由于电子束束斑非常小，俄歇电子能谱具有很高的空间分辨率，可以进行扫描和在微区上进行元素的选点分析、线扫描分析和面分布分析。

4. 实验仪器和材料

（1）实验仪器。多功能型扫描式 X 射线光电子能谱仪（型号 PHI 5000 Versaprobe Ⅲ）中的俄歇电子能谱系统。

分析腔室：最佳真空度小于等于 6.7×10^{-8} Pa；具有高分辨二次电子成像功能；空间分辨率：小于 150 nm（With GCIB/TMP option）；俄歇元素灵敏度：Cu LMM 俄歇 N(E)峰大于 1.6 Mcps（铜标准品）；能量分辨率：小于 3 eV@0.1% FRR mode；俄歇信噪比：大于等于 1 000∶1@0.1% FRR mode；氩离子枪和氩团簇离子枪。

（2）实验材料。有机薄膜光电器件，从表面到基底结构依次为阴极、受体材料、给体材料、阳极、玻璃基底，表面平整光滑。

5. 操作步骤

（1）样品准备。

①俄歇电子能谱技术作为一种灵敏的表面分析技术，样品表面状况对测试过程和结果影响非常大。含有挥发性物质和表面污染的样品可以对样品加热或用溶剂清洗。清洗溶剂为正己烷、丙酮、乙醇等。对于粉末样品，一种方法是用导电胶带直接把粉体固定在样品台上；另一种方法是把粉体样品压成薄片，然后再固定在样品台上，测试信号更强。

②禁止带有强磁性的样品进入分析室，因磁性会导致分析器头及样品架磁化。样品有磁性时，俄歇电子在磁场作用下偏离接受角，不能到达分析器，得不到俄歇电子能谱。带有微弱磁性的样品可通过消磁的方法去掉微弱磁性。

③通常情况下只能分析固体导电样品。导电性能不好的样品如半导体材料、绝缘体薄膜，在电子束的作用下，其表面会产生一定的负电荷积累，即俄歇电子能谱的荷电效应。样品表面荷电相当于给表面自由的俄歇电子增加额外电场，使俄歇动能变大。荷电严重时不能获得俄歇电子能谱。100 nm 厚度以下的绝缘体薄膜，若基体材料导电，其荷电效应基本可自身消除。对于绝缘体样品，可通过在分析点周围镀金的方法解决荷电效应；也有用带小窗口的铝、锡、铜箔等包覆样品的方法。

（2）测试步骤。

①测试前检查设备状态是否正常，包括主腔室真空度、循环水及各级真空泵运行情况。打开测试软件 Smart Soft，准备测试。

②用固定夹片将待测样品有机薄膜光电器件固定在样品台上；样品台送入进样室，预抽真空。

③在软件中设置测试文件存放路径以及样品台类型。

④真空达到 1.3×10^{-3} Pa 后，将样品台从进样室送入主腔室；将样品移动到分析位置，调节样品台高度到最佳位置，然后关闭循环水冷机。

⑤在 Smart Soft 软件中，单击“AES”选项，打开 SEM 图像，通过移动样品台，将样品移动到精确分析位置；调节 SEM 设定，如放大倍数、图像聚焦等，直至图像清晰为止。

⑥选择所需要的测试设定，然后设定采集元素，方法类似 XPS 图谱采集。设定完毕后，单击“Spe”开始图谱采集。

⑦进行材料微区的元素组成及化学状态分析，采集全扫描谱图和窄扫描谱图。

⑧测试结束后，退出样品至预抽室，确认仪器状态正常。

6. 测试结果与数据处理

在仪器专用软件 Multi Pak 中调取测试数据，进行图谱分析及数据处理，并按照需求出具测试报告。

定性分析的方法是将测得的俄歇电子谱与元素的标准谱图比较，通过对比峰的位置和形状来识别元素的种类。定性分析的一般步骤：①确定实测谱中最强峰可能对应的几种（一般为两三种）元素，实测谱与可能的几种元素的标准谱对照，确定最强峰对应元素的所有峰；②重复上述步骤识别实测谱中尚未标识的其余峰。

化学环境对俄歇电子谱的影响造成定性分析的困难，但又为研究样品表面状况提供了有益的信息，应特别注意识别。定量分析方法根据测得的俄歇电子信号的强度来确定产生俄歇电子的元素在样品表面的浓度，一般采用标准样品法或相对灵敏度因子法。

微区分析也是俄歇电子能谱分析的一个重要功能，可以分为选点分析、线扫描分析和面扫描分析。这种功能是俄歇电子能谱在微电子器件研究中最常用的方法，也是纳米材料研究的主要手段；同时可绘制样品表面元素分布图像和化学态面分布。

7. 思考与讨论

电子能谱分析法是采用单色光源（如 X 射线、紫外光）或电子束照射样品，使样品中电子受到激发而发射出来。这些自由电子带有样品表面信息，然后测量这些电子的产额（强度）对其能量的分布，从中获得材料的有关表面信息。和其他表面分析技术一样，俄歇电子能谱分析技术同样具有局限性，靠单一技术并不能完整准确地得出相关结论，需要和其他技术如 X 射线光电子能谱仪、原子力显微镜、扫描电子显微镜等的结合才能得到正确和有价值的信息。讨论题如下：

（1）俄歇电子能谱为何对轻元素的检测特别敏感和有效？

（2）为什么说俄歇电子能谱分析方法是一种表面分析方法且空间分辨率高？

（3）俄歇电子能谱分析方法与其他表面分析方法的异同点有哪些？如何根据材料表面或界面与体相的差别选择合理的表征技术？

8. 注意事项

（1）未经培训的人员禁止操作设备。

（2）测试完毕后，操作人员严格按照仪器手册关机，及时清理实验台及样品。

（3）粉末样品测试时应充分干燥，取样量要少，并压实在测试胶带上，以免粉末被抽入涡轮分子泵中损坏设备。

（4）对于不同的测试模式，使用相对应的样品台，并在软件中设定好样品台类型，设定错误将可能导致仪器损坏。

（5）项目指导教师负责本实验项目的技术安全工作。对实验室的安全隐患应及时采取应对措施，保证实验顺利实施。

（6）进入实验室的学生应严格遵守安全管理规章制度，保障人身与财产的安全。

第四节　能量色散谱技术

一、能量色散谱技术概述

1895 年，德国科学家伦琴在进行阴极射线的研究中发现一种新的射线，其相关论文发表在《物理医学会》（*Physical - Medical Society*）杂志。为了表明这是一种新的射线，伦琴采用表示未知数的 X 将其命名为 X 射线，伦琴因此获得 1901 年诺贝尔奖。1913 年，莫塞莱（Moseley）发现了 X 射线的波长与原子序数的关系，奠定了 X 射线谱的化学定性与定量分析的基础。1949 年，在电子光学和 X 射线光谱学基础上，卡斯坦（Castaing）和吉伊尔（Guinier）制成第一台电子探针分析仪。电子探针是利用聚焦成微米或亚微米量级直径的电子束轰击样品，然后采用波谱仪或后来发明的能谱仪来分析从样品表面激发的特征 X 射线波长或能量，从而得到组成样品的化学成分。由于该仪器是采用聚焦电子束探测样品微区化学成分的，因此称为电子探针分析仪。

专业的探针分析仪加速电压高，入射电子束的束斑、束流和 X 射线检出角都较大，因此其成像的分辨率较低，不利于纳米材料形貌的观察。1965 年，英国剑桥科学仪器公司在扫描电镜中配备波谱仪对样品的特征 X 射线进行采集和分析，使得纳米材料的高分辨形貌观察和微区成分分析在扫描电镜系统中得以实现。20 世纪 70 年代初，随着锂漂移硅探测器的出现，X 射线能量色散谱仪 EDS 开始批量生产，如图 7 - 17 所示。X 射线能量色散谱仪通过元素特征 X 射线的能量来测定样品中元素的种类，通过对比不同元素特征 X 射线光子数量来分析样品中元素的含量。相对于波谱仪，X 射线能量色散谱仪在电子显微镜中能够更加方便和快捷地对样品产生的特征 X 射线进行分析来确定样品微区的化学组分。经过 50 多年的发展，X 射线能量色散谱仪的分辨率、灵敏度、定量分析的准确度和其他处理能力都有了很大改进和提高，已成为电子显微镜对样品进行微区组分分析的主要工具。

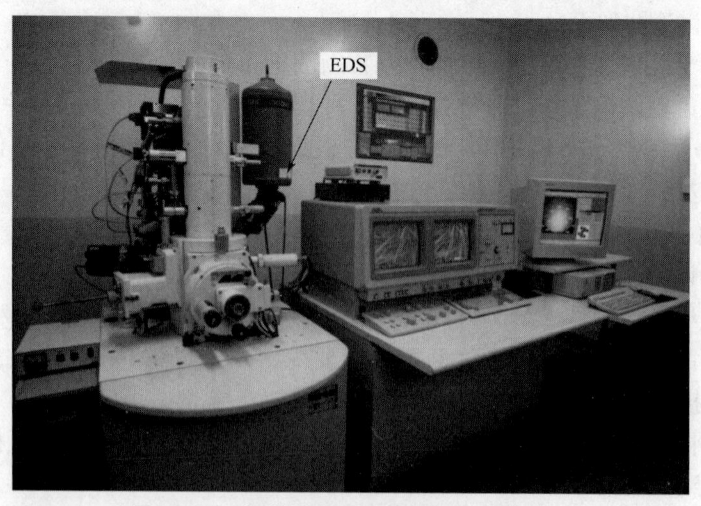

图 7 - 17　扫描电子显微镜及能量色散谱仪

二、实验原理

（一）特征 X 射线

聚焦电子束轰击样品表面的原子，内层电子被激发出来，外层电子跃迁到内层，这时多余的能量便以光量子的形式辐射出来，即该元素的特征 X 射线。特征 X 射线一般在样品的 500 nm～5 μm 深处发出，能够反映样品表面及近表面的元素及含量，由电子显微镜的能量色散谱仪进行采集处理后，可对样品表面进行成分分析。

如图 7－18 所示，原子的内层电子用 K、L、M、N 等分别表示主量子数 n 为 1，2，3，4，…的状态，称为 K 层、L 层、M 层等。当电子入射到样品时，若其动能高于原子某内壳层电子的临界电离能 E_C时，该内壳层电子有可能被激发电离，原子中能量较高的外层电子将跃迁到这个内壳层电子空位，其多余的能量就会以特征 X 射线量子或俄歇电子的形式释放出来。当 K 层电子被激发后，外层电子跃迁填充 K 层电子空位所发射的是 K 系 X 射线，当 L 层和 M 层电子被电离后，外层电子跃迁至 L 层和 M 层时分别发射的是 L 系和 M 系 X 射线。每个线系都会产生一种以上波长的辐射。如 Kα 射线是由电子从 L 层跃迁至 K 层产生的辐射，L 层可分为 L_{I}层、L_{II}层、L_{III}层，$K\alpha_1$ 是由 L_{III}层跃迁至 K 层的辐射，$K\alpha_2$ 是由 L_{II}层跃迁至 K 层的辐射，K_β 是由 M 层跃迁至 K 层的辐射，等等。X 射线的能量等于原子始态与终态的位能差，如 $K\alpha_1$X 射线的能量等于该元素 L_{III}层与 K 层临界电离能之差，它是该元素的特征值。

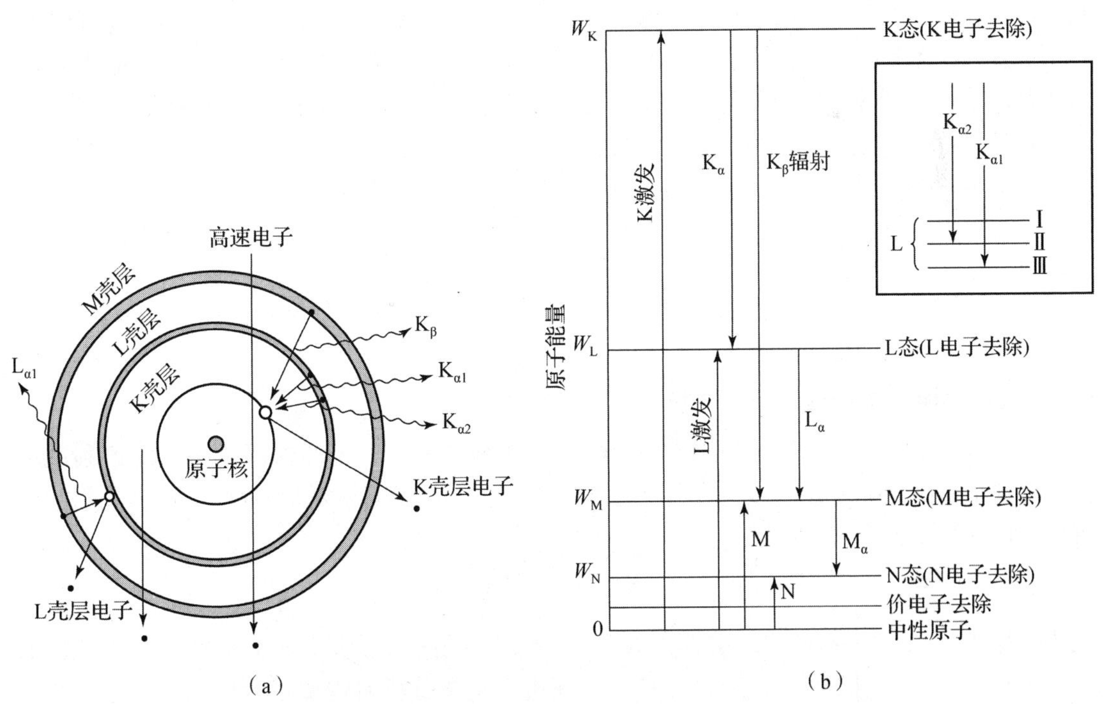

图 7－18 特征 X 射线发射示意图与原子能级

（a）特征 X 射线发射示意图；（b）原子能级

在扫描电镜所用入射电子能量范围内，低原子序数的元素仅发射 K 系 X 射线，中等原子序数原子发射 K 系和 L 系的 X 射线，而重元素则发射 L 系和 M 系的 X 射线。

（二）莫斯莱定律

特征 X 射线的能量（或波长）与原子序数 Z 的关系可用莫斯莱定律描述，即

$$E=a\,(Z-b)^2 \text{或} \lambda=B/(Z-C)^2$$

式中，a、b、B、C 为常数。X 射线能量与波长之间的关系为

$$\lambda=\frac{hc}{eE}=\frac{1.239\,8}{E}$$

式中，h 为普朗克常数；c 为光速；e 为电子电荷。

莫斯莱定律是 X 射线化学分析的基础，如果测出样品发出的特征 X 射线能量或波长就可以鉴别样品中的元素种类，即定性分析；根据各特征 X 射线的强度可计算元素在样品中的浓度，即定量分析。

（三）特征 X 射线的发射强度

能量为 E_0 的入射电子在样品中激发元素 i 某线系特征 X 射线的强度 I_i 可表示为

$$I_i=\left(\frac{\rho N_{\mathrm{A}}}{A_i}C_iR_i\omega_i\alpha_i\right)\int_{E_c}^{E_0}\frac{Q_i}{S}\mathrm{d}E$$

式中，E_c 为元素 i 某电子层的临界电离能；C_i 为样品中元素 i 的质量分数；R_i 为背散射因子；ω_i 为元素 i 的 Kα 特征 X 射线荧光产额；α_i 为所测定谱线如 Kα 在总的 K 系辐射中所占百分数；A_i 为元素 i 的相对原子质量；ρ 为样品密度；N_{A} 为阿伏伽德罗常数；Q_i 为 i 元素的内层（如 K 层）电离截面；S 为样品阻挡本领，$S=\mathrm{d}E/\mathrm{d}(\rho x)$。可见，由于元素的背散射因子、电离截面、荧光产额、原子量等均随原子序数 Z 不同而变化，因此样品中不同原子序数 Z 的区域发射特征 X 射线的强度也是不同的。

入射电子束流及过压比与激发的 X 射线强度之间存在以下关系：

$$I_c=i_pa\left(\frac{E_0-E_c}{E_c}\right)^n=i_pa\,(U-1)^n$$

式中，i_p 为入射电子束流；a 和 n 分别为对于给定元素和电子层的常数；U 为过压比，$U=E/E_c$，E 为入射束电子的瞬时能量。

（四）连续谱 X 射线或轫致辐射

入射束电子进入样品后受到原子库仑场的作用而减速，失去的这部分动能以 X 射线的形式释放出去，其能量在 $0\sim E_0$ 之间连续变化，称为连续 X 射线或轫致辐射。连续 X 射线的强度可由克拉默公式表示：

$$I_b(E)\propto i_pZ\left(\frac{E_0-E_b}{E_b}\right)$$

式中，$I_b(E)$ 为能量是 E_b 的连续谱 X 射线强度；E_0 为入射电子能量。样品的特征 X 射线谱通常叠加在连续谱 X 射线形成的背底上，因此在进行定量分析时需要把背底强度以适当的方法进行抠除处理。

（五）X 射线谱峰的峰背比

影响 X 射线谱分析检测限的最重要因素是存在连续谱所构成的背底。同一能量处特征

峰与背底的强度之比为峰背比，因此可以由发射特征峰强度与连续谱强度之比计算出来。峰背比可以用下式表示：

$$\frac{P}{B}=\frac{I_i}{I_b}=\frac{1}{Z}\left(\frac{E_0-E_c}{E_c}\right)^{n-1}$$

当峰背比增大时可以检测样品中质量分数更小的元素，可见提高入射电子能量可以提高峰背比。但是能量较高的入射电子在样品中的射程也会增加，与样品相互作用的体积会增大，从而导致分析的空间分辨率变低。

三、实验仪器

能谱色散谱仪用于二维和三维尺度对材料科学进行快速、精确的微区成分、含量及分布的表征。其主要由制冷设备、X 射线探测器、多通道脉冲处理器组成，如图 7－19 所示。其中制冷设备提供液氮温度（－196 ℃）或电制冷低温并传递给探测器中各部件保证其低温工作条件，降低探测器噪声，提高探测器峰背比和灵敏度。X 射线探测器的作用是探测来自样品的 X 射线并将其转换为电信号。多道脉冲处理器的作用是将探测器输出的电信号进行处理并按其能量大小进行排序和计数，结果经计算机软件处理，可显示图谱和分析结果。

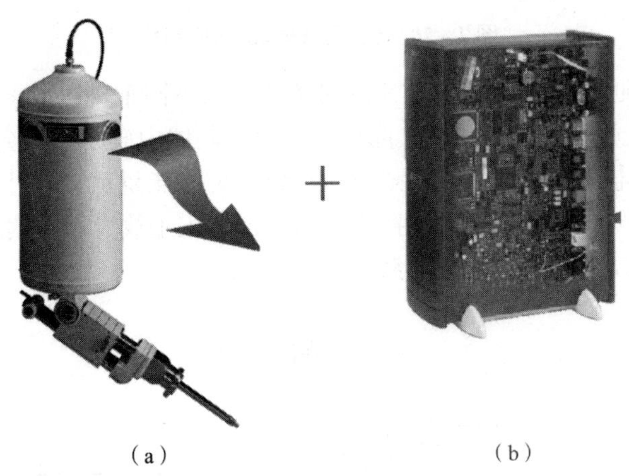

（a）　　　　（b）

图 7－19　能量色散谱仪的主要部件

（a）X 射线探测器；（b）多通道脉冲处理器

能量色散谱仪的核心部件是探测器，几十年来传统商业能谱仪上使用最多的是锂漂移硅探测器，如图 7－20 所示。其内部结构主要由准束器、密封窗、电子陷阱、探测芯片晶体、场效应管、预放大器、温度传感器、冷阱等部件组成。锂漂移硅探测器的心脏是探测芯片晶体，是由高纯度并含有硼受主的 P 型单晶硅制成的硅二极管。将锂注入二极管后面的薄层就构成了一个 P－N 结，然后将二极管在 100 ℃的温度下反偏置，在几百伏特的电压下经过几周时间的漂移，锂离子分布到整个晶体并与硼结合成中性复合体并形成接近 3 mm 的耗尽层。在二极管前后各镀上一层厚约 20 nm 的金作为电极就支撑了锂漂移硅晶体。采用锂漂移技术制备的探测器称为锂漂移探测器；也可以由锗制成，称为锂漂移锗探测器，可用于 β、X 射线和低能 γ 射线计数测量。

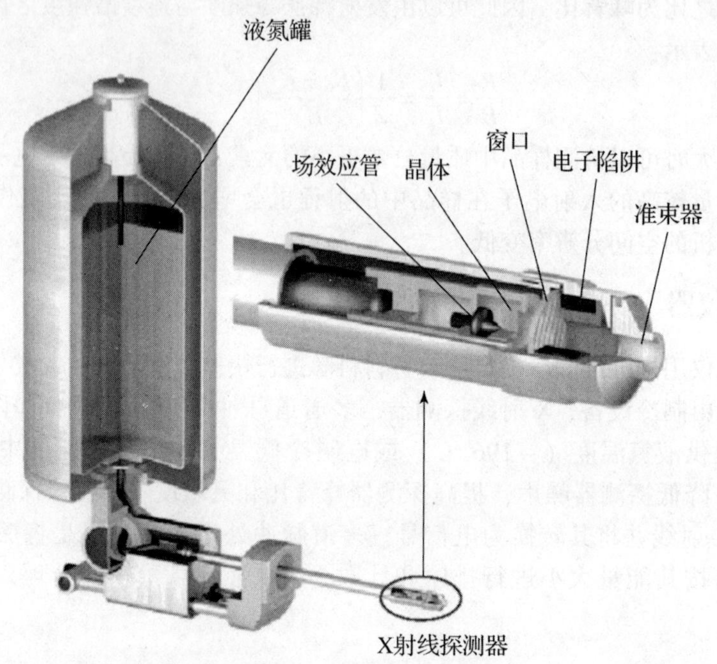

图 7-20　锂漂移硅探测器的结构

能量色散谱仪是通过不同元素发射 X 光量子的能量不同来进行元素分析的。如图 7-21 所示，当一个 X 射线光量子被硅（锂）晶体吸收后，晶体中硅原子就会放射出一个光电子，此光子即引起电离。电离的过程每消耗光电子 3.8 eV 的能量就会产生一对电子—空穴对，这些电荷被收集后经场效应管处理后转换为电压脉冲输入主放大器继续放大整形，确保入射光量子的能量和脉冲高度之间的对应关系。

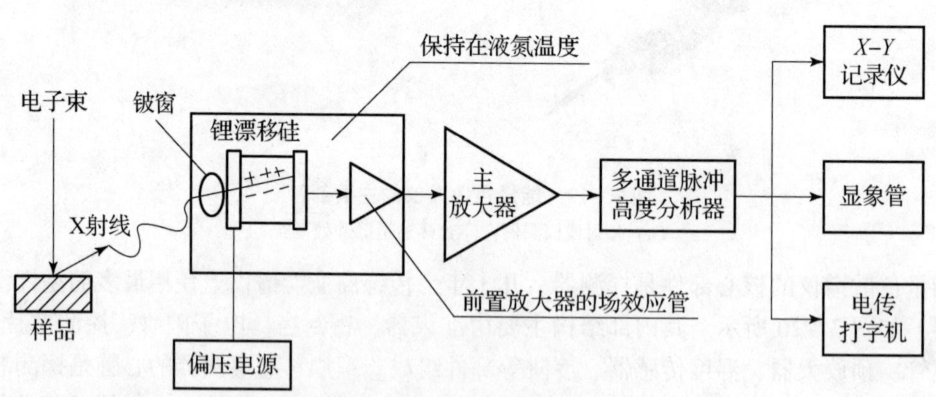

图 7-21　能量色散谱仪运行方框图

主放大器将脉冲信号传送至多通道脉冲高度分析器 MCA。MCA 主要由模数转换器、存储器和显示器组成，它可以将探测器传送过来的模拟电压脉冲信号转换为数字信号，方法是按照脉冲高度总范围划分许多相等的间隔，这些间隔称为通道。每一通道都有编号，称为道址。道址编号按照 X 射线能量大小编排，能量低的 X 射线脉冲分配到编号小的道址中，能量高的 X 射线脉冲分配到编号大的道址中。道址与 X 射线能量之间存在对应关系。每一道址有一定能量宽度成为道宽。当 X 射线能量范围为 0 ~ 20. 48 keV 时，若道数为 1 024 则每个道址的道宽为 20 eV。

如一个铜（CuKα）的 X 射线入射到探测器内时，因其能量为 8 040 eV，在晶体内能电离出 8 040 /3. 8 = 2 116 个电子—空穴对，这些电荷被收集起来转换为电压脉冲，经放大后传送至多通道脉冲高度分析器。电压脉冲经模数转换器转换为数字信号，并在存储器中相应的通道执行加 1 的操作。当道宽为 10 eV、通道数量为 1 024 时，此时 CuKα 射线在第 804 道中存储一个计数，以此类推。探测器每接收一个 X 射线光子，经过处理后就会在相应的能量通道上增加一个计数，由此获得元素分析谱线。

能量色散谱仪可以在一次测量中同时测定样品中所有元素的光量子，故分析速度快，做一个点分析只需要几分钟。锂漂移硅探测器能量色散谱仪在使用铍窗时，其由于吸收作用，限制了超轻元素的测量，只能分析 $_{11}$Na ~ $_{92}$U 之间的元素；若使用超薄窗或不用窗口时，可分析 $_{4}$Be ~ $_{92}$U 之间的元素。

四、实验过程

（一）实验仪器和材料

1. 实验仪器

透射电子显微镜、扫描电子显微镜、X 射线能量色散谱仪等。

2. 实验材料

已制备好的电镜样品。

（二）实验步骤

（1）将样品按照操作规程装入透射电镜或扫描电镜，并获取样品清晰的形貌图像。

（2）调整加速电压、束流大小等电镜参数，使信号达到适合的输出计数率。

（3）打开 EDS 软件，选择分析模式（点分析、线分析、面分析），扫描图像，设置 X 射线能量色散谱仪能量范围、采集区域、像素、速率等参数，进行能量色散谱数据采集。

（4）保存文档数据，导出图谱 TXT 文件并保存。

五、实验结果和数据处理

（1）运用测试软件对样品的成分、含量进行测定，记录。

（2）拷贝测试结果并保存。

（3）对图像进行分析、标定及后处理。

①获取样品形貌图像。

②EDS 测定样品成分及含量。

③数据处理。

a. 将图谱 TXT 文档数据部分导入作图软件。

b. 设置横坐标及纵坐标名称，分别为 Energy（keV）和 Counts，选择适合的横坐标及纵坐标单位，使谱线覆盖整个图谱。

c. 设置图谱边框，并通过文本工具对谱线中各峰位进行元素标注。

六、典型应用

实验项目3　X射线显微分析——X射线能量色散谱仪应用实验

1. 实验目的

（1）了解X射线能量色散谱仪的原理及相应操作流程。

（2）掌握使用软件进行数据分析处理的方法。

2. 实验原理

如图7－22所示，当X射线光子进入锂漂移硅检测器后会在晶体内激发一定数目的电子—空穴对。由于产生一个电子—空穴对的能量 ε 是一定的，因而由一个X射线光子所激发的电子—空穴对数目为 $N=\Delta E/\varepsilon$，即入射X射线光子的能量越高，其激发的电子—空穴对就越多。当在晶体两端设置偏压时，可实现电子—空穴对的收集。经过前置放大器转换为电压脉冲，电压脉冲的高度取决于 N 值的大小。电压脉冲经过主放大器进一步放大整形后进入多通道脉冲高度分析器，能够按照高度将脉冲分类并进行计数，由此可以得到一张特征X射线按照能量大小分布的谱图，即能谱图。

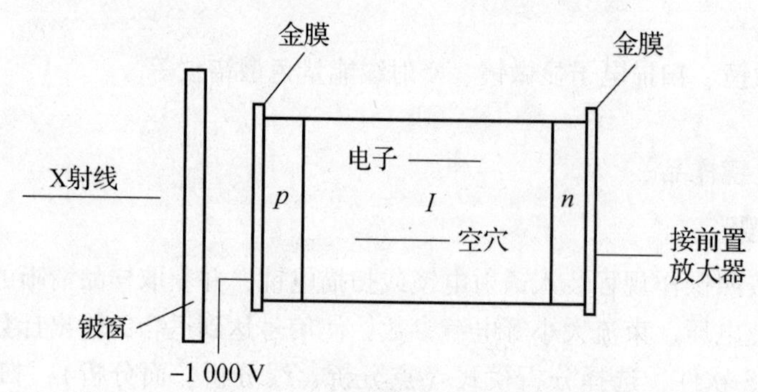

图7－22　锂漂移硅检测器工作原理图

将电子束固定在需要分析的微区上，能量色散谱仪可在同一时间对微区内所有元素X射线光子的能量和数量进行测定，在几分钟内可得到定性分析结果，此模式为定点分析。将能量色散谱仪固定在某一元素特征X射线信号上（能量），将电子束沿指定路径进行直线轨迹扫描，可得到该元素沿这一直线轨迹的浓度分布曲线，此模式为线分析。令电子束在样品表面指定微区做光栅扫描时，将能量色散谱仪固定在某一元素特征X射线信号的位置上，可得到该元素的面分布图，此模式为面分析。现代能量色散谱仪均可实现根据需求进行点、线、面的成分分析。

3. 实验仪器和材料

（1）实验仪器。

透射电子显微镜、样品杆等。

（2）实验材料。

已制备好的电镜样品。

4. 实验步骤

（1）低放大倍数下获取 STEM 像。

①将电镜工作模式切入扫描透射模式，在低放大倍数下确定样品位置；调整 Z 轴高度，使图像清晰。

②选非晶区利用消像散器消除 A1 及 B2 像散。

③调节聚焦使图像清晰，采集样品 STEM HAADF 图像。

（2）X 射线探测器测试样品的元素组成。

①确认能量色散谱仪工作正常。

②调整束流大小，使其达到适合的输出计数率。

③打开 EDS 软件，选择扫描模式，扫描图像，选择采集区域位置，开始采集数据。

（3）保存文档数据，导出图谱 TXT 文件。

5. 实验结果与数据处理

（1）获取样品 STEM HAADF 形貌图像，如图 7－23 所示。

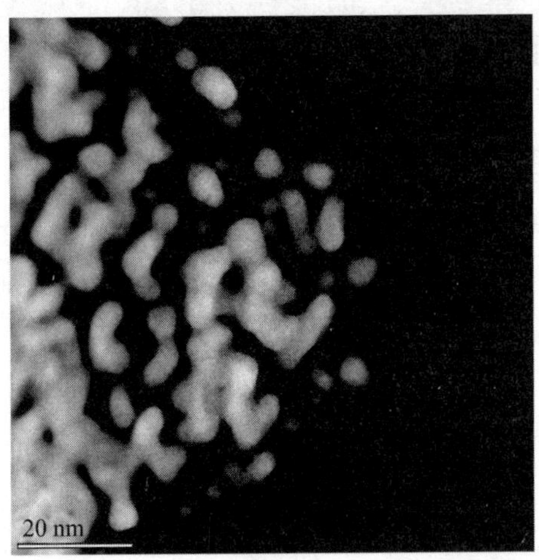

图 7－23　碳膜上 Au/Pd 纳米颗粒 STEM HAADF 形貌图像

（2）获取样品能量色散谱 SI 数据，根据 X 射线特征峰位确定所含元素种类，扣除背底后进行定量计算及元素分布分析，如图 7－24 所示。

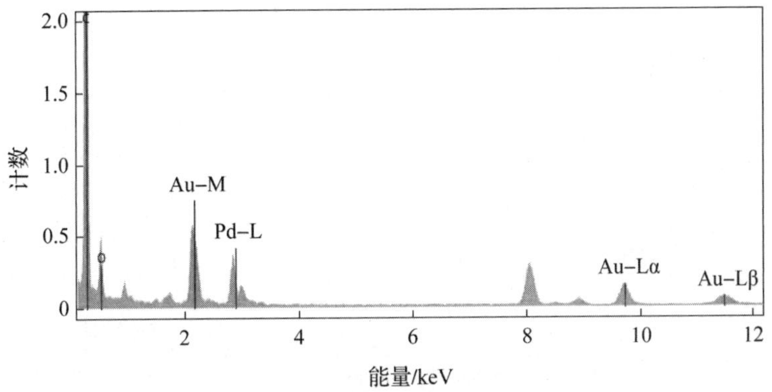

图 7－24　碳膜上 Au/Pd 纳米颗粒的能量色散谱 SI 分析

（3）获取样品的能量色散谱元素分布图，如图 7 – 25 所示。

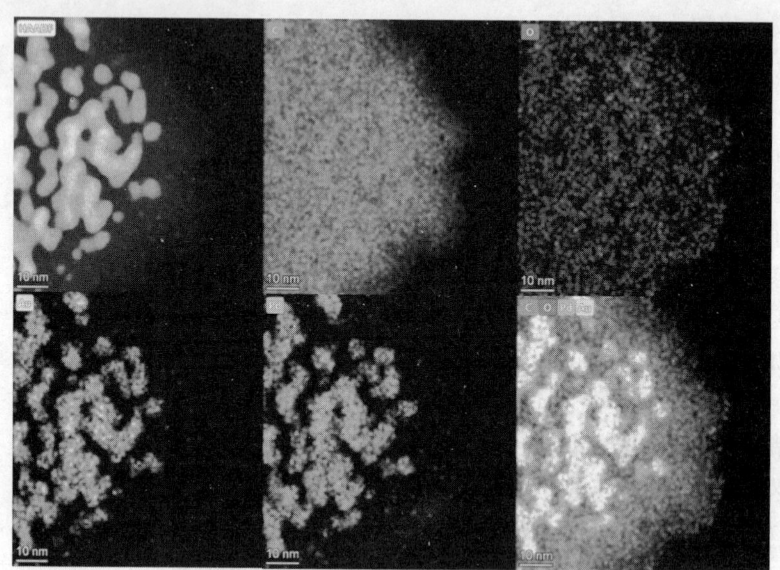

图 7 – 25　碳膜上 Au/Pd 纳米颗粒的能量色散谱元素分布图

（4）能量色散谱仪测定样品成分及含量，如表 7 – 2 所示。

表 7 – 2　能量色散谱仪测定样品成分与含量

原子序数	元素符号	线条	原子百分比/%	误差/%	质量百分数/%	误差/%
6	C	K	95. 54	2. 41	77. 53	0. 30
8	O	K	2. 42	0. 51	2. 61	6. 88
46	Pd	L	1. 20	0. 14	8. 60	0. 14
79	Au	L	0. 85	0. 10	11. 26	0. 21

（5）运用画图分析软件导入能量色散谱的 TXT 数据并画出图谱，编辑并标出相关元素所在峰位，如图 7 – 26 所示。

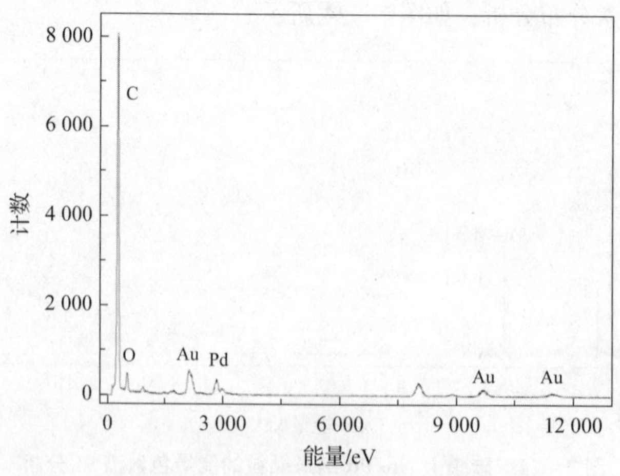

图 7 – 26　碳膜上 Au/Pd 纳米颗粒的能量色散谱线分析

①添加边框，设置图谱边框。

②设置横坐标及纵坐标名称分别为能量和计数。

③选择适合的横坐标及纵坐标单位，使谱线覆盖整个窗口。

④使用 Add text 文本工具，参考原始数据对谱线各相关峰位进行元素标注。

第五节　X 射线显微技术

一、X 射线三维显微分析技术的基本原理

X 射线三维显微分析技术又被称作微米 CT 技术。该技术利用 X 射线显微镜对样品进行高分辨率无损三维内部成像。X 射线显微镜属于高精密科研类仪器设备，该设备在材料科学、生命科学、增材制造、半导体检测、石油地矿等诸多领域有广泛的应用。

X 射线三维显微分析技术的特色在于实现了样品内部三维结构的无损分析。这一性能的实现利用了高能 X 射线对样品的穿透特性。1895 年，德国著名物理学家伦琴发现了 X 射线，并在 1901 年首次被授予诺贝尔物理学奖。图 7－27 是拍摄于 1895 年 11 月 22 日的第一张 X 射线图像（伦琴夫人安娜·贝莎的手掌）。这一发现不仅对医学诊断有重大影响，还直接影响了 20 世纪许多重大科学发现。例如安东尼·亨利·贝克勒尔就因发现天然放射性，与居里夫妇共同获得 1903 年的诺贝尔物理学奖。为了纪念伦琴的成就，X 射线在许多国家都被称为伦琴射线；另外，第 111 号化学元素轮（Rg）也以伦琴命名。X 射线的频率和能量仅次于伽马射线，频率范围为 30 PHz～300 EHz，对应波长为 1 pm～10 nm，能量为 124 eV～1.24 MeV。X 射线穿透物体的同时也会被物体吸收，根据被穿透物密度和厚度的差异，当 X 射线透过不同物质时，被吸收的程度不同，经过显像处理后即可得到不同的影像。常见的 X 光片是利用人体骨骼及不同组织对 X 射线吸收率不同得到的衬度成像。

CT 技术的英文全称为 Computed Tomography，翻译为计算机断层扫描技术。Tomography 这个词源于希腊的 tomē（切）或 tomos（部分或切片）和 graphein（写入）。20 世纪早期，通过采用不同波段的能量，采用切片或者剖切方式进行成像就已被提出。20 世纪 70 年代，随着计算机的使用满足了大规模数学运算的要求，第一台商用 CT 扫描仪问世。然而，该技术一直主要用于医学目的，而不是材料科学和计量学，因为人们从来没有足够好的分析工具或足够快的计算机来处理 GB 大小的图像并产生定量分析结果。21 世纪的今天，工作站可以毫无问题地处理 GB 大小的图像，可以使用深度学习等复杂的图像处理算法将图像分割成多个阶段并分析它们的定量特性。随着这些进步，X 射线 CT 在材料研究中发挥了更大的作用。

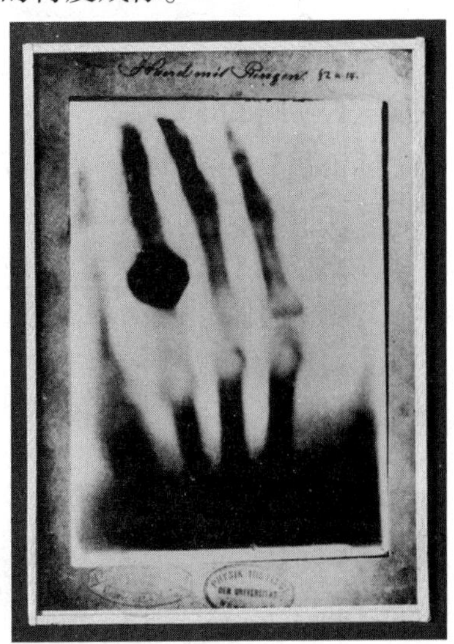

图 7－27　拍摄于 1895 年 11 月 22 日的第一张 X 射线图像

X 射线普遍存在于自然界中，如在恒星的星云等离子体中。类似的产生机制在地球上已经被成功模仿，如同步辐射和实验室 X 射线光源。应

用同步辐射光源进行 CT 实验较实验室显微 CT 设备发展更早，同步辐射光源具有高亮度、高相干性、可调谐谱等优势。但是同步辐射光源为大型政府设施，设备的建设需要超过 1 亿美元的投资，每条站线需要超过1 000美元的投资，只能通过申请排队使用。与其相比，实验室显微 CT 设备具有紧凑、成本低、合理的高亮度及随时可以使用等优势，可以作为一个整体的成像解决方案。

二、X 射线三维显微分析设备的基本结构及工作原理

本书以 Zeiss 公司生产的 Zeiss Xradia 520 Versa X 射线显微镜（图 7－28）为例介绍实验室常用的 X 射线显微镜的基本结构及工作原理。Zeiss Xradia 520 Versa X 射线显微镜是基于几何放大和光学放大两级放大的微米 CT 设备，设备管电压为 30 ~160 kV，配备 0. 4X、4X、20X、40X4 颗物镜，最高分辨率为 700 nm。

图 7－28 Zeiss Xradia 520 Versa X 射线显微镜

Zeiss Xradia 520 Versa X 射线显微镜的结构如图 7－29 所示，左侧 X 射线源可近似认为是一个点光源，其发出的 X 射线穿过待测样品后打在闪烁体上，光源与样品和光源同闪烁体组成一对相似三角形，调整光源、样品、闪烁体三者的位置关系即可改变几何放大率。闪烁体被 X 射线照射之后会产生光子，光子经过高分辨率显微物镜进行第二级放大后在 CCD 摄像机上得到图像。经过两级放大，X 射线穿过样品形成的吸收衬度图像被记录了下来。

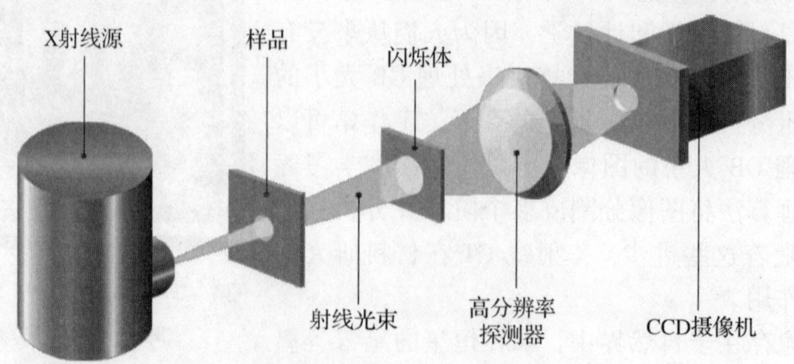

图 7－29 Zeiss Xradia 520 Versa X 射线显微镜二级放大结构示意图

X 射线虽然可以穿透被测样品，但是单次拍摄得到的吸收衬度图像是整个样品的射线吸收结果。样品沿着 X 射线传播方向各层的吸收均叠加在一张图片之上，无法给出三维的结构信息。CT 设备获得物体的三维结构图像还要经过以下步骤。

(1) 旋转物体，在不同的角度暂停并采集二维投影图像，原始的二维图像通常被称为投影（Projections）或者视图（Views）。

(2) 样品旋转，停留在不同角度采集的二维投影图像中包含了不同方向的样品吸收信息。

(3) 计算机在采集到的足够多方向的投影图像后，通过反投影或其他重建方法将收集到的二维投影重建为三维的重构体，重构的图像通常被称为虚拟切片（Virtual Slices）或者三维体层摄影图片（Tomograms）。

很显然，拍摄的投影张数越多得到的重构图像的信息就越精细，图像的分辨率也就越高。图 7－30 为 X 射线显微镜拍摄不同张数时重构得到的图像对比，在拍摄投影张数达到 35 张时得到了样品的大致轮廓信息。从图片中可以看出，投影张数对于最终三维图像的清晰程度至关重要。医用 CT 设备为了降低生物体活动对拍摄的影响和控制辐射剂量，往往使用多射线源多探测器环形排布同时拍摄的方式在短时间内获取更多的投影。工业 CT 设备为提高检测效率也往往采用较少的拍摄张数（几十到几百张）。显微 CT 设备往往用于精细的科学研究，对极致分辨率的要求高于成本的控制，通常为获取高质量图像拍摄几千张投影图片，整个拍摄过程持续几个小时，获得的最终数据通常为几 GB 至几十 GB。由于拍摄时间很长，对于易失水变形的生物类样品，往往需要脱水固定处理后才能进行。

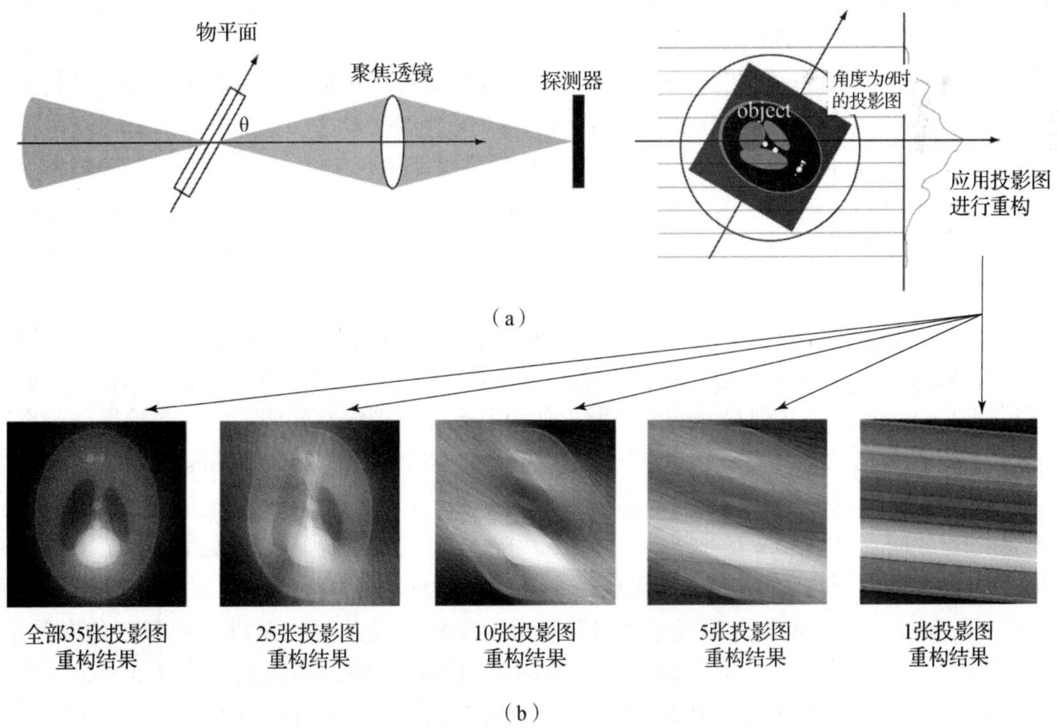

图 7－30　拍摄张数与最终重构图像的对应关系测试

(a) 特定角度下投影图的拍摄；(b) 不同投影张数的重构结果

三、X 射线显微系统的分辨率

提到显微系统，分辨率的高低是其核心指标参数。实验室常用的光学显微镜的分辨率可以达到 300~500 nm（100 倍物镜）；电子显微镜的分辨率可以达到 0.2 nm。Zeiss 公司生产的 Zeiss Xradia 520 Versa 型 X 射线显微镜最高分辨率为 500~700 nm。光学显微镜的分辨率高低受衍射效应制约，通常可以根据瑞利判据（$0.61\lambda/NA$）计算出显微系统在使用特定物镜、特定照明波长下的分辨率。相较于光子，电子的波动属性更弱，衍射效应更不明显，这使得电子显微镜的分辨率远高于光镜。X 射线的能量是光子的几万至十几万倍，其波动属性更不明显，几乎不受衍射效应的影响，但 X 射线显微镜的分辨率较光镜并没有明显提高。本节我们将通过分析 X 射线显微镜的分辨率来进一步了解设备的基本结构和成像原理。对于 CT 设备，我们所说的分辨率往往指二维投影图片的分辨率，其具体评判可以通过拍摄并分辨标准样上的线对来完成。可以得到高分辨率二维投影的设备必然可以记录下样品的高分辨率信息。三维分辨率需要考虑重构算法的准确性以及验证和判定的具体方法，其过程过于复杂，常规设备的使用过程中很少用到。

前面已经指出，X 射线显微镜包含几何放大与光学放大两级放大系统。考虑几何放大时，我们将射线源近似为一个点，射线源与样品、射线源与探测器分别构成三角形相似。根据相似关系，几何放大的放大倍率等于射线源与探测器的距离与设射线源与样品距离的商。设射线源与样品的距离和探测器与样品的距离分别为 a 和 b，几何放大倍率可以简单表述为 $(a+b)/a$。由该式可知，只要射线源距离样品足够近，探测器距离样品足够远，几何放大的倍率可以做到非常大。在特定的设备空间以及一定强度的射线源的限制下，射线源与探测器的距离往往不能超过 1m，为了获得尽可能高的几何放大倍率就必须尽可能满足射线源距离样品足够近这一条件。这需要样品的几何尺寸以及旋转半径都要尽可能小。我们以利用几何放大的 X 射线显微镜 Zeiss Xradia Context micro CT 为例来看这一指标参数。这一设备拍摄像素大小为 0.8 μm 的投影图片时，射线源距离样品的距离仅为 2.5 mm；当射线源与样品的距离增大到 12.5 mm 时，投影图片的像素大小最小仅可做到 2.5 μm。虽然该设备的极限分辨率可以达到 0.95 μm，但是获得如此高分辨率的图像对于样品尺寸的限制太过于严格，绝大多数样品无法仅通过几何放大获得高分辨率图像。

除距离限制以外，射线源的尺寸也是限制 X 射线显微装置的因素之一。在目前的技术条件下，射线源的 X 射线出光口的尺寸可以压缩至 1~2 μm。当样品距离射线源较远、成像分辨率不高时，把这一几何尺寸的射线源近似为点光源处理没有问题，但是当拍摄分辨率达 1 μm以内的图像时这一几何尺寸的影响无法忽略。X 射线显微镜 Zeiss Xradia Context micro CT 的产品彩页中将特定工作距离下的可实现体素列出如下：0.5 μm/0.5 mm；0.8 μm/2.5 mm；2.5 μm/12.5 mm；4.0 μm/25 mm；12.1 μm/100 mm。X 射线显微镜 Zeiss Xradia Context micro CT 的探测器行程为 475 mm，实现最高分辨率时的 b 值为 480 mm。将样品距离射线源 25 mm 和 100 mm 的数据代入公式，可以验证分辨率的提高几乎完全满足相似三角形关系。当射线源距样品的距离很小时，射线源尺寸的影响不可忽略，当距离 a 由 2.5 mm 缩小到 0.5 mm 时，图像分辨率仅由 0.8 μm 提高至 0.5 μm，此时利用相似关系得到的公式 $(a+b)/a$出现了较大的偏差，其原因就是射线源出光口处光斑尺寸的限制。射线源出光口处光斑尺寸除了决定射线源的构造之外，还与管电压大小有关，管电压越低，射线源出光口处光斑尺寸越小。设备在应用过程中，密度更低的样品可以使用更低的测试电压，更容易获得高分辨率的三维重构图像。

我们经常把微米 CT 装置称作 X 射线显微镜（X - Ray Microscope，X - RM），这与设备的二级放大部分应用光学显微装置不无关系。仅包含一级几何放大部分的 CT 设备得到高分辨率图像要求样品直径非常小，射线源距离样品中心足够近。对于尺寸稍大的样品，探测器上得到的投影尺寸较大，特定像素大小的探测器无法拍出高分辨图像。如果能使用显微装置对投影进行放大，在几何放大达到极限时在探测器上获得更大放大比例的投影图片，就可以拍摄大尺寸样品得到高分辨图像。光学显微镜成像原理在于物镜对物体发出的光进行折射聚焦，电子显微镜利用线圈产生电磁场对电子聚焦得到类似光学物镜的汇聚成像效果。对于 X 射线，我们无法利用透镜或者电磁场使其发生偏折，无法直接获得放大的图像。CT 领域往往使用碘化铯（CsI）闪烁体将 X 射线转换为光子，再利用 CMOS 或 CCD 光学传感器进行探测，记录 X 射线的强度。

Zeiss 公司的 Xradia 系列产品在光学显微物镜的焦平面处安装超薄的碘化铯闪烁体，样品经过几何放大得到的投影在闪烁体处由 X 射线转换为光子，光学显微系统拍摄闪烁体亮暗变化将投影进行二次放大。二次放大过程使得大尺寸样品的高分辨率拍摄成为可能，在样品距离探测器几十毫米远时依然可以获得分辨率 1 μm 以内的三维图像。由于光学成像的参与，X 射线显微系统的分辨率受到光学衍射的限制，此类 CT 装置的分辨率极限为几百纳米尺度。常规光学显微系统不同倍率的显微物镜通过物镜砖塔旋转切换，通过每颗物镜齐焦距离的一致性保证物镜切换时图像不发生离焦。微米 CT 系统每颗物镜的闪烁体均需要精准放置于物镜的焦平面位置处，这保证了设备切换物镜时无须再次调焦即可在相机上得到清晰的图像。根据不同物镜的景深大小，4 倍物镜的闪烁体位置精准度在正负十几微米即可保证齐焦，40 倍物镜的闪烁体位置精准度需控制在正负一两个微米的尺度。

为了保证显微图像不因发光位置处于景深范围以外而模糊，高倍物镜使用更薄的闪烁体进行 X 射线与光子之间的转换。由于闪烁体的薄厚与 X 射线到光子的转换效率正相关，高倍物镜上更薄的闪烁体的工作效率较低，高分辨率图像的拍摄时间更长。在应用过程中，高倍物镜（20 倍、40 倍）往往用来拍摄低密度样品，对于密度较大的金属样品（铁、铜等）往往使用 4 倍物镜进行拍摄，分辨率很难达到 1 μm 以内。

四、X 射线显微系统的制样及测试要点

CT 技术利用 X 射线穿过样品后得到的吸收图像进行重构，几乎任何种类的样品都可以测试。样品对射线的吸收率同样品的密度成近似的正比关系，样品中的高密度金属掺杂对射线强吸收，而结构中的孔隙、裂纹几乎不吸收射线。显微 CT 设备样品的筛选只要求样品存在需要被观测的内部细节且几何尺寸合适，高密度样品由于射线穿透能力有限，往往需要把样品做到更小的尺寸。显微 CT 测试过程中拍摄图片张数多、持续时间长，为获得高分辨率的三维重构图像，样品与旋转台之间的固定至关重要。旋转过程中样品的抖动以及微小的形变均会影响最终三维重构数据的质量。对于常规的块状固体样品，我们通常直接将其粘在铝制或钢制金属样品杆的顶端进行拍摄；容易失水变形的生物组织使用固定液，固定的同时要尽可能地缩短测试时间；要求高分辨率的生物组织可以按照电镜制样的处理方式进行锇酸染色树脂包埋处理；粉末状样品可以使用较细的吸管或小号移液枪头填装，并用拉伸过的封口

膜压实，防止旋转过程中颗粒移动。封口膜密度很低，对 X 射线的吸收较小，拉伸并压实后有一定的结构强度。封口膜是固定纤维、粉末、生物类样品的理想材料。

图 7－31 为 Zeiss Xradia 520 Versa X 射线显微镜拍摄的直径十几微米的碳纤维丝的重构切片，图像的分辨率达到了百纳米量级。直径十几微米的碳纤维丝比头发丝更加柔软。

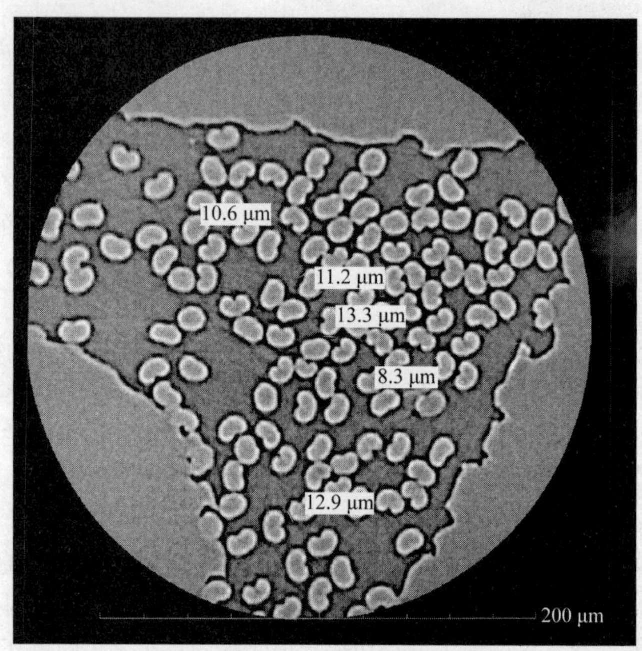

图 7－31　Zeiss Xradia 520 Versa X 射线显微镜拍摄的直径十几微米的碳纤维丝的重构切片，像素为 321 nm

在制样过程中，我们使用单层封口膜对小束碳纤维丝进行包裹后拉伸并按压，获得有一定硬度的封口膜细杆。我们将细杆用 495 胶水粘于减去帽子的大头针顶端后进行投影图片的拍摄。拍摄使用 40 倍物镜，像素为 321 nm，投影 3 200 张，拍摄时长 5 h。从最终得到的边界清晰的图像可知，整个拍摄过程中柔软的碳纤维丝未发生任何抖动变形，成像效果良好。图 7－31 中切片 3 个方向边界的浅灰色结构即为封口膜。无论是封口膜固定、胶水固定还是树脂固定，用比样品密度更低的材料将样品与旋转台进行稳定的连接是保证测试成功的第一要点。除稳定连接之外，尽可能获得最小的旋转半径是样品制备和固定的另一关键点。对于仅应用几何放大的设备，样品旋转半径越小、射线源距离样品的中心越近就越能得到更高的放大倍率，从而提高图像分辨率。包含两级放大的显微 CT 设备虽然可以在大旋转半径下拍摄得到高分辨率图像，但是由于点光源的空间角辐射，远距离拍摄的 X 射线剂量明显降低，拍摄的用时大幅增加。在不影响整体结构及后续测试的前提下缩小样品的旋转半径是获得高分辨率图像、缩短拍摄时长的有效方式。

图 7－32 是 Zeiss Xradia 520 Versa X 射线显微镜配套的样品夹具。测试前应根据样品尺寸及需要达到的分辨率大小选择合适的夹具并尽可能保证样品及夹具的旋转半径更小，射线源尽可能靠近。在稳固固定的前提下，应选择尽可能细的夹具夹持样品，保证旋转半径不因夹具的尺寸结构而增大。

图 7－32　Zeiss Xradia 520 Versa X 射线显微镜配套的样品夹具

X 射线 CT 是一种 X 射线吸收对比成像技术，在实际测试过程中需要针对每个样品优化 X 射线能量以最大化吸收系数对比。由于每一张投影图片都属于吸收衬度图像，X 射线透过率太高时样品内部的细节差异将被忽略，而透过率太低时又无法穿透样品获得内部图像。根据特定样品调整仪器的参数设定获得合适的透过率可以保证良好的投影图片质量用来进行三维重构成像。我们通常通过控制射线管电压的高低以及射线滤片厚度的变化来控制样品整体的透过率。实验室显微 CT 设备使用射线管作为 X 射线源，不同材料的射线管产生不同的特征谱线，通过调节加速电压也可产生不同频段宽频谱的射线（轫致辐射）。射线管常用靶材料包括钨、铜、钒、铬、钼等。Zeiss Xradia 520 Versa X 射线显微镜使用钨靶射线管，其特征谱线分布如图 7－33 所示，为连续状宽谱分布，能量范围为 10～150 keV。设备的管电压范围为 30～160 kV，对应的 X 射线输出功率为 2～10 W。新一代 Zeiss Xradia 620 Versa X 射线显微镜在 160 kV 时输出功率已提高至 25 W。所加管电压越低，低能 X 射线占比越高，更适合拍摄低密度材料；所加管电压越高，高能 X 射线占比越高，更适合拍摄高密度材料。

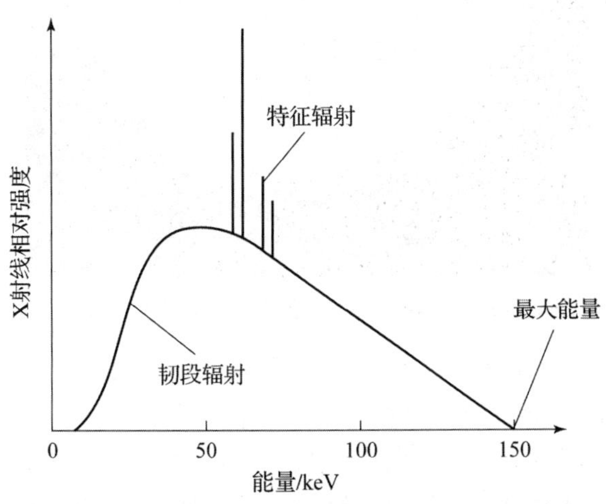

图 7－33　钨靶材射线管 X 射线光源的特征谱线分布

除了调整管电压外，还可以通过射线滤片来调整 X 射线的能量分布。射线滤片为一组厚度逐渐增大的射线均匀吸收材料，可以吸收低能 X 射线，使高能 X 射线的占比增大，提高透过率，样品的密度越高选取的滤片越厚。滤片及管电压的配合调整控制了样品的整体透过率，保证了不同种类样品的成像效果。通常将样品透过率调整为 20%～35% 便可得到最优质的的三维图像。对于低密度材料和高密度材料无法调整到此范围时也应调整电压和滤片，使透过率尽可能接近此范围。对于高密度材料测试，还需要注意背景曝光过度的问题。Zeiss Xradia 520 Versa X 射线显微镜使用 CMOS 传感器相机，当单个像素探测到的光子数大于 60 000 时像元饱和。常规投影图拍摄需要中心点记录的光强值达 5 000 以上。当使用最高的管电压和最厚的滤片样品透过率仍 < 8.3% 时，正常拍摄投影就会出现背景饱和的情况，此时应参考背景的饱和值适当降低曝光时间。当样品透过率 < 3%～5% 时，射线几乎无法穿透样品，重构无法给出样品的内部信息。

图 7－34 为 Zeiss Xradia 520 Versa X 射线显微镜的参数设定为管电压 150 kV、输出功率 10 W、HE6 滤片、4 倍物镜时拍摄直径 1 mm 钨棒的重构后切片，拍摄时透过率为 2%。由于绝大部分射线不能穿透样品，重构切片仅在最边缘给出了极小部分的内部结构信息，样品内部的孔隙和缺陷未能拍出，这种样品需要切得更细或使用更高管电压的设备进行测试。图 7－35 给出了 100 keV 的 X 射线在不同种类材料上透过率达 33% 时的样品厚度，可用来参考样品尺寸和判别样品能否成功被 X 射线穿透成像。根据图 7－35 中信息，116 μm 厚的钨透过率为 33%，由此估算样品可完成拍摄的最大厚度为 300 μm，1 mm 的样品显然无法进行内部成像。

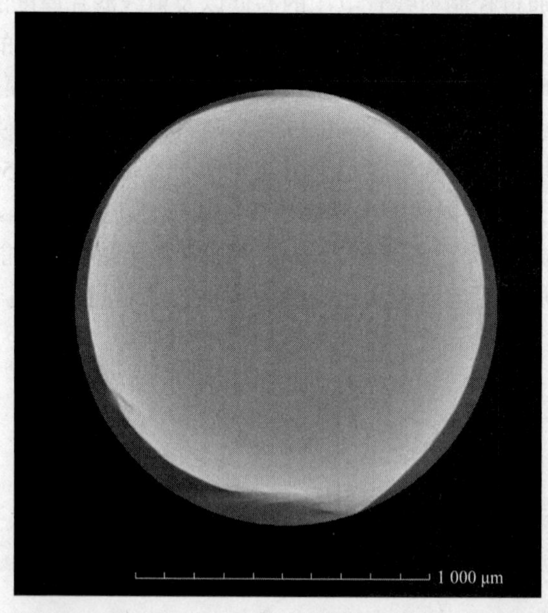

图 7－34　Zeiss Xradia 520 Versa X 射线显微镜拍摄直径 1 mm 钨棒的重构后切片

由于各方向投影的最终重构结果是一个三维的圆柱体，对于可切割取样的样品，圆柱形切割相较于长方体切割得到的旋转半径更小，视野利用率更高，是最佳的样品切割方式。投影图的拍摄为穿透式成像，相差 180°的两张投影成镜像关系，样品旋转 ±90°即可得到完整的拍摄信息。对于无法长时间拍摄的生物类样品，图像质量要求不高的样品可以使用 ±90°拍摄代替 ±180°拍摄来缩短测试时间。

Program reference: P. Bandyopadhyay and C.U. Segre, http://www.csrri.iit.edu/mucal.html.

Calculations are based on data from: W.H. McMaster N.K. Del Grande, J.H. Mallett and J.H. Hubbell, "Compilation of x-ray cross sections", Lawrence Livermore National Laboratory Report UCRL-50174 (section I 1970, section II 1969, section III 1969 and section IV 1969).

	1	2	3	4	5	6	7	8	9	10	11	12	13	14	15	16	17	18
1	1 H																	2 He
2	3 Li 14 cm	4 Be 4 cm											5 B 3.08 cm	6 C 2.938 cm	7 N N	8 O	9 F	10 Ne
3	11 Na 6.4 cm	12 Mg 3.37 cm											13 Al 2.18 cm	14 Si 2.34 cm	15 P 2.97cm	16 S 2.49 cm	17 Cl	18 Ar
4	19 K 5.06 cm	20 Ca 2.51 cm	21 Sc 1.33 cm	22 Ti 0.812 cm	23 V 0.574 cm	24 Cr 0.44 cm	25 Mn 0.40 cm	26 Fe 0.367 cm	27 Co 0.292 cm	28 Ni 0.264 cm	29 Cu 0.246 cm	30 Zn 0.286 cm	31 Ga 0.334 cm	32 Ge 0.35 cm	33 As 0.301 cm	34 Se 0.330 cm	35 Br 0.467 cm	36 Kr
5	37 Rb 0.85 cm	38 Sr 0.475 cm	39 Y 0.245 cm	40 Zr 0.162 cm	41 Nb 0.112 cm	42 Mo 876 μm	43 Tc 761 μm	44 Ru 663 μm	45 Rh 620 μm	46 Pd 615 μm	47 Ag 651 μm	48 Cd 760 μm	49 In 843 μm	50 Sn 0.113 cm	51 Sb 828 μm	52 Te 903 μm	53 I 0.103 cm	54 Xe
6	55 Cs 0.255 cm	56 Ba 0.129 cm	57-71 La-Lu Lanthanide	72 Hf 180 μm	73 Ta 142 μm	74 W 116 μm	75 Re 101 μm	76 Os 94 μm	77 Ir 93 μm	78 Pt 95 μm	79 Au 101 μm	80 Hg 143 μm	81 Tl 155 μm	82 Pb 161 μm	83 Bi 175 μm	84 Po	85 At	86 Rn 16.8 cm
7	87 Fr	88 Ra	89-103 Ac-Lr Actinide	104 Rf	105 Db	106 Sg	107 Bh	108 Hs	109 Mt									

Nd	61 Pm	62 Sm	63 Eu	64 Gd	65 Tb	66 Dy	67 Ho	68 Er	69 Tm	70 Yb	71 Lu
39 μm	531 μm	463 μm	629 μm	397 μm	376 μm	352 μm	318 μm	306 μm	285 μm	359 μm	253 μm

U	93 Np	94 Pu	95 Am	96 Cm	97 Bk	98 Cf	99 Es	100 Fm	101 Md	102 No	103 Lr

LANTHANIDE

	57 La	58 Ce	59 Pr	60
6	702 μm	606 μm	574 μm	5

ACTINIDE

	89 Ac	90 Th	91 Pa	92
7				

图 7－35　能量为 100 keV 的 X 射线在不同种类材料上透过率达 33％时的样品厚度

五、X 射线三维显微分析设备在不同领域的应用实例

射线类设备对于样品种类几乎没有限制，可以满足几乎所有领域的内部无损检测需求。显微 CT 设备在材料科学、半导体检测、地质材料、增材制造、生命科学、清洁能源、精密加工等领域都有大量的应用。本节结合实际拍摄结果介绍显微 CT 设备在不同领域的应用。

图 7－36 为显微 CT 设备拍摄电池充放电过程中锂枝晶的生长图组。电池充电过程中设备每隔 10 s 记录一张投影图片，该图为第 1 张、第 120 张、第 240 张、第 360 张投影，一个小时内锂枝晶的生长清晰可辨。图 7－37（a）为显微 CT 设备检测阳极材料的颗粒尺度分布及裂纹情况，图 3－37（b）为 21700 电池的静态结构拍摄结果。我们还可以应用显微 CT 观测原位充放电过程中电池内部结构随电量的变化。

图 7－36　显微 CT 设备拍摄电池充放电过程中锂枝晶的生长图组

图 7－38 为显微 CT 设备对低衬度碳环氧材料和 SiC 编织材料进行结构分析的图像。显微 CT 设备拍摄密度接近的样品时可以通过增大射线源与样品之间的距离来提高不同材料的对比度，以获得更清晰的结构边界。

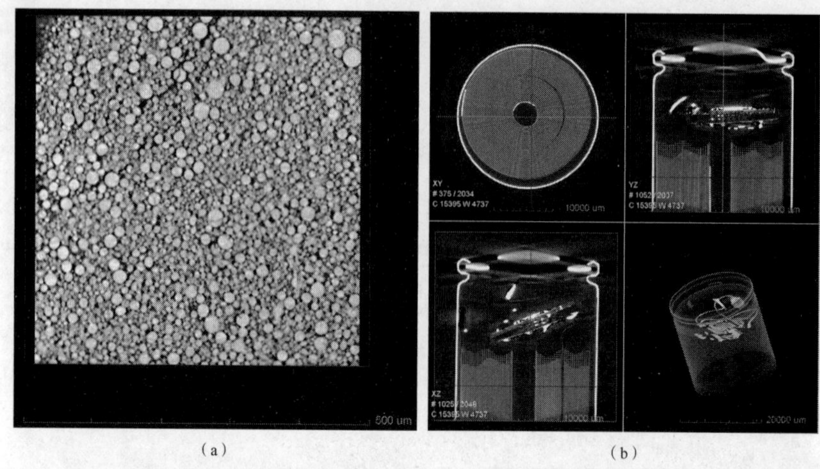

（a）　　　　（b）

图 7－37　显微 CT 设备拍摄阳极材料的颗粒尺度分布及裂纹情况和 21700 电池的静态结构图像

（a）阳极材料的颗粒尺寸分布及裂纹情况；（b）21700 电池的静态结构拍摄结果

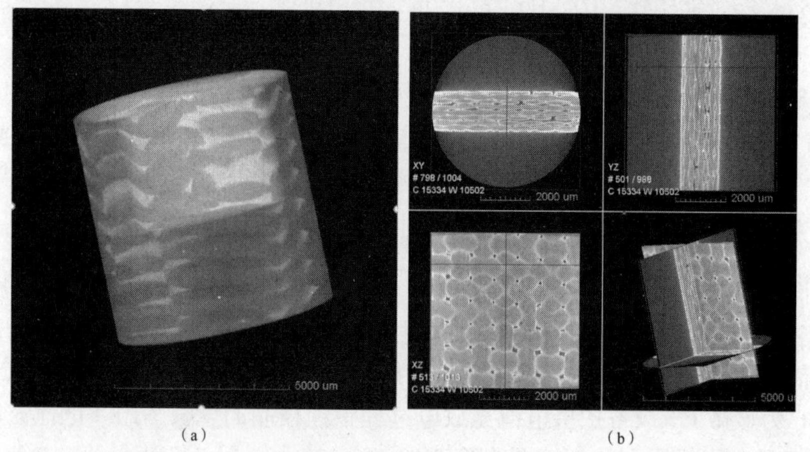

（a）　　　　（b）

图 7－38　显微 CT 设备对低衬度碳环氧材料和 SiC 编织材料进行结构分析图像

（a）低衬度碳氧材料的结构分析图像；（b）SiC 编织材料的结构分析图像

X 射线显微镜在半导体领域的应用也十分广泛，包括电子线路及芯片的结构分析、失效定位、功率器件的损伤原因确定等。图 7－39 为显微 CT 设备拍摄 GPU 芯片得到的三维结构图像。

图 7－39 中金属电极、电子线路清晰可见。电路板和芯片类样品通常为薄片状，宽度与厚度的比值经常大于 10∶1，使用 Zeiss Xradia 520 Versa X 射线显微镜拍摄长宽比大于 4∶1 的样品时可使用 High Aspect Ratio Tomo 模式。在长边与射线传播方向平行时增加投影密度，可得到更高的图像质量。该仪器使用 High Aspect Ratio Tomo 模式进行拍摄时，拍摄的总张数可以设定为常用值的 60%～80%。若拍摄位置在电路板或者样品的某个边缘或者角落，可以在旋转台处于 0°时让拍摄位置尽可能贴近射线源，进行 ±90°扫描，这样拍摄可以极大地减小旋转半径，提高分辨率和扫描效率。

图 7－40 为显微 CT 设备拍摄硅基 PN 结二极管叠加焊接后串联出来的高压整流器件的良品与失效器件的对比结果，图 7－40（a）为完好的功率器件，图 7－40（b）和图 7－40（c）所示为失效器件。投影图中深黑色的是敷锡铜焊片，铜片中间浅色的是 <111>晶相单晶硅。当器件损坏时焊锡融化在各层之间成液态流淌。

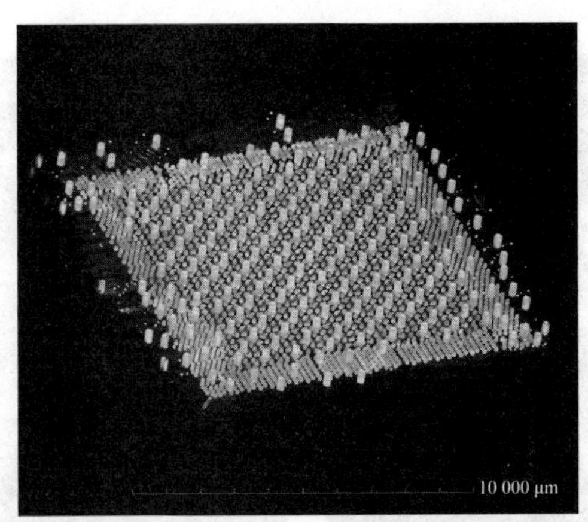

图 7-39 显微 CT 设备拍摄 GPU 芯片得到的三维结构图像

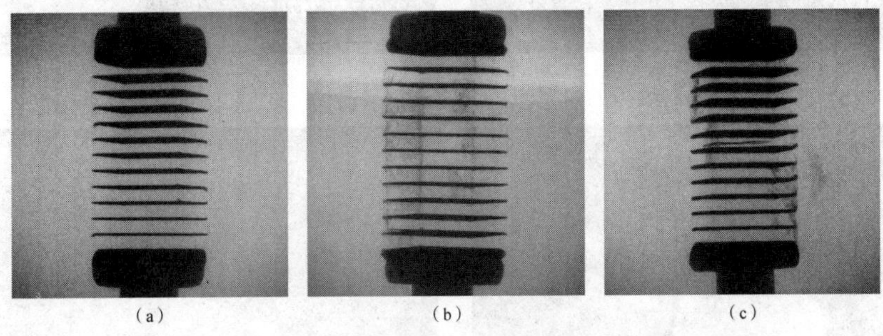

图 7-40 显微 CT 设备对高压整流器件进行失效分析

(a) 完好器件；(b)，(c) 失效器件

图 7-41 为显微 CT 设备对生物类样品的拍摄图像。由于显微 CT 设备的拍摄时间较长，无法应用于活体拍摄，动物类组织需要脱水固定处理。样品不同位置密度差异较大时高密度区域会影响低密度区域的拍摄质量，骨骼附近的肌肉和器官往往无法清晰显示。以电镜制样方式对样品进行处理后可以得到高分辨率的组织结构。图 7-42 为锇酸染色树脂包埋后的蝗虫脑组织切片及脑组织三维结构图，图 7-42 中可以很容易找到神经元（深灰色）。

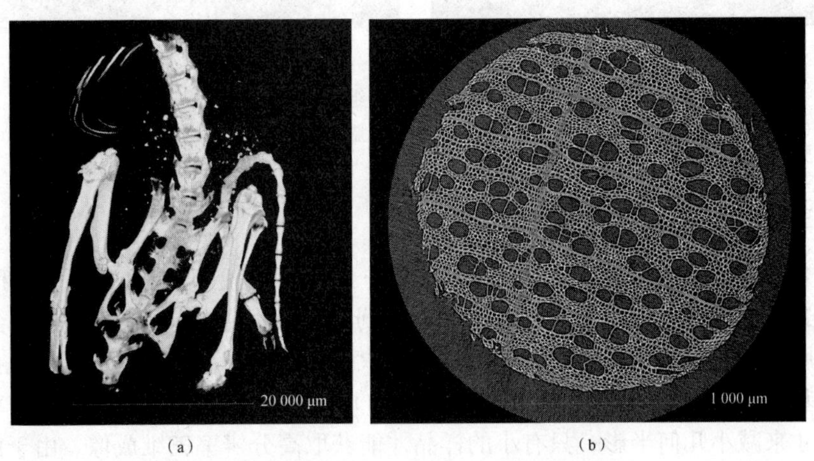

图 7-41 显微 CT 设备拍摄的小鼠骨骼的三维结构图像和木材断面切片图像

(a) 小鼠骨骼的三维结构图像；(b) 木材断面切片

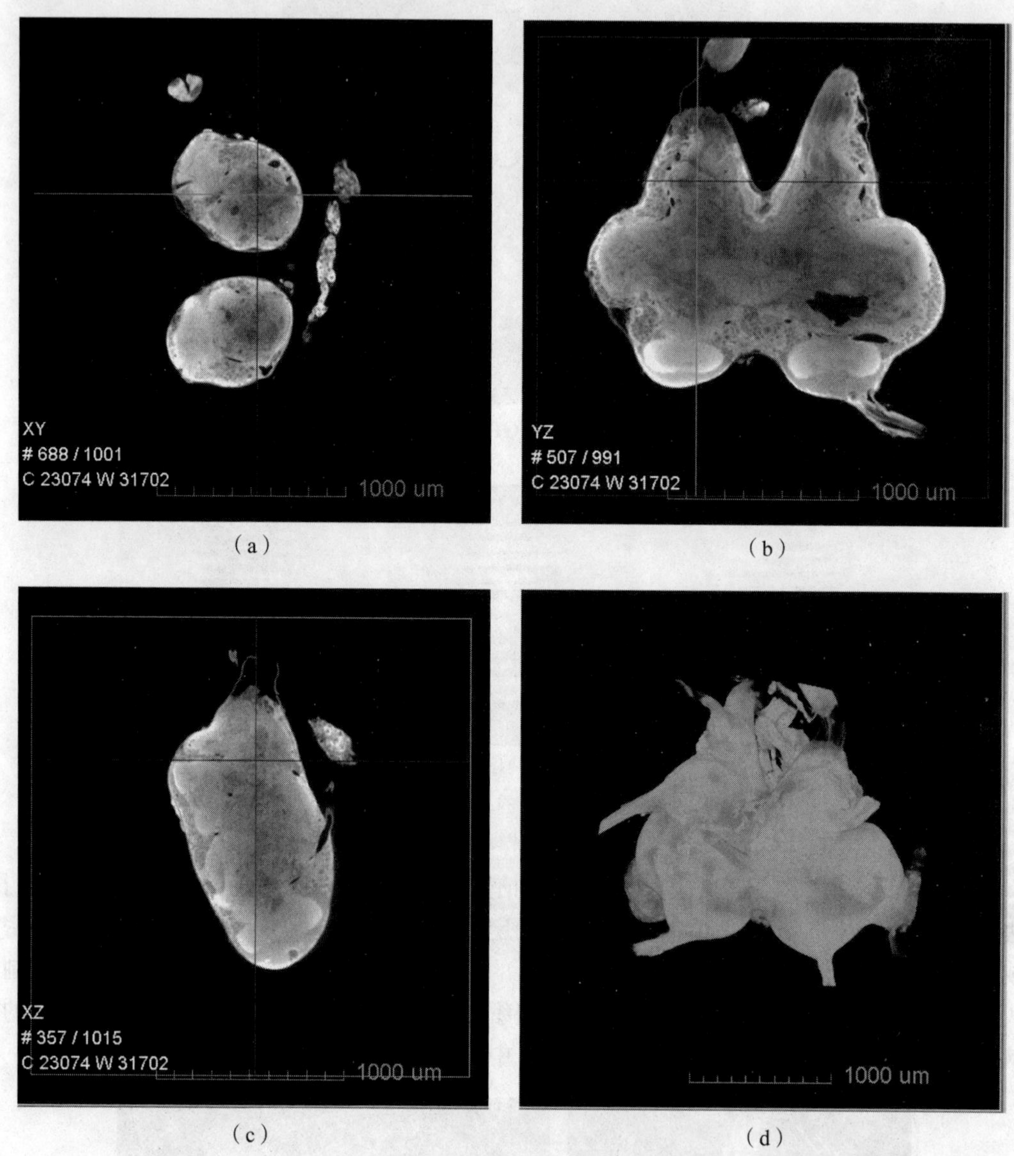

(a)　(b)　(c)　(d)

图 7-42　显微 CT 设备拍蝗的蝗虫脑组织切片及脑组织三维结构图

(a) 蝗虫脑组织切片；(b) 三维结构；(c) 蝗虫脑组织的切片；(d) 脑组织三维结构图

六、小结

实验室光源就其本质而言，产生的是锥形光，锥角可以用于图像放大。当我们把 X 光源近似为点光源时，根据相似三角形关系可以得到几何放大倍数 = 整个光程/源到物体的距离。就象使用可见光产生一个大的阴影一样，获取高分辨的一种方法是尽可能地使几何放大倍数加大。基于传统投影的微米 CT 技术依靠高的几何放大倍数来获取高的分辨率需要一个小的光斑尺寸来减小几何半影，只有小的样品才能获取高分辨率三维成像。由于前面提及的闪烁体以及高分辨率显微物镜的存在，Zeiee Xradia 520 Versa X 射线显微镜极大地提高了探测器的分辨率，允许样品不用依靠大的几何放大倍数就可以实现亚微米的空间分辨率成像，极大地降低了设备对样品的限制。

X 射线计算机断层扫描是一种以非破坏性方式对物体进行三维成像的技术。实验人员可以研究三维打印物体的内部尺寸或模制零件中的空隙和裂缝。通过放大机制，可以使用 X 射线 CT 作为显微镜来研究亚微米级的内部结构，如不同制造条件下合金材料的孔隙形态、碳纤维增强聚合物的纤维取向、新型锂电池充放电过程中枝晶的生长过程等。

第八章
生化分析技术

在制药工程与生物化工的研究中，常涉及对生物大分子及生命体系中小分子的分析。除了前述有机物成分分析与组分分析技术中在生物大分子分析中的应用外，还存在一些生物大分子特有的分析及制备方法，本章将对稳态瞬态荧光光谱和自动发酵罐进行介绍。

第一节　稳态瞬态荧光光谱

在吸收紫外和可见电磁辐射的过程中，分子受激跃迁至激发电子态，大多数分子将通过与其他分子的碰撞以热的方式散发掉这部分能量。部分分子以光的形式放射出这部分能量，放射光的波长不同于所吸收辐射的波长。这种以光的形式放射出能量的过程称为光致发光。

分子发光包括荧光、磷光、化学发光、生物发光和散射光谱等。基于化合物的荧光测量而建立起来的分析方法称为分子荧光光谱法。

荧光光谱仪是测定材料发光性能的基本设备。通用荧光光谱仪大致可分为 3 种。

（1）基本型：覆盖 200 ~ 800 nm 的紫外可见波段的稳态光谱仪。

（2）扩展型：覆盖 200 ~ 1 700 nm 波段的紫外可见—近红外稳态光谱仪。

（3）综合型：覆盖上述两个波段，同时可测瞬态光谱的光谱仪。

荧光分析就是基于物质的光致发光现象而产生荧光的特性及对其强度进行物质的定性和定量的分析方法。目前，荧光分析也广泛地作为一种表征技术来研究体系的物理、化学性质及其变化情况，如生物大分子构象及性质的研究。

通过瞬态荧光光谱分析，可以得到荧光寿命和量子产率等信息。其中，通过荧光寿命分析可以直接了解所研究体系发生的变化。荧光现象多发生在纳秒级，这正好是分子运动所发生的时间尺度，因此，利用荧光技术可以“看”到许多复杂的分子间作用过程，如超分子体系中分子间的簇集、固液界面上吸附态高分子的构象重排、蛋白质高级结构的变化等。荧光寿命分析在光伏、法医分析、生物分子、纳米结构、量子点、光敏作用、镧系元素、光动力治疗等领域均有应用。荧光量子产率是荧光物质另一个基本参数，它表示物质发生荧光的能力，数值为 0 ~ 1。荧光量子效率是荧光辐射与其他辐射和非辐射跃迁竞争的结果。

一、实验原理

某些物质吸收辐射能，发射出比原来所吸收光波长更长的光——光致发光（二级光），其中受光激发的分子从第一激发单重态的最低振动能级回到基态所发出的辐射为荧光，从第一激发三重态的最低振动能级回到基态所发出的辐射为磷光。

二、实验仪器

（一）仪器结构

稳态瞬态荧光光谱仪主要由氙灯光源、微秒灯、激光器、紫外/可见光检测器、近红外检测器、低温附件及积分球部件构成。

（二）仪器功能

稳态瞬态荧光光谱仪主要进行材料的荧光、磷光光谱分析，测试荧光、磷光量子产率，测试荧光寿命和磷光寿命等。其中，除量子产率只能在常温下进行外，其他测试均可在低温及高温状态下进行；同时，也可测试发射光谱在 1 700 nm 内近红外波段的材料。

三、实验过程

（一）样品要求

稳态瞬态荧光光谱仪一般对样品有以下几点要求。

（1）固体粉末样品要提前混合均匀。在常温样品池中装样时要均匀铺平至少 1/2；在低温和高温样品池中要均匀填充满，且中间一定不要有裂痕，防止铜样品池底部反射光带来的干扰。

（2）薄膜样品建议长宽尺寸为 1 ~ 2 cm。

（3）测试量子产率时，液体样品吸光度小于 0. 1。

（二）实验步骤

稳态瞬态荧光光谱仪在常温下测试荧光光谱时，一般步骤如下。

（1）将样品装入样品池，再放入样品舱。

（2）选择氙灯光源及 PMT – 900 检测器。

（3）通过调节 Ex 和 Em 狭缝使 Emission 值在 30 万左右。

（4）选择合适的发射光谱波段，勾选 Ex 校正，即可开始测试。

四、实验结果和数据处理

（一）实验结果

稳态瞬态荧光光谱仪测试样品时，由于不同样品性质差别很大，在测试前应该根据现有文献或类似物质对所测样品的激发波长、发射波长峰值和发射谱图的形状有个大致的预测。实际测试样品后再比对与预测是否一致、差别是否很大，再分析原因。

对于有的样品，改变激发波长并不会改变其发射波长的峰值及谱图的整体形状；但有些样品，一旦激发波长改变，不但发射波长峰值发生了改变，甚至谱图的形状都会发生改变。

（二）数据处理

测试结束后的数据均可保存为 txt 格式，再导入专业作图软件分析及作图。

五、典型应用

稳态瞬态荧光光谱仪对材料可进行以下测试：材料的荧光、磷光光谱分析，测试荧光、磷光量子产率，测试荧光寿命和磷光寿命等。

（1）常温荧光及磷光光谱测试。

（2）常温毫秒、微秒及纳秒级别寿命测试。

（3）量子产率的测试。

（4）除量子产率外，以上功能均为变温测试。

实验项目 1　荧光材料的表征实验

1. 实验目的

（1）使学生了解在常温下运用稳态瞬态荧光光谱仪进行荧光光谱测试的原理及过程。

（2）使学生了解在常温下运用稳态瞬态荧光光谱仪进行荧光材料的寿命测试的原理及过程。

（3）使学生了解运用稳态瞬态荧光光谱仪进行荧光材料量子产率测试的原理及过程。

（4）使学生了解变温下荧光材料表征的意义及过程。

2. 实验原理

同本章第一节一、实验原理。

3. 实验基本要求

了解荧光材料表征方法的基本原理及过程。

4. 实验仪器和材料

（1）实验仪器：爱丁堡 FLS1000 稳态瞬态荧光光谱仪。

（2）实验材料：石英片、液氮、一次性丁腈手套等。

5. 实验步骤

（1）常温荧光光谱测试步骤同本章第一节三、实验过程（二）实验步骤。

（2）常温荧光材料寿命测试主要步骤有以下几点。

①选择光源为微秒灯，选择检测器型号为 PMT－900。

②调节信号至空白信号基础上 2 000～3 000 cps。

③在 τ 中选择合适的荧光衰减时间范围，开始测试。

④测试完成进行数据拟合。

（3）量子产率的测试主要步骤如下。

①测试空白样品的激发倍频信号及发射波长信号。

②测试荧光样品的激发倍频信号及发射波长信号。

③将两次测试图叠加到一起，利用软件根据公式计算量子产率。

（4）变温测试部分，主要增加了在变温样品舱加液氮及控温的步骤。

6. 实验结果与数据处理

数据处理同本章第一节四、实验结果与数据处理。

7. 实验注意事项

（1）仪器的检测器非常灵敏，在测试过程中严禁使信号饱和或过饱和，防止损伤检测器。

（2）变温过程需用到液氮，应做好相应防护工作。

第二节　自动发酵系统及过程控制

生物发酵过程的过程控制和中试放大适用于探索生产环境、工艺条件对细胞培养的影响，通过试生产的方式发现问题进行研究，以期找出问题的症结，并找出相应的解决方法；另外，也可以对引进的新产品、新技术、新装备进行相应的工艺验证。这是从研发到生产的必经之路，也是降低产业化实施风险的有效措施，具有重要理论意义和实际应用价值。

在生物培养过程中常用到的发酵罐可根据其搅拌形式分为通气式搅拌发酵罐、压缩空气鼓泡发酵罐、强制液体循环搅拌罐 3 种类型。通气式搅拌发酵罐是工业上最常用的一种微生物反应器，是应用最广泛的生物反应设备。通过本节典型通气式发酵系统的学习，掌握生物制药过程中的发酵设备的模块化组成，了解发酵过程的参数检测和控制技术对发酵工艺的影响与优化。

一、实验原理

生物发酵设备主要由不锈钢壳体、夹套、搅拌装置、通风及空气分布等罐体，以及相应的空气处理系统、蒸汽净化系统、电器控制系统等辅助系统构成。通过仪表系统的上位机和下位机仪表控制，监测发酵过程的各个参数控制，包括污染控制、菌体浓度、发酵温度、发酵 pH、溶解氧、补料、泡沫的影响；通过在线或离线参数作为调控指标，分析微生物的宏观与微观代谢特性的对应关系。

二、实验仪器

（一）实验仪器

1. 上海保兴 BIOTECH－5－15JS－150JS 发酵罐

该罐为 S31603 不锈钢，罐侧配置大视角长条视镜装置，配置安全视镜灯，操作人员可观察物料及搅拌状况。该罐设有 pH、DO、温度标准传感器接口、补料接口、泡沫传感器口、压力表口、接种口（加装火焰接种保护器）、投料口、进气口、排气口、进水口、出水口以及可蒸汽灭菌的取样、放料管路。

2. 控制系统

（1）调速系统：全自动设定控制，无级变频调速。

（2）温度控制系统：控制精度为 ±0.2 ℃。

（3）压力、流量控制系统：罐压量程为 0～0.4 MPa，玻璃转子流量计控制进气流。

（4）pH 在线控制系统：PID 智能控制，控制范围为 2～12 pH；控制精度为 ±0.02 pH。

（5）溶解氧在线检测系统：自动在线检测，显示范围为 0～150%，显示精度为 ±0.1% 或 1%。

（6）补料系统：微机自动控制蠕动泵流加物料，分手动、自动控制两种控制模式。

（二）实验材料

（1）菌株：大肠杆菌（*E. coli*），毕赤酵母（*Pichia pastoris*）或酿酒酵母（*Saccharomyces cerevisiae*）。

（2）培养基：LB 培养基，YPD 培养基。

（3）试剂：酵母粉、蛋白胨、氯化钠、葡萄糖、2 mol/L 氢氧化钠、2 mol/L 硫酸、消泡剂。

（4）仪器：分光光度计、生物传感分析仪。

三、实验过程

（一）样品要求

种子液的准备：发酵菌种由平板单菌落接种到一级种子液、二级种子液进行培养，完成发酵菌种逐级放大培养，在此过程中需要进行严格无菌操作；完成发酵罐、培养基的在位高压灭菌；发酵过程中菌体浓度、温度、pH、溶解氧、补料、泡沫的过程控制。

（二）实验步骤

1. 通气式搅拌发酵罐的结构组成

通气式搅拌发酵罐的主要组成部分为筒体、挡板、空气分布器、搅拌装置、电动机和变速装置、换热装置、消泡装置等，如图 8－1 所示。在适当的部位安装有排气、取样、放料、接种、调节酸碱等管道的接口、阀门、入孔和视镜等部件。操作时要确定合适的通气和搅拌调节，以满足发酵过程的需要。了解发酵反应器高度、尺寸、装液量、挡板等组成对发酵的传质影响。

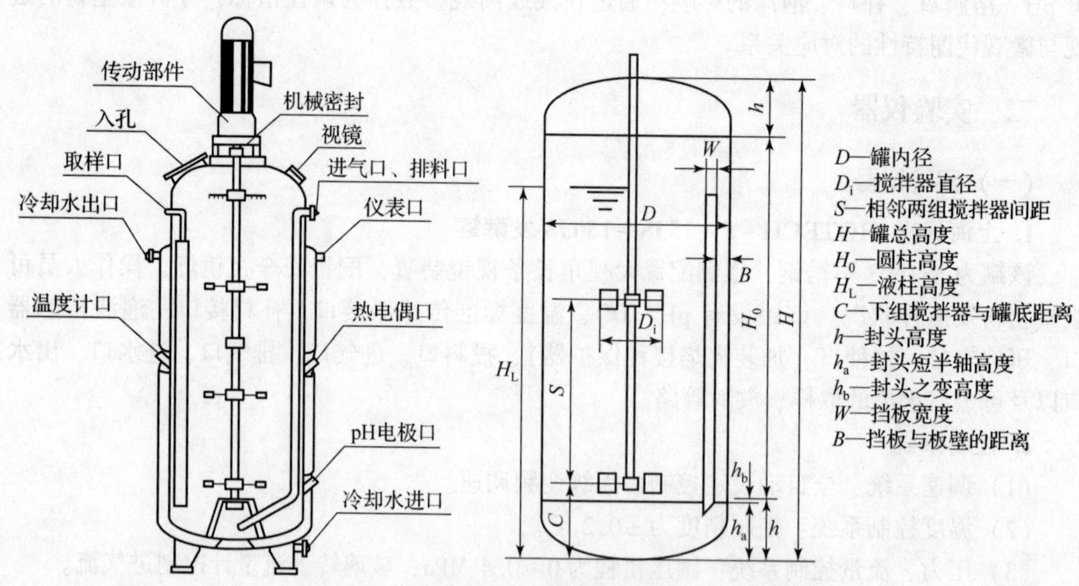

图 8－1　通气式搅拌发酵罐的主要组成部分

2. 管路检查

（1）熟悉和检查所有管路（空气管线、循环水管线）以及相应的阀门、电机、电源、饮用水管是否密封或接通。

（2）检查发酵罐轴封、夹层、搅拌是否正常，掌握各仪表是否正常。

（3）校正 pH 电极、溶氧电极。

（4）实消：将发酵培养基从进样口倒入 15 L 发酵罐中，盖上盖子。检查发酵罐安装完好后，盖上灭菌罩，115 ℃灭菌 15 min。

（5）开启计算机，与发酵罐设备相连。注意发酵罐运转是否正常，检查各控制参数是否在合适的范围内。

（6）接种与发酵：在接种圈的火焰保护下，将种子培养液 300 mL 倒入发酵罐中，控制发酵温度为 30～37 ℃，pH 为 5.0，通气 0.2 vvm（m^3/分钟），发酵罐搅拌 200 r/min。

（7）取样操作：当发酵罐达到设定程序后，开始取样。关闭出气阀，打开取样夹，用无菌空气将发酵液压入接料瓶；关闭取样夹，松开出气阀。

（8）完成 15～150 L 的移动管线操作，实现 150 L 的放大培养。

（9）放罐清洗：将发酵罐清洗干净，关闭所有电源。

四、实验结果和数据处理

（1）记录不同时间发酵过程温度、pH、DO、通风、转速的测定数值和相应的操作情况。

（2）间隔取样：无菌操作取出 50 mL 的发酵液，监测不同时期的菌体的生长状况、葡萄糖的浓度变化。

（3）根据菌种的生长特性，以菌的 OD600 作纵坐标，生长时间作横坐标，绘制生长曲线和糖消耗曲线。

五、典型应用

如前所述，通过典型发酵系统的学习与应用，掌握生物制药过程中的发酵设备的模块化组成；通过发酵过程的参数实时检测，实现微生物发酵的最佳生产工艺。

实验项目 2　酿酒酵母的生长过程监测和过程控制实验

1. 实验目的

（1）使学生了解生物发酵设备的组成。发酵设备主要由不锈钢壳体、夹套、搅拌装置、通风及空气分布等罐体，以及相应的空气处理系统、蒸汽净化系统、电器控制系统等辅助系统构成。

（2）使学生了解发酵系统的上位机和下位机仪表控制；监测发酵过程的各个参数控制，包括污染控制、菌体浓度、发酵温度、发酵 pH、溶解氧、补料、泡沫等参数。

（3）使学生了解微生物培养的严格无菌操作流程。

（4）使学生了解微生物发酵由种子液到 150L 的逐级放大培养，通过在线或离线参数作为调控指标，分析微生物的宏观与微观代谢特性的对应关系

2. 实验原理

实验原理同本章第二节一、实验原理。

3. 实验基本要求

了解生物发酵设备的组成、微生物培养的无菌操作、种子液的逐级放大培养的基本原理及过程。

4. 实验仪器和材料

（1）菌株：酿酒酵母。

（2）试剂：酵母粉、蛋白胨、饱和 KCl 溶液、葡萄糖、2 mol/L 氢氧化钠、2 mol/L 硫酸、消泡剂。

（3）仪器：分光光度计、生物传感分析仪。

5. 实验步骤

实验步骤见本章第二节三、实验过程（二）实验步骤。

6. 实验结果与数据处理

（1）记录酵母不同时间发酵过程温度、pH、DO、通风、转速的测定数值和相应的操作情况。

（2）间隔取样：无菌操作取出 50 mL 的酵母发酵液，监测不同时期的菌体的生长状况、发酵培养基中葡萄糖的浓度变化。

（3）根据酵母菌种的生长特性，以菌的 OD600 作纵坐标，生长时间作横坐标，绘制生长曲线和糖消耗曲线。

参 考 文 献

[1] 近藤精一. 吸附科学［M］. 李国希，译. 北京：化学工业出版社，2005.
[2] 陈永. 多孔材料制备与表征［M］. 北京：中国科学技术出版社，2010.
[3] 辛勤，罗孟飞. 现代催化研究方法［M］. 北京：科学出版社，2009.
[4] Langmuir I. The Constitution and Fundamental Properties of Solids and Liquids Part I Solids［J］. Am Chem Soc，1916，38（11）：2221.
[5] Coasne B，Grosman A，Ortega C，Simon M. Adsorption in Noninterconnected Pores Open at One or at Both Ends：A Reconsideration of the Origin of the Hysteresis Phenomenon［J］. Phys Rev Lett，2002，88（25）：256102.
[6] Matthias Wagner. 热分析应用基础［M］. 陆立明，译. 上海：东华大学出版社，2011.
[7] David B，Williams C，Barry Cater. Transmission electron microscopy：a textbook for materials science［M］. New York：Springer，2009.
[8] John C H，Spence. High resolution electron microscopy 4th［M］. Oxford ：Oxford University Press，2013.
[9] 戎咏华. 分析电子显微学导论［M］. 北京：高等教育出版社，2006.
[10] 黄孝瑛. 材料微观结构的电子显微学分析［M］. 北京：冶金工业出版社，2008.
[11] 章效峰. 清晰的纳米世界［M］. 北京：清华大学出版社，2005.
[12] 章晓中. 电子显微分析［M］. 北京：清华大学出版社，2006.
[13] 姚楠，王中林. 纳米技术中的显微学手册第 1 卷：光学显微学、扫描探针显微学、离子显微学和纳米制造［M］. 北京：清华大学出版社，2005.
[14] 姚楠，王中林. 纳米技术中的显微学手册第 2 卷：电子显微学［M］. 北京：清华大学出版社，2005.
[15] 吴杏芳，柳得橹. 电子显微分析实用方法［M］. 北京：冶金工业出版社，2006.
[16] 柳得橹，权茂华，吴杏芳. 电子显微分析实用方法［M］. 北京：中国质检出版社，2018.
[17] 周玉，武高辉. 材料分析测试技术［M］. 哈尔滨：哈尔滨工业大学出版社，2017.
[18] 郭可信，叶恒强，吴玉琨. 电子衍射图在晶体学中的应用［M］. 北京：科学出版社，1983.
[19] 莫里斯，柯尔比，冈宁，等. 原子力显微镜及其生物学应用［M］. 钟健，译. 上海：上海交通大学出版社，2019.
[20] 曹毅，李一然，王鑫，等. 原子力显微镜单分子力谱［M］. 北京：科学出版社，2021.

［21］王约伯，高敏．有机元素微量定量分析［M］．北京：化学工业出版社，2013.
［22］祁景玉．现代分析测试技术［M］．上海：同济大学出版社，2006.
［23］褚小立．化学计量学方法与分子光谱分析技术［M］．北京：化学工业出版社，2011.
［24］邓芹英，刘岚，邓慧敏．波谱分析教程［M］．北京：科学出版社，2007.
［25］武汉大学．分析化学（下册）［M］．5 版．北京：高等教育出版社，2007.
［26］柯以侃，董慧茹．分析化学手册 3B 分子光谱分析［M］．3 版．北京：化学工业出版社，2015.
［27］宁永成．有机化合物结构鉴定与有机波谱学［M］．4 版．北京：科学出版社，2018.
［28］王乃兴．核磁共振波谱学——在有机化学中的应用［M］．北京：化学工业出版社，2015.
［29］朱明华，胡坪．仪器分析［M］．5 版．北京：高等教育出版社，2019.
［30］台湾质谱学会．质谱分析技术原理与应用［M］．刘虎威，校订．北京：科学出版社，2019.
［31］孙尔康，张剑荣，陈国松，等．仪器分析实验［M］．南京：南京大学出版社，2009.
［32］P F Li，Y W Jia，S H Zhang，etc. Oligotriarylamine - Extended Organoboranes with Tunable Electron - Donating Strength by Changing the Number of Donor Units［J］．Inorg Chem，2022（61）：3951 - 3958.
［33］于世林．高效液相色谱方法及应用［M］．北京：化学工业出版社，2018.
［34］陈立仁．液相色谱手性分离［M］．北京：科学出版社，2006.
［35］安捷伦科技有限公司．制药行业 GC&GCMS 及其应用［J］．中国印刷，2010（10）：25 - 30.
［36］牟世芬，朱岩．离子色谱方法及应用［M］．北京：化学工业出版社，2018.
［37］乐建波．色谱联用技术［M］．北京：化学工业出版社，2007.
［38］陈小明，唐雅妍．现代液相色谱技术导论［M］．北京：人民卫生出版社，2012.
［39］王俊德，商振华，郁蕴璐．高效液相色谱法［M］，北京：中国石化出版社．1992.
［40］安捷伦科技（中国）有限公司．凝胶渗透色谱和体积排阻色谱技术介绍［J］，中国印刷，2011（12）：75 - 82.
［41］武汉大学．分析化学［M］．北京：高等教育出版社，2016.
［42］Gaskell S J. Electrospray：Principles and practice［J］．J Mass Spectrom，1997（32）：677 - 688.
［43］Kebarle P. A brief overview of the present status of the mechanisms involved in electrospray mass spectrometry［J］．J Mass Spectrom，2000（35）：804 - 817.
［44］Hoffmann E d，Stroobant V．Mass Spectrometry：Principles and Applications（3rd）［M］．John Wiley &Sons，Ltd，Chichester，2007.
［45］Horning E，Carroll D，Dzidic I etc. Liquid chromatograph - mass spectrometer - computer analytical systems：A continuous - flow system based on atmospheric pressure ionization mass spectrometry［J］．J Chromatogr A，1974（99）：13 - 21.
［46］Mcluckey S A，Wells J M．Mass analysis at the advent of the 21 st century［J］．Chem Rev，2001（101）：571 - 606.

[47] Giacovazzo C, et al. Fundamentals of Crystallography [M]. Oxford: Oxford Science Publication, 2008.

[48] Vitalij K, et al. Fundamentals of Powder Diffraction and Structural Characterization of Materials [M]. New York: Springer Science Media, 2009.

[49] Colin N, et al. Fundamentals of Molecular Spectroscopy [M]. London: McGraw - Hill Intl, 2014.

[50] Williams D B, Barry C. Transmission Electron Microscopy: A Textbook for Materials Science [M]. Springer, New York, 2009.

[51] Cowley J M, Diffraction Physics 3rd [M]. North Holland, 1995.

[52] David B, Williams C, Barry Carter. Transmission Electron Microscopy: A Textbook for Materials Science [M]. Springer, New York, 2009.

[53] John C H, Spence. High Resolution Electron Microscopy 4th [M]. Oxford : Oxford University Press, 2013.

[54] 黄惠忠. 表面分析化学 [M]. 上海: 华东理工大学出版社, 2007.

[55] 王建祺, 吴文辉, 冯大明. 电子能谱学 (XPS/XAES/UPS) 引论 [M]. 北京: 国防工业出版社, 1992.

[56] 沃茨, 沃斯腾霍姆. 表面分析 (XPS 和 AES) 引论 [M]. 吴正龙, 译. 上海: 华东理工大学出版社, 2008.

[57] 周玉. 材料分析方法 [M]. 4 版. 北京: 机械工业出版社, 2020.

[58] Lee W Goldman. Principles of CT and CT Technology, Journal of Nuclear Medicine Technology [J]. September 2007, 35 (3) 115 - 128.

[59] 晋卫军. 分子发射光谱分析 [M]. 北京: 化学工业出版社, 2018.

[60] 元英进. 制药工艺学 [M]. 北京: 化学工业出版社, 2017.